U0362718

B5G HE 6G WUXIAN XINDAO TEZHENG

B5G和6G无线信道特征

尹学锋
（西）José Rodríguez-Piñeiro
编著

華中科技大學出版社
http://press.hust.edu.cn
中国 · 武汉

图书在版编目(CIP)数据

B5G 和 6G 无线信道特征 / 尹学锋，(西) 何塞编著. —武汉:华中科技大学出版社,2024.4
ISBN 978-7-5680-9796-3

Ⅰ.①B… Ⅱ.①尹… ②何… Ⅲ.①移动通信-无线电信道 Ⅳ.①TN929.5 ②TP84

中国国家版本馆 CIP 数据核字(2023)第 126889 号

B5G 和 6G 无线信道特征
B5G he 6G Wuxian Xindao Tezheng

尹学锋 (西)José Rodríguez-Piñeiro 编著

策划编辑:汪 粲
责任编辑:余 涛
封面设计:廖亚萍
责任监印:周治超
出版发行:华中科技大学出版社(中国·武汉) 电话:(027)81321913
武汉市东湖新技术开发区华工科技园 邮编:430223
录 排:华中科技大学惠友文印中心
印 刷:武汉科源印刷设计有限公司
开 本:787mm×1092mm 1/16
印 张:24 插页:2
字 数:625 千字
版 次:2024 年 4 月第 1 版第 1 次印刷
定 价:98.00 元

目录

引言　写作本书的背景

随着5G通信系统在全球范围内大规模建设，我们已经进入5G时代。5G的垂直应用正在被不断开发。以5G为数字底座的延拓系统正在被开发，用于多种数字化转型，经济生活治理的数字化也正在不断地发展。

随着5G的发展，6G的研究也如火如荼。6G的理论基础、创新性的技术正在被积极研发。与6G相关的国际组织也正在积极开展标准化的工作，提案如井喷般大量涌现。围绕6G的研发也在世界各地开展起来。多个研究团队不断地出台技术白皮书，对技术的发展愿景进行预测和分析，描绘未来6G的蓝图。

在这样的背景下，我们继续围绕无线电波的传播特征这一主题，在新的方向和领域进行探索。相比于传统的信道研究而言，B5G、6G移动通信系统的信道研究的内容将更加丰富，同时也面临着很多的挑战。例如，对信道的特征有很多新要求，需要深入研究新频段、新系统和网络架构下的信道特征；对新设备如智能反射面RIS的引入，信道特征需要融合“可编程(programmable)”的因素，这是传统建模从未遇到的变化；对新的通信指标的要求，如Tb/s的要求，提出了对MU-MIMO的多链路信道进行联合建模或者宏观建模的要求；对新功能如感知的需求出现，需要考虑究竟该如何将通信与感知或分离或融合的模型构建方式，都需要了解那些信道特征、模型应该是何种方式。接下来我们简要描述一下B5G和6G对信道研究有什么样的新要求。我们从新场景、新特征、新测量方式等多方面进行描述。

i. 新场景的出现

信道研究的场景得到了很大的扩展。例如，对于智能车联网而言，需要结合车联、网联的场景，如车车通信、车路协同，结合对数据传输、数据处理和运算的节点进行研究，以及如何充分对接传播的特点，来设计“通-感-算”的网络构建。

非地表通信也是需要关注的一个方面。传统的无人机通信的信道，尚未得到充分的研究。而如今，需要考虑空中停留的基站，这需要在紧急场景下进行临时快速部署空中基站，以满足低空的悬停基站到地面之间的通信需求。此时的信道特征应该是什么样的，尚未有系统的描述。此外，卫星到地面之间的信道研究，传统上多集中在信号衰弱方面，现在可能需要关注从卫星直接到地面接收终端之间的信道，尽管已有相关建议，如利用38.811、901等已有的信道模型进行组合来表示卫星到地面的信道特征，但是由于测量本身难度较大，能够有针对性地进行测量的条件很难满足，所以要得到场景丰富的NTN信道模型，还有很长的路要走。

此外，还有一些相对较为极端的场景也是需要考虑的。考虑到更多通信的场景、应急的场景，需要满足通信的需要。例如，火箭尾焰羽流中进行通信；无人系统位于多种非传统环境中的通信，如无人机之间的通信、无人机到无人艇之间的通信，此时无人机或无人艇的姿态可能会产生多种影响，或者由于系统常处于高速的移动状态，系统周边可能会存在多种散乱的环境，如开尔文尾流的影响等。

ii. 新特征的出现

随着系统配置在5G之后变得更为复杂，对应的传播信道的宏观特性，由于其经常和系统性能之间具有直接的关联，所以也被广泛关注并研究。这些特性包括：

(1) 信道的稀疏性。代表的是信道内相互独立的分量的数量，通常分量数量较少，会导致信道的稀疏，即信道被分解为并行、正交的子信道的数量较少，此时的信道称为“稀疏”信道。

(2) 信道的非稳态性。信道在时间域上的变化特征，即信道的非稳态特征。信道的统计特征可能会随着环境的变化而变化，这里的统计特征包含了多阶的特征，如一阶矩、二阶中心距等。一个具有较为明显的非稳态特征的信道，意味着信道的特征随着时间、空间变化的规律比较明显。

(3) 信道的硬化性。多入多出的信道也存在所谓的“硬化”特性，即信道某些方面的变化较为稳定，随着信道配置的通道增加，信道趋于独立同分布的特征越来越明显，这种情况称为“硬化”。通常硬化程度较深的信道，可以随着系统配置的输入/输出端口增加，而具有线性增加的信道秩。描述信道硬化的需求，在多用户 MIMO 的情况下，可能会更为强烈。随着 Tbps-MIMO 系统的提出，通过天线阵列的选择，可使得多个用户到基站之间的信道具有统计独立和一致性，从而可以通过增加天线阵列的规模持续增加系统的总体容量。

(4) 信道的环境一致性。最近一段时间以来，随着通信感知一体化的研究深入，对如何通过信道特征进行周边环境的识别，成为一个研究热点。这时，为了能够采用类似雷达探测的功能，需要对信道特征与环境之间的对应关系进行研究。我们也可以通过定义信道特征环境一致性这样的特性来说明，信道多径能够有效对应空间中的散射体。例如，如果单次折返的路径具有对环境更为直接的描述和回溯能力的话，则单次折返路径在整体信道存在的比例，就可以作为“环境一致性”的描述。

还有其他很多特性，能够用来宏观地描述信道。希望能够采用量化的指标来描述这些特性，并且通过和系统性能之间进行一定的线性关联，从而为建立模型创建理论基础和框架。

iii. 新型的信道多径描述方式的出现

信道多径分量的研究，作为宽带信道研究的一个传统方式，从 20 世纪 80 年代开始就得到了广泛的关注。对于多径的几何参数的研究始终是重点，并且这些研究大多假设环境中的多径都为平面波。随着天线阵列和带宽的不断增加，从而引起频点数量的不断增加，以及高速变化的环境引起的稳态保持时间的减少，原本的相关假设将会逐渐失效(即信道的分量对于所有天线、所有频点和观测时间内都具有相同的几何参数，同时多径满足平面波的假设)。这种情况下，我们需要引入更多的几何上的自由度来描述多径之间的差别。由此，我们想到了通过描述“波面”的几何特征来进行区分。例如，我们可以将平面波的假设扩展为球面波的假设，增加不同天线观测到的单一路径之间的差异，从而增加多径的描述程度。同样的，我们还可以考虑引入轨道角动量的涡旋波面假设。引入这些更具有空间自由度的参数，就可以通过简单的参数化表示非平面波面的情况。当然，也可以采用多流形展开的方式，例如，通过泰勒展开的形式，引入多径的多阶微分分量，形成区别于传统平面波和球面波的非平面波面假设。

iv. 新的测量方式的出现

在测量技术方面，传统的主动测量，即采用专用的信道发生和接收装置的测量方式，尽管具有测量精准、系统校准的可行性高等优点，但在满足 B5G 和 6G 信道建模的需求方面，还是受到多方面的限制。例如，难以按照 B5G 和 6G 的通信场景的要求，来设计和制造相应的信道测量平台；很难有针对性地构建与实际通信或者感知场景相一致的测量环境，如高铁场景、卫星通信的场景等。也正是这些原因，导致传统 4G 或者所谓 5G 的信道模型和真正的 5G 应用场景有差异。业内也对这些模型是否真实反映了 5G 和 B5G 所关注的场景产生了较大的疑问。为此，对于信道测量方式方法的改进，应该首先提升场景的复杂性和真实性。利用已经为B5G和6G设计研发的样机或者已经能够被试用的系统，并且在业内认可的实际场景中进行测量，才能得到有信服力的信道实测数据，才能为构建真实可用的信道模型打下基础。所以被动测量或者利用已建通信系统进行信道的测量，是未来一个需要认真考虑的测量方式。这种被动测量的最大问题是难以将收发端特别是信道发射端的系统响应准确校准。利用大数据和人工智能机器学习的相关方法也许能够在一定程度上解决相关的问题。现阶段被动测量还没有形成系统的信道特征、信号特性、系统响应能够准确分离的方法论，该如何利用机器学习来提升被动测量的模型准确度，也没有得到深入的研究。随着6G场景的复杂性进一步提升，被动测量可能会被更加重视，并且将被动测量中的关键技术应用于感知，从而实现从模型建立到实时优化的多方面应用。

v. 新的确定性建模方法的出现

采用仿真的方式来预测信道特征，在B5G和6G的信道研究中，具有举足轻重的地位。传统的射线追踪信道仿真的方法继续在新的频段、新场景中预测信道特性。但由于其较高的计算复杂度，同时伴随而来的有限数量的多径跟踪、每个多径上有限作用次数的计算限定，使其对大量多径所形成的统计特性、随机特性、信道背景特性，都缺少有效的方法来描述。我们需要能够从一个3D数字化地图出发，准确地并且在短时间内以较低的计算复杂度就可以模拟出给定收发位置、收发设备的配置和工作参数下的信道响应。迄今为止，除了射线追踪这种信道仿真的方法以外，还有传播图论能够针对环境建立散射体的物理分布模型，设定散射体之间的可见性，利用定义好的点到点之间的电波的状态转移系数，形成用矩阵来表示的传播图。近一段时间以来，业内对传播图进行了多方面的研究，改进了传播图在使用中的技术，如读取数字化地图的算法，改变了参数的设定；通过实测数据进行图论模型的校准，以及利用图的拓扑结构来模拟室内到室外或者城市内不同区域的散射体分布，等等。这些努力已经使得传播图论仿真信道特征成为能够工程化的算法。未来的研究中，通过射线追踪和图论之间的融合，希望可以有更有效的信道仿真理论和工具的普遍使用。

vi. 新的统计性建模方式的出现

传统的基于实测的统计信道建模，依赖于对典型环境的测量，对采集得到的数据进行谱分析、参数化分析以及通过降低复杂度同时又可以保持统计特征的一系列方式方法。统计模型被用于信道样本生成时，通常建立在被重构的信道和建模时采集数据所考虑的信道，具有相同的统计特性的假设。然而，这个假设是否成立，通常会受到挑战。特别是所谓的标准模型，由于历史上通过欧洲研究机构建立标准的情况较为普遍，所以标准模型似乎更能够代表欧洲的典型场景，如楼层通常在六或七层、楼的密度较高等，由此所谓的城市环境，并不一定能代表如上海、东京、深圳等这些更为现代化的城市场景，所以在进行系统仿真的时候，信道模型应该有所改变。为了建立新的模型，需要重新进行大量的测量和分析工作，并且很可能有些场景开展测量的实际难度会比较高。所以，希望可以改变建模方式，特别是随着信道仿真的工具，如射线追踪、传播图论仿真的方法更为成熟，同时三维的城市地图具有更高的精度并且可以相对容易地读取，此外，大数据支持下的信道建模，即通过神经网络构建的方式，通过大数据训练、迁移学习，来建立能够产生符合实际信道特征的随机样本的“AI模型”。这里的AI模型可能与传统的几何模型有较大的区别，不再遵循和依赖多径的方式进行信道的描述，可能会融合更多的环境中的确定性信息如散射体的分布等，将基于大数据总结出来的统计特征更加完整地进行描述，而不是仅仅依靠几个或者十几个多径簇。建立AI信道模型的难点还比较多，主要体现在机器学习的网络架构该如何选择，网络架构需要学习什么样的信道特征，学习的效果该如何验证，模型或者样本的产生与使用该样本的目标之间该如何通过网络架构来进行统一。

vii. 信道建模的目的发生的改变

以往的信道模型主要服务于通信系统或者算法的设计以及性能的优化等。随着人工智能在各行各业的应用，数据成为驱动人工智能发展的必要资源。通信系统，特别是移动通信系统，一方面具有广泛的网络覆盖，已经作为基建成为数据采集的基础设施，另一方面，通信系统具有更为先进的计算功能、存储功能，结合移动通信网络的信息传递功能，更有条件承担起数据采集、存储、处理、传输的功能。信道是数据采集的一个重要的来源和对象。广义的模型，即是对信道各个方面的特征进行提炼归纳，形成可描述数据的数学和逻辑方法。为此，思考当今信道建模的目的，也能够意识到此时的模型，已经不仅仅是传统的出现在各类通信标准中的信道模型了，而是对数据进行建模，信道可能是数据产生的通道，信道的形态也是对数据建模的时候需要参考的对象。

所以信道建模的目的也因此得到了拓展，例如，感知对信道的模型要求，就可以认为是一个传统的几何建模所不能直接满足的，需要我们重新思考信道的建模问题。对于特定的检测目标，如利用毫米波发射接收装置来检测开车的驾驶员是不是有困倦的行为，利用电波对雷达中可能看到的虚假的影像进行检测（该虚假的影像可能具有和别的正常影像不同的行为），利用电波对树木、具有较大表面的建筑物、具有复杂结构的建筑物等进行判别识别，以及利用 Wi-Fi 信号或者移动通信系统信号进行人体动作的识别等，这些都需要模型来描述。图 0-1 所示的为利用 77 GHz 中心频点的啁啾信号测量一个人身体和脸部不同的动作表情，对得到的反射信号进行处理所得到的随着观测时间变化的多普勒频移功率谱。从图 0-1 可以看到，多普勒谱中的能量聚集区域以及随着时间变化的频率和幅度，对应着被测人的动作呈现出不同的形态。如果能够建立有区分度的模型，就可以对引起谱变化的原因进行判别。所以建立正确的、合理的模型，也是重要的研究内容。

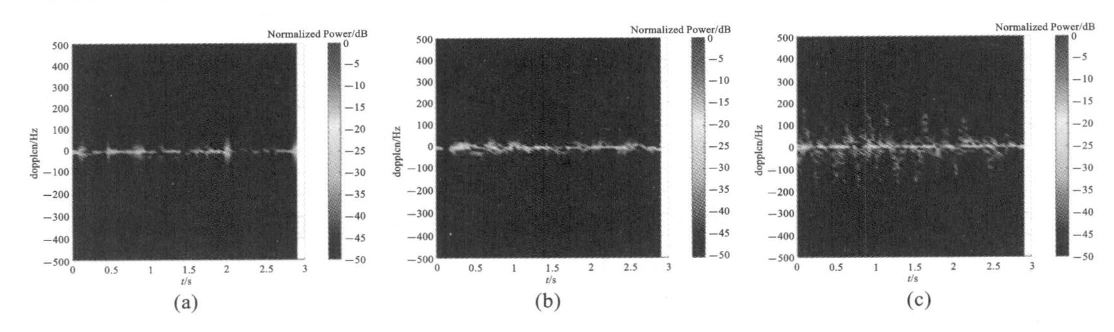

图 0-1　利用 77 GHz 中心频点的啁啾信号测量得到的多普勒频移随着测量时间变化的趋势

(a)当被测人员正在眨眼时的多普勒频移功率谱；(b)被测人正在打哈欠时的多普勒频移功率谱；

(c)被测人正在挥手时的多普勒频移功率谱

上述描述仅仅是 B5G 和 6G 对信道研究提出的新要求的部分内容。由此带来的研究课题是多方面的，如设备平台搭建、参数提取算法、特征提炼方式，以及模型在通信感知多场景中的使用方法等。本书将对其中的部分内容做更为详细的整理和阐述。

基于如上的考虑，本书的内容包括如下章节。

第一章　毫米波与 THz 信道特征。考虑到 B5G 和未来 6G 通信系统所使用的电波频段，有较大的可能是在相对高频的区域，即毫米波频段和太赫兹(THz)频段。近年来，通信界对毫米波频段的信道特征做了大量的研究，不仅有理论计算、仿真模拟，同时也开展了很多实地测量，对毫米波频段的信道特征进行了深入的挖掘。此外，对于 THz 频段，即通常意义上所指的 110 GHz 频点以上的频段，其电波传播特性也开始从多方面进行研究。本章首先针对毫米波、THz 电波传播信道，以文献综述的方式总结近年来的研究成果；其次，对长期以来业内关注的信道关键特征进行讨论，对相关研究侧重做一些探讨。与此同时，结合迄今 B5G、6G 的相关建模活动，展望预测未来信道研究的要点。

第二章　高精度信道参数估计。本章首先讨论针对电波传播的相位波前进行参数化先验模型的构建，采用了平面波、球面波以及具有轨道角动量的涡旋波相位波前作为例子，推导了其波前参数化模型，并且对于非规则非平面波面通过泰勒展开来构建波前模型。其次，从三个方面对参数估计算法进行了阐述：一是广泛使用参数估计 EM 和 SAGE 算法的基本架构，并拓展到空间散射系数谱计算以进行感知；二是以平面波、球面波和非平面波的波面先验参数化模型为例，呈现信道多径估计结果的异同；三是在测量过程中构建多种形式的虚拟天线阵列，来增加和提升信道参数估计的维度与精度。

第三章　通信感知一体背景下的信道特征提取。在通信感知一体化已经成为 B5G 和 6G 发展方向的大背景下，业内更加关注通信感知(简称通感)的信道模型如何建立的话题。本章尝试对感知信道的特征进行深入讨论：首先，构建通感一体模型的基础性参数是什么，应该如何进行提取；其次，如何将这些参数通过实测数据采集、参数化估计算法的实施，来得到实际的参数样本。总体而言，这些参数可分为三类：一是几何参数，特指传播路径的几何参数，如时延、多普勒频移、角度等；二是运动状态参数，如在不同的参数域，信道内的多个分量随着观测时间的演变而变化的规律；三是散射体的物理特性参数，如表面的粗糙程度、几何形状、姿态、位置等。本章介绍了一种面向大规模 MIMO 的通感一体信道模型，即通过超大阵列信道测量数据分析得到的散射体簇来关联传统的多径簇，从而得到传播环境和通信信道的综合模型。此类模型的建立对于复合应用场景环境重现具有重要的意义。

第四章　无人系统工作场景下的信道分析。无人系统工作在相对比较极端的环境，其信道特征的特殊性非常值得研究。建立的模型相比标准的移动通信场景而言，可能具有更丰富的分析维度。本章对固定翼无人机在微波频段、毫米波频段的信道特征进行了对比，同时分析了无人机在飞行过程中各个阶段的信道模型。此外，本章对于无人艇与无人机之间的信道也做了实测的研究，特别是针对无人艇在海上运行时信道特征的改变，能明显反映出环境、无人艇的姿态对通信信道的影响。这些特征对于 B5G、6G 系统如何支持无人系统通信，特别是需要在非典型、非传统环境里，以与普通手机用户设备不同的移动方式、姿态进行通信提供重要的认知支撑。通过本章，我们可以看到该如何对非传统环境的信道模型进行模型参数、自变量的扩展；对于比较特殊的、新的通信要求该如何进行先验模型、测量和分析、建模等方面的拓展。

第五章　采用被动信道测量进行信道特征的采集。随着通信系统工作环境的多样性不断增强，通过预先建立信道测量平台，再在各种典型的应用场景中进行特征采集进而构建统计模型的传统方式，很难适应大数据的获取，难以构建统计性能良好的信道模型。为此，可以采用被动测量的建模方式，即在已经商用的系统里，利用架设好的接收设备，接收该商用系统的下行信号或者上行信号，通过数据分析，得到传播信道的特征，进而构建信道模型。本章重点描述如何利用 5G Sub-6GHz 的商用系统，进行被动信道的测量。根据系统存在多个可以进行信道冲激响应计算的信号，我们设计了能够融合多种数据类型的参数估计算法，并通过静止场景、高铁场景的5G下行信号的采集与分析得到信道特征。此外，本章按照通感一体的建模思路，构建了基于几何簇的时变信道模型，并通过实测数据，对信道模型的可用性进行了验证。

第六章　信道的高精度仿真——图论。本章介绍了传播图论模拟信道特征的信道仿真方法。在介绍了图论的基本原理后，我们对图论近期在多方面的改进进行了描述。其中包括将反射传播机制融合到图论的数学计算框架中，并且将反射-散射之间的传播利用嵌入式的方式进行了实现，这种思路能够拓展图论对复杂场景的传播模拟的适用性。此外，本章介绍了将射线追踪和图论结合在一起的混合方式，以及马尔可夫链模型来决定环境中对传播产生较大影响的散射体的分布。另外为了能够将图论用于更大范围，如城市场景下的传播仿真，我们还介绍了在城市范围内，如何进行图论模型的散点以及为了模拟时变阻挡效应，采用概率的方式来刻画直射路径的随机闪现。本章还介绍了如何将图论与机器学习的相关方法相结合，利用迁移学习将图论仿真的准确度进一步提升。本章还展示了在城区、山区等环境中使用传播图论的效果。

第七章　非地面通信信道特征。随着6G的到来，非传统的地面移动通信正进入技术实现的视野里。而这个领域的信道模型的缺失，阻碍了通信技术的研发和性能优化。在本章，我们初步对非地面传统通信的信道研究做文献综述，列举可能短期采纳的实现方案，同时也分析了卫星到地面的信道特征与传统信道的不同，对未来的信道测量、仿真做了前瞻性的分析和展望。

第八章　实践案例：信道特征在天线阵列位置姿态检测的应用。在未来的B5G和6G中，信道特征可能会被用来做与智能感知相关的工作。在本章，我们详细介绍了如何利用信道特征来进行感知，特别是对发射端天线阵列的精确位置和姿态进行判断。我们融合了机器学习的相关方法，展示了信道特征在智能应用方面的潜力。在研究如何利用信道特征的同时，我们也对采用人工智能（AI）的方式对信道进行建模做了初步研究：利用CycleGAN网络架构，通过采用图论与射线追踪的融合，构建确定性与统计性兼具、基于环境的信道特征预测技术，利用实测数据对预测技术得到的结果进行迁移，然后将训练好的CycleGAN网络用于给定的任一环境，产生出接近真实信道特征的信道样本。这样的操作流程既很好地利用了信道研究界已有的对传播机制的认知，又结合了通过实测数据来优化认知或信道特征复现性能，并且得到了具有相对普适性的AI建模方法，而非传统的参数化信道模型。

第九章　多种场景下的信道研究。如前所述，除了无线通信系统信道研究之外，现阶段也存在较多非通信场景下的无线电波传播特征研究需求。在本章，我们首先讨论车载毫米波雷达信道，以其实际测量、特征提取和模型构建等角度讨论建立更多服务于探测、感知的传播模型构建理论和关键技术。车载雷达使用的信号为啁啾信号，信号处理自成体系，与传统的信道测量不同，原理上可以采用多种啁啾信号同时进行多链路信道的估计，因此具有较大的应用前景。以车载雷达的多个场景为例，本章介绍了数据处理过程，讨论观察到的现象，分析提取的特征，呈现统计模型，并对所建雷达信道模型的架构合理性、模型应用进行探究。其次，还对我们曾经开展的室内全双工信道的实测工作做了介绍，希望为研究并行的、多链路信道的联合特征提取、建模的方式方法提供些思路。

第十章　展望：基于人工智能的信道研究。人工智能理论与方法的发展为众多科学和工程领域的研究带来了全新的视角，塑造出令人期待的创新前景。在本章，我们首先对现阶段传统的无线信道建模遇到的挑战和亟须解决的问题做简要描述，然后对采用人工智能方法进行信道研究的文献进行分析综述，讨论如何构建多种神经网络，来对无线电波在多种场景下的传播特性进行挖掘、信道特征进行提取以及构建基于神经网络的统计信道模型。该方向的研究还处于早期阶段，创新成果可谓日新月异，我们在此仅对初步的思路进行介绍，期待未来基于人工智能的信道特征研究带来革命性的改变。

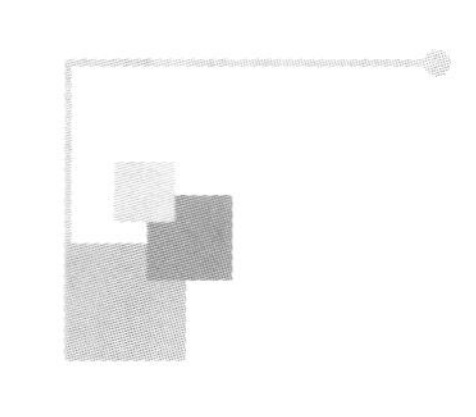

第一章 毫米波与 THz 信道特征

5G 和 6G 无线通信系统将有较大的可能性，利用波长为毫米波乃至在 110 GHz 以上的频段进行工作。本章介绍了在这些频段上的电磁波在不同的应用场景和无线环境中，进行传播时所表现出的特征，这对于设计通信系统、优化通信性能以及拓展传统技术的局限而言，具有重要的研究价值。

我们通过信道的测量活动，来观察电波在这些频段上所表现出的传播特性，分析其与低频的不同。我们的目标是尽可能通过电波传播与周边环境的关系，了解电波在环境中是如何存在的，同时又该如何利用这些特征，进行通信、感知或者实现更有趣的功能，如探测传播环境，了解环境中决定传播特性的那些重要的物体。在了解了特征的形成之后，我们可以预测出更为完备的信道样本，并且能够合理地解释所看到的各种现象。

本章所陈述的内容，可以帮助我们回答一些重要的问题。例如，信道是不是稀疏的；信道能不能采用多径簇的方式来建模；信道的时变性是不是能够通过几何参数的演变来充分描述；宽带的信道究竟会不会展现出随着频率变化的现象从而大幅度地增加建立模型的难度。

1.1 毫米波频段信道特征与建模

本节中，我们对毫米波信道的一些特征的研究做摘要式的介绍与评述，包括：射线传播特征，即毫米波信道是否可以采用有限数量的射线来进行仿真和描述；极化特征，即毫米波信道在发射时的极化方向上以及在改变后的极化方向上，具有什么样的特征；确定和随机性特征，即描述毫米波信道冲激响应(channel impulse response，CIR)时，是否需要结合一部分具有确定特征的路径和另一部分具有随机特征的信道分量；频率选择性特征，即毫米波信道与其他频带的信道相比，假设所在的环境相同，在信道特征上会有什么样的变化。

基于实测的统计信道模型构建对在现实的传播场景中验证无线通信系统的性能具有重要的意义[1][2]。基于几何的统计信道模型，如 WINNER 空间信道模型(spatial channel models，SCM)[3]、IMT-Advanced 信道模型[4]以及 COST2100 多入多出(multiple-input multiple-output，MIMO)信道模型[5]，被认为是标准模型，被广泛用于产生中心频点在 6 GHz 以内、带宽可以达到 100 MHz 的单链路、多链路的信道样本。

面向 5G 的信道研究早在 2010 年就成为热点。相对具有较大影响力的一些信道建模项目如欧洲第七框架协议项目(The European 7th framework project) METIS(Mobile and wireless communications Enablers for the Twenty Information Society)，其在 2013 年正式发布了白皮书，描述了 5G 的典型应用场景和传播环境[6]。根据 METIS 项目的定义，5G 应用使用的频段可以从 0.45 GHz 到 85 GHz，带宽可以从 0.5 GHz 到 2 GHz[6]。在 5G 研发的初期，在上述频段建立的基于实测的宽带信道模型还相对较少，特别是毫米波频段。很长一段时间内，信道模型的缺失使得 5G 通信系统的研发遇到一定的阻碍。

由于毫米波频段的电波传播和环境中散射体之间的关联度相比 6 GHz 以下的频段更高，需要更多的实际测量活动来揭示电波传播的规律。因此，世界上很多研究机构在 2010 年左右就针对各种类型的场景和环境，开展了大量的信道测量活动。其中，纽约大学的 Rappaport 教授在毫米波信道特征的研究方面有很大影响力。早在 2000 年，他的团队就在校园和市区的热点环境中进行了一系列的 38 GHz、单点到多点之间的信道测量[7]。2007 年，他的团队完成了超宽带毫米波短距离无线通信信道测量并建立了模型[8]。2012 年，针对 38 GHz 室外城区环境进行了测量[9]。2013 年，采用了机械旋转的方式，对纽约市室外移动通信场景进行了 28 GHz 信道测量与建模[10]。2013 年，在 TAP 上发表了经典的系统介绍城区室外场景的可控波束扫描测量得到的信道特征和统计模型[11]。同一年，Rappaport 教授发表了著名的文章《Millimeter Wave Mobile Communications for 5G Cellular：It Will Work！》，通过实测验证，阐述了毫米波的电波是能够支持城市环境中的室外的宽带移动通信的。这些成果的发表，为 5G 能否使用毫米波的争论画上了句号，消除了业内的疑虑，加快了相关技术的研发，并提升了投入商用的速度和效率。

信道模型的准确性依赖于测量得到的数据的质量，而高质量的数据源于使用适合的测量技术以及后期的处理方式。接下来我们对宽带毫米波信道测量中采用的相关技术做简要介绍，特别针对 3D 信道的小尺度特征或宽带特征，如在多频点、多个水平角和俯仰角上对信道的冲激响应进行信号采集时所采用的方法，并对采用这些方法应该注意的问题加以讨论。

1.1.1　信道测量方法

1.1.1.1　采用滑动相关技术进行测量

能够进行大带宽信道测量，是在毫米波和太赫兹（Tera Hertz，THz）频段的信道测量特别需要的一个测量能力。大带宽信道测量采用欠采样的方式进行信道采集，再经过滑动相关（sliding correlator，SC）来进行信道冲激响应的计算。在 Rappaport 教授所开展的信道测量活动中，滑动相关技术被广泛采用。该操作的输出可以视为在时间域上进行了延展的信道冲激响应的近似表示[11—14]。最初的滑动相关的输出包含了时间延展后的信道冲激响应，以及具有更高频率的、被称为是扰动分量的信号。为了得到信道冲激响应的估计值，可以采用低通滤波装置（low-pass-filtering，LPF）或者预滤波技术（prefiltering）来消除高频的干扰分量[15][16]。滑动相关技术的优点是能够降低接收机设计的复杂度，如不需要增加采样率，从而有效地降低了设备的成本。但是为了能够获得准确的信道冲激响应的估计，需要不断重复地发送信号，重复的次数一般很多。滑动相关技术中的一个参数——滑动因子，可以取值达到 10^3，表示需要重复发送的发射信号的次数。对于静态的传播环境而言，测量活动可以持续较长的时间，不需要考虑信道的时变。但是对于时变的环境而言，为了得到一个完整的信道冲激响应的估计，就需要持续测量一段时间。而这段时间的长度，很可能会远远超过信道自身的相关时间。所以，采用滑动相关技术进行信道测量，仅能在静止的环境中进行，在时变的、动态信道中，存在较大的局限性。这也是滑动相关技术所特有的问题。

1.1.1.2　时分复用信道测量

如前所述，可以采用可控波束方向的天线来测量毫米波信道。由于可控波束天线的辐射方向图通常具有非常窄的波束宽度，为了能够在方向域进行完整的采集，需要多次测量，在多个快照中旋转天线以重复测量，这样每个快拍中天线的辐射方向图由于不同的朝向，故而改变均不同。这也意味着为了获得一个全向的信道冲激响应，实际操作中可以采用"扫描"或者"分割"的方式，针对不同区域的信道利用具有方向性的天线进行测量。这样做的一个好处是，由于方向性天线的增益比全向天线的高，天线收发的高增益覆盖范围会相应增加，因此可以在更大的空间里进行信道测量，从而克服毫米波电波的衰减较大，导致信道测量的范围较小的局限。

为了能够将多个快拍的信道组合成一个全向的信道冲激响应，必须保持多次快拍之间的严格同步。具体就是在时延域上保持每次信道测量的起始时刻和后续时延样本具体位置的严格一致，但是在实际操作过程中并不容易做到。所以在很多旋转天线的测量中，大家都会采用已知环境的信息，如直射路径存在的情况下通过"对齐"信道冲激响应中最先到达的峰值所对应的时延数值，来"校准"多个快拍的信道冲激响应。但是在非视距(non-line-of-sight，NLoS)的情况，或者当有些特殊朝向的天线无法覆盖视距(line-of-sight，LoS)的情况下，有些信道冲激响应不会出现直射路径对应幅值的峰值，此时"对齐"就难以操作。在Rappaport教授及其他研究者的类似文献中，可以看到"对齐"的依据是采用简单的几何射线跟踪的方式，即根据环境中的散射体的相对位置，勾勒出的一些视距或非视距单次折点的路径。坦白来说，这样的操作并不一定能够作为寻找真实存在的路径的依据，所以"对齐"之后的信道冲激响应难以保证能反映真实的信道。因此，从根本上而言，我们还是应该从测量设备本身在每一次快拍重复测量时，保持起点的时间一致性。

1.1.1.3 采用可控波束旋转的方式进行空间信道采样

较早从Rappaport教授开始，就采用喇叭口天线进行不同方向上的扫描式测量，并且在收发两端都采用这样的操作，从而获得准全向的信道响应。这种做法在毫米波信道测量领域已经被广泛接纳并在实测场景和环境中被使用。根据扫描天线主瓣的半功率角宽度，可以采用谱分析的方式，或者采用先验信号模型支持的贝叶斯参数估计的方式来进行多径的参数提取。如果主瓣的半功率角的宽度小于扫描的步长或者相邻两次扫描在角度域的间隔时，相邻两次测量得到的信道冲激响应的相关性可能会非常小，这是因为两次测量所关注的空间区域可能没有重叠，也没有共同的传播多径。在这样的情况下，通常可以对每个快拍测量得到的信道冲激响应进行时延域的多径估计，然后通过将每个方向上估计的多径联合起来，按照方向域上固定间隔的方式形成方向-时延域的信道多径功率分布谱，再利用这些功率谱来进一步进行信道模型的构建。当天线主瓣的半功率角较宽，并且其数值大于相邻两次的快拍测量的角度域间隔时，可以认为由于相邻天线的覆盖范围有较大的重叠，同一个多径可能会同时对相邻的信道冲激响应造成影响。这种情况下，我们认为这两个信道观测的冲激响应是具有相关性的。故可以充分利用最大似然估计理论，通过建立准确的先验模型来推导贝叶斯参数估计的算法得到多径的参数估计。这种操作的好处是，首先由于采用了包括设备信息，如天线方向图信息的先验模型，参数估计时的解耦效果会更为显著，设备响应对信道参数估计的影响就会大大降低，从而能够提高多径参数估计的准确度。此外，由于估计的参数可以选择任一数值，不需要按照既定的方向域间隔来预设参数，进而得到更加符合实际的参数分布。值得一提的是，在很多利用旋转天线来进行信道测量的文献中，我们看到天线的半功率角普遍小于扫描的步距，导致使用基于先验模型的参数化估计难以有明显的效果，并且天线方向图的影响也很难从信道方向时延谱中解耦消除。所以这样构建出的信道模型的可用度将有所降低。

1.1.2　信道测量活动案例

本节将对在毫米波信道进行测量的一些案例作简要介绍，包括对一些测量平台的结构和其工作原理进行分析，配合测量的时分及空分切换的技术、存储数据的格式，以及一些在典型场景里进行实测的案例进行描述。自 20 世纪 80 年代至今，毫米波信道的测量活动在业内开展得非常普遍，本节所介绍的仅仅是其中很少的一部分。此外，考虑到对使用矢量网络分析仪(vector network analyser，VNA)进行信道测量的方式已经被广泛应用，而对于毫米波信道测量并没有特别显著的改变，所以本节并没有对基于 VNA 的测量方式进行过多的描述。对相关测量活动感兴趣、希望可以深入了解的读者，可以通过相关文献进行更广泛、更深入地了解。

1.1.2.1　利用 PN 直接序列扩频测量平台进行信道测量

我们首先以三星电子早期发布的毫米波信道测量平台为例来进行介绍。该平台包含四个部分：第一个部分，是具有较高增益和方向性的发射与接收端天线，通常采用喇叭口或者金字塔(pyramidal)形的天线；第二个部分，为了能够实现测量空间信道的目的，使用了机械转台及与之相配套的控制系统；第三个部分，为了能够针对毫米波的信道进行测量，系统采用的射频模块中增加了必要的上下变频设备等；第四个部分，为了存储和处理数据，建立了数据采集和后端的分析系统。

图 1-1 所示的是三星电子信道测量系统的外观。可以看到，有一个水平角的旋转器和一个俯仰角的旋转器，这两个旋转器由马达控制，可以控制测量时天线的朝向。在平台的顶端安装有一个喇叭口天线，具有 24.5 dBi 的最大增益和 10°的半功率角，发射功率可以达到 29 dBm。接收到的 28 GHz 射频信号被下变频并经过模数转换器(analog to digital converter，ADC)后进行存储，并且以数据采集(data acquisition，DAQ)的固定格式进行存储，之后再通过后端处理软件进行后处理。该信道测量平台可以发送阶次为 11 的移位寄存器所产生的 m 位伪噪声(pseudo-noise，PN)序列。该 PN 序列通过二进制相移键控(binary phase shift keying，BPSK)的调制，从基带上变频到中心频点 27.925 GHz。而后通过 1 GS/s 的采样率，即 4 倍于基带信号带宽的速率采样(该信道测量平台的滑动相关算法能够输出相当于带宽为 250 MHz 的信道冲激响应)，对应在时延域上的分辨率为 4 ns。为了能够保持时间上的同步，发射信号里增加了时间戳。图 1-2 展示了信道实测的收发时序逻辑和同步结构。收发两端各自连接自己的外部时钟。这两个外部时钟可以相连，并有一个共同的触发器来产生作为时钟的基准脉冲。

在 Rappaport 教授所采用的信道测量平台(见图 1-3)中也具有非常类似的结构、相关的模块以及滑动相关和同步的装置。不同的是，它的发射信号是具有 400 MHz 带宽的 11 位伪噪声序列。该伪噪声序列被调制为中心频点为 37.625 GHz 的射频信号，发射功率最大可以达到 21.2 dBm。一个半功率角为 7°、发射方向增益最大可达 25 dBi 的垂直极化的可控波束喇叭口天线，可以进一步将信号以高度方向性的波束发射，其有效全向辐射功率(effective isotropic radiated power，EIRP)可以达到 46.2 dBm，这已经接近移动通信系统基站的发射功率。接收端采用了中频为 5.375 GHz 的超外差式下变频结构，并通过正交解调后与带宽为 399.5 MHz 的 11 位 PN 序列进行相关。注意到这里的 399.5 MHz 是可以按照实际的滑动因子来调整得到的信号，其经过低通滤波得到时间延展后的信道冲激响应，即作为采用400 MHz 带宽的伪噪声进行自相关计算后得到的信道冲激响应。之后，可以使用一系列的信道特征提

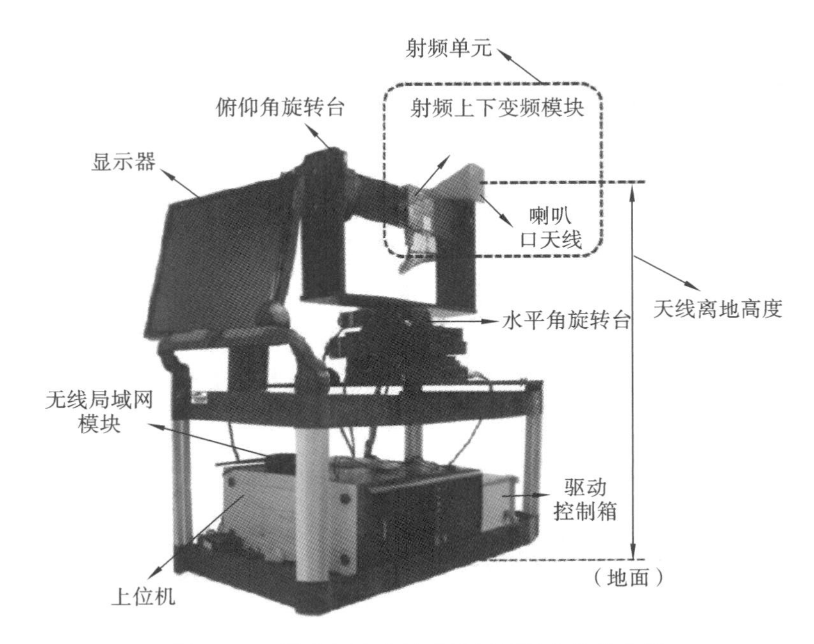

图 1-1　三星电子毫米波信道测量平台的接收端

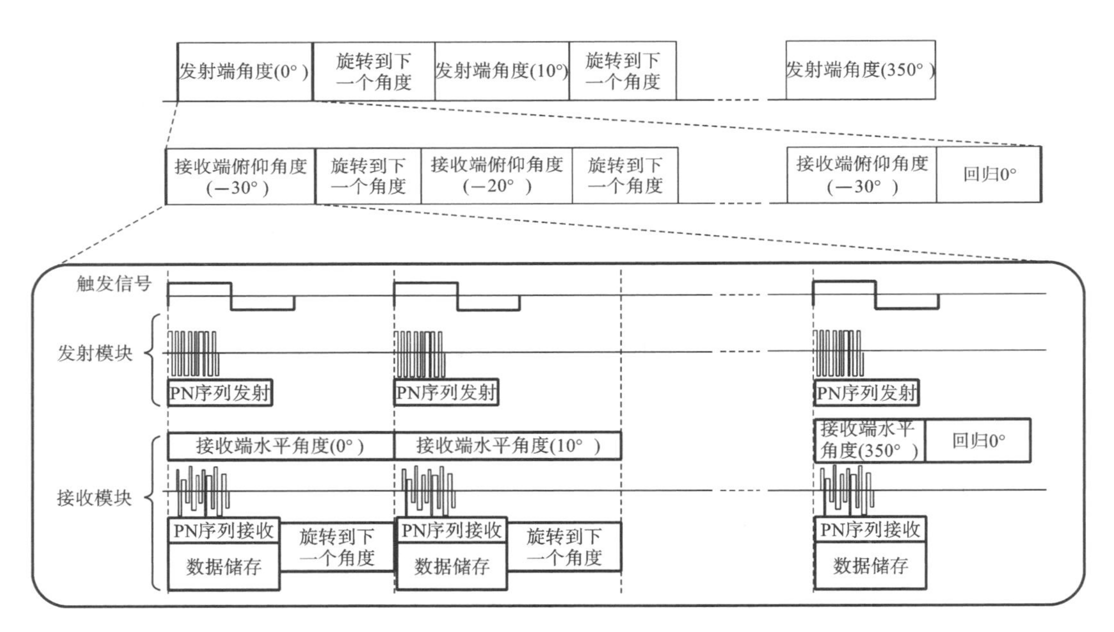

图 1-2　采用了收发端同步操作的信道实测信号的发射、接收过程

取方法，如得到信道冲激响应幅值平方的信道功率时延谱（power delay profile，PDP）。总体的信道窄带增益则可以通过对功率时延谱进行积分得到，这里需要对其进行一些去噪处理，如设置功率阈值，经过去噪后的信道功率时延谱包含了主要的信道多径分量，积分的结果即为信道对信号的总体幅值增益。

值得一提的是，以往在 6 GHz 以下频段常采用射频切换而形成的多天线测量方式，在毫米波信道的测量中并不被普遍采用。究其原因，主要是毫米波射频切换开关的制作成本较高，并且对于大带宽的要求，难以达到在所关注的频率区域上增益稳定的要求。采用旋转平台加

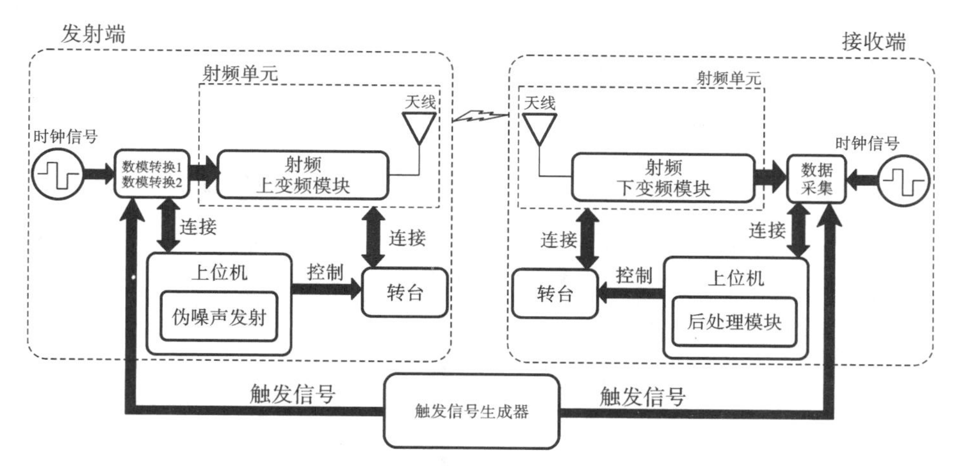

图 1-3　毫米波测量平台的典型构建

喇叭口高增益天线，虽然可以扩大信道测量的空间尺寸，并且达到一种准全向的效果，但是这样测量方式具有一些不可避免的局限性。由于旋转通常是采用机械的、物理的方式来实现的，为了能够让转台保持稳定，旋转的速度不能过快，需要预留出从启动旋转到停止的时间，并且需要有一点静候系统稳定的间隔。在这样的情况下，一次近似全向的测量可能会需要数量较大的空间旋转次数才能达成，由此会增加完整测量一个信道的时间，通常会超过信道自身的相关时间。注意在毫米波电波传播信道中，由于波长变短，相关时间相较于低于 6 GHz 的频段而言会变得更短，这样造成了依靠旋转天线的方式无法进行动态快速信道测量的现状。当然，我们可以通过使用宽波束的天线，同时减少旋转次数的方式来减少信道总体的测量时间。但业内对如此操作的兴趣似乎并不大。所以在之后的研究中，并没有出现更系统的旋转测量的技术体系。一种取而代之的方式是采用波束赋形的技术，形成预设波束宽度的天线方向图，并通过所谓数字化的方式，设计空间可以覆盖的区域及在该区域里应该做的扫描动作。采用上述软件而非机械的方式进行控制，会大大提升测量的速度，减少每一个信道完整测量的总时长。我们会在后面章节中对这种波束赋形支持的信道测量方式做更为详细的阐述。

此外，值得注意的是关于信道相关时间的定义。传统的定义是针对窄带信道而言的，即把信道内的多径分量的复数增益都加在一起，然后计算该合成的增益随着时间的变化规律，由此计算出相关时间。

1.1.2.2　利用多频段啁啾(Chirp)信道测量平台进行信道测量

英国杜伦大学的 Salous 教授在信道测量方面已有多年的研究经验，她在参考文献[17]中对采用啁啾信号进行信道测量做了详细的介绍。啁啾信号在车载雷达中已经有了较为广泛的用途。通过对接收发射回来的啁啾信号与原始的发射信号做混频，再通过简单的二维傅里叶变换，就可以得到距离-多普勒(range-Doppler)频移二维的功率谱，通过对功率谱进行特征提取，就能够获得信道内的多径信息。在参考文献[17]中，啁啾信号被用来对小蜂窝宽带场景里中心频点为 60 GHz 的信道进行测量。测量中使用了一个频率合成器，在带宽内快速地滑动，从而测量两个发射端和两个接收端之间的信道。测量过程中，接收端的高度设置为 2.35 m，发射端为 1.5 m，发射信号的带宽为 4.4 GHz。设备可以重复发送信号，具有测量610 Hz多普勒频移的能力。Salous 教授同样采用了方向性的天线，增益为 20.7 dB，半功率角为 15.4°。测量时，发射功率为 7 dBm；发射时，两个发射天线采用切换的方式，接收端的两个通道同时接收。数据采集使用了 14 位的模数转换器，收发之间的距离为 28～178.42 m。Salous 教授团队在 2014 年用该测量平台测量室外微蜂窝环境中的 60 GHz 中心频点的 2×2 MIMO 信道。测量环境的照片如图 1-4 所示。

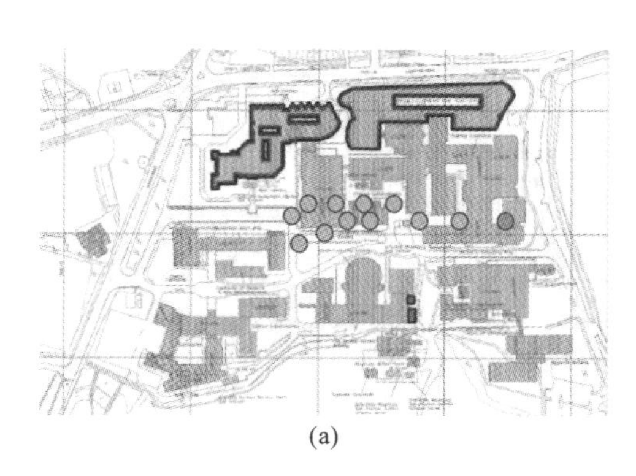

(a)

(b)

图 1-4 测量环境的照片

(a)测量环境的平面图：绿色代表着接收机的位置，紫色代表着发射机的位置；(b)被测的环境

通过将接收到的信号与发射信号做自相关即可得到功率时延谱。尽管收发之间没有阻挡，经过测试，如果不做系统校准，旁瓣的幅值大概低于主瓣 16 dB。通过采用视距场景中收发天线对准对方，相隔 51 cm 的情况下，通过测量得到了近似的系统响应。使用该响应来做系统的校准，自相关之后得到的旁瓣将会远远小于主瓣的幅值。采用这样的校准方式，得到图 1-5 所示的 2×2 MIMO 信道的四个功率时延谱，动态范围可达 30 dB。图中的功率时延谱包含了较多的路径，由于采用了 4.4 GHz 的带宽，能够明显观察到可分离的多径大量出现在时延 10 ns 以内。此外，四个信道的非一致性可以说明即使收发距离很近，毫米波信道也可能会由于波长很短，导致发射端或接收端位置上的微小改变所引起的巨大信道抖动。

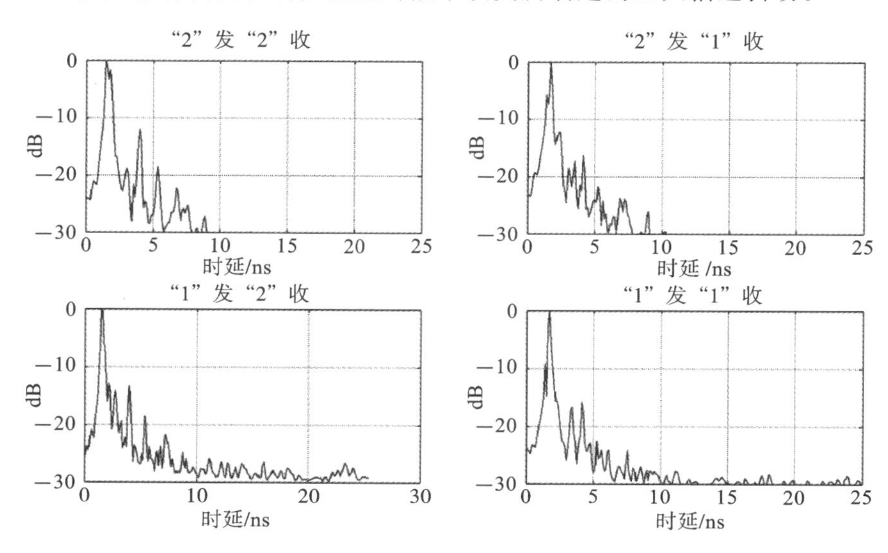

图 1-5 2×2 MIMO 信道的四个功率时延谱

1.1.2.3 利用旋转天线形成虚拟阵列进行的信道测量

2014 年三星电子的信道研究团队在室内、园区内以及城市环境下开展了针对28 GHz的信道测量[18]。该团队采用了高增益、高方向性的喇叭口天线，通过在水平角和俯仰角上旋转，能够达到几百米的覆盖距离。旋转采用的参数为：水平方向上共取 36 个角度、角度之间间隔 10°，仰俯方向上共取 13 个角度，角度之间间隔同样为 10°，如图 1-6 所示。由于收发之间实行了严格的同步，能够将每次得到的冲激响应合并在一起，形成一个类似全向的信道冲激响应。

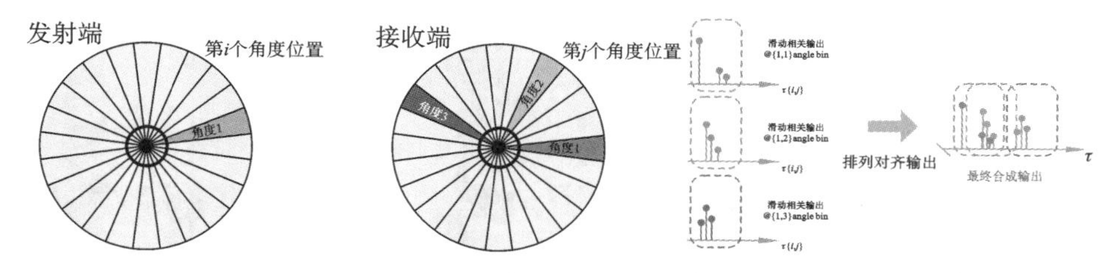

图 1-6 三星电子所进行的旋转方式测量毫米波 28 GHz 信道的示意图，通过多次测量之间的同步，能够将得到的冲激响应合并成为一个全向的信道冲激响应

1.1.2.4 利用双极化+空间旋转天线的信道测量

Reiner Thoma 教授也在早期开展了 70 GHz 的室外场景的面向 5G 移动通信的毫米波信道测量活动[19]。他们使用了多极化宽带多通道信道测量平台(dual-polarized ultra-wideband multi-channel-sounder，DP-UMCS)。图 1-7 所示的为该测量平台的架构，该测量平台在发射端采用了高速的射频切换开关，使其能够选择水平极化、垂直极化的天线进行信号的发射。接收端则采用多通道同时对水平和垂直极化发射的信号进行采集。图 1-8 为 DP-UMCS 连接了 70 GHz 毫米波频段设备后的外观图。

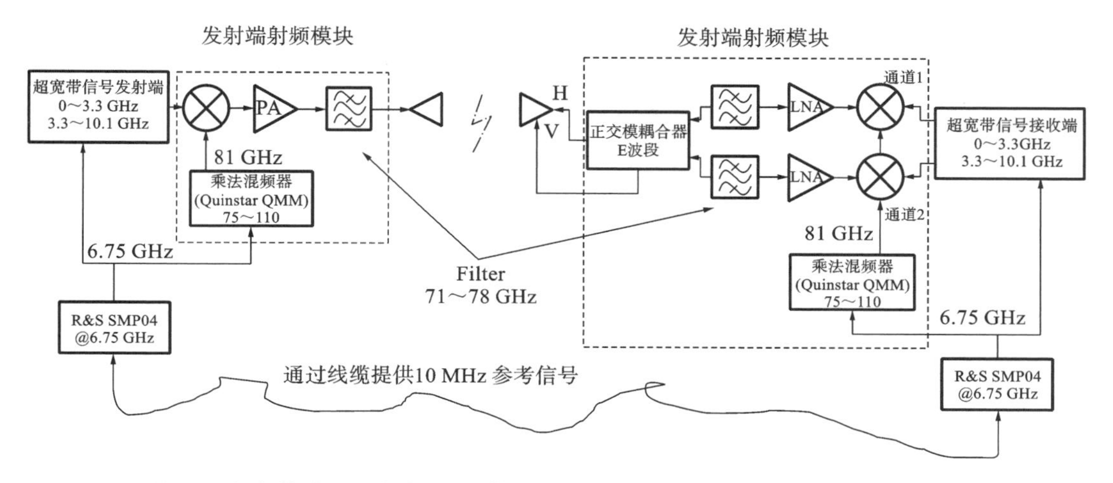

图 1-7 伊尔梅瑙工业大学(TUI)搭建的多极化宽带多通道信道测量平台的架构

以旋转天线的方式进行信道测量活动，在 2014 年以后变得较为普遍。为了能够达到毫米波频段，需要将中频信号上变频到毫米波频段。例如，在参考文献[20]中，中频信号以 2 GHz 为中心频点，通过频率为 9 GHz 的本地晶振，并经过 4 倍频，将中频信号上变频到 38 GHz。天线则使用增益为 21 dBi、半功率角为 15°的喇叭口天线。图 1-9 展示了参考文献[20]中所使

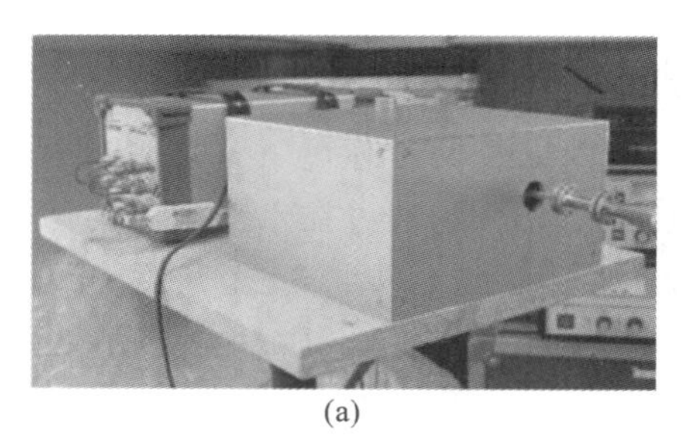

(a) (b)

图 1-8　TUI 的 70 GHz 多极化宽带多通道信道测量平台的部分设备外形照片

(a)发射端;(b)接收端

用的天线和上变频器件。

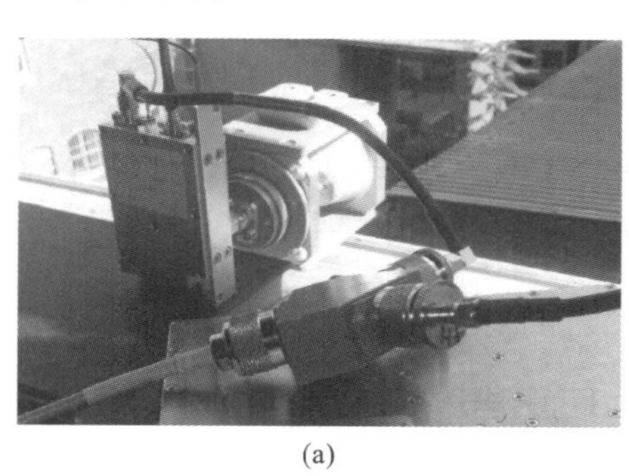
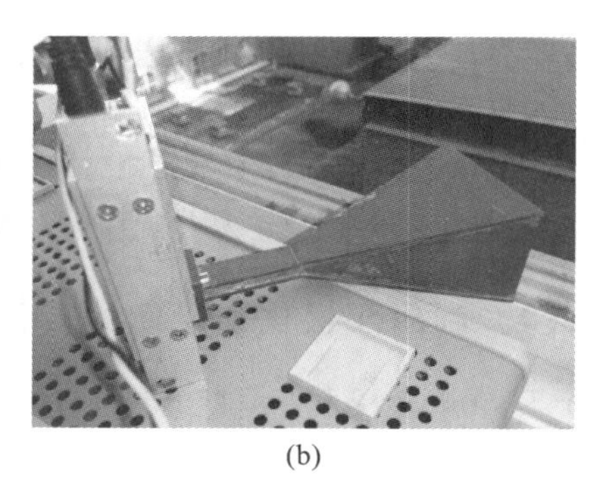

(a) (b)

图 1-9　毫米波上变频模块外形图片

(a)锥形喇叭口天线和上变频器组件;(b)标准增益喇叭口天线和上变频器组件

1.1.3　毫米波信道的射线传播特征

参考文献[21]较早地对射线追踪技术在仿真毫米波(12 GHz 和 30 GHz)信道特性方面的能力验证进行了较为详细的阐述。实测采用了双波段的垂直极化圆锥形天线,发射和接收天线的半功率角分别为 30°和 20°。接收端固定在建筑物的高处,发射端处于移动的状态。发射端的天线朝向接收端,收发端在视觉上保持在视距存在状态。图 1-10 为该文献中射线追踪仿真结果和实测结果对比的场景示意图。

该文献中提到的射线追踪技术特别在漫散射(diffuse-scattering)的仿真算法上做了一些调整。对文章所关注的 30 GHz 以下的厘米波,由于漫散射而造成的损耗系数做了优化,考虑了镜面路径的接收功率、散射的接收功率以及对于具有非常粗糙的表面所形成的散射因子。作者也指出当接收天线具有高度的方向性时,镜像路径的接收功率会由于天线的主瓣没有对准来波方向,而导致接收到的功率大幅下降。在这种情况下,散射路径的功率在信道总功率中的比重就会更高。为此,该文献对散射的单位面积下的散射截面(scattering cross section)进行了仿真计算,并将其展示为散射角度和入射面与散射面之间的角度差距的二维函数,如图 1-11所示。

图 1-12 所示的是关于射线追踪和实测结果之间的对比。可以看到树木对接收功率的影响是较为明显的,有 10 dB 左右的损耗。实测的结果在收发之间的距离变大后,与射线追踪仿

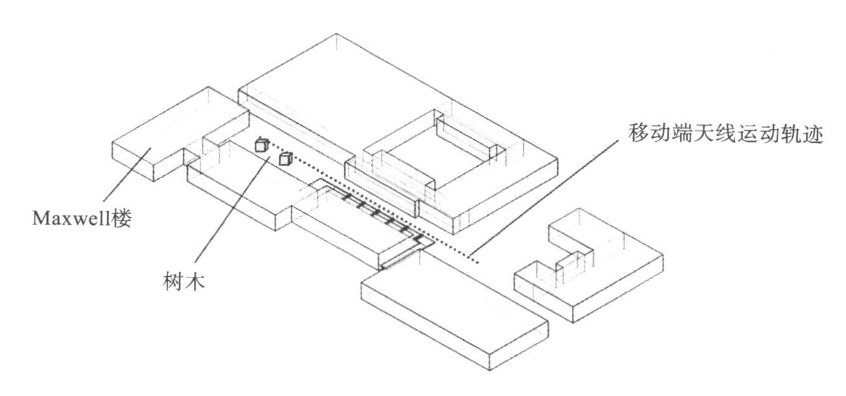

图1-10　参考文献[21]中所描述的测量活动所在的环境

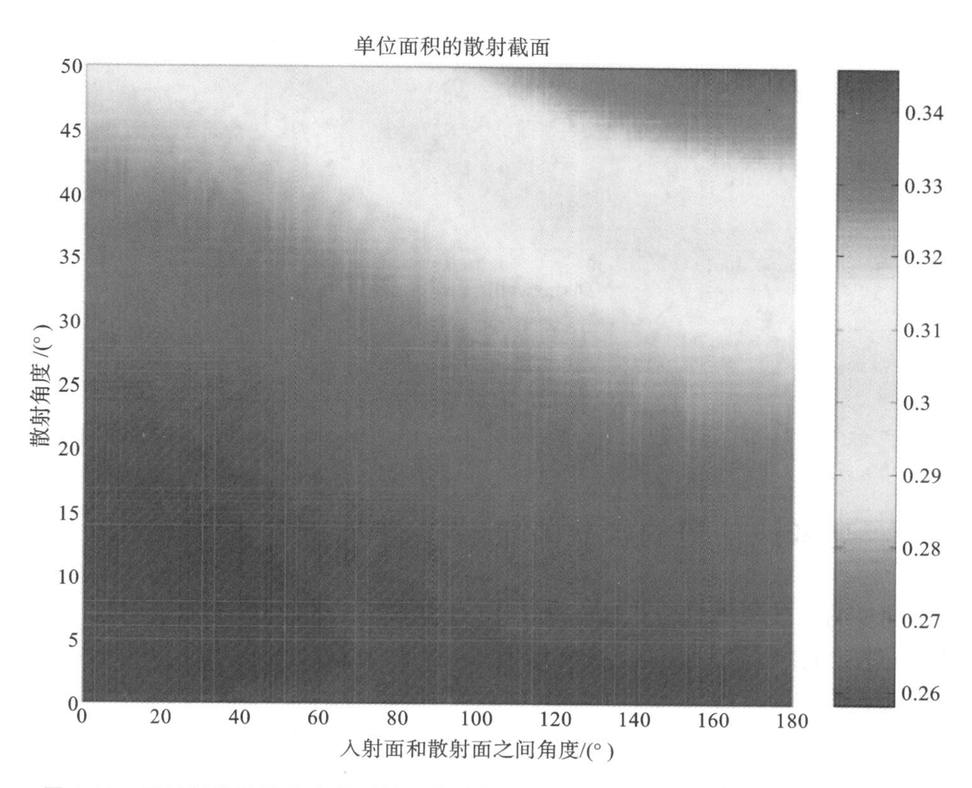

图1-11　采用射线追踪仿真得到的厘米波频段的散射截面，展示为散射角度和入射面与散射面之间的角度差距的二维函数

真的结果有了较大的差距。有趣的是，实测似乎比仿真更为“乐观”，即仿真预测的损耗要比实测普遍更大。这可能也是由于射线追踪不能对大量的散射路径进行准确的仿真，而这些散射分量在实际测量中的贡献比较明显，是不能在模型构建中忽略不计的。另外仿真所预测的上下波动的少量多径叠加的现象，似乎在测量中没有明显的对应。这说明厘米波的传播可能会具有更大的自由度，单纯采用较少的主要路径的方式来进行建模，可能并不符合真实的情况。这一点也是对传统的几何多径建模的概念是否仍然适用于宽带的、高频的信道，提出了质疑。

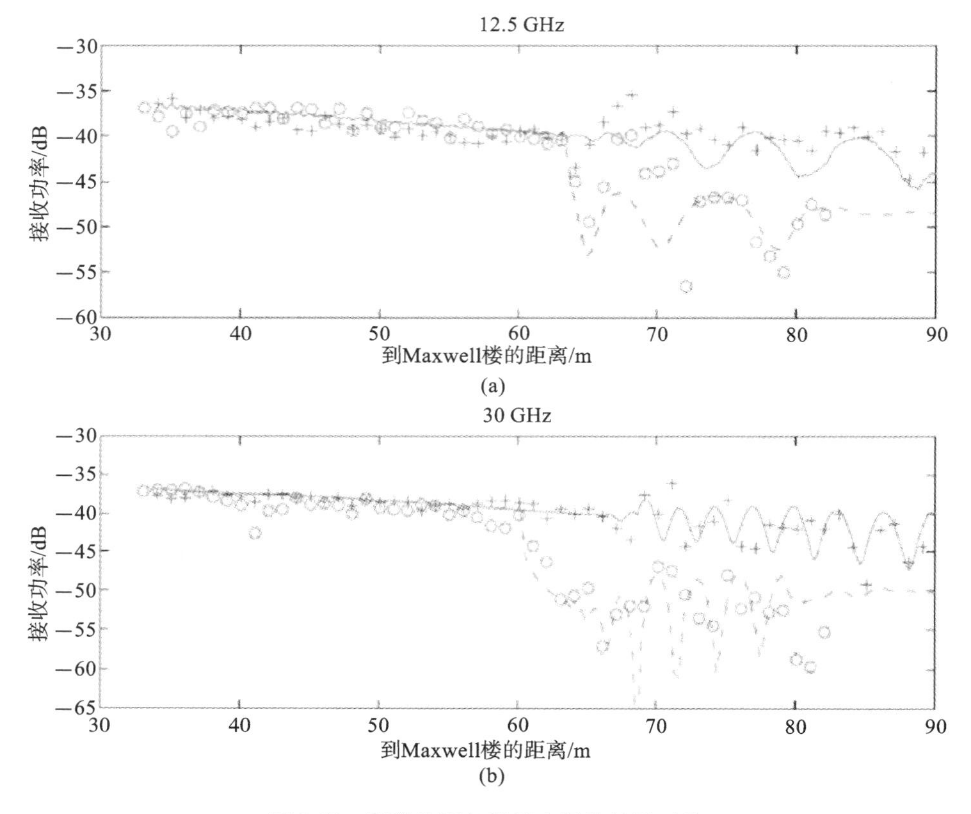

图 1-12 频段仿真与实测之间的结果对比

(a)12.5 GHz;(b)30 GHz

"+"和"o"分别表示二月和十月进行的测量结果,实线和虚线分别表示没有树木和有树木的仿真

1.1.4 毫米波信道的极化特征

毫米波信道的极化现象也是非常值得关注的。参考文献[22]研究了室内 70 GHz 信道的极化特征,主要关注了每个多径的交叉极化率(cross-polarization ratios),场景包括了办公室、商场和火车站。测量的带宽达到了 5 GHz,并且所使用的天线自身的极化交叉比超过了 25 dB,表明对于多径的交叉极化率估计能够达到值得信赖的程度。但是实测发现,在估计到的超过噪声线的 518 个路径中,仅仅有 17 个路径具有可以双极化的分量,交叉极化率的范围为 10～30 dB。这些结论与 6 GHz 以下的情况有很大的不同:6 GHz 以下的信道多径分量呈现出较多的具有不同极化分量的路径,也就是具有双极化的多径占大多数,而从毫米波信道室内测量结果可以看到,具有交叉极化的路径相对较少。这也说明了在毫米波频段,极化被保留的概率更高。

1.1.5 准确定性(确定+随机)特征

如何对毫米波信道进行建模,这个问题在早期就引起了大家的关注。在参考文献[23]中,一种准确定性(quasi-deterministic,Q-D)建模的方法被引入毫米波信道模型构建中。这种准确定性方法可以被用于室内、室外信道建模。它将一定数量的功率较高的准确定性多径(deterministic rays)与一些功率相对较低的随机出现的多径(random rays)结合在一起，来表示毫米波信道的冲激响应。该方法通过在 MiWEBA 项目中的两次测量得到了验证，分别在城市峡谷和大学校园中进行。故引入确定性和随机性的射线，可以对动态场景中的室外环境信道进行更准确的描述，特别是需要考虑有移动性以及阻挡效应的情况下。

1.1.6　频率选择性特征

信道在 6 GHz 以下和毫米波频段上的宽带特性是否一致，即信道的频率选择性或频移一致性，也深受业内关注。高通公司的信道研究团队曾在室内场景中通过实测对该现象进行研究[24]。在美国的新泽西州的高通大楼内，选择了较为典型的办公室场景，采用全向天线和方向性天线，分别进行了 2.9 GHz 和 29 GHz 频段下的对比测量，对比分析了路径损耗、时延以及时延扩展和功率时延谱等信道特征。此外，还通过采用在球面上进行扫描的方式，描述了接收端周围的入射电波在方向域上的分布，如图 1-13 所示。

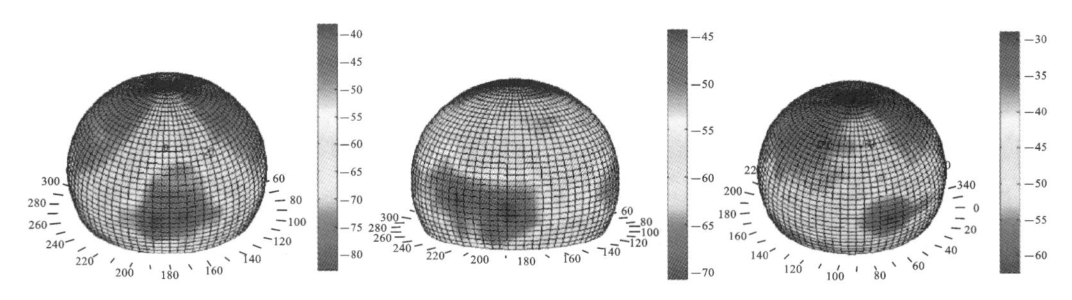

图 1-13　不同的频段所展示出的信道在方向域上的功率分布

1.1.7　信道稀疏现象

信道是否是稀疏的？这里的信道稀疏性并没有明确的定义。按照较多人的理解，信道的稀疏性指的是信道中的多径是否丰富。但是，具有大量多径的信道也不见得被认为是非稀疏的，我们还需要强调这些多径的分布范围。通常意义上讲，如果信道内的多径数量很少，并且仅仅出现在较少的区域，就可以说信道是稀疏的。

稀疏的信道意味着信道在很多维度里缺少“自由度”，或者说缺少“选择性”。如果在时延域上多径的数量较少，并且集中在更少的区域里，那么信道在频率域上的选择性就会下降。同样的，如果在空间上，比如来波方向域中，入射的多径数量少且分布在较少的区域，那么信道在空间不同位置上变化，就会变得“平坦”些，不同地点上观测到的信道就可能表现出更高的相关性，即信道在空间上变得平坦了，相关距离变大了。信道的稀疏性与信道的秩有很大的关系。通常人们会认为稀疏信道的秩比较小，能够提供正交的并行子信道的可能性偏弱，从而也会导致采用 MIMO 系统进行传输时，数据传输速率不如期望中的那么高。如图 1-14 所示，在凌岑描述室内的 77 GHz 信道特征的文章里[25]，可以看到 77 GHz 毫米波的信道中包含了较多的多径，这些多径分布较为广泛，当然在收发极化正交的情况下，多径的数量要比收发端具有相同的极化情况要少很多。这说明稀疏的信道也可以人为改变收发配置方式来获得。但从收发端同极化的情况下测量得到的信道看，多径是丰富的，甚至与周边的环境有非常好的、合理的对应。除了 77 GHz 的毫米波，通过很多学者的研究结果，我们看到了在教室进行测量 15 GHz的情况下，多径也非常丰富，并且路径的形成可以很容易地采用射线的方式找到电波传播过程中“触碰”的物体，由于这样的触碰，电波的传播方向发生了改变。此外，在利用球面波的先验信道模型进行的多径参数估计中，可以看到被测量的室内的很多主要存在物，如面积较大的墙壁、房顶都可以带来较为明显的多径。通过多径信息估计得到的散射点，能够和室内的很多物体有明确的对应，这些“证据”充分展示了在毫米波传播情况下，信道并没有表现出稀疏性。当然，我们还是要指出的是，尽管多径依然丰富，但是由于毫米波电波传播过程中的损耗增加，信道的背景，即那些功率较小的信道分量，相较于低频段的信道而言明显减少。从这个角度看，信道内出现了更多的没有路径存在的区域，或者说毫米波的信道似乎更为“黑暗”了，很多物体在低频段的传播中可见，但是在毫米波传播中变得不可见。

如图 1-14(f)所示，发射端放置在房间里一面墙的中间，接收端放置在木制的书架侧。收发端采用了垂直与水平极化方向，可以看到不同的极化组合得到的功率谱还是有很大的不同，说明 77 GHz 的信道对于极化具有一定的选择性。此外，我们可以观察到功率谱中的功率集中的位置，与实际环境中有较好的对应关系，体现出了毫米波信道的传播路径，尤其是功率相对比较强的部分，即环境中存在主要的散射点，参与到了信道的形成。也说明信道能够通过对环境中散射点的选择，得到相对准确的信道仿真和预测的结果。关于信道是不是变得更加稀疏，我们不能简单地下结论。因为随着中心频点的提升，带宽的使用也会更宽，对信道的解析度会变得比传统低频的情景下更高。因此，信道多径可能也会呈现出更为丰富的状态。

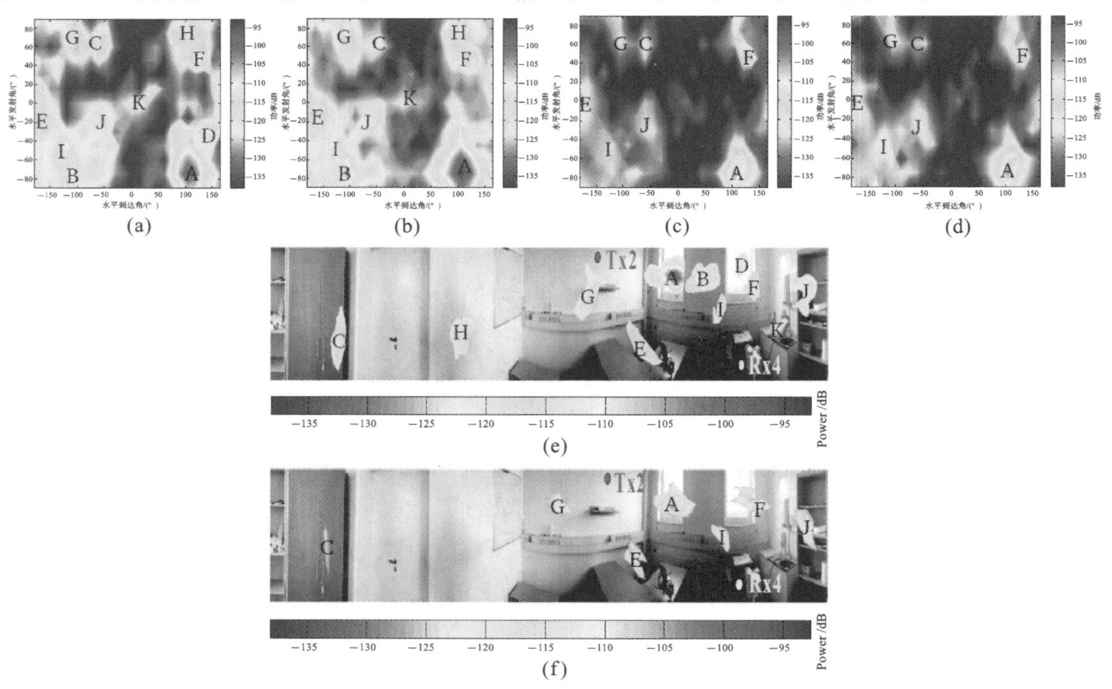

图 1-14 77 GHz 在室内测量得到的波离和波达方向域的信道功率谱

(a)垂直-垂直极化组合；(b)水平-水平极化组合；(c)水平-垂直极化组合；(d)垂直-水平极化组合；
(e)水平-水平极化组合下的结果在环境中的映射；(f)水平-垂直极化组合下的结果在环境中的映射

图 1-15 所示的是 13～17 GHz 的信道特征，我们可以看到多径的分布和周边的环境，确实

存在较为明显的对应关系[26]。但并不是所有的物体都对电波传播产生明显的影响。对信道产生主要影响的只有环境中部分物体，同时通过这些物体的直射路径和单次折射的路径，在信道占功率主要的部分。毫米波、太赫兹信道同样具有较为丰富的背景杂波，接下来可以看到，通过不断地“剥离”比较强的路径，信道内相对较弱的部分逐渐显现，信道多径的丰富性将变得更加明确。

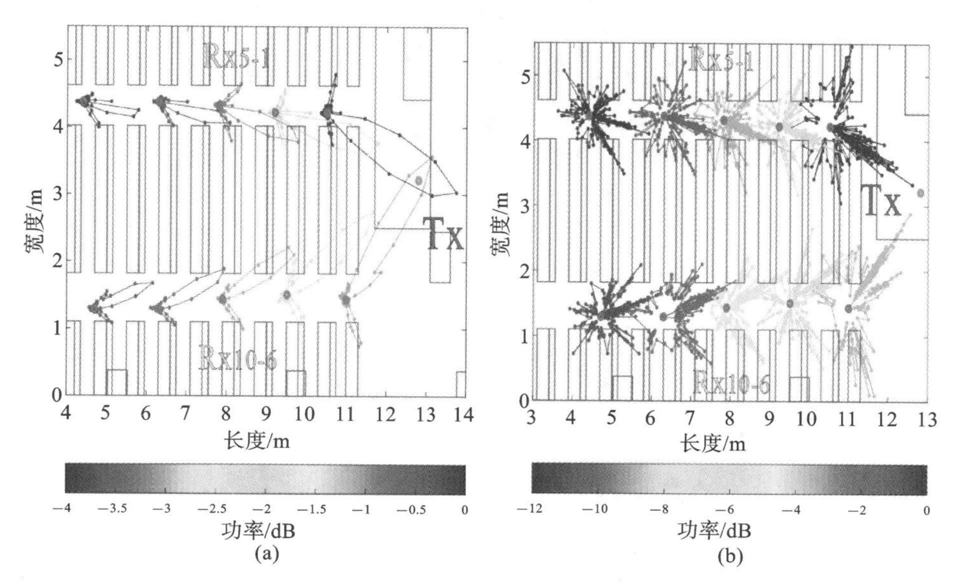

图 1-15　在教室环境里 13～17 GHz 下采集到的以极坐标方式来表示的信道方向域多径

(a)采用 10°的半功率主瓣旋转得到的功率谱；(b)采用 SAGE 算法提出的多径的分布

毫米波信道特征体现出和环境之间的高度吻合，可以预见在太赫兹频段，这种由几何射线方式来进行信道状态预测的情况，将会持续存在。图 1-16 和图 1-17 所示的是在 133.5 GHz 频点上采用单音信号，利用旋转的喇叭口天线在接收端的 0～360°水平角范围、−30°～30°的俯仰角范围进行多次采集的信号，通过巴特莱特谱的计算得到的来波方向功率谱，分别采用线性和 dB 的方式表示。从图中可以看到，在该办公室的场景下，133.5 GHz 频点的传播信道功率非常集中，路径或路径簇的数量较少，可以说信道整体体现出了明显的稀疏状态。图 1-18 展示了通过空间迭代期望最大化(space-alternating generalized expectation-maximization, SAGE)算法提取的 100 条路径，可以看到尽管路径的数量设置较多，但是路径比较集中在四个来波角(angle of arrival, AoA)的区域。图 1-19 展示了去除估计到的 100 条路径后，还在信号中剩余的功率谱，可以观察到剩余的信号里仍然有较多的分量。这说明尽管毫米波和太赫兹信道存在一些功率较高的分量，但是放大观测的功率动态范围，就会看到其背景上存在大量有效的信道分量，所以严格意义上讲，信道不会展现出传统意义上的稀疏性。当然，存在的主要路径通常能被观测到，并且这些路径的构成和环境之间存在较为确定性的关系。同时信道大量存在着功率相对比较弱的路径，如果能够充分利用这些微弱的路径，不仅可以增强无线通信的性能，也能够在感知层面上设计更多的应用。

1.1.8　信道硬化现象

可以采用 Silvia 的结果来展示信道在多种特性的综合下，能够支持我们产生独立同分布

图 1-16　133.5 GHz 旋转喇叭口天线得到的 Bartlett 功率谱-线性比例

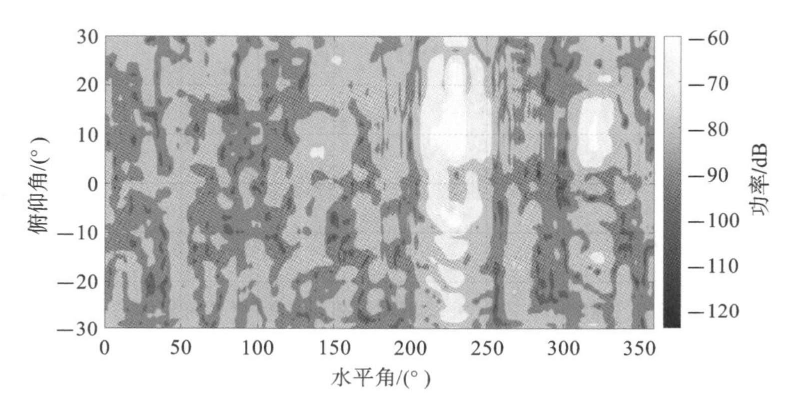

图 1-17　133.5 GHz 旋转喇叭口天线得到的 Bartlett 功率谱-dB 比例

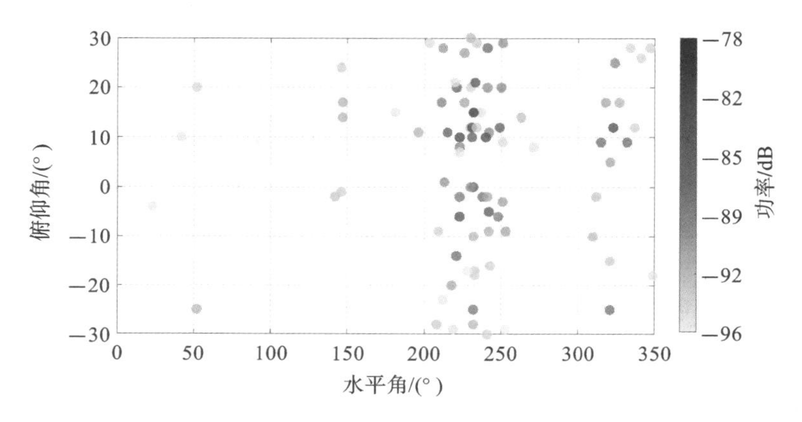

图 1-18　SAGE 结果的 Bartlett 功率谱-dB 比例

(independent identical distribution,iid)的信道,即信道的秩可以随着天线阵列的阵元数量的增加而增加。当然,这也同时取决于不同的环境和系统的配置。

众所周知,MIMO 传输技术是支撑现代无线通信持续发展的重要技术之一。这项技术在 4G、Wi-Fi 和 5G 通信系统的基础理论创新和技术实践中得到了快速发展。从点对点(peer-to-peer,P2P)MIMO、多用户(multi-user,MU)MIMO 技术,到现阶段普遍关注的大规模、超大规

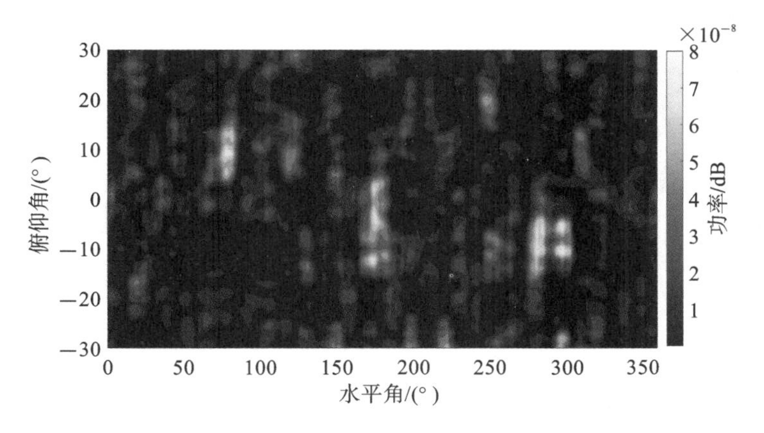

图 1-19　剩余的分量 Bartlett 功率谱-线性比例

模 MIMO,此类技术的优势、缺陷及其局限性,始终是传播信道特征研究的主要关注领域。

大规模 MIMO 系统中存在所谓的“信道硬化”现象,近期得到较多研究者的重视。信道硬化是描述 MIMO 的收发端天线阵元之间的多个信道,随着天线数量的增加,信道之间的相似度逐渐增强,彼此之间逐渐变得更加相关,或者说信道的确定性特征逐渐呈现,而随机性特征逐渐降低,由此产生了许多潜在的问题。例如,信道的秩不能再持续增加,导致 MIMO 天线的数量提升,没有带来通信上的增益。

据我们了解,目前对大规模 MIMO 信道的硬化现象缺乏基于实测的研究。在本章,我们首先利用实际采集的 MIMO 信道数据,对采用线性双极化发射天线阵列和圆柱形双极化接收天线阵列组成的信道,研究随着天线极化配置方式不同、不同的天线阵列架构下的信道硬化效应。实际测量场景包括了视距和非视距两种场景。每种场景下,发射机或接收机的位置固定,环境不变。根据不同极化、不同天线子阵的观测信号,计算得到描述信道硬化的指标,来分析硬化现象。

首先,来了解一下信道硬化的具体数学表示。

$$y_k(n)=g_k^{\mathrm{H}}x(n)+w_k(n) \tag{1-1}$$

式中:$g_k=\sqrt{\beta_k}h_k$,是第 k 个用户对应的 MIMO 信道向量,β_k 可以理解为大尺度的衰落,h_k 是小尺度的衰落。这个 MIMO 系统,有 M 个基站天线和 K 个用户。信道硬化发生在当 $\lim\limits_{M\to\infty}\dfrac{\|g_k\|^2}{E\{\|g_k\|^2\}}\to 1$,或 $\lim\limits_{M\to\infty}\dfrac{\mathrm{Var}\{\|g_k\|^2\}}{E\{\|g_k\|^2\}}\to 0$。

可以证明

$$\mathrm{CV}^2=\frac{\mathrm{Var}\{\|\boldsymbol{H}\|_{\mathrm{F}}^2\}}{E\{\|\boldsymbol{H}\|_{\mathrm{F}}^2\}}=\varepsilon^2(A_{\mathrm{Tx}}D_{\mathrm{Tx}})\varepsilon^2(A_{\mathrm{Rx}}D_{\mathrm{Rx}})\frac{E\{\|\boldsymbol{c}\|^4-\|\boldsymbol{c}\|_{\mathrm{F}}^4\}}{E\{\|\boldsymbol{c}\|^2\}^2}+\frac{\mathrm{Var}\{\|\boldsymbol{c}\|^2\}}{E\{\|\boldsymbol{c}\|^2\}} \tag{1-2}$$

这里下标 F 表示 Frobenius 范数,也称为欧几里得范数,定义为矩阵元素的绝对平方和的平方根。$\varepsilon^2(A_{\mathrm{Tx}}D_{\mathrm{Tx}})\varepsilon^2(A_{\mathrm{Rx}}D_{\mathrm{Rx}})$ 代表发射和接收的两个不同物理路径的导向向量之间的内积的二阶矩。导向矢量包含平面波从一根天线到另一根天线的路径差异,并且取决于入射射线的 DoA/DoD 和天线阵列的拓扑结构。$\boldsymbol{c}$ 是所有物理路径的累积信道增益,是由多径的振幅组成的矢量。可以看到变异系数(coefficient of variation,CV)能够被表达为两项之和,即小尺度衰落因子加上大尺度衰落因子。小尺度衰落仅取决于阵列拓扑 $A_{\mathrm{Tx}}A_{\mathrm{Rx}}$、多径的分布 $D_{\mathrm{Tx}}D_{\mathrm{Rx}}$ 和多径功率 $\boldsymbol{c}$ 的统计量。硬化除了受到基站的天线数量影响外,还取决于环境中多径的数量,更多的多径将导致大尺度变化的减少。如果假设信道内具有独立的信道增益并且所有多径都是均匀分布的，则可以证明：

$$\mathrm{CV}^2 = \frac{1}{M}\left(1 - \frac{1}{P}\right) + \frac{1}{P} \tag{1-3}$$

这里 P 代表的是路径的总数量。如果信道是稳态的，并且信道向量始终都具有零均值和固定的协方差矩阵($h \sim \mathrm{CN}(0,\boldsymbol{R})$)，那么变异系数将取决于协方差矩阵 $\boldsymbol{R}$。这样的情况下，天线阵元的分布和传播信道的多径分布将联合决定 $\boldsymbol{R}$，即

$$\mathrm{CV}^2 = \frac{E\{|h^H h|^2\}}{\mathrm{Tr}(\boldsymbol{R})^2} + \frac{\mathrm{Tr}(\boldsymbol{R}^2)}{\mathrm{Tr}(\boldsymbol{R})^2} \tag{1-4}$$

如果信道向量中的阵元具有相关性，相对于独立同分布的信道而言，其变异系数的值没有独立同分布的信道那么低，这也是一个比较普遍的现象。针对多用户的情况，可以计算得到一个环境中，由天线阵列的形态、多用户的放置位置，以及传播多径的分布联合决定的变异系数。变异系数的值越低，表明信道越趋近于独立同分布的状态，那么用户容量可以持续增加，即可以部署更多的天线、支撑更多的用户。如果变异系数的值比较高，则说明增加天线可能并不能得到更多的用户容量的支持。因此，变异系数的数值对于天线阵列的排放可以起到一个综合指标的作用。例如，在一个 N 个用户的 MIMO 系统中，通过对所有用户的信道向量做变异系数计算，即综合考虑所有用户的情况，由于用户分布在不同的空间点，于是变异系数可以认为是专门针对空间的信道硬化指标。有相关研究已经表明，分布式的天线排布可以不需要考虑信道的多径分布，而直接得到一个比较低的变异系数，也就是说信道硬化现象比较强烈。相比而言，如果天线分布在一个地点，则会得到一个硬化现象不明显的情况。

不管天线阵列是什么形态，相比只有非直射路径的信道，信道中存在直射路径可以让信道更加硬化。

从图 1-20 可以观察到，不同的用户得到不同的硬化呈现，说明信道的多径分布能够决定硬化的程度。测量的环境对于两个用户而言，都是非视距的场景。但是由于用户所处的本地环境不同，所以会有一些信道传播特征上的差异。这些差异结合了天线阵列自身的特性，得到了不同的硬化程度。

从图 1-21 的视距场景中可以看到，与非视距场景相比，信道更加容易达到较深的硬化。说明视距场景下，信道向量的范数更容易得到稳定，不会发生类似于小尺度下的衰落抖动较大的情况。而非视距的场景则更加容易引起范数的剧烈抖动，扩大了方差，使得信道不容易发生很深的硬化现象。

图 1-22 展示了计算得到的不同收发极化组合的变异系数随着天线数量的增加而变化的趋势。可见，尽管环境和天线阵列的形态都没有发生变化，但是不同的极化可以得到不同硬化状态的信道。对某一个用户而言，有些极化组合，相比其他极化组合而言，可以有更强的信道硬化状态。我们可以通过天线阵列的配置，如选择不同的极化组合方式、不同的天线阵列形态，来进一步改变信道硬化的趋势。

通过进一步的研究发现，在我们所考虑的测量场景中，当天线数量仅为 20 的情况下，硬化现象就能够得以呈现。即信道已经“硬化”，不会持续增加多用户的增益了，或者说信道的随机性可以视为达到了饱和，描述硬化指标的参数也达到了稳定的程度，不再随着天线数量的增加而降低。换句话说，MIMO 的增益在此情况下已经受限，不会随着天线阵元的数量增加而提升。该发现为天线选择算法的设计提供了重要的实测依据，也为未来 MIMO 系统设计开阔了

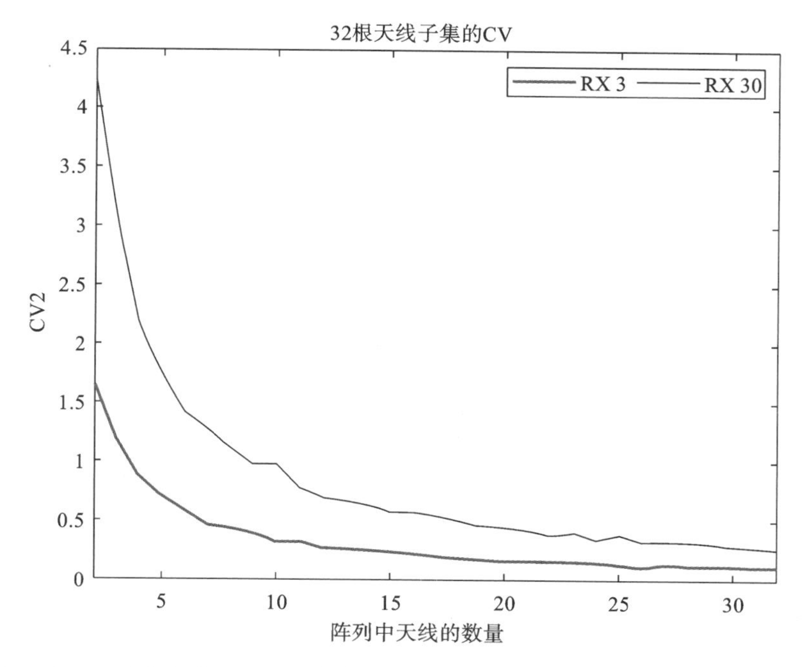

图 1-20　NLoS 场景考虑不同用户作为接收端时得到的 CV 值，随机选择的具有确定数量的天线阵元的发射端平面阵列

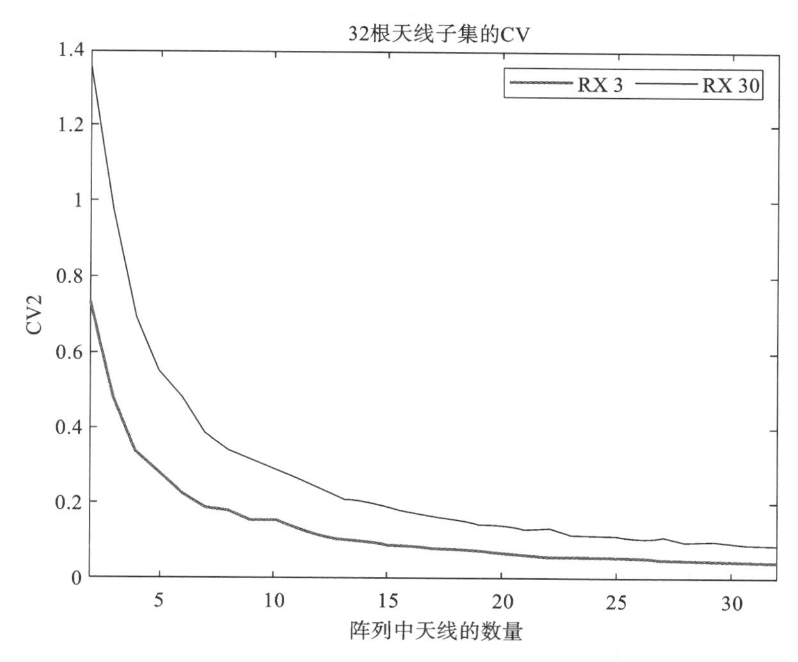

图 1-21　LoS 场景考虑不同用户作为接收端时得到的 CV 值，随机选择的具有确定数量的天线阵元的发射端平面阵列

思路。此外，在非视距场景中的信道比视距场景中的信道硬化程度更高，即天线极化在视距场景下的信道硬化中起着重要的作用。在非视距场景下，硬化特征曲线也可以呈现出类似视距场景的变化趋势。为了达到相同的硬化状态，视距场景要求更多的天线。值得注意的是，通过

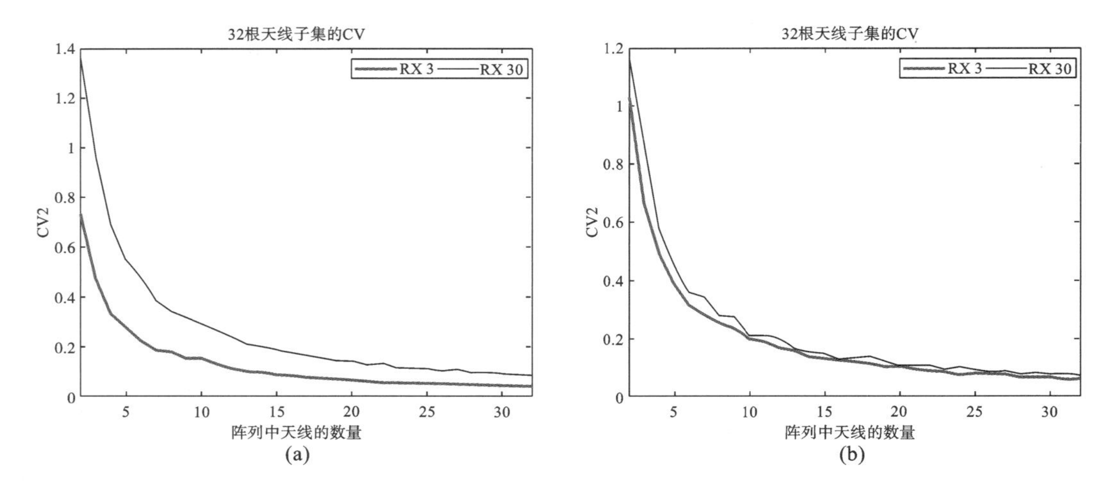

图 1-22　LoS 场景下随着天线数量的增加而变化的 CV

(a) Tx−45，Rx+45；(b) Tx+45，Rx−45

研究发现，与室外和视距场景相比，非视距场景的信道更容易硬化，这是因为极化在非视距场景中难以对硬化产生重要的影响。

尽管硬化现象可以通过测量和仿真观察到，但是依据硬化特征进行优化的策略，并没有得到完整的研究。针对比较复杂的环境，需继续对信道硬化进行深入研究，从而提供多用户 Tb/s的传输能力、天线阵列的优化方案、天线配置参数的确定以及传播信道自身的特征选择。

1.1.9　信道的几何近场和远场

这里所说的近场与远场，并不是指没有辐射和有辐射现象的远近场。这里所说的远近场，可以认为都是辐射场。由于结合了系统的配置，如天线阵列的尺寸的大小，对单一路径的特征定义发生了明显的变化。例如，当发射端的天线尺寸较小时，一条路径的波离方向对于使用天线可以认为是单一的数值。类似的，对于接收天线阵列而言，所有天线的波达方向可以认为是一致的。这种情况下，每个域可以仅用一个数值来描述一条传播路径的参数。例如，在时延域，收发阵列观察到的这条路径具有一个时延值；在多普勒频移域，仍然是一个多普勒频移；方向域上，收发两端分别是一个数值的波离方向和波达方向，对应的复数表示该路径的增益系数，也是单个数值。这时的信道模型中多径的存在，可以认为独立于该环境中存在的通信系统，也就是理想状态下的通信系统和传播信道可以“分离”，使得构建的信道模型可以和不同配置的通信系统相结合，使得产生的信道随机样本能够支撑通信系统的性能仿真。

然而，随着系统配置的变化逐渐增多，尤其是收发端的发射和接收天线阵列的阵元增加，在阵元之间的距离没有明显降低的情况下，天线阵列的尺寸逐步增大。原来的路径的参数不随系统配置的改变而改变的这一假设，就遇到了较大的困难。例如，接收端的天线阵列的尺寸持续加大，某一条路径的波达方向不再固定为一个数值。这是因为传统意义上的信道样本的计算，是利用一个数值来构建“导向矢量(steering vector)”，该导向矢量的计算通常是在已知天线阵列的架构的基础上，增加由于特定的来波方向决定的每根天线的相对时延差异，并且反映在相位上的增加或减少上。当然，我们不排除利用“查表”的方式，按照一个给定的来波方向，对某一个天线阵列可以通过校准测量得到的导向矢量数据库，来找到对应的导向矢量。尽管这两种方式略有不同，但是其依赖于一个给定的来波方向的计算依据是一致的。随着天线阵列的物理尺寸扩增，每根天线观察到的一条路径的来波方向势必会发生变化，这种变化并不能通过给定一个来波方向，就可以明确地计算出来，或者经过校准测量过的天线阵列导向矢量库，考虑到其测量时通常在每根天线观察到的来波方向非常接近，如果发生了实际的来波方向来校准测量时的来波方向不一致的情况，那么校准测量过的导向矢量库就不能提供与现实观察相一致的导向矢量。同样的，波离方向一侧也会遇到类似的问题，即发射天线阵列的尺寸增加，将导致波离方向对于阵列上的每根天线而言均不同。

上述问题预示着我们需要重新考虑该如何进行信道特征的描述：是否需要改变原来的固定一条路径几何传播参数的描述方式，是否可以建立一个与系统配置相解耦的信道模型。如果可以建立相应模型，那么其元素组成、构建方法以及怎样被用于产生与系统配置关联的信道观测样本等，都是需要考虑和解决的问题。所以，从简化描述的角度出发，业内开始使用“近场”和“远场”来区分传统 SCM 模型仍适用的环境，以及其已经不能准确描述的环境。这样的“近场”和“远场”的确是和模型架构关联在一起的，当然我们不能否定“远场”可能是“近场”的一种简略形式，或者是一种近似。这样的近似在传统的天线阵列较小的情况下是成立的，但在 B5G 和 6G 的背景下，这种近似带来的错误已经影响到系统性能研究的准确性，故不能被接受。

据了解，关于“近场”的建模理论还远未成熟、尚未完整。一些初步的构想也同样面临着巨大的挑战。例如，基于地图的建模方式、突出环境中散射体对信道特征的影响、设置“空间非稳态”的参数来定义路径在不同阵元上观察到的不同状态等，这些逐渐被关注或者曾经被提出而今又被重新关注的想法，正在快速发展过程中。业内期待着能够像传统的 SCM 模型那样，出现一个可以有效描述近场信道的几何模型。希望新的模型能够兼容传统的模型，类似于远场可以认为是近场的近似。所以一个可能的发展方向是对已有的 SCM 模型进行某种改造，使之具有更广泛的应用场景、更准确的信道复现能力。

1.2　太赫兹频段信道特征与建模

在过去的三十年中，电信数据传输速率按照摩尔定律不断提高，每 18 个月翻一番，并迅速接近有线通信系统的最大容量[27]。尽管如此，数据传输继续增长的要求依然强烈。特别是要求单一链路能够传输 Tb/s 即每秒传输 1 个 T 的比特。传统的 4G、5G 系统，无论是工作在低于 6 GHz 还是在毫米波频段的系统，都难以达到如此高的传输速率。为此，突破传输速率限制的方向之一，是以更高的频段、利用更宽的带宽来进行传输，并且传输技术本身也需要进一步在理论上优化、性能上继续提升。

近年来，由智能设备产生的对高速无线服务的需求迅速增加，同时可用带宽受到严格限制。这些相互矛盾的因素促使研究人员探索超宽太赫兹频带[28—32]。众所周知，对于在微波及以下频段运行的通信系统，无线数据传输速率被限制在 1 Gb/s 内；而在毫米波频段（如 60 GHz 系统）中，该速率可以在 10 Gb/s 内[33][34]；但在太赫兹频段通信系统中，已经证明，通过控制适当的通信距离、系统带宽和利用某些特定的技术，可以达到 100 Gb/s 的数据传输速率[35]。太赫兹频段指的是从 0.1 THz 到 10 THz 的频段，该频段中的较低的部分，如 100 GHz 到 300 GHz 被认为是 6G 系统所采用的频段之一。太赫兹频段的使用被人们广泛认为是能够有效缓解现有系统传输速率受限的瓶颈。

随着太赫兹相关的技术，如多波束天线、太赫兹传输射频芯片、Tb/s 基带处理芯片，以及相关的通信协议等的快速发展，对太赫兹信道的研究也越来越深入。利用太赫兹频段的大带宽，可以获得比毫米波更宽的频带，从而得到更大的数据传输速率。同时太赫兹不同于光波，具有无线电波的穿透、绕射的能力。由于太赫兹的这些优势，已经开发出了很多典型的案例。例如，在天空地海通信的范畴中，太赫兹可以用于卫星之间、卫星到地面的终端、卫星到距离地面有一定高度的通信平台之间的通信。现阶段的卫星通信主要采用微波通信，卫星之间也可以采用激光通信，但在 6G 背景下各种不同高度轨道的卫星组成的网络中，由于空间的损耗较小，采用微波通信会造成链路间强烈的干扰，而激光通信需要严格的对准，并且不能有阻挡出现。所以利用太赫兹的定向波束传播更加集中、同时波束也可以在一个区域内具有稳定的指向和覆盖的特点，构建一个干扰抑制的通信网络。太赫兹通信可以在室内、数据中心、无线数据回传、无线街亭（提供高速率数据下行服务）、全息通信、几十厘米之内的设备间通信中使用。此外，太赫兹还可以在芯片模组中的组成部分之间提供通信服务，并且由于片上的分布较为固定，可以形成确定性显著的稳定的无线链路。如果采用片上无线传输技术，芯片设计将会有较大的改变。太赫兹还可以在纳米设备之间提供通信链路服务，如在人体内外、体域网等场景中使用。

本节对以太赫兹频段的信道建模进行现有成果的综述。行文顺序如下：1.2.1 小节介绍了太赫兹频段纳米网络的信道建模；1.2.2 小节讨论了太赫兹信道测量平台与方法；1.2.3 小节介绍了太赫兹频段的大气损耗与相关模型；1.2.4 小节展示了太赫兹频段在室内场景中的信道建模；1.2.5 小节简要介绍了太赫兹频段信道几何建模的研究案例；1.2.6 小节对太赫兹粗糙表面的散射特性进行了信道建模的讨论；1.2.7 小节介绍了太赫兹芯片无线通信的现有研究；1.2.8 小节描述了太赫兹在人体组织中的传播特性；1.2.9 小节展示了超大规模 MIMO (ultra-massive multiple input multiple output，UM-MIMO）信道建模的研究案例以及一些其他案例；1.2.10 小节进行了总结与展望。

1.2.1 纳米网络

太赫兹频段是应用于纳米通信网络的一个非常有前景的通信频段，以至于产生了“太赫兹纳米通信”技术用于描述太赫兹通信与纳米网络的结合。纳米技术的逐渐成熟，激发了纳米尺寸设备从研发到实用的快速过渡，使得更多突破性的应用将孕育而生。随着纳米技术的兴起，以其为核心的无线纳米传感器网络（wireless nano-sensor network，WNSN）和体内无线纳米传感器网络（in-vivo wireless nano-sensor network，iWNSN）引起了众多研究人员的注意。采用太赫兹频段的电波来实现纳米网络通信，显然是一个值得重点关注的发展方向。

Filip Lemic 等人在参考文献[36]中概述了当前的太赫兹纳米通信和纳米网络研究。纳米传感器网络建模作为其中重要的一部分，其发展历史简述如下。

开发用于 WNSN 的无线通信技术需要利用 THz 频带的脉冲响应。2017 年，Kazuhiro Tsujimura 等人考虑并实现了 WNSN 的太赫兹频带的脉冲响应[37]。从物理上讲，信号不可能在直射径传播延迟之前到达。Kazuhiro 通过使用仅具有幅度信息而没有相位信息的透射率，同时采用希尔伯特变换，从透射率中获得了相位分量，进而导出了时域信道模型，即脉冲响应。通过将测量结果与理论预测的结果进行比较（见图 1-23），证明了使用相位分量导出模型的有效性。

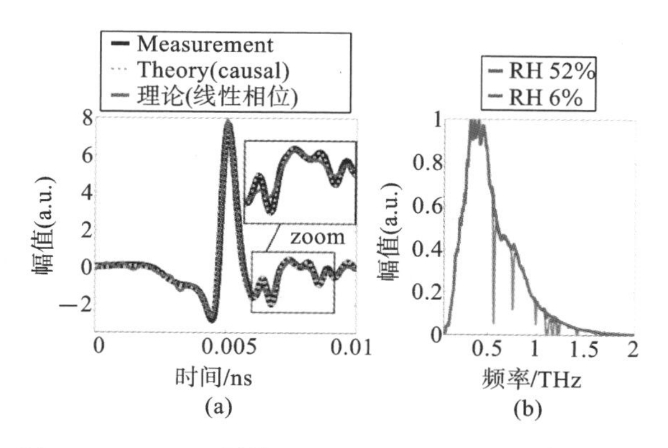

图 1-23　RH＝52％的测量结果与计算结果之间的比较

(a)时域中的接收脉冲；(b)发射和接收功率谱

除了纳米传感器网络的飞速发展，在人体内部运行的纳米尺寸设备也在医疗领域开辟了新的前景。微型等离激元信号源、天线和检测器的发展，使得体内纳米设备之间的无线通信有望在太赫兹频带成为现实。这一应用将极大地促使人们对影响电磁信号在人体内部传播的现象进行深入的研究和分析。H. Elayan 等人开发了相关的数学框架，通过考虑波的传播，利用不同类型分子的吸收以及细胞和介质背景的散射来计算图 1-24 所示的路径损耗，最后得出对太赫兹生物电磁传播效应进行预测的信道模型[38]。这项用于 iWNSN 的信道模型为体内纳米传感器网络的建立提供重要的参考，同时也需要通过实际测量来进行模型的优化与验证。

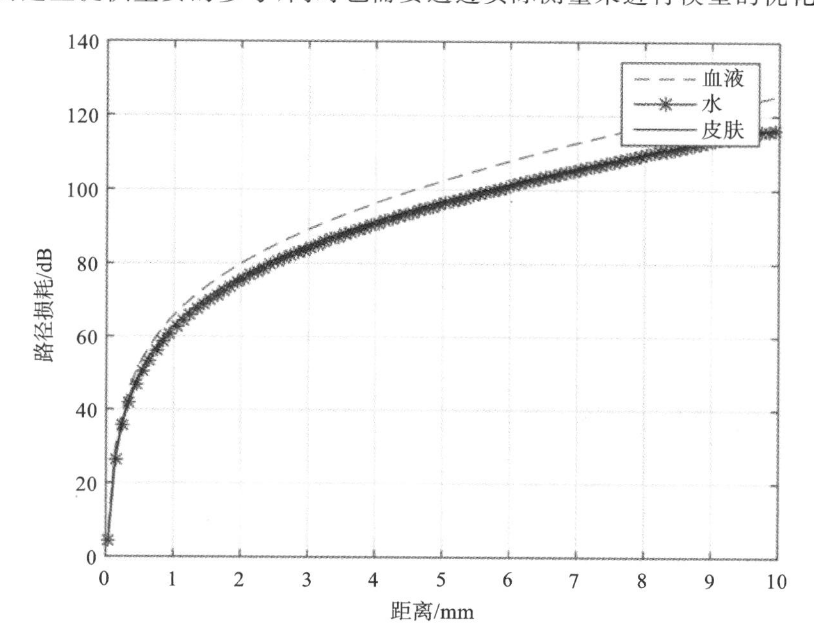

图 1-24　在 0.04～10 mm 短距离通信时的路径损耗[38]

1.2.2 太赫兹信道测量平台

按照参考文献[39]的综述，在太赫兹信道测量方面主要有三种技术，即利用时域光谱仪(Terahertz time domain spectroscopy，THz-TDS)来测量，利用矢量网络分析仪来测量，以及基于发射信号与接收信号在时域做相关(correlation based sounding，CS)。下面对这三种技术做简要的介绍。

在参考文献[40]中，作者详细介绍了图 1-25 所示的太赫兹时域光谱仪。该设备的工作原理如下：激光器发射一个非常窄(飞秒级)的激光脉冲到太赫兹电波发射端，该发射器把光脉冲转换为太赫兹脉冲，接收端有一个检测器，该检测器在接收到和发射端接收到的光脉冲一样的光脉冲时，就把太赫兹脉冲所产生的场强转换为电信号，这样在发射端接收进一定的光延迟线(optical delay line，ODL)，就可以得到时域上样本的响应了。这样利用 THz-TDS 进行太赫兹信道测量的优点是，能够得到非常大的带宽，主要源于激光器发射的脉冲在飞秒级别，且光延迟线在时域上也可以达到飞秒级别，其带宽可以从 100 GHz 到 10 THz，并且动态范围可以达到 60 dB。但是 THz-TDS 的缺点也很突出，由于光谱仪本身体积较大，并且输出的功率有限，所以很难用光谱仪来对较大的环境，如数据中心、办公室等场景进行测量。尽管如此，使用太赫兹时域光谱仪可以非常准确且方便地对各种介质的散射参数进行测量。

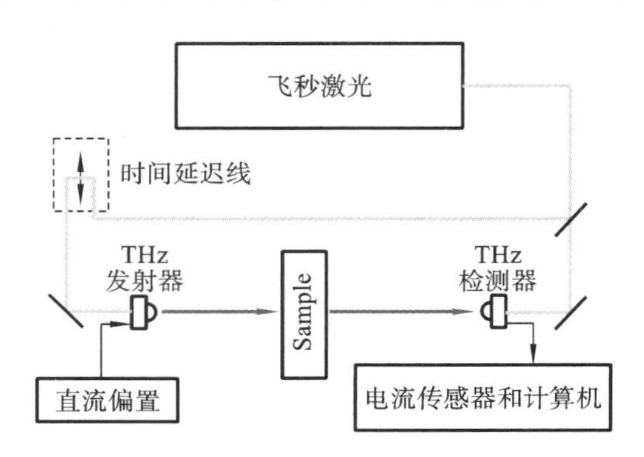

图 1-25 发射类型光谱仪[40]

在参考文献[41]中，作者展示了一套用来测量太赫兹信道的冲激响应的设备，如图 1-26 所示。这是一套时间域上的光谱测量装置 TeraView TeraPulse 4000，采用 THz-TDS 技术。该测量平台包含了一个能够产生 90 fs 脉冲、波长为 780 nm 的光源(pump source)，用来产生太赫兹频段的时间域上的脉冲的激光延迟线组(laser delay lines)，用来放置需要被测量的物质的介质控制(medium control)，以及信号测量模块。该装置用来测量一个发射路径的脉冲响应，为此，在“Sample”的位置上放置了一个木块，最终得到了时域上的脉冲响应。文章的作者同样也采用了光谱仪在频域上进行了测量。由于光谱仪上给出的是幅值，并没有相位，所以为了保持时延域中的信道冲激响应的因果性，即信号只有在传播了最短路径(即进行视距传播)以后才会被接收端接收到。采用希尔伯特变换，在频域的幅值响应的基础上增加了相位的信息，然后通过傅里叶逆变换，得到了信道冲激响应，通过和时间域上的脉冲进行对比，发现两者较为一致，这样也表明频谱仪或者光谱仪可以对太赫兹的信道冲激响应进行测量。

在参考文献[42]中，作者展示了利用 VNA 进行太赫兹频段信道测量的示意图，如图 1-27

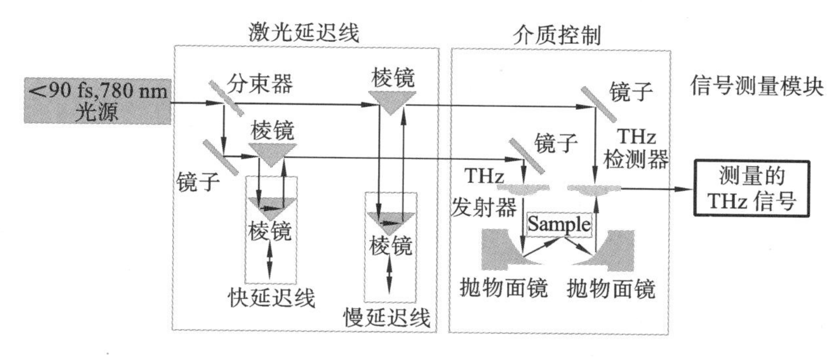

图 1-26 太赫兹时域光谱测量架构图[41]

所示。该装置主要由两部分组成:Anritsu的VNA MS4647B和VDi(Virginia Diodes Inc) WR2.8MixAMC模块。其中VNA MS4647B可以用来测量宽带的频域响应,其能够测量的频率上限是70 GHz。WR2.8MixAMC模块包含了多组的混频器,能够把上述VNA的信号上变频到THz频段。经过传播信道以后的信号在接收端被下变频到VNA可以接收的频段。发射和接收信号之间的不同,被用来计算得到信道的特征。注意到VDi WR2.8MixAMC模块工作在260~400 GHz,该设备的典型单边混合损耗是15 dB,被用来测量的波导端口的截止频率是211 GHz。该系统设置测量的最大带宽为20 GHz,但实际上单次测量的总滑动宽度为19 GHz,即从1 GHz到20 GHz。为了保持严格的频率稳定,使用了基于钇铁石榴石(Yttrium iron garnet,YIG)的可调合成器,可以产生本地晶振信号,经过倍频,然后再以12倍变频到THz频段,再提供给混频器进行混频。在另外一端,该混频器的中频端口连接到VNA,可扫描最高20 GHz的输出频率。本地晶振频率从10.79 GHz到15.875 GHz可调,能够支持产生260~400 GHz的信号。收发之间的相位一致性是通过连接到收发两端的本地振荡器来保证的。

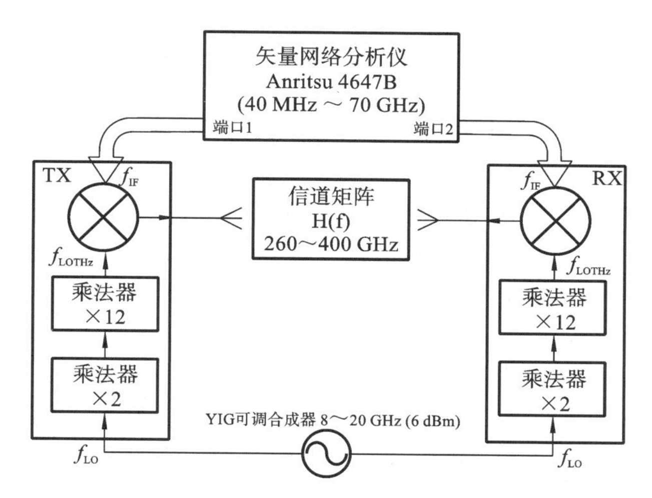

图 1-27 采用VNA进行太赫兹频段信道测量[42]

在参考文献[43]中,作者在一个真实的数据中心对300 GHz的信道进行了测量。测量使用的是图1-28所示的超宽带亚毫米波(sub-mmwave)信道测量平台。平台模拟在机柜顶端之间以及机柜之间的传输场景。通过测量,获得了功率时延谱以及功率角度谱(power angular spectrum,PAS),这些信道特征和所在环境的几何结构相一致。路径损耗和自由空间传播的损耗具有可比性，证明了在数据中心这样的传播环境中可以采用 300 GHz 带宽进行无线传输。该测量平台具有最多 8 个接收机，可以分布在不同的地点，所有的传感器共用一个 9.22 GHz的时钟。发射端发射 12 阶的 M-序列，并上变频到 300 GHz，接收端则在下变频以后再进行采样。采样中，为了避免使用高速的模数转换器（文章注明高速的模数转换器具有较小的动态范围和较高的底噪），采用了子采样率为 128、总长度为 4095 个符号的 M-序列。不加子采样的序列长度为 444.14 ns，每个符号的时长为 1/9.22 ns，但是增加子采样后，形成一个完整的信道冲激响应，则需要 128 倍的序列长度，即 56.9 μs。该系统配合射频前端的变频，可以测量中心频点为 9.2 GHz、64.3 GHz 和 304.2 GHz 的信道，并且能够支持最多 4×4 MIMO 的配置。当然系统由于变频的操作，也引起了较显著的非线性效应，在不做系统校准的情况下，会在功率时延谱中出现一些并非传播信道引起的多径分量。因此，需要通过将接收到的信号与理想的发射信号以及系统自身的响应做相关，才能得到信道真实的冲激响应。

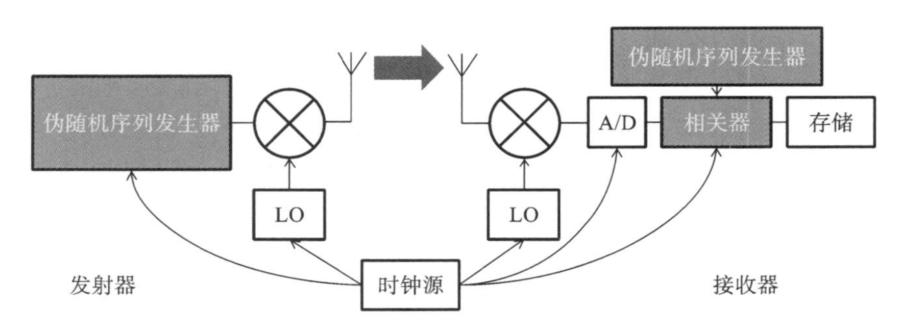

图 1-28　用于测量 THz 信道特征的超宽带亚毫米波信道测量平台简图[39][43]

注意到上述的三种太赫兹信道测量技术，在获得一个完整的信道冲激响应时，都需要信道在一定的时间内保持不变。尽管基于相关的方法需要信道保持不变的时间比较短，但是在太赫兹的传播环境中，信道的相干时间相比低频以及毫米波信道的都要短很多。所以未来如何对时变的或者非稳态的太赫兹信道进行测量，仍是一个需要关注解决的问题。

1.2.3　大气吸收损耗与太赫兹路损模型

Jornet 和他的同事在参考文献[44]中根据 HITRAN 数据库[45]（该数据库描述了分子的光谱特性）计算了大气中的分子对 THz 频段电波的吸收作用，提出了视距和非视距两种情况下的路损模型。这些模型适用于非常短的传播距离，主要是考虑纳米设备之间的无线通信场景，并通过运用模型进一步计算相应的信道传输数据率来对模型的参数进行验证。作者还因此提出了一个飞秒脉冲调制的传输技术。研究表明，在很短的距离内，即几十毫米内，太赫兹信道能够支持 Tb/s 的传输速率，有力地支撑了纳米设备之间的无线通信。

作者还指出了影响太赫兹通信的水蒸气分子的吸收作用。水分子不仅仅造成了衰减，也带入了有色噪声。电波在某一个介质中传播，其透射能量的多少可以用来衡量穿透该介质的能力。透射现象可以采用 Beer-Lambert 定律来描述。参考文献[44]即根据 Beer-Lambert 定律来计算大气信道中分子吸收损耗。大气分子的吸收能力取决于该气体的构成、相对湿度（relative humidity，RH）、大气压强以及温度。此外，由于分子内部的振荡会激发出与入射的电波相同频率的电磁波辐射，产生了具有频率选择性的噪声。衡量该吸收损耗噪声的参数称为信道的发射率（emissivity）ε，被定义为

$$\varepsilon(f,d)=1-\tau(f,d) \tag{1-5}$$

这里 f 代表的是电磁波的频率，d 代表的是传播路径的总长度，τ 表示的是介质的透射率(transmissivity)，可以计算为

$$\tau(f,d)=\frac{P_{\mathrm{o}}}{P_{\mathrm{i}}}=\mathrm{e}^{-k(f)d} \tag{1-6}$$

k 代表的是介质的吸收系数(adsorption coefficient)，是由介质的组成决定的，即沿着波的传播分子的混合构成。可以进一步计算为

$$k(f)=\sum_{i,g}k^{i,g}(f) \tag{1-7}$$

此处的 $k^{i,g}$ 代表了气体 g 的同位素异数体 i 的吸收系数。例如，在办公室的环境中，空气是由 78%的氮气、20%的氧气和 10%以下的水蒸气构成的。每种气体在太赫兹频段都有着不同的共振同位素异数体。文献同样给出了具体的计算 $k^{i,g}(f)$ 的公式，在这里不再赘述。总之，某一个气体的吸收率与电波在其传播路径上的分子数量相关。通过计算可知，一个特定的分子对于电波的吸收，并不局限在一个频率上，而是对于一个范围内的电波均会发生。分子的数量不仅仅取决于吸收的程度，也取决于吸收作为频率的宽度，也就是吸收的包络可以随着分子数量的增加而展宽。此外，氧气在 100 GHz 到 6 THz 之间会存在 2000 多个共振的频率。水蒸气则更为严重，从 100 GHz 到 10 THz，存在 4000 多个共振的吸收峰，并且吸收率要比氧气高 6 个数量级。传统的低频通信系统，即兆赫兹和吉赫兹系统中，在有雾或者有雨时才会导致强烈的传播损耗，但是对于太赫兹而言，标准的空气就已经使信道承受了严重的吸收损耗。

Jornet 团队的研究没有考虑多径的影响，即没有考虑如果太赫兹发射和接收天线存在方向性的情况。当然，Jornet 团队也没有给出实际测量的结果。2019 年，为了能够对太赫兹信号在室内环境中的传播建立路损模型，Arash Mirhosseini 和 Suresh Singh 使用了由 Advanced Photonix Inc 制造的 Pi-cometric T-Ray 4000 系统，在发射端采用了凸透镜天线，该天线可以防止电波在内部发射，同时可以将电波辐射控制在一个收敛的角度域中。接收端采用了一个准直透镜(collimating-lens)天线，该天线能够起到聚拢接收到的射线的作用。研究者通过连续发射脉冲的形式，对 0.1～2 THz 频带的信号传播进行了宽带信道测量[46]，收发之间的距离保持在非近场的厘米级别内。通过将测量值和模拟结果进行对比，研究者发现常规的基于 Friis 公式的路径损耗模型。结合收发端的功率辐射集中的区域几何因子，并且考虑大气对不同频率的衰减因子，才能用于对 THz 频段的电波建立正确的路损模型。该研究仍然侧重在视距的场景中。当然视距场景可能会是非常普遍的太赫兹应用的情况，在这样的场景中，太赫兹系统的影响变得非常重要，而传播的多径效应似乎显得并不重要了。

1.2.4　太赫兹信道在室内场景的色散特征

除了生物体内的无线太赫兹信道以外，室内传播场景是太赫兹特别适用的传播环境。Sebastian Priebe 和 Kurner 教授提出了一种适用于 300 GHz 室内的随机信道模型，并利用射线追踪仿真的方法，为参数的推导提供了仿真数据基础，同时说明了超宽带太赫兹信道具有明显的频率色散[47]。该模型重点关注由镜面反射产生的传播多径，忽略了不会显著影响 THz 通信的衍射分量。这种相对简化的方法为快速的系统仿真和 THz 通信系统的设计提供了早期的信道参考。值得一提的是，文章所描述的射线追踪并没有考虑来自地面的强烈反射，原因是地面上铺设的地毯可能会有非常强的衰耗。此外，研究团队特别增加了对散射体表面粗糙

度的考虑。但与此同时，文章强调根据以往的测量结果，在表面粗糙度比较低的情况下，路径本身的漫散射效应(diffusely scattered paths)没有被明显观察到，所以文中所阐述的室内信道仿真并没有考虑射线自身的扩展。不过，该研究还是确认了粗糙的表面能够使得镜像单径在频率域引起一定的频率选择性。另外，由于太赫兹频段在现实中具有高损耗，具有最多两次折返的路径予以保留，其他都不会明显改变信道的特征。当然，由于缺少实际的测量，该研究得到的射线追踪方法只具有有限的扩展能力。此外，对于室内的人体移动造成的影响，文中并未做深入的研究。

考虑到在室内环境中存在人体移动，Rose 等人在 2016 年提出了图 1-29 所示的一种用于预测会议室的时变场景的模型[48]。该模型基于适用于蜂窝场景的 3D 射线发射(Ray-launching)方法，结合地理数据及镜像投影的概念，通过几何运算和电磁计算，可以有效地存储时变事件，并进一步对其进行差分描述，得出对时变场景的信道预测。

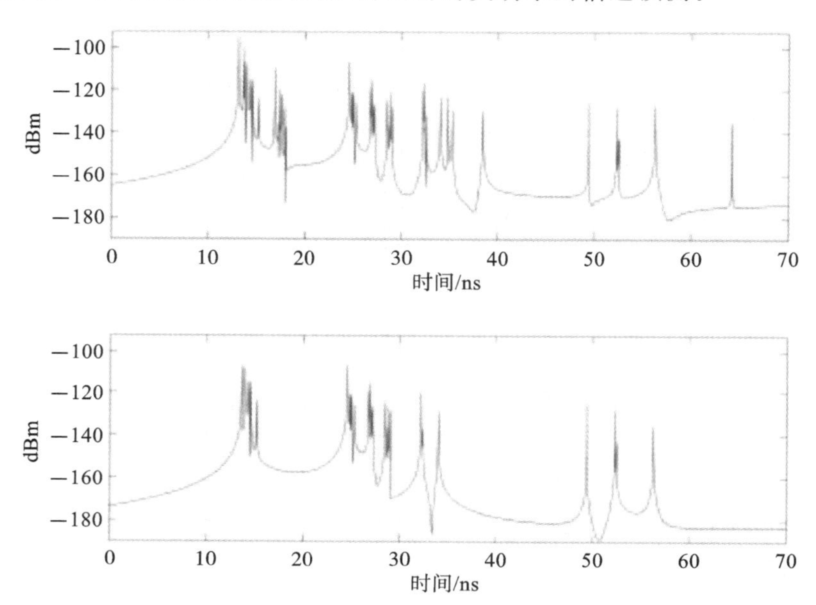

图 1-29　对于 $t<0$(上)和 $t=1$(下)的信道脉冲响应，在理论上各向同性的天线和带宽为 50 GHz (5001 个样本)的链路上，在载波频率上被截断为 70 ns[48]

同样，对于室内时变场景，参考文献[49]也提出了对 THz 室内通信的时变信道进行建模与跟踪的方法，该方法引入了扩展卡尔曼滤波和连续时间马尔可夫链，分别进行建模、跟踪直射路径和其他多径的动态变化。为了验证该算法的可行性，该文献作者还提出了基于石墨烯的笔形波束天线阵列进行实际测量。如图 1-30 所示，根据所推荐方法得到的动态信道模型能够得出与实测一致的数据传输率，从应用层面上验证了模型的适用性。

此外，Rohit Singh 和 Douglas Sicker 也致力于时变场景中的太赫兹信道研究。他们提出了一种移动性模型，对人类的各种移动性场景进行了广泛的分析，以应对室内太赫兹通信中的移动性挑战[51]。结果表明，用户的移动类型、接入点(access point，AP)位置共同决定了发射和接收需要设置的最佳波束宽度。

L. Pometcu 等人通过实地测量，给出了 126～156 GHz 频带中的无线电信道三种室内场景的信道特征[52]：实验室(室内场景 1)、会议室(室内场景 2)和办公室(室内场景 3)。这些测量涵盖了从水平角 0～360°的整个圆周范围，并且从路径损耗和时延扩展的角度提供了实测信

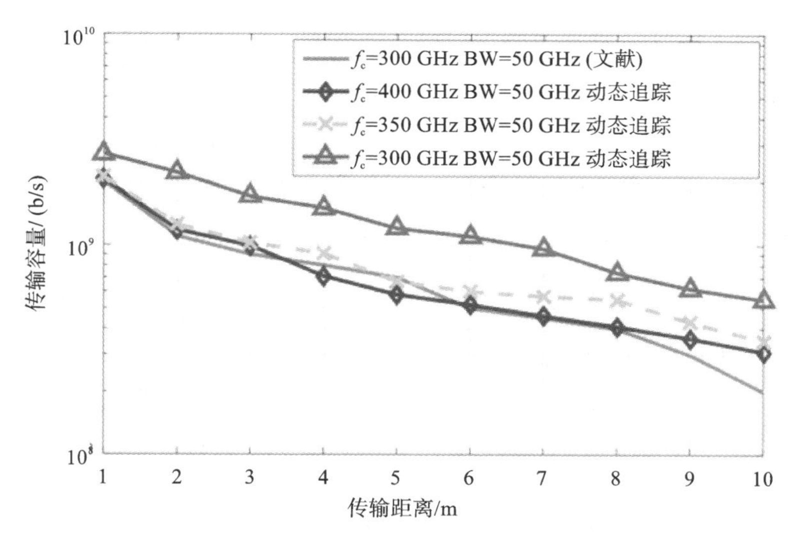

图 1-30　在 0.3 THz 时变信道中，所提出的动态跟踪方法与理论值[50]的容量比较

道模型。将该研究结果与在较低毫米波频段获得的信道模型结果进行比较可得出如下结论：如图 1-31(a)所示，在三种室内场景下获得的结果与收发所在的环境强相关；如图 1-31(b)所示，在 80.5～86.5 GHz 和 126～156 GHz 的室内 3 场景下获得的时延扩展几乎相同，而在 59～65 GHz 频段略微增加了 1.5 ns，即随着频段的降低，时延扩展可能会呈现增加的趋势。

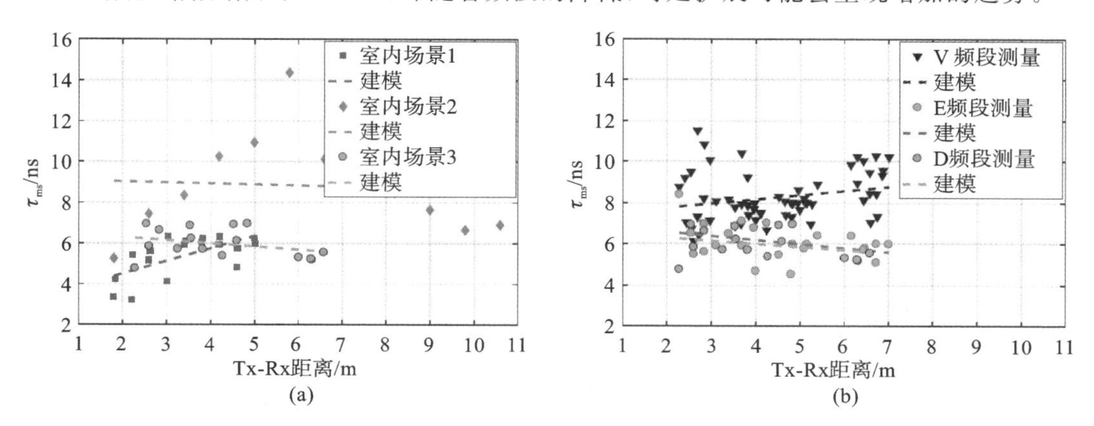

图 1-31　126～156 GHz 频带中的无线电信道三种室内场景的特征

(a)适用于室内场景 1～3 在 Sub-THz 频带中的时延扩展；(b)室内场景 3 在不同频段的时延扩展[52]

在 2019 年，Viktoria Schram 等人研发了用于室内 THz 通信的基于近似消息传递(approximate message passing，AMP)的信道估计算法[53]。结果表明，通过硬阈值 AMP 进行的 THz 信道估计优于所有先前提出的方法，并且十分接近基于预测的性能。

以上的各项研究对太赫兹信道在室内环境，尤其是时变场景下的各项特性和研究方法进行了探索。而室内环境无疑是未来太赫兹通信系统中与用户交互最为密集的重要场景，上述成果具有一定的参考价值。

值得一提的是，迄今为止，太赫兹无线信道的研究大多止步于了 350 GHz 以下。为了评估更高频率下的通信系统设计要求，参考文献[54]对 350～650 GHz 的太赫兹信道进行了测量，并与 350 GHz 以下的信道进行了对比分析。作者选择了 6 m 宽、9.2 米长的会议室作为测量场地，室内有大量的椅子。测量采用了两种平台。

在测量功率角度谱时，使用了 Synthesized Sweeper HP8340A 作为发射端，通过前端信号生成扩展(signal generation extension，SGX)模块，其中包含了一系列的放大和倍频模块以满足不同太赫兹频点的覆盖。发射天线采用 25 dBi 的喇叭口天线，具有 12°的半功率角。接收端也采用同样的天线配置，经过频谱分析扩展(spectrum analyzer extension，SAX)模块，接入 Spectrum Analyzer HP8592A。为了做信号之间的相关计算，在接收端采用了另一个 Synthesized sweep signal generator HP83650B 来产生信号。两端的天线都放置在各自的转台上，并通过一个计算机进行控制。该计算机同时也和频率分析仪通过通用总线(general-purpose interface bus，GPIB)连接，以方便远程获取和存储信号。

在对功率时延谱进行测量时，研究者采用了扩频信号作为测量信号。该信号是啁啾信号，即采用了频率调制的连续波信号，信号的频率随着信号发送的时间线性地增加或者减少。如前所述，啁啾信号被广泛用于雷达目标检测，以达到较高的时间分辨率(多普勒频移分辨率)和距离分辨率(时延分辨率)。在信道测量中，可以通过提升啁啾信号的带宽来提高对多径的时延分辨率，如图 1-32 所示。通过采用一些啁啾信号带宽扩展的技术(详见参考文献[54]中的参考文献[34]～[36])，信道扩展模块就能将输入的啁啾信号的带宽进一步放大，即不仅中心频点得到了提升，带宽也同样得到了提升。此外由于发射信号可以很容易地在“本地”产生，收发之间的距离也不会受到连线的限制，针对测量功率时延谱这样的与收发之间的距离密切相关的信道特征而言，是一个明显的优势。

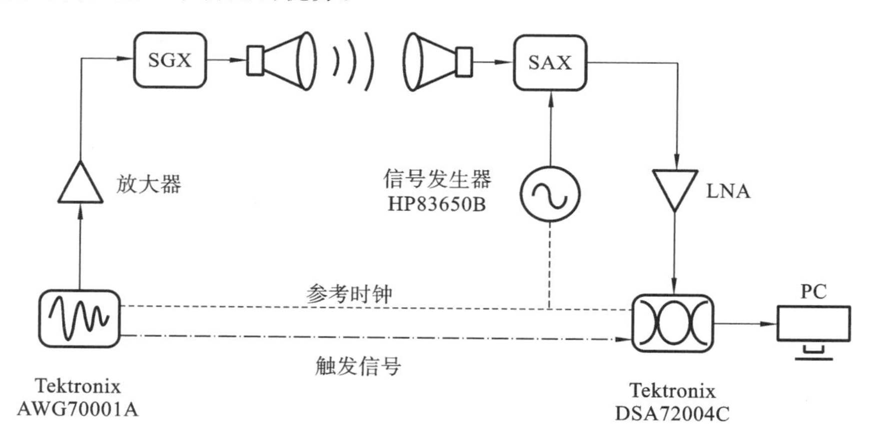

图 1-32　采用啁啾信号进行太赫兹信道的功率时延谱测量[54]

从图 1-33 所示的功率角度谱的结果可以看到，在 350 GHz 和 650 GHz 的频段内，在所测量的室内环境中，信号里均存在多个具有较强信道增益的非直射路径。这些路径能够在主径由于阻挡等原因消失以后，仍能够提供较高的数据传输率。可以观察到这两个频段的信道在同一个环境中，有着基本上一样的多径来波角-波离角(angle of departure，AoD)的分布，仔细对比可以看到 650 GHz 的多径功率要比 350 GHz 的小一些，并且单独每个路径在角度域上的扩展似乎也小一点。通过作者的分析，可以发现这些路径的出现大多具有一次折点，并且和环境中的散射体的分布具有一致性。有趣的是，这些占主要地位的路径是由室内的墙体、地面、天棚造成的，而家具并没有起到明显的作用。此外，通过简单的射线方式，就可以较为准确地将环境中的物体和多径的几何架构联系在一起，这说明采用射线方式可以对信道的多径构成进行准确预测。并且折点对应着环境内的较大物体的特征，也有利于采用波束跟踪的方式，结合对环境的描述，对散射体进行动态聚焦，由此来保持稳定的通信。

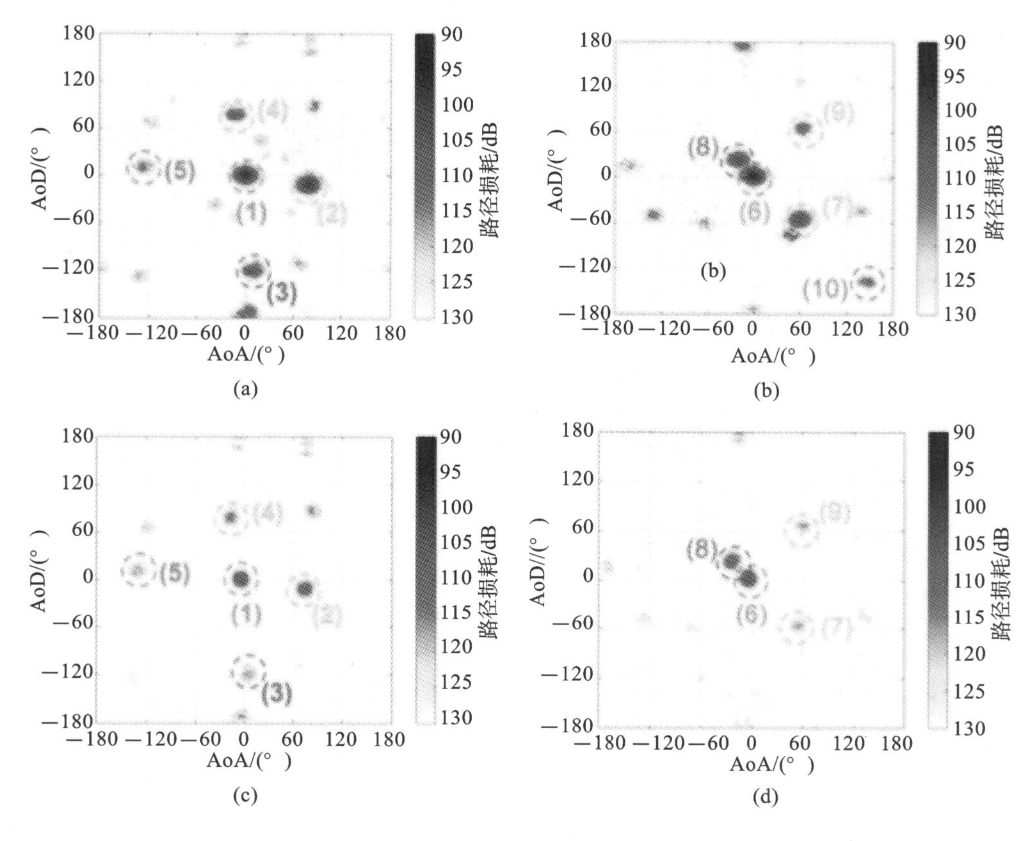

图 1-33　350 GHz 和 650 GHz 的功率角度谱对比[54]

在对功率时延谱的研究中发现，在以 10 GHz 带宽进行观测的信道中，能够被分离的多径并没有出现非常强烈的、占据主导地位的分量。图 1-34 所示的为不同的中心频点测量得到的功率时延谱。由于采用了方向性天线，研究人员可以将天线的主瓣对准通过简单几何射线追踪预测出的主要路径方向，从而得到某一个可分离多径的响应。对比两张不同中心频点上采集到的功率时延谱，可以看到 5 条主要路径都出现在 350 GHz 和 650 GHz 的信道中。仔细对比每个路径的响应，可以看到由于 350 GHz 的信道衰减比 650 GHz 的要小，多以在 40 dB 动态范围内，单一路径引起的功率时延谱的形状在 350 GHz 时能够更加完整地观测到。可以看到每个尖峰在顶点右侧下降的趋势仍然是缓慢下降的，这可能是由于粗糙的物体表面所引起的多路径时延的扩展。该扩展的形态应该与粗糙表面的物理特征有关，也许在感知层面上能提供更多的信息。注意到，整体而言，由于研究人员采用了方向性天线，并且旋转的角度并没有覆盖整个球面，所以信道的多径数量不多。得到的结果总体效果是，信道总体的时延扩展被压缩，这种现象在 350 GHz 和 650 GHz 的测量中均可观察到。

从作者的分析中，有一个重要的信息是，可分辨路径和传播环境之间存在明显的几何一致性，可以采用射线追踪的方法来进行信道特征的预测。镜像反射是非直射路径的主要产生机制，当然在可分辨的路径中，也有通过二次折返而形成的路径，并且被实测成功观察到。所以作者建议，要重视采用射线追踪这样的能够通过环境的几何形态来预测信道构成的建模方法。

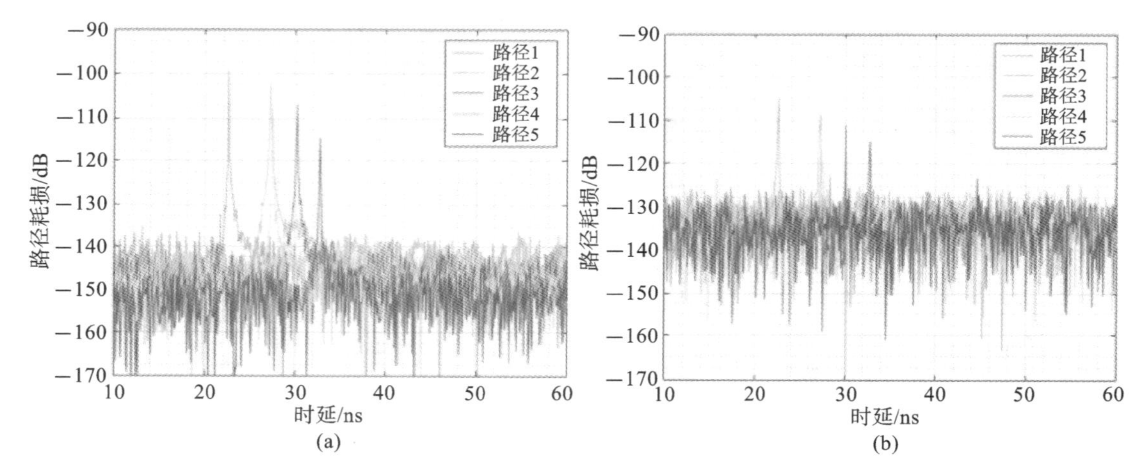

图 1-34　350 GHz 和 650 GHz 的功率时延谱对比[54]

(a)中心频点为 350 GHz；(b)中心频点为 650 GHz

当然，我们也从研究结果里看到，粗糙表面是一个重要的特征，故如作者指出的，建筑材料的特性也是得到准确射线追踪预测的关键。

1.2.5　基于几何的随机太赫兹信道模型

由于太赫兹独特的传播特性，太赫兹信道可能与周围的电磁环境呈现出更为复杂的耦合关系。基于这种关系，几何建模有助于我们更深入地探索解析信号传播与环境因素的相互作用机理。2015 年，Seunghwan Kim 和 Alenka Zajić提出了图 1-35 所示的宽带太赫兹室内通信的二维几何传播模型[55]。次年，他们提出了短程亚太赫兹设备间通信的二维几何传播模型[56]。上述模型的建立均基于由同心扇区组成的二维几何模型，并辅以一个同样采用同心扇形几何形状的参量参考模型，最后将输入时延扩展函数构造为视距，单次反射（single-reflection，SR）和二次反射（double-reflection，DR）射线的叠加。在新的参考模型中，导出二维各向同性散射环境的相应功率时延谱，并与模拟的功率时延谱进行比较，说明了组合 LoS、SR 和 DR 射线的重要性。

从众多的文献中可以总结出，太赫兹信道存在较丰富的散射分量的现象，并且随着频段的提升，散射分量所占的比例也会不断提高。参考文献[57]将超大规模 MIMO 与太赫兹联系在一起，并且特别关注信道的非稳态特征，即在大规模 MIMO 系统的收发阵元上的变化。文章填补了 THz 频段基于几何的随机信道建模（geometry based stochastic modeling，GBSM）在大规模 MIMO 系统中的空白，特别是描述三维空间中的信道非稳态特征。文中描述了非稳态信道中的簇移动的规律，其中包括了随时间变化的发射侧和接收侧的簇，将其融合到观测到的信道样本计算中。为了能更为准确地描述 THz 信道，文中所推荐的 GBSM 模型综合考虑了来自路损、阴影衰落、人体阻挡和空气中水蒸气分子吸收所引起的幅值衰落。值得一提的是，文中对簇内多径的传播时延采用了整体距离的定义，降低了模型对簇在三维空间中的具体位置的依赖性。簇的设置参数采用了统计分布来产生，为该模型应用于 THz 频段、毫米波或者 6 GHz以下频段提供了灵活度。通过对角度扩展的高斯统计分布，以及利用统计特性来决定

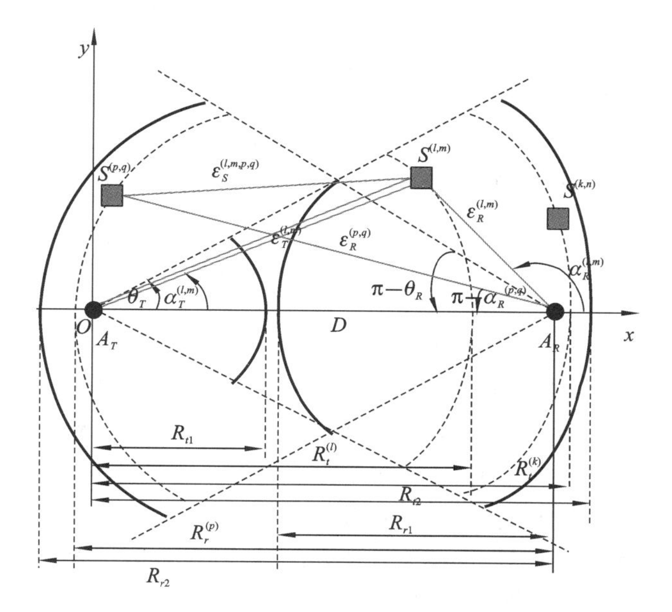

图 1-35　具有 Los、SR 和 DR 射线的同心扇区模型，用于宽带太赫兹室内信道[55]

簇内距离偏移方差，提供了较大的模型灵活度。这些分布的特征可以通过对实际测量信道进行参数化的结果得到。结合现象层面、统计层面的认知，文章提供的 GBSM 可以满足且不局限于空时频非稳态场景、太赫兹频段的统计信道特征一致性的要求。

1.2.6　针对粗糙表面的太赫兹散射特性

太赫兹独特的传播特性，表现在与周围的环境呈现出复杂的耦合关系。粗糙的物体表面对太赫兹电波的传播有着重要的作用。研究粗糙表面的电波传播，对非视距传播环境的信道特征而言，具有重要的意义。业内对粗糙表面对电波尤其是太赫兹频段的电波的作用，既有实测的分析，也有基于射线追踪的仿真研究，或者两者兼备。对于射线追踪，主要的研究点是如何改进射线追踪的算法，使得其能准确地描述传播状态的改变。

2018 年，Kazuhiro Tsujimura 等人考虑了在短距离无线通信情况下，太赫兹频段粗糙表面反射脉冲的脉冲响应。在分析反射路径时，考虑了反射镜的粗糙表面的瑞利粗糙度因子这一特性，最后进一步通过实验性 THz 频段测量来研究模型的有效性。

2019 年，参考文献[58]使用两个著名的散射模型定向散射（directive scattering，DS）和雷达截面（radar cross section，RCS）研究散射，对从微波到太赫兹频带范围内的频率的无线电波散射进行了分析。该研究在 1 GHz～1 THz 的宽频率范围内，对入射角为 0°～90°的不同材料的接收散射功率进行了仿真。经过仿真发现两个模型预测的反向散射功率（单态情况）随着入射角变大（接近掠射）而减小，该结果表明散射效应对于适当和现实的信道模型至关重要。

1.2.7 太赫兹芯片无线通信(THz on-chip wireless communications)

太赫兹无线通信设备由于天线的尺寸相对低频而言,要小很多,所以可以方便地嵌入很多本身体积或者容积比较小的设备里,如通常所说的纳米通信、芯片的片上通信以及体域网通信(即围绕着人体组成的可穿戴设备之间的通信)。

太赫兹无线片上通信(wireless networks-on-chip,WiNoC)系统,可以支持芯片上的不同器件之间的无线通信,尽可能简化器件之间为了通信而布置的连线,从而减小芯片尺寸。在芯片上传播的电磁波,通常是采用导波(guided wave)和表面波(surface wave)的模式进行传播的。表面波是指电磁波能够在金属与空气或玻璃等介质之间的界面上传播,是除了在自由空间里传播的另一种方式。表面波的存在促进了等离子体和超材料的发展,其很多现象引起了大家的关注,并且衍生出很多应用。表面波是电磁波与固体表面集体振荡波的耦合激发,如晶格振动波或自由电子振荡波。它的产生机理可以通过拓扑量子系统来解释,在这些系统中,自由空间(或整体)光子的"螺旋性"是与光子自旋沿动量方向的投影相对应的标量属性。当其中的介质参数之一(介电常数或磁导率)改变其符号时,两种介质中的螺旋光谱在复螺旋平面中相互扭曲,对微小的扰动和连续的变形具有很强的鲁棒性。导波同样是电磁波传播的一种模式,其中所有或大部分电磁能量被限制在有限的截面内,并在一定的方向上传播。这两种电磁波传播模式具有高度的频率选择性,因此路径损耗在太赫兹频段周期性地振荡,其周期对应于两个相邻表面波模式的频率。

迄今为止,尚没有一个统计性的模型来描述片上太赫兹电波传播的规律。一方面这是由于不同芯片之间在其器件的部署、形态等方面有明显的差异,开展大规模的测量活动并且要在各种所谓的典型构造上进行,还是有很大的难度。另一方面由于片上的结构一旦固定,不会像更大的空间那样存在明显的变化,所以统计特性相比确定性特征而言,对实际设计的指导意义并不大。当然如果需要检验一种无线传输方式在多种片上场景中的可行性和性能分布,统计信道模型仍然是需要的。目前的太赫兹片上信道模型主要是通过全波模拟或射线追踪获得的确定性信道模型。完整的全波片上仿真耗时巨大。在参考文献[59]中,作者使用 Sommerfeld 积分对太赫兹频段的 WiNoC 信道进行了严格的电磁场分析。分析了 WiNoC 架构、芯片设计、片上收发器设计,详细计算了表示 WiNoC 分层结构的电场和磁场。此外,通过全波仿真分析验证了不同芯片设计对太赫兹无线传播信道的影响。

在片上无线通信的研究中,300 GHz 左右的频点似乎是一个关注热点。场景上而言,大家更关注计算机母板(computer motherboard)上的环境。特别是相对较大的物体,如内存芯片、地平面、旋转风扇等,可能会引起明显的多径效应,并且会有各种阻挡状态出现,更需要进行细致的研究分析[60]。考虑到实施测量的难度较大,现如今这个方面的成果仍较为有限。在参考文献[61]中,作者对计算机主板上的 300 GHz 无线电波传播进行了信道测量,研究了几种典型的传播场景,如视距传播、部分阻挡的视距传播(obstructed-LoS,OLoS)情况以及由于物体之间的完全阻塞导致的非视距情况。关注的信道特征包括路径损耗和时延扩展。除此之外,研究者还对台式机的金属外壳中的信道传播进行了测量活动,并进行了测量[62]。此外,通过统计方法和深度学习方法分别获得主板环境中的路径损耗模型并进行了对比[63],发现深度学习得到的路径损耗模型优于统计模型。

现阶段，太赫兹片上系统的通信信道研究需要在频段上进行扩展，如在 100 GHz 附近进行测量。此外，需要进一步验证实测的结果，是否与采用确定性建模的方法，如射线追踪、传播图论等获得的结果相一致，通过必要的手段来优化确定性仿真方法的准确度，从而可以创造一种精准描述片上传播信道的理论和实践工具。

1.2.8　太赫兹在人体组织中的传播特性

由于太赫兹频段相对于更高频的电离辐射，对生物机体内的组织的损害几乎可以忽略不计，所以太赫兹在医学成像领域、机体无损检测等方面得到了广泛的应用。随着纳米传感器的发展，太赫兹以人体或者生物体为中心的纳米级通信应用，引起了研究界以及产业界的广泛兴趣。以人体或者身体为中心构建一个体内、体外互通的通信网络（体内设备一般体积非常小，已经属于纳米设备的范畴），以提供快速准确的疾病诊断和精准的治疗。所以为了设计构建这样的系统，人们需要对太赫兹电波穿过人体组织时的特性进行更深入的了解和研究，建立数学模型，特别是统计性良好的、遍历性较强的模型尤为重要。

太赫兹电波在人体组织中传播，除了经历了与距离相关的传播损耗外，由于人体组织的结构，还会产生分子吸收和散射损耗。值得一提的是，在计算人体内的传播损耗时，我们需要使用电波在人体组织中传播时的有效波长，即需要通过传播环境的介电常数来进行计算和校正。水分子对太赫兹的吸收相对比较严重，所以水分较多的组织或器官会造成较大的传播衰减。其中，血液造成的损失是最大的，其次是皮肤，脂肪的吸收损失相对较小。此外，人体中的颗粒和分子也会引起散射现象。当颗粒的直径小于传播电磁波的波长时，外加电场会在颗粒中感应出电偶极子。电场的振荡通过感应导致偶极子的振荡，偶极子会向所有方向产生电磁辐射，形成明显的瑞利散射现象。而当粒子直径与电磁波的波长大致相同时，就会发生米氏散射。此外，当颗粒的尺寸与波长相比较大时，镜面或几何散射将会发生。在参考文献[64]中，研究人员提出了人体太赫兹电波传播损耗的数值模型，该文献作者同时也通过分析模型计算并验证了不同人体组织的传播信道特性和信道容量。

1.2.9　太赫兹支持下的 UM-MIMO 系统

Massive MIMO 技术无疑是毫米波通信的重要技术，一方面通过功率增益极大地帮助毫米波克服了严重的衰减特性，另一方面巧妙地利用衰落现象实现了高效率的分集，从而充分挖掘了毫米波频段高速率服务多用户的潜力。类似地，太赫兹频段 Massive MIMO 技术，或者称为 Ultra-Massive MIMO 技术，对太赫兹通信系统的建立具有举足轻重的技术价值。2018 年，韩充等人根据确定性、统计和混合方法，深入研究了 THz 频段中的信道建模[65]，如表 1-1 所示。其中，文章分别针对视距，反射、散射和衍射路径对 THz 波传播进行了建模，并考虑到包括静态和时变环境的不同的信道场景以及相应天线阵列的影响，同时精确研究了 THz 频谱的信道参数，如路径增益、时延扩展、时间扩展效应和宽带信道容量。在该研究中，单天线和超大规模 MIMO 系统中最新的 THz 信道模型分别得到了总结。此外，该研究与信道模型相关联，分析了太赫兹信道的关键物理参数及其对无线通信设计的影响。所提供的分析为 THz 频带中可靠、高效的超宽带无线通信奠定了基础。

表 1-1 用于 UM-MIMO 系统开发的 THz SISO 信道不同建模方法对比[66]

Methodologies	Deterministic		Statistical	Hybrid		
	RT	FDTD	Statistical impulse response	SSRTH	RT-FDTD	SRH
Accuracy	High	Ultra High	Low	Medium	Ultra High	High
Computational Complexity	High	Ultra High	Low	Medium	High	Medium
Wide Applicability	Medium	Low	High	High	Low	Medium
Geometric Information and Material Property Requirement	High	High	Low	Low	High	Medium

同年，参考文献[66]通过考虑基于石墨烯的等离激元纳米天线阵列的特性和三维太赫兹传播的特殊性，开发了 THz 频段 UM-MIMO 通信的端到端模型，如图 1-36 所示。所开发的模型使用了 AoSA(array-of-subarray)架构对天线阵列进行控制和操作，同时通过分析空间复用和波束成形方案的路径增益、阵列因子和宽带容量来表征和评估 UM-MIMO 信道。结果表明，当使用 0.3 THz 和 1 THz 的 1024×1024 UM-MIMO 系统时，每秒多兆比特的链路是可行的。

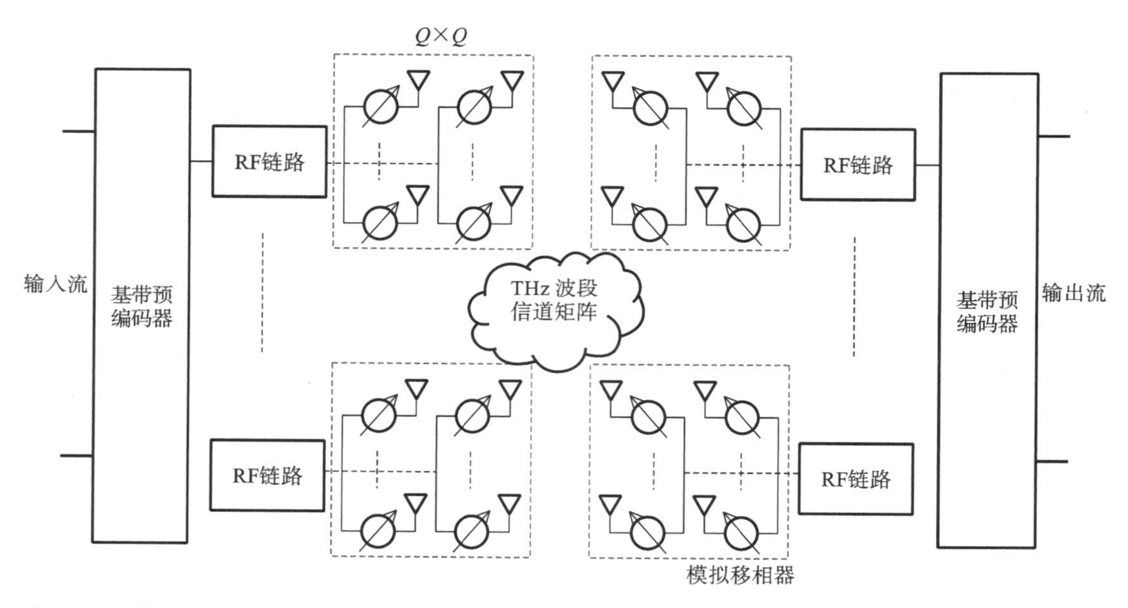

图 1-36 基于具有混合波束成形的子阵列(AoSA)结构的 UM-MIMO。每个子数组为 $Q\times Q$ 紧密包装的天线元件[66]

2014 年，参考文献[67]基于射线跟踪技术开发了 THz 频段中的统一多射线信道模型。首先利用基于几何光学的直射、反射、折射和散射原理针对太赫兹频段的多径模型进行了扩展和完善。例如，将直射路径传输函数解析成了扩散损失函数和分子吸收函数的综合影响，如下式所示：

$$H_{\mathrm{LoS}}(f) = H_{\mathrm{Spr}}(f) H_{\mathrm{Abs}}(f) \mathrm{e}^{-\mathrm{j}2\pi f \tau_{\mathrm{LoS}}} \tag{1-8}$$

作者又详细地对太赫兹下反射、散射和衍射路径进行了建模，并且将最终综合获得的多径模型与试验结果进行了对照，分析了有无直射径的两种场景下建立太赫兹多径模型的方法，这无疑为太赫兹信道建模打下了扎实的基础。此外，文章还对太赫兹信道受距离变化和频率选择影响的特性进行了分析，对相干带宽、均方根时延扩展、宽带信道容量计算中使用的“注水法”相应的注水功率分配策略以及时域扩展现象进行了研究，最终提出了适应距离变化的多载频传输技术，为 0.06～10 THz 频带中可靠、高效的无线通信技术的实现做好铺垫。

2016 年，参考文献[29]提出了在 220 GHz 上进行传输实验的设置，以完成有关链路预算和噪声性能的信道建模和传播评估。图 1-37 展示了利用肖特基谐波混频器成功地搭建 220 GHz无线传输系统的基本架构，在此基础上实现了天线距离 50 cm 的配置下 10 Gb/s 的高传输速率，其眼图的表现依然清晰(见图 1-38)。这印证了太赫兹传输技术在提升传输速率方面的巨大潜力，对链路预算和噪声表现的分析对太赫兹通信系统的设计很有价值。

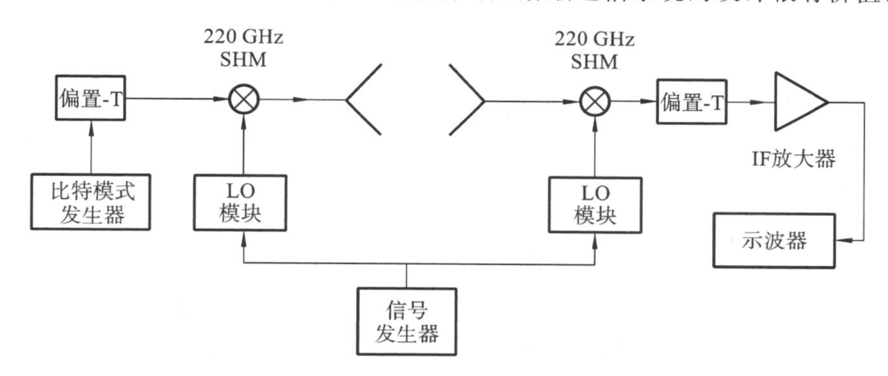

图 1-37　220 GHz 无线传输系统架构[69]

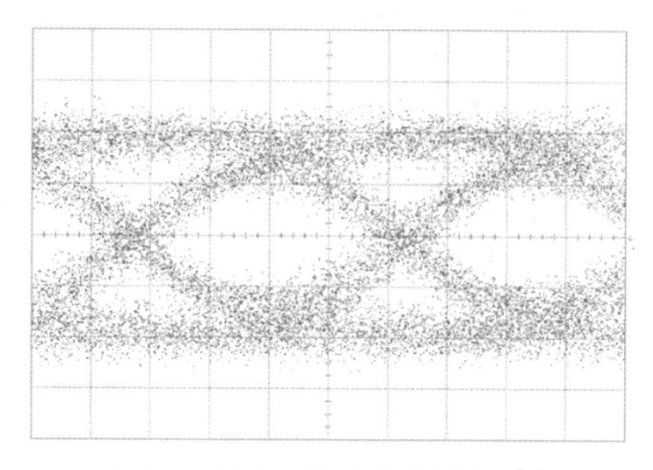

图 1-38　10 Gb/s 高传输速率下的眼图[69]

表 1-2 对本研究报告所引用的论文进行了必要的归类。可见测量是迄今为止对于仿真研究主要的研究方法。但是基于实测的统计模型尚未构建，这是未来研究的主要目标之一。

表 1-2 引文总结

涉及频段	研究方式	研究场景	视距传播(LoS)所引用文献	非视距传播(NLoS)所引用文献
0.1～10 THz	测量	自由空间	[37][67]	—
		室内	[41][55][56]	[41]
	仿真	时变室内	[49][51]	
		室内	[53]	[53]
		UM-MIMO	[66]	—
		自由空间	[67]	—
	计算	体内	[38]	—
300 GHz 及以下	测量	室内	[47][52][54]	[54]
		自由空间	[68]	—
	计算	时变室内	[48]	[48]
		自由空间	[68]	—
2 THz 及以下	仿真	室内	—	[58]
	测量	室内	[46]	—

1.2.10 总结与展望

通过以上文献调研，我们可以看到研究人员已经在从电波传播散射特性到室内不同类型的场景，从基础传输技术到具体网络应用等诸多方面，对太赫兹电波传播信道进行建模研究，并开展了开创性的探索研究，取得了丰富的成果。总体来看，有如下几个重要的结论：

(1) 传统的纳米设备之间的通信，约束在厘米级别，此时的信道由于不考虑多径的影响，信道特征集中在空气吸收所引起的损耗和色散上。相应的信道模型较为简单。当然由于设备之间的对准，仍然是一个需要特别考虑的情况，所以由于天线发射和接收时的辐射方向性，导致信道特征与收发天线之间的相对距离、角度有关。

(2) 用于室内更远距离的通信时，太赫兹信道体现出了更为明显的依赖于环境中主要物体，特别是具有较大的外表面的物体，如墙壁等。相对较小的物体，如桌椅等，尽管对信道有贡献，但是由于表面的粗糙度以及复杂的结构，使得其贡献不被有效观测到。太赫兹信道的几何特性可以作为使用射线追踪或传播图论来进行信道仿真的依据。

(3) 从太赫兹电波对有一定粗糙度的表面能够引起一定的时延扩展，并且结合其几何特性来看，太赫兹信道的响应可以在一定程度上用来对物体表面的粗糙程度进行识别。

(4) 从已有的研究上可以看到，业内对太赫兹信道的研究还仅限于了解太赫兹电波传播与其他频段电波传播的不同，对于有效的信道模型，仅有基于仿真的射线追踪和基于散射多径叠加的几何随机信道模型，这些模型可以作为有效的参考。但由于这些模型在构建时是基于相对实际环境较为简化的前提，所以还需要开展更多的信道测量活动，有针对性地对 MIMO 的太赫兹信道、动态太赫兹信道以及极化等不同方面来对太赫兹信道进行建模。其中也包含了对太赫兹采用什么样的建模方式，才能完整地反映其在多种场景中的特征等方面的研究。

（5）从迄今研究太赫兹电波传播的频率来看，可以发现 300 GHz 以下的太赫兹频段是现阶段研究者们最多关注的频段。在更宽的太赫兹频段进行信道研究无疑是具有前瞻性质的内容。因此，面对太赫兹频段应用的巨大前景和挑战，仍然需要应对 350 GHz 及该频段之上的电波信道测量与建模进行研究，应对来自采集技术、设备和数据分析、特征提取的诸多挑战。

1.3　本章小结：信道研究的趋势分析

如前所述，面向 B5G 和 6G 的信道建模，由于如下的原因和以往 4G、5G 信道建模有了较大的不同：

（1）传输所使用的频段延伸至太赫兹频段。太赫兹频段由于受到水蒸气分子的吸收作用，呈现出较大的传输损耗，现阶段针对太赫兹的信道建模，还处于初步阶段，尚未形成系统的信道模型库。

（2）场景更为丰富，如设备之间（device to device，D2D）、非地面网络（non-terrestrial-network，N2N）之间的通信等。这些新的场景区别于传统的地面基站到移动用户，也是主要考虑 5G 的垂直应用。关于这些场景下的传播，没有看到业内有专门的信道研究在关注，但是这些场景通常都涉及保密、安全通信，对信道特征的准确建模提出了更高的要求。

（3）信道模型所支撑的研究目标也有了较大的变化。传统信道模型是用来对通信系统的性能进行准确仿真，而面向 B5G、6G 在通信上更高的传输速率的要求、更复杂的配置，以及可能会改变的调制方式、波形要求、功率分配等，需要对信道特征进行更全面、更完整的阐述。此外，信道模型还需要支持感知的要求，感知的场景较多，对信道模型的要求也有很大的不同，特别是感知场景对于具体散射体、散射环境所具有的特征，要求描述得更加准确，其中也包括了动态特征、物理特征等。

（4）对信道模型的准确度有更高的要求。传统的基于多径的建模方式，以及基于多径簇的建模方式，在实际建模过程中，会由于参数估计算法的局限性、分簇算法自身的性能以及统计特征提取时具有片面性，导致所产生的样本难以与具体的环境和场景形成准确的对应。与此同时，随着信道仿真更加注重具体场景和环境，所以需要在产生信道样本时，对某些环境所应该具备的确定性特征进行重现。

（5）对信道产生的机理进行建模的要求逐渐增加。以往依靠已经建成的模型来产生随机信道样本的方式，需要演进到依靠给定的传播环境、明确了的仿真目的、明确了的系统架构、结合统计模型来进行样本的产生。这样在实测建模的过程中，除了对得到的信道特征进行描述以外，还需要对为什么会产生这样的信道特征进行研究，即增加对信道产生机理方面的研究，并形成可操作性的方法。

（6）对信道构成的分量有更细化的要求。以往的信道模型可以仅仅体现出主要传播路径的行为，就能够满足仿真的要求。随着通信系统的架构复杂化、传输技术的不断丰富，对于信道分量的描述需要从更多的维度来考虑，如所谓的近场分量和远场分量、可分离的确定性较为显著的路径和不可分离的具有随机性及参数分布特征的分量、平面波面的路径和球面波面的路径、具有较强功率的分量和背景上较为微弱的但是连续出现的分量。这些在传统的信道模型中关注度不高的分量，需要我们思考如何进行提取和建模以及重现。

（7）信道的架构复杂化带来了网络级的信道特征研究新需求。例如，信道的硬化特征，就是对环境、多个用户、基站大规模天线阵列之间的复杂的信道描述，这些更加宏观的信道特征具有非常复杂的形成机理，很难简单地采用多径重构的方式来复现这些特征。

（8）信道的可编程化、可工程化，引入了信道模型中的主动元素。随着波束成形技术在收发端的使用、可重构智能超表面（reconfigurable intelligence surface，RIS）等设备在环境中的部署，以及对网络节点的选择，出现了对信道特征优化的需求。于是信道模型的自变量很可能需要增加可改变、可调节的参数，测量时，我们同样需要考虑信道特征随着这些参数变化的具体行为，并且要和前几项所描述的那样，需要从机理上诠释。

（9）信道模型的产生流程需要“大数据化”“智能化”革新。现阶段对大数据的应用还处于起步阶段，对各种人工智能（artificial intelligence，AI）的网络是否适用于信道建模，还没有深入的系统研究。但是随着数据的逐渐增加，我们需要对不同类型的数据进行选择和处理，从而可以用于传播信道建模。

（10）信道仿真需要实时化。传统的信道研究中所使用的信道仿真工具、平台始终处于一种“离线”操作的状态，很少有直接和实时通信或者通感相结合的信道仿真工具，其中一个重要原因是如射线追踪、传播图论等技术的使用中有复杂度高的限制，其建模的过程还非常繁杂，需要大量的预备数据的支持。信道仿真工具能否通过观察到的信道特征进行回溯，从而形成一种确定性的解释，这样就可以增强对信道变化的捕捉能力，加深对信道在较长时域上发生变化的理解，由此仿真预测信道特征的准确度也会得到提高。

基于如上十个方面的考虑（当然，这十个方面还远远不能完全描述 B5G 和 6G 的信道研究需求），信道研究的发展趋势可以归纳为如下几个方面：

（1）信道大数据的获取方法。需要拓展信道测量的范畴，不仅仅是传统的依靠特定测量平台设备来进行的信道数据采集。我们考虑把被动测量或者接收到的信号中包含了信道特征的部分，进行分离，需要进行预处理以便于提取信道特征。

（2）信道分析的算法研究。不同类型分量的先验模型的推导、非正交分量如何进行估计、采用何种维度或者分量分解的方式能够简化信道的参数化描述、如何应用人工智能的建模方式来进行模型参数的估计，针对这些方面，研究新的参数提取算法。

（3）信道模型构建研究。信道模型的类型需要改变，模型的参数需要增加或者重新丰富，信道模型构建的过程需要考虑到是否真实地捕捉到了关键的敏感特征。此外，信道模型可能要跨层进行改进，利用模型使用的目的和关键参数，结合通信或通感系统的配置和工作方式，进行高层的模型构建。

（4）信道产生方法研究。结合测量得到的统计特征、利用人工智能的方法通过大数据分析对复杂信道行为和表征的建模，以及结合更高精度的确定性和随机性相结合的信道仿真机制，准实时或者实时地得到信道样本，支持多种用途。

（5）面向更多场景的实测活动。对于尚未深入研究的传播场景，构建测量平台，开展信道测量，包括超大规模天线阵列和多用户信道测量、太赫兹传播信道测量、NTN 信道测量（包含无人机等信道测量），以及车联网场景、物联网场景以及涉及各种典型的环境中的信道测量，如矿山、码头、港口、车站等。此外，对于多入多出的网络级的多链路信道测量，也是重要的一个方向。多链路信道的特征涉及信道之间的特征相关性、与环境之间的关系，特别是决定了信道相关性的环境构成等。

随着 B5G 和 6G 的快速发展，会提出更多对信道研究的需求。信道研究这个交叉性很强的领域，需要多学科交叉来支撑。本着大胆尝试、细致求证的态度，相信研究人员会对信道研究有更深层次的认知，随着研究的展开和深入，伴随着可见的成果，最终将信道研究再次发挥其引领无线系统持续演进的地位，为传输理论的创新和技术的实现提供前瞻性的启发和支撑。

参考文献

[1] Andersen J, Rappaport T, Yoshida S. Propagation measurements and models for wireless communications channels[J]. IEEE Communications Magazine, 1995, 33(1): 42-49.

[2] Wang C, Cheng X, Laurenson D. Vehicle-to-vehicle channel modeling and measurements: Recent advances and future challenges[J]. IEEE Communications Magazine, 2009, 47(11): 96-103.

[3] WINNER II Channel models, IST-4-027756 WINNER II, D1. 1. 2 V1. 1[EB/OL]. 2007. Available: https://www. ist-winner. org/.

[4] Report, ITUR M. Guidelines for evaluation of radio interface technologies for IMT-Advanced[R]. Recommendation ITU-R M. 2135, 2009.

[5] Liu L, Oestges C, Poutanen J, et al. The COST 2100 MIMO channel model[J]. IEEE Wireless Communications, 2012, 19(6): 92-99.

[6] EU FP7 INFSO-ICT-317669 METIS. D1. 1 Scenarios, requirements and KPIs for 5G mobile and wireless system[R]. 2013.

[7] Xu H, Rappaport T, Boyle R, et al. Measurements and models for 38-ghz point-to-multipoint radiowave propagation [J]. IEEE Journal on Selected Areas in Communications, 2000, 18(3): 310-321.

[8] Par k C, Rappaport T. Short-range wireless communications for next-generation networks: Uwb, 60 GHz millimeter-wave wpan, and zigbee[J]. IEEE Wireless Communications, 2007, 14(4): 70-78.

[9] Murdock J N, Ben-Dor E, Qiao Y, et al. 38 GHz cellular outage study for an urban outdoor campus environment [C]. 2012 IEEE Wireless Communications and Networking Conference (WCNC), Paris, France, 2012: 3085-3090.

[10] Azar Y. 28 GHz propagation measurements for outdoor cellular communications using steerable beam antennas in New York city[C]. 2013 IEEE International Conference on Communications (ICC), Budapest, Hungary, 2013: 5143-5147.

[11] Rappaport T, Gutierrez F, Ben-Dor E, et al. Broadband millimeter-wave propagation measurements and models using adaptive-beam antennas for outdoor urban cellular communications[J]. IEEE Transactions on Antennas and Propagation, 2013, 61(4): 1850-1859.

[12] Dyer G, Gilbert T, Henriksen S, et al. Mobile propagation measurements using cw and sliding correlator techniques[J]. Antennas and Propagation Society International

Symposium, IEEE, 1998,4: 1896-1899.

[13] Guillouard S, El-Zein G, Citerne J. High time domain resolution indoor channel sounder for the 60 GHz band[J]. Microwave Conference, 28th European, 1998, vol. 2: 341-344.

[14] Xu H, Kukshya V, Rappaport T. Spatial and temporal characteristics of 60 GHz indoor channels[J]. IEEE Journal on Selected Areas in Communications, 2002, 20 (3): 620-630.

[15] Pirkl R, Durgin G. Optimal sliding correlator channel sounder design[J]. IEEE Transactions on Wireless Communications, 2008, 7(9): 3488-3497.

[16] Pirkl R, Durgin G. Revisiting the spread spectrum sliding correlator: Why filtering matters[J]. IEEE Transactions on Wireless Communications, 2009, 8(7): 3454-3457.

[17] Salous S, Raimundo X, Cheema A. Small cell wideband measurements in the 60 GHz band[R]. IC1004, Krakow, Poland: Tech. Rep. TD(14) 11024, September 2014.

[18] Hur S, Cho Y J, Kim T, et al. Millimeter-wave channel modeling based on measurements in in-building, campus and urban environments at 28 GHz[R]. IC1004, Krakow, Poland: Tech. Rep. TD(14) 11029, September 2014.

[19] Muller R, Dupleich D A, Schneider C, et al. Ultra-wideband millimetre-wave measurements at 70 GHz in an outdoor scenario for future cellular networks[R]. IC1004: Tech. Rep. TD(14)11050, 2014.

[20] Horvath P, Horvath B, Bakki P, et al. First results on a measurement system setup for short range millimetre-wave propagation studies[R]. IC1004, Krakow, Poland: Tech. Rep. TD(14) 11052, 2014.

[21] Oestges C, Vanhoenacker-Janvier D. Experimental validation and system applications of ray-tracing model in built-up areas[J]. Electronics Letters, 2000, 36(5): 461-462.

[22] Karttune n A, Haneda K, Järveläinen J, et al. Polarisation Characteristics of Propagation Paths in Indoor 70 GHz Channels[C]. In Proceedings of the IEEE 9th European Conference on Antennas and Propagation (EuCAP), Lisbon, Portugal, 2015:1-4.

[23] Weiler R J, Peter M, Keusgen W, et al. Quasi-deterministic millimeter-wave channel models in MiWEBA[J]. Journal of Wireless Communications and Networking, 2016, 2016: 84.

[24] Koymen O H, Partyka A, Subramanian S, et al. Indoor mm-Wave Channel Measurements: Comparative Study of 2.9 GHz and 29 GHz[C]. In 2015 IEEE Global Communications Conference, GLOBECOM 2015, San Diego, CA, USA, 2015:1-6.

[25] Ling C. Double-directional dual-polarimetric cluster-based characterization of 70-77 GHz indoor channels[J]. IEEE Transactions on Antennas and Propagation, 2017, 66 (2): 857-870.

[26] Ling C, Yin X, Wang H, et al. Experimental characterization and multipath cluster modeling for 13～17 GHz indoor propagation channels[J]. IEEE Transactions on Antennas and Propagation, 2017, 65(12): 6549-6561.
[27] Cherry S. Edholm's law of bandwidth[J]. IEEE Spectrum, 2004, 41(7): 58-60.
[28] Zhao H, Wei L, Jarrahi M, et al. Propagation measurements for indoor wireless communications at 350/650 GHz[C]. In: 2018 43rd International Conference on Infrared, Millimeter, and Terahertz Waves (IRMMW-THz), Sep. 2018:1-2.
[29] Chen Z, Zhang B, Fan Y. Sub-terahertz transmission experiment for future wireless high speed data communication[C]. In: 2016 IEEE MTT-S International Microwave Workshop Series on Advanced Materials and Processes for RF and THz Applications (IMWS-AMP), July 2016:1-2.
[30] Barros M T, Mullins R, Balasubramaniam S. Integrated terahertz communication with reflectors for 5g small-cell networks[J]. IEEE Transactions on Vehicular Technology, 2017, 66(7): 5647-5657.
[31] Khalid N, Akan O B. Experimental throughput analysis of low-THz MIMO communication channel in 5g wireless networks[J]. IEEE Wireless Communications Letters, 2016, 5(6): 616-619.
[32] Han C, Bicen A O, Akyildiz I F. Multi-wideband waveform design for distance-adaptive wireless communications in the terahertz band[J]. IEEE Transactions on Signal Processing, 2016, 64(4): 910-922.
[33] Rappaport T S, Murdock J N, Gutierrez F. State of the art in 60 GHz integrated circuits and systems for wireless communications[J]. Proceedings of the IEEE, 2011, 99(8): 1390-1436.
[34] Song H, Nagatsuma T. Present and future of terahertz communications[J]. IEEE Transactions on Terahertz Science and Technology, 2011, 1(1): 256-263.
[35] He D, Guan K, Fricke A, et al. Stochastic channel modeling for kiosk applications in the terahertz band[J]. IEEE Transactions on Terahertz Science and Technology, 2017, 7(5): 502-513.
[36] Lemic F, Abadal S, Tavernier W, et al. Survey on terahertz nano communication and networking: A top-down perspective[J]. 2019.
[37] Tsujimura K, Umebayashi K, Kokkoniemi J, et al. A study on channel model for THz band[C]. In: 2016 International Symposium on Antennas and Propagation (ISAP),2016:872-873.
[38] Elayan H, Shubair R M, Jornet J M. Bio-electromagnetic THz propagation modeling for in-vivo wireless nanosensor networks[C]. In: 2017 11th European Conference on Antennas and Propagation (EUCAP),2017:426-430.
[39] Rey S, Eckhardt J M, Peng B, et al. Channel sounding techniques for applications in THz communications: A first correlation based channel sounder for ultra-wideband

dynamic channel measurements at 300 GHz[C]. In: 2017 9th International Congress on Ultra Modern Telecommunications and Control Systems and Workshops (ICUMT), Munich, Germany, 2017:449-453.

[40] Chan W L, Deibel J, Mittleman D M. Imaging with terahertz radiation[J]. Reports on Progress in Physics, 2007, 70(8): 1325-1379.

[41] Tsujimura K, Umebayashi K, Kokkoniemi J, et al. A study on impulse response model of reflected path for THz band [C]. In: 2018 Asia-Pacific Signal and Information Processing Association Annual Summit and Conference (APSIPA ASC), Honolulu, HI, USA, 2018:794-798.

[42] Khalid N, Akan O B. Wideband THz communication channel measurements for 5G indoor wireless networks[C]. In: Proc. IEEE Int. Conf. Commun. (ICC), Kuala Lumpur, Malaysia, 2016:1-6.

[43] Eckhardt J M, Doeker T, Rey S, et al. Measurements in a real data centre at 300 GHz and recent results[C]. In: 2019 13th European Conference on Antennas and Propagation (EuCAP), Krakow, Poland, 2019:1-5.

[44] Jornet J M, Akyildiz I F. Channel modeling and capacity analysis for electromagnetic wireless nanonetworks in the terahertz band[J]. IEEE Transactions on Wireless Communications, 2011, 10(10): 3211-3221.

[45] Rothman L S, Gordon I E, Barbe A, et al. The HITRAN 2008 molecular spectroscopic database [J]. Journal of Quantitative Spectroscopy and Radiative Transfer, 2009, 110(9-10): 533-572.

[46] Mirhosseini A, Singh S. Modeling line-of-sight terahertz channels using convex lenses [C]. In: 2019 IEEE International Conference on Communications (ICC), 2019:1-6.

[47] Priebe S, Kurner T. Stochastic modeling of THz indoor radio channels[J]. IEEE Transactions on Wireless Communications, 2013, 12(9): 4445-4455.

[48] Rose D M, Rey S, Kürner T. Differential 3D ray-launching using arbitrary polygonal shapes in time-variant indoor scenarios[C]. In: 2016 Global Symposium on Millimeter Waves (GSMM) ESA Workshop on Millimetre-Wave Technology and Applications, 2016:1-4.

[49] Nie S, Akyildiz I F. Three-dimensional dynamic channel modeling and tracking for terahertz band indoor communications[C]. In: 2017 IEEE 28th Annual International Symposium on Personal, Indoor, and Mobile Radio Communications (PIMRC), 2017: 1-5.

[50] Han C, Akyildiz I F. Three-dimensional end-to-end modeling and analysis for graphene-enabled terahertz band communications[J]. IEEE Transactions on Vehicular Technology, 2017, 66(7): 5626-5634.

[51] Singh R, Sicker D. Parameter Modeling for Small-Scale Mobility in Indoor THz Communication[C]. 2019 IEEE Global Communications Conference (GLOBECOM), Waikoloa, HI, USA, 2019: 1-6.

[52] Pometcu L, D'Errico R. Characterization of sub-THz and mmwave propagation channel for indoor scenarios[C]. In: 12th European Conference on Antennas and Propagation (EuCAP 2018),2018:1-4.
[53] Schram V, Bereyhi A, Zaech J-N, et al. Approximate Message Passing for Indoor THz Channel Estimation[J]. 2019. arXiv:1907.05126.
[54] Zhao H, Wei L, Jarrahi M, et al. Extending spatial and temporal characterization of indoor wireless channels from 350 to 650 GHz[J]. IEEE Transactions on Terahertz Science and Technology, 2019, 9(3): 243-252.
[55] Kim S, Zajić A. Statistical modeling of THz scatter channels[C]. 2015 9th European Conference on Antennas and Propagation (EuCAP), Lisbon, Portugal, 2015: 1-5.
[56] Kim S, Zajić A. Statistical modeling and simulation of short-range device-to-device communication channels at sub-THz frequencies[J]. IEEE Transactions on Wireless Communications, 2016, 15(9): 6423-6433.
[57] Wang J, Wang C X, Huang J, et al. A general 3D space-time-frequency non-stationary THz channel model for 6G ultra-massive MIMO wireless communication systems[J]. IEEE Journal on Selected Areas in Communications, 2021, 39(6): 1576-1589.
[58] Ju S, Shah S H A, Javed M A, et al. Scattering mechanisms and modeling for terahertz wireless communications[C]. In: ICC 2019 - 2019 IEEE International Conference on Communications (ICC), 2019:1-7.
[59] Chen Y, Han C. Channel modeling and characterization for wireless networks-on-chip communications in the millimeter wave and terahertz bands[J]. IEEE Transactions on Molecular, Biological and Multi-Scale Communications, 2019, 5(1): 30-43.
[60] Han C, Wang Y, Li Y, et al. Terahertz wireless channels: A holistic survey on measurement, modeling, and analysis[J]. IEEE Communications Surveys and Tutorials, 2022:1-1.
[61] Kim S, Zajić A. Characterization of 300 GHz Wireless Channel on a Computer Motherboard [J]. IEEE Transactions on Antennas and Propagation, 2016, 64(12): 5411-5423.
[62] Fu J, Juyal P, Zajić A. THz Channel Characterization of Chip-to-Chip Communication in Desktop Size Metal Enclosure[J]. IEEE Transactions on Antennas and Propagation, 2019, 67(12): 7550-7560.
[63] Fu J, Juyal P, Jorgensen E J, et al. Comparison of statistical and deep learning path loss model for motherboard desktop environment[C]. In Proc. of European Conference on Antennas and Propagation (EuCAP), 2022:1-5.
[64] Yang K, Pellegrini A, Munoz M, et al. Numerical analysis and characterization of THz propagation channel for body-centric nano-communications[J]. IEEE Transactions on Terahertz Science and Technology, 2015, 5(3): 419-426.
[65] Han C, Chen Y. Propagation modeling for wireless communications in the terahertz band[J]. IEEE Communications Magazine, 2018, 56(6): 96-101.
[66] Han C, Jornet J M, Akyildiz I. Ultra-massive MIMO channel modeling for graphene-

enabled terahertz-band communications [C]. In: 2018 IEEE 87th Vehicular Technology Conference (VTC Spring), June 2018:1-5.

[67] Han C, Bicen A O, Akyildiz I F. Multi-ray channel modeling and wideband characterization for wireless communications in the terahertz band [J]. IEEE Transactions on Wireless Communications, 2015, 14(5): 2402-2412.

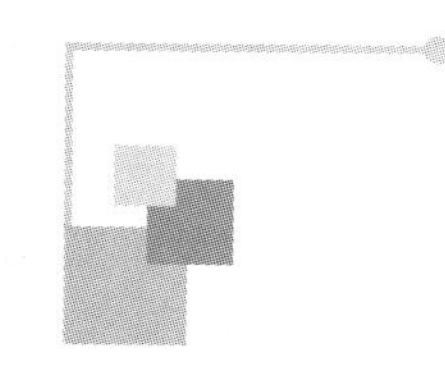

第二章　高精度信道参数估计

由于环境的复杂性，结合无线电波传播过程中多种机制、无线通信系统、广播系统或雷达系统等工作时的资源利用情况，如频点、频宽、波形、复用方式等，无线电波传播信道的特征由此变得非常丰富。通常信道的特征包括功率衰落的特征，资源维度上的选择性特征，信道在不同参数域上的扩展特征，多信道、多点、多时刻观测到的信道相关特征，信道随着观测的时间、空间不同而变化的特征，描述信道特性的统计特征，统计意义上的正交性特征，多样性和稀疏性特征，以及信道能够分解成多通道所表现出的特征，等等。描述特征的有效方法是建立数学模型，特别是具有在统计特征上能够准确描绘信道的模型。

为了建立有效的统计信道模型，需要能够体现遍历性的样本信道数据，而信道整体的特征通常可以通过构成信道的多个分量的特征来描述。所以，通常将信道分解成多个组成部分，既可以对每个部分单独形成模型来描述，也可以对这些部分的组合进行描述。因此，在对信道进行分析时，不仅要准确地提取出信道内每个分量，尤其是主要的、能够显著影响信道特征的分量，还要能够从保持信道完整性的角度，尽可能全面地提取出信道内多种、多个分量。这对保证模型的准确性具有重要的意义。

对信道内每个分量的构成以及其对整体接收到的信号的贡献建立准确的参数化模型，是保证信道特征提取的完整性、有效性的基础。所以，信道参数估计的一个核心内容是对信道内的分量建立参数化数学模型。所建立的数学模型一方面要能够准确地解释信道分量在所关心的时间、空间、频率、极化等观测域上引起的冲激响应，另一方面还要适用于信道内不同分量，通过模型中的参数变化来区分这些分量。此外，我们还需要从尽可能降低模型参数数量、增强模型泛化能力的角度，建立复杂度低的模型。例如，对描述时变的规律时，注重其平均、均方差等统计规律，而不苛求对其瞬间、随机的抖动进行多参数的描述。当然，为了能够有效地利用建立的统计模型来产生信道随机样本，在建立信道分量的描述方法时，需要考虑该描述架构是否能够被用来产生信道样本，同时也需要考虑产生的样本是否能够支持建立一致的模型，即模型和样本之间的一致性。

参数估计方法一般包含一定的算法架构。通常我们会采用子空间、最大似然估计、最大后验概率估计的架构来推导估计算法。从 20 世纪末以来，利用子空间之间的正交性推导得到的多信号分类(multiple signal classification，MUSIC)[1] 和基于旋转不变技术的信号参数估计(estimation of signal parameters via rational invariance techniques，ESPRIT)[2] 方法，最大似然的迭代近似期望最大化(expectation-maximization，EM)和空间交替广义期望最大化(space-alternating generalized expectation-maximization，SAGE)[3]，以及 Richter 最大似然(Richter maximum likelihood，RiMAX)[4] 算法来对信道窄带、宽带数据进行处理，得到“多径”的参数估计结果，进而利用这些估计样本来构建统计信道模型。近年来还有更多的算法被提出来，如将多径数量估计和多径参数估计结合在一起的可变贝叶斯估计方法①，综合了信道的多径参数

---

① Shutin D, Fleury H. Sparse Variational Bayesian SAGE Algorithm With Application to the Estimation of Multipath Wireless Channels[J]. in IEEE Transactions on Signal Processing, 2011,59(8): 3609-3623.

估计和定位的信道同步定位与建图算法(simultaneous localization and mapping, SLAM)[5-8],将多径的全域分布简化为固定的网格从而限制参数搜索空间,并由此推出的基于连续参数取值原子(atom)的快速推断(fast inference scheme)稀疏贝叶斯学习方法(sparse bayesian learning,SBL)[9],利用了线谱估计理论的低复杂度、能够高速计算的稀疏估计方法——超快速线谱估计(superfast line spectral estimation,SLSE)[10],不需要参数搜索,而是对多径的后验概率和参数进行迭代更新的可变线谱估计(variational line spectrum estimation,VALSE)[11],针对时变场景中的稀疏多径跟踪、利用了字典优化(dictionary refinement,DR)的稀疏贝叶斯估计方法(SBL-DR)[12],同样是针对时变信道估计,利用了信任传播(belief propagation)方法对多径参数进行序列估计[13]等。此外,利用机器学习的一些优秀思想和逻辑,用于信道参数化估计的方法也在逐渐增加。这些方法从先验知识的获取、概率分布的迭代更新、模型阶次和参数的联合估计及充分利用稀疏性来降低算法的复杂度等多个角度进行了改良和优化,并已在实测数据处理中得到应用,为建立信道模型提供所能估计的参数样本。

上述算法对先验信道分量的模型并没有进行更多的调整,基本上沿用了平面波的假设,所以尽管参数估计方法的架构得到较大发展,但是在分量的存在形式上,注意力都在描述其参数的分布状态上,没有对参数化形式进行更新和研究。随着 5G 和 6G 系统的快速演进,通信场景变得更加丰富,也使得电波传播在不同场景中的状态变得更为丰富。特别是随着频点不断提升、带宽不断增加、天线阵列不断增大、用户密度不断提高,用来作为系统设计依据和性能优化的信道模型本身的架构,面临着很多挑战。其主要的问题是信道统计模型不能真实地体现传播的实际状态,从信道数据后处理到信道模型建成,再到利用信道模型进行样本生成,这些环节里都可能存在信息提取的缺失、模型的错误以及处理流程上有待优化。

本章更加侧重的是如何提升先验模型的有效性。其基本的思路是,信道内的分量是否可以采用比传统的单一平面波的方式来改变,在稍许增加参数数量的情况下,达到更准确地估计信道特征的目的。

具体而言,本章首先通过实际的测量和仿真,观察接收到的信号在不同系统配置下展示的形态,获得更加直接而感性的认知。例如,在现实的场景中,使用大规模天线阵列是否可以观察到不同类型的波面。在展示了这些观测结果后,将对多种先验模型进行介绍,包括传统的基于平面波波前的参数先验模型、球面波前的参数先验模型、基于泛化多流形(generalized array manifold,GAM)来分解的非平面波前模型,以及采用简单的两个平面波组合而成的 GAM 模型。在介绍这些波前模型的同时,还展示了利用这些先验模型进行的参数估计,包含了仿真的结果和实测得到的结果。上述研究旨在表明我们可以通过对信道分量进行更准确、更精细的先验模型构建,设计出具有更高分辨率、更高准确度的参数估计算法。由于更符合实际传播机制,通过这种算法得到的结果可以达到与环境之间更高的吻合度。由此,利用这些具有新架构的信道参数样本,可以建立更有实际应用价值的信道统计模型。

本章仍然完整地描述了 EM 和 SAGE 算法用于信道参数估计的流程,并对其中的细节做了更直接的阐述。此外,针对现在业内对感知成像方面的关注较多,还介绍了利用球面波设计的空间谱计算方法。此外,考虑到现在很多实测活动中,广泛采用虚拟阵列的方式进行数据采集,因此参数估计算法的设计应该能够充分利用实际测量中虚拟阵列的特点,以及在空间、时间和频率上多点采样的方法,构建成虚拟阵列,从而利用有限的设备,达到更高的分辨率。

2.1　信号相位波前研究

在传统的信道研究中，电波可以被认为是沿着一条直线进行传播的，在垂直该传播方向上，存在一个幅值均匀、相位相同的平面。这样的波简称为“平面波”，在信道参数估计时，被认为是描述信道构成的基本单元。每一个平面波，我们都将其传播的路线称为一个路径。当然，由于环境的复杂性，我们很难采用理想化的平面波来描述每一个入射的信道分量。为了能够描述多个路径可能具有相似的几何形状，一个可以被系统辨识的路径，可能是由很多个具有相似几何形态的路径构成，于是我们称其为一个“多径分量(multipath component，MPC)”。事实上，通过实测，我们可以对入射的分量是否真的具有平面波的特征进行观察，特别是在大规模天线阵列测量成为可能的现在。本节将展示实测和仿真的一些结果，研究入射波面可能的形态，并据此提出适合的参数化，描述波面形状的模型。这些模型能够作为先验信息，用于后期的参数估计，从而构建具有实际物理意义的参数统计特性的模型。

2.1.1　平面波和球面波

平面波的假设，通常是电波与物体表面发生了镜像(specular)的反射。平面波的传播路径被认为是一个没有扩展的路径。如果阵列中的所有天线均在某一个平面波的波面内分布，那么应该从每个天线的接收信号中观察到相同的相位；如果天线阵列是一个平面阵列，该阵列所在平面与入射电波的波面不平行时，那么应该通过天线的输出可以看到周期性的等相位线。这些等相位线应该都是直线。平面波是使用最为广泛的假设。任何一个复杂波面的波，都可以被分解成多个具有不同权重，即复数幅值的平面波的组合。但是通过理论推导和仿真、实测看到，来源于一个物体的一个非平面波，如果被分解成多个平面波时，这些平面波的综合分布并不能代表该物体的外形。部分原因是观测本身带宽有限、天线阵列的口径有限等，所以如何对非平面波进行有效建模，我们可以在有限观测口径的情况下，获得更接近真实环境情况的多径分量估计结果。

如下展示的内容是在同济大学嘉定校区智信馆进行的大规模天线阵列下的信道测量结果。测量的频段是 6～14 GHz，采用的是矢量网络分析仪(vector network analyzer，VNA)。测量环境是一个收发端之间存在直射到达的路径(line-of-sight，LoS)的室内场景。发射端采用的是一个全向的双锥天线，接收端是通过移位导轨，将一个同样采用双锥结构的全向天线，在 32×32 的垂直空间网格里移位得到的 1024 个阵元的虚拟阵列，如图 2-1 所示。

功率时延谱(power delay profile，PDP)可以初步显示信道特征。图 2-2 所示的是最下面一行的天线所观测到的信道冲激响应的 PDP，以及最左边一列的天线所观测到的信道 PDP。

从图 2-2 可以看到，整体而言，尽管天线阵元所在的位置不同，但是 PDP 的整体形状相对比较稳定。

通过实际测量，我们可以对电波传播中的相位面的具体呈现有更加具体的了解。如图 2-3 所示，当主径到达阵列时，可以看到在时延 25.5 ns 的地方，功率为最高。对应的相位面具有类似圆周的等相位线。

当时延为 26 ns 时，等相位线不再是一个闭合的圆周，而是类似一个椭圆的形状，或者显现出锯齿状的波动。这种相位分布似乎呈现出一种旋转，沿着 y 轴方向的相位比沿着 x 轴的

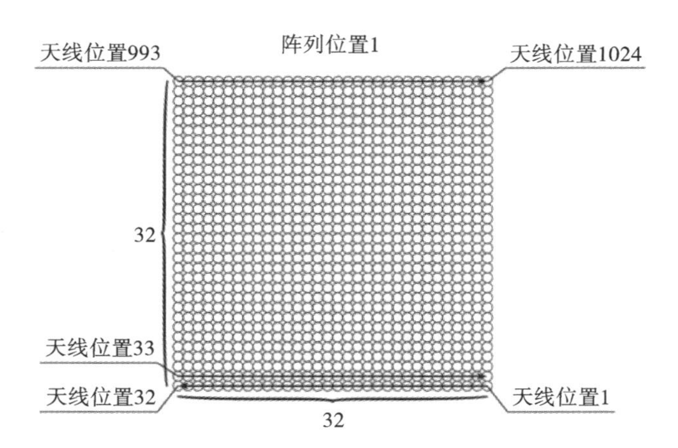

图 2-1 采用空间移位构建的虚拟天线阵列,天线相邻位置之间的距离是 16 GHz 对应的半波长

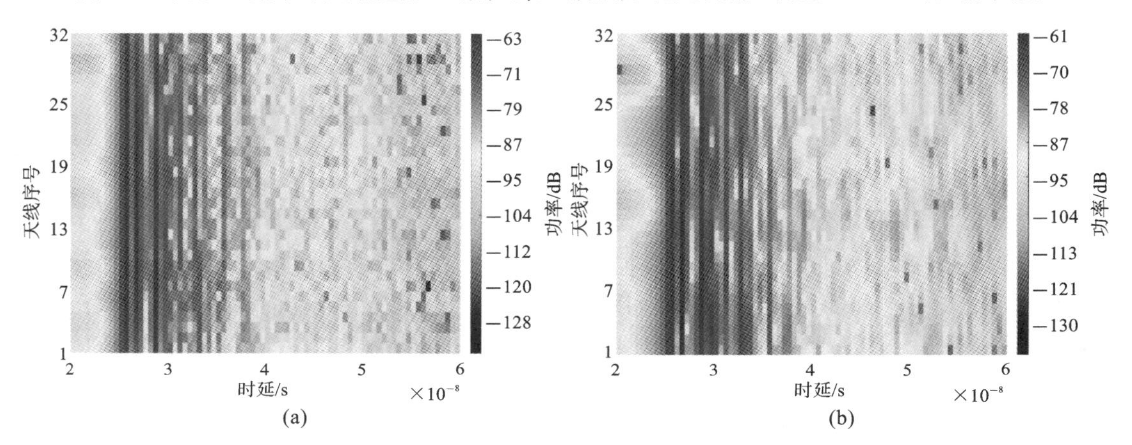

图 2-2 32 个横向排列的天线所观察到的多个 PDP,图中采用色谱来表示不同功率

(a)横向排列的 32 个天线所看到的 PDP;(b)纵向排列的 32 个天线所看到的 PDP

相位更高。在多个平面波或者球面波存在的情况下,形成的综合相位,很可能呈现出平面的波面、球面的波面,以及角动量的波面。并且角动量分量可以是相对功率比较强的信道分量,如我们在时延为 26 ns 时看到的那样。

之后,当时延为 26.5 ns 时,可以看到有一个比较稳定的、占据主要地位的球面波。但通过仔细观察,发现其等相位线也并不是一个精确的圆周上的圆弧,似乎也是椭圆的样子,但是没有展示出锯齿状的中断,不像在时延 26 ns 时的样子。很可能这是一个具有连续的延展性的物体,多个不可分离的源联合形成一种非球面的等相位面。此外,我们从幅值的图中可以看到,幅值变化不是非常紊乱,即小尺度衰落,这也表明,分量的数量是较少的,甚至可能就是非常有限的,如两个源的叠加。

之后的 28.5 ns 和 29 ns,我们仍然看到类似圆周上的一部分的等相位线,但是相位面里的波动,也较为明显。但是可以看到一个现象,即功率比较高的位置,相位变化比较规则。这个现象在时延为 48.5 ns 时,更加明显。在 25～32 序号横向、7～25 序号纵向位置的天线,得到的是较小的幅值,同时相位的变化没有规律。

上述的观察能够提示我们,相位面可以多种形式存在,既可以是平面波,也可以是球面波,甚至是轨道角动量的波面。图 2-4 是一个示意图。

从图 2-4 可以看出,最终相位呈现的是一个比较乱,但仍然有明显变化规律的相位面分

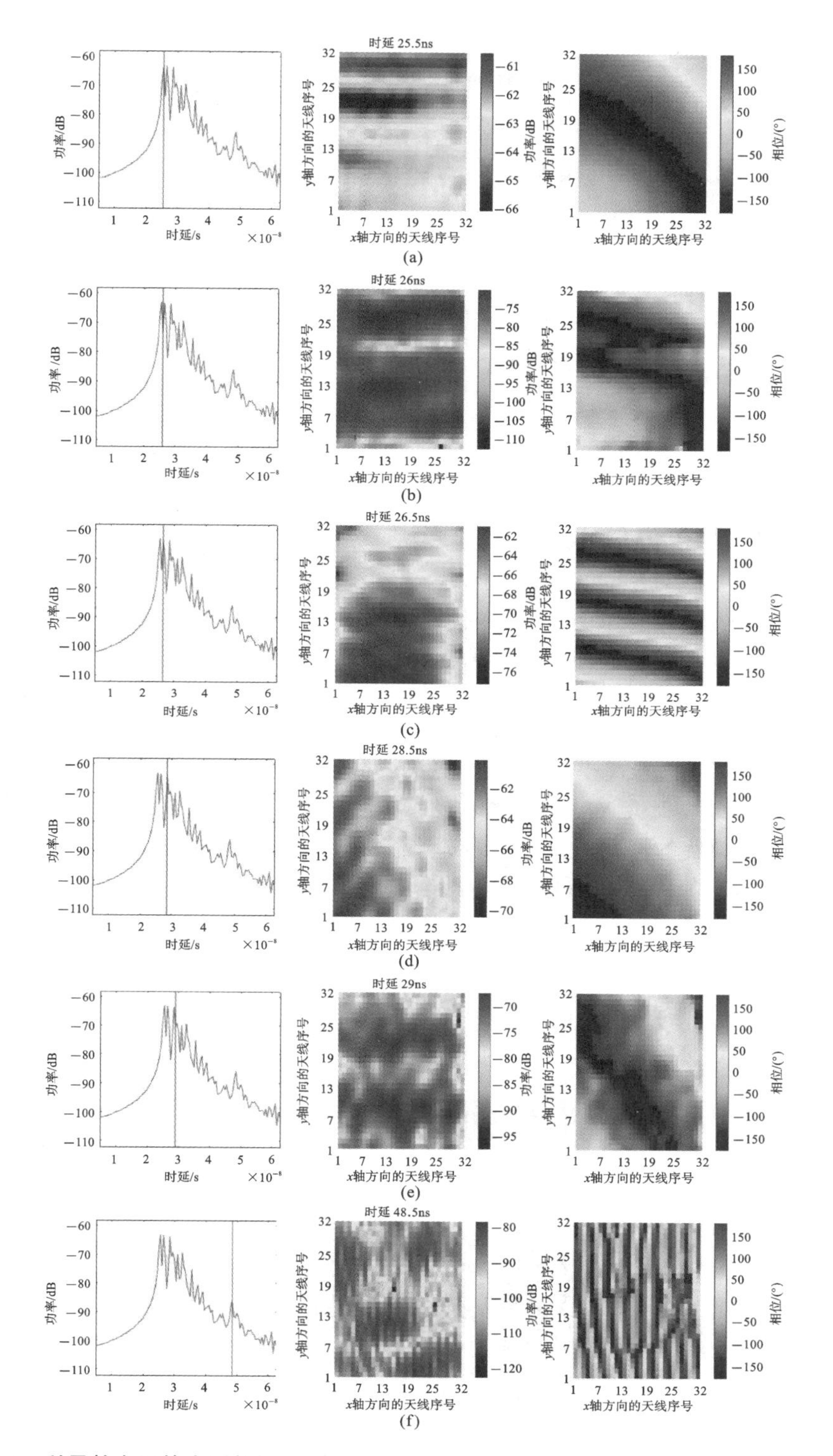

图 2-3　利用教室里的实测数据，观察到不同的时延时，信道在天线阵列上展现的相位数值

(a)时延为 25.5 ns 时的功率与角度分布；(b)时延为 26 ns 时的功率与角度分布；(c)时延为 26.5 ns 时的功率与角度分布；(d)时延为 28.5 ns 时的功率与角度分布；(e)时延为 29 ns 时的功率与角度分布；(f)时延为 48.5 ns 时的功率与角度分布

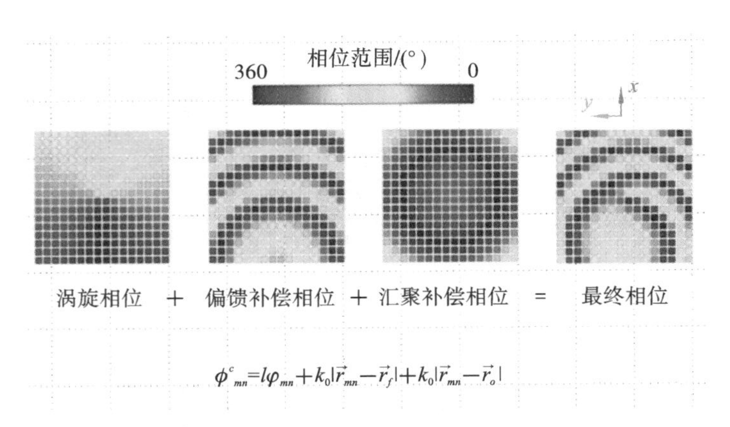

图 2-4　不同类型的波面叠加形成的复合相位分布

布。特别是图 2-4 所示的最终相位，与实验数据中的 26 ns 时延时看到的相位面有些类似。

2.1.2　轨道角动量波

电波的轨道角动量(orbital angle momentum，OAM)特性，是近年来研究的一个新热点。具有 OAM 特性的电磁波，可以通过特殊的天线产生。而我们更为关注的是，环境中是否会产生 OAM 电磁波以及环境是否能够改变 OAM 的模式。就像在极化的情况下，信道能够引起极化的旋转，那么具有一定 OAM 特征的电磁波，会不会经过传播，其 OAM 的特征也会发生改变。

我们利用图论仿真的方式来检查如何使接收到的电波具有 OAM 的特征。如图 2-5 所示，仿真的环境是一个类似会议室的场景，发射端是一个具有 10 个阵元的阵列。阵元的排布如图 2-6 所示，呈现螺旋的形状。该螺旋线的半径是十分之一个波长，十根天线的位置按照极坐标的形式来表示，相邻天线之间相隔 36°。这样由于自身的位置，在螺旋轴线上，就可以形成一个 $l=1$ 的 OAM 模式。如图 2-7、图 2-8 所示，可以看到在单频点和单时延上，在整个天线阵列上观察到 OAM 的涡旋特征。

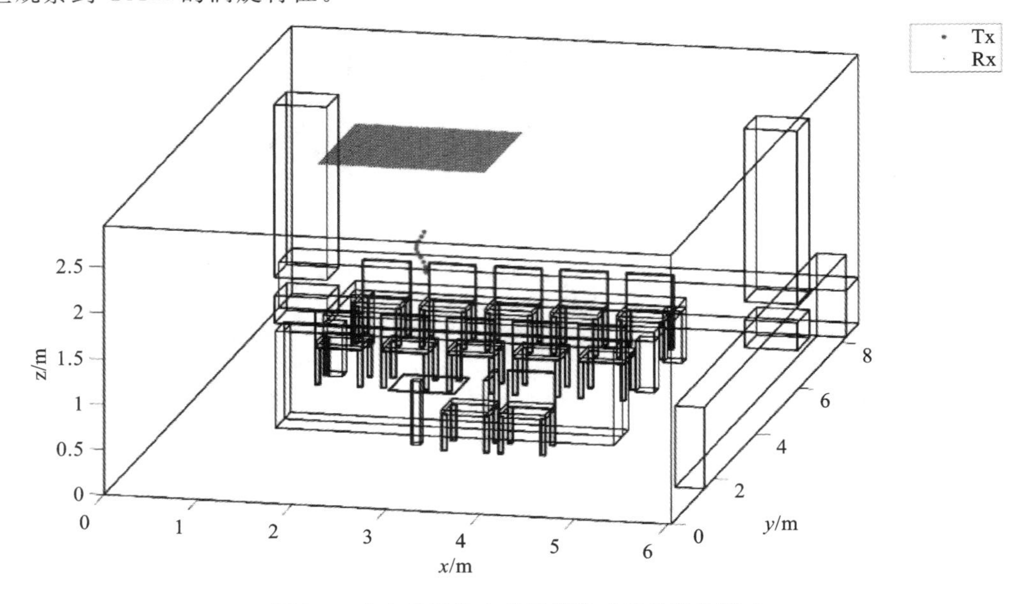

图 2-5　全向发射的十根天线排成螺旋线的形式

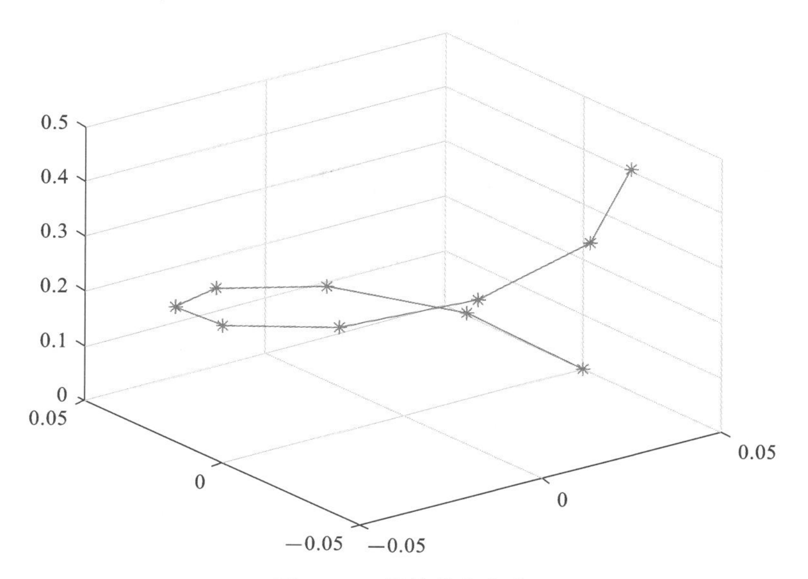

图 2-6　天线的排布方式

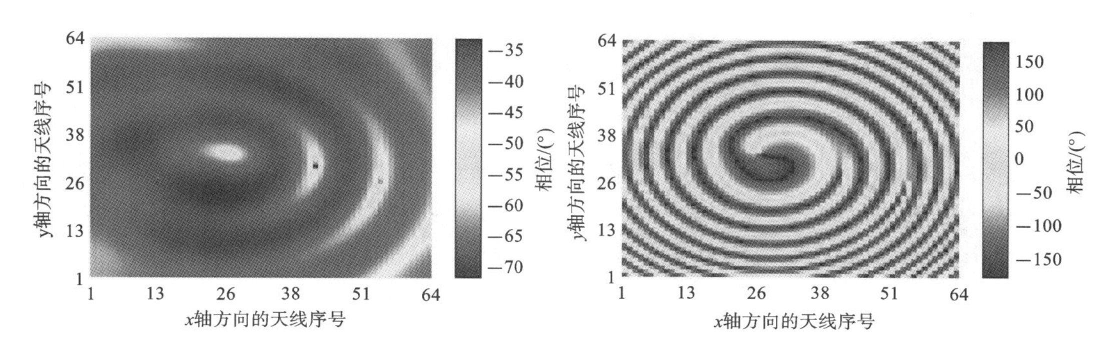

图 2-7　选取一个频点(共 301 个频点)描绘出的天线阵列上的幅值分布和相位分布

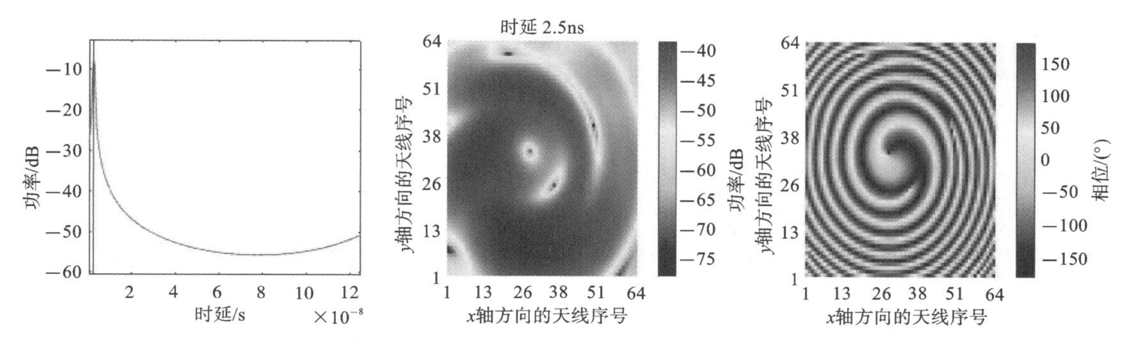

图 2-8　某个固定时延上，带宽为 4.9 GHz 下的 4096 阵元的阵列上观察到的幅值和相位分布

2.2 先验信道和信号模型

2.2.1 基于平面波波前假设的信道模型

假设发射天线阵列的天线数目为 M,接收天线阵列的天线数目为 N,用“测量周期”这个概念来表示所有发射与接收天线对之间的信道被测量一次的过程。在第 i 个测量周期中,第 m 根发射天线与第 n 根接收天线之间的信道从时间 $t_{i,n,m}$ 开始测量,到时间 $t_{i,n,m}+T$ 结束,其中 T 表示测量所持续的时间。$N\times M$ 大小的信道既可以使用时分复用(time division multiplexing,TDM)方法测量[14],也可以使用并行方法测量。

传统的多径通用模型是在平面波假设的基础上推导出来的,即电磁波在通过发射与接收天线阵列的区域时以平面波阵面形式传播[3]。当平面波入射到接收天线阵列时,无论天线的具体位置如何,在所有接收天线上的波达方向(direction of arrival,DoA)均相同。同理,所有发射天线上的波离方向(direction of departure,DoD)也相同。在第 i 个测量周期中,当第 m 根发射天线进行发射时,第 n 根接收天线接收到的信号可以写为

$$y_{i,n,m}(t)=\sum_{l=1}^{L}\sum_{p_{\mathrm{Tx}}=1}^{2}\sum_{p_{\mathrm{Rx}}=1}^{2}\alpha_{l,p_{\mathrm{Rx}},p_{\mathrm{Tx}}}u(t-\tau_l)c_{\mathrm{Tx},m,p_{\mathrm{Tx}}}(\boldsymbol{\Omega}_{\mathrm{Tx},l})c_{\mathrm{Rx},n,p_{\mathrm{Rx}}}(\boldsymbol{\Omega}_{\mathrm{Rx},l})\exp(\mathrm{j}2\pi v_l t_{i,n,m})+\omega_{i,n,m}(t),t\in[0,T) \tag{2-1}$$

式中:L 表示传播路径的总数;$\alpha_{l,p_{\mathrm{Rx}},p_{\mathrm{Tx}}}$ 表示以 p_{Tx} 极化发送并以 p_{Rx} 极化接收的第 l 条路径的信号的复衰减系数,p_{Tx} 与 p_{Rx} 选自两个相互正交的线极化方向,其取值范围为{1,2};$\boldsymbol{\Omega}_{\mathrm{Tx},l}$,$\boldsymbol{\Omega}_{\mathrm{Rx},l}$,$\tau_l$ 和 v_l 分别表示第 l 条路径的 DoD、DoA、时延和多普勒频率,$c_{\mathrm{Tx},m,p_{\mathrm{Tx}}}(\boldsymbol{\Omega}_{\mathrm{Tx},l})$ 表示发射端(Tx)的第 m 根天线在方向 $\boldsymbol{\Omega}_{\mathrm{Tx},l}$ 和 p_{Tx} 极化下的天线响应;$c_{\mathrm{Rx},n,p_{\mathrm{Rx}}}(\boldsymbol{\Omega}_{\mathrm{Rx},l})$ 表示接收端(Rx)的第 n 根天线在方向 $\boldsymbol{\Omega}_{\mathrm{Rx},l}$ 和 p_{Rx} 极化下的天线响应;$u(t)$ 表示发射天线输入端的复基带信号;$\omega_{i,n,m}(t)$ 表示方差为 N_0 的复对称高斯噪声分量。$\boldsymbol{\Omega}$ 表示一个单位方向矢量,该单位矢量由其水平角 ϕ 和俯仰角 θ 唯一确定,其表达式可以写为

$$\boldsymbol{\Omega}=[\sin(\theta)\cos(\phi)\quad \sin(\theta)\sin(\phi)\quad \cos(\theta)]^{\mathrm{T}} \tag{2-2}$$

其中,$(\cdot)^{\mathrm{T}}$ 表示转置操作。因此,描述传播路径的参数集 θ_l 可以写为

$$\theta_l=[\tau_l,v_l,\theta_{\mathrm{Tx},l},\phi_{\mathrm{Tx},l},\theta_{\mathrm{Rx},l},\phi_{\mathrm{Rx},l},\Re\{\alpha_{l,1,1}\},\Im\{\alpha_{l,1,1}\},\Re\{\alpha_{l,1,2}\},\Im\{\alpha_{l,1,2}\},\Re\{\alpha_{l,2,1}\},\Im\{\alpha_{l,2,1}\},\Re\{\alpha_{l,2,2}\},\Im\{\alpha_{l,2,2}\}]\in\Re^{14} \tag{2-3}$$

其中,$\Re\{\cdot\}$ 和 $\Im\{\cdot\}$ 分别表示给定参数的实部和虚部。

在使用实际天线阵列进行测量的情况下,式(2-1)中的天线响应 $c_{\mathrm{Tx},m,p_{\mathrm{Tx}}}(\boldsymbol{\Omega})(m=1,\cdots,M)$ 与 $c_{\mathrm{Rx},n,p_{\mathrm{Rx}}}(\boldsymbol{\Omega})(n=1,\cdots,N)$ 可以在天线位置固定的微波暗室中测量。这两个响应既包括天线之间的耦合效应,也包括阵列中由于天线位置不同而引起的相位变化。但是,这样的测量通常是在满足远场平面波假设的情况下进行的,因此入射波对接收阵列中的所有天线都具有相同的 DoA。在使用虚拟天线阵列时,若将天线定位在空间网格的顶点上而形成阵列,则在满足远场假设的条件下,$c_{\mathrm{Tx},m,p_{\mathrm{Tx}}}(\boldsymbol{\Omega})$ 与 $c_{\mathrm{Rx},n,p_{\mathrm{Rx}}}(\boldsymbol{\Omega})$ 可以写为

$$c_{\mathrm{Tx},m,p_{\mathrm{Tx}}}(\boldsymbol{\Omega})=\tilde{c}_{\mathrm{Tx},m,p_{\mathrm{Tx}}}(\boldsymbol{\Omega})\exp(\mathrm{j}2\pi\lambda^{-1}\boldsymbol{\Omega}^{\mathrm{T}}\boldsymbol{r}_{\mathrm{Tx},m}) \tag{2-4}$$

$$c_{\mathrm{Rx},n,p_{\mathrm{Rx}}}(\boldsymbol{\Omega}) = \tilde{c}_{\mathrm{Rx},n,p_{\mathrm{Rx}}}(\boldsymbol{\Omega})\exp(\mathrm{j}2\pi\lambda^{-1}\boldsymbol{\Omega}^{\mathrm{T}}\boldsymbol{r}_{\mathrm{Rx},n}) \tag{2-5}$$

式中:λ 表示载波波长;$\tilde{c}_{\mathrm{Tx},m,p_{\mathrm{Tx}}}(\boldsymbol{\Omega})$表示微波暗室中只有发射天线时测得的响应;$\boldsymbol{r}_{\mathrm{Tx},m}$表示发射天线虚拟阵列中第 m 个位置的位置矢量;$\tilde{c}_{\mathrm{Rx},n,p_{\mathrm{Rx}}}(\boldsymbol{\Omega})$表示微波暗室中只有接收天线时测得的响应;$\boldsymbol{r}_{\mathrm{Rx},n}$表示接收天线虚拟阵列中第 n 个位置的位置矢量。

根据经验结论,当波源与天线阵列间的距离大于瑞利距离 $d_{\mathrm{Rayleigh}}=2D^2/\lambda$ 时,观测到的波面可以认为是平面波[15]。其中,D 是天线阵列的孔径,单位为米。在大规模 MIMO 场景中,天线阵列通常具有较大的孔径,从而可能使环境中阵列与散射体之间的距离小于 d_{Rayleigh},进而导致从接收天线接收的入射波的波前呈现出球面特征[16]。

在散射体的物理尺寸足够小的情况下,散射体可以被视为一个点,路径的 DoA 由第 n 根接收天线的位置 $\boldsymbol{r}_{\mathrm{Rx},n}$和第 l 条路径上最后一跳涉及的散射体位置 $\boldsymbol{s}_{\mathrm{Rx},l}$共同确定。由此可知,在所有接收天线上观测到的第 l 条路径的 DoA 与原点位于 $\boldsymbol{s}_{\mathrm{Rx},l}$的球坐标系中天线位置的径向一致[17]。同理,在路径的第一跳中涉及的散射体偏离发射天线阵列的距离小于 d_{Rayleigh}的情况下,也可以在发射端观察到类似的效果。在大规模天线阵列的情况下,电波以球面波前传播的现象是显而易见的。因此,球面波模型在大规模 MIMO 场景下具有非常重要的意义,以下将介绍球面波信号模型。

2.2.2 基于球面波前假设的信道模型

假设发射端与接收端均使用大型天线阵列,则可以对发射天线阵列与所有路径的第一跳涉及的散射体之间以及接收天线阵列与所有路径的最后一跳涉及的散射体之间的传播路径使用球面波前假设。在球面波前假设下,接收到的信号 $y_{i,n,m}(t)$的表达式为

$$\begin{aligned} y_{i,n,m}(t) = &\sum_{l=1}^{L}\sum_{p_{\mathrm{Tx}}=1}^{2}\sum_{p_{\mathrm{Rx}}=1}^{2}\alpha_{l,p_{\mathrm{Rx}},p_{\mathrm{Tx}}}\exp(\mathrm{j}2\pi v_l t_{i,n,m})u(t-\tau_l-\Delta\tau_{\mathrm{Rx},n,l}-\Delta\tau_{\mathrm{Tx},m,l}) \\ &\tilde{c}_{\mathrm{Tx},m,p_{\mathrm{Tx}}}(\boldsymbol{\Omega}_{\mathrm{Tx},m,l})\tilde{c}_{\mathrm{Rx},n,p_{\mathrm{Rx}}}(\boldsymbol{\Omega}_{\mathrm{Rx},n,l})+\omega_{i,n,m}(t),t\in[0,T) \end{aligned} \tag{2-6}$$

式中:$\boldsymbol{\Omega}_{\mathrm{Tx},m,l}$表示第 l 条路径上第 m 根发射天线的 DoD;$\boldsymbol{\Omega}_{\mathrm{Rx},n,l}$表示第 l 条路径上第 n 根接收天线的 DoA;τ_l 和 v_l 被重新定义为连接发射端参考天线和接收端参考天线的第 l 条路径的时延和多普勒频率;$\Delta\tau_{\mathrm{Tx},m,l}$表示由路径的第一跳涉及的散射体到第 m 根发射天线的距离与到发射参考天线的距离之差所引起的时延差;$\Delta\tau_{\mathrm{Rx},n,l}$表示由路径的最后一跳涉及的散射体到第 n 根接收天线的距离与到接收参考天线的距离之差所引起的时延差。

为了便于表示,使用符号 $\bar{\boldsymbol{r}}_{\mathrm{Tx}}$表示发射参考天线的位置,$\bar{\boldsymbol{r}}_{\mathrm{Rx}}$表示接收参考天线的位置,$d_{\mathrm{Tx},l}$表示从发射参考天线沿第 l 条路径到第一跳涉及的散射体的距离,$d_{\mathrm{Rx},l}$表示从接收参考天线沿第 l 条路径到最后一跳涉及的散射体的距离;$\bar{\boldsymbol{\Omega}}_{\mathrm{Tx},l}$表示第 l 条路径上发射参考天线的 DoD;$\bar{\boldsymbol{\Omega}}_{\mathrm{Rx},l}$表示第 l 条路径上接收参考天线的 DoA。通常情况下,发射参考天线与接收参考天线的位置分别与发射端与接收端的坐标系原点重合。应用以上符号,式(2-6)中的DoD($\boldsymbol{\Omega}_{\mathrm{Tx},m,l}$)、DoA($\boldsymbol{\Omega}_{\mathrm{Rx},n,l}$)和时延可以表达为

$$\boldsymbol{\Omega}_{\mathrm{Tx},m,l} = \frac{d_{\mathrm{Tx},l}\bar{\boldsymbol{\Omega}}_{\mathrm{Tx},l}-(\boldsymbol{r}_{\mathrm{Tx},m}-\bar{\boldsymbol{r}}_{\mathrm{Tx}})}{\| d_{\mathrm{Tx},l}\bar{\boldsymbol{\Omega}}_{\mathrm{Tx},l}-(\boldsymbol{r}_{\mathrm{Tx},m}-\bar{\boldsymbol{r}}_{\mathrm{Tx}})\|} \tag{2-7}$$

$$\boldsymbol{\Omega}_{\mathrm{Rx},n,l} = \frac{d_{\mathrm{Rx},l}\bar{\boldsymbol{\Omega}}_{\mathrm{Rx},l}-(\boldsymbol{r}_{\mathrm{Rx},n}-\bar{\boldsymbol{r}}_{\mathrm{Rx}})}{\| d_{\mathrm{Rx},l}\bar{\boldsymbol{\Omega}}_{\mathrm{Rx},l}-(\boldsymbol{r}_{\mathrm{Rx},n}-\bar{\boldsymbol{r}}_{\mathrm{Rx}})\|} \tag{2-8}$$

$$\Delta\tau_{\mathrm{Tx},m,l} = (\| d_{\mathrm{Tx},l}\overline{\boldsymbol{\Omega}}_{\mathrm{Tx},l} \| - \| \boldsymbol{r}_{\mathrm{Tx},m} - (\bar{\boldsymbol{r}}_{\mathrm{Tx}} + d_{\mathrm{Tx},l}\overline{\boldsymbol{\Omega}}_{\mathrm{Tx},l}) \|)c^{-1} \tag{2-9}$$

$$\Delta\tau_{\mathrm{Rx},n,l} = (\| d_{\mathrm{Rx},l}\overline{\boldsymbol{\Omega}}_{\mathrm{Rx},l} \| - \| \boldsymbol{r}_{\mathrm{Rx},n} - (\bar{\boldsymbol{r}}_{\mathrm{Rx}} + d_{\mathrm{Rx},l}\overline{\boldsymbol{\Omega}}_{\mathrm{Rx},l}) \|)c^{-1} \tag{2-10}$$

其中，$\| \cdot \|$ 表示所给定参数的范数运算，c 表示光速。可以证明，当 $d_{\mathrm{Tx},l} \gg |\boldsymbol{r}_{\mathrm{Tx},m} - \bar{\boldsymbol{r}}_{\mathrm{Tx}}|$ 和 $d_{\mathrm{Rx},l} \gg |\boldsymbol{r}_{\mathrm{Rx},n} - \bar{\boldsymbol{r}}_{\mathrm{Rx}}|$ 时，有 $\boldsymbol{\Omega}_{\mathrm{Tx},m,l} \approx \overline{\boldsymbol{\Omega}}_{\mathrm{Tx},l}$ 和 $\boldsymbol{\Omega}_{\mathrm{Rx},n,l} \approx \overline{\boldsymbol{\Omega}}_{\mathrm{Rx},l}$，也就意味着当 $d_{\mathrm{Tx},l}$ 和 $d_{\mathrm{Rx},l}$ 大于 d_{Rayleigh} 时，球面波前可以近似为平面波前。为了简化计算，球面波假设下的第 l 条路径的所有发射和接收天线的多普勒频率 υ_l 可以近似认为是相同的。由此，式(2-6)中的信号模型可以用矩阵表示改写为

$$\mathbf{Y}_i(t) = \sum_{l=1}^{L} \boldsymbol{s}_i(t;\boldsymbol{\theta}_l) + \boldsymbol{\omega}_i(t) \tag{2-11}$$

其中，$N \times M$ 的矩阵 $\mathbf{Y}_i(t)$ 可以写为

$$\mathbf{Y}_i(t) = \begin{bmatrix} y_{i,1,1}(t) & \cdots & y_{i,1,m}(t) & \cdots & y_{i,1,M}(t) \\ \vdots & & \vdots & & \vdots \\ y_{i,n,1}(t) & \cdots & y_{i,n,m}(t) & \cdots & y_{i,n,M}(t) \\ \vdots & & \vdots & & \vdots \\ y_{i,N,1}(t) & \cdots & y_{i,N,m}(t) & \cdots & y_{i,N,M}(t) \end{bmatrix}. \tag{2-12}$$

式中：$n=1,\cdots,N$，$m=1,\cdots,M$。第 i 个测量周期中第 l 条路径的信号分量 $\boldsymbol{s}_i(t;\boldsymbol{\theta}_l)$ 的计算式为

$$\boldsymbol{s}_i(t;\boldsymbol{\theta}_l) = \boldsymbol{C}_{\mathrm{Rx}}(\overline{\boldsymbol{\Omega}}_{\mathrm{Rx},l}, d_{\mathrm{Rx},l})\boldsymbol{A}_l(\boldsymbol{C}_{\mathrm{Tx}}(\overline{\boldsymbol{\Omega}}_{\mathrm{Tx},l}, d_{\mathrm{Tx},l}))^{\mathrm{T}} \odot \exp(\mathrm{j}2\pi\upsilon_l \boldsymbol{T}_i) \odot u(\boldsymbol{T}_i - \boldsymbol{\Psi}_l) \tag{2-13}$$

其中，$\odot$ 符号表示元素的叉积运算，$\boldsymbol{C}_{\mathrm{Tx}}(\overline{\boldsymbol{\Omega}}_{\mathrm{Tx},l}, d_{\mathrm{Tx},l})$ 表示 $M \times 2$ 双极化发射天线阵列的导向矩阵，其表达式为

$$\boldsymbol{C}_{\mathrm{Tx}}(\overline{\boldsymbol{\Omega}}_{\mathrm{Tx},l}, d_{\mathrm{Tx},l}) = \begin{bmatrix} \tilde{c}_{\mathrm{Tx},1,1}(\boldsymbol{\Omega}_{\mathrm{Tx},1,l}) & \tilde{c}_{\mathrm{Tx},1,2}(\boldsymbol{\Omega}_{\mathrm{Tx},1,l}) \\ \vdots & \vdots \\ \tilde{c}_{\mathrm{Tx},M,1}(\boldsymbol{\Omega}_{\mathrm{Tx},M,l}) & \tilde{c}_{\mathrm{Tx},M,2}(\boldsymbol{\Omega}_{\mathrm{Tx},M,l}) \end{bmatrix} \tag{2-14}$$

$\boldsymbol{C}_{\mathrm{Rx}}(\overline{\boldsymbol{\Omega}}_{\mathrm{Rx},l}, d_{\mathrm{Rx},l})$ 表示 $N \times 2$ 双极化接收阵列的导向矩阵，其表达式为

$$\boldsymbol{C}_{\mathrm{Rx}}(\overline{\boldsymbol{\Omega}}_{\mathrm{Rx},l}, d_{\mathrm{Rx},l}) = \begin{bmatrix} \tilde{c}_{\mathrm{Rx},1,1}(\boldsymbol{\Omega}_{\mathrm{Rx},1,l}) & \tilde{c}_{\mathrm{Rx},1,2}(\boldsymbol{\Omega}_{\mathrm{Rx},1,l}) \\ \vdots & \vdots \\ \tilde{c}_{\mathrm{Rx},N,1}(\boldsymbol{\Omega}_{\mathrm{Rx},N,l}) & \tilde{c}_{\mathrm{Rx},N,2}(\boldsymbol{\Omega}_{\mathrm{Rx},N,l}) \end{bmatrix} \tag{2-15}$$

$\boldsymbol{A}_l$ 表示极化矩阵，其表达式为

$$\boldsymbol{A}_l = \begin{bmatrix} \alpha_{l,p_{\mathrm{Rx}},p_{\mathrm{Tx}}} & \alpha_{l,p_{\mathrm{Rx}},\bar{p}_{\mathrm{Tx}}} \\ \alpha_{l,\bar{p}_{\mathrm{Rx}},p_{\mathrm{Tx}}} & \alpha_{l,\bar{p}_{\mathrm{Rx}},\bar{p}_{\mathrm{Tx}}} \end{bmatrix} \tag{2-16}$$

其中，$p_{\mathrm{Tx}}, \bar{p}_{\mathrm{Tx}} \in \{1,2\}$，表示 Tx 端的互补发射极化指数；$p_{\mathrm{Rx}}, \bar{p}_{\mathrm{Rx}} \in \{1,2\}$，表示 Rx 端的互补接收极化指数。$\boldsymbol{T}_i$ 表示测量的初始时间，其表达式为

$$\boldsymbol{T}_i = \begin{bmatrix} t_{i,1,1} & \cdots & t_{i,1,M} \\ \vdots & & \vdots \\ t_{i,N,1} & \cdots & t_{i,N,M} \end{bmatrix} \tag{2-17}$$

$N \times M$ 时延矩阵 $\boldsymbol{\Psi}_l$ 的表达式为

$$\boldsymbol{\Psi}_l = \boldsymbol{\tau}_l + \begin{bmatrix} \Delta\tau_{\mathrm{Rx},1,l} + \Delta\tau_{\mathrm{Tx},1,l} & \cdots & \Delta\tau_{\mathrm{Rx},1,l} + \Delta\tau_{\mathrm{Tx},M,l} \\ \vdots & & \vdots \\ \Delta\tau_{\mathrm{Rx},N,l} + \Delta\tau_{\mathrm{Tx},1,l} & \cdots & \Delta\tau_{\mathrm{Rx},N,l} + \Delta\tau_{\mathrm{Tx},M,l} \end{bmatrix} \tag{2-18}$$

噪声 $\boldsymbol{\omega}_i(t)$ 中 $\omega_{i,n,m}(m=1,\cdots,M,n=1,\cdots,N)$ 的排列与式(2-12)中 $\mathbf{Y}_i(t)$ 的 $y_{i,n,m}(t)$ 排列是相似的，$\boldsymbol{\omega}_i(t)$ 的表达式为

$$\boldsymbol{\omega}_i(t)=\begin{bmatrix}\omega_{i,1,1}(t) & \cdots & \omega_{i,1,m}(t) & \cdots & \omega_{i,1,M}(t)\\ \vdots & & \vdots & & \vdots\\ \omega_{i,n,1}(t) & \cdots & \omega_{i,n,m}(t) & \cdots & \omega_{i,n,M}(t)\\ \vdots & & \vdots & & \vdots\\ \omega_{i,N,1}(t) & \cdots & \omega_{i,N,m}(t) & \cdots & \omega_{i,N,M}(t)\end{bmatrix} \tag{2-19}$$

$\mathbf{Y}_i(t)$ 中需要估计的未知参数有

$$\Theta=[\theta_1,\cdots,\theta_l,\cdots,\theta_L] \tag{2-20}$$

式中：$\theta_l=[\tau_l,v_l,\overline{\boldsymbol{\Omega}}_{\mathrm{Rx},l},d_{\mathrm{Rx},l},\overline{\boldsymbol{\Omega}}_{\mathrm{Tx},l},d_{\mathrm{Tx},l},\mathbf{A}_l]$ 表示第 l 条路径上的参数。通过几何关系可知，路径第一跳涉及的散射体的位置 $\boldsymbol{s}_{\mathrm{Tx},l}$ 可以使用 $d_{\mathrm{Tx},l}$ 和 $\overline{\boldsymbol{\Omega}}_{\mathrm{Tx},l}$ 来计算，其表达式为

$$\boldsymbol{s}_{\mathrm{Tx},l}=\bar{\boldsymbol{r}}_{\mathrm{Tx}}+d_{\mathrm{Tx},l}\overline{\boldsymbol{\Omega}}_{\mathrm{Tx},l} \tag{2-21}$$

同理，第 l 条路径最后一跳涉及的散射体的位置 $\boldsymbol{s}_{\mathrm{Rx},l}$ 的表达式为

$$\boldsymbol{s}_{\mathrm{Rx},l}=\bar{\boldsymbol{r}}_{\mathrm{Rx}}+d_{\mathrm{Rx},l}\overline{\boldsymbol{\Omega}}_{\mathrm{Rx},l} \tag{2-22}$$

2.2.3　基于 GAM 的波前假设的信道估计

在参考文献[18]中，对 GAM(generalized array manifold)泛化多阵列流形建模方式进行了详细的介绍。GAM 可以通过 Taylor 展开、Schmidt 正交化这样的变换方式，形成多种类型的导向矩阵(内含多个导向矢量)。随着毫米波高频点、大带宽乃至太赫兹频点在 B5G 和 6G 中的应用，信道多径随着系统的分辨率增加而增加，模型中有限的多径数量如果过多，则会带来模型复杂度的提升，并且降低复杂度的聚簇操作，使模型的适用性下降。一种代替原有的多径模型的方式，是给每个多径增加一个扩展量，不再依靠聚簇的方式来进行建模。从参数估计的角度看，如果对每个单径的信号模型采用合适的 GAM 方式构建多流形的表达，那么这些多流形分量的组合就可能在一定程度上包含了该路径的扩展信息，也可以是其他类型的信息。例如，传统的采用双极化的方式将单一的导向矢量扩展成两个对应不同极化的导向矢量，从而形成导向矩阵，那么矩阵里每一列在整体信号中的权重就可以用来计算如极化交叉比等有物理含义的数值。

依靠 GAM 的方式，可以依据想了解的多维信息来构建导向矩阵。举例而言，通过 Taylor 展开，可以得到一阶的微分项。如果原始的导向矢量代表的是一个标准的平面波，那么微分项就会带来波面随着空间位置变化的速率的表征，也就是对任何一个点上观察到的相位进行分解，一部分是符合平面波线性规律变化的相位，而另一部分则是描述相位变化情况的分量，通过乘以空间位置，得到变化的相位。使用 Taylor 展开可以让很多不可分辨路径的贡献集成为一个 1 阶微分项，其对应的权重经过分析可知包含了该簇路径的统计扩展信息，通过被 0 阶项的权重的幅值相除，就可以得到该路径的扩展信息。

2.2.4 基于双径的衍射波前假设的信道估计

众所周知，如果采用单径的信道模型，由于测量设备自身的带宽有限或者天线阵列的空间口径有限，导致对于多径的分辨率受到一定的限制。例如，如果采用一个线性阵列接收到的无线信号进行方向域的多径估计，则可以通过计算导向矢量之间的投影得到主瓣半功率展宽作为该阵列在角度域的分辨率。假设线性阵列对于一个主角(principle angle) φ 的导向矢量可以写为

$$\boldsymbol{c}(\varphi)=[\exp\{-\mathrm{j}\pi(n-1)\cos(\varphi)\};n=1,\cdots,N] \tag{2-23}$$

这里的 N 代表天线阵列阵元的总数。两个 φ 取值不同的导向矢量 $\boldsymbol{c}(\varphi)$ 和 $\boldsymbol{c}(\varphi')$ 之间的投影可以计算为

$$\begin{aligned}a(\varphi,\varphi') &= |\boldsymbol{c}(\varphi')^{\mathrm{H}}\boldsymbol{c}(\varphi)| \\ &= \left|\sum_{n=1}^{N}\exp\{-\mathrm{j}\pi(n-1)[\cos(\varphi)-\cos(\varphi')]\}\right| \\ &= \left|\frac{\sin\left\{\frac{\pi}{2}N[\cos(\varphi)-\cos(\varphi')]\right\}}{\sin\left\{\frac{\pi}{2}[\cos(\varphi)-\cos(\varphi')]\right\}}\right|\end{aligned} \tag{2-24}$$

可以证明，当 $\varphi=\varphi'$ 时，$a(\varphi,\varphi')$ 主瓣达到最大值。为了使 $a(\varphi,\varphi')=0$，则需要满足 $\frac{\pi}{2}N[\cos(\varphi)-\cos(\varphi')]=k\pi$，此处 k 为整数。取 $k=1$ 时得到的 φ 为 φ''，那么 $\varphi_c=|\varphi''-\varphi'|$ 即可被认为是 φ' 附近，阵列能够达到的分辨率，即

$$\varphi_c(\varphi',N)=\arccos\left[\cos(\varphi')-\frac{2}{N}\right]-\varphi' \tag{2-25}$$

图 2-9 描绘了当天线阵列包含了 8 个天线，相邻天线间隔为半波长时，在入射角度随着 x 轴变化时的角度分辨率。选择入射角度从 0°变化到 90°。这里 0°表示入射波的方向与天线阵列的轴线相平行。可以通过上述的曲线看到，当入射角度为 90°时，即入射方向与天线阵列的垂直方向一致时，分辨率达到最高，即 14°左右。这是采用单一路径的导向矢量进行参数估计时，可以达到的最高分辨率。接下来采用两个多径作为一个组合，来进行多径的估计，看是否可以提升角度分辨率。

采用两个路径的组合来进行估计时，使用如下的信号模型：

$$\boldsymbol{y}=\sum_{l=1}^{L}\boldsymbol{D}(\varphi_{l,1},\varphi_{l,2})\boldsymbol{\alpha}_l+\boldsymbol{w} \tag{2-26}$$

其中，

$$\begin{aligned}\boldsymbol{D}(\varphi_{l,1},\varphi_{l,2}) &= [\boldsymbol{c}(\varphi_{l,1}),\boldsymbol{c}(\varphi_{l,2})] \\ \boldsymbol{\alpha}_l &= [\boldsymbol{\alpha}_{l,1},\boldsymbol{\alpha}_{l,2}]^{\mathrm{T}}\end{aligned} \tag{2-27}$$

为了简单起见，假设信道里仅有一个分量，即 $L=1$，于是，通过推导最大似然估计方法，得到

$$(\hat{\varphi}_{1,1},\hat{\varphi}_{1,2},\hat{\alpha}_{1,1},\hat{\alpha}_{1,2})_{\mathrm{ML}}=\arg\min_{\varphi_{1,1},\varphi_{1,2},\alpha_{1,1},\alpha_{1,2}}\{\boldsymbol{y}-\boldsymbol{D}(\varphi_{1,1},\varphi_{1,2})\boldsymbol{\alpha}_1^2\} \tag{2-28}$$

上述的最小化问题，可以通过两步完成：

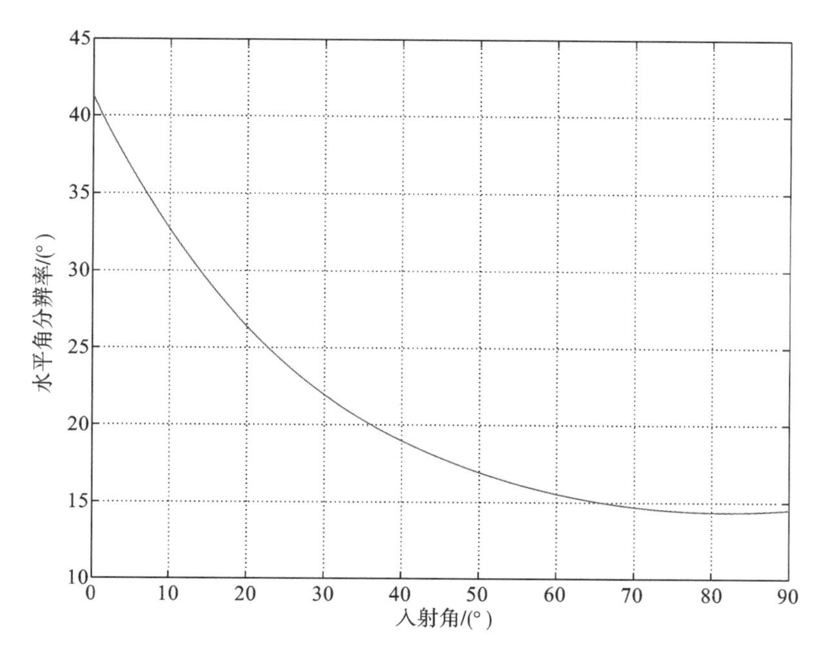

图 2-9　采用 N 个天线的线性阵列的角度分辨率

$$
\begin{aligned}
(\hat{\varphi}_{1,1},\hat{\varphi}_{1,2})_{\mathrm{ML}} &= \arg\max_{\varphi_{1,1},\varphi_{1,2}}\{\boldsymbol{y}^{\mathrm{H}}\boldsymbol{D}(\varphi_{1,1},\varphi_{1,2})(\boldsymbol{D}(\varphi_{1,1},\varphi_{1,2})^{\mathrm{H}}\boldsymbol{D}(\varphi_{1,1},\varphi_{1,2}))^{-1}\boldsymbol{D}(\varphi_{1,1},\varphi_{1,2})^{\mathrm{H}}\boldsymbol{y}\} \\
&= \arg\max_{\varphi_{1,1},\varphi_{1,2}}\{\boldsymbol{y}^{\mathrm{H}}\prod_{\boldsymbol{D}(\varphi_{1,1},\varphi_{1,2})}\boldsymbol{y}\} \\
&= \arg\max_{\varphi_{1,1},\varphi_{1,2}}\Big\{\Big\|\prod_{\boldsymbol{D}(\varphi_{1,1},\varphi_{1,2})}\boldsymbol{y}\Big\|^{2}\Big\}
\end{aligned}
\tag{2-29}
$$

和$(\hat{\boldsymbol{\alpha}}_{l})_{\mathrm{ML}}=\boldsymbol{D}^{\dagger}(\hat{\varphi}_{1,1},\hat{\varphi}_{1,2})\boldsymbol{y}$，这里

$$
\begin{aligned}
\boldsymbol{D}^{\dagger}(\hat{\varphi}_{1,1},\hat{\varphi}_{1,2}) &= (\boldsymbol{D}(\hat{\varphi}_{1,1},\hat{\varphi}_{1,2})^{\mathrm{H}}\boldsymbol{D}(\hat{\varphi}_{1,1},\hat{\varphi}_{1,2}))^{-1}\boldsymbol{D}(\hat{\varphi}_{1,1},\hat{\varphi}_{1,2})^{\mathrm{H}} \\
\prod \boldsymbol{D}(\varphi_{1,1},\varphi_{1,2}) &= \boldsymbol{D}(\hat{\varphi}_{1,1},\hat{\varphi}_{1,2})\boldsymbol{D}^{\dagger}(\hat{\varphi}_{1,1},\hat{\varphi}_{1,2})
\end{aligned}
\tag{2-30}
$$

可以注意到，上式的推导过程中利用了 $\prod \boldsymbol{D}(\varphi_{1,1},\varphi_{1,2})=\prod \boldsymbol{D}(\varphi_{1,1},\varphi_{1,2})^{\mathrm{H}}$ 等式。我们定义 $\boldsymbol{z}(\varphi_{l,1},\varphi_{l,2})=\|\prod \boldsymbol{D}(\varphi_{1,1},\varphi_{1,2})\boldsymbol{y}\|^{2}$ 为目标函数。

接下来通过仿真来展示同时估计两条路径，可以达到的分辨率。假设真实的两个路径的主角分别是 45°和 50°，幅值分别是 0.7+0.5i 和 1.2+0.2i。图 2-10 为 $\boldsymbol{z}(\varphi_{l,1},\varphi_{l,2})$的等高线图，可以看到最高点出现在真实数值所在的位置。图 2-11 则对比显示了单独采用一个路径的导向矢量来计算目标函数的情况，可以看到最高点位于真实的两个路径之间，可以说对应一个“虚假”的路径。根据图 2-10 中的目标函数最高点计算得到的两路径的角度和幅值都与仿真设置的相同。由此可见，可以通过设定与真实情况相同的多径组合来提高对多径的分辨率。经过多次仿真（如表 2-1 和图 2-12 所示的四种两个多径组合的情况），可以看到两个多径的先验模型能达到 2°的分辨率，对比单路径下的 14.8°，分辨率得到大大提高。

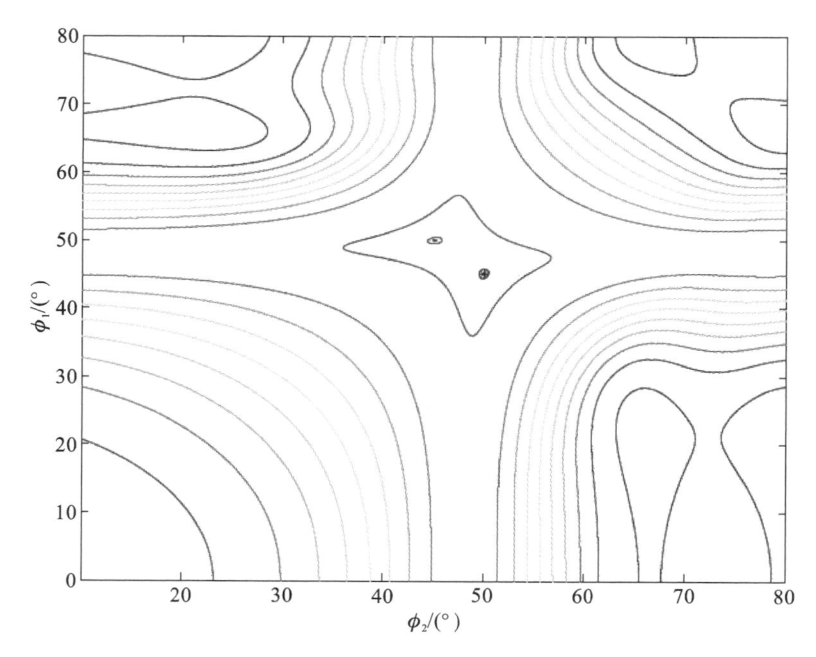

图 2-10　利用两个路径的先验得到的目标函数

表 2-1　仿真设置的四种两个路径参数和估计得到的参数数值

		Azimuth ϕ_k'	Complex Wight α_k'
Case I	Wave 1	51°	0.7+0.5i
	Wave 2	55°	1.2+0.2i
Case II	Wave 1	32°	0.9+0.7i
	Wave 2	34°	1.5+0.2i
Case III	Wave 1	60.3°	0.95+0.5i
	Wave 2	70°	1.21+0.24i
Case IV	Wave 1	42°	0.15+0.90i
	Wave 2	47°	1.47+0.43i

		Azimuth ϕ_k'	Complex Wight α_k'
Case I	Wave 1	51.1°	0.71+0.53i
	Wave 2	55°	1.20+0.18i
Case II	Wave 1	31.9°	0.87+0.66i
	Wave 2	34°	1.53+0.24i
Case III	Wave 1	60.3°	0.95+0.54i
	Wave 2	70°	1.21+0.24i

续表

		Azimuth ϕ_k'	Complex Wight α_k'
Case IV	Wave 1	41.9°	0.16+0.88i
	Wave 2	47°	1.46+0.44i

(a)采用单路径的估计结果;(b)采用双路径的估计结果

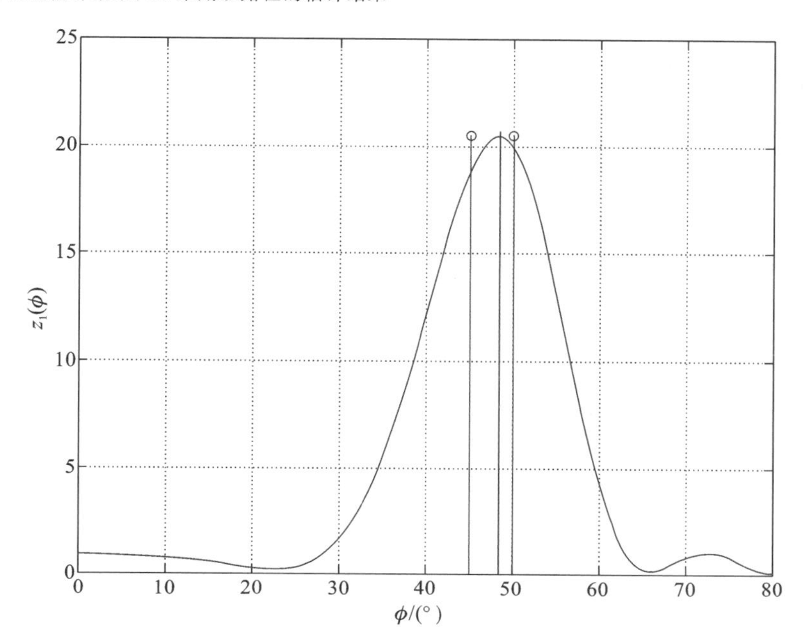

图 2-11 利用一个路径的先验得到的目标函数

2.2.5 双极化 MIMO 信号模型

为了描述电波信号在发射端发射、在信道中传播及在接收端接收的过程,建立一个合适的信号模型至关重要。对于双极化配置的 MIMO 系统而言,每个发射天线同时在两个正交的极化方向上发送信号,每个接收天线也同时在两个正交的极化方向上接收信号。第 l 条路径在双极化配置下的 MIMO 系统中所经历的信道传输情况如图 2-13 所示。

为了描述电波沿着第 l 条路径传播时的极化状态,定义极化矩阵的表达式为

$$\boldsymbol{A}_l = \begin{bmatrix} \alpha_{l,1,1} & \alpha_{l,1,2} \\ \alpha_{l,2,1} & \alpha_{l,2,2} \end{bmatrix} \tag{2-31}$$

式中:α 代表电波的复增益系数,第一个角标代表第 l 条路径,第二个角标代表发射电波的极化方式,第三个角标代表接收电波的极化方式。例如,$\alpha_{l,1,1}$ 就表示第 l 条路径上以极化方式 1 发射与接收的电波的复增益系数。

采用极化矩阵,就可以构建 MIMO 系统中沿着第 l 条路径传播的信号模型。在此以平面波假设为例,写出其信号模型的表达式为

$$\begin{aligned} \boldsymbol{s}(t;\theta_l) = & \exp(\mathrm{j}2\pi\upsilon_l t)[\boldsymbol{c}_{2,1}(\boldsymbol{\Omega}_{2,l}) \quad \boldsymbol{c}_{2,2}(\boldsymbol{\Omega}_{2,l})]\begin{bmatrix} \alpha_{l,1,1} & \alpha_{l,1,2} \\ \alpha_{l,2,1} & \alpha_{l,2,2} \end{bmatrix} \\ & \cdot [\boldsymbol{c}_{1,1}(\boldsymbol{\Omega}_{1,l}) \quad \boldsymbol{c}_{1,2}(\boldsymbol{\Omega}_{1,l})]^{\mathrm{T}} \cdot \boldsymbol{u}(t-\tau_l) \end{aligned} \tag{2-32}$$

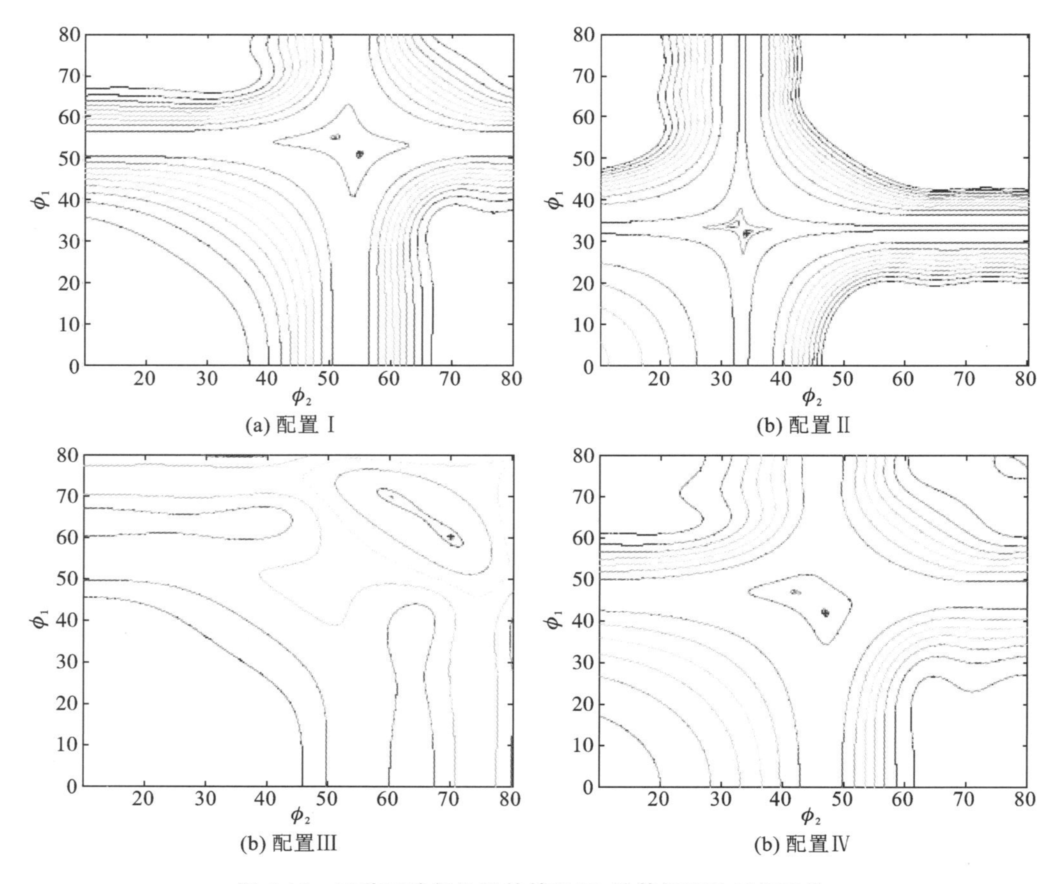

图 2-12　四种双路径设置的情况下，计算得到的目标函数

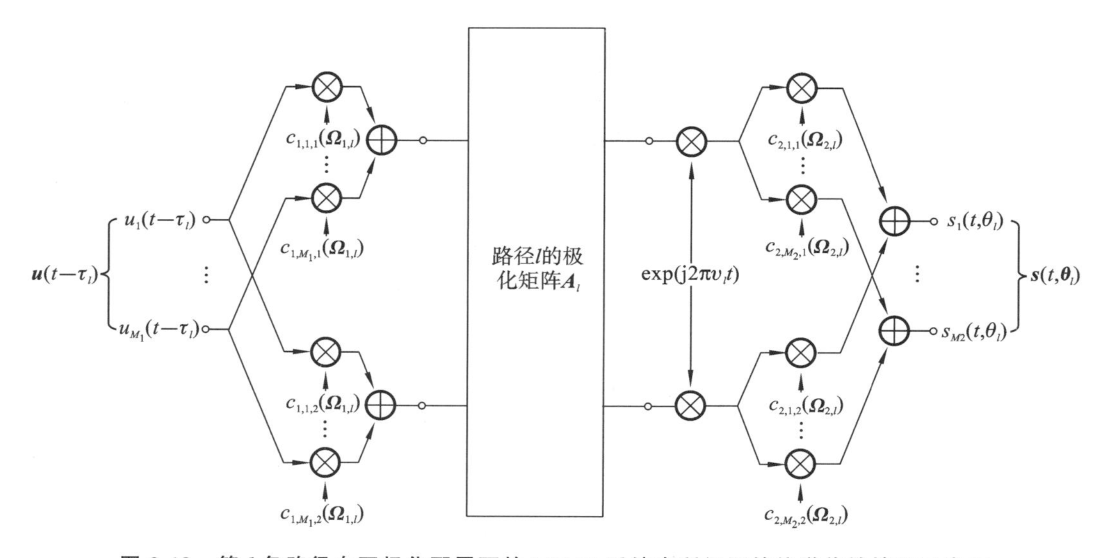

图 2-13　第 l 条路径在双极化配置下的 MIMO 系统中所经历的信道传输情况示意图

式中：υ_l 代表第 l 条路径上的多普勒频移；τ_l 代表第 l 条路径上的时延；$\boldsymbol{u}(t)$代表发射信号矢量；θ_l 代表待估计参数集；$\boldsymbol{c}_{i,p_i}(\boldsymbol{\Omega})$在 $i=1$ 时代表具有 M_1 个阵元的发射天线阵列的导向矢量，在 $i=2$ 时代表具有 M_2 个阵元的接收天线阵列的导向矢量，$p_i(p_i=1,2)$代表极化序号，1 和 2

分别代表两个互相正交的极化方向，可以为垂直方向与水平方向，也可以是+45°方向与-45°方向。

将不同极化方式的导向矢量归纳为导向矩阵，则可以定义发射端的导向矩阵为 $\boldsymbol{C}_1(\boldsymbol{\Omega}_{1,l})$，接收端的导向矩阵为 $\boldsymbol{C}_2(\boldsymbol{\Omega}_{2,l})$，其表达式为

$$\boldsymbol{C}_1(\boldsymbol{\Omega}_{1,l}) = [\boldsymbol{c}_{1,1}(\boldsymbol{\Omega}_{1,l}) \quad \boldsymbol{c}_{1,2}(\boldsymbol{\Omega}_{1,l})] \tag{2-33}$$

$$\boldsymbol{C}_2(\boldsymbol{\Omega}_{2,l}) = [\boldsymbol{c}_{2,1}(\boldsymbol{\Omega}_{2,l}) \quad \boldsymbol{c}_{2,2}(\boldsymbol{\Omega}_{2,l})] \tag{2-34}$$

使用导向矩阵，可以将式(2-32)写为矩阵形式，其表达式为

$$\boldsymbol{s}(t;\theta_l) = \exp(\mathrm{j}2\pi\upsilon_l t)\boldsymbol{C}_2(\boldsymbol{\Omega}_{2,l})\boldsymbol{A}_l\boldsymbol{C}_1^{\mathrm{T}}(\boldsymbol{\Omega}_{1,l})\boldsymbol{u}(t-\tau_l) \tag{2-35}$$

在进行 MIMO 系统的信道测量时，可以用 TDM 测量技术来测量，其发射与接收时间窗口的设置示意图如图 2-14 所示。

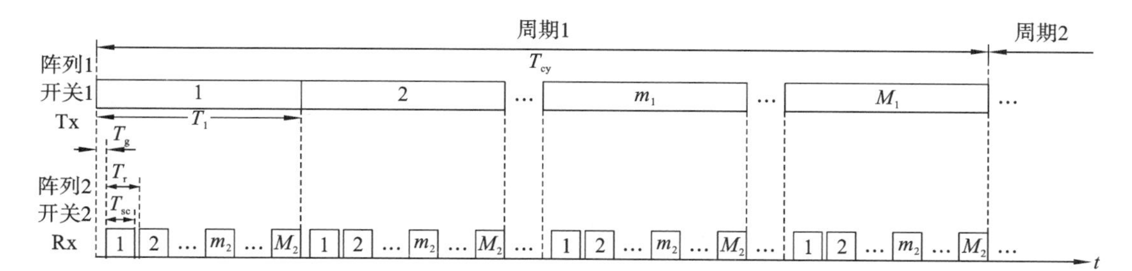

图 2-14 使用 TDM 方式测量 MIMO 信道的发射与接收时间窗口示意图

对于具有 M_1 根天线的发射阵列，第 m_1 个天线元件的测量窗口方程的表达式为

$$q_{1,m_1}(t) = \sum_{i=1}^{I} q_{T_t}(t - t_{i,m_1} + T_g), m_1 = 1,\cdots,M_1 \tag{2-36}$$

式中：i 代表测量周期序号；I 代表总测量周期数；T_g 代表某一根发射天线开始发射信号与前一根发射天线停止发射信号的时间间隔；t_{i,m_1} 代表在第 i 个周期中第 m_1 根天线开始用于信道测量的时刻，其具体表达式为

$$t_{i,m_1} = (i-1)T_{cy} + (m_1 - 1)T_t \tag{2-37}$$

式中：T_t 代表发射天线处于发送状态时所持续的时长；T_{cy} 代表一个周期的总时长，T_{cy} 的大小需满足 $T_{cy} \geqslant M_1 T_t$。

$q_{1,m_1}(t)$ 的值只可以取 0 或 1，分别对应发射端的第 m_1 根天线的测量窗口的工作状态与禁用状态。在发射端可以定义测量窗口的矢量方程，其表达式为

$$\boldsymbol{q}_1(t) \doteq [q_{1,1}(t),\cdots,q_{1,M_1}(t)]^{\mathrm{T}} \tag{2-38}$$

为了表示具有 M_2 根天线的接收阵列的窗口方程，定义感应窗口方程，其表达式为

$$q_{T_{sc}}(t - t_{i,m_2,m_1}), m_2 = 1,\cdots,M_2, m_1 = 1,\cdots,M_1 \tag{2-39}$$

该方程描述了第 m_1 根发射天线处于发射、第 m_2 根接收天线处于接收时的状态。其中 T_{sc} 代表接收天线接收到有效信号的时长，t_{i,m_2,m_1} 代表窗口方程的起始时刻，其表达式为

$$t_{i,m_2,m_1} = (i-1)T_{cy} + (m_1 - 1)T_t + (m_2 - 1)T_r \tag{2-40}$$

其中，T_r 代表接收天线处于接收状态的时长。利用感应窗口方程，可以表示第 m_2 根接收天线的感应窗口方程，其表达式为

$$q_{2,m_2}(t) = \sum_{i}^{I}\sum_{m_1=1}^{M_1} q_{T_{sc}}(t - t_{i,m_2,m_1}) \tag{2-41}$$

该方程的含义为在第 i 个 MIMO 信道测量周期中，第 m_1 根发射天线处于激活状态时第 m_2 根

接收天线的状态。由于接收端有 M_2 个阵元，可以将 $q_{1,m_2}(t)$组合为一个感应窗口矢量，即

$$\boldsymbol{q}_2(t) \doteq [q_{2,1}(t),\cdots,q_{2,M_2}(t)]^{\mathrm{T}} \tag{2-42}$$

该矢量可以表示成一个时域标量函数的形式，其表达式为

$$q_2(t) = \sum_{i=1}^{I}\sum_{m_2=1}^{M_2}\sum_{m_1=1}^{M_1} q_{T_{sc}}(t - t_{i,m_2,m_1}) \tag{2-43}$$

对于发射信号，使用测量窗口的矢量方程 $\boldsymbol{q}_1(t)$来表征发射信号矢量 $\boldsymbol{u}(t)$，则 $\boldsymbol{u}(t)$可表示为

$$\boldsymbol{u}(t) = \boldsymbol{q}_1(t)\boldsymbol{u}(t) \tag{2-44}$$

其中，$\boldsymbol{u}(t)$代表发射信号。$\boldsymbol{u}(t)$为一个 $M_1 \times 1$ 维的矢量，其内部元素可以表示为

$$u_{m_1}(t) = q_{1,m_1}(t)u(t), m_1 \in [1,\cdots,M_1] \tag{2-45}$$

对于接收信号，使用感应窗口方程来表征经过开关 2 后的输出信号，其表达式为

$$Y(t) = \sum_{l=1}^{L}\boldsymbol{q}_2^{\mathrm{T}}(t)\boldsymbol{s}(t;\theta_l) + \sqrt{\frac{N_o}{2}}q_2(t)\boldsymbol{W}(t) \tag{2-46}$$

其中，$W(t)$代表一个标准复高斯白噪声。

在考虑发射窗口方程 $\boldsymbol{q}_1(t)$与感应窗口方程 $\boldsymbol{q}_2(t)$的情况下，$\boldsymbol{s}(t;\theta_l)$可以写为标量形式 $s(t;\theta_l)$，其表达式为

$$s(t;\theta_l) = \boldsymbol{q}_2(t)^{\mathrm{T}}\boldsymbol{s}(t;\theta_l) = \exp(\mathrm{j}2\pi\upsilon_l t)\boldsymbol{q}_2^{\mathrm{T}}(t)\boldsymbol{C}_2(\boldsymbol{\Omega}_{2,1})\boldsymbol{A}_l\boldsymbol{C}_1(\boldsymbol{\Omega}_{1,1})^{\mathrm{T}}\boldsymbol{q}_1(t)\cdot\boldsymbol{u}(t-\tau_l) \tag{2-47}$$

将式(2-47)写为多个不同极化方式信号的叠加的形式，有

$$s(t;\theta_l) = \exp(\mathrm{j}2\pi\upsilon_l t)\cdot\sum_{p_2=1}^{2}\sum_{p_1=1}^{2}\alpha_{l,p_2,p_1}\boldsymbol{q}_2^{\mathrm{T}}(t)\boldsymbol{c}_{2,p_2}(\boldsymbol{\Omega}_{2,l})\boldsymbol{c}_{1,p_1}^{\mathrm{T}}(\boldsymbol{\Omega}_{1,l})\boldsymbol{q}_1(t)\cdot\boldsymbol{u}(t-\tau_l) \tag{2-48}$$

定义 $M_2 \times M_1$ 输入输出测量矩阵 $\boldsymbol{U}(t;\tau_l)=\boldsymbol{q}_2(t)\boldsymbol{q}_1^{\mathrm{T}}(t)\boldsymbol{u}(\mathrm{t}-\tau_l)$，则式(2-48)最后可以表示为

$$s(t;\theta_l) = \exp(\mathrm{j}2\pi\upsilon_l t)\cdot\sum_{p_2=1}^{2}\sum_{p_1=1}^{2}\alpha_{l,p_2,p_1}\boldsymbol{c}_{2,p_2}^{\mathrm{T}}(\boldsymbol{\Omega}_{2,l})\boldsymbol{U}(t;\tau_l)\boldsymbol{c}_{1,p_1}(\boldsymbol{\Omega}_{1,l}) \tag{2-49}$$

$s(t;\theta_l)$还可以写为不同极化方式信号的叠加形式，其表达式为

$$s(t;\theta_l) = \sum_{p_2=1}^{2}\sum_{p_1=1}^{2}s_{p_2,p_1}(t;\theta_l) \tag{2-50}$$

其中，$s_{p_2,p_1}(t;\theta_l)$的表达式为

$$s_{p_2,p_1}(t;\theta_l) \doteq \alpha_{l,p_2,p_1}\exp(\mathrm{j}2\pi\upsilon_l t)\boldsymbol{c}_{2,p_2}^{\mathrm{T}}(\boldsymbol{\Omega}_{2,1})\boldsymbol{U}(t;\tau_l)\boldsymbol{c}_{1,p_1}(\boldsymbol{\Omega}_{1,l}) \tag{2-51}$$

2.2.6 虚拟阵列情况下的信号模型

虚拟阵列不仅仅在信道测量活动中，同时也在实际的通信、感知中得到了广泛的应用。例如，在进行毫米波、太赫兹信道测量时，为了能够增加信道测量的范围，采用喇叭口天线，得益于喇叭口天线在特定方向上的高增益，可以增加发射信号的覆盖距离，同时也可以增强该方向附近接收到的信号。为了弥补定向天线只能覆盖有限的空间，人们通常采用旋转喇叭口天线的方式，使之可以以一定的步长在一定时间内扫描一定区域，得到多个信道样本，通过后端的参数化估计算法，将样本整理成一个具有相关性的集合，进行信道的参数化估计。此外，在车载雷达的应用中，在估计方向域的参数时，也将 MIMO 的阵列进行虚拟阵列化的操作，以增强一部分信道分量的分辨率和估计准确度。可以想象，随着未来通信感知一体化的进程加快，为了能够得到较高的感知性能，需要充分思考通过形成时间、空间以及频率域的虚拟阵列来提升

算法性能。同时，在设计后处理算法时，也需要考虑结合阵列观察信号的相关性，充分形成对信息进行提取的有效框架。

早期信道测量活动，在没有实体的天线阵列支持的情况下，大家采用所谓的虚拟阵列，即在空间里通过摆放天线而形成具有空间分布的多阵元的阵列。已有很多文献介绍了这样的系统。

在5G毫米波信道测量的开始阶段，研究人员为了能够获得足够大的天线增益，以均衡毫米波电波传播所经历的高衰落，而采用喇叭口天线的方式来进行信道测量。同时，为了能够获得信道在方向域上的特征，采用旋转喇叭口天线的方式。例如，在水平面上以固定的几度为间隔，以及在俯仰角的维度也采用几度为间隔来摆放喇叭口天线，这样就可以接收到来自不同方向的电波，进而绘制出信道在方向域上的功率分布。

这样通过旋转而形成的虚拟阵列，与传统的在空间上不同的地点放置天线的方式不同。旋转的虚拟阵列没有空间的口径(aperture)，即没有在空间上形成多个采样点。那么这样的虚拟阵列具有怎么样的方向域的分辨率呢？经过研究，我们可以看到即使这样的虚拟阵列，也可以通过推导SAGE算法，利用不同朝向的波束所接收到的信号的相关性，对不同多径多贡献的信号形成正交的响应输出，从而推导出最大似然的估计方法。

这里使用的信号模型可以写成如下的形式[19]：

$$
\begin{aligned}
h_{i,n_{\mathrm{Tx}},n_{\mathrm{Rx}}}(t) &= \sum_{l=1}^{L}\alpha_l c_{n_{\mathrm{Rx}}}(\boldsymbol{\Omega}_{\mathrm{Rx},l})c_{n_{\mathrm{Tx}}}(\boldsymbol{\Omega}_{\mathrm{Tx},l})\delta(\tau-\tau_l)\exp[\mathrm{j}2\pi\nu_l(t_{i,n_{\mathrm{Tx}},n_{\mathrm{Rx}}}+t)]+w_{i,n_{\mathrm{Tx}},n_{\mathrm{Rx}}}(t) \\
&= \sum_{l=1}^{L}\alpha_l c_{\mathrm{Rx}}\{\boldsymbol{e}[\phi_{\mathrm{Rx},l}-\phi_{\mathrm{Rx}}(n_{\mathrm{Rx}}),\theta_{\mathrm{Rx},l}-\theta_{\mathrm{Rx}}(n_{\mathrm{Rx}})]\} \\
&\quad c_{\mathrm{Tx}}\{\boldsymbol{e}[\phi_{\mathrm{Tx},l}-\phi_{\mathrm{Tx}}(n_{\mathrm{Tx}}),\theta_{\mathrm{Tx},l}-\theta_{\mathrm{Tx}}(n_{\mathrm{Tx}})]\} \\
&\quad \delta(\tau-\tau_l)\exp[\mathrm{j}2\pi\nu_l(t_{i,n_{\mathrm{Tx}},n_{\mathrm{Rx}}}+t)]+w_{i,n_{\mathrm{Tx}},n_{\mathrm{Rx}}}(t)
\end{aligned}
\tag{2-52}
$$

式中：$t\in[0,T)$；$\boldsymbol{e}(\phi,\theta)=[\cos\phi\sin\theta,\sin\phi\sin\theta,\cos\theta]^{\mathrm{T}}$；$\phi_{\mathrm{Rx}}(n_{\mathrm{Rx}})$和$\theta_{\mathrm{Rx}}(n_{\mathrm{Rx}})$分别代表的是接收侧的喇叭口天线在第$n_{\mathrm{Rx}}$次旋转时，天线的轴心所对应旋转了的水平角度和俯仰角度。类似的，$\phi_{\mathrm{Tx}}(n_{\mathrm{Tx}})$和$\theta_{\mathrm{Tx}}(n_{\mathrm{Tx}})$分别代表的是发射侧的喇叭口天线在第$n_{\mathrm{Tx}}$次旋转时，天线的轴心所对应旋转了的水平角度和俯仰角度。即用$c_{\mathrm{Rx}}\{\boldsymbol{e}[\phi_{\mathrm{Rx},l}-\phi_{\mathrm{Rx}}(n_{\mathrm{Rx}}),\theta_{\mathrm{Rx},l}-\theta_{\mathrm{Rx}}(n_{\mathrm{Rx}})]\}$来表示接收端第$n_{\mathrm{Rx}}$次旋转后，天线对在由方位角$\phi_{\mathrm{Rx},1}$和俯仰角$\theta_{\mathrm{Rx},l}$确定的方向上的响应；用$c_{\mathrm{Tx}}\{\boldsymbol{e}[\phi_{\mathrm{Tx},l}-\phi_{\mathrm{Tx}}(n_{\mathrm{Tx}}),\theta_{\mathrm{Tx},l}-\theta_{\mathrm{Tx}}(n_{\mathrm{Tx}})]\}$来表示发射端第$n_{\mathrm{Tx}}$次旋转后，天线对在由方位角$\phi_{\mathrm{Tx},1}$和俯仰角$\theta_{\mathrm{Tx},l}$确定的方向上的响应。这样操作的前提是，天线在旋转时，其旋转的轴心和天线的相位源点是一致的，或者说馈入天线的接口应该在旋转过程中是固定的，这样才能保证天线旋转以后的响应，可以通过旋转响应本身来获得。

根据上述的信号模型可以推导出参数的估计算法，这里就不再赘述。通过仿真，我们对这样的旋转情况下得到的分辨率进行了研究。图2-15所示的为设置在水平角360°范围内以5°步长进行旋转。

利用这样的虚拟阵列，可以设计高精度参数化估计的方法，用来提取多径的参数。图2-16所示的为利用信号产生器和信号分析仪组成的测量系统。

图2-17所示的为设置在水平角360°范围内以5°步长进行旋转，喇叭口天线的半功率角从10°到40°改变，计算得到的模糊函数$\Lambda(\phi)$。该函数的计算方式如下：

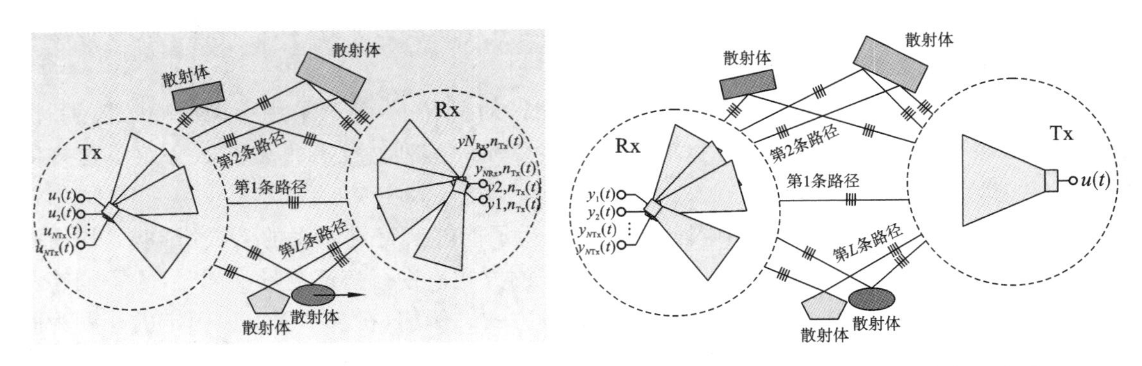

图 2-15　两个喇叭口天线分别安装在收发两端，接收端的天线通过选择而形成的虚拟阵列

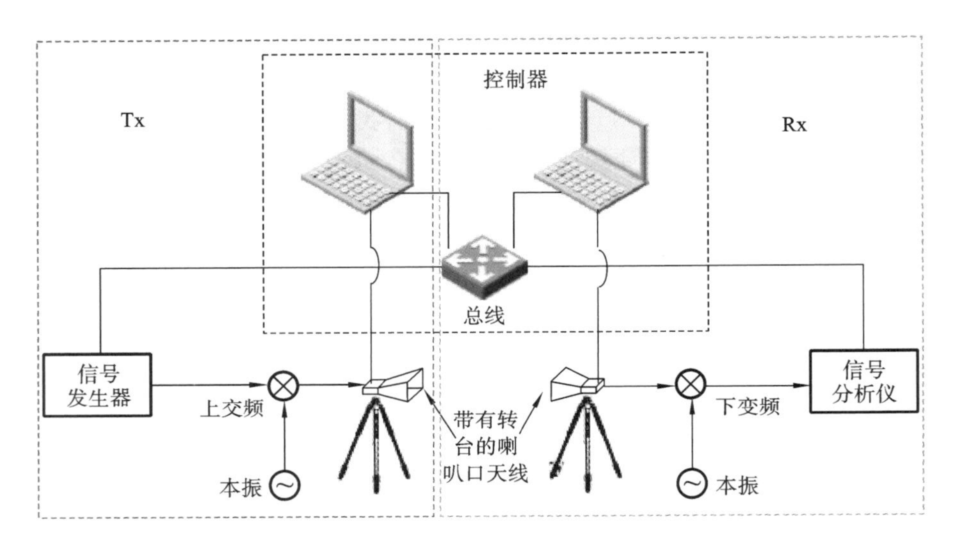

图 2-16　利用信号产生器和信号分析仪组成的测量系统

$$\Lambda(\phi)=\frac{\boldsymbol{c}_{\mathrm{Rx}}(\phi)^{\mathrm{H}}\boldsymbol{y}\boldsymbol{y}^{\mathrm{H}}\boldsymbol{c}_{\mathrm{Rx}}(\phi)}{\boldsymbol{c}_{\mathrm{Rx}}(\phi)^{\mathrm{H}}\boldsymbol{c}_{\mathrm{Rx}}(\phi)} \tag{2-53}$$

此处的 $\boldsymbol{c}_{\mathrm{Rx}}(\phi)$ 是仅考虑水平角时，旋转天线所形成的虚拟阵列的导向矢量。可以从图 2-17 观察到，随着喇叭口天线的半功率角增大，模糊函数的主瓣的宽度会随之减小，即该设置用来分辨方向域上入射的多径的能力得到了提升。按照图 2-17 所示的情况，真正的路径是水平角 30°入射，图中采用的四种设置均可以准确地估计到入射角度。随着半功率角 B 增加，$\Lambda(\phi)$ 的主瓣宽度变得狭窄，但是旁瓣的高度会增加。该观察表明，在不改变旋转步数的情况下，具有较宽的半功率角的天线形成的虚拟阵列，能够带来更高的分辨率，但与此同时，旁瓣高度的增加也会导致错误发生的概率增加，并且如果发生了旁瓣高于主瓣的情况，偏差会较大，严重影响到多径的整体参数估计。

由于这里讨论的虚拟阵列是通过旋转天线构成的，所以形成的多阵元的导向矢量的形态是中心对称，不会随着角度的绝对值发生变化，当电波以不同的入射角度接收到时，分辨率是一致的。图 2-18 所示的为当入射波具有不同的 AoA 时，采用不同的半功率波瓣宽度的天线所带来的分辨率。从图 2-18 可以明确地看到，尽管较宽的波瓣能够带来更高的分辨率，但是其分辨率增加的速度逐渐降低，即可能存在一个收敛的趋势。

这项研究还仅仅依赖于仿真，缺少相应的理论推导。未来可以进一步采用参数化的闭式

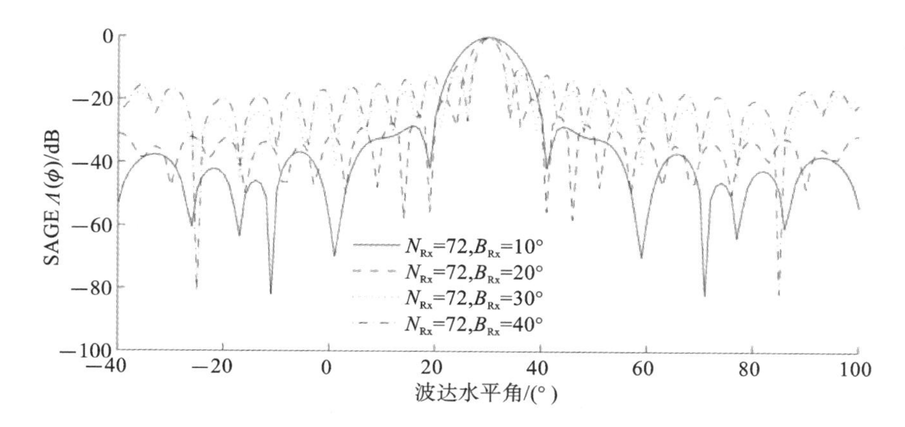

图 2-17　单一路径设置下计算得到的模糊函数

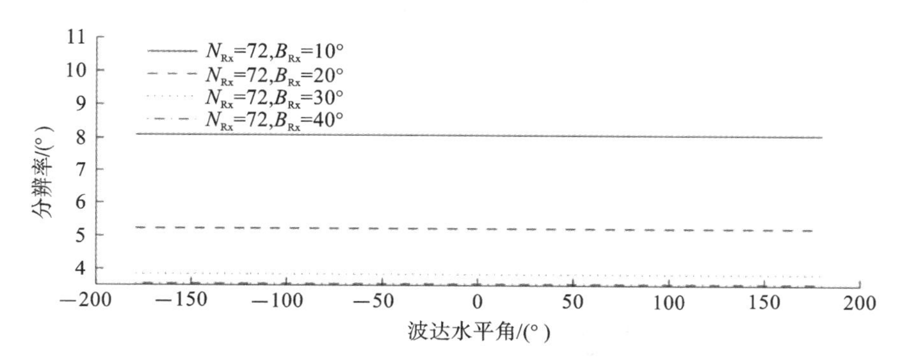

图 2-18　采用不同的波束宽度和扫描步数情况下，SAGE 所能达到的分辨率

表达式来表示分辨率，会对系统的配置和性能达成有更加切实的参考意义。

2.3　模型参数估计算法

如前所述，信道参数估计算法虽然有很多，但自 21 世纪初到现在的二十多年里，较为常用的信道参数估计算法是最大似然估计算法的迭代近似实现，如 EM、SAGE 与 RiMAX 算法等。基于这些算法所形成的多种处理平台，对无线信道测量数据进行处理分析，得到传播多径的参数估计，并由此通过大量场景的信道样本累计，利用数学统计的方式得到信道的统计模型。在 B5G 和 6G 的背景下，无线信道参数估计的准确度、多径的分辨率要求进一步提升，借助无线通信信号来进行环境感知，对参数估计算法的优化和现实应用，提出了更高的要求。现阶段，通过增加先验信息的方式，以几何推理和统计特征作为约束，来进行信道参数的快速估计，并伴随着环境感知的特征提取，已经成为算法发展的新趋势。

本章将对经典的 EM 和 SAGE 算法做介绍，帮助读者了解这些算法的理论基础和运行流程，以及算法在信道参数提取中的实际应用。

2.3.1 EM 算法

由于 SAGE 算法为 EM 算法的衍生，下面首先介绍 EM 算法的原理。

EM 算法的推导依赖于完备数据(complete data)和不完备数据(incomplete data)这两个关键概念，完备数据不可以通过观测获得，不完备数据可以通过观测获得。在式(2-46)表达的信号模型中，第 l 条路径的信号分量 $s(t;\theta_l)$ 被部分附加噪声破坏，由此可定义要估计的完备数据为

$$X_l(t)=s(t;\theta_l)+\sqrt{\beta_l}\sqrt{\frac{N_0}{2}}q_2(t)W_l(t),l=1,\cdots,L \tag{2-54}$$

式中：$W_1(t),\cdots,W_L(t)$ 为复高斯白噪声；非负参数 $\beta_1,\cdots,\beta_L$ 满足 $\sum_l^L\beta_l=1$，L 为多径的总数。接收信号 $Y(t)=\sum_l^L X_l(t)$。其中 $Y(t)$ 与 $X_l(t)$ 的关系如图 2-19 所示。

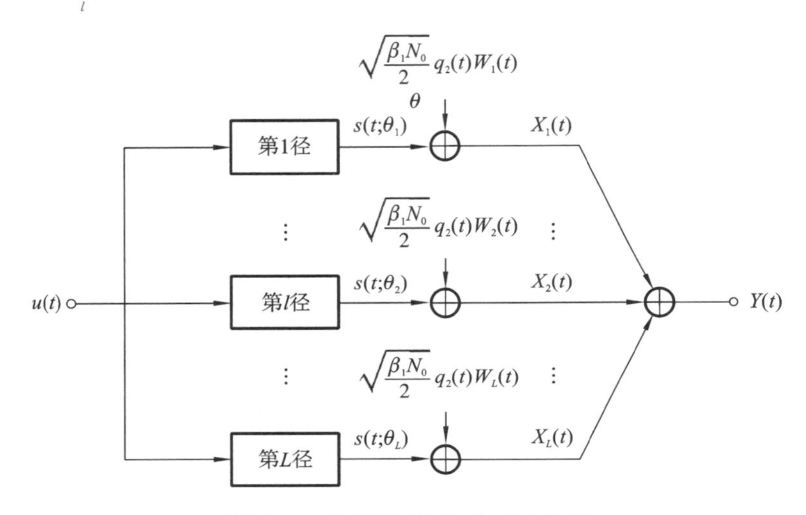

图 2-19 EM 算法完备数据示意图

由于 $X_1(t),\cdots,X_L(t)$ 之间相互独立，因此 $X_{l'}(l'\neq l)$ 与 θ_1 的估计无关。在 $X_l(t)$ 的观测值为 $x_l(t)$ 时，定义 θ_l 的最大似然函数为

$$\Lambda(\theta_l;x_l)\triangleq\frac{1}{\beta_l N_0}2\left[\int\Re\{s^{\mathrm{H}}(t;\theta_l)x_l(t)\}\mathrm{d}t-\int\|s(t;\theta_l)\|^2\mathrm{d}t\right] \tag{2-55}$$

θ_l 的最大似然估计(maximum likelihood estimation，MLE)可以表达为

$$\hat{\theta}_{\mathrm{ML}}(x_l)\in\underset{\theta_l}{\operatorname{argmax}}\{\Lambda(\theta_l;x_l)\} \tag{2-56}$$

由于 X_l 是不可观测的，因此需要通过 θ 的先前估计值与不完备数据的观测 $Y(t)=y(t)$ 来估计 X_l 的值。在 $Y(t)=y(t)$ 的观测下，假设 θ 的先前估计值为 $\hat{\theta}'$，则 x_l 的估计值为

$$\hat{x}_l(t;\hat{\theta}')\triangleq E_{\hat{\theta}'}[X_l(t)\mid y],l=1,\cdots,L \tag{2-57}$$

假设当前迭代次数为 μ，则第 $\mu+1$ 次迭代的参数估计表达式为

$$\hat{\theta}_l^{[\mu+1]}\in\underset{\hat{\boldsymbol{\theta}}_l}{\operatorname{argmax}}\{\Lambda(\hat{\theta}_l;\hat{x}_l(t;\hat{\theta}^{[\mu]}))\} \tag{2-58}$$

根据以上所述的 EM 算法原理，总结出其算法的流程如图 2-20 所示。

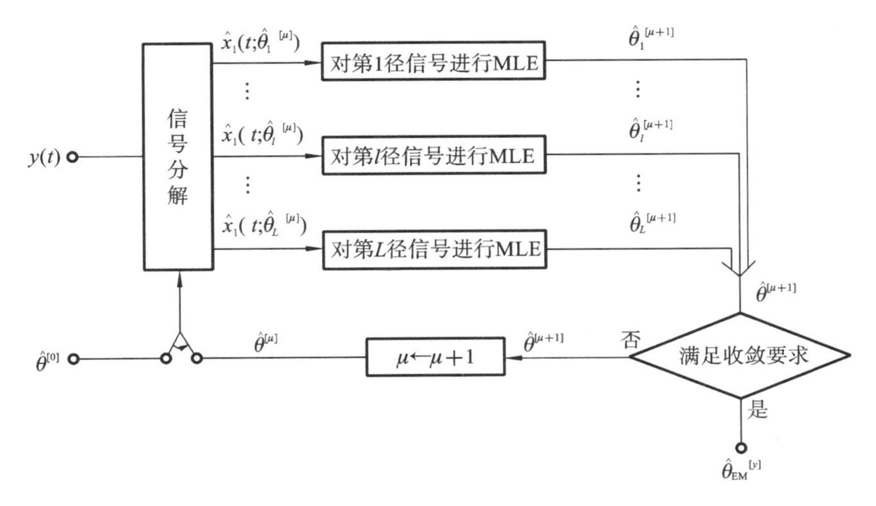

图 2-20　EM 算法流程框图

总而言之，EM 算法主要包含 E 步骤与 M 步骤这两个部分。在 E 步骤中主要进行的是期望值的计算，在 M 步骤中主要进行的是参数最大似然估计的求解。在参数初始化后，每次迭代均使用估计量的初始值或者上一轮最大似然估计的估计值，将 E 步骤求解的期望值代入似然函数，从而求解出使得似然函数达到最大值的估计参数值。重复以上步骤，当前后两轮迭代的估计量变化值满足精度要求时退出迭代。

2.3.2　SAGE 算法

SAGE 算法通过引入可采隐含数据的概念，将待估计参数集划分为参数子集，将多个参数的联合估计转化为多个参数子集的估计，使得复杂度得以降低。根据式(2-46)与式(2-54)，对于待估计的参数集 θ，可得 $Y(t)$ 与 $X_l(t)$ 的联合估计表达式为

$$f(y,x_l;\theta)=f(x_l;\theta)\cdot f(y\mid x_l;\theta) \tag{2-59}$$

定义参数子集 θ_l 在 θ 中的补集为 $\bar{\theta}_l$，若 x_l 与 $\bar{\theta}_l$ 无关，有关系式

$$f(x_l;\theta)=f(x_l;\theta_l) \tag{2-60}$$

$$f(y\mid x_l;\theta)=f(y\mid x_l;\bar{\theta}_l) \tag{2-61}$$

根据式(2-60)与式(2-61)，联合估计 $f(y,x_l;\theta)$ 可以表示为

$$f(y,x_l;\theta)=f(x_l;\theta_l)\cdot f(y\mid x_l;\bar{\theta}_l) \tag{2-62}$$

若 θ_l 与 x_l 满足式(2-62)，则 x_l 的数据空间 $X_l(t)$ 为参数子集 θ_l 的可采隐含数据。

在观测值 $Y(t)=y(t)$ 的条件下，若 $\beta_l=1$，则有表达式

$$\hat{x}_l^{[\mu-1]}(t)\doteq y(t)-\sum_{l'=1,l'\neq l}^{L}s(t;\hat{\theta}_{l'}^{[\mu-1]}) \tag{2-63}$$

即当 $\hat{x}_l^{[\mu-1]}$ 与 $\hat{\theta}_{l'}^{[\mu-1]}(l'\neq l)$ 满足式(2-62)的条件时，就可以称 $\hat{x}_l^{[\mu-1]}$ 是 $\hat{\theta}_{l'}^{[\mu-1]}(l'\neq l)$ 的可采隐含数据。在此以平面波假设为例来说明 SAGE 算法的原理。当给定观测值 $X_l(t)=x_l(t)$ 时，θ_l 的对数似然函数表达式为

$$\Lambda(\theta_l;x_l)\propto 2\Re\underbrace{\left\{\int s(t;\theta_l)*x_l(t)\mathrm{d}t\right\}}_{G_1}-\underbrace{\int\mid s(t;\theta_l)\mid^2\mathrm{d}t}_{G_2} \tag{2-64}$$

其中，为了简化表达，将 $\int s(t;\theta_l) * x_l(t)\mathrm{d}t$ 的运算结果简写为 G_1，将 $\int |s(t;\boldsymbol{\theta}_l)|^2\mathrm{d}t$ 的运算结果简写为 G_2，G_1 与 G_2 的运算过程详述如下。

根据式(2-50)，将 G_1 写为多个不同极化方式信号的叠加形式，即

$$G_1 = \int \sum_{p_2=1}^{2}\sum_{p_1=1}^{2} s_{p_2,p_1}(t;\theta_l) * x_l(t)\mathrm{d}t = \sum_{p_2=1}^{2}\sum_{p_1=1}^{2}\int s_{p_2,p_1}(t;\theta_l) * x_l(t)\mathrm{d}t \tag{2-65}$$

将式(2-51)代入式(2-65)中，可得

$$\begin{aligned} G_1 &= \sum_{p_2=1}^{2}\sum_{p_1=1}^{2}\int s_{p_2,p_1}(t;\theta_l) * x_l(t)\mathrm{d}t \\ &= \sum_{p_2=1}^{2}\sum_{p_1=1}^{2}\int \alpha_{l,p_2,p_1}^{*}\exp(-\mathrm{j}2\pi\upsilon_l t)\boldsymbol{c}_{2,p_2}^{\mathrm{H}}(\boldsymbol{\Omega}_{2,l})\boldsymbol{U}^{*}(t;\tau_l)\boldsymbol{c}_{1,p_1}^{*}(\boldsymbol{\Omega}_{1,l})x_l(t)\mathrm{d}t \end{aligned} \tag{2-66}$$

将所有关于 t 的表达式进行合并，可得

$$G_1 = \sum_{p_2=1}^{2}\sum_{p_1=1}^{2}\alpha_{l,p_2,p_1}^{*}\boldsymbol{c}_{2,p_2}^{\mathrm{H}}(\boldsymbol{\Omega}_{2,l})\underbrace{\int \exp(-\mathrm{j}2\pi\upsilon_l t)\boldsymbol{U}^{*}(t;\tau_l)x_l(t)\mathrm{d}t}_{\boldsymbol{X}_l(\tau_l,\upsilon_l)}\cdot\boldsymbol{c}_{1,p_1}^{*}(\boldsymbol{\Omega}_{1,l}) \tag{2-67}$$

其中，为了简化表达，将 $\int \exp(-\mathrm{j}2\pi\upsilon_l t)\boldsymbol{U}^{*}(t;\tau_l)x_l(t)\mathrm{d}t$ 的运算结果简写为 $\boldsymbol{X}_l(\tau_l,\upsilon_l)$。$\boldsymbol{X}_l(\tau_l,\upsilon_l)$ 为一个 $M_2 \times M_1$ 维的矩阵，其元素为

$$\begin{aligned} X_{l,m_2,m_1}(\tau_l,\upsilon_l) &= \int \exp(-\mathrm{j}2\pi\upsilon_l t)U_{m_2,m_1}^{*}(t;\tau_l)x_l(t)\mathrm{d}t \\ &= \int \exp(-\mathrm{j}2\pi\upsilon_l t)q_{2,m_2}(t)q_{1,m_1}(t-\tau_l)u^{*}(t-\tau_l)x_l(t)\mathrm{d}t \end{aligned} \tag{2-68}$$

由图 2-14 可知，在第 i 个测量周期中，当且仅当第 m_1 根发射天线与第 m_2 根接收天线均处于工作状态时，即时间 t 处于区间$[t_{i,m_2,m_1}, t_{i,m_2,m_1}+T_{\mathrm{sc}}]$时，$q_{2,m_2}(t)q_{1,m_1}(t-\tau_l)$的结果非零。据此可以将式(2-68)进一步化简为

$$X_{l,m_2,m_1}(\tau_l,\upsilon_l) = \sum_{i=1}^{I}\int_{t_{i,m_2,m_1}}^{t_{i,m_2,m_1}+T_{\mathrm{sc}}}\exp(-\mathrm{j}2\pi\upsilon_l t)u^{*}(t-\tau_l)x_l(t)\mathrm{d}t \tag{2-69}$$

为了计算此积分式的具体值，采用换元法将积分区间由$[t_{i,m_2,m_1}, t_{i,m_2,m_1}+T_{\mathrm{sc}}]$转换为$[0, T_{\mathrm{sc}}]$。定义新变元 $t'=t-t_{i,m_2,m_1}$，则式(2-69)可以化简为

$$X_{l,m_2,m_1}(\tau_l,\upsilon_l) = \sum_{i=1}^{I}\int_{0}^{T_{\mathrm{sc}}}\exp(-\mathrm{j}2\pi\upsilon_l(t'+t_{i,m_2,m_1}))u^{*}(t'+t_{i,m_2,m_1}-\tau_l)x_l(t'+t_{i,m_2,m_1})\mathrm{d}t' \tag{2-70}$$

由于 $u(t)$是以 T_{sc}为周期的周期函数，而 t_{i,m_2,m_1} 为 T_{sc}的整数倍，因此

$$u(t'+t_{i,m_2,m_1}-\tau_l) = u(t'-\tau_l) \tag{2-71}$$

将式(2-71)代入式(2-70)，并将变元符号由 t'换回 t，可得

$$X_{l,m_2,m_1}(\tau_l,\upsilon_l) = \sum_{i=1}^{L}\exp(-\mathrm{j}2\pi\upsilon_l t_{i,m_2,m_1})\int_{0}^{T_{\mathrm{sc}}}u^{*}(t-\tau_l)\exp(-\mathrm{j}2\pi\upsilon_l t)x_l(t+t_{i,m_2,m_1})\mathrm{d}t \tag{2-72}$$

根据式(2-72)，可以将式(2-67)写为

$$
\begin{aligned}
G_1 &= \sum_{p_2=1}^{2}\sum_{p_1=1}^{2}\alpha_{l,p_2,p_1}^{*}\left[\boldsymbol{c}_{2,p_2}^{\mathrm{H}}(\boldsymbol{\Omega}_{2,l})\boldsymbol{X}_l(\tau_l,\upsilon_l)\boldsymbol{c}_{1,p_1}^{*}(\boldsymbol{\Omega}_{1,l})\right] \\
&= \sum_{p_2=1}^{2}\sum_{p_1=1}^{2}\alpha_{l,p_2,p_1}^{*}f_{p_2,p_1}(\bar{\boldsymbol{\theta}}_l)
\end{aligned} \tag{2-73}
$$

其中，$f_{p_2,p_1}(\bar{\theta}_l) \doteq \boldsymbol{c}_{2,p_2}^{\mathrm{H}}(\boldsymbol{\Omega}_{2,l})\boldsymbol{X}_l(\tau_l,\upsilon_l)\boldsymbol{c}_{1,p_1}^{*}(\boldsymbol{\Omega}_{1,l})$，$\bar{\boldsymbol{\theta}}_l = [\boldsymbol{\Omega}_{1,l},\boldsymbol{\Omega}_{2,l},\tau_l,\upsilon_l]$。定义

$$
\boldsymbol{\alpha}_l \doteq \mathrm{Vec}(\boldsymbol{A}_l^{\mathrm{T}}) = [\alpha_{l,1,1},\alpha_{l,1,2},\alpha_{l,2,1},\alpha_{l,2,2}]^{\mathrm{T}} \tag{2-74}
$$

$$
\boldsymbol{f}(\bar{\boldsymbol{\theta}}_l) = \begin{bmatrix}
\boldsymbol{c}_{2,1}^{\mathrm{H}}(\boldsymbol{\Omega}_{2,l})\boldsymbol{X}_l(\tau_l,\upsilon_l)\boldsymbol{c}_{1,1}^{*}(\boldsymbol{\Omega}_{1,l}) \\
\boldsymbol{c}_{2,1}^{\mathrm{H}}(\boldsymbol{\Omega}_{2,l})\boldsymbol{X}_l(\tau_l,\upsilon_l)\boldsymbol{c}_{1,2}^{*}(\boldsymbol{\Omega}_{1,l}) \\
\boldsymbol{c}_{2,2}^{\mathrm{H}}(\boldsymbol{\Omega}_{2,l})\boldsymbol{X}_l(\tau_l,\upsilon_l)\boldsymbol{c}_{1,1}^{*}(\boldsymbol{\Omega}_{1,l}) \\
\boldsymbol{c}_{2,2}^{\mathrm{H}}(\boldsymbol{\Omega}_{2,l})\boldsymbol{X}_l(\tau_l,\upsilon_l)\boldsymbol{c}_{1,2}^{*}(\boldsymbol{\Omega}_{1,l})
\end{bmatrix} \tag{2-75}
$$

则可以得到 G_1 的结果为

$$
G_1 = \boldsymbol{\alpha}_l^{\mathrm{H}}\boldsymbol{f}(\bar{\boldsymbol{\theta}}_l) \tag{2-76}
$$

将式(2-51)代入式(2-65)中，可得 G_2 的表达式为

$$
\begin{aligned}
G_2 &= \int |s(t;\theta_l)|^2\mathrm{d}t = \int \left|\sum_{p_2=1}^{2}\sum_{p_1=1}^{2}s_{p_2,p_1}(t;\theta_l)\right|^2\mathrm{d}t \\
&= \int \left|\sum_{p_2=1}^{2}\sum_{p_1=1}^{2}\alpha_{l,p_2,p_1}\exp(\mathrm{j}2\pi\upsilon_l t)\underbrace{\boldsymbol{c}_{2,p_2}^{\mathrm{T}}(\boldsymbol{\Omega}_{2,l})\boldsymbol{U}(t;\tau_l)\boldsymbol{c}_{1,p_1}(\boldsymbol{\Omega}_{1,l})}_{\doteq V_{l,p_2,p_1}(t;\boldsymbol{\Omega}_{2,l},\boldsymbol{\Omega}_{1,l},\tau_l)}\right|^2\mathrm{d}t
\end{aligned} \tag{2-77}
$$

其中，为了简化表达，将 $\boldsymbol{c}_{2,p_2}^{\mathrm{T}}(\boldsymbol{\Omega}_{2,l})\boldsymbol{U}(t;\tau_l)\boldsymbol{c}_{1,p_1}(\boldsymbol{\Omega}_{1,l})$ 的运算结果简写为 $V_{l,p_2,p_1}(t;\boldsymbol{\Omega}_{2,l},\boldsymbol{\Omega}_{1,l},\tau_l)$，则 G_2 的表达式可以简化为

$$
G_2 = \int \left|\sum_{p_2=1}^{2}\sum_{p_1=1}^{2}\alpha_{l,p_2,p_1}V_{l,p_2,p_1}(t;\boldsymbol{\Omega}_{2,l},\boldsymbol{\Omega}_{1,l},\tau_l)\right|^2\mathrm{d}t \tag{2-78}
$$

将模值平方写为本身与共轭的积的形式，可以得到

$$
\begin{aligned}
G_2 = &\sum_{p_2'=1}^{2}\sum_{p_1'=1}^{2}\sum_{p_2=1}^{2}\sum_{p_1=1}^{2}\alpha_{l,p_2',p_1'}^{*}\alpha_{l,p_2,p_1} \\
&\underbrace{\int \boldsymbol{c}_{1,p_1'}^{\mathrm{H}}(\boldsymbol{\Omega}_{1,l})\boldsymbol{U}^{\mathrm{H}}(t;\tau_l)\boldsymbol{c}_{2,p_2'}^{*}(\boldsymbol{\Omega}_{2,l})\boldsymbol{c}_{2,p_2}^{\mathrm{T}}(\boldsymbol{\Omega}_{2,l})\boldsymbol{U}(t;\tau_l)\boldsymbol{c}_{1,p_1}(\boldsymbol{\Omega}_{1,l})\mathrm{d}t}_{D_{p_2',p_1',p_2,p_1}(\boldsymbol{\Omega}_{2,l},\boldsymbol{\Omega}_{1,l},\tau_l)}
\end{aligned} \tag{2-79}
$$

为了简化表达，定义式(2-79)中积分式的函数为 $D_{p_2',p_1',p_2,p_1}(\boldsymbol{\Omega}_{2,l},\boldsymbol{\Omega}_{1,l},\tau_l)$，将其结果简写为 η，则有

$$
\eta = \int \boldsymbol{c}_{1,p_1'}^{\mathrm{H}}(\boldsymbol{\Omega}_{1,l})\boldsymbol{U}^{\mathrm{H}}(t;\tau_l)\boldsymbol{c}_{2,p_2'}^{*}(\boldsymbol{\Omega}_{2,l})\boldsymbol{c}_{2,p_2}^{\mathrm{T}}(\boldsymbol{\Omega}_{2,l})\boldsymbol{U}(t;\tau_l)\boldsymbol{c}_{1,p_1}(\boldsymbol{\Omega}_{1,l})\mathrm{d}t \tag{2-80}
$$

将 $\boldsymbol{U}(t;\tau_l)=\boldsymbol{q}_2(t)\boldsymbol{q}_1^{\mathrm{T}}(t)\boldsymbol{u}(t-\tau_l)$ 代入，可得

$$
\eta = \int \underbrace{\boldsymbol{c}_{1,p_1'}^{\mathrm{H}}(\boldsymbol{\Omega}_{1,l})\boldsymbol{q}_1(t)}_{\text{标量}}\underbrace{\boldsymbol{q}_2^{\mathrm{T}}(t)\boldsymbol{c}_{2,p_2'}^{*}(\boldsymbol{\Omega}_{2,l})}_{\text{标量}}\underbrace{\boldsymbol{c}_{2,p_2}^{\mathrm{T}}(\boldsymbol{\Omega}_{2,l})\boldsymbol{q}_2(t)}_{\text{标量}}\underbrace{\boldsymbol{q}_1^{\mathrm{T}}(t)\boldsymbol{c}_{1,p_1}(\boldsymbol{\Omega}_{1,l})}_{\text{标量}}|\boldsymbol{u}(t-\tau_l)|^2\mathrm{d}t \tag{2-81}
$$

由于式(2-81)中四项的乘积均为标量，因此可以将其运算顺序进行交换，将 $\boldsymbol{q}_1(t)$ 与 $\boldsymbol{q}_1^{\mathrm{T}}(t)$、$\boldsymbol{q}_2(t)$ 与 $\boldsymbol{q}_2^{\mathrm{T}}(t)$ 变为相邻项来构造对角矩阵。通过顺序的交换，可得

$$\eta=\int \boldsymbol{c}_{2,p_2}^{\mathrm{T}}(\boldsymbol{\Omega}_{2,l})\boldsymbol{q}_2(t)\boldsymbol{q}_2^{\mathrm{T}}(t)\boldsymbol{c}_{2,p_2'}^{*}(\boldsymbol{\Omega}_{2,l})\boldsymbol{c}_{1,p_1'}^{\mathrm{H}}(\boldsymbol{\Omega}_{1,l})\boldsymbol{q}_1(t)\boldsymbol{q}_1^{\mathrm{T}}(t)\boldsymbol{c}_{1,p_1}(\boldsymbol{\Omega}_{1,l})\,|\,\boldsymbol{u}(t-\tau_l)\,|^2\,\mathrm{d}t \tag{2-82}$$

其中，$\boldsymbol{q}_2(t)\boldsymbol{q}_2^{\mathrm{T}}(t)=\mathrm{diag}[q_{2,1}(t),\cdots,q_{2,M_2}(t)]$，$\boldsymbol{q}_1(t)\boldsymbol{q}_1^{\mathrm{T}}(t)=\mathrm{diag}[q_{1,1}(t),\cdots,q_{1,M_1}(t)]$，diag[·]表示对角元素为方括号内元素的对角矩阵。将 $\boldsymbol{q}_1(t)\boldsymbol{q}_1^{\mathrm{T}}(t)$ 与 $\boldsymbol{q}_2(t)\boldsymbol{q}_2^{\mathrm{T}}(t)$ 的结果代入式(2-82)，可得

$$\begin{aligned}\eta=&\sum_{m_1=1}^{M_1}\sum_{m_2=1}^{M_2}c_{2,m_2,p_2}(\boldsymbol{\Omega}_{2,l})c_{2,m_2,p_2'}^{*}(\boldsymbol{\Omega}_{2,l})c_{1,m_1,p_1'}^{*}(\boldsymbol{\Omega}_{1,l})c_{1,m_1,p_1}(\boldsymbol{\Omega}_{1,l})\\&\underbrace{\int q_{2,m_2}(t)q_{1,m_1}(t-\tau_l)\,|\,\boldsymbol{u}(t-\tau_l)\,|^2\,\mathrm{d}t}_{\mathrm{IP}T_{\mathrm{sc}}}\end{aligned} \tag{2-83}$$

为了简化表达，定义式(2-83)中的积分式为

$$\mathrm{IP}T_{\mathrm{sc}}=\int q_{2,m_2}(t)q_{1,m_1}(t-\tau_l)\,|\,\boldsymbol{u}(t-\tau_l)\,|^2\,\mathrm{d}t \tag{2-84}$$

因此，式(2-83)可以简化为

$$\begin{aligned}\eta&=\Big[\sum_{m_1=1}^{M_1}c_{1,m_1,p_1}(\boldsymbol{\Omega}_{1,l})c_{1,m_1,p_1'}^{*}(\boldsymbol{\Omega}_{1,l})\Big]\Big[\sum_{m_2=1}^{M_2}c_{2,m_2,p_2}(\boldsymbol{\Omega}_{2,l})c_{2,m_2,p_2'}^{*}(\boldsymbol{\Omega}_{2,l})\Big]\mathrm{IP}T_{\mathrm{sc}}\\&=[\boldsymbol{c}_{1,p_1'}^{\mathrm{H}}(\boldsymbol{\Omega}_{1,l})\boldsymbol{c}_{1,p_1}(\boldsymbol{\Omega}_{1,l})][\boldsymbol{c}_{2,p_2'}^{\mathrm{H}}(\boldsymbol{\Omega}_{2,l})\boldsymbol{c}_{2,p_2}(\boldsymbol{\Omega}_{2,l})]\mathrm{IP}T_{\mathrm{sc}}\end{aligned} \tag{2-85}$$

根据式(2-85)，可以得到 $D_{p_2',p_1',p_2,p_1}(\boldsymbol{\Omega}_{2,l},\boldsymbol{\Omega}_{1,l},\tau_l)$ 的表达式为

$$D_{p_2',p_1',p_2,p_1}(\boldsymbol{\Omega}_{2,l},\boldsymbol{\Omega}_{1,l},\tau_l)=\mathrm{IP}T_{\mathrm{sc}}\cdot\widetilde{D}_{p_2',p_1',p_2,p_1}(\boldsymbol{\Omega}_{2,l},\boldsymbol{\Omega}_{1,l},\tau_l) \tag{2-86}$$

其中，$\widetilde{D}_{p_2',p_1',p_2,p_1}(\boldsymbol{\Omega}_{2,l},\boldsymbol{\Omega}_{1,l},\tau_l)$ 的表达式为

$$\widetilde{D}_{p_2',p_1',p_2,p_1}(\boldsymbol{\Omega}_{2,l},\boldsymbol{\Omega}_{1,l},\tau_l)=[\boldsymbol{c}_{1,p_1'}^{\mathrm{H}}(\boldsymbol{\Omega}_{1,l})\boldsymbol{c}_{1,p_1}(\boldsymbol{\Omega}_{1,l})][\boldsymbol{c}_{2,p_2'}^{\mathrm{H}}(\boldsymbol{\Omega}_{2,l})\boldsymbol{c}_{2,p_2}(\boldsymbol{\Omega}_{2,l})] \tag{2-87}$$

由式(2-87)可知，$\widetilde{D}_{p_2',p_1',p_2,p_1}(\boldsymbol{\Omega}_{2,l},\boldsymbol{\Omega}_{1,l},\tau_l)$ 仅与 $\boldsymbol{\Omega}_{1,l}$ 和 $\boldsymbol{\Omega}_{2,l}$ 有关，因此可以将 τ_l 从自变量中移除，即可写为 $\widetilde{D}_{p_2',p_1',p_2,p_1}(\boldsymbol{\Omega}_{2,l},\boldsymbol{\Omega}_{1,l})$。同理，$D_{p_2',p_1',p_2,p_1}(\boldsymbol{\Omega}_{2,l},\boldsymbol{\Omega}_{1,l},\tau_l)$ 的表达式中也不再受 τ_l 的影响，可以写为 $D_{p_2',p_1',p_2,p_1}(\boldsymbol{\Omega}_{2,l},\boldsymbol{\Omega}_{1,l})$。将式(2-86)代入式(2-79)，可得

$$\begin{aligned}G_2&=\mathrm{IP}T_{\mathrm{sc}}\sum_{p_2'=1}^{2}\sum_{p_1'=1}^{2}\sum_{p_2=1}^{2}\sum_{p_1=1}^{2}\alpha_{l,p_2',p_1'}^{*}\widetilde{D}_{p_2',p_1',p_2,p_1}(\boldsymbol{\Omega}_{2,l},\boldsymbol{\Omega}_{1,l})\alpha_{l,p_2,p_1}\\&=\mathrm{IP}T_{\mathrm{sc}}\cdot\boldsymbol{\alpha}_l^{\mathrm{H}}\widetilde{D}(\boldsymbol{\Omega}_{2,l},\boldsymbol{\Omega}_{1,l})\boldsymbol{\alpha}_l\end{aligned} \tag{2-88}$$

其中，$\widetilde{D}(\boldsymbol{\Omega}_{2,l},\boldsymbol{\Omega}_{1,l})$ 的表达式为

$$\begin{aligned}\widetilde{D}(\boldsymbol{\Omega}_{2,l},\boldsymbol{\Omega}_{1,l})&\doteq[\widetilde{D}_{p_2',p_1',p_2,p_1}(\boldsymbol{\Omega}_{2,l},\boldsymbol{\Omega}_{1,l})]_{(p_2',p_1')=\{1,2\}^2;(p_2,p_1)=\{1,2\}^2}\\&=\begin{bmatrix}\boldsymbol{c}_{1,1}^{\mathrm{H}}\boldsymbol{c}_{1,1}\boldsymbol{c}_{2,1}^{\mathrm{H}}\boldsymbol{c}_{2,1} & \boldsymbol{c}_{1,1}^{\mathrm{H}}\boldsymbol{c}_{1,2}\boldsymbol{c}_{2,1}^{\mathrm{H}}\boldsymbol{c}_{2,1} & \boldsymbol{c}_{1,1}^{\mathrm{H}}\boldsymbol{c}_{1,1}\boldsymbol{c}_{2,1}^{\mathrm{H}}\boldsymbol{c}_{2,2} & \boldsymbol{c}_{1,1}^{\mathrm{H}}\boldsymbol{c}_{1,2}\boldsymbol{c}_{2,1}^{\mathrm{H}}\boldsymbol{c}_{2,2}\\ \boldsymbol{c}_{1,2}^{\mathrm{H}}\boldsymbol{c}_{1,1}\boldsymbol{c}_{2,1}^{\mathrm{H}}\boldsymbol{c}_{2,1} & \boldsymbol{c}_{1,2}^{\mathrm{H}}\boldsymbol{c}_{1,2}\boldsymbol{c}_{2,1}^{\mathrm{H}}\boldsymbol{c}_{2,1} & \boldsymbol{c}_{1,2}^{\mathrm{H}}\boldsymbol{c}_{1,1}\boldsymbol{c}_{2,1}^{\mathrm{H}}\boldsymbol{c}_{2,2} & \boldsymbol{c}_{1,2}^{\mathrm{H}}\boldsymbol{c}_{1,2}\boldsymbol{c}_{2,1}^{\mathrm{H}}\boldsymbol{c}_{2,2}\\ \boldsymbol{c}_{1,1}^{\mathrm{H}}\boldsymbol{c}_{1,1}\boldsymbol{c}_{2,2}^{\mathrm{H}}\boldsymbol{c}_{2,1} & \boldsymbol{c}_{1,1}^{\mathrm{H}}\boldsymbol{c}_{1,2}\boldsymbol{c}_{2,2}^{\mathrm{H}}\boldsymbol{c}_{2,1} & \boldsymbol{c}_{1,1}^{\mathrm{H}}\boldsymbol{c}_{1,1}\boldsymbol{c}_{2,2}^{\mathrm{H}}\boldsymbol{c}_{2,2} & \boldsymbol{c}_{1,1}^{\mathrm{H}}\boldsymbol{c}_{1,2}\boldsymbol{c}_{2,2}^{\mathrm{H}}\boldsymbol{c}_{2,2}\\ \boldsymbol{c}_{1,2}^{\mathrm{H}}\boldsymbol{c}_{1,1}\boldsymbol{c}_{2,2}^{\mathrm{H}}\boldsymbol{c}_{2,1} & \boldsymbol{c}_{1,2}^{\mathrm{H}}\boldsymbol{c}_{1,2}\boldsymbol{c}_{2,1}^{\mathrm{H}}\boldsymbol{c}_{2,1} & \boldsymbol{c}_{1,2}^{\mathrm{H}}\boldsymbol{c}_{1,1}\boldsymbol{c}_{2,2}^{\mathrm{H}}\boldsymbol{c}_{2,2} & \boldsymbol{c}_{1,2}^{\mathrm{H}}\boldsymbol{c}_{1,2}\boldsymbol{c}_{2,2}^{\mathrm{H}}\boldsymbol{c}_{2,2}\end{bmatrix}\end{aligned} \tag{2-89}$$

至此，G_1 与 G_2 的结果计算完毕，θ_l 的对数似然函数表达式可以写为

$$\Lambda(\theta_l;x_l)\propto 2\Re\{\boldsymbol{\alpha}_l^{\mathrm{H}}\boldsymbol{f}(\bar{\theta}_l)\}-\mathrm{IP}T_{\mathrm{sc}}\cdot\boldsymbol{\alpha}_l^{\mathrm{H}}\widetilde{D}(\boldsymbol{\Omega}_{2,l},\boldsymbol{\Omega}_{1,l})\boldsymbol{\alpha}_l \tag{2-90}$$

为了求解恒定 θ_l 关于 $\boldsymbol{\alpha}_l$ 的闭式表达式，可以对 $\Lambda(\theta_l;x_l)$关于 $\boldsymbol{\alpha}_l$ 取梯度，其表达式为

$$\frac{\mathrm{d}\Lambda(\theta_l;x_l)}{\mathrm{d}\boldsymbol{\alpha}_l} = f(\bar{\theta}_l) - \mathrm{IP}T_{\mathrm{sc}} \cdot \widetilde{D}(\boldsymbol{\Omega}_{2,l},\boldsymbol{\Omega}_{1,l})\boldsymbol{\alpha}_l \tag{2-91}$$

令式(2.91)为零，可以求解出关于 $\bar{\theta}_l$ 的最佳函数 $\boldsymbol{\alpha}_l$ 的显式表达式为

$$\boldsymbol{\alpha}_l = (\mathrm{IP}T_{\mathrm{sc}})^{-1}\widetilde{D}(\boldsymbol{\Omega}_{2,l},\boldsymbol{\Omega}_{1,l})^{-1}\boldsymbol{f}(\bar{\boldsymbol{\theta}}_l) \tag{2-92}$$

将式(2-92)代入式(2-90)，可以得到只关于 $\bar{\theta}_l$ 的对数似然函数，其表达式为

$$\begin{aligned}\Lambda(\theta_l;x_l) &= (\mathrm{IP}T_{\mathrm{sc}})^{-1}\boldsymbol{f}^{\mathrm{H}}(\bar{\boldsymbol{\theta}}_l)\widetilde{D}(\boldsymbol{\Omega}_{2,l},\boldsymbol{\Omega}_{1,l})^{-1}\boldsymbol{f}(\bar{\boldsymbol{\theta}}_l)\\ &\propto \boldsymbol{f}^{\mathrm{H}}(\bar{\boldsymbol{\theta}}_l)\widetilde{D}(\boldsymbol{\Omega}_{2,l},\boldsymbol{\Omega}_{1,l})^{-1}\boldsymbol{f}(\bar{\boldsymbol{\theta}}_l)\end{aligned} \tag{2-93}$$

因此，$\bar{\boldsymbol{\theta}}_l$ 与 $\boldsymbol{\alpha}_l$ 的最大似然估计可以表示为

$$(\hat{\bar{\boldsymbol{\theta}}}_l)_{\mathrm{ML}} = \arg\max_{\bar{\theta}_l}\boldsymbol{f}^{\mathrm{H}}(\bar{\boldsymbol{\theta}}_l)\widetilde{D}(\boldsymbol{\Omega}_{2,l},\boldsymbol{\Omega}_{1,l})^{-1}\boldsymbol{f}(\bar{\boldsymbol{\theta}}_l) \tag{2-94}$$

$$(\hat{\boldsymbol{\alpha}}_l)_{\mathrm{ML}} = (\mathrm{IP}T_{\mathrm{sc}})^{-1}\widetilde{D}(\boldsymbol{\Omega}_{2,l},\boldsymbol{\Omega}_{1,l})^{-1}\boldsymbol{f}(\bar{\boldsymbol{\theta}}_l) \tag{2-95}$$

为了说明 SAGE 算法中的坐标态更新过程，定义

$$z(\bar{\boldsymbol{\theta}}_l;x_l) \doteq \boldsymbol{f}^{\mathrm{H}}(\bar{\boldsymbol{\theta}}_l)\widetilde{D}(\boldsymbol{\Omega}_{2,l},\boldsymbol{\Omega}_{1,l})^{-1}\boldsymbol{f}(\bar{\boldsymbol{\theta}}_l) \tag{2-96}$$

从而有 τ_l、υ_l、$\theta_{2,l}$、$\phi_{2,l}$、$\theta_{1,l}$与 $\phi_{1,l}$的坐标更新公式为

$$\hat{\tau}''_l = \arg\max_{\tau_l} z(\hat{\phi}'_{1,l},\hat{\theta}'_{1,l},\hat{\phi}'_{2,l},\hat{\theta}'_{2,l},\tau_l,\hat{\upsilon}'_l;\hat{x}_l) \tag{2-97}$$

$$\hat{\upsilon}''_l = \arg\max_{\upsilon_l} z(\hat{\phi}'_{1,l},\hat{\theta}'_{1,l},\hat{\phi}'_{2,l},\hat{\theta}'_{2,l},\hat{\tau}''_l,\upsilon_l;\hat{x}_l) \tag{2-98}$$

$$\hat{\theta}''_{2,l} = \arg\max_{\theta_{2,l}} z(\hat{\phi}'_{1,l},\hat{\theta}'_{1,l},\hat{\phi}'_{2,l},\theta_{2,l},\hat{\tau}''_l,\hat{\upsilon}''_l;\hat{x}_l) \tag{2-99}$$

$$\hat{\phi}''_{2,l} = \arg\max_{\phi_{2,l}} z(\hat{\phi}'_{1,l},\hat{\theta}'_{1,l},\phi_{2,l},\hat{\theta}''_{2,l},\hat{\tau}''_l,\hat{\upsilon}''_l;\hat{x}_l) \tag{2-100}$$

$$\hat{\theta}''_{1,l} = \arg\max_{\theta_{1,l}} z(\hat{\phi}'_{1,l},\theta_{1,l},\hat{\phi}''_{2,l},\hat{\theta}''_{2,l},\hat{\tau}''_l,\hat{\upsilon}''_l;\hat{x}_l) \tag{2-101}$$

$$\hat{\phi}''_{1,l} = \arg\max_{\phi_{1,l}} z(\phi_{1,l},\hat{\theta}''_{1,l},\hat{\phi}''_{2,l},\hat{\theta}''_{2,l},\hat{\tau}''_l,\hat{\upsilon}''_l;\hat{x}_l) \tag{2-102}$$

通过式(2-97)～式(2-102)的参数坐标更新公式，经过不断迭代即可估计出参数值[4]。

2.3.3　空间谱计算

成像技术是环境感知领域中的关键技术。合成孔径雷达成像是一种传统的雷达成像方法，但是这种方法需要构造虚拟天线阵列，从而会花费大量的时间成本[20]。此外，合成孔径雷达成像不能对高速移动的物体进行很好的成像。相比之下，基于球面波前的空间谱成像算法(spatial spectrum imaging algorithm based on spherical wave，SSI)克服了以上不足，并可以携带更多的信道信息。因此，拟采用 SSI 算法来实现成像平面上的电磁成像。在使用球面波前假设的单输入多输出场景下，算法频域的信号模型可以表达为

$$y_n(\boldsymbol{f}) = \sum_{i=1}^{I}\sum_{p=1}^{P}\alpha_{i,p}\exp[-\mathrm{j}2\pi\boldsymbol{f}(\bar{\tau}_{\mathrm{Rx},i} - \Delta\tau_{\mathrm{Rx},n,p,i})] + w_{n,i}(\boldsymbol{f}) \tag{2-103}$$

其中，$y_n(\boldsymbol{f})$代表接收天线阵列的第 n 根天线接收到的数据，$\boldsymbol{f}$ 代表在频率范围内离散化的频率矢量。I 代表信道中需要成像的图像总数，i 代表需要处理的图像序号，P 代表一幅图像中的像素总数，p 代表一幅图像中的像素序号。$\bar{\tau}_{\mathrm{Rx}}$ 代表接收参考天线与发射天线之间的时延，$\Delta\tau_{\mathrm{Rx},n,p}$代表由第 p 个像素点到第 n 根接收天线的距离引起的时延差。α_p 代表第 p 个像素点

的衰减系数，$w_n(\boldsymbol{f})$代表相互独立的复高斯随机变量。

定义$\bar{\boldsymbol{r}}_{\mathrm{Rx}}$为接收参考天线的位置，$\boldsymbol{r}_{\mathrm{Rx},n}$为接收天线阵列的第 n 根天线的位置，$d_{\mathrm{Rx},p}$为接收参考天线到成像平面上第 p 个像素点的距离，$\bar{\boldsymbol{\Omega}}_{\mathrm{Rx},p}$为成像平面上第 p 个像素点关于接收参考天线的 DoA，$\boldsymbol{\Omega}_{\mathrm{Rx},n,p}$为成像平面上第 p 个像素点关于第 n 根参考天线的 DoA。根据向量运算，$\boldsymbol{\Omega}_{\mathrm{Rx},n,p}$与 $\Delta\tau_{\mathrm{Rx},n,p}$可以表示为

$$\boldsymbol{\Omega}_{\mathrm{Rx},n,p}=\frac{d_{\mathrm{Rx},p}\bar{\boldsymbol{\Omega}}_{\mathrm{Rx},p}-(\boldsymbol{r}_{\mathrm{Rx},n}-\bar{\boldsymbol{r}}_{\mathrm{Rx}})}{\|d_{\mathrm{Rx},p}\bar{\boldsymbol{\Omega}}_{\mathrm{Rx},p}-(\boldsymbol{r}_{\mathrm{Rx},n}-\bar{\boldsymbol{r}}_{\mathrm{Rx}})\|} \tag{2-104}$$

$$\Delta\tau_{\mathrm{Rx},n,p}=(\|d_{\mathrm{Rx},p}\bar{\boldsymbol{\Omega}}_{\mathrm{Rx},p}\|-\|\boldsymbol{r}_{\mathrm{Rx},n}-(\bar{\boldsymbol{r}}_{\mathrm{Rx}}+d_{\mathrm{Rx},p}\bar{\boldsymbol{\Omega}}_{\mathrm{Rx},p})\|)c^{-1} \tag{2-105}$$

其中，$\|\cdot\|$代表欧几里得范数运算操作，$\boldsymbol{\Omega}$ 符号代表的单位方向矢量可以使用水平角 $\hat{\phi}$ 和俯仰角 $\hat{\theta}$ 表示为 $\boldsymbol{\Omega}=[\sin\hat{\theta}\cos\hat{\phi},\sin\hat{\theta}\sin\hat{\phi},\cos\hat{\theta}]$的形式，$d_{\mathrm{Rx},p}$与 $\bar{\boldsymbol{\Omega}}_{\mathrm{Rx},p}$可以通过 SAGE 算法的估计结果来进行计算。SAGE 算法的估计结果包括从成像平面中心到接收参考天线的时延 τ_{Rx}、水平角 $\hat{\phi}$、俯仰角 $\hat{\theta}$ 和距离 $\hat{d}$。$d_{\mathrm{Rx},p}$与 $\bar{\boldsymbol{\Omega}}_{\mathrm{Rx},p}$的表达式可以分别写为

$$d_{\mathrm{Rx},p}=\|\boldsymbol{e}_{\mathrm{S},p}\| \tag{2-106}$$

$$\bar{\boldsymbol{\Omega}}_{\mathrm{Rx},p}=\boldsymbol{e}_{\mathrm{S},p} \tag{2-107}$$

式中：$\boldsymbol{e}_{\mathrm{S},p}$代表第 p 个像素点的笛卡尔坐标。成像平面的中心位置可以通过 SAGE 算法来获取，这可以视为成像处理的初始化环节。由此，可以使用向量形式将式(2-103)写为

$$\boldsymbol{y}=\sum_{i=1}^{I}\sum_{p=1}^{P}\alpha_p\underbrace{\exp[-\mathrm{j}2\pi(\bar{\boldsymbol{\tau}}_{\mathrm{Rx}}-\Delta\boldsymbol{\tau}_{\mathrm{Rx},p})\otimes\boldsymbol{f}]}_{s_p(f;\Theta)}+\boldsymbol{w} \tag{2-108}$$

式中：$\otimes$代表克罗内克积运算操作；$\Delta\boldsymbol{\tau}_{\mathrm{Rx},p}$代表由第 p 个像素点到所有接收天线的距离引起的时延差矢量；$\boldsymbol{w}$ 代表高斯噪声矢量。定义 $\boldsymbol{s}_p(\boldsymbol{f};\Theta)=\exp[-\mathrm{j}2\pi(\bar{\boldsymbol{\tau}}_{\mathrm{Rx}}-\Delta\boldsymbol{\tau}_{\mathrm{Rx},p})\otimes\boldsymbol{f}]$，其中 Θ 为参数集向量，其表达式为 $\Theta=[\bar{\boldsymbol{\tau}}_{\mathrm{Rx}},\bar{\boldsymbol{\Omega}}_{\mathrm{Rx},p},d_{\mathrm{Rx}}]$，则式(2-108)的对数似然函数可以写为

$$\Lambda(\boldsymbol{y};\Theta)=\ln\frac{1}{\sqrt{2\pi\sigma^2}}+\frac{-[\boldsymbol{y}-\alpha_p\boldsymbol{s}_p(\boldsymbol{f};\Theta)]^{\mathrm{H}}[\boldsymbol{y}-\alpha_p\boldsymbol{s}_p(\boldsymbol{f};\Theta)]}{2\sigma^2} \tag{2-109}$$

式中：σ 代表高斯噪声的标准差。由于 $\ln\frac{1}{\sqrt{2\pi\sigma^2}}$和 σ 为常数，因此对数似然函数可以免去这两个常数的影响，式(2-109)可以重新写为

$$\Lambda(\boldsymbol{y};\Theta)=-[\boldsymbol{y}^{\mathrm{H}}\boldsymbol{y}-\boldsymbol{y}^{\mathrm{H}}\alpha_p\boldsymbol{s}_p(\boldsymbol{f};\Theta)-\alpha_p^*\boldsymbol{s}_p^{\mathrm{H}}(\boldsymbol{f};\Theta)\boldsymbol{y}+\alpha_p\alpha_p^*\boldsymbol{s}_p^{\mathrm{H}}(\boldsymbol{f};\Theta)\boldsymbol{s}_p(\boldsymbol{f};\Theta)] \tag{2-110}$$

令 $\Lambda(\boldsymbol{y};\Theta)$关于 α_p 的导数为 0，可以解得

$$\alpha_p=\frac{\boldsymbol{s}_p^{\mathrm{H}}(\boldsymbol{f};\Theta)\boldsymbol{y}}{\boldsymbol{s}_p^{\mathrm{H}}(\boldsymbol{f};\Theta)\boldsymbol{s}_p(\boldsymbol{f};\Theta)} \tag{2-111}$$

将式(2-111)的结果代入式(2-110)，可以得到

$$\Lambda(\boldsymbol{y};\Theta)=\frac{\boldsymbol{s}_p^{\mathrm{H}}(\boldsymbol{f};\Theta)\boldsymbol{y}\boldsymbol{y}^{\mathrm{H}}\boldsymbol{s}_p(\boldsymbol{f};\Theta)}{\boldsymbol{s}_p^{\mathrm{H}}(\boldsymbol{f};\Theta)\boldsymbol{s}_p(\boldsymbol{f};\Theta)} \tag{2-112}$$

通过以上公式的推导，可以总结出 SSI 算法流程，如图 2-21 所示。

在观测值为 $\boldsymbol{y}$ 的情况下，使用球面波模型下的 SAGE 信道参数估计算法估计出最后一跳的散射体与接收天线之间距离 $\hat{d}$、波达方向 $\boldsymbol{\Omega}$ 与时延 τ_{Rx}。在获取这些参数后，就可以通过计算空间位置来确定成像平面，并将成像平面进行像素点分割。

算法1：SSI算法

输入：观测值 $\boldsymbol{y}$

输出：信道中目标物的成像图 $\boldsymbol{A}$

1 初始化：在观测值为 $\boldsymbol{y}$ 的情况下，使用SAGE算法估计出参数 $\hat{d}$ 、$\boldsymbol{\Omega}$ 与 τ_{Rx}；

2 成像；

3 定义一个通过 $\hat{d}\boldsymbol{\Omega}$ 且平行于阵列平面的平面为成像平面；

4 保证 $\hat{d}\boldsymbol{\Omega}$ 在成像平面中心，对成像平面进行空间像素点的分割；

5 求解当式取得最大值时所对应的参数集 $\boldsymbol{\Theta}$；

6 将算得的每个像素点的参数集 $\boldsymbol{\Theta}$ 代入式(2-111)，计算出每个像素点的衰减系数 α_p；

7 将所有衰减系数 α_p 根据其像素的对应空间位置构建复矩阵 $\boldsymbol{A}_i$；

8 对 $\boldsymbol{A}_i$ 取模值即为目标物的成像图，对 $\boldsymbol{A}_i$ 取相位即为目标物的相位图；

9 返回 $\boldsymbol{A}$。

图 2-21　SSI 算法流程示意图

总而言之，SSI 算法主要分为以下几个关键步骤。首先，确定成像目标的空间位置，并选取成像目标所在的一个空间平面作为成像平面。其次，将成像平面以等间隔分割为若干个像素点，得到每个像素点的空间位置。然后，根据信道估计算法估计出的信道参数，计算出每个像素点到阵列参考天线的参数集。最后，根据计算出的像素点参数集，计算出每个像素点的幅值，所有像素点的幅值即为目标物的成像图。通过目标物的成像图，就可以观察信道中的物体特征，直观地看到电波对于信道中物体的感知情况。

需要说明的是，在经过上述的幅值计算后，直接进行绘制得到的“像”并不能显示出预期的物体表面的外形。下面以一个 140 GHz 为中心频点，4 GHz 带宽，接收天线阵列为 149×149，相邻天线之间的间隔为半波长的仿真结果为例。在收发共站的情况下，一个位于阵列前 5 cm 的具有不同宽度缝隙和不同孔的形状的金属板，反射回阵列所接收到的信号。经过上述空间谱的方式处理，得到如图 2-22(a)所示的固定平面上的幅值分布。从该图可以看到，由于阵列的有限口径造成了幅值本身是多个分量的叠加，很难将解析度提高到非常高的程度。为了能够提升图片的成像精度，可以对这些幅值进行空间周期序列的分解，即采用傅里叶级数的方式得到在被观测到的平面上以不同波长来进行周期性变换的分量。事实上，空间上的图案，特别是在仿真所考虑的场景下，为了能够看到空间图案中的精细化的特征，我们可以设定一定的波长上限，如考虑 1 mm 的空间波长。由此可对空间谱进行傅里叶变换以后，滤除掉波长超过 1 mm的分量，再进行傅里叶逆变换，得到新的空间图案。图 2-22(b)所示的就是采用高通滤波的方式得到的新的图案。我们可以看到该标尺的细节，能够得到更明确的呈现。

采用同样的方法，对一个以 40 GHz 为中心频点，接收天线尺寸为 100×100，被测物体为同济校徽，校徽距离收发共站的天线阵列为 10 cm，经过高通滤波，得到图 2-23 所示的清晰度更高的图案。

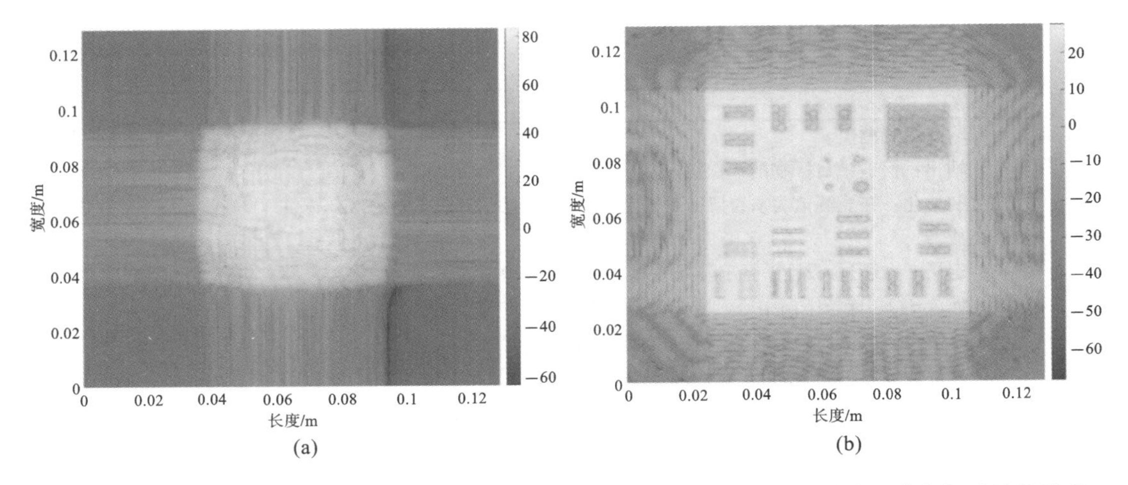

图 2-22　利用 140 GHz 中心频点的电磁仿真数据得到的被测平面标尺的原始空间谱和经过波数域高通滤波后得到的标尺空间功率谱

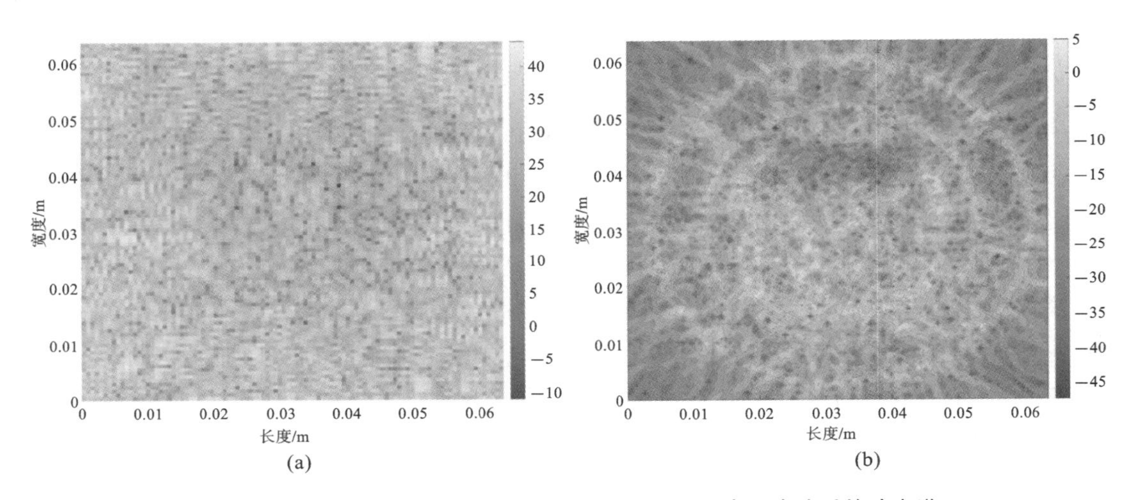

图 2-23　图论仿真的 40 GHz 信道原始谱和波数域高通滤波后的功率谱

2.4　不同波面模型在实测中的性能

平面波模型的参数较少，也较为简单，但是只有当平面波的波源与天线阵列间的距离大于瑞利距离 $d_{\text{Rayleigh}}=2D^2/\lambda$ 时，使用平面波模型来刻画信道特征才较为准确。但是在大规模 MIMO 场景中，天线阵列通常具有较大的孔径，进而导致从接收天线接收的入射波的波前呈现出球面特征，使得平面波模型的应用场景受到很大限制。

球面波模型相比于平面波模型，更加符合电波本身的特征，更利于表述大阵列场景的非稳态特征。通过球面波模型中的式(2-7)与式(2-8)可知，当天线阵列尺寸比较小时，$\boldsymbol{r}_{\text{Tx},m}-\bar{\boldsymbol{r}}_{\text{Tx}}$ 的值相比于 $d_{\text{Tx},l}\bar{\boldsymbol{\Omega}}_{\text{Tx},l}$ 可以忽略不计，同理 $\boldsymbol{r}_{\text{Rx},n}-\bar{\boldsymbol{r}}_{\text{Rx}}$ 的值相比于 $d_{\text{Rx},l}\bar{\boldsymbol{\Omega}}_{\text{Rx},l}$ 也可以忽略不计，则 $\boldsymbol{\Omega}_{\text{Tx},m,l}$ 近似等于 $\bar{\boldsymbol{\Omega}}_{\text{Tx},l}$，$\boldsymbol{\Omega}_{\text{Rx},n,l}$ 近似等于 $\bar{\boldsymbol{\Omega}}_{\text{Rx},l}$，这说明了发射天线的 DoD 与接收天线的 DoA 不

再受到天线阵列中阵元位置的影响，也就意味着此时电波的传播特征与平面波的相同。由此可知，球面波模型是一个较为普适的信号模型，平面波模型是在较小天线阵列尺寸下的一种简化情况。

总而言之，平面波模型可以看作是球面波模型在天线阵列尺寸较小情况下的一种简化。在小天线阵列尺寸的场景下，平面波模型具有模型简单、复杂度低的特点；在大天线阵列尺寸的场景下，球面波模型不可以被简化为平面波模型，需要使用球面波模型来描述大阵列的非稳态特征。

2.4.1 球面波估计性能分析

在通过 SAGE 算法估计出信道参数后，散射体坐标可以通过参数之间的几何关联来求解。在球面波假设下，通过 SAGE 算法可以估计波达水平角 ϕ_2、波达俯仰角 θ_2 与最后一跳散射体到接收端的距离 $d_{\mathrm{Rx},l}$。通过向量运算可以得出空间中散射体位置向量为$(\boldsymbol{r}_{\mathrm{Rx}}+\boldsymbol{r}_{\mathrm{P}})$。$\boldsymbol{r}_{\mathrm{Rx}}$ 代表接收天线的空间位置矢量，$\boldsymbol{r}_{\mathrm{p}}=[d_{\mathrm{Rx},l}\cos\phi_2\sin\theta_2, d_{\mathrm{Rx},l}\sin\phi_2\sin\theta_2, d_{\mathrm{Rx},l}\cos\theta_2]$ 可以通过 SAGE 估计的参数数值计算得出。

接下来展示在实测中得到的结果。考虑球面波假设下得到的接收端参数信息，通过计算得到位于接收侧的所谓“最后一跳”散射体的位置估计，加以展示和分析。

该测量环境是在同济大学电信学院所在楼宇的三楼会议室内，相关的环境情况和测量所采用的参数设定在之前的相关章节已做介绍，读者可参考相应的描述。通过使用球面波多径 SAGE 参数估计算法进行多次迭代，提取总数为 110 条的球面波路径，对每一条多径的参数进行估计。根据估计出的参数，使用接收侧的路径最后一跳对应的散射体进行了定位，并描绘在会议室场景中，希望可以和真实环境中的散射体位置作对照。图 2-24 展示了三维显示下以及投影到 x-y、y-z、z-x 平面时会议室内部排布以及估计得到散射体的位置。在图 2-24 中，不同大小的原点所在的位置即为通过球面波 SAGE 结果演算而来的最后一跳散射体位置，其大小和颜色代表该路径的功率，单位为 dB。观察这些结果，我们可以分析如下。

在会议室测量中估计得到的位于多径最后一跳的散射点，与现实的教室环境有一定的对应关系，特别是几个功率比较强的散射点。大量功率比较小的散射点，大概率出现在会议室的墙壁上。其中最强的路径对应着的是 LoS 路径，估计得到的最后一跳散射体也与发射端的位置较为重合。这说明在没有阻挡的情况下，接收到的信号在接收阵列上展现出的波面具有明显的球形波面的特性。此外，我们也观察到，房间里的家具似乎并没有贡献比较多的路径，这可能是由于家具自身的形状较不规则，电波在其表面的作用由于缺少具有相近几何架构且复数幅值相关的路径的叠加，导致每个路径上所承载的功率有限，所以相比那些房间里具有较广阔的平面的物体，如墙壁、地板、天棚等而言，其在最终接收到的信号中的占比较低。

此外，从侧面投影的分布看，如 y-z 和 z-x 平面，尽管没有发射端的“第一跳”的散射体位置估计信息，但是“最后一跳”的散射体也有一些是分布在发射端周边的，这些散射体基本上位于靠近发射端的墙上，高度也和发射端比较接近。我们猜想这些路径很可能均是单次折点路径，且由于天线方向图的主要增益都在水平面的圆周上，集中在和发射天线高度相近的平面上。而房间中与发射天线高度相差较大的部分并没有得到功率较强的入射路径。此外从 y-z 平面可以看到，在面对接收端的墙体上半部分有一些散射体，聚集在天棚和垂直的墙体交叉的部分，这也可能是受到了接收侧的天线方向图与传播环境综合的影响。除此以外，在接收一侧左边的墙体上也同样聚集着较多的散射体，而且它们基本上都分布在面积较大的墙体上。

上述的观察给我们一个总体印象是，除了处于 LoS 情况下的发射端及室内少量的物体能够成为较明显的球面波波源以外，具有较大连续表面的物体，或许是因为能够形成类似镜面的强反射，路径的几何射线的特征更为明显，有大概率产生球面波的可能。这与普遍接受的认知：延展物理尺寸超过了十倍波长的平面大概率形成反射分量，是相一致的。此外，反射通常具有较为固定的点，即入射角和出射角与表面的法线之间形成特定的夹角之后，才可能在接收端观察到反射，而球面波对应的“源”就应该是在该平面上确定的点的位置。所以利用基于球面波假设的算法，在获得某一个点的位置估计的同时，也能根据该点极有可能发生反射的推断，进一步画出该平面的法向方向，这对于判断某散射体的平面大小和朝向具有一定的作用。这也可以认为是能够通过算法估计“感知”到的一些推测信息。

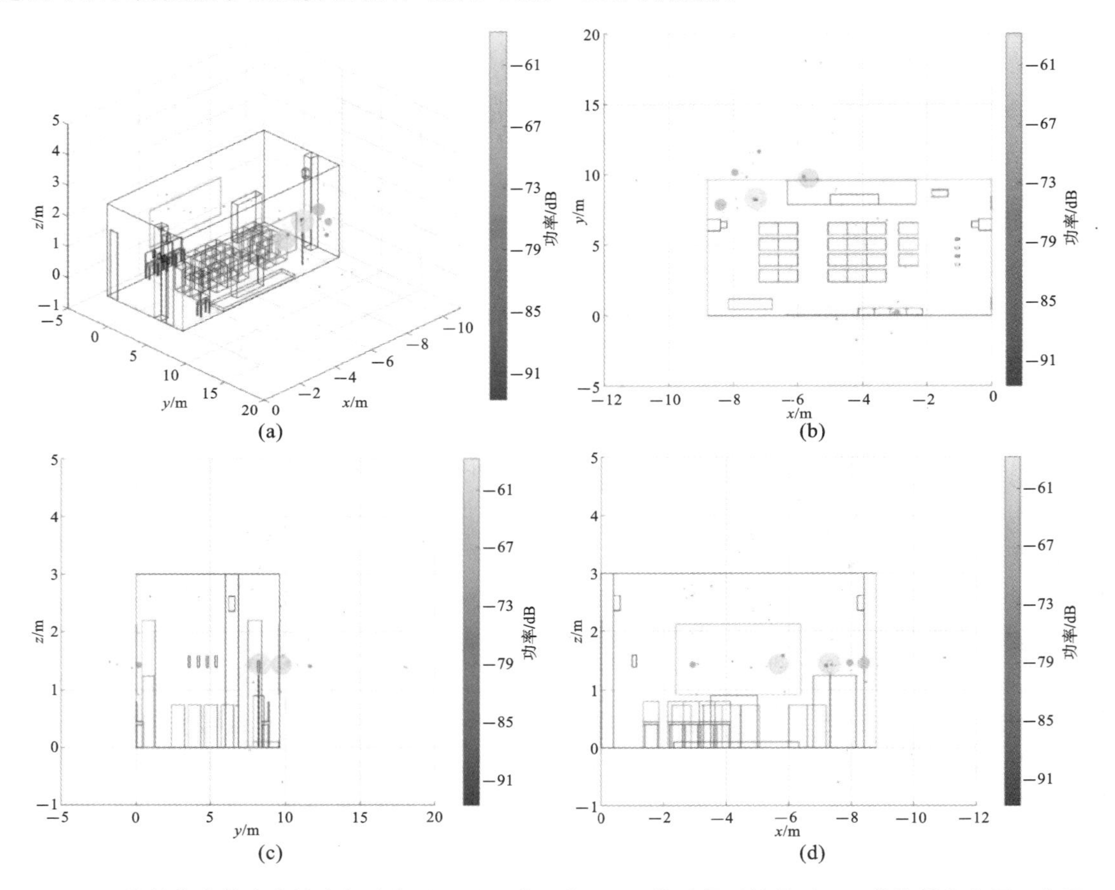

图 2-24　散射体在教室中的空间分布以及利用球面波 SAGE 估计得到的最后一跳的散射体位置示意图

(a)会议室内部的三维结构和估计到的散射体位置分布；(b)在 x-y 平面上投影后得到的情况；
(c)在 y-z 平面上投影后得到的情况；(d)在 z-x 平面上投影后得到的情况

在本书作者发表的文献[17]中，对基于球面波多径 SAGE 算法在办公室里进行的信道测量数据进行了分析。其中为了检验算法的有效性，在同一个房间内，采用了增加一些散射体的方法，来检验算法是否可以发现新增加的这些散射体的存在。图 2-25(a)、(b)分别展示了两种情形下，球面波 SAGE 算法得到的散射体分布的形式。该测量的中心频点是 9.5 GHz，带宽是 500 MHz，接收端位于接近天棚的水平面上，采用了位置移动装置形成了 11×11 的虚拟阵列。

这样水平放置的虚拟阵列，使得可以对分布在房间内的参与到电波传播的多径形成的散射体位置进行估计。通过对比散射体的不同，我们可以看到有些增加了的散射体是可以通过算法发现的，但是估计得到的位置，并不见得准确地对应着可见的散射体所在的空间区域。例如，在房间右侧增加的两个屏幕，我们看到 SAGE 算法估计到的 c 和 d 并不是严格对应着它们的位置。并且在房间内侧放置较大的屏幕并没有被 SAGE 算法估计得到。此外，在房间墙壁的左下方放置的屏幕也没有被 SAGE 算法捕捉到，SAGE 算法在该屏幕出现的位置的右边增加了很多估计到的多径。这些现象表明，球面波的波面假设，尽管可能相比平面波而言，一定程度上更接近真实阵列所观察的情况，但是仍然存在很多因素，导致估计的结果，尤其是回溯到散射体位置的时候，可能存在明显的偏差。根据我们的判断，可能会有如下的因素导致散射体位置偏差的发生：

（1）由于天线方向图未校准，或者使用的三维复数形式表达的三维辐射方向图不准确，与实际测量中使用的方向图之间存在偏差，即存在一定的由于系统响应未准确校准而导致的模型不一致的现象。

（2）由于测量系统在分辨多个散射体的分辨率有限，使得难以对距离很近的多个散射体进行准确的估计，在采用球面波 SAGE 估计后，得到的可能是多径共同组成的波面接近球面波模型虚拟的最后一跳“散射体”。这样的散射体并不能代表真实场景中的散射体，所以不能形成对“定位”的支撑。

（3）散射体的位置距离天线阵列较远，天线阵列的口径尺寸难以观察到完整的球面波。即可以认为此时散射体位于“远场”，这使得球面波的模型失效，得到一个不符合实际情况的位置估计结果。按照推断，这一因素应该是普遍存在的情况，导致了位置估计存在偏差。一方面距离天线阵列较近的散射体，位置判断的精确度、分辨率都会更高；另一方面，与天线阵列的阵列面在散射体与天线阵列中心连线垂直面上的投影大小也会有较大的关系。所以综合而言，分辨率应该依赖于天线阵列的形态、相对位置、天线数量等因素。这一点仍需要进一步研究，特别是未来利用球面波进行通信感知一体化信道特征研究时，需要定性定量地给出应用的性能边界。

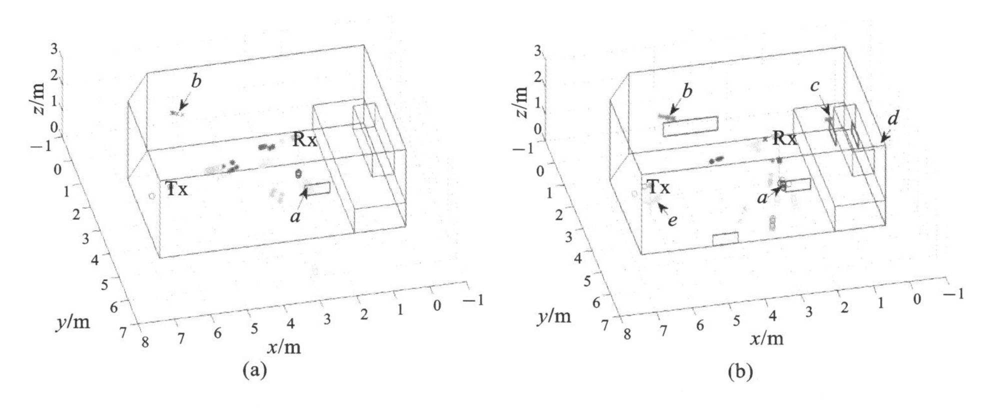

图 2-25　在同一个办公室里增加散射体后对球面波 SAGE 算法的性能进行检验

(a)办公室里未放置一些人为增加的散射体；(b)同一办公室增加了一些散射体后的估计结果

2.4.2 平面波与球面波估计性能对比分析

平面波模型可以认为是球面波模型的一个特例。当球面的中心距离观测者很远，并且观测者接收来波信号的天线阵列的物理尺寸较小时，天线阵列上经历的信号的相位可以近似地采用平面波的假设来描述。在所谓的近场环境中，由于天线阵列的尺寸较大，采用球面波来提取多径，可以以较少的多径来获得准确的信道特征描述。

我们在一个走廊的场景中进行了信道测量，收发之间可见，即存在 LoS 路径，中心频点为 10 GHz，测量采用的是 VNA，频段从 6 GHz 到 14 GHz。尽管采用 8 GHz 的带宽进行测量，但在数据后处理分析中，仍然采用几百兆赫兹带宽来进行处理，这是为了避免多径分量在处理的带宽中发生明显的频率选择现象。

图 2-26 为被测环境的数字示意图，可见走廊两侧有较多的规则分布的办公室，走廊的墙壁上会在一定的间隔出现办公室的门。测量的发射端为单一天线，接收端采用虚拟阵列的方式在垂直走廊地面的平面上形成 32×32 的虚拟天线阵列。相邻的天线之间的水平和垂直间隔保持为 14 GHz 电磁波的波长的一半。

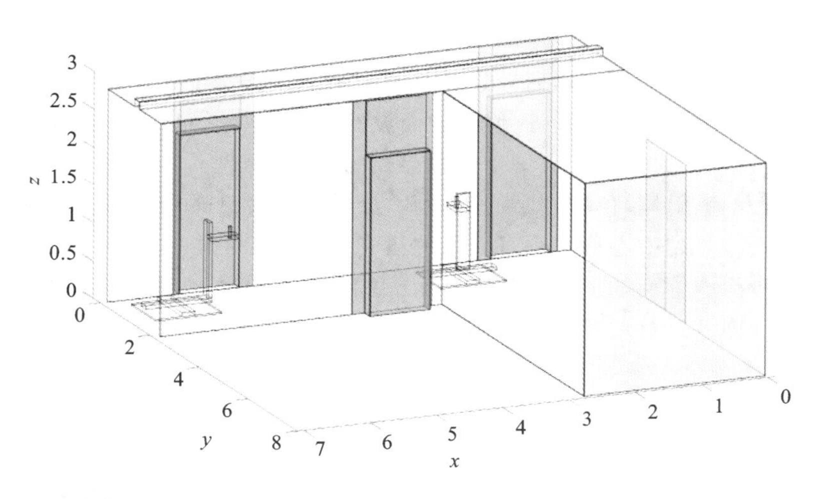

图 2-26 走廊 LoS 场景下接收端 32×32 阵列的 SIMO，测量频段从 6 GHz 到 14 GHz

在展示 SAGE 估计的结果之前，我们先尝试观察到达的波面是什么样的几何形态。我们对 1024 个信道冲激响应阶段得到的 PDP 进行了平均，得到平均以后接收功率最强尖峰所对应的时延。固定这个时延值，取所有的 1024 个 CIR 在该时延上的响应，图 2-27 所示的是 1024 个复数增益的相位。可以观察到，相同的相位呈现圆弧的形状，表明沿着该路径传播，到达接收端平面阵列的信号波面的确更接近于球面。不过这个球面的相位中心并不在接收阵列的阵列中，说明接收阵列的法线方向并不是严格指向发射机。当然我们并不必担心估计到的 DoA 角度会因此发生偏移，因为天线阵列的响应在 SAGE 估计时会被有效地补偿到算法执行过程中去。

图 2-28 展示了在使用 SAGE 算法进行多径提取的多次迭代中，估计得到的所有多径的信道参数的似然随着迭代次数的增加而上升。其中采用球面波先验参数化信道模型的 SAGE 算法得到了明显高于平面波 SAGE 算法的参数似然值。这个对比表明，采用球面波确实可以

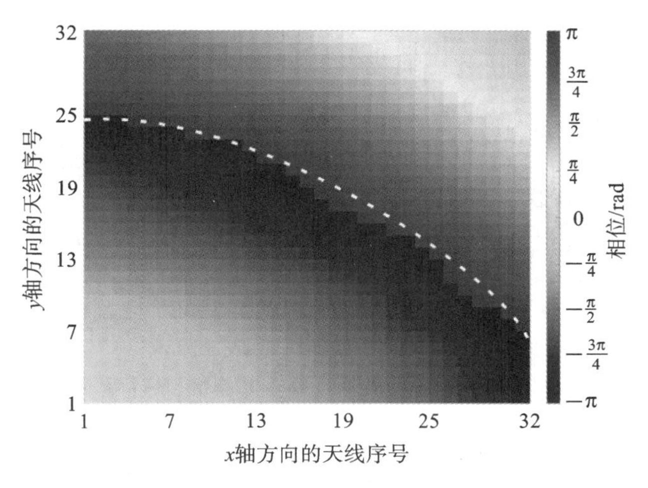

图 2-27　同一个时延点上 1024 个天线所观察到的相位值

帮助我们估计到更符合传播机制的信道特征参数。不过,值得一提的是,球面波多径的参数相比平面波而言多了一些,即发射和接收端都增加了一个距离参数,所以从参数数量而言,采用同样数量的多径,球面波应该也会得到更符合实测信道估计的结果。

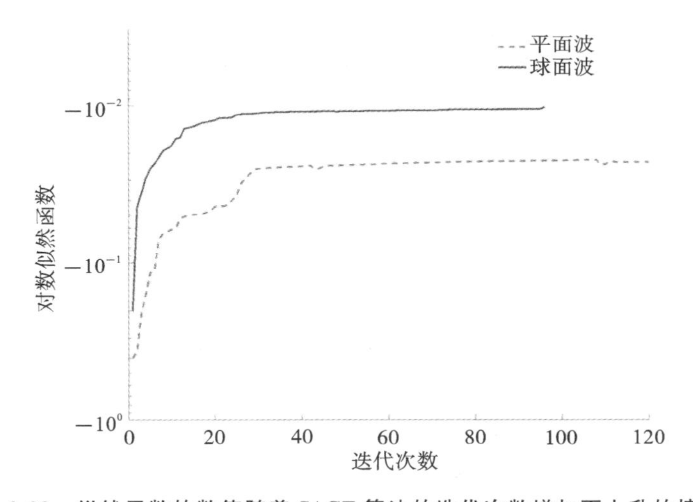

图 2-28　似然函数的数值随着 SAGE 算法的迭代次数增加而上升的情况

图 2-29 和图 2-30 对比了接收端观察到的多径的分布情况。每一个圆点代表了一个估计得到的多径在波达水平角和波达俯仰角上的位置,颜色代表了功率,为了增强视觉效果,圆点的大小也代表功率。通过对比两幅图可以看到,球面波的多径数量相比平面波而言减少了很多,特别是在发射端 LoS 的方向上。平面波假设带来了众多的路径,并在发射端的方向上进行了叠加,而球面波仅有一个聚集点,没有看到有明显的本地扩散,这很明显更加符合实际的情况,同时也表明平面波模型会为了弥补信道模型的不准确性,增加一些实际上并不存在的虚假路径。此外,我们还可以看到左侧墙体上的球面波多径显得更多,说明墙体带来了很多球面波分量。这种现象也可能是因为球面波能够更准确地描述单个分量,使得同样数量的多径设置下,球面波的 SAGE 算法“挖掘”或“发现”更多的信道分量,特别是那些在平面波假设应用时没有能够被估计到的功率较弱的信道分量。我们从对比两幅图右侧的代表功率高低的色谱也可以看到,球面波估计时的动态功率变化范围更大,从低端的 29 dB 到较高的 94 dB,动态范

围达到了 65 dB。相比之下，平面波估计时的动态范围从 35 dB 到 71 dB，为 36 dB。即球面波假设应用时，得到的动态范围几乎比平面波应用时增加了近 30 dB。

图 2-29　采用平面波前的假设估计得到的 DoA 功率谱与实际测量环境之间的对应

图 2-30　采用球面波前的假设估计得到的 DoA 功率谱与实际测量环境之间的对应

2.4.3　GAM 非平面波估计性能分析

通过多流形的方式描述多个分量的组成，可以估计具有复杂构成的多径。我们在对大规模阵列信道数据进行处理的过程中，增加了对波达方向（水平角、俯仰角）每一个单径的扩展信息的考虑，以泰勒展开的方式，形成多流形的导向矩阵。此外，由于水平角和俯仰角的 1 阶微分项权重之间，可以计算得到相关性，因此能进一步计算水平角和俯仰角扩展之间的依赖性，即归一化的相关系数。结合 1 阶微分项权重和标准的平面波导向矢量权重之间的比值，可以获得角度扩展，描绘出每一个单径在水平波达、俯仰波达角度上的联合扩展形态。

图 2-31 所示的即为一些估计结果的展示。在这个例子里，我们在同济大学电信楼的三楼走廊和会议室中进行了 Massive MIMO 天线阵列情况下的信道测量，包括 LoS 和 NLoS 两种场景，测量时采用的中心频点为 38 GHz，带宽是 4 GHz，阵列尺寸是 40×40，这里使用了虚拟阵列的方式，频点总数为 1001，天线间隔是 40 GHz 频点对应的半波长。

图 2-31 所示的是在 LoS 场景中估计得到的 GAM 多径。通过与之前采用平面波和球面波先验假设得到的结果对比，我们可以看到 GAM 多径在方位角和俯仰角上都有一定的扩展，并且通过其倾斜的角度，也能够在一定程度上显示出簇的特征。由于水平方向上的物体较为丰富，且该走廊环境中的墙壁是引起多径的主要物体，观察到在图片的左右两边的墙壁上有横向狭长的 GAM 路径。在发射端的位置上可以看到有多个 GAM 路径重合，并且中心位置上的 GAM 路径很明显具有集中的形状。这些路径展示出的总体形态和环境有一定的对应关系。

图 2-32 所示的为 NLoS 的测量环境的照片。照片是从接收端的角度拍摄的，发射机位于走廊拐角的后面。图 2-33 所示的是 NLoS 场景下估计到的结果，可以看到 GAM 路径的扩展

图 2-31　走廊 LoS 场景，SIMO 配置，利用 GAM 模型估计得到的方向域上的拓展

明显要比 LoS 场景中得到的要大，并且主要的扩展仍然是在水平方向上，这可能与接收天线自身使用的全向天线，其方向图呈现一个圆盘的形状，高增益的部分集中在水平面上有关。同时，我们也看到了多个扩展较小的多径出现，右边照片里的办公室的门，也产生了多个 GAM 的多径。

图 2-32　走廊 NLoS 场景的被测环境照片

图 2-33　走廊 NLoS 场景，SIMO 配置，利用 GAM 模型估计得到的方向域上的拓展

上述的实测数据分析结果表明，GAM 作为先验模型，有能力描述单一路径的扩展，并且以多流形的方式来描述多径分量，可以将更多的物理特征扩展较小的近似单一路径的信道分量用流形进行有效表示。

值得一提的是，上述的结果是在没有得到准确的天线辐射方向图的情况下，假设天线具有全向的辐射方向图得到的。尽管没有精准的天线方向图，采用 GAM 的先验参数化模型，仍然观察到了与实际情况较为符合的估计结果，包括多径的位置和它们在方向域的扩展。这从另一个方面表明，利用 GAM 的模型，可以在一定程度上描述由于一些非理想因素造成的信道随机性，扩展的增加可能一部分原因来自不准确的系统校准，但是扩展形状的中心对信道重现重构而言，更具有参考价值。考虑到很多应用场景中，我们不可能对所有设备的响应做精确的校准测量，所以有必要依赖一些假设，或者是仿真出来的系统响应，这种情况下，GAM 模型能够提升估计结果的鲁棒性。关于这一点，仅仅是基于现阶段初步尝试的结果的思考，尚没有建立系统的研究计划，未来有必要对如何提高估计算法的鲁棒性进行更多的研究，得到具有简化校准、“容忍”一定程度的系统误差的估计方法。

除了利用大规模天线阵列测量得到的信号来观察 GAM 的处理效果外，我们也对 77 GHz 车载毫米波雷达的数据进行了处理，如图 2-34 所示。在利用 GAM 模型进行估计后，每一个多径都展示了具有不同程度的角度扩展，通过观察扩展的程度，能够获得更多的有关环境的感知层面的信息。当然，这些扩展与实际散射体的物理尺寸之间的关联，需要进一步研究，确定估计得到的参数数值具体代表的物理含义。

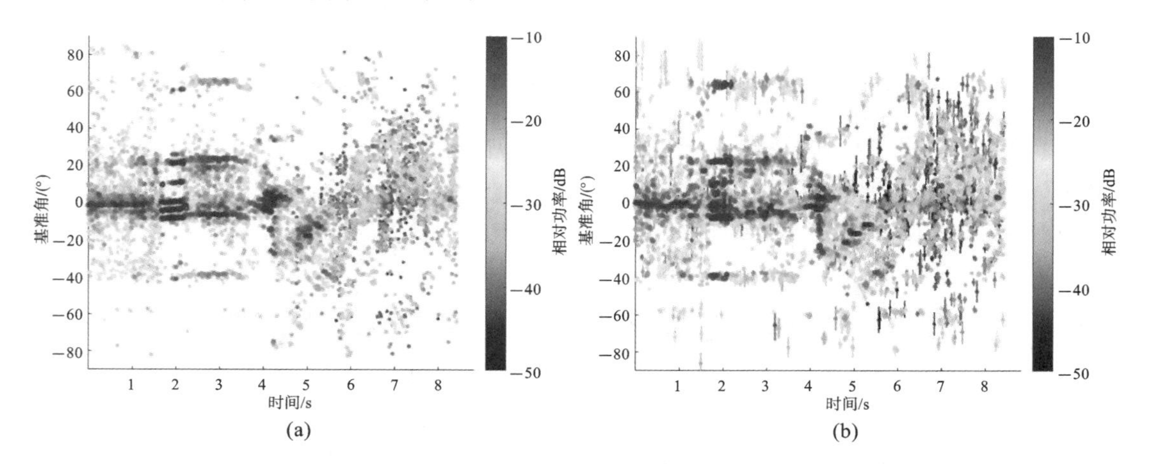

图 2-34　采用镜面平面波和 GAM 波信号模型对车载雷达设备采集的数据进行分析得到的多径的基准角随着观测的时间变化的情况

2.5　结合虚拟阵列的算法性能

2.5.1　旋转虚拟阵列信道参数估计

之前的章节介绍了旋转天线能够形成虚拟阵列，并且随着天线主瓣的半功率角的增加，分辨率也逐渐提高。本节展示一些从实际测量中得到的结果，来说明此方法对信道特征和模型构建的影响。

如前所述，采用选择天线的方式来进行信道采集的平台有很多。很多研究机构、高校以及一些企业都曾经搭建过这样的平台。利用旋转天线的方式，可以很直接地描绘出接收到的信号随着空间角度的变化而改变的功率。图 2-35 所示的为 15 GHz 频段下测量得到的实验室信道中的 AoA-AoA-delay 功率谱[23]。可以看到该厘米波信道是由多个分量构成的，每个分量都呈现出一定的角度域和时延域上的扩散。但是这些分量每一个都似乎包含了大量的多径。这种现象就是由于采用了喇叭口旋转的方式，直接画出来的功率谱并不能表示多径的确切位置。

图 2-36 所示的仍然是在 15 GHz 中心频点的情况下，得到的非参数化和参数化处理后信道多径的分布，这里也采用了分簇的方法对多径进行了集簇的操作，图中相同颜色的点代表的是可以聚集成为同一个簇的信道内多径分量。通过图 2-36 可以观察到，在直接用旋转的多个方向组成的数据，由于波束的半功率展宽比较宽，同时也由于旋转的步长比较大，如采用了 20°

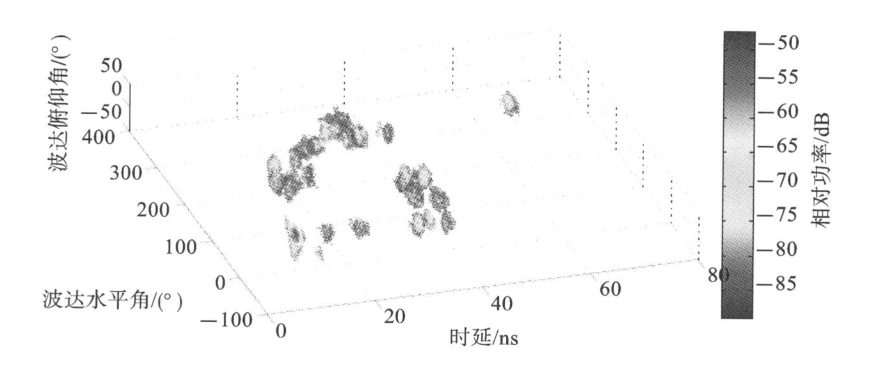

图 2-35　采用旋转天线的方式形成的虚拟阵列，利用巴特莱特算法得到的波达方向和时延参数域上的接收信号功率谱

一格的方式，得到的谱已经很难观察到离散的、分布的信道多径分量了。相比之下，采用高精度参数估计以后得到多径分量，可以看到有脱离了 20°一格的状态，而变得较为随机出现在方向域上，得到的信道多径簇也显得较小。

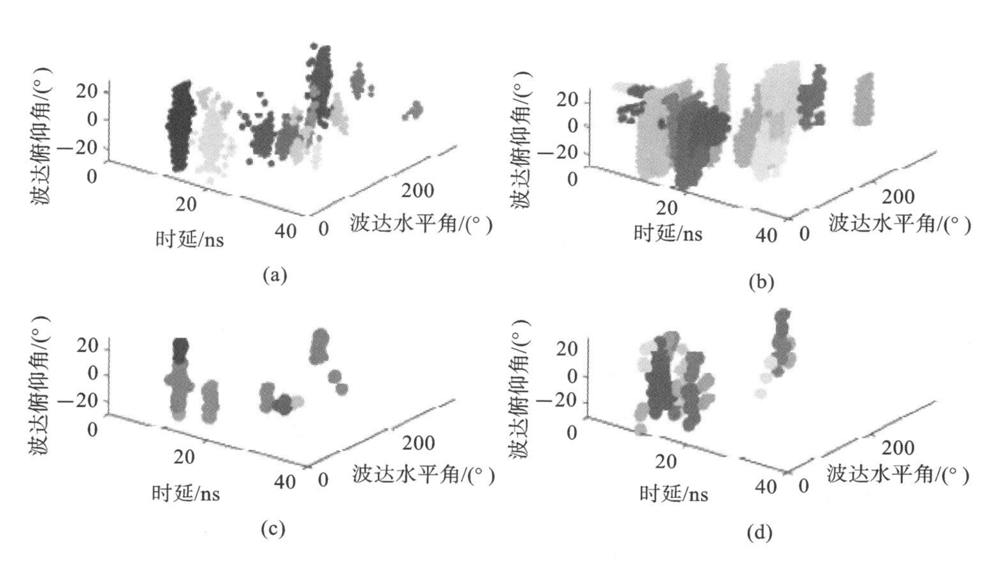

图 2-36　采用旋转天线的方式获得的信号经过直接画图以及参数化多径参数估计以后得到的多径簇的对比，频段为 13～17 GHz

(a)非参数化 10°-HPBW；(b)非参数化 30°-HPBW；(c)参数化 10°-HPBW；(d)参数化 30°-HPBW

同样地，从图 2-37 也可以看到，采用旋转得到的数据进行差分绘制而成的接收功率随着角度变化的曲线较为圆滑，很难体现出较为准确的多径的分布。但采用了 SAGE 估计以后得到的信道就比较离散化，更能够通过分簇等建模技术，得到参数化表示的统计信道模型。

图 2-38 是采用了 ETRI 的毫米波信道测量平台，在室内办公区域测量得到的毫米波信道功率谱。从图 2-38 可以看到，尽管采用了高精度参数算法得到了一些信道多径，但是这些多径并不能代表信道的总体特征，特别是从剩余信号的功率谱中可以看到，还有大量功率依然很强的信道分量没有被参数化的信道估计算法提取出来。

导致这种现象的因素有很多。例如，天线方向图不是很准确，这个特别对于存在较强的主

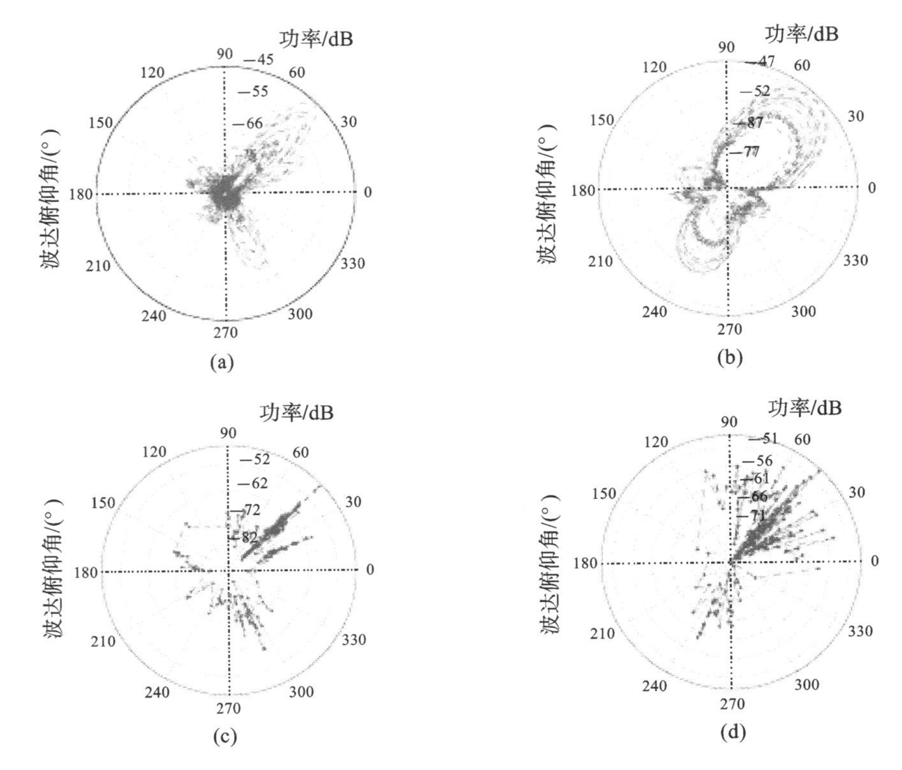

图 2-37 采用 SAGE 估计的结果得到的多径在方向域采用极坐标方式描绘的分布，与采用了差分处理以后旋转得到的接收信号功率谱之间的对比。中心频点为 15 GHz。测量环境是一个较为典型的教室场景

(a)非参数化 10°-HPBW；(b)非参数化 30°-HPBW；(c)参数化 10°-HPBW；(d)参数化 30°-HPBW

瓣的天线而言，其旁瓣的响应可能由于比较弱，在暗室测量的时候，存在较大的误差；另外，天线旋转的时候，相位的起始点在哪里非常重要。如果不知道准确的相位起始点的空间位置，只是通过假定来旋转天线的方向图，可能会导致旋转以后的天线方向图和实际测量中用到的天线方向图并不相符，也会得到较明显的误差。当然还有可能是天线旋转过程中，由于采用了时分的方式进行发射和接收信号，存在系统的相位噪声，这样也会导致参数估计的时候所使用的信号模型与实际的信号有差别。因此，在选择采用旋转的天线构建虚拟天线阵列进行信道参数估计的时候，需要对这些可能存在的扰动因素进行关注，尽可能减少这些非理想因素对信道参数估计的影响。

2.5.2 汽车雷达中的虚拟阵列

随着 CDMA 和 OFDM MIMO 毫米波车载雷达技术的不断演进，高精度的参数估计算法也开始在车载雷达中使用。图 2-39 所示的在 110 GHz 下采集到的信道功率谱，通过 SAGE 算法提取得到该环境中的信道多径分布图(见图 2-40)。车载雷达所使用的收发天线阵列，可以通过假设波离与波达方向相同，将多发多收(MIMO)的测量系统构建成为一个单发多收(SIMO)的虚拟系统，即从 $N\times M$ 的测量系统，既有 N 个发射天线，M 个接收天线，转化为一个 $1\times NM$ 的单一发射天线，接收天线数量为 $N\times M$ 的系统，从而提高接收天线阵列的口径，提高角度域的解析度。

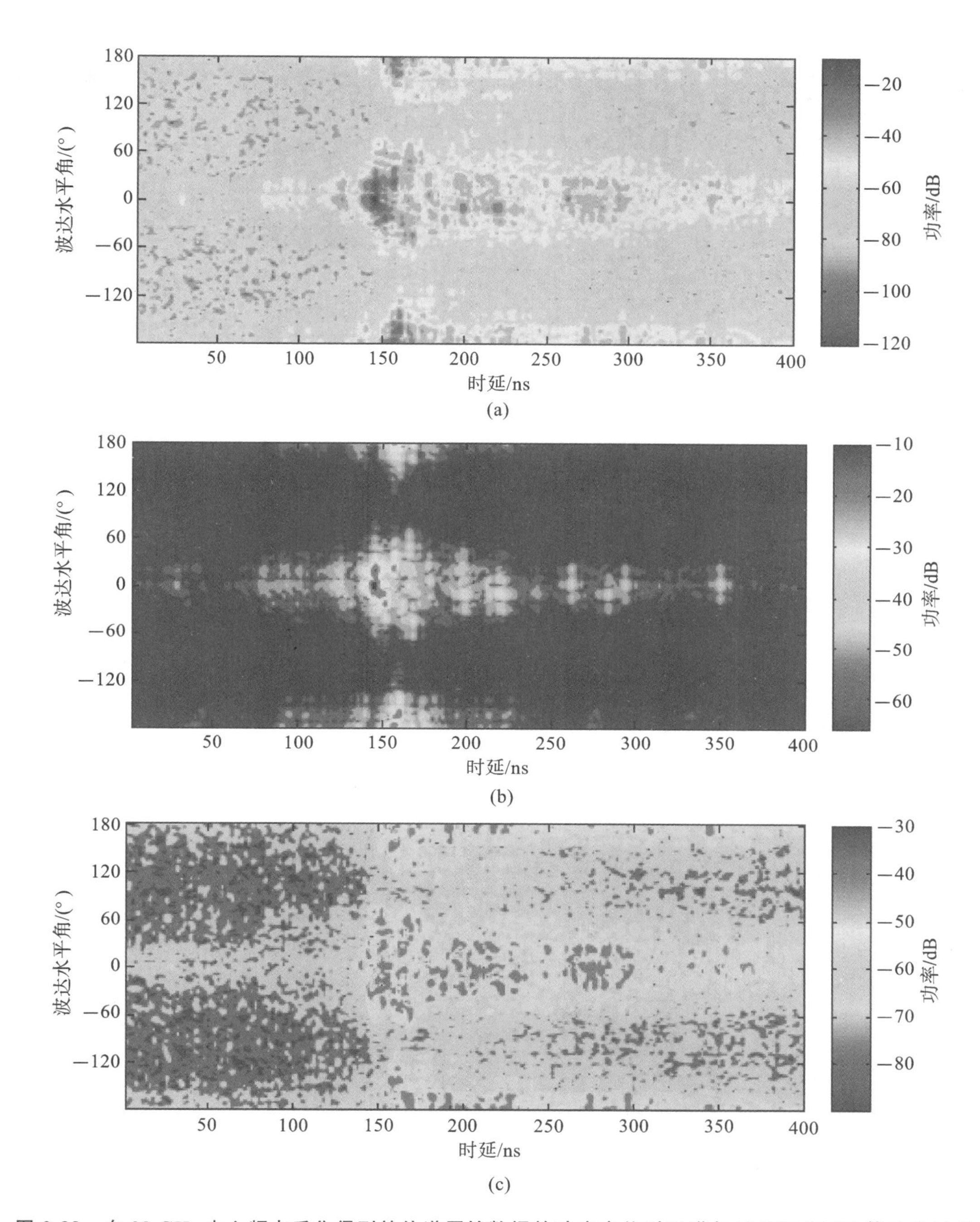

图 2-38　在 28 GHz 中心频点采集得到的信道原始数据的功率方位时延谱与采用了 SAGE 算法估计结果重建得到的数据计算而得功率方位时延谱，以及两者之间的差异的功率谱，三者时间的比较

(a)初始 CIR 的波达水平角-时延功率谱；(b)重构 CIR 的波达水平角-时延功率谱；(c)参与谱的波达水平角-时延功率谱

对比实体的阵列所得到 MIMO 数据分析结果(见图 2-41)和 SIMO 虚拟系统的数据处理结果(见图 2-42)，可以看到在角度域，由于阵列的口径变得更大(有一倍的增加)，而得到的参数估计的扩散变得更小。

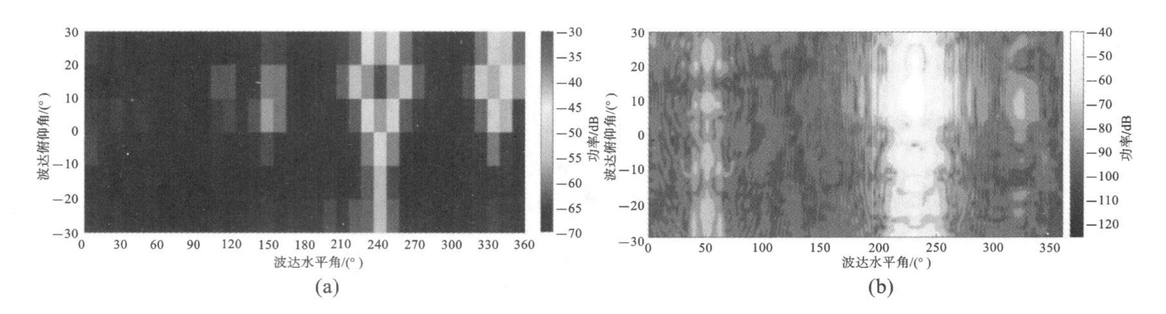

图 2-39 110 GHz 在旋转天线采集得到的入射信号在方向域的功率谱

(a)测量得到的不同朝向情况下的接收功率谱;(b)Bartlett 波束成形算法计算得到的功率谱

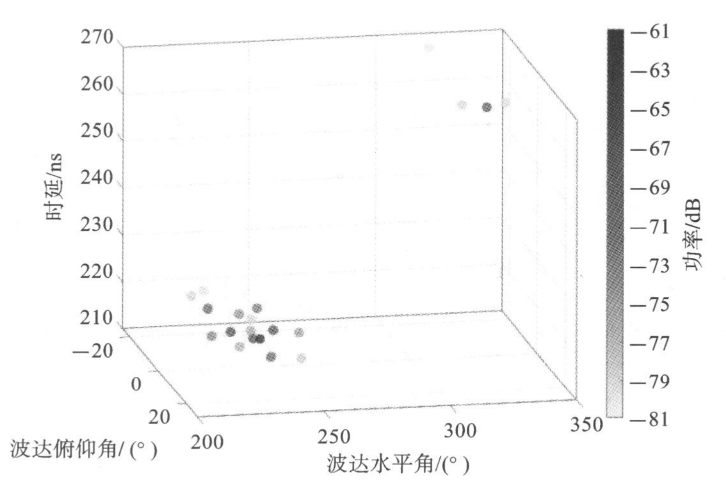

图 2-40 110 GHz 情况下,从实测数据中利用 SAGE 算法提取得到的信道多径的分布图

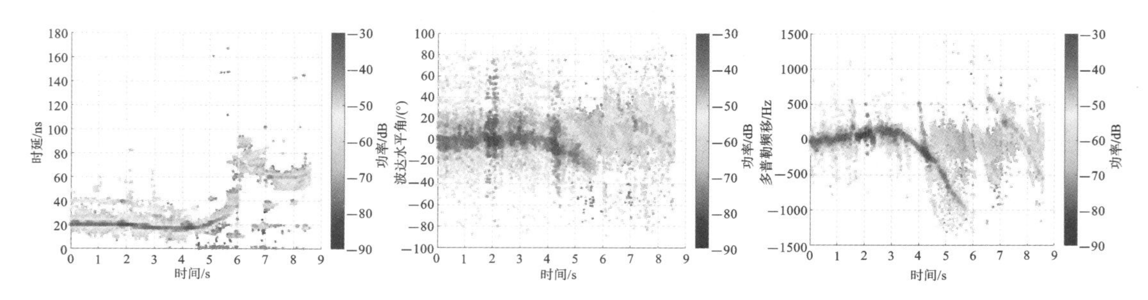

图 2-41 在车载雷达信道测量中(采用的是 Chirp 啁啾信号),采用实体阵列得到的测量数据,经过 SAGE 算法的分析得到的多径在时延域、波达角度域以及多普勒频移域随着测量快拍的时间序列而变化的情况

2.5.3 通过波束成形构成的虚拟阵列

随着天线阵列阵元数量的增加,阵列的规模已经达到了几百甚至上千个天线的水平。而信号的发射与接收通道,通常难以一一对应于收发天线,在数量上通道通常会小于,甚至是远远小于收发天线的成对的数量。以往通过射频的 Switch 开关,在通道与天线直接进行切换。

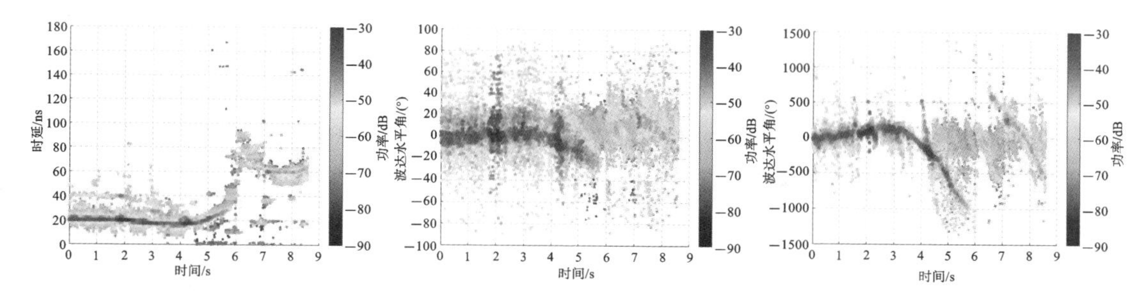

图 2-42　采用了波离与波达角度相同的假设情况下，利用车载雷达的接收信号，通过 SAGE 算法估计得到的多径在时延域、波达角度域以及多普勒频移域随着测量快拍的时间序列而变化的情况

而如今随着数字与模拟波束成形技术的使用，一个大的天线阵列里的多个天线可能会构成一个天线子阵列，在测量的时候，形成一个具有自身辐射特点的虚拟天线。此时可以通过有效地结合波束成形所形成的多个虚拟天线，利用高精度的参数估计算法，来达到整体或者局部提升探测精度的信道分析。

图 2-43 所示的是实体阵列的阵元数量为 8，采用波束成形算法，形成 16 个不同合成辐射方向图的虚拟天线，由此构建得到 16 阵元的天线阵列。利用该天线阵列，计算得到 CRLB 在波达水平角上的数值。可以看到采用了 16 个波束成形后的虚拟天线构成的阵列，CRLB 降低了 3 dB 左右。

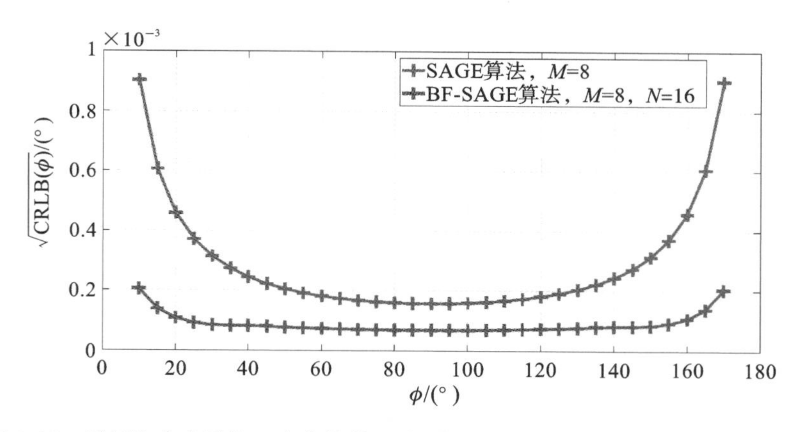

图 2-43　采用波束成形将 8 个实体的天线，构建成具有 16 个波束的虚拟天线阵列，由此得到的方向域的角度 CRLB 的对比

由于波束成形所采用的权重可以灵活地预先设置，因此，当确定了参数估计的评价原则以后，就可以通过优化算法来调整权重矩阵，得到在参数域的不同取值范围，达到不同准确度水平的参数估计算法。图 2-44 所示的是采用了同济大学信道研究课题组在 2022 年初研究得到的 Beamforming-SAGE 算法，在特定范围内的参数估计准确度有一定要求的情况下，采用了优化后的波束成形权重矩阵，通过由此形成的虚拟阵列，得到信道参数的 CRLB。可以看到在 60°～120°的水平角度区间内，通过改变波束成形矩阵，能够达到更低的 CRLB，即参数估计的分辨率在这个区段里，得到了较大的提升。

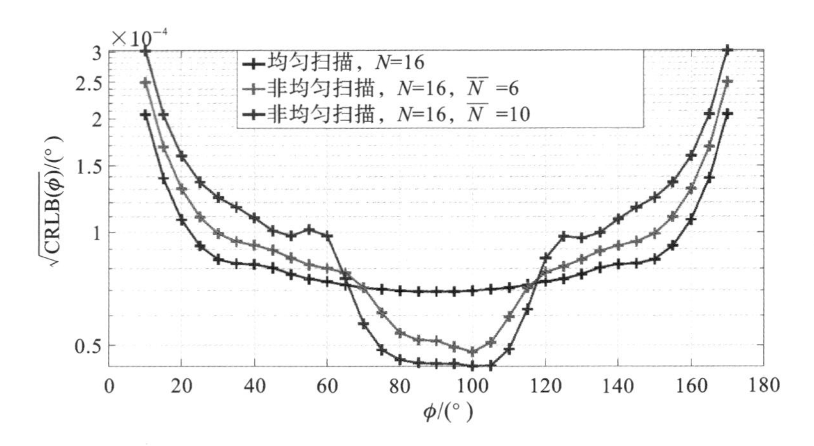

图 2-44　采用了用波束赋形来构建虚拟阵列，可以在局部提高分辨率

2.6　本章小结

本章对信道参数的高精度提取算法进行了介绍。高精度参数提取算法是建立准确的信道模型的重要技术之一。随着通感一体系统和相关技术的发展，建立准确的能够通过信道特征反映出环境对信道特征影响的信道模型，进而体现出环境对信息传输、感知识别的影响，是未来一段时间信道研究的突破要点。

首先从信号入射到天线阵列时，表现出的相位波前的形态入手，展示了在天线阵列足够大的情况下，可以观察到平面波、球面波、涡旋波等各种不同波形式的组合，这表明使用传统的平面波对波前进行参数化建模，可能还不够。未来的方向也许是对多种形态的波面进行描述，并期待能更高效、利用较少的路径，就可以准确完整地描述信道的整体构成，并提供了一个以更小的偏差来重现信道的途径。

然后重点介绍了几种先验的信道模型，采用了不同的假设，如传统的平面波假设、最近公开发布的球面波假设、采用多流形表示的非平面波假设等。同时，为了能够将这些假设嵌入信号模型里，我们对双极化 MIMO 系统、虚拟阵列使用时的系统观察到的信号，进行了数学建模。利用这些模型，可以推导出参数的估计方法。本章还介绍了经典的 EM 和 SAGE 算法，以及近一段时间以来为了能够利用 MIMO 数据进行一定程度上的环境成像而设计的谱分析方法。我们嵌入了球面波的信道模型，得到了空间上的谱，也可以理解为特定的空间进行成像。

通过展示一些实测数据分析得到的多种结果，来对比和分析不同假设得到的信道特征，包括信道特征在定位上的延展应用。从实测数据的展示中可以看到，随着波前模型的准确度提升，信道特征的提取似乎变得更加合理，其结果和环境之间的映射关联也更为一致。当然这些研究成果还非常的定性，并没有从精确的定量的角度给出具体的性能提升。

同时，对于业内普遍使用的虚拟阵列来扩大观测的口径的方式，我们也提供了信号模型并展示了在实际测量中利用虚拟阵列处理信号的结果。可以看到虚拟阵列提供了更大的自由度，允许我们在信道多径的分辨率、参数估计的准确度上进行调整和优化，以达到建模或者后期应用的要求。

本章仅是阶段性地介绍了信道参数估计的局部成果，还有很多内容特别是算法的优化，如如何将 AI 的方法和估计算法相结合等，并没有涉及。希望读者提出改进的建议，我们也会在未来工作中补充优化。

参考文献

[1] Schmidt R. Multiple emitter location and signal parameter estimation[J]. IEEE Transactions on Antennas and Propagation, 1986, 34(3): 276-280.

[2] Roy R, Kailath T. ESPRIT-estimation of signal parameters via rotational invariance techniques[J]. IEEE Transactions on Acoustics, Speech, and Signal Processing, 1989, 37(7): 984-995.

[3] Fleury B H, Tschudin M, Heddergott R, et al. Channel parameter estimation in mobile radio environments using the SAGE algorithm[J]. IEEE Journal on Selected Areas in Communications, 1999, 17(3): 434-450.

[4] Ritcher A, Landmann M, Thoma R S. Maximum likelihood channel parameter estimation from multidimensional channel sounding measurements[C]. In: The 57th IEEE Semiannual Vehicular Technology Conference, 2003. VTC 2003-Spring. 2003: 1056-1060.

[5] Gentner C, Jost T, Wang W, et al. Multipath Assisted Positioning with Simultaneous Localization and Mapping[J]. IEEE Transactions on Wireless Communications, 2016, 15(9): 6104-6117.

[6] Mendrzik R, Meyer F, Bauch G, et al. Enabling Situational Awareness in Millimeter Wave Massive MIMO Systems[J]. IEEE Journal of Selected Topics in Signal Processing, 2019, 13(5): 1196-1211.

[7] Leitinger E, Meyer F, Hlawatsch F, et al. A Belief Propagation Algorithm for Multipath-Based SLAM[J]. IEEE Transactions on Wireless Communications, 2019, 18(12): 5613-5629.

[8] Leitinger E, Grebien S, Witrisal K. Multipath-Based SLAM Exploiting AoA and Amplitude Information[C]. In: 2019 IEEE International Conference on Communications Workshops (ICC Workshops). 2019: 1-7.

[9] Hansen T L, Badiu M A, Fleury B H, et al. A sparse Bayesian learning algorithm with dictionary parameter estimation[C]. In: 2014 IEEE 8th Sensor Array and Multichannel Signal Processing Workshop (SAM). 2014: 385-388.

[10] Hansen T L, Fleury B H, Rao B D. Superfast Line Spectral Estimation[J]. IEEE Transactions on Signal Processing, 2018, 66(10): 2511-2526.

[11] Badiu M A, Hansen T L, Fleury B H. Variational Bayesian Inference of Line Spectrum[J]. IEEE Transactions on Signal Processing, 2017, 65(9): 2247-2261.

[12] Shutin D, Vexler B. Sparse Bayesian learning with dictionary refinement for super-resolution through time[C]. In: 2017 IEEE 7th International Workshop on Computational Advances in Multi-Sensor Adaptive Processing (CAMSAP). 2017:

1-5.

[13] Li X, Leitinger E, Venus A, Tufvesson F. Sequential Detection and Estimation of Multipath Channel Parameters Using Belief Propagation[J]. IEEE Transactions on Wireless Communications, 2020, 19(2): 1009-1023.

[14] Pedersen T, Pedersen C, Yin X, et al. Optimization of Spatiotemporal Apertures in Channel Sounding[J]. IEEE Transactions on Signal Processing, 2008, 56(10): 4810-4824.

[15] Balanis C A. Antenna theory: analysis and design[C]. Wiley-Interscience, 2005.

[16] Hirano T, Kikuma N, Hirayama H, et al. Location estimation of multiple near-field broadband sources by combined use of DOA-Matrix method and SAGE algorithm in array antenna processing [C]. 2012 International Symposium on Antennas and Propagation (ISAP), 2012: 363-366.

[17] Yin X, Wang S, Zhang N, et al. Scatterer Localization Using Large-Scale Antenna Arrays Based on a Spherical Wave-Front Parametric Model[J]. IEEE Transactions on Wireless Communications, 2017, 16(10): 6543-6556.

[18] 尹学锋，程翔. 无线电波传播信道特征[M]. 1 版. 武汉:华中科技大学出版社，2021.

[19] Yin X, Ouyang L, Wang H. Performance Comparison of SAGE and MUSIC for Channel Estimation in Direction-Scan Measurements[J]. IEEE Access, 2016, 4: 1163-1174.

[20] Ferretti A, Prati C, Rocca F. Permanent scatterers in SAR interferometry[J]. IEEE Transactions on Geoscience and Remote Sensing, 2001, 39(1): 8-20.

[21] Yin X, Ji Y, Yan H. Measurement-Based Characterization of 15 GHz Propagation Channels in a Laboratory Environment[J]. IEEE Access, 2017, 5: 1428-1438.

[22] Ji Y, Yin X, Wang H, et al. Antenna De-Embedded Characterization for 13-17-GHz Wave Propagation in Indoor Environments [J]. IEEE Antennas and Wireless Propagation Letters, 2017, 16: 42-45.

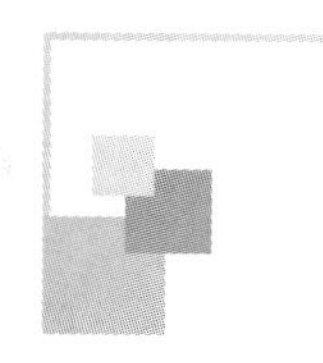

第三章　通信感知一体背景下的信道特征提取

未来的B5G和6G的发展趋势是将通信和感知进行一定的融合，利用通信的信号来进行环境的检测、雷达目标的识别和跟踪、环境中的关键信息和类型信息的提取等。而这些特征又可以反过来帮助通信，如减少干扰，在能够预知到干扰即将发生的时候进行提前操作，如改变收发的策略等。

面向通感一体的应用场景，建立什么样的信道模型，才能够满足设计通感算法、构建通感一体的系统、支撑和优化通感一体的应用呢？

通信系统追求的是通信的高质量、高可靠性和系统的高容量。从传统的模型构建的角度看，信道模型关注能量的大小、在多个参数域中的分布，关注统计特性，关注MIMO信道的特征值分布、秩的大小，关注环境对上述特征带来的影响。

感知系统关注的内容，与传统的通信信道中的多径有关联，但是更加具有信息层面的结论性的内容，可以分成如下的类型。

(1) 环境的类型，即是室内还是室外，是LoS还是NLoS，是静态还是动态的。

(2) 环境中物体的存在状态，如物体的数量、位置、物理尺寸，它们相互之间存在的关联，彼此之间是否具有可见性，其中也包括动态物体的移动状态，如雷达目标的移动特性(轨迹、速度、方向等)。

(3) 不同类型的"典型"场景(如在户外、在地下车库、在拥挤的交通流)中，上述不同"典型"场景中信道的统计特征以及独特特征。

(4) 对于不同类型的系统，如具有雷达收发同站的系统、与通信收发之间分离的系统，对上述的特性，会有什么样的不同的状态。如果多个站点同时进行感知，还需要进行多链路的联合建模，即同一个场景从不同的视角看，有什么样的不同；同一个物体，从不同的视角看，有什么样的不同。多视角的信道之间是否存在相关性。

此外，从感知的应用层面来看，辨识度、分辨率等都会影响到建模过程中对测量、数据分析和模型构建的设定。所以感知模型的建立应该是一个比较系统性的工作，其中涉及感知的实际测量、面向感知的参数提取算法、感知的统计特征的提取、感知的统计模型的构建以及感知模型该如何应用等。

本章对这些内容进行初步的探讨。首先我们对感知的场景进行讨论，然后对感知的参数进行定义，以及研究如何进行估计；最后描述通感一体的模型的建立，其中包括基于大规模天线阵列测量得到的参数构建的通感一体模型，如利用动态的高铁测量得到的几何散射体簇模型，以及车载雷达信道的通感一体模型。通感一体模型应该具有感知门限，如分辨真目标和假目标的能力。信道内可能同时存在真实的可利用、可解析的符合感知检测的信号，以及不符合检测目标的虚假信号，如镜像目标。在信道检测和感知中遇到上述问题时，需要依赖信道的特定特征，并且对这些特定特征进行合理且可用的模型化。

我们关注的是如何建立一个流程，面向通信感知一体化的信道参数估计、信道特征提取以及信道的模型构建。

3.1 通感的场景

B5G 和 6G 网络及终端均具有感知的能力，一方面通过感知来辅助通信，提高通信的质量和稳定性，另一方面通过感知来支撑通信之外的多种应用场景，如环境目标的检测、识别、定位、追踪、成像、环境重构、手势和姿态识别等。按照感知的不同目的，对信道特征的需求也有所不同。按照《面向 6G 的信道测量与建模研究》白皮书的描述，感知场景可大致归纳为以下四大类。

3.1.1 检测、定位与追踪

具备感知功能的 B5G 和 6G 网络可以为通信对象提供类似 5G 的有源定位服务，也可以为非通信对象提供类似雷达的无源定位服务，在交通、道路、工地、工厂、仓库、园区、医院、农田、矿井等场景中，可支持自动驾驶、导航、遥控、协同等多种应用。结合参考坐标的获取，以及位置、姿态、运动状态的指纹数据库的建立，B5G 和 6G 使用的宽带、多频段的无线信号不仅可以检测待感知目标，还可用于提取目标在三维空间中的坐标、方向、速度及其他几何信息。此外，通过结合先验信息，如环境信息、道路信息、建筑物内外部的结构信息，基于目标的历史数据累计得到的统计特征，如稳定性、随机性等，利用当前感知参数对目标的未来行为以及相应的影响开展预测，以进行更准确、实时和面向性能提升的目标检测、定位与追踪。

3.1.2 环境重构及目标成像

利用无线信号实现环境重构及目标成像，可用于目标识别、材质分析、信道状态感知、通信场景刻画等，带来网络资源的重新整合和性能提升。例如，使网络设备或终端设备感知室内环境，构建虚拟地图，有利于实现更加精准的室内定位，形成室外卫星导航、室内利用通信系统导航的一体化网络构建。

对目标的识别，可以由很多层面的特征来支撑。对物体表面结构的成像，如果能够做到高精度，那么确实可以“一目了然”地进行目标判别。设计高精度的算法始终是一个重要的研究方法，尤其是利用普遍存在的、已经标准化了的通信信号进行电波成像。识别还可以通过建立先验的模型来进行，如对物体表面的物理扩展、对边缘形状包括延展程度的检测，都可以尝试通过建立相应的传播模型以及接收信号模型来实现，进而进行参数化估计。

对于材质的分析，一方面通过分析表面的粗糙度所造成的信道特征变化，来进行判断，另一方面也可以利用电磁波投射到物体表面的多层结构上时，反射回的信号特征来建立先验的模型，尝试进行参数估计和检测。

对于信道状态的感知，可以理解为是更具统计性的、宏观的特征判断。例如，信道频率选择性上进行区分的宽带、窄带信道，空间选择性上进行区分的方向域稀疏信道还是稠密的均匀信道，时间选择性上进行区分的慢变、快变信道，极化域上进行区分的极化方向容易旋转还是能够保持的信道，此外，还有可以通过多用户和大阵列以及环境组合确定的硬化、软化信道，等等。这些信道状态的感知，决定了传输策略的确定和算法的选择。

通信场景的刻画可以从多角度进行，主要针对的是场景的特征，当然这些可以明确区分开的场景，也是建立在具有一定辨识性的信道综合特征上的，这里的刻画特别是结论，还可以更多借助机器学习的方法，通过建立神经网络来达成。场景中最为传统的是判断 LoS 还是 NLoS 场景，时变、静止场景，散射体分布是 2D 还是 3D 场景，当然密集城市、典型城市、郊区、农村等这样的地形地貌场景从 2G、3G 以来就适用。在 B5G 和 6G 的场景中，场景类型更为丰富、复杂，取决于应用的具体内容。有的场景已经和日常工作、生活紧密相连，例如，判断手机处于什么样的“小环境”中，是在室内放置还是在小型车辆的车厢里，或者是在包里、口袋里；对于运动状态的场景判别更加多样，如是否是在走路或跑步中，还是在受到了猛烈的冲击中（如手机跌落）。以上这些场景都可以在信道的复合、多维度特征中进行反映，甚至这些特征与场景、行为形成一一对应关系。这种对应关联，可以通过机理的、可解释的角度来构建，也可以通过机器学习的方式来建立。

3.1.3　手势及姿态识别

利用无线信号可实现精准的手势、姿态、动作的识别，也可以对人的表情甚至是唇语进行识别。传统的利用无线信号对人在呼吸时引起的胸腔运动，尤其是周期性的运动进行识别，也有对人体的心跳进行判别。总体而言，判断人体体内的变化所面临的挑战，要远远大于识别外部的动作。不过体域网络已经逐渐有了规模性的应用，在人体体表进行信号的采集，可对人体体内的情况进行探测。因此，利用无线电波的特征变化，对这些细节的、基本上是离散式决策的行为进行感知，成功率也能够达到可接受的程度。

现阶段手势及姿态识别，用得较多的还是用户自身做出某种既定集合中的某一个手势或者动作，与检测设备进行交互，此外，无线网络也可以主动检测用户或者环境中预设目标的动作与姿态。利用无线电波进行手势与姿态的识别，尽管和可见视频系统识别有差距，但是与传统的摄像头监控相比，由于不存在对可见图片、视频的采集和存储，人们会从自身感受上，觉得隐私得到了保护，如对用户人群（如家人、患者）的肖像、形体等信息给予了充分的保护。所以，在未来的智慧医院、智慧家庭、智慧工厂、智慧楼宇中，可利用电磁波感知与检测患者、老人、孩童、工作人员是否跌倒，监控患者的康复训练，识别闯入人员，监督家人安全，检测违规的动作和行为等。此外，通过手势识别，用户可隔空操控娱乐设备，极大地提升用户的沉浸式娱乐体验。

严格意义上讲，随着隐私保护意识的增强，用户对身边的无线终端在采集何种信号、提取何种信息，存在越来越强的谨慎态度。无线电波与光波的不同之处在于电波的波长相对长很多，对终端周边的环境识别具有一种“模糊性”，分辨细节的能力也相对有限。这样原本的缺憾，可能因此成为一种保护隐私的额外效果。当然，从理论角度看，细节上的变化和差异同样会引发电波传播的特征改变。然而现阶段信号处理的能力，在识别距离上小于波长一半范围内的环境细节还有很大的难度。事实上，业内在考虑分辨率的问题时，仍然采用基于傅里叶变换和奈奎斯特采样定理的瑞利分辨率，即谱的主瓣半功率角的宽度，来量化分辨能力。这样的计算方式的确使得现有的收发系统不能突破瑞利分辨率的限制，做不到更高程度的细节识别。但是，随着研究的深入，仍然有可行的方法能够让我们突破这个限制，达到信息提取的极限。本书前几章中提到的改变先验模型，增加联合的、整体的组合先验信息，能够在一定程度上达到这样的效果。此外，随着人工智能的相关方法的飞速发展，利用大数据进行训练，构建复杂的神经网络,也是提高准确度、增强分辨率的途径之一。除此之外,还可以利用多信息的融合,利用带外的信息,如对动作较为敏感的惯性传感信息、陀螺仪输出的相对姿态信息,甚至是声波的信息,以及红外的信息,都可以和无线电波特征研究结合在一起,从而形成更丰富的输入集合,有利于准确判断类似眨眼、唇语这样的精细化特征。

3.1.4 感知辅助通信

通信感知一体化系统中,通信与感知两大功能不仅共享硬件设备与频谱资源,还可以互相利用对方的信息来提升自身的性能。其中,感知辅助通信增强受到业界广泛关注。例如,通过对通信对象的定位、追踪,网络可以进行更好的波束管理;通过对通信对象的位置预测,能节省参考信号的资源开销;通过对目标的精确追踪,可以实现时变场景下更稳定的通信。

通信所依赖的信道正交性特征、传输矩阵的统计特征等,也可以通过感知层面的技术来进行分析。如果感知能对信道内传播多径的几何架构(constellation)做判断,则可以进行较为合理的信道扩散、具体路径的增强和选择、对改变信道特征敏感的散射体进行判断,对其作用进行预测,从而进行主动的信道"工程改造"。换句话说,即通过了解无线环境是如何形成信道的,来改变信道。这种思路与利用智能反射面对环境进行改造是一致的,只不过在感知结果中,我们对已经存在于周边环境里的物体的作用,有了更加直接的具体认识,所以通过"回避"或者加强,能够达到期待的信道状态。

通过传播图论的研究,已经发现有些散射体对某一个环境中的信道构成具有绝对的支撑作用。如果这些散射体消失,那么信道将会有质的改变,而有些散射体似乎"无足轻重",它们存在与否,并不会影响到信道的状态。进一步的研究需要在决定如何量化环境结构和环境中的散射体对信道有何种贡献上深入。这样使得信道也在一定程度上成为"智慧信道",对传输系统的特性进行适应,对预期达到的通信指标进行适应。

3.1.5 其他感知的场景

利用非电波传播的媒质进行感知。之前讨论的是没有包含水下、地下等无线电波难以有效传播的场景,但是在这些环境中进行感知的需求也越来越多。考虑到发生灾害以后对人员的救援,一般都需要通过非接触式的、非破坏的方式进行探测。所以同样需要利用不同类型的波,如声波,在水下、地下进行感知,并将这些感知的信息通过信号转换的方式,返回到无线网络里,从而进行更复杂的分析。

在更大空间(如大气层、卫星到地面之间)里进行感知。随着NTN网络与传统的蜂窝移动通信网络的融合,卫星之间、卫星到地面用户、卫星到地面接收站之间的信道状态,特别是实时变化,需要被紧密关注,并且智能化地进行收发传输技术的调整。NTN与蜂窝通信融合以后的信道状态,与传统的短距离通信时的信道有很大的不同,其宏观的归类需求会更为迫切,特别是针对可能会出现的极端信道状态,如由于电离层、对流层、太阳黑子、宇宙射线干扰等可能会大面积影响某一个区域的通信的情况。对这些场景的识别、预测和应对,是未来融合网络所必不可少的。

此外,其他感知场景如物联网、体域网这类嵌入人体内、结构体内的纳米通信网络中,通信与感知技术的挑战和实现,也是未来无线电应用中的重要一环。综上所述,感知的应用揭开了一个无线电应用的新时代。未来的 B5G 和 6G 在感知上的里程碑式的进步是其最根本的、区别于其他代通信的特征。我们期待着在感知上看到更多的研究成果。

3.2 通感需要建立的信道模型

对于无线电波传播而言，环境对电波传播的影响包含在接收到的信号中。需要通过对信号进行处理和分析，提取出信道特征，针对这些特征来构建模型。从感知的角度，我们需要针对关注的感知信息所对应的物理现象，分析其对电波传播可能的扰动，在实测信号分析中，去发现这样的扰动，对扰动的程度、状态进行参数化的估计和统计层面的归纳，并且如果允许，甚至可以回溯到物理现象和产生机制的刻画，再进一步进行数学模型的构建。所以，需要从感知的需求出发，通过对无线信号的特征进行提取，同时对特征的描述方式进行深度研究，才能从实际测量数据中提取出所需要的参数化表达结果，最终形成所需要的感知模型。当然，对于"参数化"这一过程的"可逆性"讨论也是必不可少的，这样才能在支持重新产生信道样本的同时，保证预设特征和实际特征相一致的过程"闭环"，避免了模型可解释性的降低。

我们以雷达信道模型的构建作为例子来分析这个建模的理念。雷达中，需要对环境中物体的位置、移动速度进行了解，对于具体的物体识别在其基本需求中并不关注。从信道特征的角度看，环境中多个物体的位置、移动速度不同，造成传播多径的几何参数的区别，如传播时延不同、波达波离方向不同、多普勒频移不同，由此可以总结出信道模型的需求，即传播多径的丰富程度、每个路径的几何参数的状态。由于雷达侧重目标的检测，而不是统计上的通信信道的特征，所以每个多径的多个参数之间的关联度需要从实测中获取，特别是这些参数在持续观测中的随机状态需要在模型中得到体现，因为这些随机性是检测雷达算法是否实际有效的关键因素之一。此外，多径的丰富程度还需要细化到具体的形态上，如以目标距离发射、接收端的相对距离为关注的变量域来对路径进行归类；或者以一个路径是由几次折返形成的变量域来进行归类；或者以路径自身的时变程度为变量域来进行归类；或者以路径自身在持续观测中的小尺度衰落的特性为变量域来进行归类。这种归类方式对准确地检测雷达性能，提供了一个可追溯、可解释的数学模型，提供的信道样本具有完整复现传播环境，完成承载环境信息的能力。

再举一个感知面向识别的例子。在信道成像的特征中，如需获取物体整体形状、表面的粗糙度、内部的复杂结构，可以通过捕捉无线电波在物体边缘的传播特性来实现，如衍射分量的多径特征、几何域中多径的集聚程度、多次观测得到的随机小尺度衰落特征、微多普勒频移、时延扩展等细节。当然不排除有些成像算法使用的是更加先进的信道特征，并不在上述的范畴中，这也对信道建模的研究者提出了进一步挖掘深层次更多维度的信息的要求，如本书其他章节里提到的阵列观测到的波面特征，即空间一致性特征。通过具体的测量，我们可以设计相应的算法从实测数据中提取出上述的参数化信息，也可以采用"复合"的宏观分布，细化到信道细节构成的描述中，如存在多少物体、每个物体带来的扰动特征的不同等，构成一个完整的可用于物体识别的模型。类似的，这样的模型同样需要具有回溯到信道样本的能力，意味着我们需要通过完整的评价理论，来形成一个从测量样本到特征模型，再回到生产样本的闭环，才能保证信道模型的有效性和适用性。

3.3 通感一体参数定义与估计

感知的参数可能已经不再是传统的信道多径的参数。感知的底层参数在一定程度上应该是能够描述收发信机自身状态以及环境中存在的物体的物理状态、运动特性等的数学描述。通感一体的系统，既要求信道模型能够描述环境对信道的多方面影响，同时也应该刻画出信道特征映射出的无线环境，如环境整体的构成、散射体分布的形式、随时间演变的规律等。传统的宽带几何建模的理论需要进一步丰富，增加描述更多现象的能力，提高模型在通信、感知层面的应用性。在参数提取方法上，针对通感特征，需要改变传统的单径累加方式的先验模型，增加更多关于“核”和“簇”的概念的“面向感知对象”的模型结构；在特征提取上，要能够针对不同的应用场景，通过计算推演等手段，建立宏观的、泛化的特征机构；在模型应用方面，需要在传统的信道生成方法上，结合感知场景，改变信道生成的逻辑、流程，甚至要对 OTA 针对不同检验目标和指标进行改良。

本节尝试对一些感知层面的新参数进行一些探讨，对包含该参数的信道假设进行构建和分析，对先验模型的形式进行讨论，对特征提取的流程进行建议。

3.3.1 几何参数

传统的信道参数估计框架里，对传播多径的几何参数进行了定义，包含每个路径造成的时延、多普勒频移、波达方向、波离方向。随着感知场景的增加，我们对每条路径上传播方向发生改变的折点位置的了解，相应的需求也会变得更多。例如，知道某一条路径具有一个折点，就可以通过沿着波达、波离角度延展出去的射线的交叉点，找到存在于环境中的物体，而这个物体的位置，通常是定位、目标检测的直接需求信息。

与路径中的折点有关的参数有：①一个路径是否是 LoS 路径，是否是带有折点的 NLoS 路径；②如存在折点，折点的数量；③如存在折点，折点的位置信息。

3.3.1.1 折点位置

对于折点的估计，需要利用多方面的信息。但我们认为最为根本的是不借助环境支持，仅仅依赖接收到的信号就能够得到折点信息估计。如前所述，入射信号的波面特征可以认为在一定程度上包含了形成该波面的折点位置信息。如球面波的形态，可以构建一个能够推算出折点位置的参数化的模型，于是判断该折点位置就成为可能。

另一种可以借鉴的方法是利用收发两端的已知信息来推断。在已知收发端的位置信息后，利用单次折点的路径上的折点应该出现在以收发两端为椭球中心的椭球面上。如果有环境中的散射体分布信息，则可以将位于椭球面附近的散射体作为单次折点映射在环境中的具体物体来看待，并形成一个可提供一定先验参数的分布，融合到如最大后验概率的估计算法中，来提高参数估计的准确度。

此外，关于球面波的参数估计，可以采用相位非相关等方式，如对时延在不同位置估计、不同时间点上的估计值，推断出该球面波对应的“源”，即波在入射之前的最后一个作用点。也可以采用相位相关的方式，即利用具有同步特征的多点的观测，推导出相关估计算法，来进行源的判断。这方面已经发表的文献较多，感兴趣的读者可以阅读以下文献：

Wang N, Yin X, Cai X, et al. A sea-wave-dynamics monitoring radar based on propagation characteristics of echo signals[C]. 12th European Conference on Antennas and Propagation(EuCAP 2018), 2018:1-5.

Ye X, Yin X, Cai A, et al. Neural-network-Assisted UE localization using radio-channel fingerprints in LTE networks[J]. IEEE Access, 2017, 5:12071-12087.

Cai X, Fan W, Yin X, et al. Trajectory-aided maximum-likelihood algorithm for channel parameter estimation in ultrawideband large-scale arrays[J]. IEEE Transactions on Antennas and Propagation, 2020, 68(10):7131-7143.

3.3.1.2　折点之间的信息

如前所述，如果收发端都有天线阵列，则可以采用球面波的先验信道参数模型进行信道多径参数估计，得到传播路径的第一个折点（即从发射端发出的无线电波在传播过程中遇到的第一个散射体）和最后一个折点（电波在到达接收端之前遇到的最后一个散射体的位置信息），进而可以对发射端周边的环境、接收端周边的环境进行环境重构。那么这两个折点之间的环境该采用何种方法才能进行探索呢？

首先，需要判断一个路径除了这两个折点以外，是否还存在两个折点之间的第三个或者更多的折点。一个简单的方法是计算连接第一个和最后一个折点之间的直线所对应的传播时延，是否符合实际估计到的该路径的时延 $\Delta\tau$（需要去掉第一个折点到发射端，以及最后一个折点到接收端对应的两段时延之和）。如果符合或者接近，则可以认为该路径只有这两个折点。如果不相符，则意味着还存在更多的折点。我们需要对这些折点的位置进行判断。

还有一种简单的方法是基于环境中的散射体并不仅仅存在于一个路径中的折点上，而是会在多个路径中作为折点出现这样的假设。我们可以将某一个路径的第一个和最后一个折点作为椭圆的两个中心，以两折点之间估计到的时延 $\Delta\tau$ 所对应的距离作为从第一个折点到椭球上的任一点，再到最后一个折点之间的距离，绘制出该椭球。如果多个路径都存在超过了两个折点的现象，就以此方式画出各自的椭球。然后将这些椭球之间交叉的区域标出，于是在一个散射体可能作为折点出现在多个传播路径中的假设成立的情况下，这些交叉点就可以估计出具有三个折点的路径中间的那个折点。当然，如果某一个路径画出来的椭球与其他椭球没有任何交叉点的情况发生，则认为这个路径的第三个折点很难确认下来。利用上述的方法，就可以将所有估计到的路径分为直射路径、单次折点（第一个折点和最后一个折点重叠）路径、二次折点（第一个折点和最后一个折点不重叠，且时延满足发射端—第一个折点—最后一个折点—接收端的几何关系）路径、能够确定三个折点的路径，以及不属于前面所说的四个类型的其他路径。利用这些路径的折点，就可以勾勒出一个特定环境中构成无线电波传播通道的那些散射体，类似看到该环境的“成像”。

上述得到的环境“成像”可以有很多用途，如在车载雷达的应用场景中，距离雷达较近的目标，大都是通过单次反射的目标，当然如果能有环境的具体的散射体分布“图像”，那就更能帮助雷达进行环境判断，对行动路线和驾驶动作进行规划。这样的图像同样可以用来对信道的状态进行改变，如改变信道能够提供的空间并行信道的数量、改变矩阵的协方差矩阵的特性等。

3.3.2 形状参数

物体的形状特征对于感知场景中的环境重构、目标成像而言较为重要，并且动态参数和形状参数之间也有内在的联系。形状特征可以说是感知中的基础，能通过多种方法如无线电波的传播特征对物体的形状进行估计和判断。

首先，可以通过提取多径参数的方式，从无线信道中获得主要路径的信息。环境中物体的形状与多径在几何参数域中的分布相关。我们可以将多次独立观测估计得到的多径重叠起来，通过“聚簇(clustering)”的方式，形成多个路径簇(multipath component clusters)。通过计算每一个簇的统计特征，如在方向域中的二阶中心距，推断出物体的形状信息。

通过归簇的方式来获得形状信息存在一定的问题。通过推导可以发现，从不可分辨的多径叠加信号中估计一个单一路径，最终通过重叠多次估计的结果得到的分布，将呈现一个重尾(heavy tail)的分布形式。该分布与物体形状之间没有必然的联系，仅仅是分布的延展，可以随着物体的扩展增加而增加。所以如果需要通过簇来对物体形状进行判断，建议先通过校准测量，建立一个真实的形状扩展和估计得到的簇的扩展之间的映射表。实际应用中，我们可以通过查表的方法，找到簇延展所对应的物体形状。

此外，我们也可以通过设计成像算法来对物体的外形进行估计。例如，可以采用前面相关章节中介绍的球面波模型参数估计，通过计算距离天线阵列一定距离的平面上的各个像素的复幅值，来描绘出一个图像，并据此进行物体外形的判断。

再者，还可以建立一些更为复杂的先验参数化模型，如假设两个距离相近的路径形成的多流形信号模型，通过对两个路径的参数进行联合估计，推断出物体的形状。这种双线方式进行簇扩展估计，在之前的章节中也详细介绍过。这两个路径之间的间隔，也可以用来定义物体的形状。

除了参数化建模，并对模型参数进行估计的方法外，还可以考虑通过大数据的训练，来构建针对形状进行判断的神经网络模型。

3.3.3 动态参数

传统的信道特征研究中，信道的时变性始终是其中的一个重点。针对时变性，可以有很多参数，这些参数能够通过信道的特征来进行估计。

首先，物体移动的速度可以通过分析该物体所产生的信道的多普勒频移来进行估计；物体移动的加速度也可以通过针对相位进行建模的方式，将相位变化描述成速度和加速度相结合的方式来进行计算。此外，通过对物体移动的轨迹而造成的时延变化，将速度和角速度作为参数进行轨迹建模，利用多快拍之间的状态改变进行估计。由此，针对物体移动所形成的轨迹，我们采用一次曲线、二次曲线的方式来对其参数进行估计。

其次，动态参数中除了确定性的数据外，由于移动终端的种类很多，还需要关注随机的抖动。终端的移动模式丰富多样，如无人机、无人艇等，它们的姿态改变、设备结构的复杂导致的近场散射等，也需要从感知的角度进行了解。可以观察多普勒频移的突变状态来判断表面多径的相干程度，进而对物体的表面特征进行判断。此外，通过微多普勒谱，可以进行对目标形状和动态信息相结合的复杂研究。

3.3.4　姿态参数

移动终端的姿态信息在很多场景中较为重要。例如，在定位的场景中，基站侧的设备通常具有更高的分辨率和处理能力，所以对该环境中的物体进行定位的相关操作，通常可以在基站里完成。基站在判断其他物体的位置与姿态时，需要对自身天线阵列的位置与姿态作出准确的判断。尽管在很多应用中，基站侧的天线阵列的位置与姿态可以被预先设定，但是由于实际操作中可能存在安装问题，难以保证天线阵列的位置及姿态与预先设定的数值完全相同，此时，就需要对姿态进行准确的估计和校准。

姿态的参数可以通过天线阵列相对于参考系中 x、y、z 三个轴的旋转角度进行量化，即包含了水平角和俯仰角的变化，如图 3-1 所示。

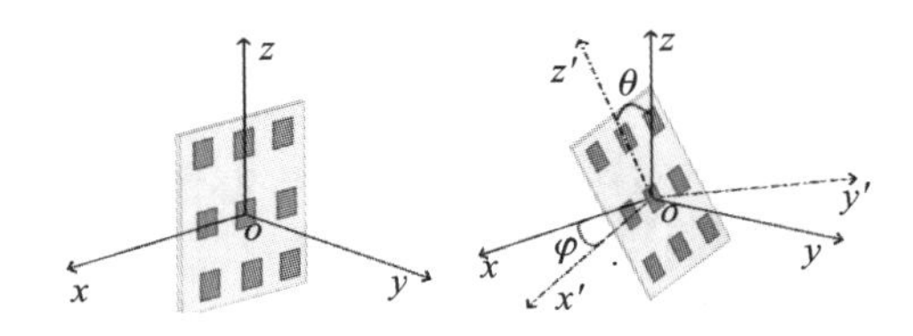

图 3-1　天线阵列的姿态采用水平角和俯仰角的变化来表示

在室外的场景中，传统的姿态估计广泛应用于卫星、飞行器、无人机、汽车、室外雷达、基站，对于室外的位姿应用，主要是基于卫星导航 GPS 或 GNSS 以及北斗定位系统来达到，以及结合传感器的姿态估计。如使用 IMU(inertial of unit)惯性传感器，通过使用三轴加速器、陀螺仪、磁强计组成惯性单元估计姿态。这样的系统复杂且影响传感器精度的因素较多。或者采用光学跟踪视觉参考系统，利用视觉参考如太阳、地平线、地表等估计姿态，其缺点是只能在 LoS 环境，且视线较好时采用。当然还有 GPS 结合 IMU 的姿态估计方式，但是由于存在卫星与地球的自转，GPS 信号易受遮挡，有时难以取得好的效果。在室内场景中，姿态估计可用于机器人、机械臂、刚体姿态调整、天线阵列等。文献建议采用多波束天线(multibeam antenna)阵列来进行估计，即在天线姿态发生改变时，通过观察天线阵列每一个天线单元的功率改变来估计阵列的姿态。该方法的缺点在于，需要采用大规模的多波束天线阵列才能达到较高精度。也有建议采用 RFID Tags 姿态估计系统，即利用 RFID Tag 的 AoA 信息定位，其缺点是只能在 LoS 环境下估计姿态。更多的是采用图像识别的方式构建姿态估计系统，通常结合机器学习的方式学习不同姿态下的图像信息，进而来估计姿态。但是这样的方法由于需预先准备大量的数据，且训练需要消耗大量的时间，并且实际应用中，该方法的估计精度较低。

经过初步的研究，我们发现利用多层次、多维度的信道特征完全可以构建一个位姿的指纹库，特别是在方向域的接收功率谱等与位姿直接有关的特征，能够建立一个精度较为理想的姿态判断流程。此外，当天线阵列较大，具有了检测几何近场的物体所在位置的能力时，还可以通过建立三维的散射体功率谱的环境成像的方式，来提高姿态的检测精度。姿态检测也与环境里“锚点”的数量和分布有关。通常情况下，锚点数量越多，姿态检测的准确度就会越高。当然，锚点在相对于天线阵列的位置应该尽可能分散，这样才能保证构建的指纹更具有唯一性，微小的姿态改变都可以带来正交的信道特征。

3.3.5 结构参数

环境中存在的街道、建筑，以及它们聚集存在的状态，如建筑物的密度、高度等，这些信息同样影响着信道的状态。此外，移动终端与环境之间的关系，也可以认为是结构性的参数。例如，无人机作为无线终端进行通信时，其飞行高度对信道构成具有重要的影响，我们可以通过对信道特征的分析，推断出飞行的高度。当然，尽管在室外可以通过 GPS 或者北斗卫星信号来判断无人机的高度，但是信道特征的变化，也可以形成具有唯一性的指纹特征，这样可以在卫星信号相对较弱的情况下，判断无人机的飞行高度。

3.3.5.1 终端飞行高度参数

例如，在文献中①，通过射线追踪仿真，我们可以看到当无人机距离城市地面不同高度飞行时，信道的多方面特征会发生规律性的变化。图 3-2 所示的为射线追踪仿真所考虑的城市环境，其中分布有大小不一的建筑。无人机从起飞不断升高至距离地面 100 m。在不同高度飞行时，信道内多径的构成逐渐发生了改变。如图 3-3(a)所示，在无人机飞行高度在 20 m 以下时，通过衍射传播机制，形成的多径数量要明显高于反射形成的多径。随着高度从 5 m 到 50 m，多径的总数从 70 条降低到少于 10 条，并逐渐稳定下来，不会随着高度提升发生显著变化。K 因子则会在 80 m 高度的时候达到最高值，随后无人机的高度再提升，K 因子会呈现下降的趋势。而 RMS 时延扩展则呈现出“阶梯状”的变化，这也是由地面的建筑物的特殊分布形态共同决定的：在某一高度以上，可能会发生某条主要多径消失，从而引发时延扩展的剧烈改变。同时，我们从接收到的信道增益幅值随着无人机高度改变的曲线，可以看到功率呈现周期性的上下波动，对于中心频点为 4.2 GHz，波动的幅度在小于 20 m 高度上大概为 10 dB，之后波动幅度减小，但是周期性依然保持大约每隔 5 米，就会产生一次高峰和谷底。对于中心频点为 1.2 GHz 而言，幅值上下波动的周期性依然明显，但是相邻峰值之间的间隔变得更大，这应该是由于波长增加的缘故。这表明城市上空呈现出有规律变化的信道，出现覆盖相对较弱的层面，以及信道频率选择性有明显不同的层次。

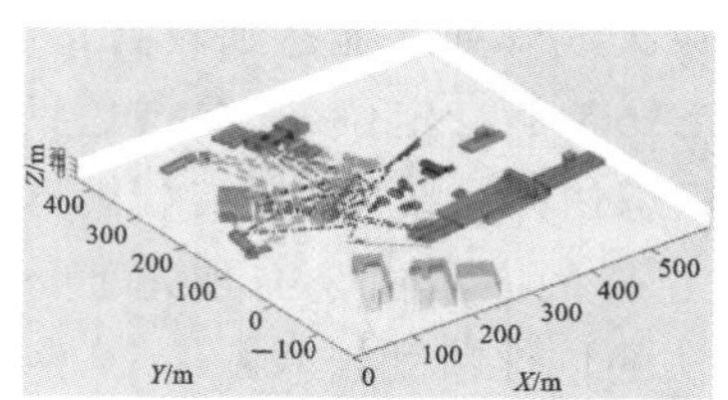

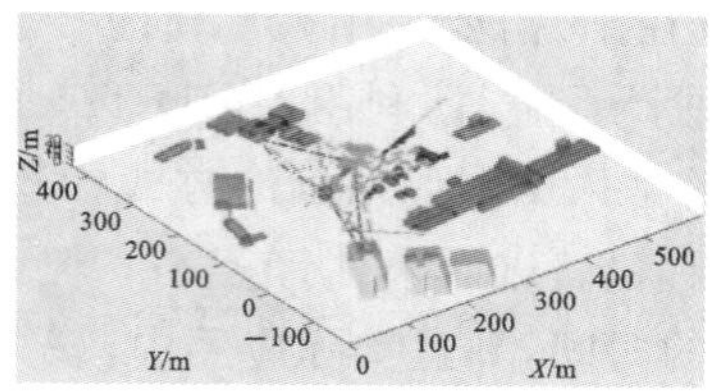

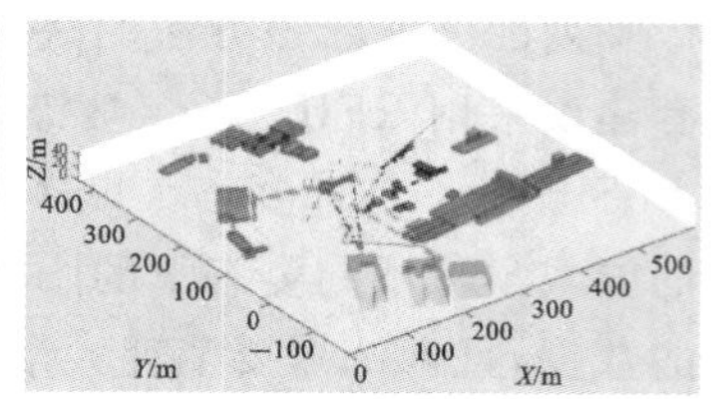

图 3-2 无人机位于距离地面 5 m、20 m 和 50 m 时的信道内多径

例如，设计基于 SVC(support vector classification)的方法来判断。

3.3.5.2 覆盖区域参数

我们对一个小区究竟覆盖多大的区域，始终都是一个相对模糊的概念。此外，基站和终端

① Chu X, Briso C, He D, et al. Channel modeling for low-altitude UAV in suburban environments based on ray tracer [J]. 12th European Conference on Antennas and Propagation(EuCAP 2018), 2018: 1-5.

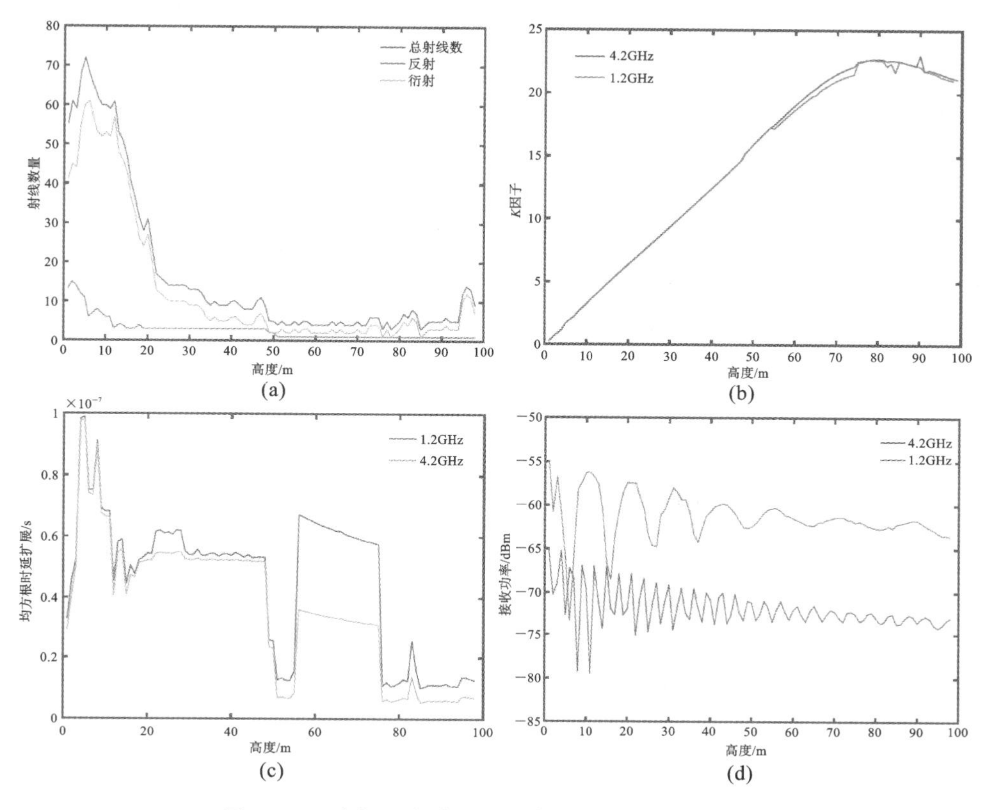

图 3-3　无人机距离地面不同高度时信道特征的变化

(a)多径构成;(b)K 因子;(c)RMS 时延扩展;(d)接收到的信号功率

之间的通信,会受到哪些附近区域建筑物的影响?如果能够了解到这些信息,势必会对精细化的网规网优提供有效的调整依据。

我们拟以环境范围大小为例,来解释大范围的感知参数。图 3-4 所示的为在杭州城市场景中,利用传播图对该场景中的无线电波传播信道进行模拟的方法。通过对城市的数字化地图进行读取,判断出影响到传播的散射体,然后通过图论信道仿真,得到设定频点和带宽的信道冲激响应。假设位于地面的无线终端按照一定的测量路线下,每个点位收到周边较多个散射点带来的信道功率之和,计算出该功率的累积概率密度 CDF,并与实测的结果进行比对。为了能够了解收发端周边是哪些建筑物影响到了信道的状态,通过设定半径的方式,即发射端和接收端的圆周内的散射体才被仿真所考虑,在得到的功率累积概率密度 CDF 与实测较为接近时,即能够判断出该城市环境中,应该考虑的信道模拟的合适范围。如图 3-5 所示的为得到的接收功率累积概率分布函数 CDF 与实测之间的对比,我们可以看到传播图论仿真中选择不同的范围,会得到不同的统计分布。而实际测量得到的接收功率分布,与在选择以收发为中心、250 m 为半径的区域内进行仿真时得到的结果之间存在较明显的吻合度。由此可知,测量中收发端周边 250 m 的建筑物等物体,会引起传播状态的改变。这使得城市环境中的信道仿真应该采用的模拟范围,有了明确的选择依据。

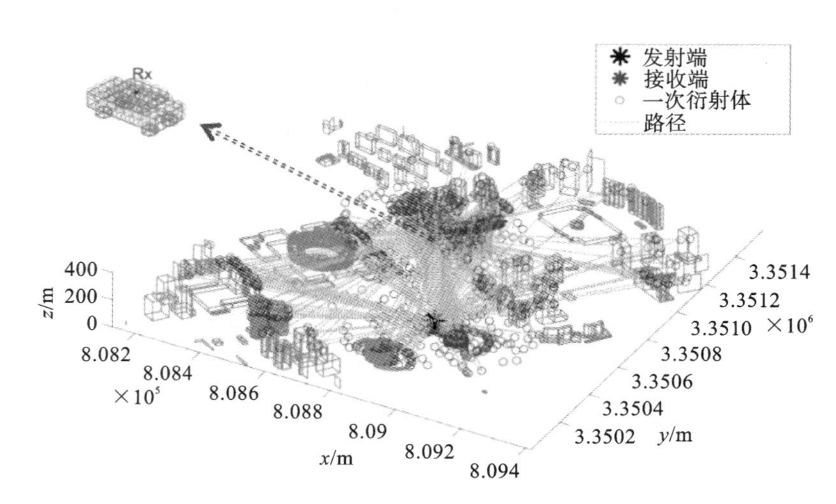

图 3-4　在杭州城市场景中对信道进行模拟

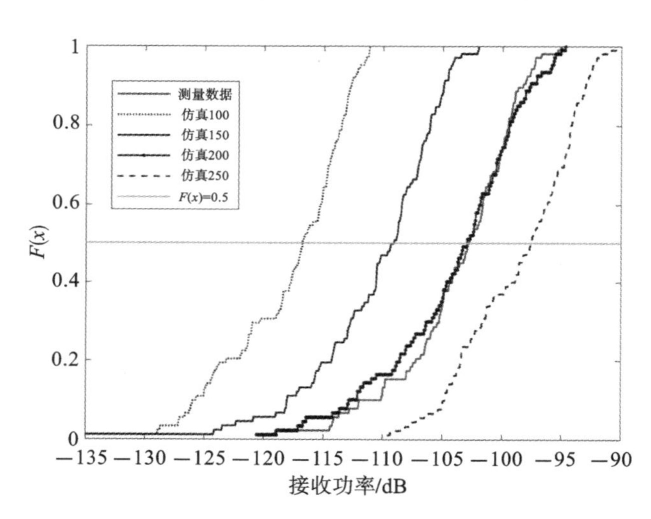

图 3-5　仿真得到的接收功率累积概率分布函数 CDF 与实测之间的对比

3.3.5.3　散射点之间的距离

在雷达信号处理的应用场景中，需要判断一个物体的大小，并由此来判断是不是一个需要关注的目标。可以通过设置一个新的参数，即传播过程中遇到的第一个散射体和最后一个散射体之间的距离，来判断第一个散射体和最后一个散射体是不是可以重合成一个散射体，即路径中只有一个折点的情况，或者当该距离并不为零，但是还保持一个相对比较小的数值时，该距离很可能代表的是物体的物理扩展大小，以及另外的情况，即距离比较大的时候，可以判断该路径的第一个折点和最后一个折点分别处在不同的地点。通过这样的判断，可以提高对环境整体的感知程度。在信道建模中，我们也可以将这个特征作为一个参数，通过实际测量，得到该数值的统计分布特征，指导产生信道随机样本时的相关操作。

3.4　案例：基于大阵列测量的通感一体信道模型

本节拟通过一个在大规模天线阵列信道测量活动中，采集到的信道数据，经过球面波的参数化模型推导而来的信道估计算法，得到大量的球面波路径参数样本，来构建一个兼顾通信的信道描述和感知的环境描述的统计信道模型。当然这样的模型，还并不是一个能够完全支撑通感一体所有要求的模型。但是作为一种尝试，希望可以为读者提供一些启发和思虑。

首先，我们对模型的形式做介绍。拟建立的模型主要还是沿用传统的空间信道建模的概念，即采用了信道内的多径簇来作为模型的描述对象。这个多径簇的概念与传统的WINNERII 项目中的簇的概念有如下的不同：

(1) 增加了簇在三维空间中的位置和扩展信息，即这样描述的簇包含了形成簇的实体散射体的信息，这是传统的仅仅描述信道多径在接收到的信号里体现出的时延、多普勒频移和方向等参数所不具备的。增加了实体三维空间信息的簇，能够被用来建立与观测者的位置相关的信道多径参数，如位于天线阵列上的天线，区别于该天线的位置，簇对其入射角、出射角都会与其他位置的天线不同。具有三维位置信息的簇，可以做到保持空间一致性的对应改变，这是该模型与其他模型的一个重要不同点。

(2) 模型中同时“兼容”了可以没有空间散射体位置信息的信道多径簇。这样做出于两种考虑，一是多径在被估计时，尽管采用了球面波的假设，得到了一个类似球面波波面对应的发射源的位置信息，但是该球面波波面已经非常接近平面波。这是由多种原因造成的，如实际的最后折点上的散射体，距离接收阵列的确非常远，在观测的阵列空间里，已经很难看到球面的形状了，或者由于天线阵列是一个二维平面的阵列，当入射波与阵列所在平面的法线之间的角度接近 90°时，阵列在入射波入射方向上的投影就已经很小了。虽然可以观察到多个等相位波面在多个天线上的存在和周期性的变化，但是位于一个周期内的，或者相位数值上比较接近的几乎是同一个相位面的情况，就难以观测到了。这种情况下，球面波的先验模型和平面波的没有明显的不同，信号里对于散射体到阵列的距离这一参数的信息很少，以至于无法准确地估计到这个数值。这种情况下，我们需要通过一种判断，决定此时的球面波可以弱化为平面波，于是在模型中，就可以完全沿用传统的 SCM 方式来描述这些多径的存在状态。另一种考虑是，在实际环境中，可能存在近场和远场之分，如果散射体的簇位于阵列的近场，则需要采用球面波的方式来重构该部分的多径，如果位于远场，则仅仅需要考虑平面波的方式来构建这些多径。所以，基于上述的考虑，保留了平面波的部分，增加了球面波的部分，形成大规模天线阵列信道的新型模型。因为该模型中有对环境的刻画，即三维空间中存在的散射体簇，把这样的模型称为通感一体的信道模型。当然，这仅仅是一种非常初步的设想和尝试。

其次，我们简要描述一下建模的过程。如图 3-6 所示，大致包括了如下的步骤：

(1) 信道测量。为了构建基于实测的统计模型，需要进行实际场景中的信道测量。因为需要提取路径中的散射体位置信息，所以测量使用的天线阵列要有较大的物理口径，当然业内对于 32×32 这样的 1024 个天线构成的阵列，已经应用较为广泛。我们所建议的建模步骤是适用于各种不同物理口径的阵列测量的。需要注意的是，构建的模型还是基于一个路径的复幅值不会因为频宽、天线阵列口径、观测时间展宽的改变而发生改变的。所以在测量时采用的天线阵列，尽管希望有较大的物理口径，但出于上述考虑，天线尺寸不宜过大，从而避免不同天线收到同一个多径的幅值不同。此外，为了能够构建统计优良的信道模型，还需要累积足够多的信道随机测量的样本。理想状态下，当然是希望收发端设备能够在一个环境内随机放置，这样采集到的信道样本才具有独立性。但是由于是采用大阵列进行测量，测量过程中需要复杂的控制、大量的数据存储等工作，所以在实际操作中，采用随机“散点”的方式来设定收发端已经不太现实，这时需要有所折中。我们的建议是可以采用大阵列采集，后处理分析时通过设置子阵列的方式，形成收发端的不同位置的子阵列的组合，这样可以得到较多的信道测量数据样本。

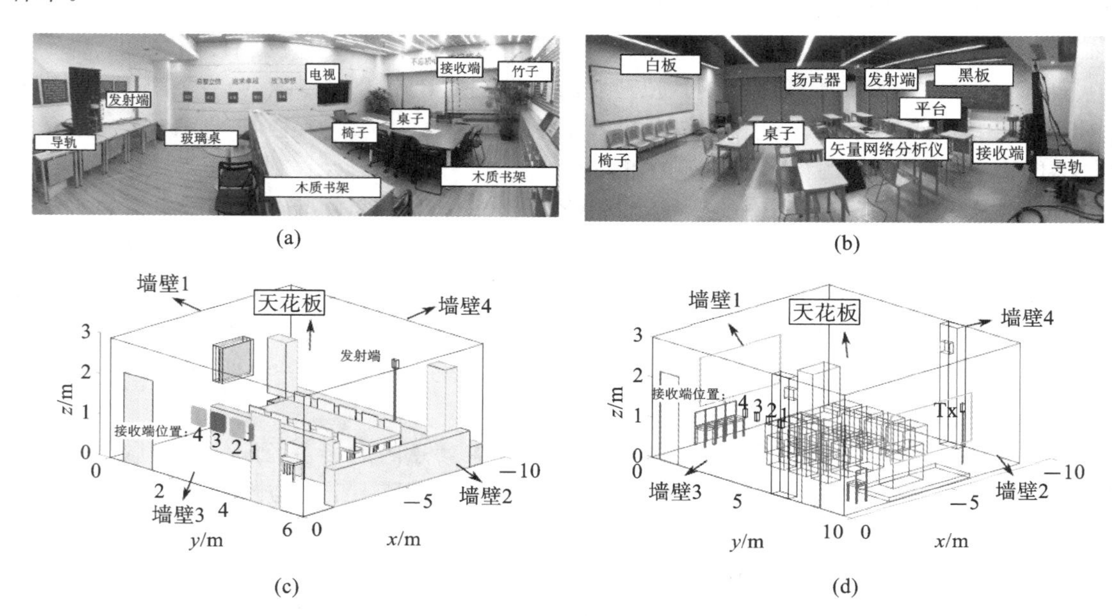

图 3-6　建立通感一体的 Massive MIMO 的信道模型过程

(a)会议室场景的照片；(b)教室场景的照片；(c)会议室场景的 3D 数字结构图；(d)教室场景的 3D 数字结构图

(2) 参数估计。通过采用球面波的参数估计方法，对多径的参数进行提取，并对多径对应的第一个和最后一个散射体的位置在三维空间的坐标系里进行确定。

(3) 信道的复合特征提取。类似于传统的 SCM 建模方法，计算复合的时延扩展、方向域扩展等数值，形成符合参数的统计信息表。

(4) 路径分簇。此时，需要将散射体的空间位置信息也同时考虑到分簇的参数集合中。可以采用 k-means，或者 k-powermean 等方式来进行，也可以采用基于 MCD(multi-path component distance)定义的方式来归簇。

(5) 对形成的簇进行统计特征的提取。

(6) 计算统计参量，如不同维度的扩展之间的相关性等，以形成完整的多维联合概率密度分布。

可见，上述步骤与传统的 SCM 方式并没有本质的区别，最大的变化即是增加了散射体空间位置的信息。

在模型使用中，为了能够满足信道空间一致性的要求，建议对于近场的散射体簇采用球面波的方式，来针对天线阵元的具体位置和姿态进行路径的重构。

下面展示一些实际测量得到的结果。图 3-7 所示的为采用大规模天线阵列进行信道测量的两个室内环境，分别是会议室和教室。发射机和接收机分别放置在房间的两端，通过照片和3D的数字地图，可以看到室内有桌椅等物体。图3-7展示了两个室内环境中的一次测量数据分析的结果，由于测量时发射端采用的是单天线，接收端是1024个阵元的虚拟天线阵列，所以利用球面波的信道先验模型可以得到接收端每个传播路径上电波相互作用的最后一个散射体。图中带着不同颜色的点，即为估计到的最后一跳的散射体的位置。为了能够构建统计模型，设定了多个天线子阵列。每个天线子阵列观察到的信道内的散射体，可以认为是稳态信道的一次随机实现。将各个天线子阵列的结果重叠在被测环境中，进行分簇的操作，得到散射体簇。不同颜色代表的是归入不同簇的多径。

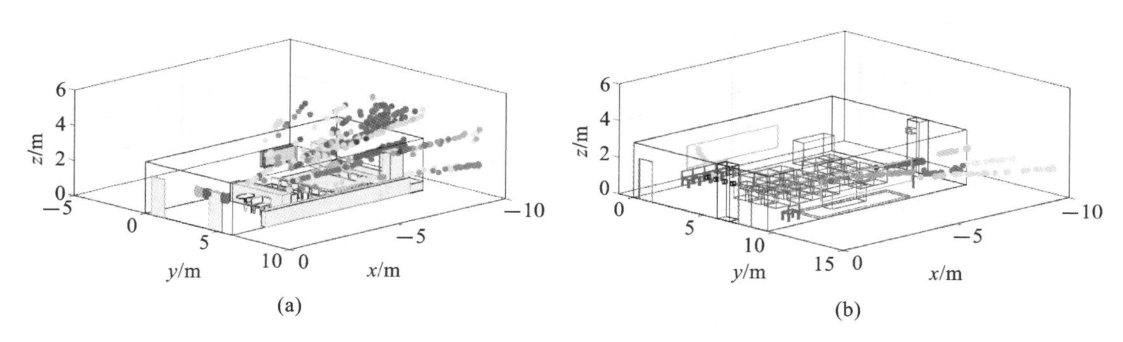

图3-7 作为例子进行的测量活动

(a)会议室场景位置1的聚类结果；(b)教室场景位置1的聚类结果

值得一提的是，我们看到这些估计到的散射体大部分都沿着以接收端天线阵列所在位置为源点，向外辐射出来的射线排列。大部分的射线也都“穿出”了被测量环境，即房间。会议室中的测量结果展示出的射线数量要远大于在教室的情况。这和之前我们在验证球面波算法时得到的测量数据分析结果似乎有很大的不同。事实上，这里展示的是多次测量得到的散射体位置估计结果的累积、重叠。至于为什么会观察到“最后一跳”的散射体是按照射线的方式来排布的，我们分析可能是如下原因造成的。

因为环境中的物体基本上都有比较平滑的表面，路径的真正的最后一跳，大概率会发生反射现象。而反射现象发生的地点很可能是一个平面，导致在追溯球面波的发射源点时，继续追溯到最后一跳之前的作用点，它是该作用点相对于最后一跳所在平面的镜像，并且被认为是“最后一跳”的位置。如图3-8所示，假设某一个传播路径具有三个折点 S_1、S_2 和 S_3，如果这三个折点发生的都是反射现象，则球面波的真正源点就会追溯到发射端Tx。但也有很大的可能性，即这些折点上发生反射的同时，也会发生散射、衍射等现象，尤其是在进行多次测量时，由于接收端采用的子阵列不同，会观察到在这些折点上发生的多种机制。有些快拍中，球面波追溯到的是 S_3，将 S_3 作为估计到的 $\hat{S}_{LH}$（这里的“LH”代表的是Last-Hop，即最后一跳），而有的快拍中，可能 S_2 或者 S_1 乃至Tx被估计成 $\hat{S}_{LH}$，于是当我们把多次的快拍结果同时呈现时，就会看到沿着最后一跳的入射方向，会有位于不同位置的散射体出现。这也表明，如果移动观测的位置，那么传播多径的总体架构可能不会发生剧烈的变化，但是每个多径上发生的传播机制很可能会改变。可能移动位置之前，某一个折点上发生的反射，在移动位置后成为散射，或者其他类型的作用形式。

当然，由于我们强调球面波波面的成因是由一个体积无限小的发射点造成的，所以基于球面波假设估计到的物体位置，大概率可以看作“点源”的概念，也就是说，散射发生的概率较高。我们可以认为，在图3-8中看到的这些点，是“散射”发生的点，有的点对应着实际的位置，有的点对应着镜像的位置。从通信信道的角度看，这些散射点是导致信道特征改变的作用点，通过对这些散射点进行归簇，分析它们的统计特征，总结出模型。利用这些模型，通过球面波的计算得到类似实测的信道样本。但是从感知的角度看，由于这些估计到的散射体簇更大程度上代表的是散射机制，所以可能会有一些位于环境中的物体由于其表面发生的是反射，尽管方向是正确的，但是位置并不对应着反射发生的点。如此感知到的环境，是基于"球面"模型假设所看到的估计结果，或者经过了"球面波波面"这样的过滤，环境中散射发生的位置会被凸显出来。不过需要提示的是，由于采用了子阵列的方式进行了多个快拍的操作，类似从不同的角度来观察同一个环境，所以有些快拍会"捕捉"到小概率发生的事件，如光滑表面的局部由于存在边缘或一些不均匀的结构而发生了散射，于是经过多次累积以后得到的结果，应该会更全面地反映环境中物体的存在。

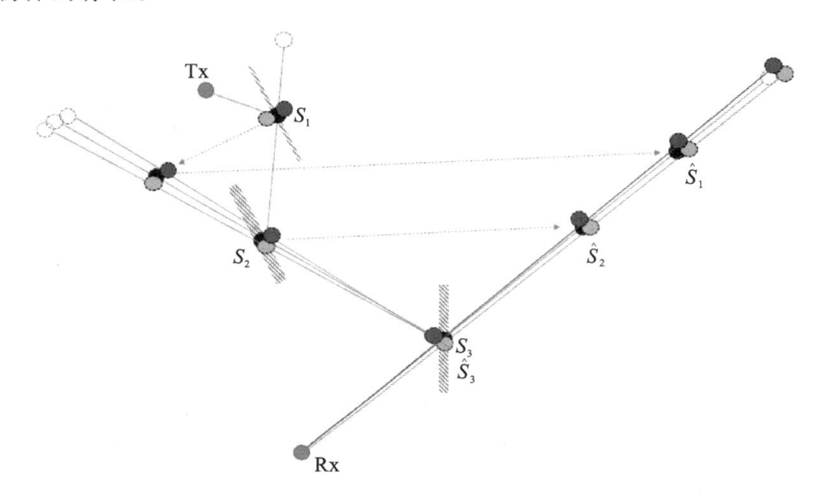

图 3-8 多次快拍得到的折点估计沿着一条射线分布的解释

基于得到的散射体归簇的结果，可以构建 SCM 的模型，由于增加了散射体的位置信息，所以相比传统的 SCM 信道多径簇而言，会得到更多数量的散射体簇。事实上，簇的形态也会变得更小些。图 3-8 中显示的不同颜色表示的簇，在三维空间里的形态取决于空间里 x、y 和 z 维度上的散射体分布，会呈现出特定的形状。所以结合散射体位置进行归簇的结果，将会进一步细化簇的参数化描述，如增加了簇在 x、y 和 z 空间方向上的扩展和分布。

当然，从通感一体信道建模的角度看，还需要在如下几个方面进一步探索：

(1) 区分传播机制，如反射、散射、衍射等，并利用这些机制的不同，对多径进行分类；不同的传播机制，会形成不同的干涉相位分布和幅值分布。有没有一种可能针对传播机制进行参数化先验模型的构建，这样就可以直接回溯到传播机制的判断上。

(2) 验证统计模型的适用度。建立统计模型的形式固然重要，但是利用统计模型构建出的信道样本是否和真实的信道呈现相一致，还需要大量实测检验和分析。而如今，我们还缺少这方面的研究。

(3) 更多的场景、不同的环境中开展测量和建模，发现融合了散射体位置建模的优点和缺点，进一步确定模型的形态。

(4) 如何产生出样本，这个流程尚没有形成稳定的方法和算法支撑。

3.5 本章小结

通信感知一体化对信道特征的新的要求逐渐增加，传统的信道特征表述方式、已经定义好的参数和其特征的提取方式、包括该特征对感知层面的信息解读模式都需要进行相应的扩展。本章首先介绍了通感的几种典型应用场景，如位置的检测和运动轨迹与状态的跟踪，以收发端为视角对环境的整体描述，重构环境中主要物体的分布，对特定区域的目标进行成像分析，更精细化地描述某些物体的表面特征和内部的结构。此外，利用无线电波传播的特征来回溯到用户的动作、手势和姿态等，在成像的基础上进行具体含义的判定，以及感知辅助通信，对信道多径的组成架构，采用选择性地在某些方向上发射或接收，采用何种功率水平发射或何种增益来接收，来达到工程化“改造”信道的目的，从而获得更符合通信需求的信道，以及其他如 NTN 的场景，对更为宏观的区域进行感知等。

之后讨论了通感信道模型应该包含哪些类型的参数，如何对上述场景中重构信道样本的需求进行有效支撑。再者，对通感场景中的信道参数进行了讨论，从几何参数、形状参数、动态参数、姿态参数、结构型的参数等多个角度，通过一些例子给出新参数的定义，并且讨论了如何通过信道测量来获取这些参数的估计值。最后，提供了一个实例，即利用大规模天线阵列进行信道测量得到的室内信道数据，利用球面波进行散射体位置的估计，结合传统的 SCM 基于信道多径簇的建模方法，得到了包含散射体簇信息的新型模型。这样的模型一方面可以像传统的 SCM 统计模型那样提供多径的参数信息，另一方面还可以描述收发端附近影响电波传播的物体信息。这二者结合的最直接的收获，是在产生大规模天线阵列上的不同天线阵元所经历的信道冲激响应时，可以通过散射体的位置得到满足空间一致性、随着观测阵元的位置而发生渐变的信道特征，即尽可能重现并且预测信道非稳态的状态。

本章是在通感一体化概念形成阶段这一背景下完成的，讨论如何对通感场景进行初步确定和划分，需要构成什么样的模型等问题提供了初步思路和奠定基础。研究者需要尝试尽快针对不同的应用场景，完成从数据采集、算法设计、参数提取和特征归纳，以及模型应用的多个环节的理论和可真正实践的各项技术，在这个过程中，还需要充分考虑智能化处理的应用。感知在未来会结合非常丰富的智能化功能，信道建模也需要“拥抱”智能化的建模思维，提出可以用于信道特征的创新性智能方法。

本章还有很多没有包含的内容，如多站点联合感知情况下的信道特征、通信信道和感知信道之间的相关性、感知辅助信道的具体应用案例研究以及围绕智能化感知的讨论。此外，本章的很多内容仍是学术界、产业界争论的未解概念，这里提出的问题解决方案也仅仅提供一些思路。如果能为读者提供一些启发，我们也感到很欣慰。

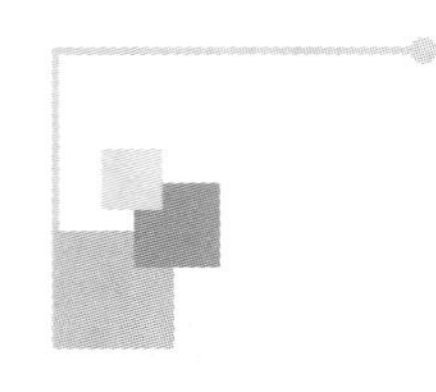

第四章　无人系统工作场景下的信道分析

从4G开始，“万物互联”的概念就已经深入人心。5G的70%的“用户”是在物联网、车联网以及多种智能应用中，与信号采集、传感、计算装置结合在一起的“非人”系统，并且超低时延、超高可靠的URLLC(ultra-reliability low-latency communication)应用场景，是5G区别于4G的三大应用场景之一，可见“无人系统”在5G通信中的重要位置。

随着5G垂直应用的进一步普及，以及大量的数字化转型在各行各业的飞速发展，未来的通信系统对于无人系统的支持，将会进一步加强。

无人系统与传统的手机用户之间有很大的不同，其中一个内容就是无人系统所处的环境相对于传统的手机用户而言，更加特殊。特别是工作在传统通信终端较少出现的环境中，例如：①卫星上承载的通信系统和地面上的移动终端之间保持通信，需要经历超长时延，并且承受空间电磁环境、大气层传播的扰动；②高速飞行的无人机(如采用固定翼的无人机)上的通信终端，需要在无人机多种飞行姿态下，在地面的地形地貌不断改变的情况下保持通信；③海上的无人艇需要在水面上高速运行、艇的姿态不断变化的过程中，以及在海浪造成的强烈散射环境中，甚至是恶劣的环境中保持通信；④旋翼式的无人机在低空、地面散射体分布较为复杂的场景中飞行时，保持和地面基站之间的通信，可能还需要增加对地面的感知能力；⑤很多传感器工作在极端的环境中，如在火箭尾焰中，需要将数据采用无线的方式回传，尾焰造成的特殊环境对通信会造成很大的影响。

本章基于多种实测的数据结果，针对无人机、无人艇以及尾焰影响下的信道特征进行分析，总结出统计模型，尝试发现在这些较为特殊的通信环境中信道发生的显著变化，对建模的挑战，以及如何通过总结新的特征，来更加合理地设计无线通信系统。与此同时，我们也希望能够发现在这些相对恶劣的、特殊的环境中，需要挖掘何种特征来保持高质量的通信，为B5G和6G的特殊场景信道建模提供参考和建议。

4.1　固定翼无人机空地信道建模

4.1.1　引言

在信道研究领域，对于空地信道的研究历史可以追溯到1962年[1]，已经有多篇文献对其进行了综述，根据这些文献的研究结果，可以总结出无人机空地信道研究的发展脉络：早期的空地信道研究局限于载人航空通信[2]、卫星通信[3]、升空平台[4]等，针对无人机空地信道的研究较晚，并且这部分的研究一开始侧重于固定翼无人机部分。随着无人机的小型化、成本降低，近年来，多旋翼无人机得到了极大的发展，这部分的信道研究开始获得越来越多的关注[5]。

由于多旋翼无人机出现得较晚，在讨论无人机信道时，早期学者并没有对无人机类型、飞行高度进行严格界定，仅涉及固定翼无人机，并且在之后的论述中也往往将固定翼和多旋翼二者综合在一起进行论述。直到最近，学术界才开始对这二者的区别进行界定，在论文中明确限定论述的范围[5][6]。因此，我们有必要首先对这二者的区别进行说明。

相比于低空小型旋翼无人机，固定翼无人机机身尺寸通常更大，飞行高度更高，飞行速度更快。固定翼无人机起飞降落需要跑道，机场环境相对小型旋翼无人机起降时的地面环境可能更加简单开阔。由于固定翼无人机机身尺寸较大，同时离地较高，接收信号的非直视路径分量有限，机翼带来的阴影衰落的影响更加严重。由于固定翼无人机和旋翼无人机飞行方式的差别，两者的姿态变化情况存在显著差别，这将会使得机身阴影衰落在变化速度、衰落深度等方面也存在不同。另外二者的应用场景存在较大差异，旋翼无人机相对低廉的成本、简单而稳定的操纵方式、灵活的应用场景使之逐步深入各行各业中。而相比之下，固定翼无人机的应用场景则相对有限，多用于军事任务、货物运输等，并且无法将之接入现有的通信基础设施，如现有的移动通信基站[7]、无线局域网[8]中。应用场景的不同使得二者在很多方面存在差别，包括所使用的频段、不同场景下信道的特性、对通信系统及信道研究的需求等。

由于体型较大的固定翼无人机起飞和降落往往需要在机场跑道中进行，因此，对于这类无人机，需要研究的信道场景除了无人机信道研究中常见的山地丘陵[9]、水面[10]、城市[11]、郊区[12]等外，还需要对机场环境下无人机航空信道进行研究。在参考文献[6]中，针对航空信道进行了介绍，我们从中了解到这种类型的信道可以按照飞机飞行的五个阶段进行划分，包括停泊、滑行、起飞、巡航、降落。因此，相比于其他场景下的无人机通信信道，除了空地信道外，还有停泊和滑行阶段的地地信道需要进行研究。起飞和降落阶段的空地信道由于飞机飞行轨迹和地面环境的特殊性，与其他场景中的空地信道可能会存在明显的差别。

对于航空信道，学界已经开展过一些研究。我们可以对已有的一些文献按照仿真推导或测量进行分类。

首先，在仿真推导研究方面，Haas 在参考文献[2][13]中对航空信道中的五个阶段的信道利用了时延线(TDL)统计模型进行描述，对时延扩展、多普勒功率谱等进行了研究。然而，这些文献在模型推导时应用了之前一些文献中的信道特征参数的量化结果，对参数取值范围等进行了一些先验假设。参考文献[14]对空地信道进行了几何仿真，但仿真时的条件设置较为简单，仅考虑地面散射，且该模型未考虑中心频率的影响。参考文献[15]提出了一种适用于空地信道仿真的模型，对多径效应、阴影衰落、天线辐射模式、漫反射分量均进行了考虑。

在基于实地测量结果的研究方面，Rice 等人在参考文献[16][17]分别对航空遥测应用中，窄带及宽带时的多径衰落进行了建模，在 TDL 模型中使用了时变系数去描述信道的时变特性。使用的天线为窄波束定向追踪天线，与实际应用相一致，验证了定向天线的使用可以极大抑制多径分量，从而可以采用双径模型和漫反射分量对其信道进行建模。参考文献[18]对 5 GHz 频段下的宽带信道进行了研究，对航空通信中的五个飞行阶段进行了实际测量，并利用获得的信道模型，对其中四个阶段中多载波码分复用通信系统的性能进行了仿真研究；Matolak 等人在参考文献[19][20]中，对 5 GHz 频段大机场以及小机场环境下的地地信道进行了测量，对直视(LoS)和非直视(NLoS)情况分别进行了研究，获得了 TDL 模型及路径损耗模型。在参考文献[21]中，利用两径模型、两段折线模型对停泊滑行场景中的 LoS 和 NLoS 环境中的路径损耗及阴影衰落分别进行了建模。在参考文献[22]中，作者对 LoS 和 NLoS 场景中机场表面区域的路径损耗和多径衰落进行了研究，获得了功率时延谱、莱斯因子、时延扩展等,获得了用于信道仿真的 TDL 模型,结果被用于航空移动机场通信系统(AeroMACS)标准。

总结上面提及的文献,我们可以发现对航空通信中五个阶段(停泊、滑行、起飞、巡航、降落)的空地、地地信道进行全面研究的并不多,并且使用的模型多为 TDL 模型、两径模型、莱斯衰落模型等,使用几何仿真模型的并不多,且多数测量中使用的飞机为载人机,在民用机场环境中进行,与固定翼无人机起降时的机场环境存在一定的差别。同时,只有部分研究对于天线辐射模式、飞机姿态对信道的影响进行了考虑。

4.1.2 C频段空地信道建模

4.1.2.1 测量活动介绍

1. 测量系统配置

本节所介绍的实测活动中,采用的无人机为腾盾公司生产的双尾蝎型无人机,如图 4-1 所示,机身长 10 m,高 3.3 m,翼展 20 m。测量中心频率为 6.8 GHz,采样率为 5 GHz,符号率为 224 MHz。采用伪随机码作为探测信号,符号长度为 4096,周期性发送。同时,为了减少码间串扰的影响,在相邻 PN 序列之间穿插长度为 PN 序列符号长度 9 倍的单音信号,单音信号频率为中心载频。

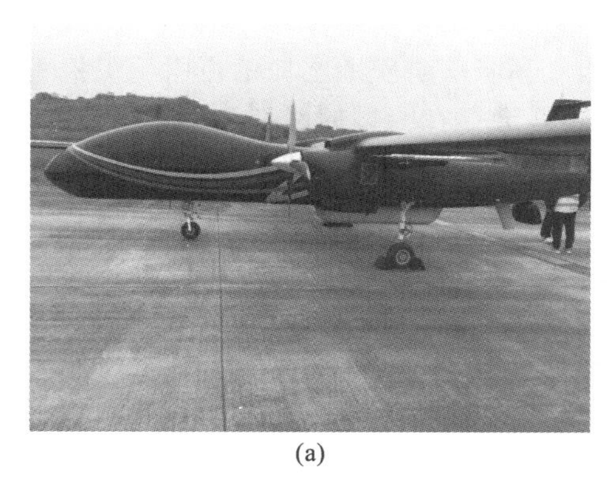
(a)

(b)

图 4-1 双尾蝎型固定翼无人机照片

(a)侧视图;(b)侧后视图

测量过程中,无人机端作为发射端,地面端作为接收端。发射天线位于无人机机腹,接收天线位于机场跑道附近。此次信道测量活动可以按照无人机的起飞、巡航、降落、滑行和停泊五个飞行阶段进行划分。其中无人机起飞、巡航、降落阶段地面接收端采用的是定向天线,停泊和滑行阶段接收端采用的是定向和全向两种天线。

收发端的系统框图如图 4-2 所示,发射端全向天线的方向图如图 4-3 所示(根据需要只测量了俯仰角为$-5°\sim45°$的方向图),接收端定向及全向天线方向图如图 4-4 所示。其中,在测量机载端发射天线方向图时,包括了如图 4-5 所示的工装结构,其中支架位于方位角 150°左右,电缆位于方位角$-10°$左右,根据图 4-3,安装支架及电缆确实对发射天线的方向图造成了一定的影响,导致支架及电缆所在方位的天线增益降低。测量相关的参数被详细地列在表 4-1 中。

表 4-1　测量系统参数设置 1

参 数 项	设 置 值
载波频率	6.8 GH
中频频率	720 MHz
采样率	5 GHz
PN 序列符号率	224 MHz
PN 序列符号长度	4096
单音信号周期样本长度	36864
天线端口发射功率	37.24 dBm
发射天线类型	准全向
接收天线类型(A2G)	喇叭口天线
接收天线类型(G2G)	盘锥天线及喇叭口天线
喇叭口天线第一过零点波束宽度	4°
接收天线高度	6 m
巡航高度	1500 m/2000 m/2400 m
巡航速度	53 m/s/53 m/s/46 m/s
巡航轨迹长度	4630 m/5417 m/5238 m
最大滑行速度	20 m/s
滑行轨迹长度	约 900 m
起飞末速度	42 m/s
起飞最大俯仰角	4.05°
降落初速度	44 m/s
降落最小俯仰角	3.07°

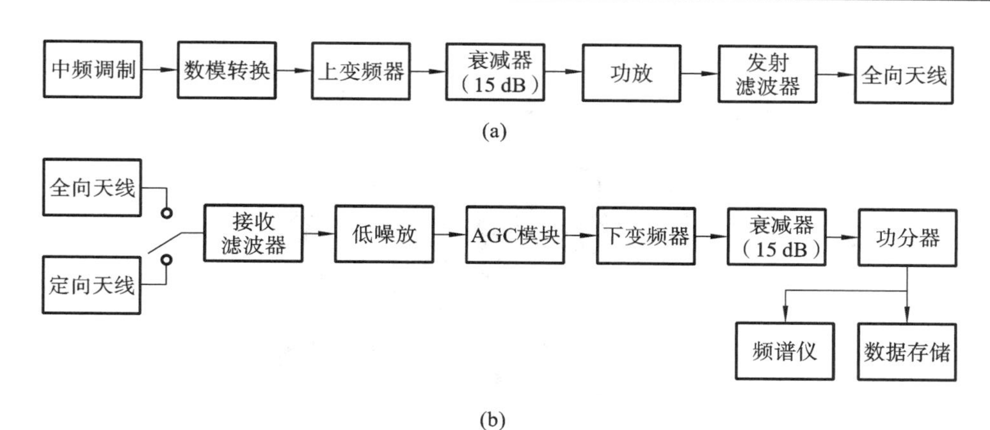

图 4-2　测量系统框图

(a)发射端系统框图;(b)接收端系统框图

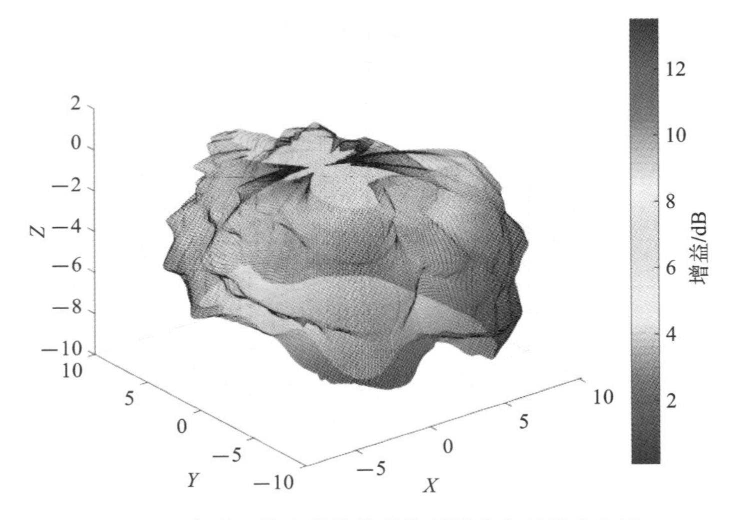

图 4-3　考虑天线安装结构的发射端全向天线方向图

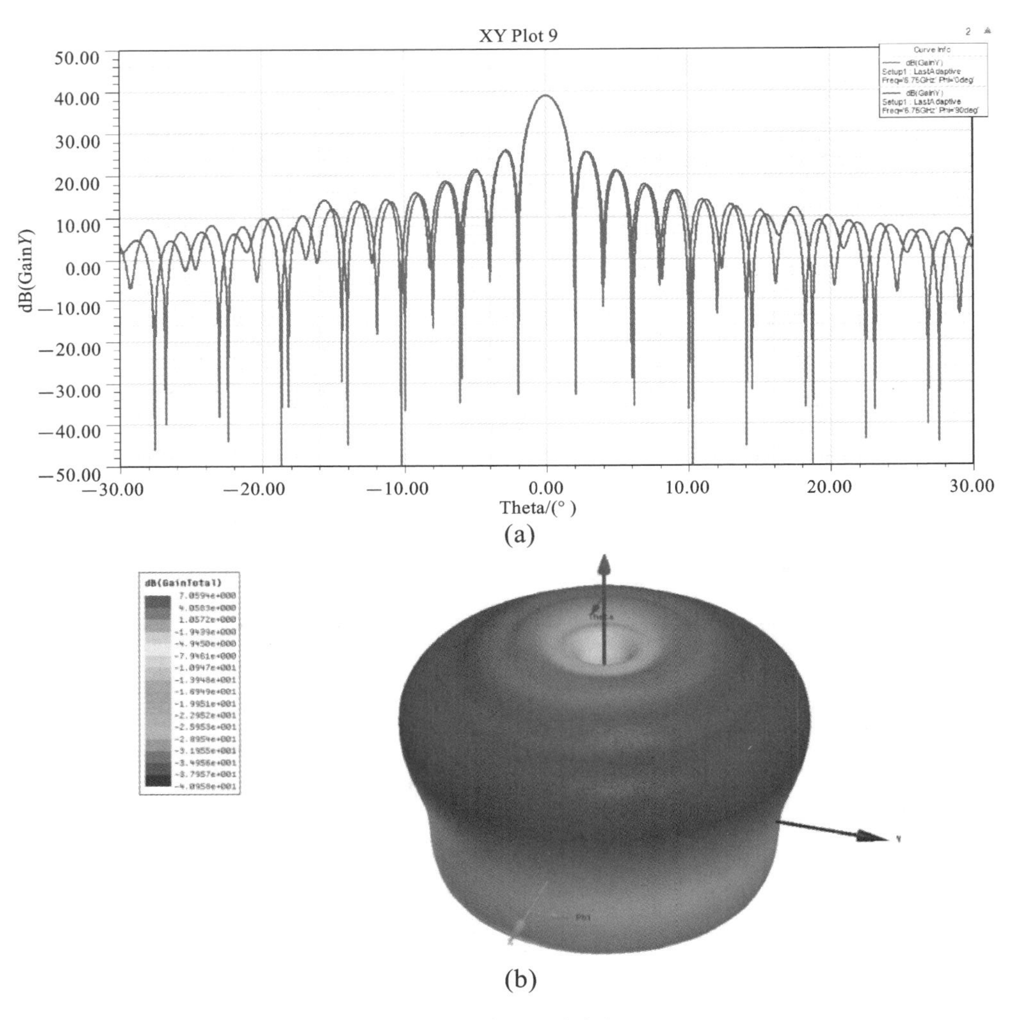

图 4-4　接收端天线方向图

(a)接收端定向天线方向图;(b)接收端全向天线方向图

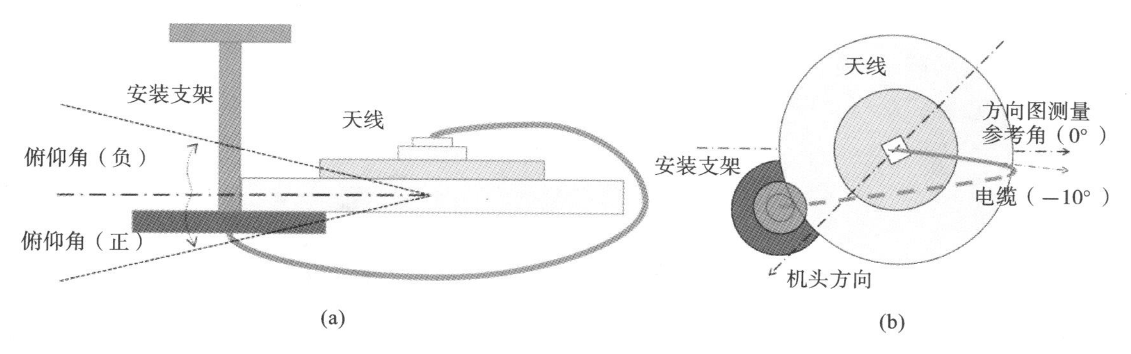

图 4-5　机载发射天线安装示意图

(a)侧视图；(b)俯视图

2. 测量场景

本次测量活动在四川自贡凤鸣机场进行，该机场位于乡村地区，机场的卫星地图如图4-6所示。按照机场类型划分，该机场属于通用机场，机场内仅有一座航站楼，高度在 15 m 以下，除此之外还有机库等建筑物，相比于航站楼高度更小。机场内跑道长度约 1200 m，跑道东南侧有连绵的小山丘。机场周围环境较空旷，周围环境中的散射体包括树木、农田、民房等。地面站相对于跑道及停机坪的相对高度（relative height，RH）约 6 m，机场内测量场景的示意图如图 4-7 所示，测量当天天气晴朗。

图 4-6　机场卫星地图

无人机所有飞行轨迹如图 4-7 和图 4-8 所示。图 4-7 为测量场景示意图。滑行速度由 0 增加到约 72 km/h，然后减速到 0。采用定向天线测量的滑行轨迹长度为 990 m，采用全向天线测量的滑行轨迹长度为 920 m。图 4-8(a)、(b)、(c)分别为无人机起飞、降落、巡航轨迹图。横纵坐标分别表示经度和纬度。图中红色星点代表地面站，紫色圆圈代表飞行起点，绿色圆圈代表飞行终点。图 4-8(a)所示的起飞阶段采用的是定向接收天线，飞机在直线跑道上滑跑起飞的过程中，先靠近地面站，然后在远离过程中，迅速增大俯仰角，远离地面，起飞段测量的飞行高度在 100 m 以内。图 4-8(b)所示的为无人机降落阶段，无人机以几乎恒定的俯角向下俯冲，接近地面站，降落在跑道以后逐渐减速，同时远离地面站。图 4-8(c)所示的为无人机飞行巡航阶段，包括三个不同的海拔高度，分别为 1500 m、2000 m 和 2400 m，巡航速度为 150 km/h。

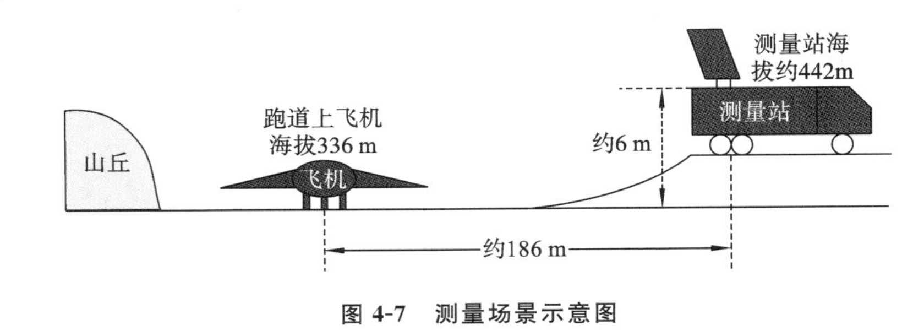

图 4-7 测量场景示意图

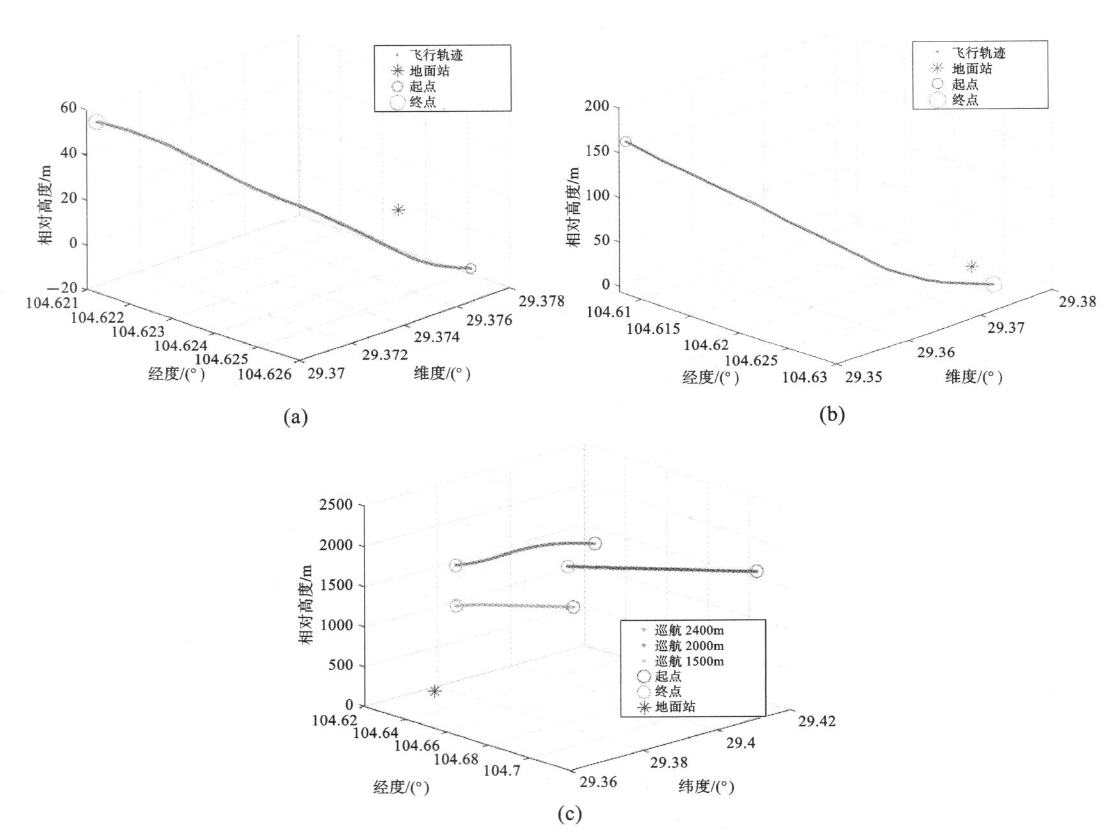

图 4-8 无人机飞行轨迹

(a)起飞轨迹；(b)降落轨迹；(c)巡航轨迹

4.1.2.2 大尺度信道模型

路径损耗是由发射功率的辐射扩散及信道的传播特性造成的，引起长距离上接收功率的变化。为了对接收功率的变化情况进行建模，选取了一段包含多飞行阶段(空中水平转向、巡航、降落、滑行)的飞行轨迹，对接收功率进行了分析。三维的飞行轨迹图及对应的接收功率如图 4-9 所示。轨迹图中包含 A、B、C、D 四个转折点，用于划分不同的飞行阶段，对应的转折点在图 4-9(b)中也被标示出来。A 点之前，无人机在空中转向，A 点结束转向，接收信号有一个 15 dB 左右的突然衰落，可以解释为与飞机姿态相关的机身衰落带来的影响，AB 段为直线巡航，功率变化相比转向时更加平缓；B 点开始向地面俯冲，接收信号有一个超过 10 dB 的衰落，BC 段飞机以一个近似恒定的俯角向下俯冲，接收功率按照对数距离路径损耗模型线性变化；CD 段飞机俯冲角变小，且该阶段地面接收天线相对于机载天线方向图的俯仰角较小，快速减小为 0°，地面接收天线几乎处于飞机机身所在平面内，该阶段虽然飞机在不断靠近地面站，但是由于机身带来的衰落，接收功率反而快速下降，下降趋势同样接近线性变化，D 点地面天线相对于机载天线方向图的俯仰角开始变为负值，所以机身对接收信号造成更加显著的遮挡，D 点有一个 5 dB 左右的信号衰落，D 点后，飞机着地，相当于在滑行，信号功率波动较大，阴影衰落相比空中部分更加剧烈，且由于机身遮挡，导致无人机在跑道滑行时部分位置上接收功率太弱，AGC 取值达到饱和。

为了对以上路径损耗变化进行建模，我们对不同飞行轨迹段进行了不同的模型构建。其中，AB 段、BC 段及 CD 段的功率变化如图 4-10 所示，基本服从线性变化，因此我们采用了式(4-1)所示的简化路损模型进行分段拟合，拟合参数如表4-2所示。

从原始接收功率中去掉线性拟合部分，即可得到对数取值的阴影衰落的波动，利用高斯分布进行拟合，可以获得 ψ_σ(dB)的标准差 σ，该参数同样被列在表 4-2 中。需要注意的是，由于本次测量采用的 AGC 记录精度有限(1 dB)，因此得到的阴影衰落可能与实际取值稍有不同，以上结果可以作为参考。

$$P_r(\text{dB}) = P_r(d_0)(\text{dB}) - 10\alpha\lg\frac{d}{d_0} + \psi_\sigma(\text{dB}) \tag{4-1}$$

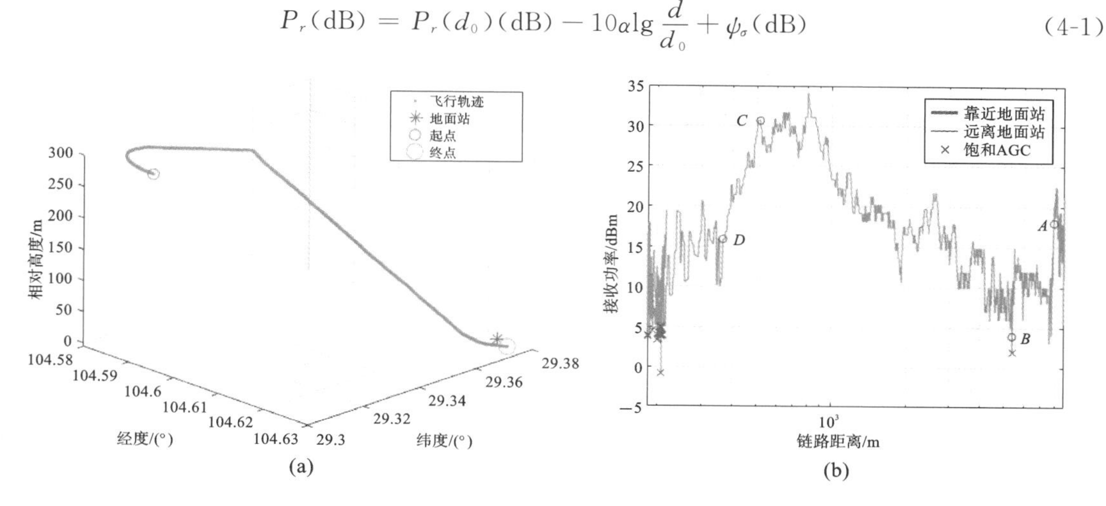

图 4-9　包含多阶段的飞行轨迹及功率变化

(a)飞行轨迹；(b)功率变化

表 4-2　不同轨迹段的接收功率拟合参数

拟 合 参 数	AB 段	BC 段	CD 段
d_0[10lg(m)]	37.40	27.11	25.62
$P_r(d_0)$/dB	12.53	31.21	16.75
α	−2.74	−2.23	8.65
σ/dB	1.24	2.51	1.25

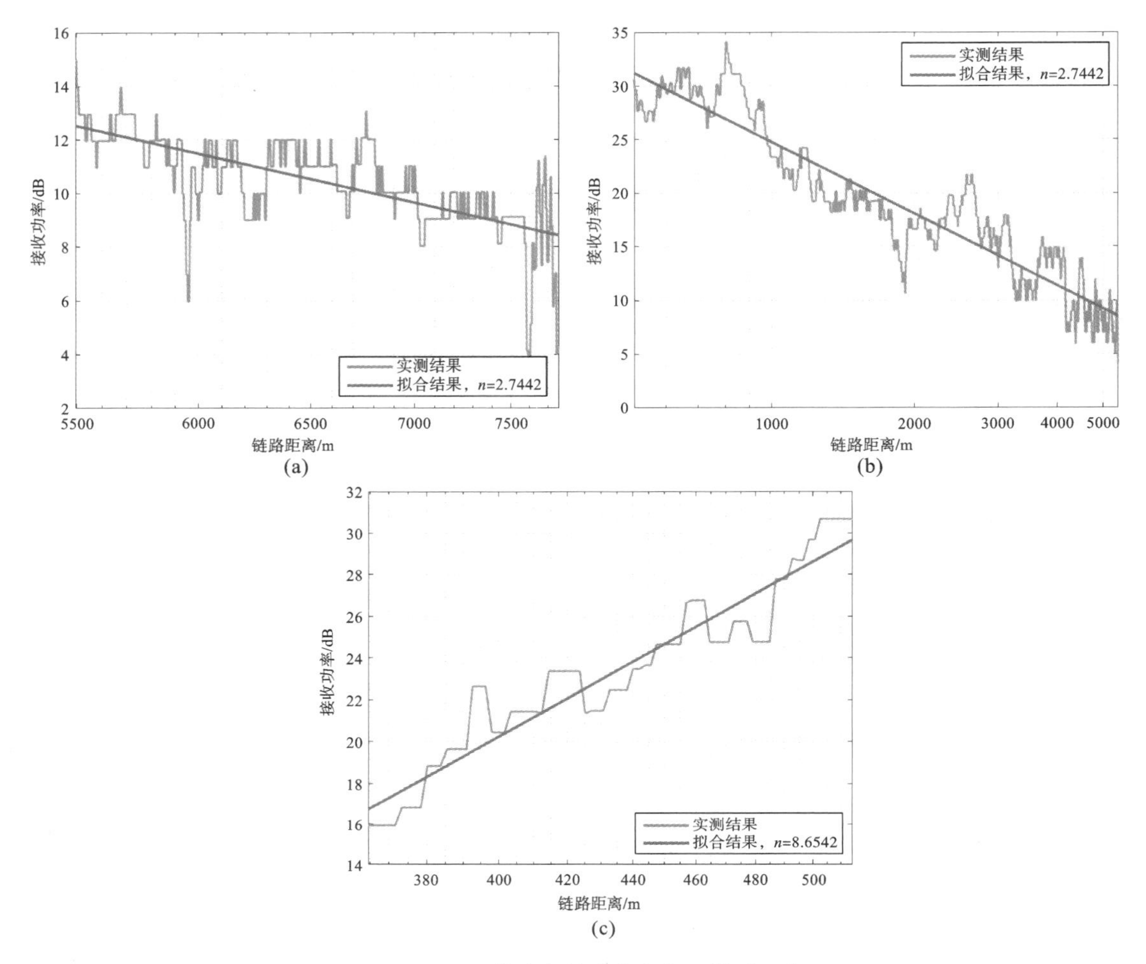

图 4-10　不同轨迹段的功率变化及模型拟合

(a)AB 段功率变化；(b)BC 段功率变化；(c)CD 段功率变化

4.1.2.3　宽带实测统计信道模型

1. 功率时延谱及 SAGE 估计结果

为了对此次测量中无人机信道的宽带特性进行研究，首先获取不同飞行阶段的功率时延谱(又称为散射函数，可以展示信道在时间域和时延域的选择及色散特性)，随后利用高精度参数估计算法 SAGE 对信道中的多径分量参数进行估计，具体如下：

(1) 利用测量数据及校准数据，获得信道冲激响应 $h(t,\tau)$ 及功率时延谱：

$$P(t,\tau) = E[\,|\,h(t,\tau)\,|^2] \tag{4-2}$$

(2) 根据 PDP 相关法获得信道的平稳区间，从而对测量数据进行分割(设置阈值$R_h(\delta t;\tau)$下降至 0.707)：

$$R_h(\delta t;\tau) = E[h^*(t,\tau)h(t+\delta t,\tau)] \tag{4-3}$$

(3) 对每个截取快拍进行 SAGE 估计，采用的信道模型如下：

$$h(t,\tau) = \sum_{l=1}^{L(t)} a_l(t)\delta(\tau-\tau_l)\exp(\mathrm{j}2\pi v_l t) \tag{4-4}$$

式中：t 表示当前时刻；$L(t)$是时刻 t 的多径数量；α_l、τ_l、ν_l 分别是第 l 条多径分量的复幅度、时延及多普勒频率。

对于空地信道部分及地地信道部分，分别选取 1500 m 高度巡航及停泊(全向天线)场景为例，获得的结果如下。

图 4-11(a)展示了 1500 m 高度巡航场景下的功率时延谱，图 4-12 展示了对应的多径时延、多普勒频率估计结果。从图中可以看到，巡航场景中，LOS 径非常清晰且持续存在，并且由于地面端采用了定向追踪天线，多径分量较少，对应的 SAGE 估计结果中，多径分量集中在比 LOS 径时延大 0.5 μs 的范围内，间断出现，较为零散和稀疏，多径的多普勒频率集中在主径附近±500 Hz 范围内，分布较为零散且呈现一定的偏态分布。

图 4-13 展示了对应的多径时延、多普勒频率估计结果。从图中可以看到，停泊场景中 LoS 径非常清晰且稳定存在，并且还存在非常丰富且同样稳定的多径分量，多径分量的轨迹非常清晰。虽然地面端采用了全向天线，但是 SAGE 估计结果中的多径分量同样集中在比 LoS 径时延大 0.5 μs 的范围内，这可能是由于机场跑道高度相比地面站天线更低，发射天线处于接收天线的负俯仰角范围内，因此信号传播过程受到机翼等飞机自身结构的遮挡。另外，由于是静态场景，多普勒频率集中在 0 Hz 附近，扩展相比巡航场景更小，但值得注意的是信道中存在一些多普勒频率在 1000 Hz 附近的多径分量，功率相比 LoS 径低 20 dB 以上，可能是由于机场其他起降飞机造成的。

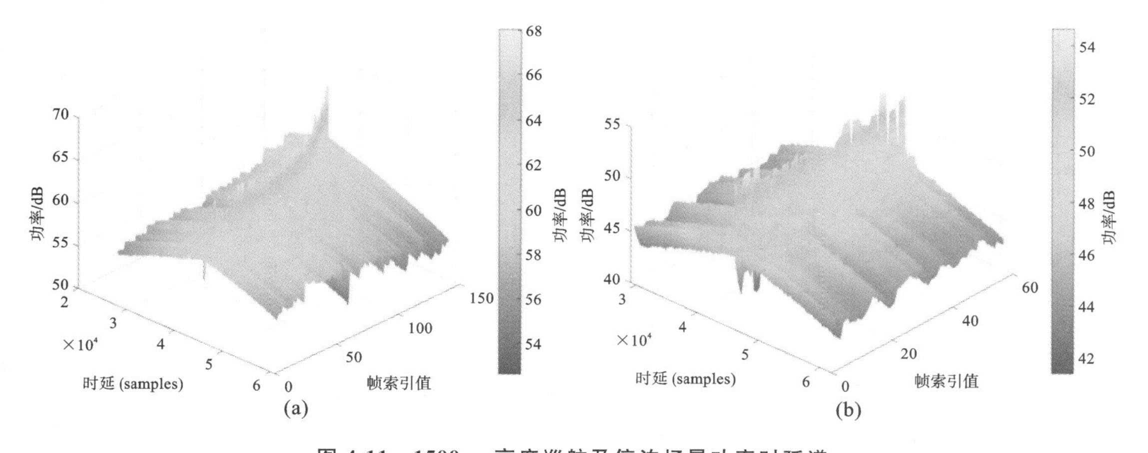

图 4-11 1500 m 高度巡航及停泊场景功率时延谱

(a)1500 m 高度巡航场景功率时延谱；(b)停泊场景功率时延谱

2. 莱斯因子

当信道中存在直视分量或一个较强的镜面分量时，接收信号的同相及正交分量均值不再是 0，而是零均值复高斯分量和单一径分量的叠加，通常用莱斯因子(又称为 K 因子)进行表征，如式(4-5)所示，被定义为最强径分量功率与所有其他散射分量的功率和的比值，当 K 取值为 0 时，退化为瑞利分布。

$$K = 10\lg \frac{P_{\max}}{\sum P_{\text{scatters}}} \tag{4-5}$$

各场景的 K 因子统计及拟合结果被列在表 4-3 中，各场景中的均方根时延扩展取值的统计分布及拟合结果如图 4-14 所示。从这些结果中，我们可以得出以下结论：

(1) 除使用全向接收天线的停泊场景外，其他飞行阶段中的 K 因子取值都能够用对数正态分布进行较好的拟合。

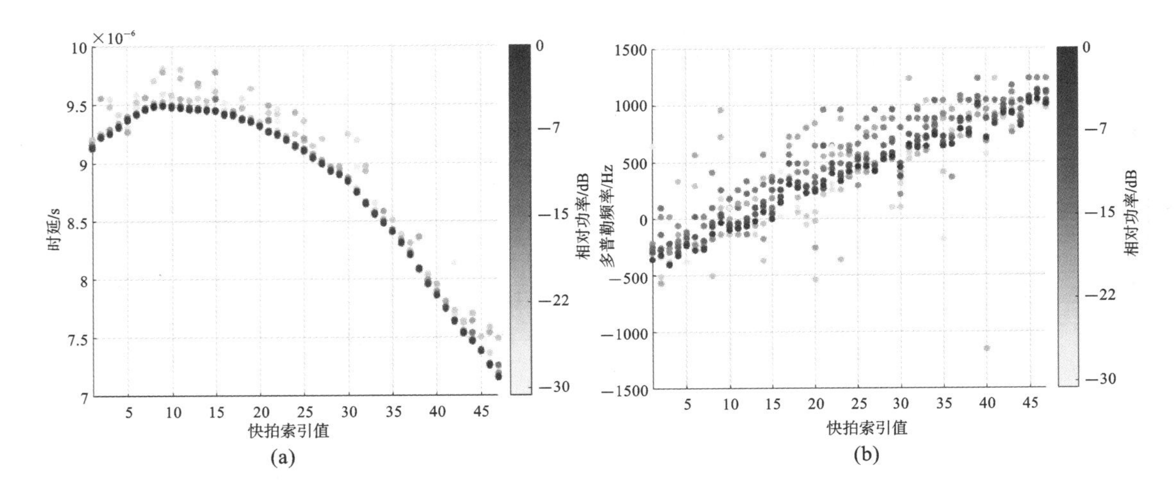

图 4-12　1500 m 高度巡航场景的 SAGE 估计结果

(a)多径时延估计结果;(b)多径多普勒频率估计结果

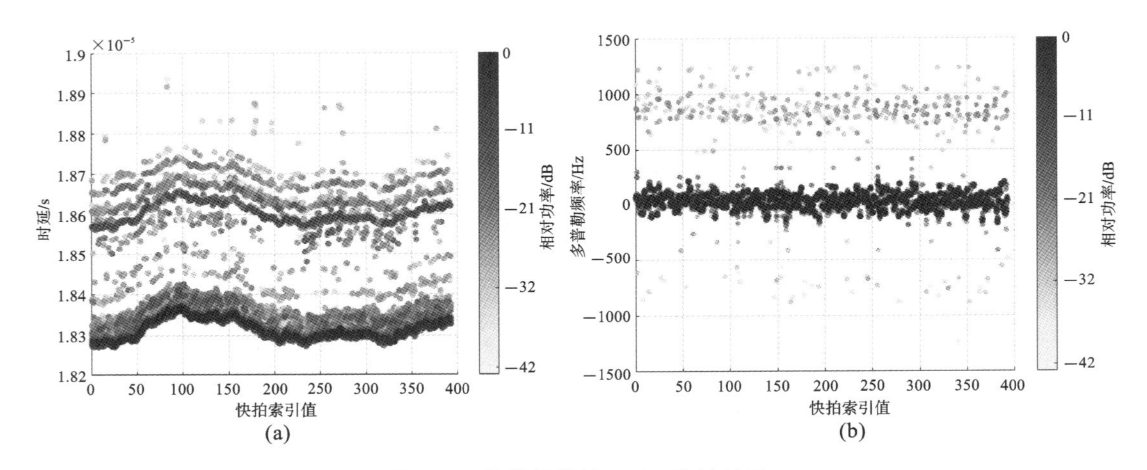

图 4-13　停泊场景的 SAGE 估计结果

(a)多径时延估计结果;(b)多径多普勒频率估计结果

(2) 从中值及平均值来看,所有场景的 K 因子均大于 1 dB,说明主径均稳定存在并且相比多径分量而言强度较高。

(3) 在三段巡航场景中,K 因子没有呈现出与本文巡航高度有关的线性相关性。

(4) 停泊场景 K 因子相较于其他场景的较小,取值为 1.5 dB 左右,这一结果较为合理,因为停泊场景中,地面散射分量较为丰富。

(5) 停泊及滑行段,当采用全向天线后,K 因子没有明显的变化趋势,说明在这两种场景中,K 因子与天线方向性关系不大,可能是因为采用定向天线后,虽然波束更加集中,但是多径分量受到的天线增益也得到相应的增强。

(6) 在所有场景中,起飞段的 K 因子波动最大,可以达到 17.99 dB,原因是无人机起飞阶段高度不断增加,场景中环境发生了较大的变化。同时值得注意的是,在降落段虽然无人机飞行轨迹与起飞段有一定的相似性,但是降落段的 K 因子波动却没有起飞段的大,这与飞行姿态以及发射天线支架安装位置有关。

表 4-3 各飞行阶段的 K 因子统计量及拟合值(巡航 1、2、3 对应 1500 m、2000 m、2400 m 高度)

场 景	最小值	最大值	中位数	均 值	标准差	拟合 μ_K/dB	拟合 σ_K/dB
停泊定向	1.25	1.82	1.48	1.49	0.13	1.49	0.13
停泊全向	−0.18	3.23	1.47	1.55	0.62	1.54	0.61
滑行定向	−6.44	7.89	3.10	3.00	1.46	3.54	1.56
滑行全向	−4.35	6.07	2.81	2.56	1.4	2.61	1.00
起飞	−3.00	14.99	3.44	3.70	3.06	3.70	2.54
巡航 1	−3.68	7.98	3.42	3.56	1.58	3.57	1.36
巡航 2	0.71	4.23	3.06	2.96	0.66	2.96	0.54
巡航 3	−1.34	7.88	3.93	4.06	1.54	4.03	1.54
降落	−2.08	7.12	3.16	2.9	1.52	2.91	1.39

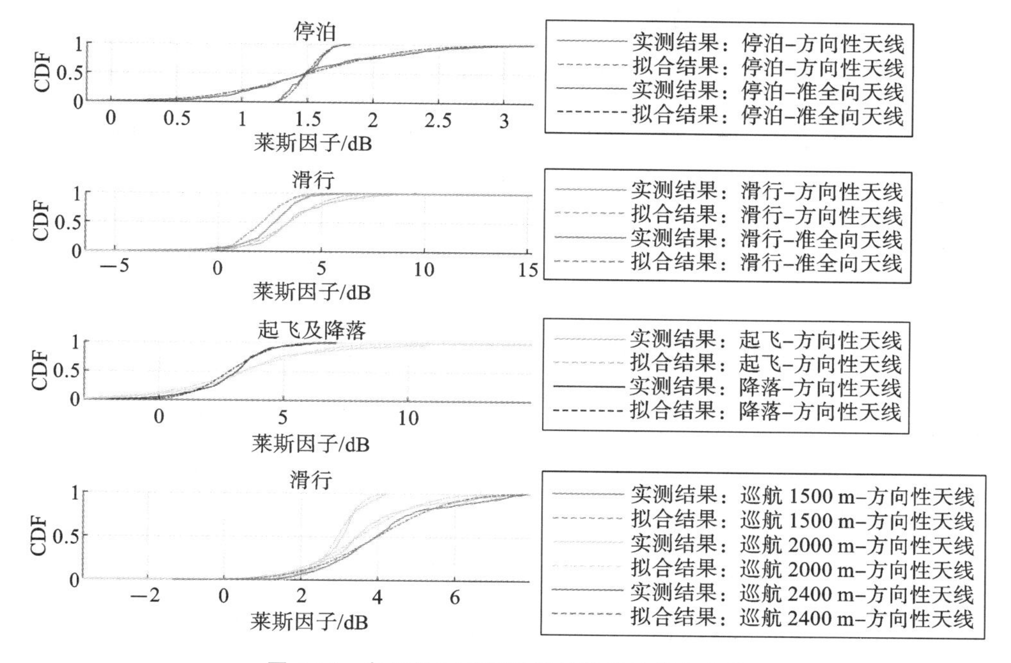

图 4-14 各场景下莱斯因子的统计及拟合曲线

3. 时延扩展

时延扩展用于衡量信道在时延域的色散程度，可以用功率时延谱获得，通常用平均时延扩展、均方根时延扩展、时延窗或时延区间等度量。其中最常用的是均方根时延扩展（RMS delay spread），其与信道中的频率选择性衰落、码间串扰等现象关系密切，决定了通信系统中帧信号保护间隔的设计。均方根时延扩展的计算方法如式(4-6)和式(4-7)所示。利用 SAGE 估计的多径时延及幅值，可以获得各场景中不同位置处的均方根时延扩展。随后，可以求得相干带宽为 $B_c \approx 1/\sigma_{T_m}$，更为一般的定义是 $B_c \approx k/\sigma_{T_m}$，$k$ 取决于功率时延谱的形状以及相干带宽的定义。

$$\mu_{T_m}(t)=\frac{\sum_{l=1}^{L(t)}a_l^2(t)\tau_l(t)}{\sum_{l=1}^{L(t)}a_l^2(t)} \tag{4-6}$$

$$\sigma_{T_m}(t)=\sqrt{\frac{\sum_{l=1}^{L(t)}a_l^2(t)\tau_l^2(t)}{\sum_{l=1}^{L(t)}a_l^2(t)}-\tilde{\omega}_{T_m}^2(t)} \tag{4-7}$$

各场景中的均方根时延扩展取值的统计分布如图 4-15 所示。我们对各场景的均方根时延扩展的 CDF 曲线利用对数正态分布进行了拟合，同样绘制在图 4-15 中。详细的拟合参数列在表 4-4 中。从这些结果中，我们可以得到以下结论：

(1) 除停泊场景外，其他场景中的均方根时延扩展均可以用对数正态分布进行较好的拟合，这是由于停泊场景环境具有较高的确定性。

(2) 停泊及滑行段，采用全向天线后，均方根时延扩展均值显著变大，说明均方根时延扩展与天线的方向性密切相关。这一结果较为合理，因为采用全向天线后，接收信号中较强多径分量的来波方向更宽，多径的时延更大。

(3) 起飞阶段相比其他阶段的均方根时延扩展大得多，是因为起飞阶段地面定向追踪天线的仰角较小，且在飞机离地后该仰角为一正值，受地面散射体影响较大。

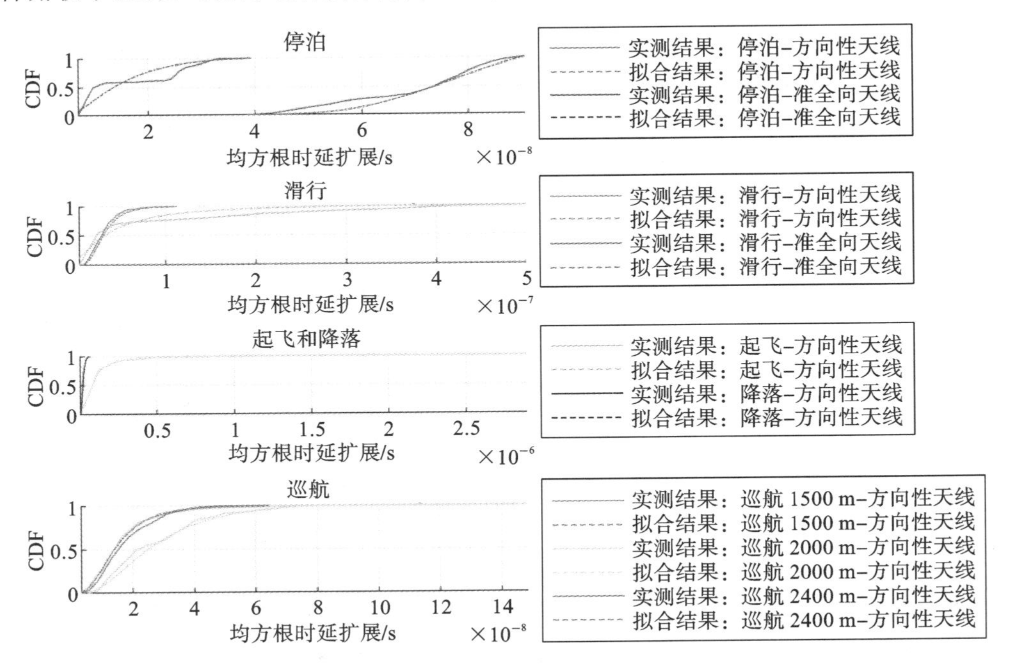

图 4-15　各场景下均方根时延扩展的统计及拟合曲线

表 4-4　各飞行阶段的 RMS-DS 统计量及拟合值(RMS-DS 单位为 ns，B_c 单位为 kHz，计算时使用 95%分位数，取 $k=0.02$，巡航 1、2、3 对应 1500 m、2000 m、2400 m 高度)

场　景	最小值	最大值	中位数	均　值	0.95 分位数	B_c	拟合 μ_{T_m}	拟合 σ_{T_m}
停泊定向	6.84	39.33	9.59	16.1	31.67	631	—	—

续表

场　景	最小值	最大值	中位数	均　值	0.95 分位数	B_c	拟合 μ_{T_m}	拟合 σ_{T_m}
停泊全向	38.65	90.94	73.82	69.76	86.95	230	—	—
滑行定向	4.05	351.4	17.18	21.36	34.04	587	−73.87	4.22
滑行全向	5.99	131.96	28.78	32.01	64.62	309	−74.81	2.05
起飞	2.62	2904.80	43.34	127.72	386.67	38	−70.99	3.55
巡航 1	4.07	149.01	13.82	16.73	38.16	524	−77.76	2.06
巡航 2	5.26	81.31	21.24	27.0	61.65	324	−75.68	2.61
巡航 3	3.17	64.37	15.19	17.5	36.27	551	−78.18	2.32
降落	4.24	68.47	20.58	22.61	43.51	460	−76.96	2.14

4. 均方根多普勒扩展

多普勒扩展由环境中收发端或散射体之间的相对运动产生，表现为多普勒谱在载频附近有一定的展宽，即多普勒谱在$[f_c-f_d, f_c+f_d]$取值不为 0。多普勒扩展会导致信道在时间上的选择性，多普勒扩展的倒数即为相干时间 T_c，如果符号时长小于该相干时间 T_c，信道会面临快衰落情况。在多载波调制系统中，多普勒扩展的大小与子载波间隔设计息息相关。除了绝对的多普勒扩展 f_d 以外，另一度量多普勒扩展程度的参数为均方根多普勒扩展，其定义与均方根时延扩展类似，如式(4-8)及式(4-9)所示。为了避免部分快拍数据中异常值的干扰，此处利用平均多普勒频移与均方根多普勒扩展，重新定义的最大多普勒扩展如式(4-10)所示，并依此来计算相干时间 T_c。

$$\mu_v = \frac{\sum_{l=1}^{L(t)} a_l^2 v_l(t)}{\sum_{l=1}^{L(t)} a_l^2(t)} \tag{4-8}$$

$$\sigma_v = \sqrt{\frac{\sum_{l=1}^{L(t)} a_l^2(t) v_l^2(t)}{\sum_{l=1}^{L(t)} a_l^2(t)} - \mu_v^2(t)} \tag{4-9}$$

$$v_{\max} \approx \max(v_{\text{mean}}) + 3\text{median}(\text{RMS}(v)) \tag{4-10}$$

各场景的均方根多普勒扩展的统计及拟合结果列在表 4-5 中，各场景中的均方根时延扩展取值的统计分布及拟合结果如图 4-16 所示。从这些结果中，我们可以得出以下结论：

(1) 在三段巡航场景中，均方根多普勒扩展并没有呈现出与高度的线性相关性。

(2) 起飞阶段的均方根多普勒扩展的均值相比其他阶段的取值要大得多，因为无人机起飞阶段地面定向追踪天线俯仰角较小，地面散射体分布更广。降落段该取值接近巡航的原因是因为降落部分只有前半部分有测量数据，接近地面的部分只有单音信号部分。

(3) 停泊场景的均方根多普勒扩展较小，这是因为停泊阶段环境中运动物体较少，静态程度较高。

表 4-5 各飞行阶段的均方根多普勒扩展统计量及拟合值（均方根多普勒扩展单位为 Hz，T_c 单位为 ms，巡航 1、2、3 对应 1500 m、2000 m、2400 m 高度）

场 景	最小值	最大值	中位数	均 值	T_c	拟合的均值	拟合的方差
停泊定向	12.11	50.57	26.78	29.18	1.75	—	—
停泊全向	1.00	85.90	22.67	27.53	1.48	—	—
滑行定向	21.25	340.60	71.08	86.20	0.58	18.52	2.38
滑行全向	2.25	256.23	25.04	34.65	0.9	14.01	2.86
起飞	10.42	623.37	99.12	126.03	0.29	19.53	3.49
巡航 1	0.19	130.89	32.95	35.99	0.32	14.86	1.62
巡航 2	4.51	158.27	30.36	31.95	0.32	—	—
巡航 3	5.15	68.75	17.14	19.20	0.36	12.40	1.7
降落	15.60	511.23	104.99	127.64	0.31	19.96	3.20

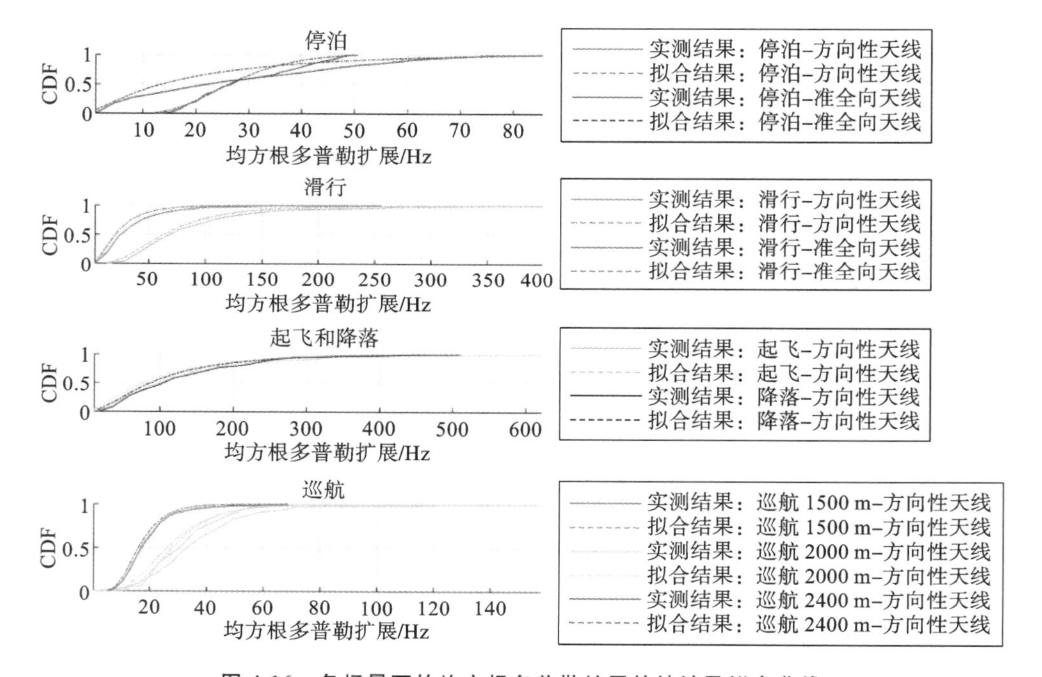

图 4-16 各场景下的均方根多普勒扩展的统计及拟合曲线

4.1.3 Ka 频段空地信道模型

4.1.3.1 测量活动介绍

1. 测量系统配置

测量采用的无人机为腾盾公司生产的双尾蝎型无人机，如图 4-1 所示，机身长 10 m，高 3.3 m，翼展 20 m。测量中心频率为 27.5 GHz，采样率为 2.24 GHz，符号率为 280 MHz。采用伪随机码作为探测信号，符号长度为 4096，周期性发送。同时，为了减少码间串扰的影响，在相邻 PN 序列之间穿插长度为 PN 序列符号长度 9 倍的单音信号，单音信号频率为中心载频。测量过程中，无人机端作为发射端，地面端作为接收端。发射天线位于无人机机腹，接收天线位于机场跑道附近。此次信道测量活动可以按照无人机的起飞、巡航、降落、滑行和停泊五个飞行阶段进行划分。其中无人机起飞、巡航、降落阶段地面接收端采用的是抛物面天线，停泊和滑行阶段接收端采用的是抛物面和喇叭口两种天线。收发端的系统框图与图 4-2 相似，接收端抛物面天线的第一过零点波宽(FNBW)仅为 0.2°。测量相关的参数如表 4-6 所示。

表 4-6　测量系统参数设置 2

参　数　项	设　置　值
载波频率	27.5 GHz
采样率	2.24 GHz
PN 序列符号率	280 MHz
PN 序列符号长度	4096
单音信号周期样本长度	36864
发射天线类型	准全向
接收天线类型(A2G)	抛物面天线
接收天线类型(G2G)	抛物面及喇叭口天线
接收天线第一过零点波束宽度	0.2°
接收天线高度	6 m
巡航高度	1500 m/2000 m/2400 m
最大水平距离	约 17.5 km

2. 测量场景

本次测量活动在四川自贡凤鸣机场进行，该机场位于乡村地区，机场的卫星地图如图4-6所示。按照机场类型划分，该机场属于通用机场，机场内仅有一座航站楼，高度在 15 m 以下，除此之外还有机库等建筑物，相比于航站楼高度更小。机场内跑道长度约 1200 m，跑道东南侧有连绵的小山丘。机场周围环境较空旷，周围环境中的散射体包括树木、农田、民房等。地面站相对于跑道及停机坪的相对高度(RH)约 6 m。

无人机所有飞行轨迹可以分为地地信道和空地信道部分。图 4-17 展示了地地信道部分的无人机运动轨迹，包括停泊及滑行阶段，其中滑行阶段包括地面端采用抛物面天线与喇叭口天线两种情况，跑道长度为 1200 m。图 4-18 展示了无人机空地信道部分的飞行轨迹，包括卫星地图及三维轨迹图。从卫星地图可以看出，测量区域内为平原地形，地形起伏较小，植被覆盖程度较高。从三维轨迹图可以看出，无人机除起飞和降落阶段外，在 1500 m、2000 m、2400 m三个相对高度(RH)上往返飞行，巡航轨迹的水平飞行长度均为 10 km 左右，在巡航轨迹的始末段，飞机循着圆形轨迹转向，转弯半径均为 0.75 km。

4.1.3.2　大尺度信道模型

由于航空信道中不同场景功率变化呈现出不同的特点，因此选择了分场景建模。对于此次 Ka 频段的信道功率变化，目前我们重点分析了其中特征最为明显的不同高度巡航及空中水平转向场景。

(a) (b)

图 4-17　地地信道测量轨迹的卫星地图

(a)地地信道测量轨迹(抛物面天线);(b)地地信道测量轨迹(喇叭口天线)

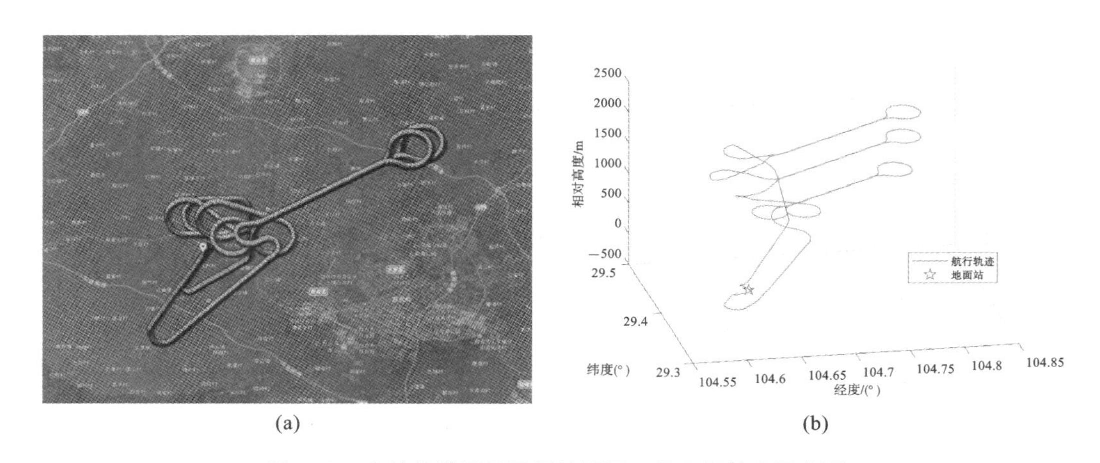

(a) (b)

图 4-18　空地信道测量卫星地图及三维飞行轨迹示意图

(a)空地测量卫星地图;(b)三维飞行轨迹图

其中,不同高度巡航场景的路径损耗变化如图 4-19 所示。从图 4-19 可以看出,路径损耗随着对数水平距离的增加呈线性增加的趋势,线性变化的斜率与巡航高度以及飞行方向(往程/返程)有关。由于巡航场景高度取值相比于水平距离而言较小,因此在同样的水平距离上,1500 m、2000 m 及 2400 m 高度路损大小较为接近(除了 2400 m 高度往程中路损取值较大,这一点暂时没有非常好的解释)。在这些场景的路损变化图中,可以看到中间出现了阶段性路损的突然升高(相比正常值高 40 dB),这很可能与定向追踪天线丢失目标有关。由于定向天线波束较窄(FNBW 仅为 0.2°),因此过程中一旦出现天线失配,在重新追踪的过程中信号接近完全丢失,该现象对通信系统有较大的影响。

采用式(4-11)所示的浮动截距模型,该式中 P_r 表示接受功率,P_t 表示发射功率,d 表示链路距离,α 和 β 分别表示斜率和截距,ψ_σ 表示阴影衰落,服从均值为 0 的对数正态分布。取停泊场景中的接收功率作为功率参考($P_t = 22.35$ dBm,$d_0 = 240$ m),获得的各巡航场景的拟合参数值如表 4-7 所示。

$$P_r(\mathrm{dBm}) = P_t(\mathrm{dBm}) - \beta - 10\alpha \lg \frac{d}{d_0} + \psi_\sigma(\mathrm{dB}) \tag{4-11}$$

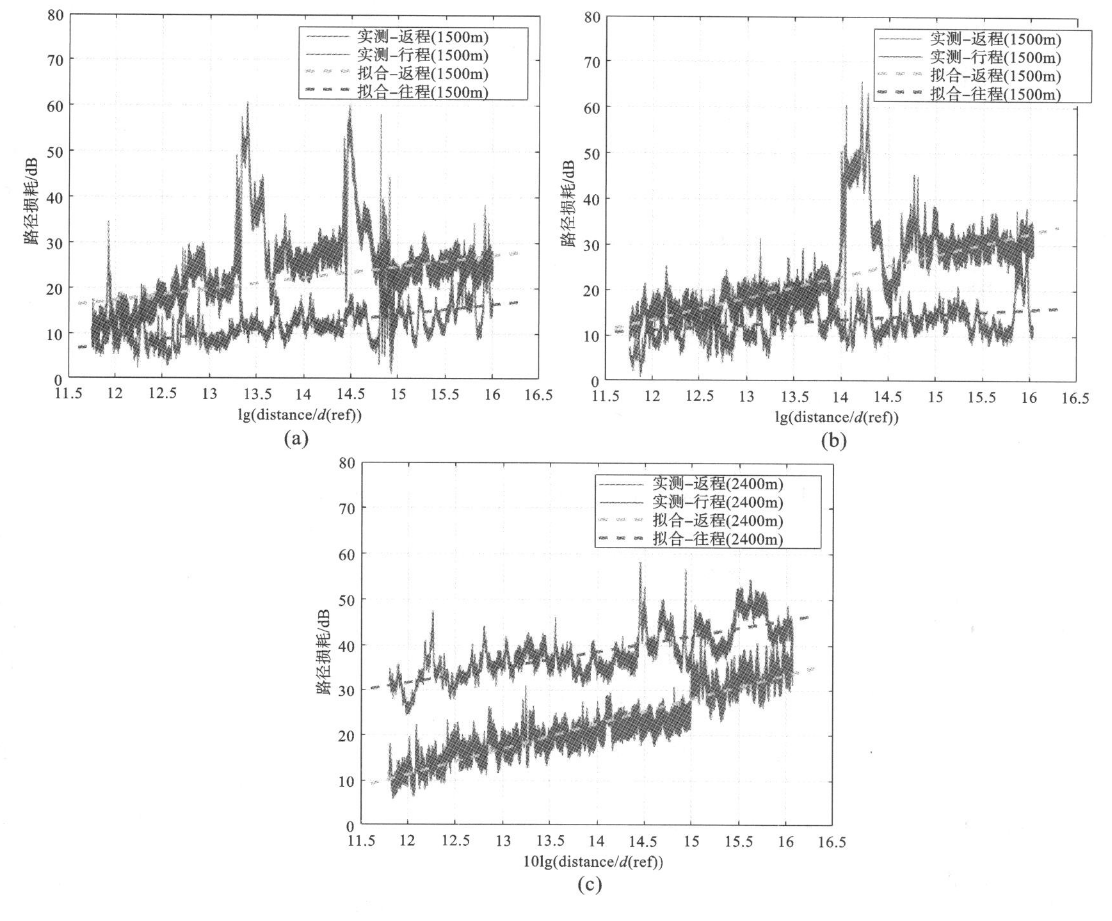

图 4-19　不同高度巡航路径损耗变化

(a)1500 m 高度巡航路径损耗变化;(b)2000 m 高度巡航路径损耗变化;(c)2400 m 高度巡航路径损耗变化

表 4-7　巡航场景路径损耗模型拟合参数

场　景	往程(2400 m)	返程(2400 m)	往程(2000 m)	返程(2000 m)	往程(1500 m)	返程(1500 m)
α	3.47	5.55	1.19	4.77	2.20	2.48
β	−9.91	−55.25	−3.34	−43.89	−18.82	−12.47

从原始功率变化中减去线性截距模型拟合获得的功率变化部分,并利用 20λ 长度以上的滑动窗口对剩余部分进行平滑处理,剩余部分即为阴影衰落。对这部分阴影衰落分段(每段长度 500 m)利用对数正态分布进行拟合,得到不同分段部分的对数正态分布拟合标准差,结果如图 4-20 所示。从图 4-20(a)可以看出,阴影衰落的对数正态拟合标准差按照往返程可以明显划分为两部分,不同高度上往程中的拟合方差均小于返程中的拟合方差,说明返程中功率变化波动更大,这可能与机身姿态不同导致机身结构对信道功率波动影响不同有关。同时,该拟合标准差在收发端之间水平距离变化时取值较为稳定,往程中该取值分布在 1 dB 左右,返程中分布在 2 dB 左右。另外,从图 4-20(b)可以看出,返程中该参数取值较为集中,而往程中该参数取值波动范围更大,并且在往程中巡航高度不同时拟合标准差的取值也会发生较大的变化,而返程中该参数取值随高度变化产生的波动更小。

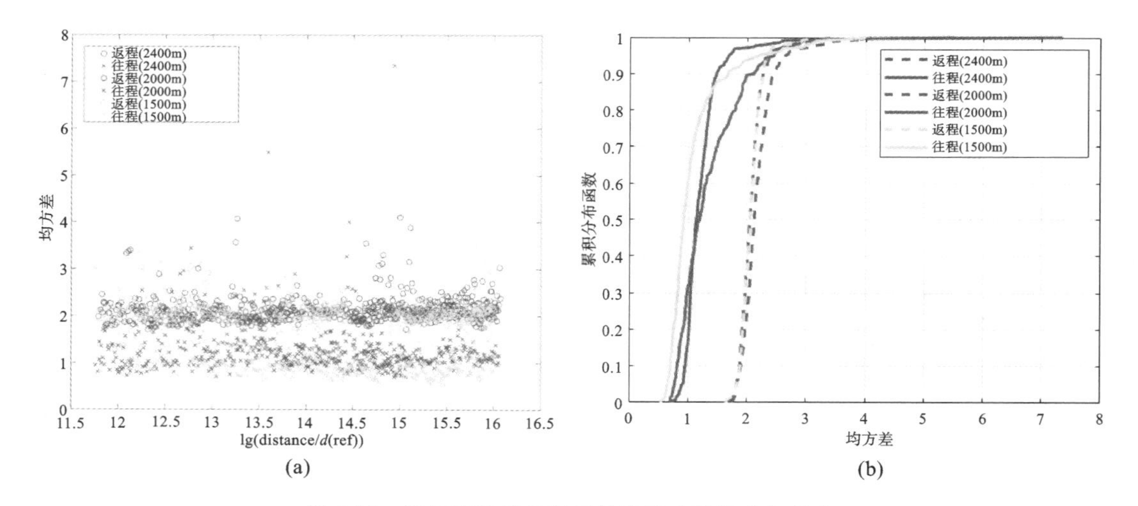

图 4-20 不同高度巡航场景的阴影衰落拟合标准差

(a)拟合标准差随距离的变化;(b)拟合标准差的统计 CDF

不同高度水平转向时的功率变化如图 4-21 所示,其中也绘制了滑动平均获得的结果。定义无人机转向轨迹所在圆圈上与收发端径向垂直的点的航向偏角为 0°和 180°(距离最近的点的航向偏角为 0°,距离最远点的航向偏角为 $\pi/2$),可以看出无人机在圆圈轨迹上不同航向偏角处衰落不同,关于航向偏角 π 呈现一定的对称特性,功率变化类似于字母"W",具有一定的波动。其中在航向角为$\frac{3}{2}\pi$ 附近功率出现短暂的上升,而与之对称的航向角为 $\pi/2$ 处并没有这一功率上升,这可能与无人机在航向角为$\frac{3}{2}\pi$ 处的特定姿态有关。从滑动平均后的结果来看,不同高度水平转向过程中的功率波动均高达 25 dB,其中 2000 m 和 2400 m 高度上功率变化情况较为接近。

除此之外,我们也注意到转向过程中,在航向偏角取$\frac{7}{10}\pi$、$\frac{5}{4}\pi$、$\frac{7}{4}\pi$ 附近出现了较大功率衰落,可能是由于转向过程中无人机姿态角(俯仰角、航向角、滚转角)始终在变化,导致地面定向追踪天线容易出现失配现象,而之所以出现在以上角度上,可能与姿态变化的速度、在无人机特定姿态角下机身带来的衰落特性等因素相关。

4.1.4 C 频段及 Ka 频段空地信道模型比较

4.1.4.1 大尺度信道模型的比较

由于 C 频段接收功率测量效果不佳,且各飞行阶段测量的轨迹长度有限,数据量较小,仅有巡航到降落、滑行这一过程的 AGC 数据较好。因此,在对比 C 频段和 Ka 频段的大尺度信道模型时,也只能针对该部分进行分析。结果如图 4-22 所示。图 4-22(a)、(c)展示了 C 频段和 Ka 频段的无人机在降落部分的运行轨迹,图 4-22(b)、(d)展示了不同频段对应的接收功率变化。可以看出在不同频段下,这两个频段的接收功率具有相似的变化特点,即在俯冲过程中无人机接近地面站,接收功率增强,当无人机靠近地面,收发端之间的直视路径与飞机机身所在平面接近平行时,虽然链路距离仍然在减小,但是接收功率反而下降,而在无人机落地后在

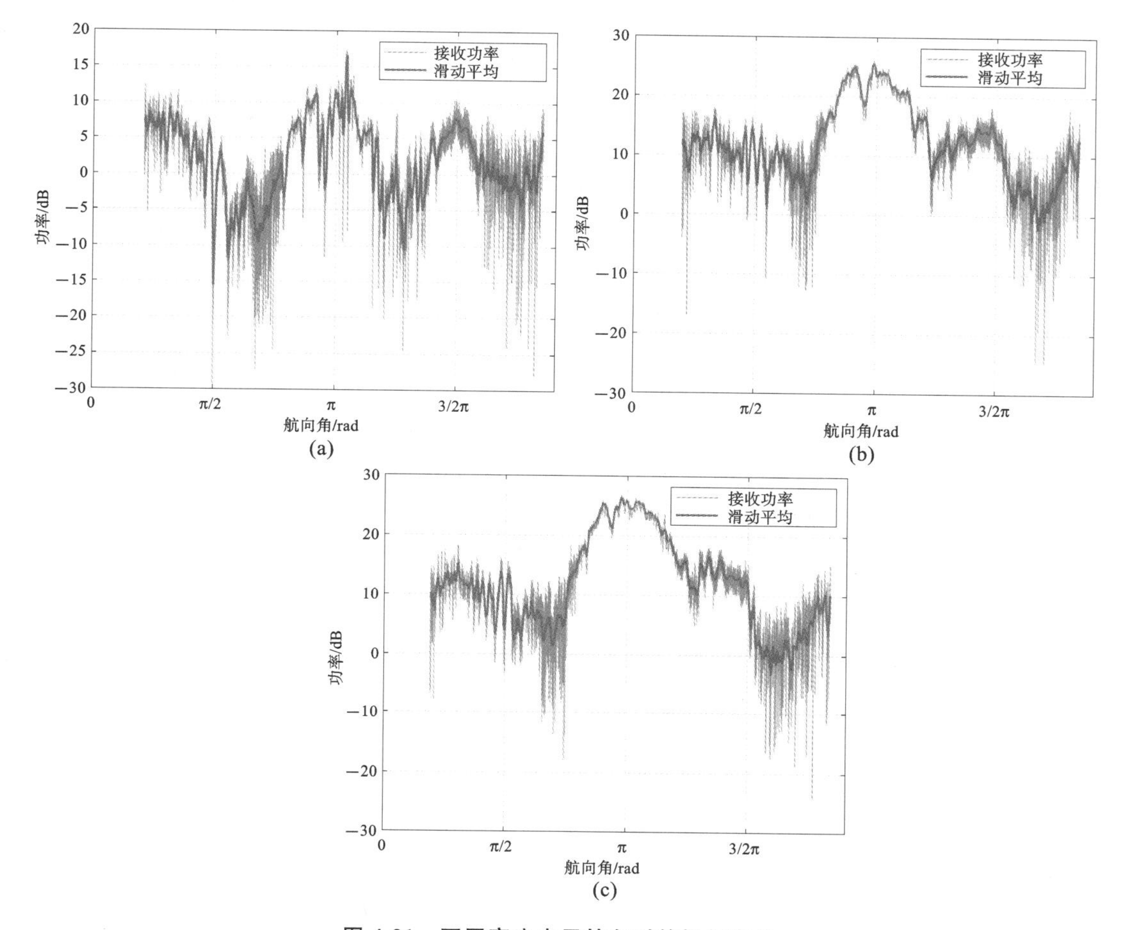

图 4-21 不同高度水平转向时的损耗变化

(a)1500 m 高度水平转向时的路径损耗变化；(b)2000 m 高度水平转向时的路径损耗变化；(c)2400 m 高度水平转向时的路径损耗变化

跑道滑行时，接收功率在一个恒定值附近呈现较大的波动。对比可以发现 Ka 频段的功率波动更大，这可能与 Ka 频段信号随距离衰减更快有关，因此 Ka 频段接收功率对距离变化更加敏感。

4.1.4.2 宽带信道模型的比较

在宽带特性的比较方面，目前选取了滑行(使用定向天线)、起飞、巡航 2000 m 返程、降落四个场景对比了 C 频段和 Ka 频段下莱斯因子、均方根时延扩展、均方根多普勒扩展这些信道参数的统计结果，如图 4-23、图 4-24、图 4-25 所示。我们可以总结出以下结论：

(1) 对于所有四个场景，Ka 频段的 K 因子取值分布比 C 频段的更宽，除滑行定向场景外，其他场景下 Ka 频段 K 因子最大值都远大于 C 频段 K 因子最大值，而 Ka 频段的 K 因子最小值一般大于 C 频段 K 因子最小值。这说明 Ka 频段主径功率相比多径功率而言更强，这是因为 Ka 频段地面追踪天线的波束宽度远小于 C 频段的波束宽度。而 Ka 频段 K 因子的波动范围更大可能与追踪精度有关，由于 Ka 频段地面天线波束更窄，因此追踪误差给主径带来的影响更大。

(2) 横向比较 Ka 频段四个场景下的 K 因子，可以发现巡航场景中该参数取值可以达到 80 dB 以上，远大于其他场景下的该参数取值，这与巡航场景波束相对地平面仰角较高，受地

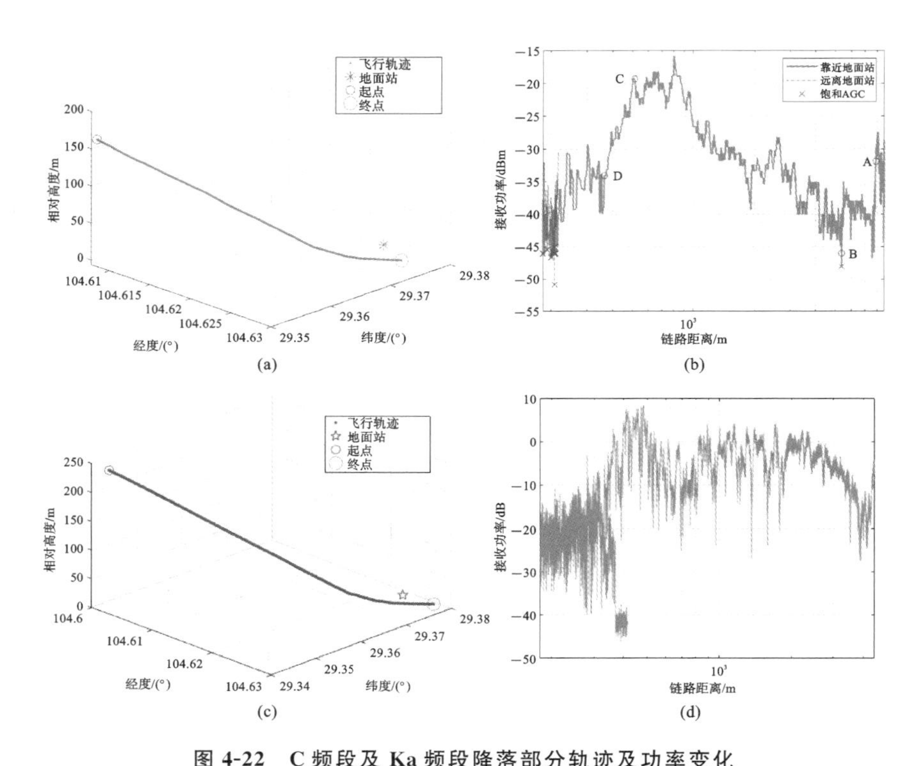

图 4-22　C 频段及 Ka 频段降落部分轨迹及功率变化

(a)C 频段降落部分轨迹;(b)C 频段降落部分功率变化;(c)Ka 频段降落部分轨迹;(d)Ka 频段降落部分功率变化

面散射物的影响更小有关。

(3) 对于均方根时延扩展,可以看到四个场景中 Ka 频带的该参数取值均小于 C 频带(Ka 频段及 C 频段,RMS-DS 分别为数十纳秒及 10 纳秒以内的量级),并且巡航场景差距最为明显,这与地面定向天线的波束宽度以及高载频下信号传播时随距离变化衰减更大(导致多径效应减弱)有关。

(4) 对于均方根多普勒扩展,四个场景中 Ka 频段的该参数取值均大于 C 频段。虽然从时延扩展的取值来看,Ka 频段多径分量对应的散射体在空间中的分布范围更小,但是由于 Ka 频段下无人机飞行速度更高,波长更小,因此,根据多普勒计算公式

$$f_D = v\cos\theta/\lambda \Rightarrow \Delta f_D = v\cos\Delta\theta/\lambda \tag{4-12}$$

可知,多普勒扩展在 Ka 频段较大是可能发生的。

结果分析:

本节对 C 频段及 Ka 频段的航空信道进行了研究,针对信道的大尺度特性、小尺度特性、宽带特性等进行了分析,构建了信道的统计模型,并对比了 C 频段和 Ka 频段航空信道在上述信道特性上的差别,对存在的差异进行了解释。其中,对于 C 频段航空信道,在大尺度信道特性方面,我们选取了一段包含多个飞行阶段的数据,获得了无人机在巡航、空中水平转向、降落直到落地滑行全过程中的地面接收功率的变化情况,并利用对数距离线性路损模型进行了拟合。我们发现无人机的飞行姿态、与地面站的相对位置、地面环境是影响信道衰落的主要原因,飞行姿态的变化可能会带来接收功率的快速变化。同时,在不同的飞行阶段,阴影衰落的

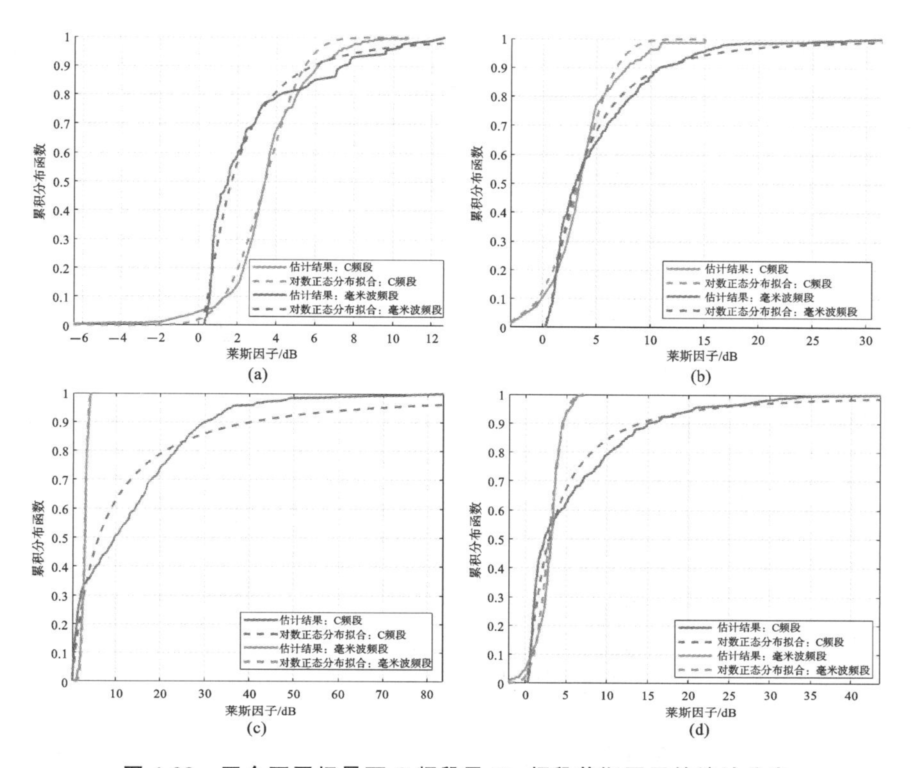

图 4-23　四个不同场景下 C 频段及 Ka 频段莱斯因子的统计分布

(a)滑行场景(使用定向天线)；(b)起飞场景；(c)巡航 2000 m 返程场景；(d)降落场景

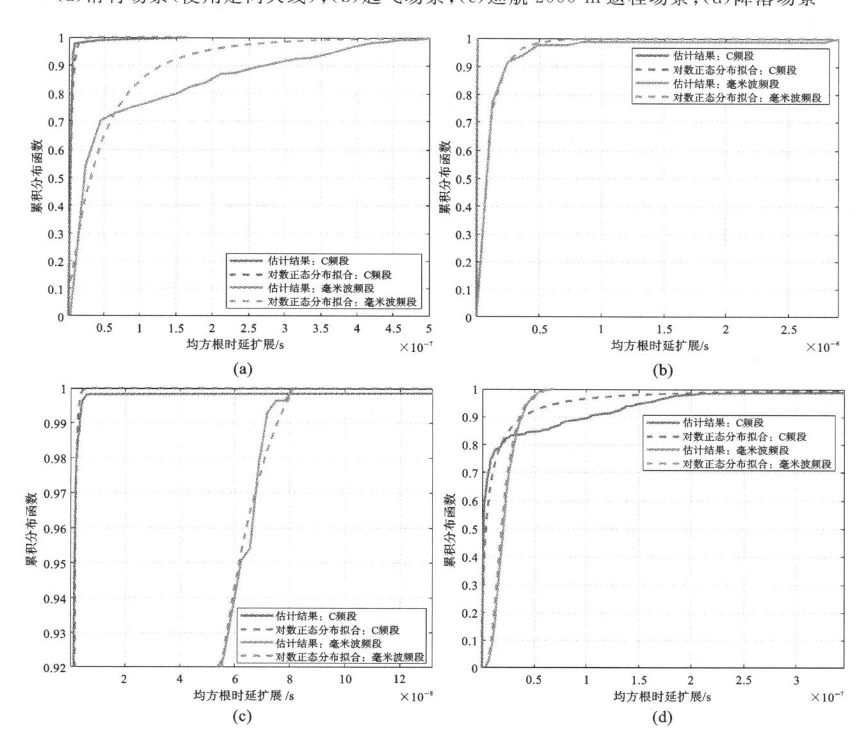

图 4-24　四个不同场景下 C 频段及 Ka 频段均方根时延扩展的统计分布

(a)滑行场景(使用定向天线)；(b)起飞场景；(c)巡航 2000 m 返程场景；(d)降落场景

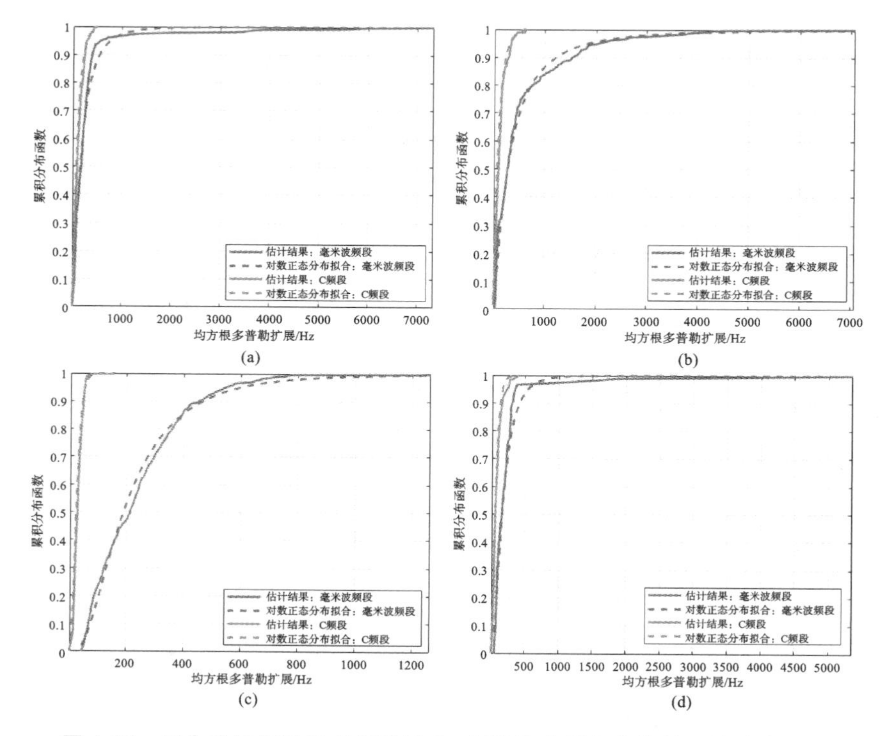

图 4-25　四个不同场景下 C 频段及 Ka 频段均方根多普勒扩展的统计分布

(a)滑行场景(使用定向天线)；(b)起飞场景；(c)巡航 2000 m 返程场景；(d)降落场景

方差也有所不同。在宽带特性方面，我们对信道的功率时延谱、SAGE 获得的多径分布特点进行了分析，以 2000 m 巡航场景和停泊场景为例，对比了空地信道和地地信道部分，发现两者存在很大的差异，包括多径存在时长、多径在时延及多普勒域的色散程度等，随后对这些差异进行了解释。此外，我们针对信道的莱斯因子、均方根时延扩展、均方根多普勒扩展进行了统计模型构建，获得了不同场景下这些信道参数的统计分布，并用对数正态分布进行了拟合。结果表明大部分动态场景(起飞、降落、巡航、滑行)中，拟合效果较好，而停泊场景中由于环境自身的确定性，拟合效果较差。不同飞行阶段下的这些信道参数的统计及拟合结果最终通过表格的方式进行了整理和呈现。

对于 Ka 频段航空信道，在大尺度信道特性方面，我们着重分析了特征较为明显的巡航及空中水平转向场景，利用浮动截距模型对不同高度巡航场景中的信道衰落进行了模型拟合，同时对空中水平转向场景，分析了接收功率随着航向角的变化规律。

在 C 频带及 Ka 频带的信道特性对比上，我们以降落部分为例，发现在大尺度特性上，两频带之间存在一定的相似性，功率变化都与无人机和地面站的相对位置、无人机姿态等相关，可以划分为不同的阶段进行分析。在宽带特性上，我们发现 Ka 频段 K 因子取值更大，且取值的分布范围更广，均方根时延扩展相对较小，而均方根多普勒扩展相对更大。无论是 C 频段或 Ka 频段，对不同的飞行阶段，以上的参数取值也有不同规律。对于这些信道参数取值特点，我们从天线波束宽度、通信频带、无人机飞行速率、收发端的相对位置、无人机离地面的高度等角度进行了解释。

4.2　无人艇低空空海信道模型

4.2.1　引言

在过去数十年间，无人艇得到了很大的发展，逐步从军用转为民用及商用领域，在海情侦察、军事对抗、灾难救援、环境监测等方面正在发挥着越来越大的作用。为了保证无人艇和地面站之间的正常通信，对无人艇通信信道的研究十分重要。然而，当前对海面通信相关信道的研究多集中在陆对船通信[23][24]、船只与船只之间的通信[25]、无人机空对海通信[26]、水下声呐通信[27]等方面。虽然这些信道中船只相关的信道与无人艇信道有很大的相似性，然而相比于普通船只，由于：①无人艇通常尺寸更小；②无人艇更易受到海上风浪的影响从而产生颠簸；③无人艇上安装的天线距离海面更近，容易受到艇身等天线近场散射体的影响，因此无人艇信道可能会表现出一些不同的特性。

此外，随着各种无人载具的发展，无人载具之间的相互协作已经成为未来的发展趋势。其中，不同种类的无人载具所构成的异构网络是其中一个较为新颖的研究方向，通过结合不同种类无人载具的优点，异构网络能够更高效地实施更加复杂的任务[28]。以无人机和无人艇构成的异构网络为例，该网络可以有效利用无人机自身的灵活性、空中视角较好等优点，同时利用无人艇的长续航、大载重等优点，执行更加复杂的任务。例如，协同进行溺水者搜救[29]，以无人艇作为起降及充电平台供无人机在海面执行任务[30]，以无人机作为空中中继节点对无人艇实施更好的监控导航[31]等。因此，这类异构网络的信道研究也具有非常重要的意义。

本节将介绍 S 频带的陆地-无人艇低空空海信道测量及建模活动。首先对本次测量的情况，包括测量系统的配置、测量场景进行了介绍；随后对构建的信道模型进行了说明。

4.2.2　测量活动介绍

4.2.2.1　测量系统配置

在收发端，我们均采用 Ettus 公司生产的 USRP N210 作为信道探测器，中心频率为 2.2 GHz，信号带宽为 6.25 MHz，采样率为 25 MHz。探测信号为周期性的伪随机序列，采用 BPSK 调制方式，符号长度为 4095。在收发端，我们均采用了 GPS 驯服时钟，用于提供 10 MHz的时钟信号及秒脉冲(one pulse per second，1 PPS)信号进行同步，同时对无人艇和无人机的位置进行记录，无人机的姿态由无人机自身的传感器进行记录。发射天线端口处的发射信号功率为 30 dBm。图 4-26(b)、(c)展示了无人艇及无人艇右侧栏杆上固定的发射天线，该天线为一棒状天线，具有准全向的辐射模式，离海面的高度约为 1.8 m。无人机如图 4-26(a)所示，接收天线被固定在无人机底部，同样具有准全向的辐射模式。发射端的 USRP 由 USV 上的计算机控制，接收端的 USRP 由 UAV 上的微型计算机控制，该微型计算机通过 Wi-Fi 连接到地面站，在地面进行控制，同时，接收数据被实时存储在该微型计算机中。接收端测量系统的参数设置如表 4-8 所示。

(a) (b) (c)

图 4-26　无人机、无人艇及收发天线的照片

(a)无人机照片；(b)发射天线；(c)无人艇照片

表 4-8　测量系统参数设置 3

参　数　项	设　置　值
载波频率	2.2 GHz
采样率	25 MHz
PN 序列符号率	6.25 MHz
PN 序列符号长度	4095
天线端口发射功率	30 dBm
发射天线类型(地面端)	盘锥天线
接收天线类型(机载端)	盘锥天线
发射/接收天线极化方式	垂直极化
发射端高度	约 79 m
接收端高度	约 1.8 m
无人艇速度	<13 m/s
最大水平距离	约 5500 m

4.2.2.2　测量场景

测量活动在河北省秦皇岛海边进行，卫星地图如图4-27所示，包括静态测量及动态测量两部分。两部分测量中，无人机均盘旋在港口上空50 m高处一固定点，如图4-27(a)中黄色五角星及图4-27(b)中蓝色标记点所示。静态测量中，无人艇停泊在港口岸边，如图4-27(a)中红色三角形所示。动态测量中，无人艇从防波堤中驶出，沿着靠近海岸的轨迹航行，轨迹总长度约为3070 m，收发端之间的水平距离最大为2880 m。如图4-27(b)所示，轨迹中红色、黄色、白色标记点代表无人艇在防波堤内部、附近及防波堤外侧。无人艇的航行速度约为5 m/s。在测量过程中，天气晴朗，海面较为平静，过往船只较少。一些滨海建筑的高度超过100 m。根据海情预报局的信息，当天的海浪高度仅为0.8～1.2 m。

(a)

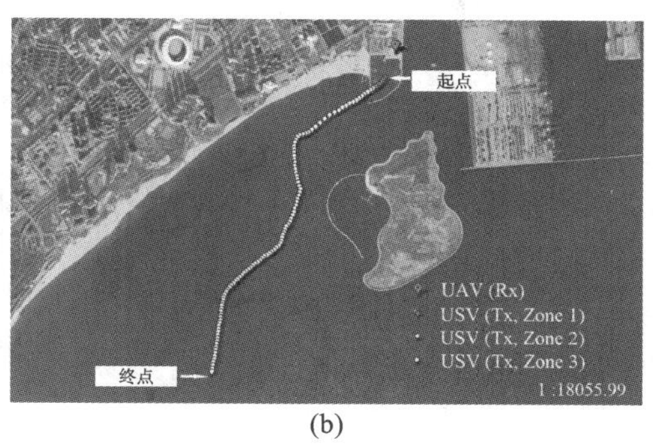

(b)

图4-27　无人机-无人艇信道测量卫星地图

(a)静态测量卫星地图；(b)动态测量卫星地图

4.2.3　大尺度信道模型

首先我们对信道进行了相干时间估计，提取出信道冲激响应，并基于此计算了信道对接收功率的衰落。结果如图4-28所示。图4-28(a)、(b)展示了无人艇停泊在港口岸边时的接收功率，可以看到虽然收发端相对基本保持静止状态，但是无人机和无人艇的GPS位置显示二者存在一定的漂移，水平距离的变化在20 cm左右。这可能与无人机在空中的悬停精度及无人艇在岸边受到海水起伏产生的晃动有关。接收功率也因此产生了一定的变化，功率的起伏可以达到4.5 dB。值得注意的是，信道衰落随水平距离的变化出现了快速的波动，随水平距离波动的尺度远小于波长量级($\lambda=c/f_{\text{carrier}}\approx 0.136$ m)。因此，这一现象的产生并非因为通常考虑的多径干涉的结果，而可能是由于无人机及无人艇在位置偏移的同时发生了姿态角的抖动，使得接收功率受到天线辐射模式图的影响(无人机或无人艇姿态角变化导致LoS径所对应天线方向图中的方位及俯仰角发生变化)，产生较为规律的波动。

图4-28(c)展示了动态测量时无人艇航行过程中的接收功率随水平距离的变化及模型拟合。我们采用了波长为10λ的滑窗进行了平滑，从而消除小尺度衰落。采用了海面CE2R模型和FE2R模型进行拟合。另外，还采用了自由空间模型进行拟合，可以看出两径模型整体的拟合效果较好。

从图4-28(c)中仍然能看到，在实测与拟合结果之间存在一些不一致的地方。对于区域1(水平距离在235～332 m)，无人艇在防波堤内部，特定位置上存在深衰落，这可以被解释为防波堤坝体本身墙壁带来的功率较强的信号回响的叠加。在区域 2(水平距离在 332～402 m),无人艇在防波堤附近,防波堤对部分接收信号造成了阻挡,因此信道衰落整体上比两径模型拟合结果小 5 dB 以上。当无人艇在区域 3(水平距离大于 402 m,小于 2880 m)时,拟合效果最好,因为无人艇来到了开阔海面,LoS 径和海面反射径始终存在且较为清晰。尽管无人艇沿着弯曲的轨迹航行,两径模型仍然拟合较好,这表明当无人艇沿着不同方向航行时,尽管无人艇尾部的开尔文尾流(位于船尾一个扇形区域内)关于反射径在海面的反射点的位置不同,但是信道衰落几乎不受影响。这间接表明尽管开尔文尾流部分的海面波动和水花较大,其对于反射径强度影响较小。

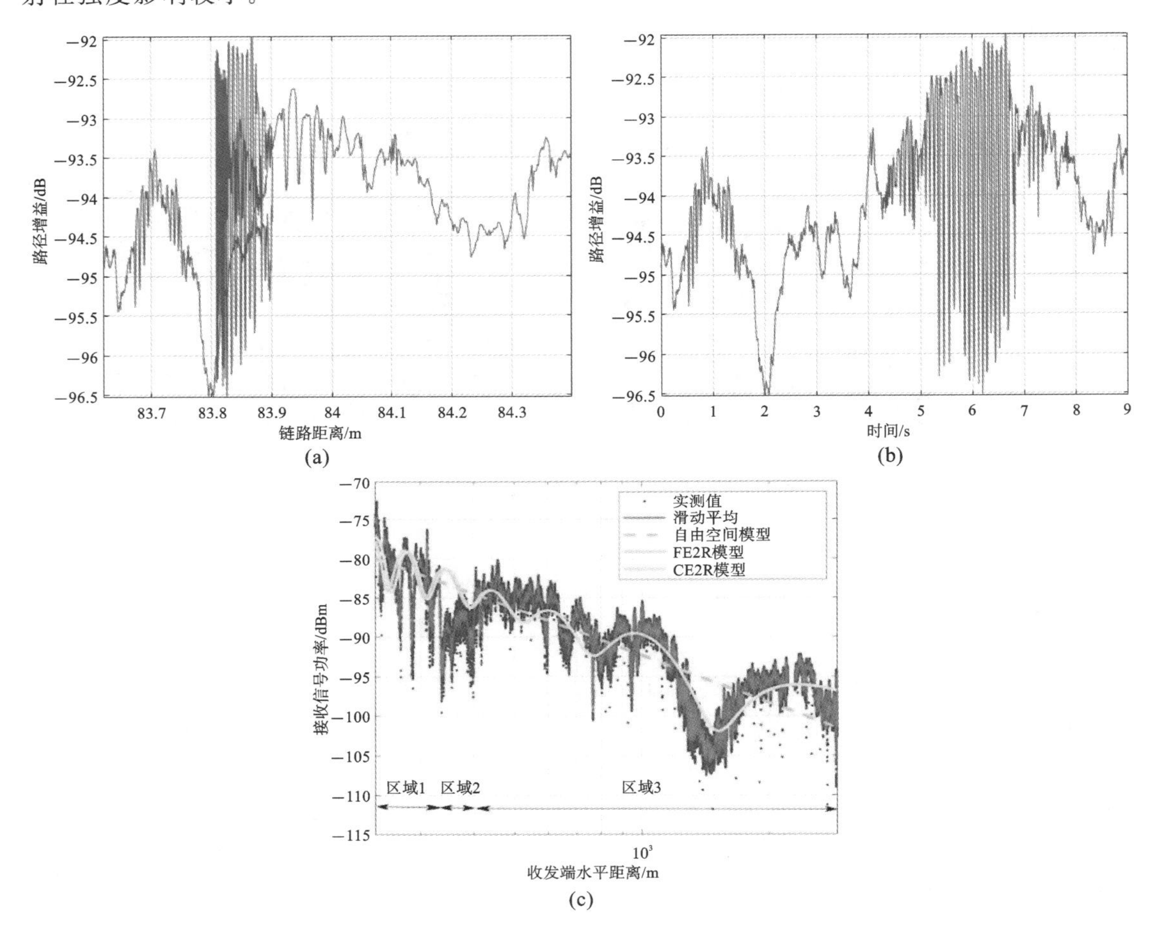

图 4-28　静态及动态场景下的信道衰落

(a)静态测量信道增益随链路距离的变化;(b)静态测量信道增益随时间的变化;(c)动态测量信道衰落

从经过滑动平均获得的功率中减去两径模型(考虑 CE2R 模型)拟合获得的功率,我们可以获得阴影衰落。由于区域 2 中防波堤的遮挡,两径模型拟合效果较差,因此仅仅计算区域 1 和区域 3 中的阴影衰落。假定其服从高斯分布,拟合结果如图 4-29(a)所示,对于区域 1 和区域 3,标准差分别是 3.28 dB 和 1.98 dB。因为区域 3 中采集的数据量更大,因此区域 3 的拟合效果更好。为了描述阴影衰落的空间相关性,我们计算了其自相关函数(autocorrelation function,ACF)。自相关函数被定义为

$$r(\Delta d) = E[\chi(d)\chi(d+\Delta d)] \tag{4-13}$$

式中:$r(\Delta d)$是距离差 Δd 处的自相关函数;$E[\cdot]$是求期望运算符;$\chi(d)$是距离 d 处的阴影衰

落。对于区域 1 及区域 3，实测的 ACF 如图 4-29(b)所示。根据 Gudmundson 模型，高斯过程的 ACF 函数可以被建模为 $r(\Delta d)=e^{-\frac{\Delta d}{d_{cor}}}$，$d_{cor}$ 是去相关距离，在该距离上 ACF 将衰减到 e−1，Gudmundson 拟合的结果也绘制在图 4-29(b)中，我们可以看到对于区域 1，d_{cor} 比区域 3 的更小，分别是 3.8 m 和 5.3 m。这意味着当无人艇在防波堤内部时，阴影衰落的变化相比无人艇位于开阔海面时更快，这可能与防波堤内的回响分量有关。

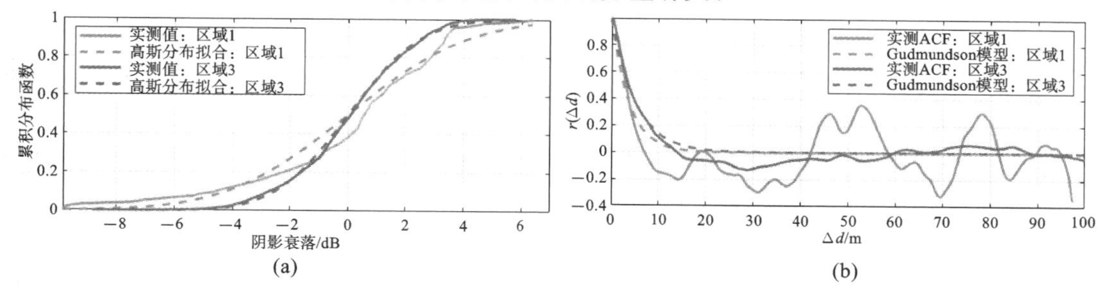

图 4-29　阴影衰落统计特性

(a)实测及拟合 CDF 曲线；(b)实测自相关函数及 Gudmundson 模型拟合

4.2.4　小尺度信道模型

接下来对信道中的小尺度衰落进行了分析。首先，通过 Kolmogrov Smirnov 测试获得小尺度衰落类型保持不变的区间，随后对各区间中的接收功率包络利用 AIC 准则选择最佳的衰落分布。

KS 测试的统计结果如图 4-30 所示，可以发现当无人艇处于不同区域(区域 1、2、3)时，小尺度衰落保持平稳的区间长度不同，将获得的 CDF 曲线用对数正态模型进行拟合，拟合参数如表 4-9 所示。从统计结果可以看出，小尺度衰落变化较快，对于所有三个区域，当无人艇移动超过 3 m 时，小尺度衰落类型发生变化的概率高达 90%。根据表 4-9 中的结果，对比这三个不同区域，可以发现当无人艇位于区域 3 时，对数正态拟合的均值及方差相比其他区域都要更大。均值更大意味着当无人艇位于区域 3 时，多径衰落类型变化较为缓慢，这一结果是合理的，因为当无人艇位于区域 3 时，环境较为开阔，无人艇的移动对于收发端及散射体之间几何位置关系的影响更加缓慢。而标准差更大则意味着衰落类型保持恒定的距离波动较大，这可能与无人艇在防波堤外部时，海面波动更加剧烈，无人艇移动速度更快，并且在轨迹上的部分位置可能受到过往船只的影响。

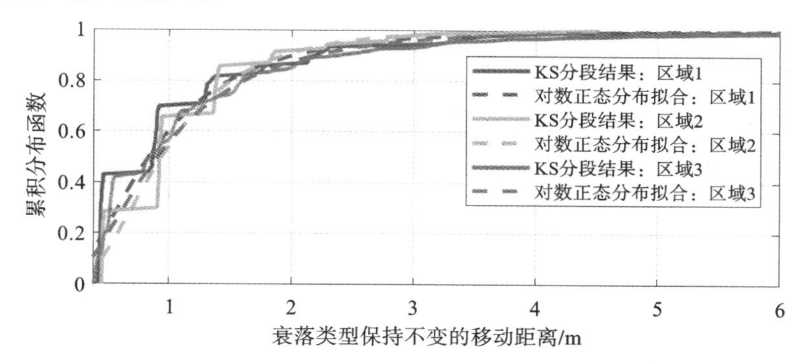

图 4-30　KS 测试获得的衰落类型保持稳定的距离的统计及拟合 CDF 曲线

表 4-9　衰落类型保持稳定距离的 Lognormal 拟合参数

拟合参数	区域 1	区域 2	区域 3
均值[ln(m)]	−0.130	−0.174	−0.045
标准差[ln(m)]	0.639	0.589	0.701

AIC 准则获得的衰落类型随水平距离的变化如图 4-31 所示，可以看出各种衰落类型的出现与无人艇的位置并没有明显的关系，分布较为均匀，但是各种分布出现的概率并不相同，这一点也可以从统计直方图(见图 4-32)中看出，其中画出了各个不同区域内各种衰落类型的出现概率。可以看到对于整个测量轨迹，Lognormal 分布出现最多，概率高达 30.1%，Rayleigh 分布出现最少，出现概率仅为 0.1464%。这是合理的，因为除了区域 2 的部分位置，LoS 径在整个测量轨迹上几乎始终存在。之所以 TWDP 分布并不是出现最多的分布，可能与海岸边的散射体带来的大量多径分量有关，因此，这一结果和参考文献[24]中的结果不同(该测量中船只行驶路线为垂直海岸线向外)。值得注意的是，对于区域 3，出现概率第二及第三的分布分别是 Weibull 分布及 TWDP 分布，分别为 23.79%及 18.12%，更多的细节可以从图 4-32 中获得。

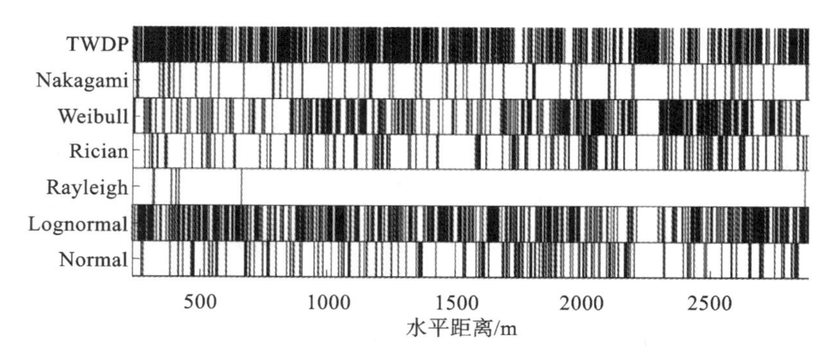

图 4-31　轨迹上的最佳拟合分布类型(垂直黑色线代表特定衰落类型的发生)

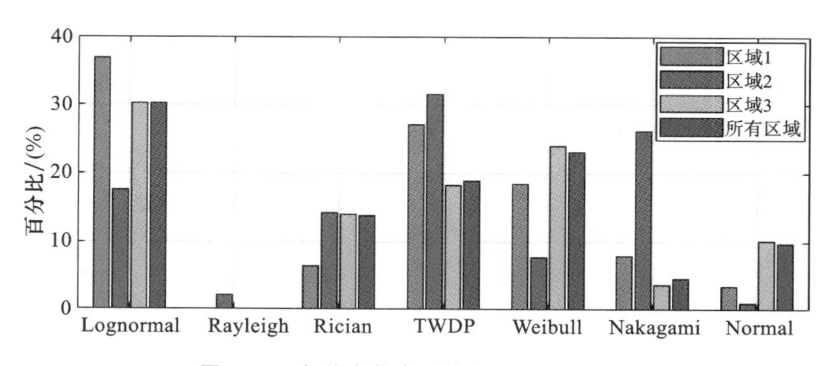

图 4-32　各种衰落类型的出现概率直方图

拟合参数关于水平距离的变化如图 4-33 所示，因为 Rayleigh 出现概率太小，因此没有被包含在这部分分析中。我们用了 500 m 的滑窗用于展示这些拟合参数的变化趋势。从图 4-33 可以看到不同的参数展现出不同的变化趋势，其中一些在常值附近波动，如 Normal 及

Lognormal 分布的均值 μ，Rician 及 TWDP 分布的参数 s_1，以及 Nakagami 分布的参数 ω。在这些参数中，有一些参数在不同水平距离上波动较大，如 TWDP 分布中的 s_1。此外，其他参数随着水平距离增大呈现出增加或减小的趋势，如 Normal、Lognormal 以及 Rician 分布中的参数 σ 随水平距离的增加而减小，这表明传播距离变大之后，MPCs 对信号幅值的影响在逐渐减小。

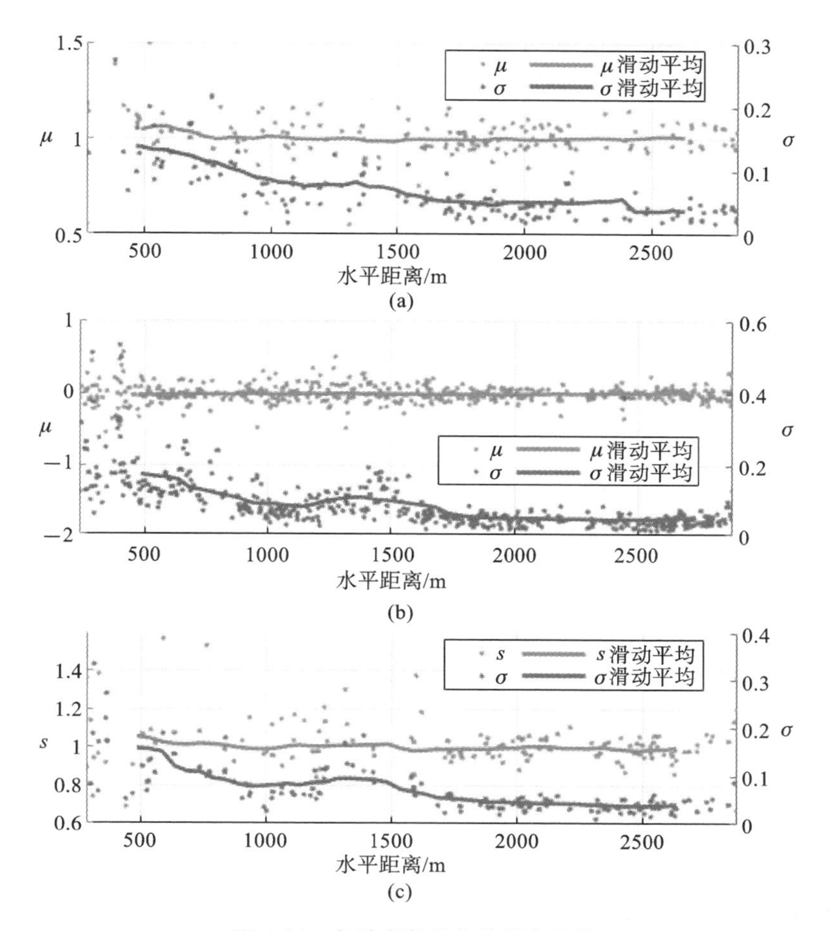

图 4-33　各种衰落分布的拟合参数

(a) Normal 分布；(b) Lognormal 分布；(c) Rician 分布；(d) Weibull 分布；(e) Nakagami 分布；(f) TWDP 分布

4.2.5　功率时延谱及 SAGE 估计结果

功率时延谱可以展示信道中的多径分量在时延域的扩展情况，由于测量过程中无人艇经历了不同的状态（如测量开始之前在海面保持准静止态，测量之中动态航行，返程中艇身对直视路径存在一定的遮挡等），因此可以对不同状态下的接收信号进行分析，获得连续功率时延谱（concatenated power delay profile，CPDPs）。用 SAGE 算法进行多径参数估计，结果如图 4-34 和图 4-35 所示。

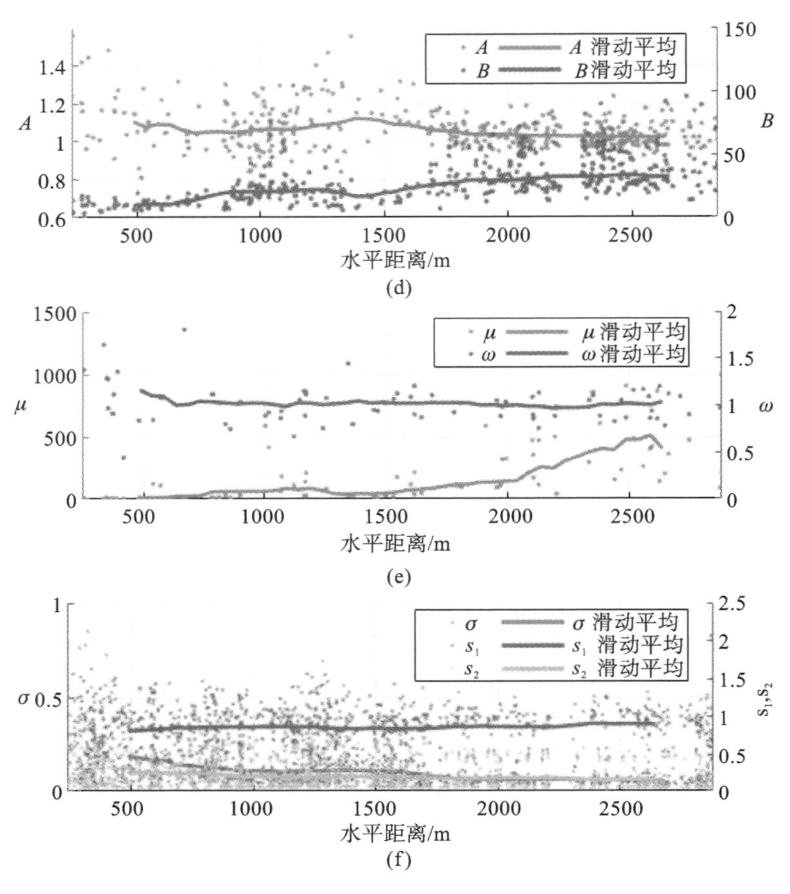

续图 4-33

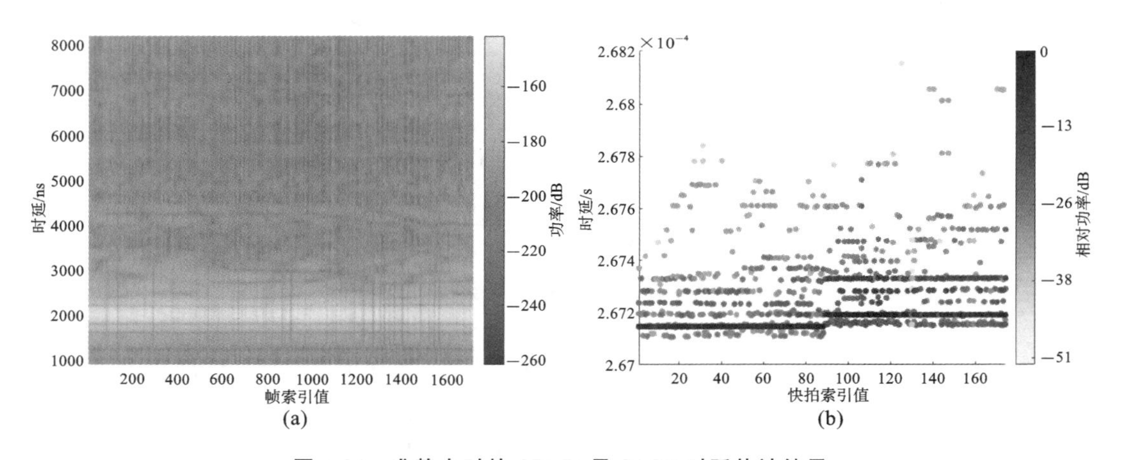

图 4-34　准静态时的 CPDPs 及 SAGE 时延估计结果

(a)CPDPs;(b)SAGE 时延估计结果

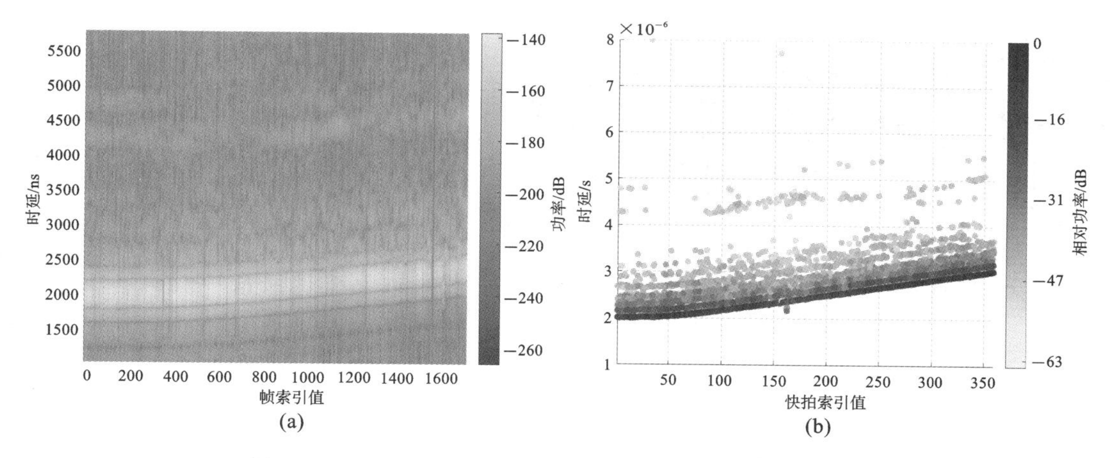

图 4-35 往程动态航行时的 CPDPs 及 SAGE 时延估计结果

(a)CPDPs;(b)SAGE 时延估计结果

4.2.6 莱斯因子

因为在往程中 LoS 径始终存在,所以可以用莱斯因子对多径衰落情况进行度量。尽管在 4.2.4 小节中,已经表明信道中的多径衰落并不总是服从莱斯分布,但仍然可以计算 K 因子并从中总结信道本身的特性。通过利用 SAGE 算法获得的多径幅值的结果,可以轻易地获取 LoS 分量及多径分量的功率,从而计算 K 因子。图 4-36(a)展示了 K 因子关于收发天线间对数水平距离的变化,可以看出 K 因子的波动范围很大,总体上存在线性下降的趋势。我们可以用如下公式表示这一关系:

$$K = K_0 + 10 n_k \lg \frac{d_{\mathrm{h}}}{d_{\mathrm{hmin}}} + Y \tag{4-14}$$

式中:d_{h} 是收发天线间的水平距离;K_0 是最小水平距离 d_{hmin} 处的一个常数值;n_k 是变化率;Y 是服从 0 均值高斯分布的随机变量,$Y \sim N(0, \sigma_k^2)$。拟合及统计结果如表 4-10 所示。

从表 4-10 可以看出,n_k 取值较小,这表明 K 因子与水平距离之间的依赖关系较弱。另外,从图 4-36(b)所示 K 因子的累积分布函数中,可以看到 K 因子大于 10 dB 的概率是 59%,这意味着 LoS 径和多径分量的功率比超过 10,即多径分量的功率几乎可以被忽略,表明海面信道中以一定概率存在的信道稀疏特性。

表 4-10 K 因子拟合及统计结果

拟合结果	K_0/dB	d_{hmin}/dB	n_k	σ_k
	11.4	27.7	−0.19	5.4
统计结果	最小	最大	μ	σ
	−4.2	20.0	11.3	6.0

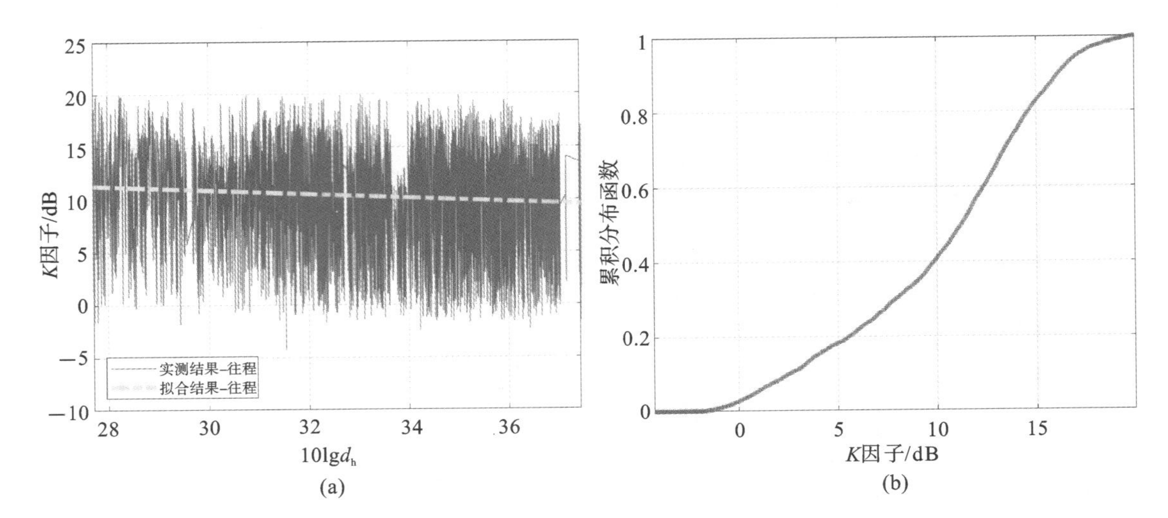

图 4-36　K 因子随水平距离的变化及 CDF 统计结果

(a) K 因子随水平距离的变化；(b) K 因子的累积分布函数

4.2.7　均方根时延扩展

图 4-37(a)所示的为均方根时延扩展随水平距离的变化，从中可以看出该参数取值基本在 50 ns 以下，但是对于该轨迹的特定部分（$32.5<10\ \lg d_h<35.0$）存在较大的波动。该部分的 RMS-DS 取值甚至可以达到 1 μs，这可能与航行轨迹附近岛屿上散射体的散射相关，这一现象也被观测到。当无人艇航行到这部分轨迹所在位置时，收发天线及岛屿上的散射体形成特定的几何关系，这使得来自岛屿的部分散射分量能够被接收端接收到。因此，RMS-DS 取值产生了较大的波动，我们可以定义除这部分轨迹之外的部分为 part A（$10\lg d_h \notin [32.5, 35.0]$），该区间内的轨迹部分为 part B。图 4-37(b)展示了轨迹划分，图 4-38(a)则是包含 part B 在内的轨迹上的 CPDPs，可以看到当无人艇位于 part B 时，确实存在一些具有较大时延的多径分量。关于 RMS-DS 的详细的统计结果列在表 4-11 中。

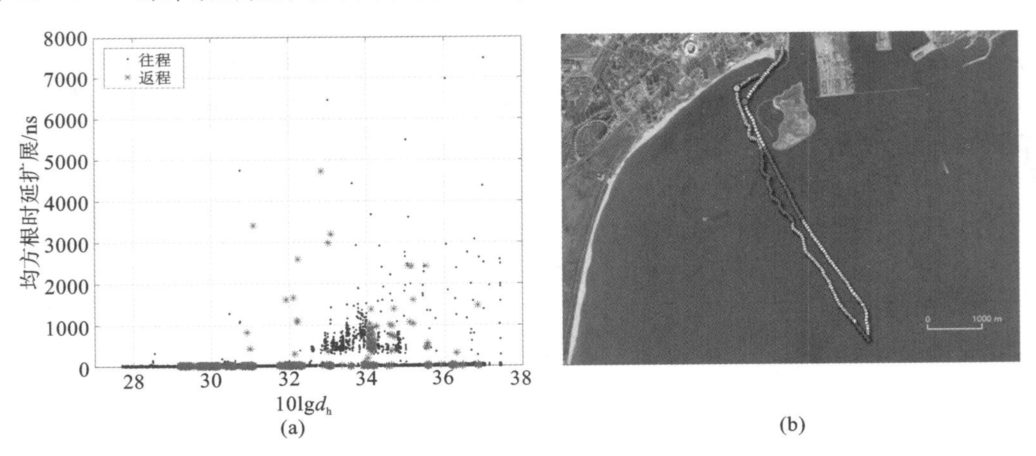

图 4-37　均方根时延扩展随水平距离的变化及轨迹划分卫星地图

(a)往返程的均方根时延扩展；(b)轨迹划分的卫星地图

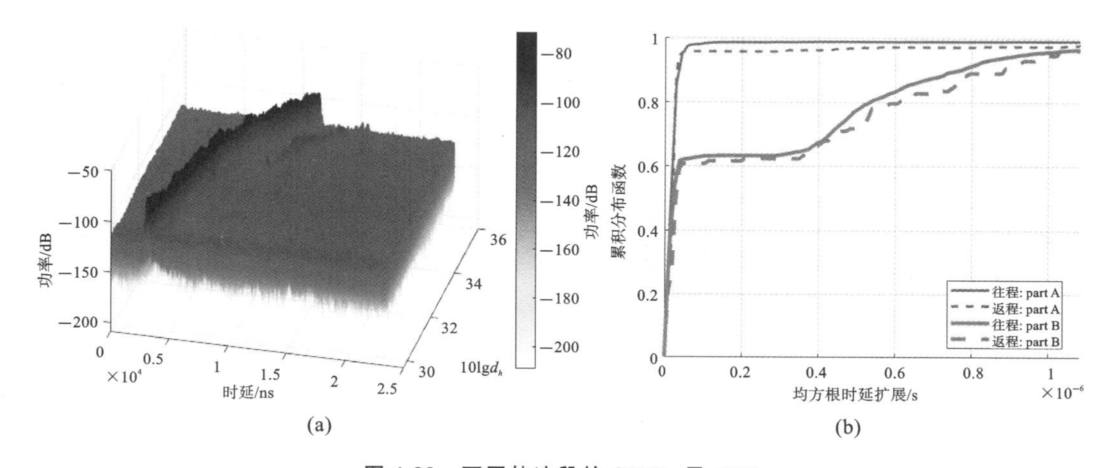

图 4-38　不同轨迹段的 CPDPs 及 CDF

(a)不同轨迹段的 CPDPs；(b)RMS-DS 的累积分布函数

表 4-11　均方根时延扩展及多普勒扩展统计值

统计量	均方根时延扩展/ns				均方根多普勒扩展/Hz	
	往程		返程		往程	返程
	part A	part B	part A	part B		
最大值	7481.0	6457.6	3408.4	4715.1	230.86	210.8
中位数	17.6	23.9	21.7	28.9	53.2	49.9
均值	45.7	265.8	75.2	336.1	59.2	58.0
标准差	299.0	445.3	324.2	630.5	42.7	47.0

4.2.8　均方根多普勒扩展

轨迹上各个位置的均方根多普勒扩展以及统计获得的 CDF 曲线如图 4-39 所示，我们可以看到大概 90%的取值存在于 0～100 Hz，总体上分布较为均匀。这可能与海面起伏导致的 MPCs 分布的随机性有关。关于均方根多普勒扩展的详细统计结果列在表 4-11 中。

通过上述信道特征的统计结果，我们可以对陆地-无人艇信道及无人机-无人艇信道进行一些对比和总结如下：

(1) 无人艇海上信道基本服从两径模型，开尔文尾流对信道的路径损耗特性基本不会造成影响。

(2) 由于无人艇的低剖面、天线安装位置较低等特点，除 LoS 径及反射径外，存在大量来自海面的漫反射多径分量。

(3) 由于无人艇的低剖面、天线安装位置较低等特点，天线第一菲涅耳区内的无人艇自身结构、艇上物体等对信道有较大影响，可能会造成 NLoS、OLoS 情况的出现。

(4) 由于海面的波动及无人艇本身的姿态起伏变化，当无人艇处于运动状态时，多径分量持续时间较短，间歇性出现。

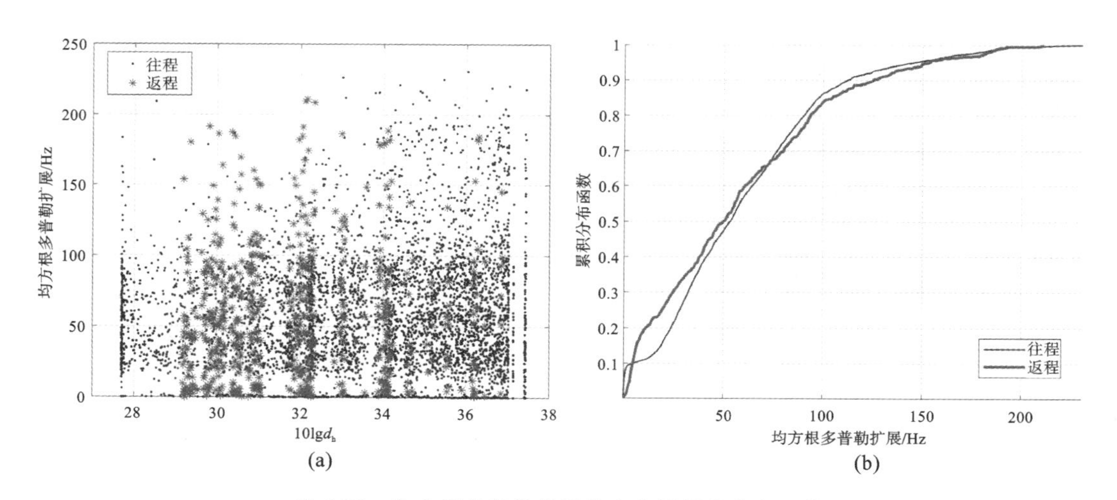

图 4-39　均方根多普勒扩展的变化及累积分布函数

(a)不同位置的均方根多普勒扩展;(b)均方根多普勒扩展的累积分布函数

(5) 无人艇海上信道的时延扩展受到海上岛屿、岸边建筑、海上船只等散射体的影响较大,因此与无人艇的航线(具体包括无人艇行驶方向、离岸距离、海上及海岸散射体分布等)息息相关。

(6) 当无人艇航行方向与海岸夹角较小、离岸距离有限时,可能会接收到岸边建筑物带来的连续长时间出现的多径分量。

(7) 由于无人艇的低剖面、天线安装位置较低、艇身对接收信号的遮挡、海岸及岛屿上散射物体等影响,无人艇信道中的多径衰落可能变化较为丰富,并非服从单一分布(如 TWDP 分布、Weibull 分布等)。

4.2.9　图论仿真模型

4.2.9.1　仿真模型的构建

为了将图论仿真方法及射线追踪方法结合,用于仿真海上无人艇空地信道,首先对海面进行仿真模型构建。常用的表征海面波动的模型包括 Pierson-Moskowitz(PM)谱、Neumann 谱、JONSWAP 谱、文氏谱等。本书基于 PM 谱进行海面模型构建。

PM 谱是 Moskowitz 根据其对北大西洋上 6 年的海浪观测数据进行了 460 次的谱分析,并从中选出属于成熟期的 54 个波谱,又按照风速不同分为 5 组,求得各组的平均谱。后来 Pierson 和 Moskowitz 对各平均谱无因次化,并进行数学拟合处理,最后得到无因次的谱密度函数[32]:

$$S_{\xi}(w) = \frac{8.1\times10^{-3}g^{2}}{\omega^{5}}\exp\left(-0.74\frac{g^{4}}{v_{\text{wind}}\omega}\right) \tag{4-15}$$

式中:g 为重力加速度;ω 为海浪频率;v_{wind} 为海平面上 19.5 m 高处的风速。根据双叠加法三维不规则短峰波海浪模型,可以将海面建模为不同频率、不同幅值、不同方向的谐波的叠加:

$$\xi(x,y,t)=\sum_{i=1}^{m}\sum_{j=1}^{m}\zeta_{aij}\cos(k_i x\cos\mu_j+k_i y\sin\mu_j-\omega_i t+\varepsilon_{ij})\tag{4-16}$$

$$\zeta_{aij}=\sqrt{2S_\zeta(\omega_i)\phi(\mu_j)\Delta\omega\Delta\mu}\tag{4-17}$$

$$\phi(\mu)=\frac{2}{\pi}\cos^2\mu\tag{4-18}$$

式中：ξ_{aij}、k_i、ω_i、μ_j 分别是组成谐波的波幅、波数、角频率和水平角；ε_{ij} 为随机初相位，服从[0，2π]的均匀分布；$\phi(\mu)$为波能的扩散函数。通过以上方式，可以获得一段时间内各时间点上海面所有位置(x,y)的幅值波动，若设定仿真范围为 60 m×60 m，$v_{\text{wind}}=3$ m/s，获得的海面模型如图 4-40(a)所示。

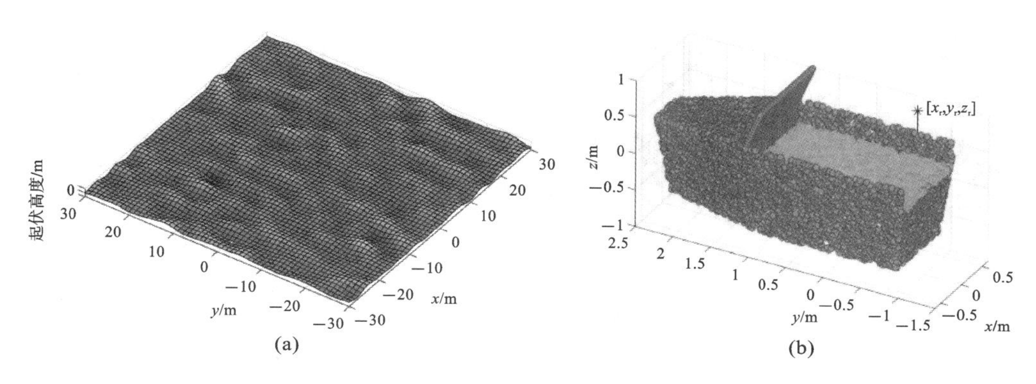

图 4-40　仿真模型

(a)海面模型；(b)无人艇网格化模型

同时，由于在无人艇空海信道中，接收天线安装位置较低，受到天线近场物体的影响较大。根据 4.2.2 小节的叙述，返程中 LoS 径较大概率受到无人艇自身结构的遮挡，因此有必要对无人艇进行模型构建。根据无人艇的尺寸，获得的无人艇网格化模型如图 4-40(b)所示，其中星号点代表接收天线，其相对于无人艇的安装位置(x_r,y_r,z_r)已知。

4.2.9.2　仿真结果与实测结果的对比

由于海上 USV 通信信道中，除 LoS 径及反射径外，存在大量的漫反射分量。因此，利用本章介绍的将射线追踪和传播图论方法结合的仿真方法，对该信道进行了仿真。仿真中相关参数设置如下：

(1) 仿真中心频率为 2.2055 GHz，带宽为 25 MHz，频点为 100 个；

(2) 船与发射天线的水平距离为 600 m；

(3) 船沿径向远离发射天线，移动距离为 0.2 m，移动速度为 4 m/s，故仿真时长为0.05 s，大约相当于测量中 76 个 CIR 的时长；

(4) 时长为 0.05 s，大约相当于测量中 76 个 CIR 的时长；

(5) 仿真中船移动 0.2 m 的步数为 30 步，可分辨多普勒范围为±300 Hz 内；

(6) 仿真中海面的起伏与船的移动同时进行，海面起伏设置参考之前文献中的 PM 谱。

为了提高多普勒域的数字分辨率，仿真中多普勒域采用了周期图方法。

仿真及测量获得的 CPDPs 如图 4-41 所示，可见仿真获得的功率时延谱中重现出了多径分量在海面间歇性出现这一现象(需要注意，这里仅考虑多径的相对时延。因为在测量数据对应的 CPDPs 中，由于快拍数据截取的原因，LoS 径的时延与实际可能存在偏差)。以第一个步点为例，仿真获得的时延功率谱如图 4-42 所示，可见结合射线追踪和传播图论，考虑直射、反射及漫反射后，获得的功率时延谱下降更缓慢，这是因为传播图论产生了来自海面的漫反射分量，而仅采用射线追踪方法的功率时延谱下降较快。结合图 4.41，将两种方法结合后，获得的结果更加接近真实情况。图 4-42(b)展示了将两种方法结合后得到的均方根时延扩展，可见取值基本在 20～30 ns 范围内，与实际测量得到的图 4-38(b)中的结果保持一致。

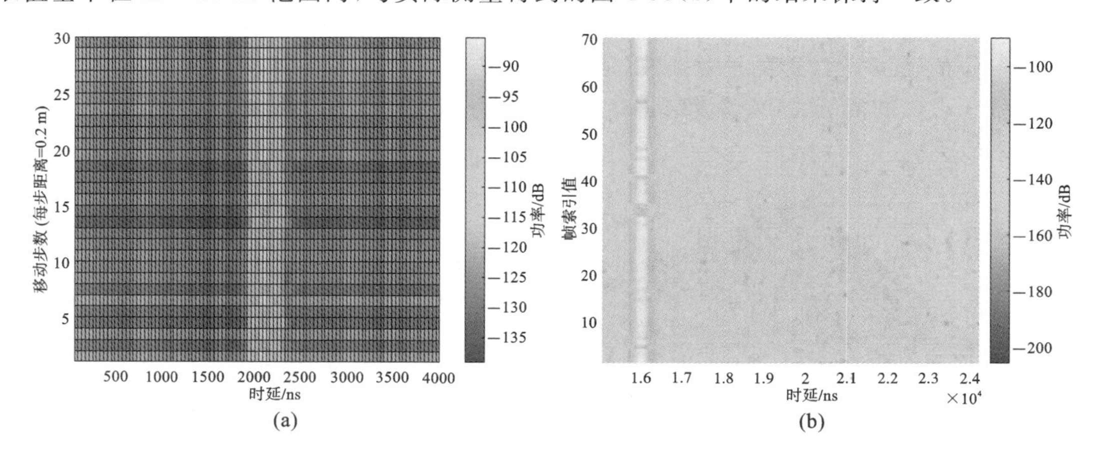

图 4-41　仿真及测量获得的 CPDPs 对比

(a)仿真获得的 CPDPs；(b)测量获得的 CPDPs

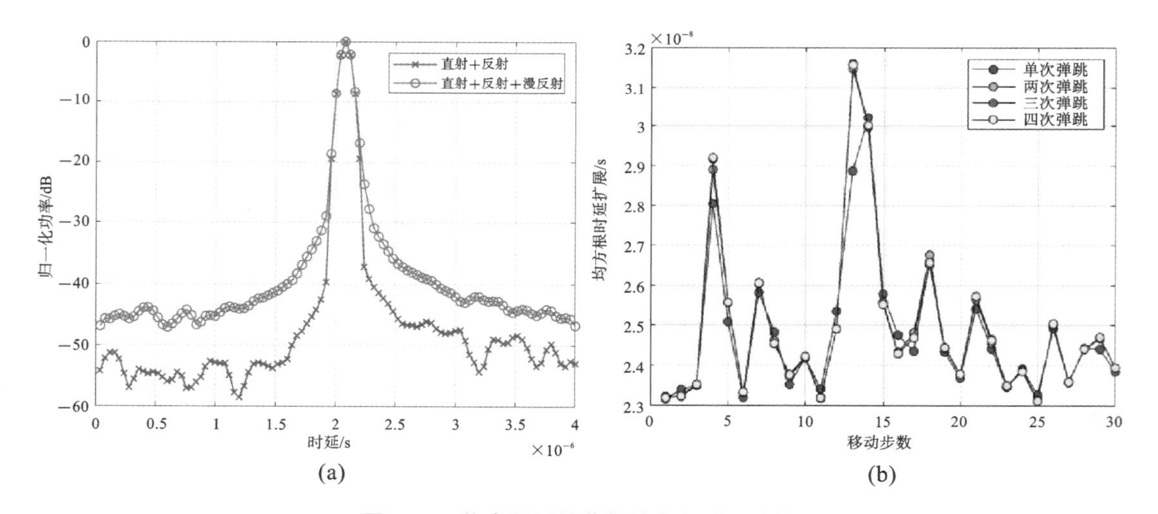

图 4-42　仿真及测量获得的多径时延特性

(a)仿真获得的功率时延谱及比较；(b)仿真获得的均方根时延扩展

同时，仿真及测量中得到的多普域功率谱如图 4-43 所示，可见结合射线追踪和传播图论仿真方法后，获得的多普勒功率谱具有更多的变化，且峰值更加接近真实情况，而仅考虑直射和反射的仿真结果中多普勒功率谱缺少起伏变化，峰值和实际值有一定的差异。

以上结果表明，所构建的结合射线追踪和传播图论方法的仿真模型能够一定程度上对空海信道进行模拟，后续还可以进行更多的优化，包括加入对海面开尔文尾流的考虑、船体颠簸造成的影响等。

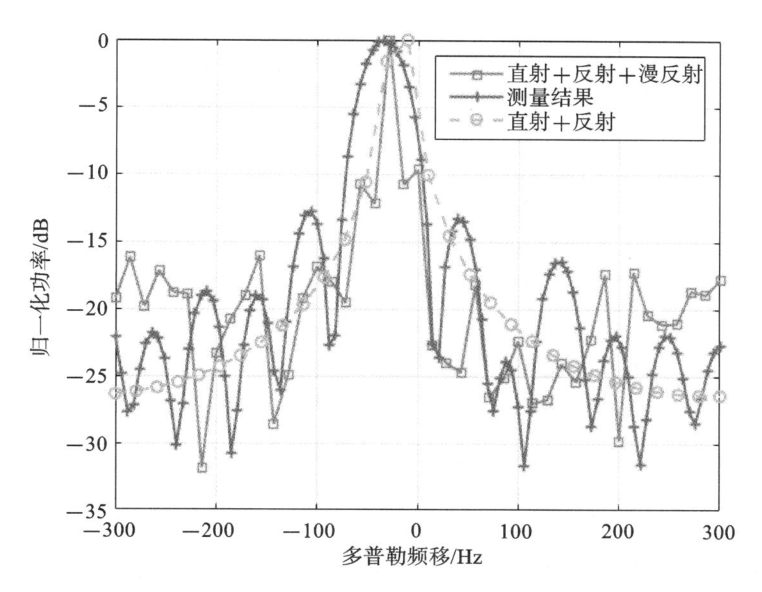

图 4-43　仿真及测量获得的多普勒功率谱

4.3　尾焰影响下的空地信道特性研究

4.3.1　引言

等离子体是由大量带电粒子组成的宏观非束缚态，是除固、液、气之外的物质第四态，由离子、电子等混合而成(也可能包含中性粒子)。这一特殊物质形态广泛存在于自然界中，包括大气中的电离层、外逸层、行星际空间、太阳大气、星际空间等。等离子体产生的机理为普通气体受到外界高能量源(包括高能量粒子轰击、强激光照射、热致电离、高压气体放电等)的作用，导致原子中的电子激发，脱离原子核束缚而成为自由电子，原子失去电子变为正离子，这些正离子、自由电子以及可能存在的部分未被电离的中性原子混合在一起即成为等离子体[33][34]。实验室中，也可以根据以上原理人为产生等离子体[34]。

等离子体由于其自身形态的特殊性，对电磁波传播的影响也存在一些特殊性。以火箭尾焰为例，火箭推进剂燃烧会形成稠密不均匀的弱电离等离子体，对测控信号会产生严重干扰。尽管学术界已经对该问题进行了很多研究，但大多数研究基于解析推导或仿真方法，对尾焰影响下测控信号所经过信道的实测研究非常匮乏[35][36]。基于以上研究现状，本书介绍了一次针对尾焰产生的等离子体影响下的测控信号所经历信道的实测活动，以及根据该测量数据分析获得的信道统计模型。

4.3.2 测量活动介绍

4.3.2.1 测量系统配置

在收发端，我们均采用Ettus公司生产的USRP N210作为信道探测器，中心频率为2.31 GHz，信号带宽为25 MHz，采样率为50 MHz。探测信号为周期性的伪随机序列，采用BPSK调制方式，符号长度为4095。在收发端，我们均用了GPS驯服时钟，用于提供10 MHz的时钟信号及秒脉冲(one pulse per second，1PPS)信号。收发端的位置被提前记录，并且在测量过程中保持不变。如图4-44(a)、(b)所示，收发端均采用了方向性天线，发射端为一喇叭口天线，接收端为一宽波束平板天线(包含左旋圆极化和右旋圆极化两路数据通道)。测量系统的参数设置如表4-12所示。

图4-44 收发天线照片

(a)发射天线；(b)接收天线；(c)发射天线安装位置

表4-12 测量系统参数设置4

参数项	设置值
载波频率	2.31 GHz
采样率	50 MHz
PN序列符号率	25 MHz
PN序列符号长度	4095
发射天线类型	喇叭口天线
发射天线极化	垂直极化
发射天线波束宽度	E-plane：28°，H-plane：30°
发射天线增益	15 dBi
交叉极化隔离度	40 dB
接收天线类型	宽波束平板天线
接收天线极化	左旋圆极化及右旋圆极化

续表

参　数　项	设　置　值
接收天线波束宽度	E-plane：18°，H-plane：80°
接收天线增益	12 dBi
发射天线高度	约 21 m
接收天线高度	约 3.5 m
链路水平距离	约 190 m

4.3.2.2　测量场景

测量活动在西安某航天所进行，卫星地图如图 4-45(a)所示，黄色四角星代表发射天线，其被安装在火箭发动机试车所在大楼。发射喇叭口天线被安装在该楼房的点火空腔内墙壁的一个圆形洞口内，离地高度约为 21 m，辐射方向朝向接收端，发射天线的视角如图 4-45(b)所示。图 4-45(a)中红色四角星代表接收端平板波束天线，其被固定在离发射端水平距离约 190 m 的一个平台上，接收天线离地高度约为 3 m，波束方向朝向发射端，接收天线视角如图 4-45(c)所示。测量在点火前 30 min 开始，点火过程持续 500 s，测量在点火后约 15 min 结束。点火过程中，使用的燃料为液氧煤油。

图 4-45　测量场景卫星地图及收发端视角

(a)发射天线；(b)发射端视角；(c)发射天线安装位置

4.3.3　左右旋极化信道模型

左右旋极化信道模型如下所示：

$$s(t,\tau) = \sum_{l=1}^{L} s(t,\tau_l) \tag{4-19}$$

$$s(t,\tau_l) = \exp(\mathrm{j}2\pi\nu_l t)\, p\boldsymbol{A}_l u(t-\tau_l), \quad p = \begin{cases} [-i,1], \text{left-hand} \\ [1,-i], \text{right-hand} \end{cases} \tag{4-20}$$

$$\boldsymbol{A}_l = \begin{bmatrix} a_{l,\theta,\theta} & a_{l,\theta,\phi} \\ a_{l,\phi,\theta} & a_{l,\phi,\phi} \end{bmatrix} \tag{4-21}$$

其中，$\boldsymbol{s}(t,\tau)$是不含噪声分量的总接收信号，$\boldsymbol{s}(t,\tau_l)$是第 l 条多径分量信号，L 是多径总数。τ_l 和 ν_l 是第 l 条多径分量信号的时延及多普勒，p 是左右旋极化信号的合成因子（与接收天线左右旋的合成机制有关），$\boldsymbol{A}_l$ 是第 l 条多径分量的复极化矩阵，$\boldsymbol{A}_l$ 的对角分量和非对角分量分别为同极化和交叉极化传递系数。

由于信号的 θ 和 ϕ 分量为正交分量，而且左右旋极化信号的合成因子 p 对于左旋和右旋两种情况并不线性相关，因此左右旋极化能够将信道分为两个正交的部分，从而较好地实现极化分集。

4.3.4 尾焰对不同极化方式信号功率的影响

测量过程中的信道功率衰落如图 4-46(a)所示。记 0 时刻为点火开始时刻，可以看到点火开始后，无论是左旋圆极化还是右旋圆极化，接收功率衰落的波动都非常剧烈，变化范围达到 20 dB，并且随着点火的持续进行，整体功率衰落持续下降。左右旋圆极化之间的功率差如图 4-46(b)所示，可以看到左右旋圆极化的功率在不同时间点上可能存在较大的差异，高达 17.6 dB，这说明不同圆极化的天线的使用可以带来较大的极化分集增益，对于火焰产生的等离子体对电波功率的衰减有一定的缓解。

同时，根据圆极化天线的原理，按照式(4-22)对左旋及右旋圆极化天线接收信号进行合成，解出垂直及水平极化分量。式(4-22)中，E_{left} 代表左旋圆极化电场分量，E_{right} 代表右旋圆极化电场分量，$\varphi_{\perp}$ 和 $\varphi_{\parallel}$ 分别代表信道对垂直及水平极化分量的相位改变，$\mathrm{e}^{\mathrm{i}(wt-kz)}$ 代表由于信号源相位变化及收发端之间距离 z 带来的相位旋转，A 为合成的圆极化信号的幅值。经过合成左右旋信号，解出的垂直及水平极化电场分量功率变化如图 4-46(c)、(d)所示，可以看到在接收端接收功率主要为水平极化分量，与发射端的极化方式一致，大部分时间水平极化功率比垂直极化的要高。但是点火过程中，受到等离子体的影响，垂直极化与水平极化增益发生波动，部分时刻的垂直极化信号功率甚至超过水平极化信号功率。

$$\begin{cases} \vec{E}_{\text{left}} = A\left(\dfrac{\sqrt{2}}{2}\vec{E}_{\perp}\,.\,(-\mathrm{i})\mathrm{e}^{\mathrm{i}\varphi_{\perp}} + \dfrac{\sqrt{2}}{2}\vec{E}_{\parallel}\,\mathrm{e}^{\mathrm{i}\varphi_{\parallel}}\right)\mathrm{e}^{\mathrm{i}(wt-kz)} \\ \vec{E}_{\text{right}} = A\left(\dfrac{\sqrt{2}}{2}\vec{E}_{\perp}\,\mathrm{e}^{\mathrm{i}\varphi_{\perp}} + \dfrac{\sqrt{2}}{2}\vec{E}_{\parallel}\,\mathrm{e}^{\mathrm{i}\varphi_{\parallel}}\,.\,(-\mathrm{i})\right)\mathrm{e}^{\mathrm{i}(wt-kz)} \end{cases} \tag{4-22}$$

$$\Rightarrow \begin{cases} \vec{E}_{\perp}\,\mathrm{e}^{\mathrm{i}\varphi_{\perp}} = (\vec{E}_{\text{left}}\mathrm{i} + \vec{E}_{\text{right}})/(\sqrt{2}A) \\ \vec{E}_{\parallel}\,\mathrm{e}^{\mathrm{i}\varphi_{\parallel}} = (\vec{E}_{\text{left}} + \vec{E}_{\text{right}}\mathrm{i})/(\sqrt{2}A) \end{cases}$$

此外，我们对信道衰落随时间变化的自相关性进行了研究，结果如图 4-47(a)所示，可以看到信道衰落随时间变化的自相关性并不会随着时间的增加而下降到很低的数值，说明点火过程中尾焰对信道衰落的影响在整个过程中始终有较高的相似性，但是相关性较高的时间间隔并不长，以 0.707 的相关性作为阈值，对于左右旋信号其间隔时间分别约为 0.75 s 和 12 s。图 4-47(b)展示了不同时刻的信道冲激响应之间的相关性，结果与图 4-47(a)所示的结果有所不同，可以看到虽然宏观的信道衰落随时间的变化相关性下降较慢，但是信道冲激响应变化较快，对于左右旋信号，其信道冲激响应相关性在 0.1 s 的时间内均下降了 3 dB 以上，由于收发端及环境中的建筑物、山体等均保持静止，该信道的变化仅由火焰产生的等离子体本身浓度、

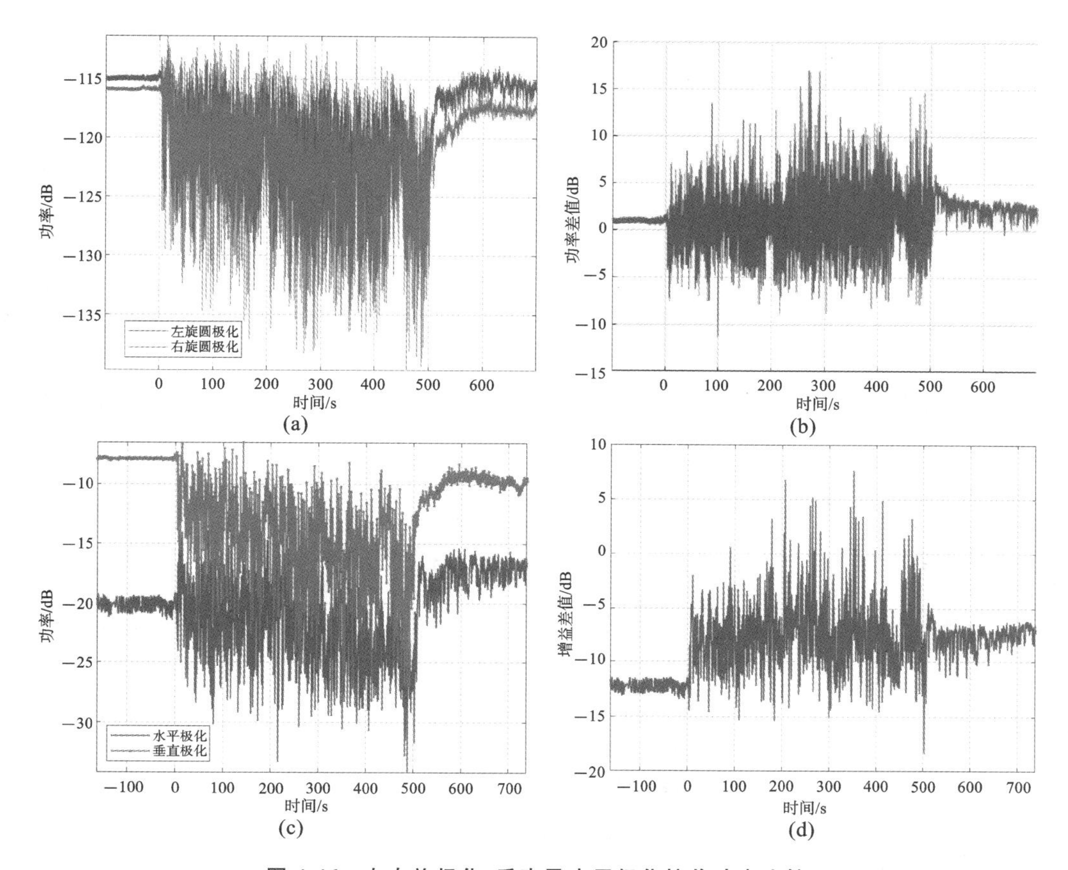

图 4-46　左右旋极化、垂直及水平极化接收功率比较

(a)信道功率衰落随时间的变化;(b)左右旋圆极化功率之差;(c)垂直及水平极化接收功率;(d)垂直及水平极化接收功率之差

温度、分布等特性变化导致。同时,对于左右旋信号,信道冲激响应随时间变化的相关性存在一定的相似性,这说明对这两种信道而言,信道本身存在较高的相似性。

为了研究功率波动的衰落分布类型,首先使用 2 s 的时间窗对左右旋接收功率进行了平滑处理,随后从原始数据中减去该平滑后的结果(消除燃料消耗速度变化等原因导致的宏观功率变化),获得功率的小尺度衰落波动。然后,利用 Kolmogrov-Smirnov 测试方法对左右旋功率包络 CDF 进行分割,得到的结果如图 4-48(a)所示,可见多径衰落的变化较为缓慢,约 90%的概率在 10 s 以内维持稳定。另外图 4-48(b)展示了衰落分布类型出现概率的统计直方图,可见 Weibull 分布是主要的衰落类型,对于左右旋信道概率均在 60%以上。

4.3.5　尾焰对多径传播的影响

通过测量数据和校准数据,可以获得信道冲激响应,并由此获得信道的连续功率时延谱,如图 4-49 所示。从图 4-49 可以看出,点火开始后,无论是左旋圆极化还是右旋圆极化,信道中的多径功率整体下降,多径的轨迹变得更加模糊。

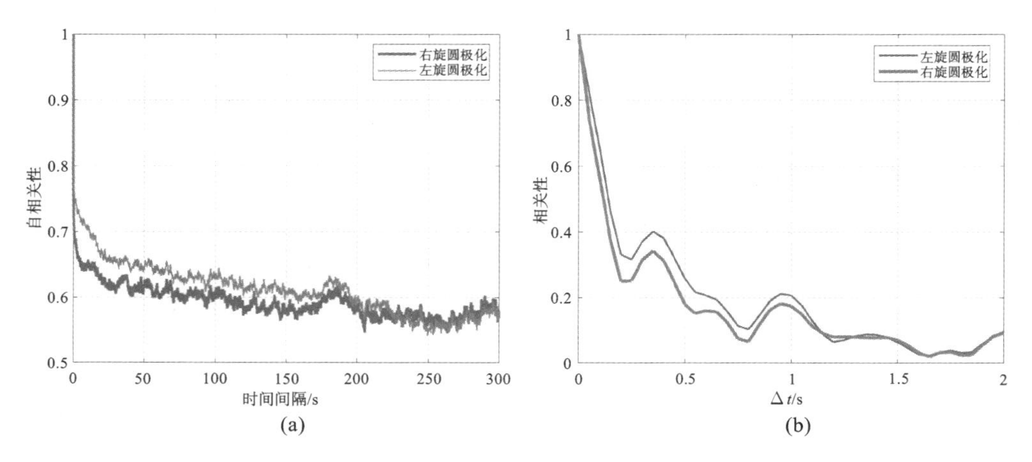

图 4-47 信道衰落以及信道冲激响应在时间上的自相关性

(a)信道衰落的自相关性;(b)信道冲激响应的自相关性

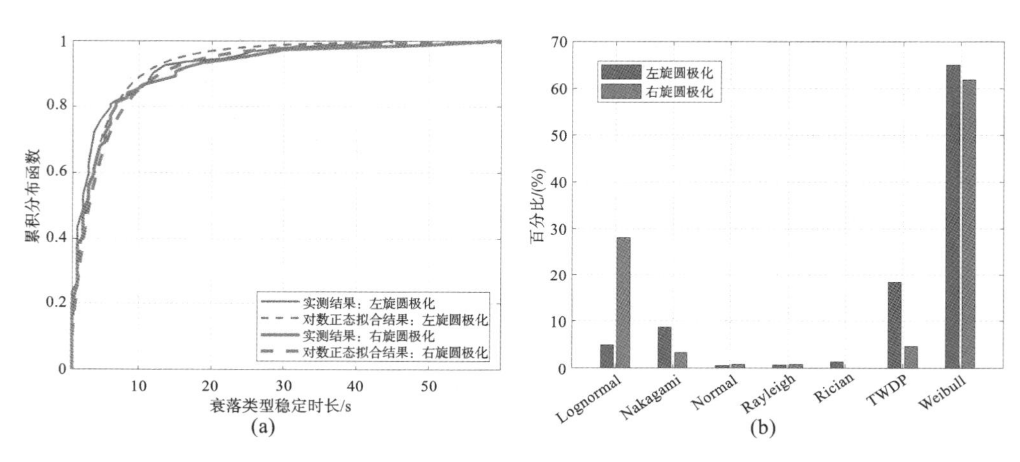

图 4-48 左右旋圆极化信号衰落统计结果

(a)衰落保持稳定的时长 CDF;(b)衰落类型统计直方图

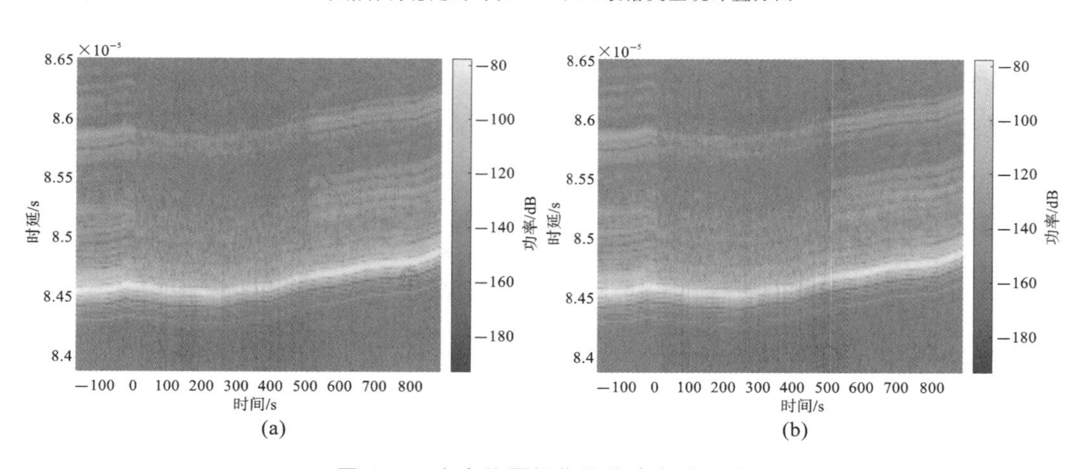

图 4-49 左右旋圆极化连续功率时延谱

(a)左旋圆极化;(b)右旋圆极化

采用 SAGE 算法，对包含点火全过程的数据进行分析，估计得到的左右旋多径分量的时延及多普勒估计结果如图 4-50 所示，可以看到点火开始后，由于穿过火焰的多径受到了较大的功率衰减，因此一些较弱的多径分量显现出来，使得信道的时延扩展变大，可以达到 0.5 μs。同时，可能是由于等离子体自身的运动，使得多径分量产生了一定的多普勒频移，多普勒扩展也同样增大，可以到达 500 Hz 以上。

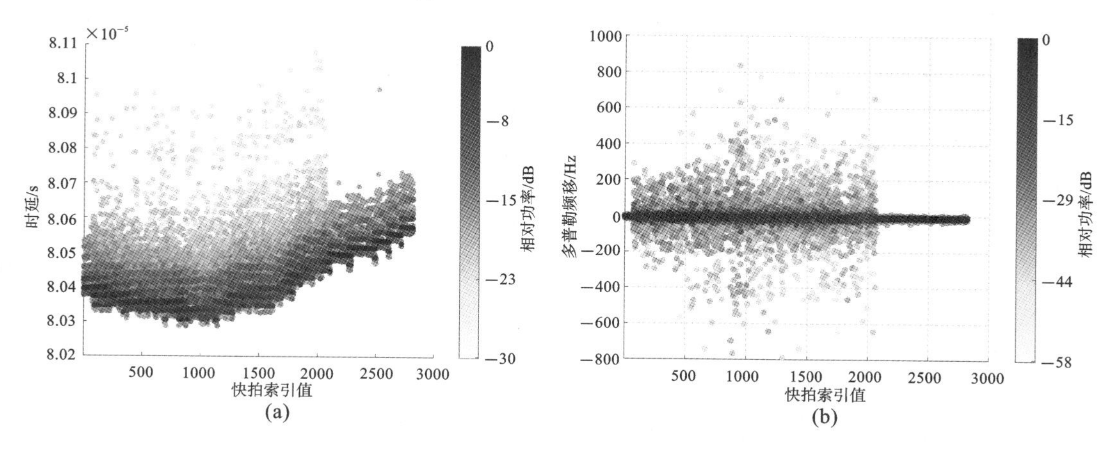

图 4-50 右旋圆极化信号多径参数估计结果

(a)多径时延估计结果；(b)多径多普勒估计结果

此外，我们取了点火过程中的一个快拍的左右旋 PDP 进行比较，结果如图 4-51 所示，可以看到左右旋信道之前存在很高的相关性，但是彼此之间存在一定的差异。

对点火过程中某数据快拍进行分析，利用 SAGE 算法对该数据快拍进行估计，获得的左右旋信号对应的信道在该时刻的多径参数取值如图 4-52 所示，可以看到在相同时刻，左右旋信道的多径参数分布确实存在一定的差异。

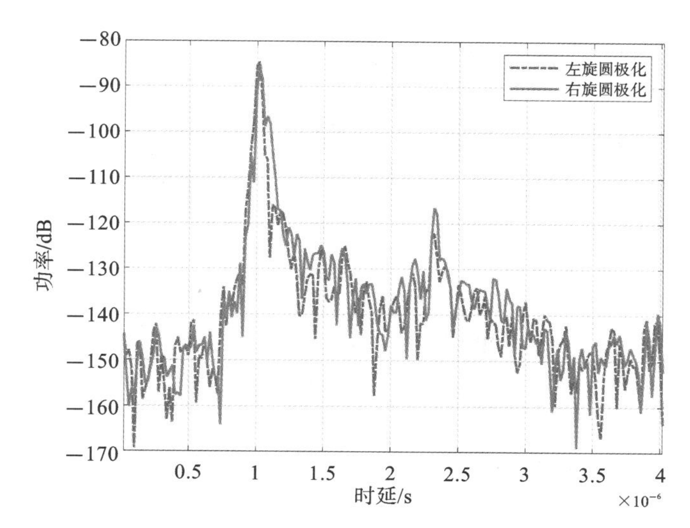

图 4-51 单快拍左右旋功率时延谱比较

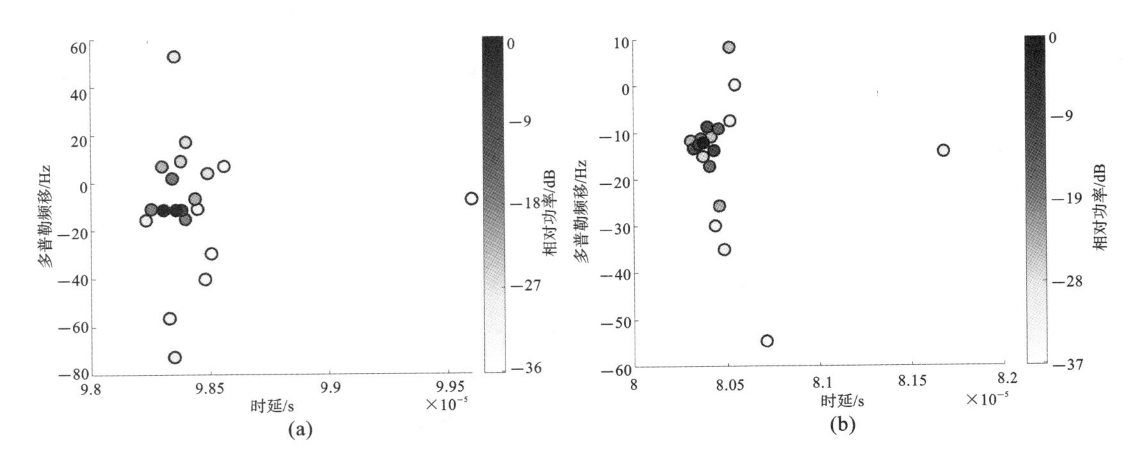

图 4-52　单快拍多径参数估计结果

(a)左旋信道参数估计结果;(b)右旋信道参数估计结果

4.4 本章小结

本章针对无人飞行器对地通信电波传播特性进行了研究,对大量的无人飞行器空对地信道场景进行了测量及建模,具体包括 C 频段及 Ka 频段航空信道、S 频段陆-无人艇信道、S 频段低空无人机-无人艇信道、尾焰影响下的空地信道。本书提出的研究方法以及各场景下的统计信道模型、仿真模型,对于特定环境中的通信系统的设计具有重要的参考意义。

1. 本章工作的主要贡献

(1) 对包括 C 频段及 Ka 频段航空信道、S 频段陆-无人艇信道、S 频段低空无人机-无人艇信道、尾焰影响下的空地信道进行了实地测量,获得了大量珍贵的测量数据,为特定场景下信道特性的分析、模型的构建提供了重要的支撑。

(2) 通过分析测量数据,利用高精度参数估计算法以及信道仿真方法(射线追踪、传播图论),对以上场景进行了大尺度和小尺度、窄带及宽带方面的模型构建,以上所有场景中,分析的信道特性包括路径损耗、阴影衰落、小尺度衰落、时延扩展、多普勒扩展、莱斯因子、多普勒功率谱、时延功率谱、信道相干时长、极化方式对信道的影响等。以上获得的结果是本领域研究人员较为关注的,具有一定的先进性。其中,对无人机-无人艇空海信道、陆-无人艇空海信道的研究,填补了这一领域的空白,可以为无人机-无人艇异构网络通信系统的设计、无人艇和海岸通信系统的设计提供信道特性方面的参考,同时,针对火箭尾焰影响下的信道研究,对于军事国防领域相应无人飞行器测控系统的设计具有较为重要的参考价值。

(3) 提出了一种先验信息修正的 ISI-SAGE 算法,通过利用多普勒功率谱的先验分布,对 SAGE 算法迭代过程中的初始化以及估计范围设置进行优化,从而能够在帧长受到一定限制的主动/被动信道测量中对高速情况下的空地信道中多径分量的多普勒频率进行更加可靠的估计。

(4) 利用射线追踪算法和图论仿真算法,对低空空海信道进行了信道仿真,扩展了图论仿真的应用场景,进一步说明了该仿真方法的可靠性。

2. 本章的主要结论

(1) C频段航空信道中，信道的大尺度特性不能用简单的两径模型进行描述，信道的路径损耗和阴影衰落与飞行姿态(主要是无人机的俯仰角)、离地面的高度、地面散射体的分布、天线的辐射模式有着非常重要的关系，在不同的飞行阶段呈现出完全不同的特点，可以进行分阶段建模。

(2) C频段航空信道中，大多数动态场景下，信道的均方根时延扩展、多普勒扩展、莱斯因子均可以用对数正态分布进行较好的拟合，而静态场景中由于环境的确定性无法用对数正态模型进行拟合。虽然以上统计模型的精确性受到一定的限制，但是统计模型本身的简单易用的特性使其具有一定的价值。

(3) 在巡航及水平转向阶段，Ka频段航空信道中，路径损耗及阴影衰落与无人机自身的航向具有较大的关系，这说明机身结构对信道的大尺度特性会造成较大的影响。由于采用了极窄波束的定向接收天线，当无人机高度较高时，高度对大尺度的影响反而较小。

(4) 对比C频段及Ka频段的航空信道，可以看出不同频段下，由于采用的地面接收天线波束宽度、飞行速度、电波频段等因素的影响，信道在大尺度特性方面存在一定的相似性，但同样具备各自不同的特点；而在小尺度特性方面，多径时延、多普勒频移、莱斯因子等信道参数的取值区间在C频段及Ka频段存在较大的差异，与通信频段关系十分密切。

(5) S频段空海信道中，无论是陆-无人艇信道或是无人机-无人艇信道，大尺度特性都服从海面两径模型，受到掠射角、海面风速、电波频率、当地重力加速度等因素的影响。

(6) S频段空海信道中除LoS径及反射径外，存在大量的漫反射多径分量，这部分分量存在随机稀疏的特性(即漫反射多径的数量以一定的概率呈现稀疏的特点，随时间波动)。

(7) S频段空海信道中，多径的时延、多普勒扩展与无人艇的航行路线、海面散射物体的分布等因素相关。

(8) 在静态下，悬停的无人机与停泊在港口的无人艇之间通信时的接收功率并不保持恒定，波动可以达到4.5 dB。经过分析，这一结果与无人机本身的悬停精度、无人艇停泊时随海浪的波动、收发天线的天线方向图等因素有关。

(9) 极化分集可以在一定程度上抑制等离子体对接收功率的衰落，左右旋圆极化的接收功率在不同时刻取值大小差异不同，甚至可以达到15 dB。

(10) 左右旋圆极化接收信号对应的信道在多径分布上本身存在一定的差异。

(11) 在火箭燃料燃烧产生的气体、等离子体的本身温度、粒子浓度、宏观运动状态的波动下，信道相干时长在0.1 s以内(以CIR的相关性下降3 dB作为阈值)。

参考文献

[1] Vergara W, Levatich J, Carroll T. VHF air-ground propagation far beyond the horizon and tropospheric stability[J]. IRE Transactions on Antennas and Propagation, 1962, 10(5): 608-621.

[2] Haas E. Aeronautical channel modeling [J]. IEEE transactions on vehicular technology, 2002, 51(2): 254-264.

[3] Arapoglou P D, Michailidis E T, Panagopoulos A D, et al. The land mobile earth-space channel[J]. IEEE vehicular technology magazine, 2011, 6(2): 44-53.

[4] Holis J, Pechac P. Elevation dependent shadowing model for mobile communications via high altitude platforms in built-up areas[J]. IEEE Transactions on Antennas and Propagation, 2008, 56(4): 1078-1084.

[5] Matolak D W, Fiebig U C. UAV channel models: Review and future research[C]//2019 13th European conference on antennas and propagation (EuCAP). IEEE, 2019: 1-5.

[6] Yan C, Fu L, Zhang J, et al. A comprehensive survey on UAV communication channel modeling[J]. IEEE Access, 2019, 7: 107769-107792.

[7] Van Der Bergh B, Chiumento A, Pollin S. LTE in the sky: Trading off propagation benefits with interference costs for aerial nodes[J]. IEEE Communications Magazine, 2016, 54(5): 44-50.

[8] Yanmaz E, Kuschnig R, Bettstetter C. Channel measurements over 802. 11 a-based UAV-to-ground links [C]//2011 IEEE GLOBECOM Workshops (GC Wkshps). IEEE, 2011: 1280-1284.

[9] Sun R, Matolak D W. Air-ground channel characterization for unmanned aircraft systems part II: Hilly and mountainous settings[J]. IEEE Transactions on Vehicular Technology, 2016, 66(3): 1913-1925.

[10] Matolak D W, Sun R. Air-ground channel characterization for unmanned aircraft systems——Part I: Methods, measurements, and models for over-water settings[J]. IEEE Transactions on Vehicular Technology, 2016, 66(1): 26-44.

[11] Feng Q, McGeehan J, Tameh E K, et al. Path loss models for air-to-ground radio channels in urban environments [C]//2006 IEEE 63rd vehicular technology conference. IEEE, 2006, 6: 2901-2905.

[12] Matolak D W, Sun R. Air-ground channel characterization for unmanned aircraft systems——Part III: The suburban and near-urban environments [J]. IEEE Transactions on Vehicular Technology, 2017, 66(8): 6607-6618.

[13] Hoeher P, Haas E. Aeronautical channel modeling at VHF-band[C]//Gateway to 21st Century Communications Village. VTC 1999-Fall. IEEE VTS 50th Vehicular Technology Conference (Cat. No. 99CH36324). IEEE, 1999, 4: 1961-1966.

[14] Newhall W G, Reed J H. A geometric air-to-ground radio channel model[C]//MILCOM 2002. Proceedings. IEEE, 2002, 1: 632-636.

[15] Schneckenburger N, Jost T, Fiebig U C, et al. Modeling the air-ground multipath channel [C]//2017 11th European Conference on Antennas and Propagation (EUCAP). IEEE, 2017: 1434-1438.

[16] Rice M, Dye R, Welling K. Narrowband channel model for aeronautical telemetry [J]. IEEE transactions on Aerospace and electronic systems, 2000, 36 (4): 1371-1376.

[17] Rice M, Davis A, Bettweiser C. Wideband channel model for aeronautical telemetry [J]. IEEE Transactions on aerospace and Electronic systems, 2004, 40(1): 57-69.

[18] Tu H D, Shimamoto S. A proposal of wide-band air-to-ground communication at

airports employing 5 GHz band[C]//2009 IEEE Wireless Communications and Networking Conference. IEEE, 2009: 1-6.

[19] Matolak D W, Sen I, Xiong W. The 5 GHz airport surface area channel——Part I: Measurement and modeling results for large airports[J]. IEEE Transactions on Vehicular Technology, 2008, 57(4): 2014-2026.

[20] Sen I, Matolak D W. The 5 GHz airport surface area channel——Part II: Measurement and modeling results for small airports[J]. IEEE Transactions on Vehicular Technology, 2008, 57(4): 2027-2035.

[21] Hakegard J E, Ringset V, Myrvoll T A. Empirical path loss models for C-band airport surface communications[J]. IEEE transactions on antennas and propagation, 2012, 60(7): 3424-3431.

[22] Gligorevic S. Airport surface propagation channel in the C-band: Measurements and modeling[J]. IEEE transactions on antennas and propagation, 2013, 61(9): 4792-4802.

[23] Yang K, Molisch A F, Ekman T, et al. A round earth loss model and small-scale channel properties for open-sea radio propagation[J]. IEEE Transactions on Vehicular Technology, 2019, 68(9): 8449-8460.

[24] Yang K, Zhou N, Molisch A F, et al. Propagation measurements of mobile radio channel over sea at 5.9 GHz[C]//2018 16th International Conference on Intelligent Transportation Systems Telecommunications (ITST). IEEE, 2018: 1-5.

[25] Wang W, Jost T, Raulefs R, et al. Ship-to-ship broadband channel measurement at 5.2 GHz on north sea[C]//2017 11th European Conference on Antennas and Propagation (EUCAP). IEEE, 2017: 3872-3876.

[26] Meng Y S, Lee Y H. Measurements and characterizations of air-to-ground channel over sea surface at C-band with low airborne altitudes[J]. IEEE Transactions on Vehicular Technology, 2011, 60(4): 1943-1948.

[27] Stojanovic M, Preisig J. Underwater acoustic communication channels: Propagation models and statistical characterization[J]. IEEE communications magazine, 2009, 47(1): 84-89.

[28] Djapic V, Prijic C, Bogart F. Autonomous takeoff & landing of small UAS from the USV[C]//OCEANS 2015-MTS/IEEE Washington. IEEE, 2015: 1-8.

[29] Yang T, Jiang Z, Sun R, et al. Maritime search and rescue based on group mobile computing for unmanned aerial vehicles and unmanned surface vehicles[J]. IEEE transactions on industrial informatics, 2020, 16(12): 7700-7708.

[30] Gru ber J, Anvar A. An unmanned surface vehicle robot model; for autonomous sonobuoy deployment, and UAV landing platform[C]//2014 13th International Conference on Control Automation Robotics & Vision (ICARCV). IEEE, 2014: 1398-1402.

[31] Cao H, Yang T, Yin Z, et al. Topological optimization algorithm for HAP assisted multi-unmanned ships communication[C]//2020 IEEE 92nd Vehicular Technology

Conference (VTC2020-Fall). IEEE，2020：1-5.

[32] 李晖，郭晨，李晓方. 基于 Matlab 的不规则海浪三维仿真[J]. 系统仿真学报，2003，15(7)：1057-1059.

[33] 郭斌. 高频电磁波在大气等离子体层中的传播和吸收的研究[D]. 大连：大连理工大学，2006.

[34] 田媛. 等离子体鞘套数值仿真及其与电磁波相互作用[D]. 西安：西安电子科技大学，2016.

[35] 孙行，陈郑珊，蔡红华，等. 电磁波在固体火箭尾焰中的折射轨迹研究[J]. 兵器装备工程学报，2019，40(09)：31-36.

[36] Sun B，Xie K，Shi L，et al. Experimental investigation on electromagnetic waves transmitting through exhaust plume：From propagation to channel characteristics[J]. IEEE Transactions on Antennas and Propagation，2020，68(12)：8021-8032.

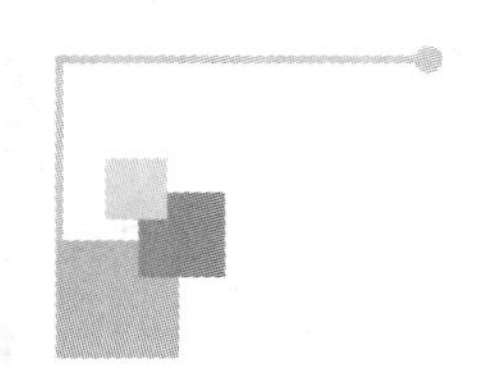

第五章 采用被动信道测量进行信道特征的采集

被动测量指的是利用已有的无线通信系统如商用通信系统和网络进行信道测量。我们曾经在诸多发表的文献中描述过如何利用通用移动通信系统（universal mobile telecommunications system，UMTS）、长期演进技术（long term evolution，LTE）等3G和4G网络进行下行信道的数据采集，通过对相关通信标准进行详细解读，可以较完整地提取出用于检测信道冲激响应的训练数据，然后通过做相关得到估计的信道冲激响应，并结合高精度的多径参数提取算法，估计得到大量的传播路径参数。在有足够多样本的情况下，可以对比较现实的测量环境进行下行信道的统计模型构建。

基于被动测量进行信道建模的优缺点，在以往的文献和书籍中都有比较全面的描述，可以总结为如下几个方面：

(1) 被动测量不受发射端的限制，特别是对于处于相对复杂的传播环境难以将用于信道测量的发射机放置在合适的、与现实应用相一致的场景中的时候，如高铁环境[1]、地铁[2]、城市场景[3]等。

(2) 被动测量可以通过终端收集到大量的信道样本，并且可以结合无线通信标准得到符合现实应用的处理结果，也就是说观测得到的信道特征和实际系统中用户所经历的信道相一致。

(3) 被动测量由于可以在任何有该网络的地方进行，可以认为其场景的丰富性非常优越，也可以作为网规网优中的必要环节，为系统整体性能的提升提供比较完整的信道依据。

(4) 被动测量还有一个特别的优势是能够对多链路的信道进行特征检测与提取，特别是当多个基站的信号同时被一个用户接收时，可以分析多个链路信道之间相关性、相似度等特征，如在射频拉远单元（remote radio unit，RRU）比较多的情况下[4][5]。

当然被动测量也有如下几方面的缺点：

(1) 信号的带宽比较有限，如在UMTS的情形下，采用公共导频信道（common pilot channel，CPICH）的信号就只有3.84 MHz的带宽，在LTE的情况下，采用小区特定参考信号（cell-specific reference signal，CRS），带宽可以增加至18 MHz，所以能够检测信道的带宽也受到这些信号带宽的限制。尽管曾经尝试是否可以把来自多个逻辑通道的多个小区特定参考信号结合在一起，这样可以增加信道检测的带宽，但是由于不同的逻辑通道之间存在不一样的起始相位，并且通常是未知的，这样很难做到相干处理多个小区特定参考信号，所以之前被动测量的窄带宽是一个比较大的问题。随着5G系统的商用，信道带宽的检测可以拓展到100 MHz以上进行。

(2) 存在未知的发射端响应、收发端之间可能存在的不同步或者由于无法进行链路的校准而存在的相位噪声以及自动增益控制（automatic gain control，AGC）即系统所赋予的额外增益无从了解等问题。尽管如此，被动测量仍然有着其重要的应用价值。

本章将详细介绍基于5G系统的被动测量。利用5G系统进行被动测量的优势之一是，5G中一个载波的最大带宽高达2 GHz[6]，远大于UMTS和LTE中的带宽。此外，在5G中引入了更高级的网络配置，如支持大规模多输入多输出（multiple input multiple output，MIMO）系统下的信道测量[7]。因此，研究并提出一种用于5G网络的被动探测方案是非常重要的，利用5G的测量，将有助于建立新一代的基于被动测量的宽带信道建模。

5G的被动测量流程和算法，相对于LTE而言，会更为复杂。这是因为5G技术规范中有一些附加内容与LTE有较大的不同，例如，子载波间隔可设置为15 kHz、30 kHz、60 kHz、120 kHz、240 kHz等，并且下行信号的带宽可根据部分带宽（bandwidth part）进行调整[8]。另外，5G物理信号的产生和传输依赖于基站的资源控制。因此，应该为5G设计一个全新的被动探测方案来包含这些新功能。

本章接下来介绍如下的工作：

（1）构建用5G网络测量的被动测量系统。测量系统在静态场景中采用了空时分复用（space time division multiplexing，STDM）的架构，可以通过多个天线以低成本接收信号，在高速移动场景中采用并行接收架构，使数据可以高速流盘。

（2）介绍检测下行信号中同步信号块（synchronization signal block，SSB）和信道状态信息参考信号（channel state information reference signal，CSI-RS）并提取信道冲激响应的技术方案，该方案结合了5G下行信号的新特征。

（3）介绍静止场景中5G被动信道测量活动，并分析宽带信道特性。

（4）介绍高速移动的高铁场景中5G被动信道测量活动，并介绍基于异构信号的空间交替广义期望最大化算法，通过实测数据分析算法的性能。另外，介绍基于几何簇（geometry cluster，GC）的时变信道模型，可利用较长时间内的多径参数对高速移动场景的信道进行建模，并利用信道仿真验证了该信道模型的有效性。

值得一提的是，5G的技术规范中定义了两个频率范围，即Sub-6 GHz（410～7125 MHz）和毫米波频段（24.25～71 GHz）[6]。因毫米波频段还未在我国商用，这里所讨论的是Sub-6 GHz频段的被动测量，毫米波频段的方案也可以进行类推获得。

5.1 5G被动测量系统的搭建

这里所介绍的5G被动信道测量系统，可分为硬件部分和运行于工作站的软件部分。

5.1.1 硬件部分

5G被动信道测量系统主要由天线阵列、射频开关、信号采集系统、用于处理数据的工作站、5G终端等组成。

图5-1中的5G基站指的是已经在试用或者正式商用的无线通信系统里使用的基站，由于5G毫米波频段仍在研发中，还未投入使用，目前5G网络主要工作在Sub-6 GHz频段，且不同的运营商分配的频段不同。基站按照5G的既定标准发射下行信号，按照标准的要求，基站是采用了波束扫描的方式来搜寻用户的，意味着测量系统的接收装置应该处于可以正确地被该基站搜索到的位置。通常情况下是将接收端的天线阵列放在5G终端旁边，这样可以保证接收到正确和完整的下行信号。

图5-1中的5G终端是一个5G网络中正常使用的终端设备，可以是手机、物联网

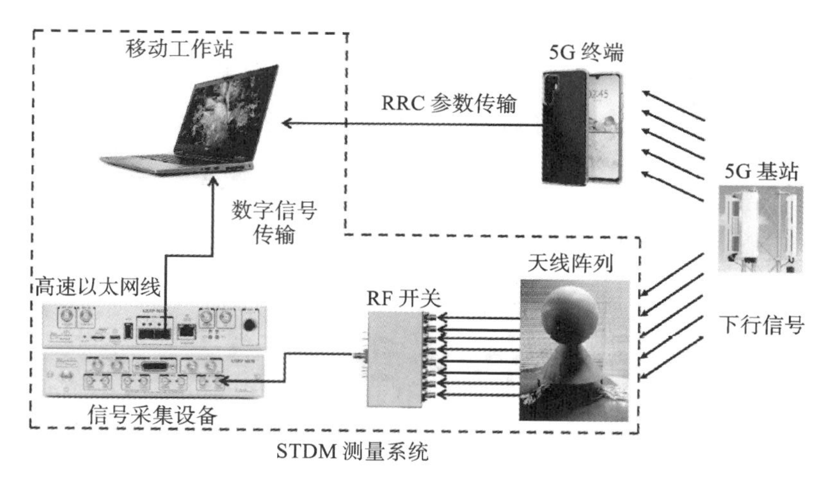

图 5-1 5G 被动信道测量系统(空时分复用架构)

(Internet of things，IoT)的终端等。基本的要求是该设备装载了 5G 基带处理芯片，能够解调无线资源控制(radio resource control，RRC)参数[9]。无线资源控制又称为网络参数，包含在 5G 基站所发射的下行信号里。这些参数里包含了小区的标识号、载波的频率和带宽、下行信号的周期性设置信息等，便于导频定位和信道提取。这些信息也有必要发送给处理下行信号的计算机，并且保持与信号之间的同步，如果发生了小区的切换，则将更新的信息及时发送给后处理的单元。

天线阵列在测量系统里起到解读空间信道信息的作用。由于测量并没有假设接收端应该是定向的还是全向的，所以为了能够准确地捕捉信道在入射球面上的功率分布，需要建立一个具有合成后的全向的天线阵列增益图。当然，除了方向域的要求以外，在系统需要在其他参数域，特别是极化域上做分析的时候，还需要天线阵列具有双极化的均衡的响应。

射频开关的作用是保证可以在一个特定的时间段里接收到下行信号，同时为了防止接收并且存储大量的数据，射频开关也可以用来仅接收有用的并且需要存储的数据。

信号接收装置的作用是把模拟信号采用合适的采样率转化成数字信号，这些信号连同时间戳信息一起进行后处理，以方便通过同步的处理方式来提取无线资源控制层信息。信道采样率需达到 Sub-6 GHz 通信系统所要求的 122.88 MHz。我们通常会采用通用软件无线电外设(universal software radio peripheral，USRP)来搭建接收装置。

最后的一个设备是笔记本电脑，该笔记本电脑需要有一个高速的数据传输接口、足够大的磁盘甚至是磁盘阵列。例如，为了支撑通用软件无线电外设以 500 Mb/s 的速率进行数据传输，笔记本电脑需要装备小型热插拔(small form pluggable Plus，SFP+)光纤、10 G 的以太接口和硬盘阵列。

上述的设备组合在一起，支持连续接收从 5G 基站发出的下行信号，并通过从 5G 终端提取无线资源控制层参数进一步处理存下来的数据。

在高速移动场景中由于信道相干时间较短，更适合采用并行接收的架构采集信号，此时 5G 被动信道测量系统的架构如图 5-2 所示。

图 5-2 中天线阵列直接与信号采集装置相连，采用并行接收的方式采集信号。另外，全球

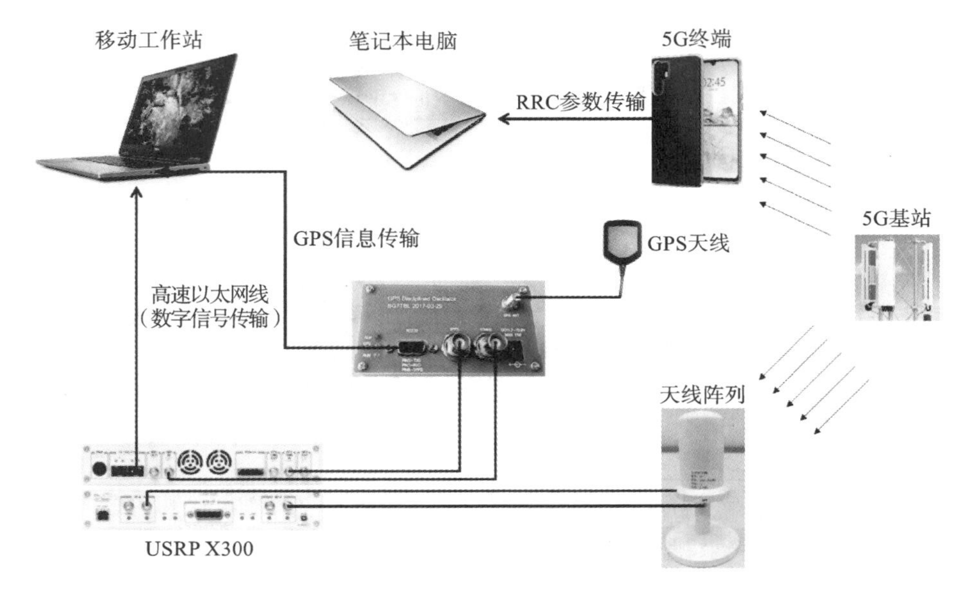

图 5-2　5G 被动信道测量系统(并行接收架构)

定位系统(global positioning system,GPS)驯服时钟同时连接全球定位系统天线、信号采集装置和工作站。该驯服时钟通过全球定位系统天线接收到的卫星信号可以在移动过程中实时解析当前的时间和经纬度信息并导入工作站中,同时可以产生秒脉冲(pulse per second,PPS)信号和 10 MHz 本振信号实现信号采集装置多通道的时钟同步,时间精度相比装置内置时钟的更高。

5.1.2　软件部分

在 5G 现网测量平台中主要使用的软件有:用于接收和存储 5G 基站信号的 GNU Radio 软件无线电平台和用于 5G 网络层参数解析提取的 5G 测试软件平台。

GNU Radio 软件无线电平台是可驱动通用软件无线电外设的开源免费软件,该软件基于 Linux 操作系统,自身包含多种不同功能的信号处理模块,也可通过 C++或 Python 语言进行模块的自定义编写。在进行数字信号处理时,只需调用 GNU Radio 中的相关模块,用流程图的方式对模块进行连接,便可实现通用软件无线电外设的多通道同步接收,简单方便。

在 5G 下行信道提取时需要利用信道状态信息参考信号,生成信道状态信息参考的网络层参数较为复杂,难以通过盲检的方式获取信道状态信息参考的网络层参数,因此需要专业的 5G 测试软件解析获取信道状态的参考参数信息,如世纪鼎利的 5G 测试仪表——基于计算机端的 Pilot Pioneer 测试软件。该软件可支持不同网络场景下的 5G 测试,包括非独立组网(non-standalone,NSA)和独立组网(standalone,SA)模式。在测试时通过连接手机进行业务测试,可实现数据的采集、呈现与分析,同时可以提取所需要的网络层参数。图 5-3 和图 5-4 分别展示了 5G 测试时的软件平台界面与手机操作界面。

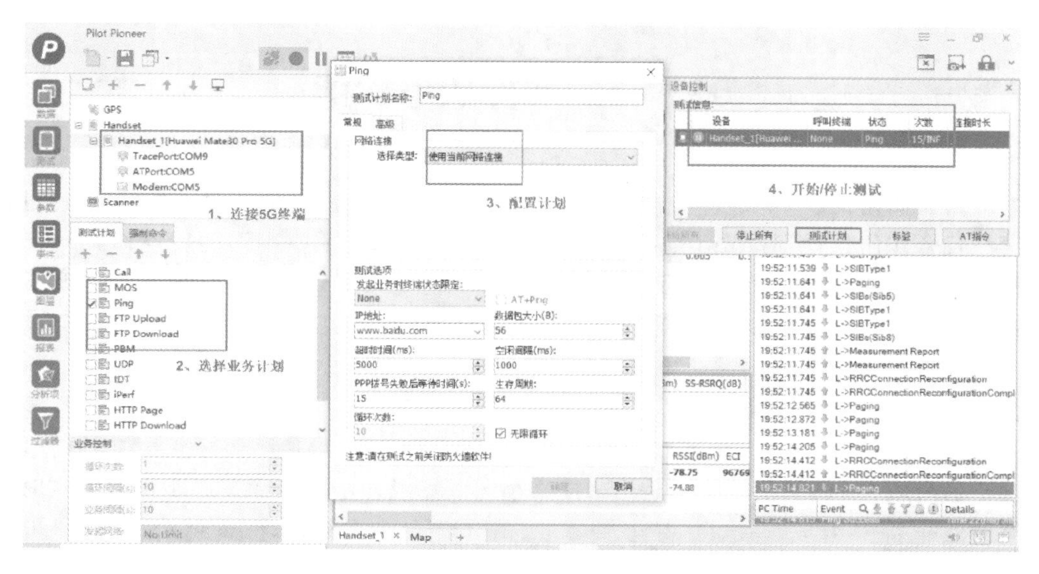

图 5-3 5G 测试软件平台界面

图 5-4 5G 测试手机操作界面

5.2 5G 下行信号提取

本节讨论如何提取 5G 下行信号，如同步信号块和信道状态信息参考信号，提取的过程是基于第三代合作伙伴计划（third generation partnership project，3GPP）的新空口（new radio，NR）标准[6][8—11]。同时，我们也展示在微波暗室的环境里采集到的 5G 的 Sub-6 GHz 下行信号。本节的内容部分摘自参考文献[12]，感兴趣的读者可以详细阅读此文。

5.2.1 提取同步信号块

同步信号块在 5G 通信网络中是用来搜索小区以完成初步的接入。同步信号块在时域中由连续的四个符号组成，包含了主同步信号（primary synchronization signal）、辅同步信号（secondary synchronization signal）、物理广播信号（physical broadcast channel）和物理广播信道解调参考信号（物理广播信道-demodulation reference signal）四种不同类型的信号。在频域中，每个同步信号块由 240 个连续的子载波构成，编号为 0～239，在 30 kHz 子载波间隔下带宽仅为 7.2 MHz。四种信号（物理信道）在同步信号块中的时频资源分布如图 5-5 所示，其中 $v=N_{\mathrm{ID}}^{\mathrm{CELL}}\bmod 4$，$N_{\mathrm{ID}}^{\mathrm{CELL}}$ 是小区号。

信道或信号	相对于SS/PBCH数据块起始位置的OFDM符号编号l	相对于 SS/PBCH 数据块起始位置的子载波数k
PSS	0	56, 57, …, 182
SSS	2	56, 57, …, 182
设置为0	0	0, 1, …, 55, 183, 184, …, 239
	2	48, 49, 55, 183, 184, …, 191
PBCH	1, 3	0, 1, …, 239
	2	0, 1, …, 47, 192, 193, …, 239
用于PBCH的DM-RS	1, 3	$0+v$, $4+v$, $8+v$, …, $236+v$
	2	$0+v$, $4+v$, $8+v$, …, $44+v$ $192+v$, $196+v$, …, $236+v$

图 5-5 同步信号块的时频资源分布

同步信号块组（SSB burst）位于某个半帧中，且以某个固定的周期发送，默认为20 ms。根据不同的工作频段，同步信号块组中会有不同的同步信号块数量，每个同步信号块代表了一个波束。例如，在 n41 和 n78 两个频段下，每个同步信号块组中有 8 个同步信号块。当子载波间隔为 30 kHz 时，传输样式（pattern）为 Case C，假设索引 0 表示同步信号块所在半帧第一个时隙的第一个符号，则每个同步信号块第一个符号所在的时域位置索引为{2,8,16,22,30,36,44,50}，此时同步信号块组和同步信号块的时域分布如图 5-6 所示。

读者可以参考 3GPP 技术规范[8][10]了解有关物理信道或信号的时频域序列生成和位置分布的详细信息。

根据技术规范中的描述，下面列出同步信号块提取过程的关键步骤。

第一步：寻找主小区标识。在 5G 通信网络中，有一个主服务小区向附近的终端提供寻呼消息或无线资源控制参数，并且有多个相邻小区管理终端的切换。因此，在多小区模式下，探测系统从少数小区采集同步信号块，导致同步信号块的中心频率或序列不同。通常，可以通过 5G 终端提供的无线资源控制参数获取同步信号块的中心频率、子载波间隔等相关信息。然

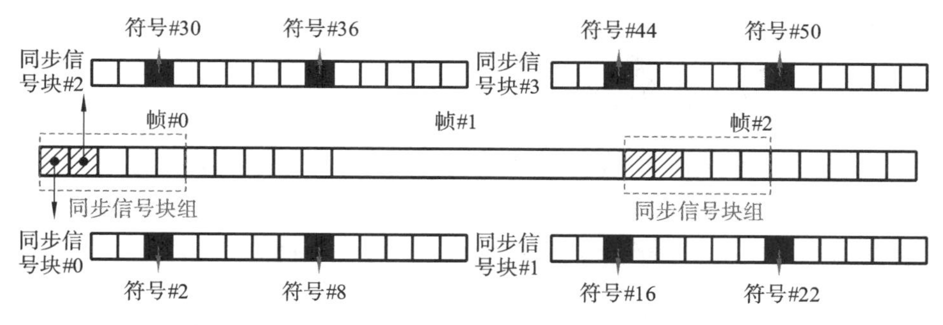

图 5-6　同步信号块组和同步信号块的时域分布

而，在参数丢失的特殊情况下，可以考虑技术规范[6]中规定的中心频率的遍历，即同步光栅和子载波间隔。按照技术规范[8]，假设主小区标识为 N_{ID}^{2}，同时假设时域样本利用了主同步信号序列进行调制，主同步信号的序列由 N_{ID}^{2}产生。此时时域样本可以表示为 $s_{i,f_j}(t)(i=0,1,2)$，这里的 i 和 f_j 分别表示主小区标识 N_{ID}^{2}和在同样小区里的同步信号块的中心频点。为了能够确定被检测小区的主小区标识 N_{ID}^{2}，考虑通过在调制的时域序列和接收到的信号之间做相关来寻找峰值：

$$P'_{i,f_j}(\hat{\tau}) = 0, \quad \hat{\tau} \in \{P_{i,f_j}(\tau) > \overline{P}\} \tag{5-1}$$

这里 $\overline{P}$ 代表的是功率的阈值，数学表达符号$[\cdot]'$表示的是一阶导数。此外，相关函数 $P_{i,f_j}(\tau)$可以计算为

$$P_{i,f_j}(\tau) = 20\lg\left|\frac{\int_0^{T_{\mathrm{SSB}}} r(t)u_{i,f_j}^{*}(t-\tau)\mathrm{d}t}{\int_0^{T_{\mathrm{SSB}}} |u_{i,f_j}(t)|^2\mathrm{d}t}\right| \tag{5-2}$$

这里 $r(t)$表示的是在一个同步信号块周期里接收到的基带信号，$u_{i,f_j}(t)$是采用第 i 个主小区标识(primary cell identity,PCI)和以 f_j 为中心频点构建的时域采样序列。由式(5-2)可以计算同步信号块所经历的信道的功率时延谱。最终，峰值超过了阈值的同步信号块的起始点以及对应的主小区标识能够被同时确定下来。与此同时，在无线资源控制参数缺失的情况下，同步信号块的中心频点仍然能够判定。

我们在微波暗室里进行了测试，以证明上述提取方法的可行性。微波暗室里有一个小型的 5G 基站，在 Sub-6 GHz 工作频段下周期性地向不同方向发射同步信号块。信号由直接连接全向天线的通用软件无线电外设[13]在视距(line of sight,LoS)场景中接收到。此外，同步信号块的中心频率是从 5G 终端直接获得的。将式(5-1)和式(5-2)应用于具有已知中心频率的接收数据，接收到的数据与不同主小区标识调制的时域样本之间的相关结果如图 5-7 所示。该图中用圆圈标记的八个红色峰值分别代表不同方向的同步信号块传输，对应主小区标识的数值等于 1。同时图中显示了最强同步信号块的局部放大图，并用黑色十字标记同步信号块的起点。嵌入的图实际上显示了相应同步信号块的功率时延谱(power delay profile,PDP)，内部的最高峰对应于视距路径。

第二步：寻找次小区标识和同步信号块序数。次小区标识和同步信号块序数用于物理广播信道解调参考信号的生成，有助于信道脉冲响应(channel impulse response,CIR)的提取。根据技术规范[8]，次小区标识和同步信号块序数分别被定义为 N_{ID}^{1}和 $\bar{i}_{\mathrm{SSB}}$。为了求这两个值，首先需要从第一步中确定的时域起始点开始截取连续 4 个符号，然后通过解调得到这些符号

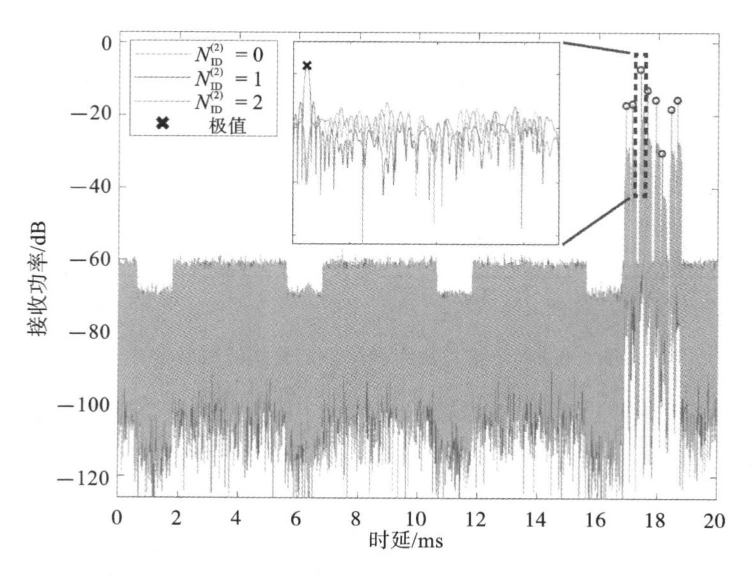

图 5-7　求解主小区标识

对应的 4 个频域序列。最终,次小区标识 N_{ID}^{1}可通过辅同步信号所对应的频域序列和由候选次小区标识生成的序列做相关得到。同样地,同步信号块序数 $\bar{i}_{\mathrm{SSB}}$可通过物理广播信道解调参考信号所对应的频域序列和由候选同步信号块序数生成的序列做相关得到。相关函数表示为

$$\rho=\left|\sum S(n)\cdot S_0^{*}(n)\right| \tag{5-3}$$

式中:$S_0(n)$和 $S(n)$分别表示生成的序列和对应的解调序列。将式(5-3)应用于接收到的时域数据中,可得到图 5-8 所示的结果,该图表明在第一步中提取到了第三个同步信号块($\bar{i}_{\mathrm{SSB}}=2$),另外当前小区的次小区标识 N_{ID}^{1}为 171。

第三步:参考同步信号块的选择。5G 基站通过波束赋形的方式向终端发送多个同步信号块,也就是说,多个同步信号块向不同方向传输。这些同步信号块构成一个同步信号块组,同步信号块组位于固定子帧中,而且默认每 20 ms 出现一次。同步信号块在时域中的位置由子载波间隔和工作频段决定,如图 5-6 所示。实际上,我们只需要以接收功率最强的同步信号块作为参考,其余在同组或不同组的同步信号块都可以根据参考同步信号块的位置得到。

5.2.2　提取信道状态信息参考信号

主服务小区通过定向发送信道状态信息参考信号覆盖与 5G 基站连接的终端。常见的信道状态信息参考信号根据功能划分有时频跟踪信号、信道状态测量信号两种。考虑到信道状态信息参考信号大带宽的特点,该信号适合信道特性的分析,因此通常将该信号应用于 5G 信道提取。

其中时频跟踪信号(tracking reference signal,TRS)是单端口(no CDM)发射,每个资源块(resource block,RB)中有 3 个资源元素(resource element,RE),且每隔 4 个分布,如图 5-9 所示。

如图 5-10 所示,时频跟踪信号的最小资源块数量取自“52”和“部分带宽资源块数量”这两者的最小值,也就是说构成时频跟踪信号的资源块数量是由部分带宽决定的,如果最小资源块

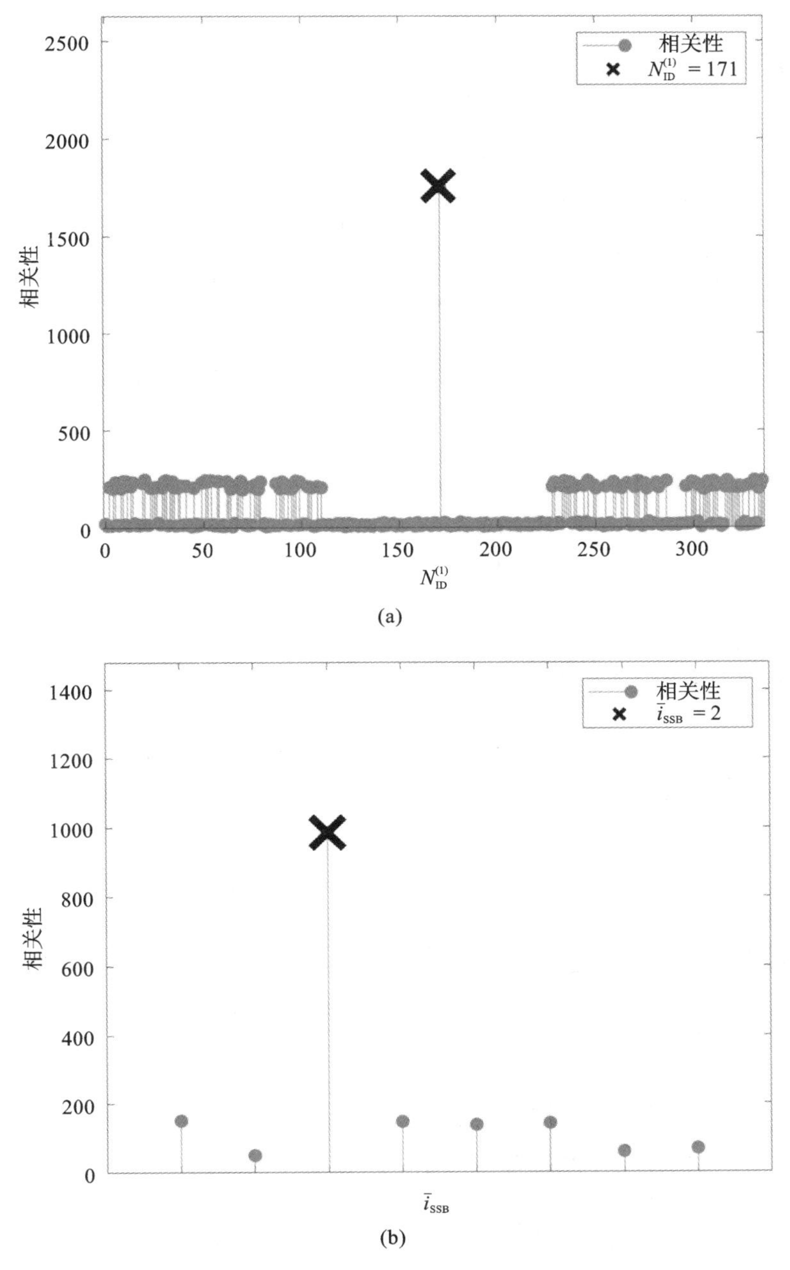

图 5-8　寻找次小区标识和同步信号块序数

(a)求解次小区标识;(b)求解同步信号块序数

行	端口X	密度ρ	CDM类型	$(\bar{k},\bar{l})$	CDM 索引j	k'	l'
1	1	3	no CDM	$(k_0,l_0),(k_0+4,l_0),(k_0+8,l_0)$	0,0,0	0	0

图 5-9　3GPP 38.211 时频跟踪信号配置

数量按 52 来算，则资源元素数量为 156，在 15 kHz 子载波间隔下带宽为 9.36 MHz，在30 kHz 子载波间隔下带宽为 18.72 MHz。

- the bandwidth of the CSI-RS resource, as given by the higher layer parameter *freqBand* configured by *CSI-RS-ResourceMapping*, is the minimum of 52 and N_{RB}^{BWPi} resource blocks, or is equal to N_{RB}^{BWPi} resource blocks

图 5-10　3GPP 38.211 时频跟踪信号带宽

如图 5-11 所示，时频跟踪信号会出现在连续两个时隙(slot)中，且每个时隙中会出现两次时频跟踪信号，分布的符号位置相同，符号序数组合可以为{4,8}，{5,9}，{6,10}。

- the time-domain locations of the two CSI-RS resources in a slot, or of the four CSI-RS resources in two consecutive slots (which are the same across two consecutive slots), as defined by higher layer parameter *CSI-RS-resourceMapping*, is given by one of
  - $l \in \{4,8\}$, $l \in \{5,9\}$, or $l \in \{6,10\}$ for frequency range 1 and frequency range 2.

图 5-11　3GPP 38.214 时频跟踪信号符号分布

如果时频跟踪信号是周期性的，那么时频跟踪信号出现的时隙位置(slot offset)和周期由网络层参数决定，根据图 5-12 描述，该参数的取值范围由子载波间隔决定，如在 30 kHz 子载波间隔下，时频跟踪信号的周期可以为 10、20、40、80 个时隙，即 10 ms、20 ms、40 ms、80 ms。

- the periodicity and slot offset for periodic NZP CSI-RS resources, as given by the higher layer parameter *periodicityAndOffset* configured by *NZP-CSI-RS-Resource*, is one of $2^{\mu} X_p$ slots where X_p = 10, 20, 40, or 80 and where μ is defined in Subclause 4.3 of [4, TS 38.211].

图 5-12　3GPP 38.214 时频跟踪信号时隙位置和周期

综合以上关于时频跟踪信号时频域分布的描述，时频跟踪信号的时频域分布共有 12 种形式，可以由图 5-13 表示，图中不同的数字表示不同的时频域资源组合。

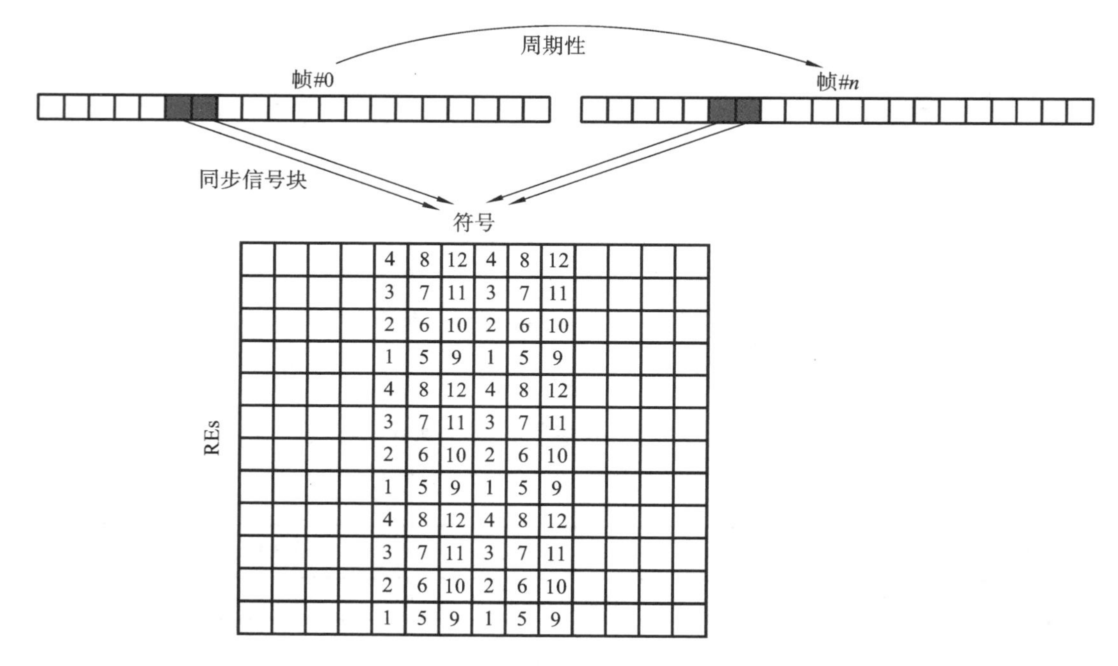

图 5-13　时频跟踪信号的分布形式

另外用于信道状态测量的信道状态信息参考信号一般是多端口的，发射端的端口数量可以从网络层参数获取，如图 5-14 所示，端口数量可以在 CSI-RS-Resource Mapping 信息元素(information element，IE)中获取，有 1、2、4、8、12、16、24、32 八种形式，不同端口在资源栅格(resource grid)的时频域上有不同的映射和码分形式(CDM type)。

```
CSI-RS-ResourceMapping ::=          SEQUENCE {
    frequencyDomainAllocation           CHOICE {
        row1                                BIT STRING (SIZE (4)),
        row2                                BIT STRING (SIZE (12)),
        row4                                BIT STRING (SIZE (3)),
        other                               BIT STRING (SIZE (6))
    },
    nrofPorts                           ENUMERATED {p1,p2,p4,p8,p12,p16,p24,p32},
    firstOFDMSymbolInTimeDomain         INTEGER (0..13),
    firstOFDMSymbolInTimeDomain2        INTEGER (2..12)
```

图 5-14　3GPP 38.331 端口数量

不同配置的信道状态信息参考信号的端口在资源栅格上的映射以及码分方式在图 5-15 中全部列举。

2	1	1, 0.5	No CDM	(k_0,l_0),	0	0	0
3	2	1, 0.5	FD-CDM2	(k_0,l_0),	0	0, 1	0
4	4	1	FD-CDM2	(k_0,l_0), (k_0+2,l_0)	0,1	0, 1	0
5	4	1	FD-CDM2	(k_0,l_0), (k_0,l_0+1)	0,1	0, 1	0
6	8	1	FD-CDM2	(k_0,l_0), (k_1,l_0), (k_2,l_0), (k_3,l_0)	0,1,2,3	0, 1	0
7	8	1	FD-CDM2	(k_0,l_0), (k_1,l_0), (k_0,l_0+1), (k_1,l_0+1)	0,1,2,3	0, 1	0
8	8	1	CDM4 (FD2,TD2)	(k_0,l_0), (k_1,l_0)	0,1	0, 1	0, 1
9	12	1	FD-CDM2	(k_0,l_0), (k_1,l_0), (k_2,l_0), (k_3,l_0), (k_4,l_0), (k_5,l_0)	0,1,2,3,4,5	0, 1	0
10	12	1	CDM4 (FD2,TD2)	(k_0,l_0), (k_1,l_0), (k_2,l_0)	0,1,2	0, 1	0, 1
11	16	1, 0.5	FD-CDM2	(k_0,l_0), (k_1,l_0), (k_2,l_0), (k_3,l_0), (k_0,l_0+1), (k_1,l_0+1), (k_2,l_0+1), (k_3,l_0+1)	0,1,2,3, 4,5,6,7	0, 1	0
12	16	1, 0.5	CDM4 (FD2,TD2)	(k_0,l_0), (k_1,l_0), (k_2,l_0), (k_2,l_0)	0,1,2,3	0, 1	0, 1
13	24	1, 0.5	FD-CDM2	(k_0,l_0), (k_1,l_0), (k_2,l_0), (k_0,l_0+1), (k_1,l_0+1), (k_2,l_0+1),(k_0,l_1), (k_1,l_1), (k_2,l_1), (k_0,l_1+1), (k_1,l_1+1), (k_2,l_1+1)	0,1,2,3,4,5, 6,7,8,9,10,11	0, 1	0
14	24	1, 0.5	CDM4 (FD2,TD2)	(k_0,l_0), (k_1,l_0), (k_2,l_0), (k_0,l_1), (k_1,l_1), (k_2,l_1)	0,1,2,3,4,5	0, 1	0, 1
15	24	1, 0.5	CDM8 (FD2,TD4)	(k_0,l_0), (k_1,l_0), (k_2,l_0)	0,1,2	0, 1	0, 1, 2, 3
16	32	1, 0.5	FD-CDM2	(k_0,l_0), (k_1,l_0), (k_2,l_0), (k_3,l_0),(k_0,l_0+1), (k_1,l_0+1), (k_2,l_0+1), (k_3,l_0+1), (k_0,l_1), (k_1,l_1), (k_2,l_1), (k_3,l_1), (k_0,l_1+1), (k_1,l_1+1), (k_2,l_1+1), (k_3,l_1+1)	0,1,2,3, 4,5,6,7, 8,9,10,11, 12,13,14,15	0, 1	0
17	32	1, 0.5	CDM4 (FD2,TD2)	(k_0,l_0), (k_1,l_0), (k_2,l_0), (k_3,l_0), (k_0,l_1), (k_1,l_1), (k_2,l_1), (k_3,l_1)	0,1,2,3,4,5,6,7	0, 1	0, 1
18	32	1, 0.5	CDM8 (FD2,TD4)	(k_0,l_0), (k_1,l_0), (k_2,l_0), (k_3,l_0)	0,1,2,3	0,1	0,1, 2, 3

图 5-15　3GPP 38.211 信道状态信息参考信号配置

如图 5-16 所示，信道状态信息参考信号的最小资源块数量取自"24"和"部分带宽资源块数量"这两者的最小值，与时频跟踪信号一样，信道状态信息参考信号的资源块数量同样是由部分带宽决定的，如果最小资源块数量按 24 来算，则在 15 kHz 子载波间隔下带宽为 4.32 MHz，在 30 kHz 子载波间隔下带宽为 8.64 MHz。

用于信道状态测量的信道状态信息参考信号的时隙位置没有明确的规定，需要通过网络层参数提供的周期和时隙偏移并结合图 5-17 所示的 3GPP 标准给定的公式进行推算。符号位置是通过图 5-15 列举的配置信息确定，因此有可能会出现多个符号连续出现或者间隔出现的情况。

The bandwidth and initial common resource block (CRB) index of a CSI-RS resource within a BWP, as defined in Subclause 7.4.1.5 of [4, TS 38.211], are determined based on the higher layer parameters *nrofRBs* and *startingRB*, respectively, within the CSI-FrequencyOccupation IE configured by the higher layer parameter *freqBand* within the *CSI-RS-ResourceMapping* IE. Both *nrofRBs* and *startingRB* are configured as integer multiples of 4 RBs, and the reference point for *startingRB* is CRB 0 on the common resource block grid. If $startingRB < N_{BWP}^{start}$, the UE shall assume that the initial CRB index of the CSI-RS resource is $N_{initial\ RB} = N_{BWP}^{start}$, otherwise $N_{initial\ RB} = startingRB$. If $nrofRBs > N_{BWP}^{size} + N_{BWP}^{start} - N_{initial\ RB}$, the UE shall assume that the bandwidth of the CSI-RS resource is $N_{CSI-RS}^{BW} = N_{BWP}^{size} + N_{BWP}^{start} - N_{initial\ RB}$, otherwise $N_{CSI-RS}^{BW} = nrofRBs$. In all cases, the UE shall expect that $N_{CSI-RS}^{BW} \geq \min(24, N_{BWP}^{size})$.

图 5-16　3GPP 38.214 信道状态信息参考信号带宽

$$\left(N_{\text{slot}}^{\text{frame},\mu} n_{\text{f}} + n_{\text{s,f}}^{\mu} - T_{\text{offset}}\right) \bmod T_{\text{CSI-RS}} = 0$$

图 5-17　3GPP 38.211 时隙位置公式

另外，需要注意时频跟踪信号和用于信道状态测量的信道状态信息参考信号发送的时隙状态，应确保接收的时频跟踪信号和信道状态信息参考信号所在时隙的配置是下行的，时隙的上下行配置可以通过网络层参数获取，如图 5-18 所示，该信息元素指示了时隙配置的周期性，以及每个周期内时隙的上下行分布，可以根据这些参数来判断某个时隙位置信号是上行还是下行。

```
TDD-UL-DL-Pattern ::=                SEQUENCE {
    dl-UL-TransmissionPeriodicity        ENUMERATED {ms0p5, ms0p625, ms1, ms1p25, ms2, ms2p5, ms5, ms10},
    nrofDownlinkSlots                    INTEGER (0..maxNrofSlots),
    nrofDownlinkSymbols                  INTEGER (0..maxNrofSymbols-1),
    nrofUplinkSlots                      INTEGER (0..maxNrofSlots),
    nrofUplinkSymbols                    INTEGER (0..maxNrofSymbols-1),
    ...,
    [[
    dl-UL-TransmissionPeriodicity-v1530      ENUMERATED {ms3, ms4}                                          OPTIONAL -- Need R
    ]]
}

TDD-UL-DL-ConfigDedicated ::=        SEQUENCE {
    slotSpecificConfigurationsToAddModList      SEQUENCE (SIZE (1..maxNrofSlots)) OF TDD-UL-DL-SlotConfig     OPTIONAL, -- Need N
    slotSpecificConfigurationsToreleaseList     SEQUENCE (SIZE (1..maxNrofSlots)) OF TDD-UL-DL-SlotIndex      OPTIONAL,-- Need N
    ...
}

TDD-UL-DL-SlotConfig ::=             SEQUENCE {
    slotIndex                            TDD-UL-DL-SlotIndex,
    symbols                              CHOICE {
        allDownlink                          NULL,
        allUplink                            NULL,
        explicit                             SEQUENCE {
            nrofDownlinkSymbols                  INTEGER (1..maxNrofSymbols-1)                              OPTIONAL,   -- Need S
            nrofUplinkSymbols                    INTEGER (1..maxNrofSymbols-1)                              OPTIONAL    -- Need S
        }
    }
}

TDD-UL-DL-SlotIndex ::=              INTEGER (0..maxNrofSlots-1)
```

图 5-18　3GPP 38.331 时隙配置

值得注意的是，用于生成信道状态信息参考信号的无线资源控制参数是复杂多变的，因此有必要通过 5G 终端获取实时的无线资源控制参数。基站根据无线资源控制参数向终端以周期或非周期的方式发送信道状态信息参考信号。在非周期方式下，信号发送的时间由下行控制信息（downlink control information，DCI）决定，也就是说，信道状态信息参考信号出现的位置很难捕获，此时为了得到信道状态信息参考信号的频域序列和它在时域中的位置，需要考虑盲检。以时频跟踪信号为例，可以通过一个帧内的候选时隙序数和一个时隙内的候选符号序数产生时频跟踪信号序列，然后将该序列与足够长时间内的接收信号做相关得到极值，该极值也就对应了时频跟踪信号在时域中的起始点，式（5-2）可以作为相关的参考公式，只要将 T_{SSB} 换为更长的时间。与非周期模式相比，周期模式相对容易处理，因为时隙偏移、时隙内的符号序数以及信号周期都是可以从无线资源控制参数中获取，由此可以确定信道状态信息参考信号和同步信号块之间的时域位置关系，通过该位置关系提取信道状态信息参考信号。

我们继续在微波暗室中进行测试，这次测试中增加了5G终端来发起信道状态信息参考信号的传输，同时得到5G基站提供的无线资源控制参数。基站发送了不同时隙的4个时频跟踪信号，时频跟踪信号的子载波间隔为30 kHz，周期为80个时隙(40 ms)。4个时段跟踪信号的时隙偏移设置为：两个5，两个6；符号序数设置为：两个4，两个8。我们将生成的频域序列进行调制得到这4个时频跟踪信号的时域序列，并针对一个周期(40 ms)的接收信号通过滑动相关进行时频跟踪信号的提取，提取的结果如图5-19所示，可以看到在一个周期内4个时频跟踪信号各出现一次。

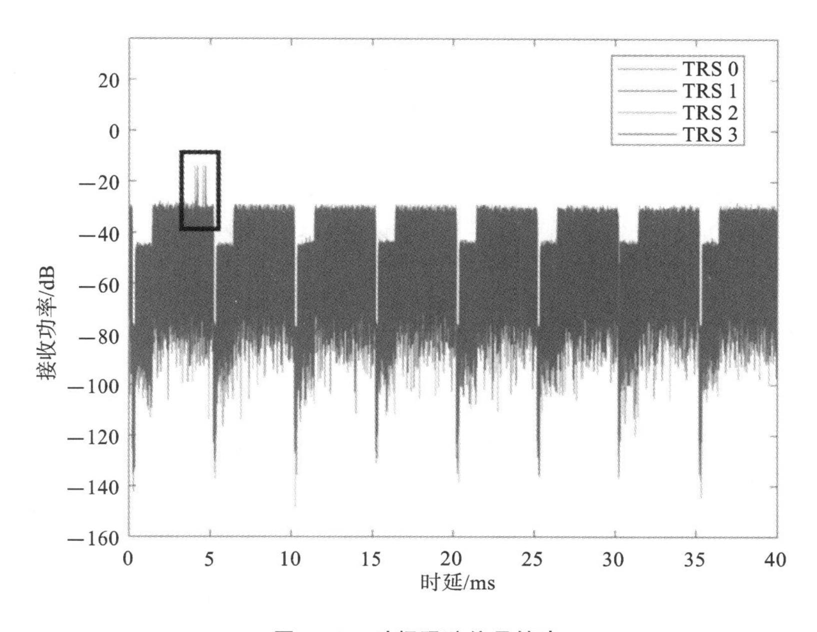

图5-19　时频跟踪信号搜索

5.3　静止场景5G下行信道测量

本节对在两个热点场景中进行的实地定点测量活动进行详细的介绍，一方面验证基于5G通信系统被动测量的信道特征提取方案的可行性，另一方面对信道参数的统计特征进行模型构建。这两次实地测量分别是在停车场和郊区工业园区进行的。首先给出发射端和接收端的配置信息，然后再详细演示测量中观察到的信道特性。

5.3.1　测量场景与系统配置

两个测量活动均采用相同的配置。在发射端，一个正常工作的5G基站在被测环境中某处不断发射同步信号。该基站所处的5G通信网络由中国联通建设，其工作频段为3500～3600 MHz，属于n78频段，双工模式为时分双工(time division duplexing，TDD)[6]。发射信号以30 kHz的子载波间隔进行正交频分复用(orthogonal frequency division multiplexing，

OFDM)调制和传输，实际带宽为 122.88 MHz，频谱 $U(f)$ 中的频点数 N_s 和一个符号 $u(t)$ 中的采样点数都是 4096。实际带宽对应的时延分辨率为 8.14 ns，换算到实际距离为 2.5 m，可以认为是比较高的分辨率了。此外，根据从 5G 终端获得的无线资源控制参数，同步信号块和信道状态信息参考信号的周期分别为 20 ms 和 40 ms。

在接收端，5.1 节介绍的被动测量系统投入使用，架构如图 5-1 所示。为了参数估计的高精度，选择了 16 个双极化天线组成的天线阵列，其联合辐射方向图能够均匀地覆盖整个球面。鉴于串行工作模式下数据吞吐量较小，采用单刀十六掷射频开关与天线阵列匹配。该开关由微控制单元(microcontroller unit，MCU)按照 T_{on} 为 120 ms 和 T_{off} 为 40 ms 的周期模式进行工作。这意味着观察间隔 T_r 是 160 ms，期间同步信号块和信道状态信息参考信号分别被接收 6 次和 3 次。为了区分射频开关第一个通道对应的天线，在第一个通道工作之前插入一个 640 ms 的中断。因此，每个通道的工作周期可以视为 $T_{cy}=3.2$ s。关于天线选择和射频开关设计，读者可以分别参考文献[14]和[15]。信号采集设备采用了市场上可以采购到的通用软件无线电外设，其 122.88 MS/s 的可配置采样率符合发射端的实际带宽。此外，便携式工作站配备小型热插拔光纤、10G 以太网和硬盘阵列，保证数据传输速率。发射端和接收端的测量设置如表 5-1 所示，其中包括了其他相关的配置参数。

表 5-1　实际测量活动中的参数设置

频　段	3500～3600 MHz	子载波间隔	30 kHz
频点数	4096	时延分辨率	8.14 ns
同步信号块周期	20 ms	同步信号块中心频率	3549.81 MHz
信道状态信息参考信号周期	40 ms	信道状态信息参考信号中心频率	3549.99 MHz
信道状态信息参考信号时隙序数	[5,5,6,6]	信道状态信息参考信号符号序数	[4,4,8,8]
信道状态信息参考信号带宽	98.28 MHz	接收天线数量	16
射频开关配置	120 ms/40 ms	观测间隔	160 ms
射频开关周期	3.2 s	采样率	122.88 MS/s

需要注意的是，被动探测系统中的 5G 终端对于接收来自 5G 基站的信号是必不可少的。尽管同步信号块是持续发送的，但是信道状态信息参考信号需要 5G 终端连接到基站后才会传输。5G 终端可以自动解码接收到的信号，同时获得无线资源控制参数，包括部分带宽、信道状态信息参考信号在时频域的分布、同步信号块和信道状态信息参考信号的周期等，这些参数是生成相应的时间样本所必需的。

如前所述，测量场景考虑了两种典型的 5G 场景，如图 5-20 所示，其中测量点用序号标注，A1～A30 和 B1～B20 是视距场景，B21～B48 是非视距场景。郊区工业园区测量场景如图 5-20(a)所示，远处是大型的塔式 5G 基站，发射信号覆盖整个园区。工业园区内有大面积的树木和灌木丛，一侧停着一些汽车，还有两座四层楼的建筑，这两个建筑通过廊桥相连。我们在测量路线沿线设置了 30 个点位进行测量，每个点位的信号采集持续5 min。此外，相邻站点的距离为纵向 10 m，横向 5 m，并且基站始终对被动探测系统可见，即视距场景为主要的测量场景。停车场场景如图 5-20(b)所示，该场景中一个杆式 5G 基站位于一家六层餐厅的屋顶上，信号覆盖了多辆汽车分散停放的区域,周围是一家四层楼的酒店。大型大理石墙和绿化带位于停车场的中心。此外,还有一条长长的小巷,两边都是高大的树木。我们在停车场场景进行了 48 个点位的信号采集,每次采集持续 5 min,B1～B20 点位为视距场景,每隔 5 m 设置,B21～B48 点位为非视距场景,其中 B21～B32、B33～B36 和 B37～B48 分别被大理石墙、建筑物和树木遮挡,相邻点位之间的距离如图 5-20(b)所示。

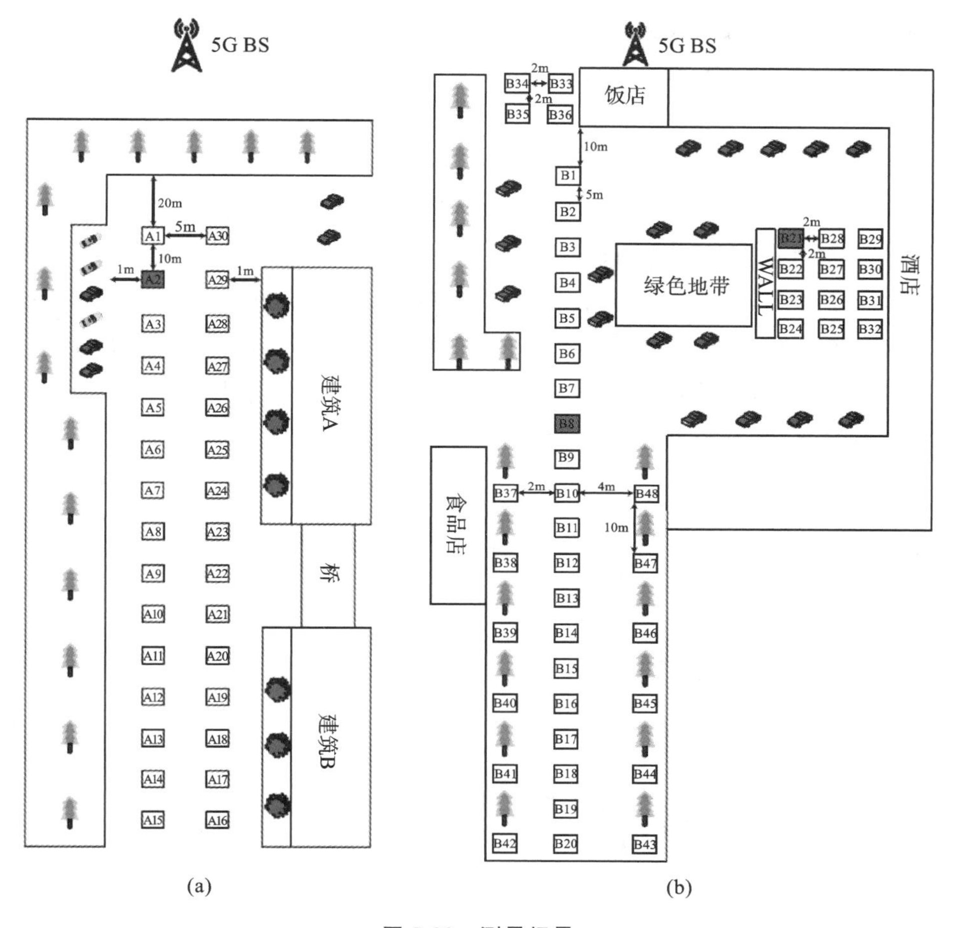

图 5-20 测量场景

(a)工业园区测量场景;(b)停车场测量场景

5.3.2 信道特征与分析

依据在 5.2 节介绍的 5G 下行信号提取过程,可以分别确定同步信号块和信道状态信息参考信号的起点,视为零相对时延点。注意到由于基站侧的信号发射时间未知,我们无法确定绝对延迟。对于 16 根天线接收到的数据的选取,可以取一定时间的样本,如以零相对时延点前第 288 个(循环前缀长度)采样点作为新的起点,并向后截取 4096 个采样点,即一个符号的长度,将该段采样点定义为 $x(t)$。根据射频开关的设置,此操作每 160 ms 重复一次。利用这些选定的样本,可以求解功率时延谱和信道参数,本小节将呈现所得到的信道特征。

5.3.2.1 多小区模式

值得注意的是，由于多小区模式，在信号提取过程中会获得具有不同小区标识的多个同步信号块，这在LTE网络中也可以观察到[5]。检测到的小区之一是发起随机接入的主小区(primary cell，PCell)，其他小区是准备小区切换的相邻小区。通过在信号提取过程中获得的主小区标识，可以很容易地生成遵循5G技术规范[8]的相应主同步信号的实际时域序列。因此，16根天线关于主同步信号的功率时延谱，也就是同步信号块的功率时延谱，可以计算为

$$\widetilde{P}(\tau)=\left|\frac{\int_0^{T_{sc}} x(t)u^*(t-\tau)\mathrm{d}t}{\int_0^{T_{sc}} |u(t)|^2\mathrm{d}t}\right|^2 \tag{5-4}$$

式中：$u(t)$表示主同步信号时域序列；T_{sc}是4096个时域采样点的时间跨度。我们计算了图5-20(b)中点位B8不同小区对应的16根天线的平均功率时延谱，主服务小区和相邻小区的功率时延谱分别如图5-21(a)、(b)所示。由于视距场景，主小区对应的功率时延谱中第一到达路径直接来自5G基站。相邻小区的路径来自周围物体的反射，因为相邻小区向另一个方向发射信号，导致其路径功率低于主小区的路径功率。

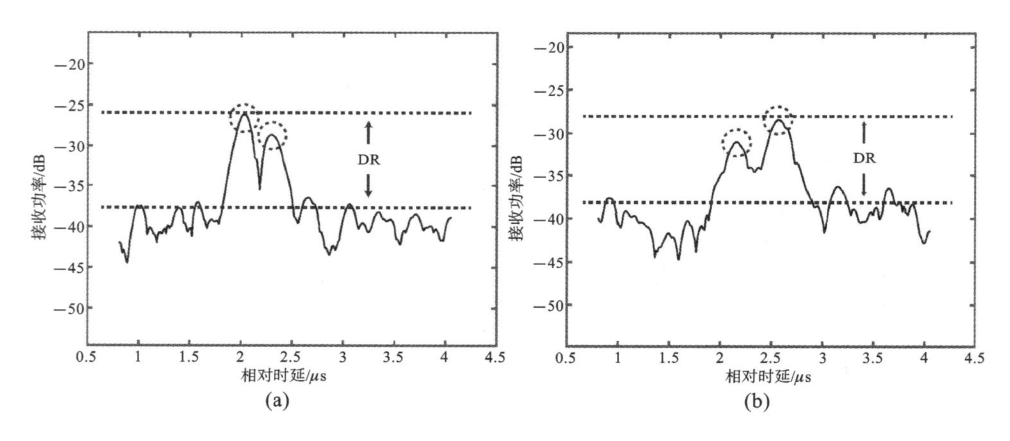

图5-21 主小区和相邻小区的功率时延谱

(a)主小区对应的功率时延谱；(b)相邻小区对应的功率时延谱

5.3.2.2 通过同步信号块和信道状态信息参考信号检测到的信道功率时延谱对比分析

通过从5G终端获得的无线资源控制参数，可以按照5G技术规范[8]生成相应信道状态信息参考信号的实际时域序列，然后提取信道状态信息参考信号的功率时延谱。其中一个信道状态信息参考信号在16根天线上的平均功率时延谱如图5-22所示，可以观察到，根据同步信号块提取的功率时延谱比根据信道状态信息参考信号提取的功率时延谱更平滑，并且从信道状态信息参考信号获得的功率时延谱的动态范围(dynamic range，DR)大于从同步信号块获得的功率时延谱。如5G技术规范[8]中所述，同步信号块由频域中的240个子载波组成，子载波间隔为30 kHz，这意味着同步信号块的带宽仅为7.2 MHz。相比之下，信道状态信息

参考信号的带宽依赖于部分带宽部署，最大带宽可以接近 100 MHz，优于同步信号块。因此，信道状态信息参考信号有更高的时延分辨率，可以通过该信号解析更多的无线电波传播路径。为此，我们将使用信道状态信息参考信号来获取更多的 5G 下行信道特征。

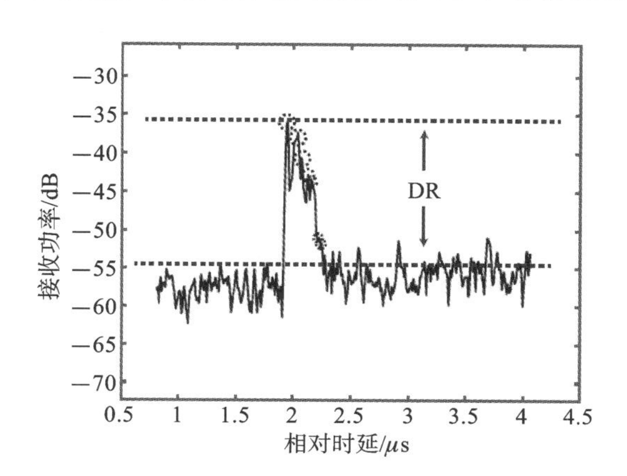

图 5-22　信道状态信息参考信号在 16 根天线上的平均功率时延谱

5.3.2.3　路径损耗与阴影衰落

路径损耗和阴影衰落是分析大尺度信道特性的重要指标。考虑到我们不知道 5G 基站在工业园区的具体位置，所以使用停车场场景中 B1～B32 和 B37～B48 的测量数据来分析路径损耗。由于 5G 基站的发射功率未知，我们将传统的对数正态阴影模型[16]转换为

$$\Delta P = 10n\lg\frac{d}{d_0} + X'_\sigma \tag{5-5}$$

其中 ΔP 是距基站距离为 d 的测量点与距基站距离为 d_0 的参考测量点之间的功率差，这些参数可以通过实际测量获得。此外，X'_σ是标准差为 σ'_s的零均值高斯分布随机变量。需要注意的是，由于参考点功率已经涉及阴影衰落，σ'_s与阴影衰落标准差 σ_s 之间的关系为 $\sigma'_s=\sqrt{2}\sigma_s$。选择测量点 B1 作为参考点，并使用最小二乘(least square，LS)方法来拟合其他站点的功率差异，拟合结果如图 5-23 所示。从图 5-23 可以观察到，靠近基站的测量点的功率差异较为稳定，而在远离基站的测量点则波动明显。

从结果可以得到，路径损耗指数 $n=2.72$，阴影衰落的标准偏差 $\sigma_s=3.13$。这些参数与已有的 WINNER II[17] 和 3GPP[18] 信道模型中提供的参数基本相当，这在一定程度上验证了被动信道测量和主动信道测量之间的一致性。不同信道模型参数的比较如表 5-2 所示，其中 A、B 和 C 分别代表我们的结果、WINNER II 信道模型的结果和 3GPP 信道模型的结果。通过对比可以看到，5G 被动测量得到的路径损耗指数接近 WINNER II 信道模型，前者比后者更大些，这可能是由于我们的研究中计算的是基站和测量点之间的平面距离，而不是现有信道模型采用的三维距离。此外，由于停车场空间较为宽敞，障碍物较少，因此得到的阴影衰落标准差略低于其他模型。

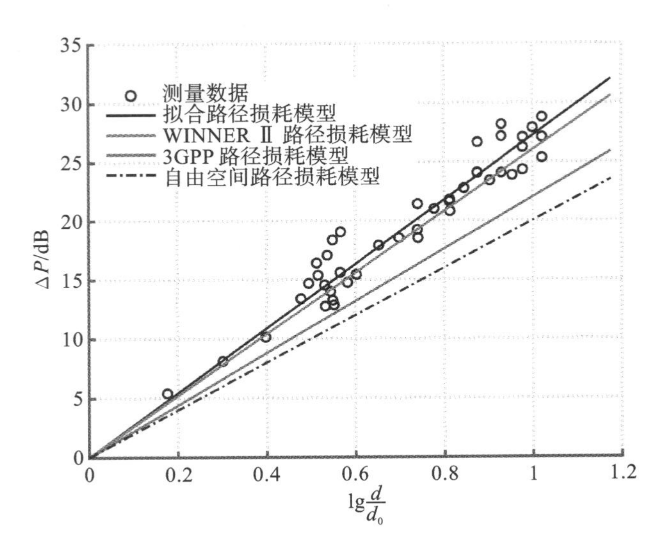

图 5-23　路径损耗模型之间的对比

表 5-2　不同信道模型中的参数

场景		工业园区			停车场		
信道模型		A	B(SMa)	C(RMa)	A	B(UMa)	C(UMa)
路径损耗系数 n		N/A	2.38	2.19	2.72	2.6	2.2
阴影衰落标准差 σ_s		N/A	4	4	3.13	4	4
时延扩展 σ_τ	μ	−7.18	−7.23	−7.49	−7.01	−6.63	−6.39
	σ	0.36	0.49	0.55	0.42	0.32	0.39
波达水平角扩展 σ_ϕ	μ	1.69	1.48	1.52	1.95	1.72	1.93
	σ	0.18	0.20	0.24	0.13	0.14	0.11
ZOA 扩展 σ_θ	μ	1.10	N/A	0.47	1.30	N/A	1.33
	σ	0.23	N/A	0.40	0.24	N/A	0.16

5.3.2.4　多径参数提取结果分析

利用高精度参数估计空间迭代广义期望最大化(space-alternating generalized expectation-maximization,SAGE)算法并通过16根接收天线的信道状态信息参考信号求解每个可分辨电波传播路径的参数,尤其是波达角和极化信息。如果一条路径的复极化系数 $\alpha_{1,l}$,$\alpha_{2,l}$满足 $10\lg|\alpha_{i,l}|^2<T_N-3, i\in\{1,2\}$,其中 T_N 是以分贝为单位的噪声平均功率,则该路径可认为是单极化的,否则两个极化方向的功率不能忽略,路径是双极化的。例如,从工业园区场景中获得的 T_N 为−54.8 dB,这意味着如果其中一个极化功率低于−57.8 dB,则路径是单极

化的。此外，简单起见，假设多普勒频移在静止环境中为零。测量点 A2 和 B21 的波达角和极化结果如图 5-24 所示。图中每个传播路径由一个点表示，该点所在位置表示该多径的波达角。为了清晰，点的颜色和大小都表示路径的功率。此外，点的形状代表不同的极化方向。对于工业园区场景中的测量点 A2，最强的传播路径来自 5G 基站，此外，汽车或地面反射的路径比树木反射的路径要强，路径总体上是双极化的。对于停车场场景中的测量点 B21，传播路径聚集在被动测量系统接收端的顶部，主要由酒店周围的墙壁反射。此外，反射点靠近接收端的路径的功率要强于反射点远离接收端的路径的功率，因为反射点远离接收端的路径需要穿过接收端前面的大理石墙，导致信号衰减[16]。最强的路径恰好来自 5G 基站的方向，它可能是通过大理石墙上部的间隙衍射的。此外，除了来自墙壁边缘的路径，其余路径的极化是双极化的。因此，基于 SAGE 算法得到的结果，特别是来自 5G 基站方向的路径，与实际场景一致。

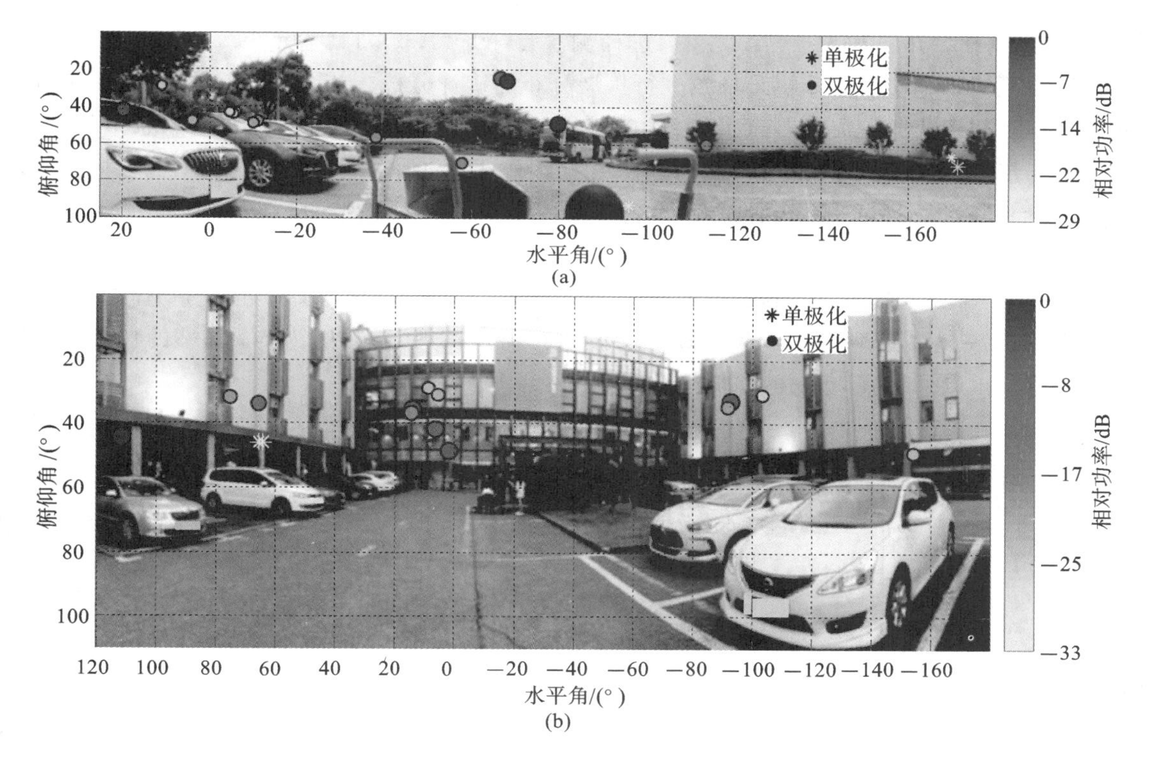

图 5-24　SAGE 估计结果

(a)工业园区场景中的 SAGE 估计结果；(b)停车场场景中的 SAGE 估计结果

从多径的分布可以看到，主要路径出现的方向均有可以明确对应的环境中的物体，这说明被动测量系统的有效性。保持系统的有效性，需要大量的校准工作，其中也包括我们针对 5G 下行信号的结构而特别设计的天线切换方式和数据采集方式。多径的分布可以用来对环境进行感知，这对于未来通信感知一体化的研究具有重要的意义。

5.3.2.5　多径扩展的结果分析

接下来分析 SAGE 估计得到的不同参数域的扩展情况，计算某参数域的扩展可以采用如下的方法：

$$\sigma_X = \sqrt{\overline{X^2} - \overline{X}^2} \tag{5-6}$$

此处，$\overline{X^2}$ 和 $\overline{X}^2$ 分别计算为

$$\overline{X^2} = \frac{\sum_{l=1}^{L} P_l X_l^2}{\sum_{l=1}^{L} P_l} \tag{5-7}$$

$$\overline{X}^2 = \frac{\sum_{l=1}^{L} P_l X_l}{\sum_{l=1}^{L} P_l} \tag{5-8}$$

在这里，P_l 和 X_l 分别代表多径功率和参数取值。此外，变量 X 可以根据需要替换为延迟 τ、波达水平角 ϕ、波达天顶角 θ。我们选择测量点 A1～A30 和测量点 B21～B48 分别对工业园区视距场景和停车场非视距场景进行扩展分布的统计分析。如图 5-25～图 5-27 所示，两种场景下对数形式的扩展都可以很好地用正态分布拟合。可以观察到，停车场场景中的扩展通常大于工业园区场景中的扩展，因为非视距场景中的被动信道测量系统被大量的物体包围。另外，我们还将拟合正态分布的期望 μ 和标准偏差 σ 与表 5-2 中列出的 WINNER II 和 3GPP 信道模型中的值进行比较，结果表明我们的数值与其他信道模型中的数值较为接近，除了两个参数：一是停车场场景中计算得到的时延扩展较大，这可能是因为接收端与周围物体之间的距离非常近；另一个是工业园区场景中较大的波达天顶角扩展，这是因为 5G 基站的位置较高，在一定程度上导致了在天顶角上的扩展。

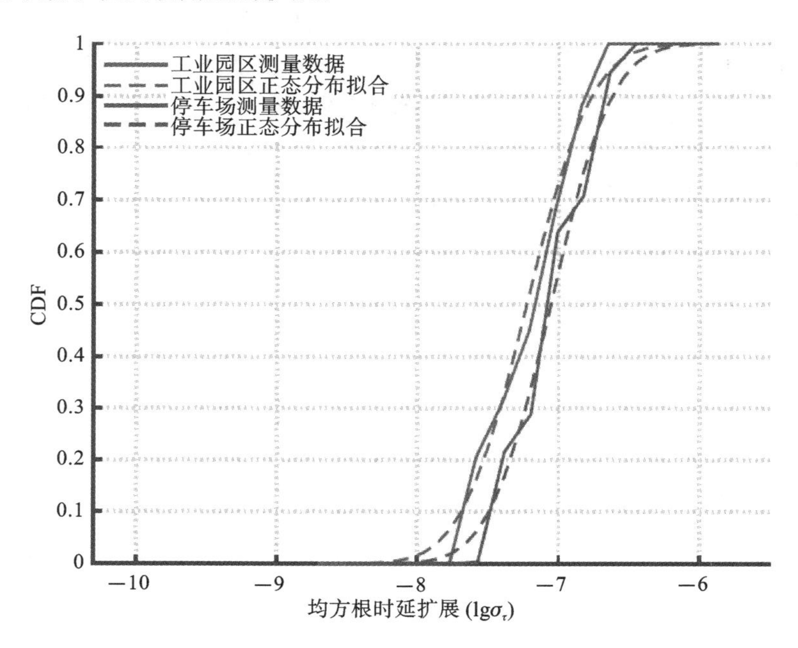

图 5-25　两个测量场景中的时延扩展累积分布函数

上述结果表明，所提出的被动探测方案能够很好地反映 5G 商用网络配置，如多小区模式和波束成形。此外，被动探测得到的信道特性与现有的基于主动探测的 5G 信道模型中的信道特性接近，这反映了在 5G 商用网络中被动探测的可行性和合理性。

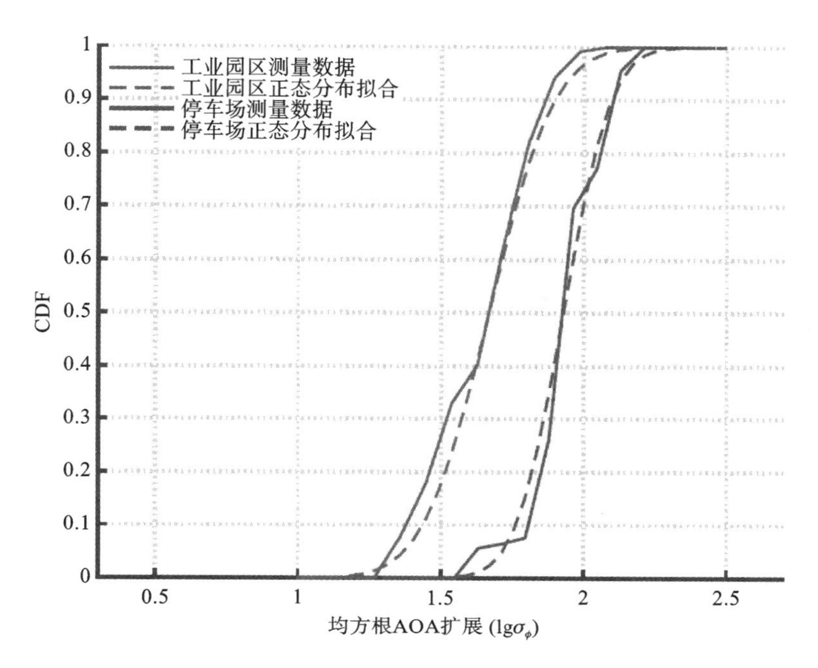

图 5-26　两个测量场景中的波达水平角扩展累积分布函数

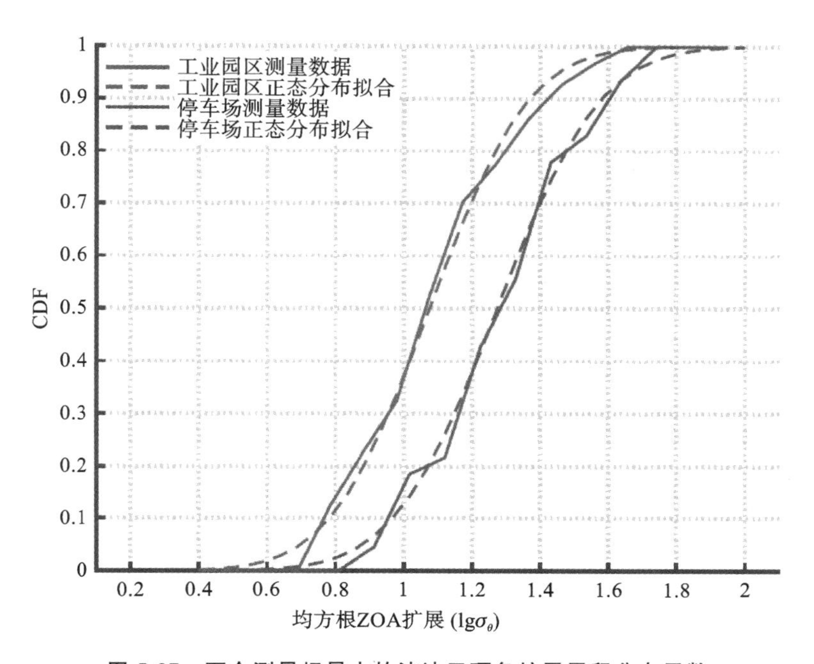

图 5-27　两个测量场景中的波达天顶角扩展累积分布函数

5.4 高铁场景 5G 下行信道测量

5.4.1 测量场景与系统配置

本次测量装置如图 5-2 所示，主要组成部分包括以下几部分。

5G 基站：本次测量只采集中国移动的 5G 信号，其工作频段为 2515～2575 MHz(频段号 n41)，占据 60 MHz 的带宽。

5G 终端及笔记本电脑：5G 终端配备 5G 基带处理芯片，可以解析接收到的基站信号得到网络层参数(无线资源控制参数)。通过终端和笔记本电脑预置的 5G 测试软件，可以将网络层参数导入笔记本电脑中。

天线阵列：考虑到高铁环境下相干时间较短，采用并行接收的方式采集信号比较合理，因此制作了单极化的双天线阵列，该天线阵列的仿真图如图 5-28 所示。两天线均为垂直极化的全向天线，天线增益为 1.5 dBi，上下垂直排列。天线直径为 55 mm，高度为 70 mm，两根天线间隔为 40 mm，小于半波长，空间采样满足奈奎斯特采样定律。

通用软件无线电外设 X300：根据 3GPP 5G 新空口技术规范所述，Sub-6 GHz 频段 5G 下行信号有效带宽最大为 100 MHz，所以方案中数据采集设备的带宽不应小于 100 MHz。经过对比选择的数据采集设备是通用软件无线电外设，型号为通用软件无线电外设 X300，可以实现采样率为 100 MS/s 的双通道接收。

移动工作站：并行接收宽带信号需要在数据采集设备和数据存储装置之间实现大带宽的传输，对硬件和相关软件的流盘稳定性要求较高，因此考虑采用移动工作站，兼顾便携性和高性能。该移动工作站配备“雷电 3”接口，理论最大传输速率高达 40 Gb/s，远大于 5G 基带信号传输所需的 6.4 Gb/s。同时，为保证数据传输和存储的顺畅，通用软件无线电外设 X300 端口与移动工作站网口间采用光纤连接，并且为移动工作站配置硬盘阵列。

全球定位系统驯服时钟及全球定位系统天线：全球定位系统驯服时钟同时连接全球定位系统天线、通用软件无线电外设 X300 和移动工作站。该驯服时钟通过全球定位系统天线接收到的卫星信号实时解析当前的时间和经纬度信息并导入移动工作站中，同时产生秒脉冲信号和 10 MHz 本振信号来实现通用软件无线电外设双通道的时钟同步，时间精度相比通用软件无线电外设内置时钟更高。

在实际的高铁场景测量中，测量平台硬件设备的摆放如图 5-29 所示。天线阵列和全球定位系统天线均紧贴车窗放置，用于接收 5G 基站信号和卫星信号，5G 终端紧靠天线阵列放置，以保证终端和阵列天线接收到的信号所对应的网络层参数一致。其余的设备均置于车厢内，便于操作运行。

本次测量乘坐的高铁班次为 G7509，高铁正常行驶速度为 200～300 km/h。行驶路线中杭州—宁波段 5G 基站的分布较为密集，故选取该段作为测量路段，该路段的卫星图如图 5-30 所示。

本次测量只采集中国移动运营商的 5G 基站信号，工作模式为时分双工，信号由正交频分复用调制技术调制，且子载波间隔为 30 kHz。采集的频率范围为 2515～2575 MHz(n41 频

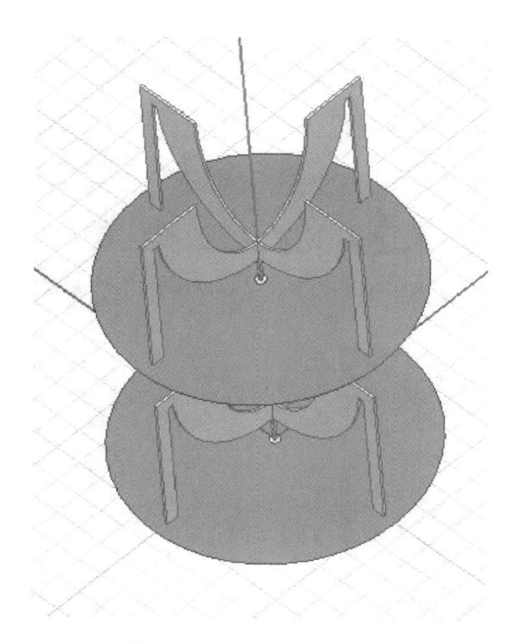

图 5-28 天线阵列仿真图

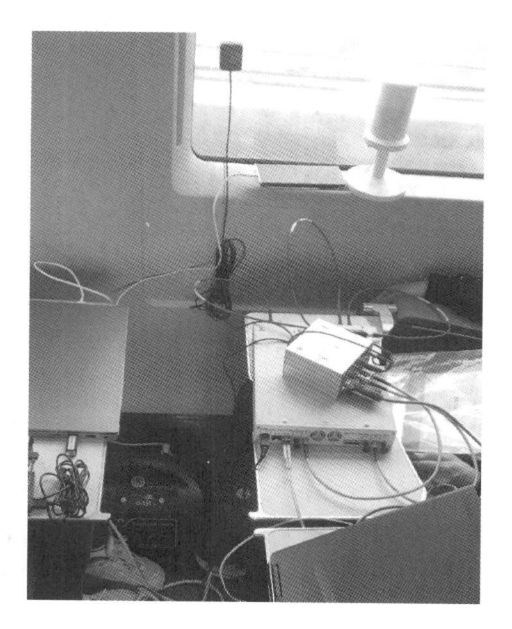

图 5-29 实测设备摆放

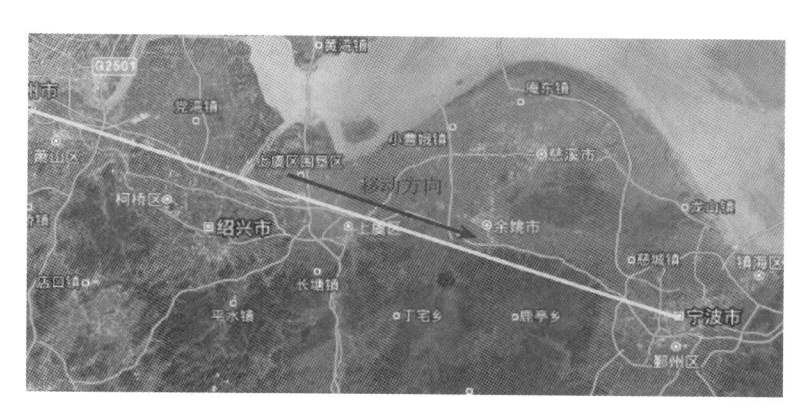

图 5-30 测量路段卫星图

段),带宽为 60 MHz,故设置通用软件无线电外设的中心频率为 2.545 GHz,采样率为 100 MS/s,以保证信号的完整接收。本节选取城区、郊区和高架三个典型场景作为研究对象,由车载摄像头截取的三个场景的快照分别如图 5-31、图 5-32、图 5-33 所示。城区场景中高铁周边有密度较高的高层建筑,且建筑的高度明显高于高铁所处的高度;郊区场景中附近都是农田,只有少数的平房,远处有山;高架场景中高铁所处高度远高于地面高度,且地面也多为农田,视线范围内较空旷。

5.4.2 基于异构信号的 SAGE 算法

5.4.2.1 信号模型

该算法结合时频跟踪信号和信道状态信息参考信号的特性,可以估计多径完整的角度域

图 5-31　城区场景快照

图 5-32　郊区场景快照

图 5-33　高架场景快照

信息，包括波达角和波离角。在接收端只有 2 根天线的情况下，可采用虚拟阵列的方式对多径参数进行估计，以增加来波角度估计的精度。

构建某条多径对应的信号模型如下：

$$\boldsymbol{s}(t;\boldsymbol{\theta}_l)=\sum_{p=1}^{2}\boldsymbol{s}_{1,p}(t;\boldsymbol{\theta}_l)+\boldsymbol{s}_2(t;\boldsymbol{\theta}_l) \tag{5-9}$$

$$\boldsymbol{s}_{1,p}(t;\boldsymbol{\theta}_l)=\alpha_{l,1,p}\boldsymbol{c}_2(\boldsymbol{\Omega}_{l,2})\boldsymbol{c}_{1,p}^{\mathrm{T}}(\boldsymbol{\Omega}_{l,1})\boldsymbol{U}_1(t) \tag{5-10}$$

$$=\alpha_{l,1,p}\boldsymbol{c}_2(\boldsymbol{\Omega}_{l,2})\boldsymbol{c}_{1,p}^{\mathrm{T}}(\boldsymbol{\Omega}_{l,1})q_{2,1}(t)q_{1,1}(t-\tau_l)\boldsymbol{u}_1(t-\tau_l) \tag{5-11}$$

$$\begin{aligned}\boldsymbol{s}_2(t;\boldsymbol{\theta}_l)&=\alpha_{l,2}\boldsymbol{c}_{2,1}(\boldsymbol{\Omega}_{l,2})U_{2,1}(t)+\alpha_{l,2}\boldsymbol{c}_{2,2}(\boldsymbol{\Omega}_{l,2})U_{2,2}(t)\\&=\alpha_{l,2}\exp\left\{\frac{\mathrm{j}2\pi v(t_{2,1}-t_1)\sin\beta_{l,2}\sin\gamma_{l,2}}{\lambda}\right\}\end{aligned} \tag{5-12}$$

$$\begin{aligned}&\boldsymbol{c}_2(\boldsymbol{\Omega}_{l,2})q_{2,2,1}(t)q_{1,2,1}(t-\tau_l)u_{2,1}(t-\tau_l)\\&+\alpha_{l,2}\exp\left\{\frac{\mathrm{j}2\pi v(t_{2,2}-t_1)\sin\beta_{l,2}\sin\gamma_{l,2}}{\lambda}\right\}\\&\boldsymbol{c}_2(\boldsymbol{\Omega}_{l,2})q_{2,2,2}(t)q_{1,2,2}(t-\tau_l)u_{2,2}(t-\tau_l)\end{aligned} \tag{5-13}$$

其中 $\boldsymbol{\theta}_l=[\alpha_{l,1,1},\alpha_{l,1,2},\alpha_{l,2},\tau_l,\boldsymbol{\Omega}_{l,1},\boldsymbol{\Omega}_{l,2}]^{\mathrm{T}}$ 是待求解的完整多径参数集。$\alpha_{l,1,p}(p=1,2)$是信道状态信息参考信号对应的复衰减系数，$p=1$ 指示正极化，$p=2$ 指示负极化，$\alpha_{l,2}$是时频跟踪信号对应的复衰减系数。另外，τ_l、$\boldsymbol{\Omega}_{l,1}=[\beta_{l,1},\gamma_{l,1}]$、$\boldsymbol{\Omega}_{l,2}=[\beta_{l,2},\gamma_{l,2}]$ 分别表示时延、波达角度(direction of arrival，DoA)和波离角度(direction of departure，DoD)，由天顶角 β 和水平角 γ 构成的 $\boldsymbol{\Omega}_{l,1}$ 和 $\boldsymbol{\Omega}_{l,2}$ 是球坐标系中的方向向量。信号模型中 v 和 λ 分别表示高铁运行速度和信号波长。

$\boldsymbol{c}_{1,p}\in\mathbb{C}^{m_1\times1}$ 和 $\boldsymbol{c}_2\in\mathbb{C}^{m_2\times1}$ 分别为基站侧天线两个极化方向的导向矢量和接收端天线的导向矢量，m_1 和 m_2 分别表示发射端和接收端的天线数量。接收端天线导向矢量 $\boldsymbol{c}_2$ 直接通过天线方向图得到，基站侧天线在两个极化方向上的导向矢量 $\boldsymbol{c}_{1,p_1}$ $(p_1=1,2)$可根据预先获知的基站天线排布方式和天线间距离自行构建(这些信息可由基站供应商提供)。如图 5-34 所示，基站采用8发8收的射频通道，在8端口信道状态信息参考信号发射时，每个端口(端口序号3000～3007)对应一根物理天线，且每根天线对应一种极化方向(+45°或−45°，在图5-34中分别由红色和蓝色表示)，这意味着基站侧一共有4根双极化天线(两根交叉极化的天线可组成一根双极化天线)，这4根双极化天线以水平均匀线阵(uniform linear array，ULA)的方式排列，且初始相位相同。另外，每根天线发射的信号可认为是由相同极化方向的9根等距垂直排列的全向天线经过模拟波束赋形(analog beamforming)形成，如图5-34中虚线框内红色和蓝色分别表示端口3002和3003对应的9根全向天线。因此，可认为发射的信号在水平方向为宽波束，而在垂直方向上是窄波束。由于在高铁场景中基站与高铁的距离一般较远，使用较小的俯仰角范围可以使信号在垂直方向上较大的空间范围内传播。

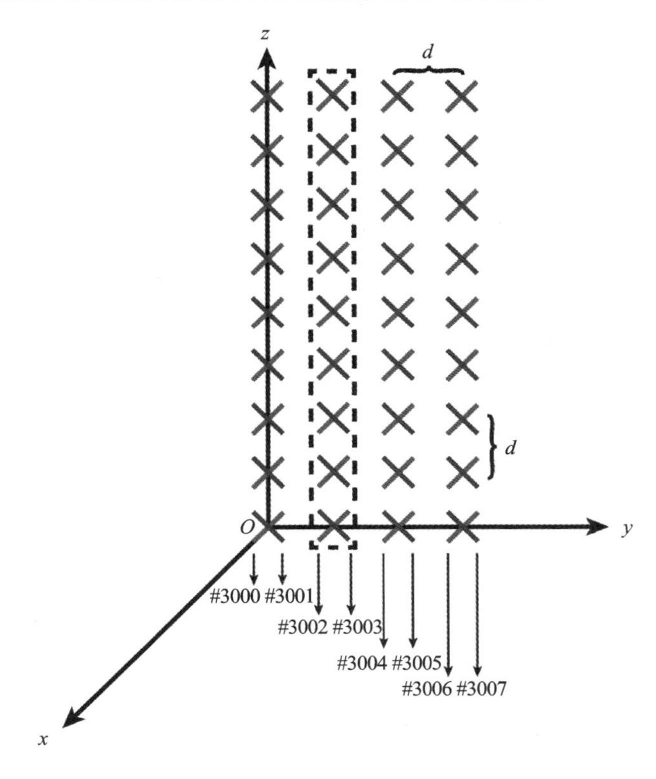

图5-34　基站侧天线配置

假设天线间的距离均为d，根据图5-34中设定的坐标系，则第m根物理天线所映射的9根天线(从下至上)的主极化导向矢量$\boldsymbol{c}_{m,p}\in\mathbb{C}^{9\times1}$可表示为

$$\boldsymbol{c}_{m,p}(\boldsymbol{\Omega}_{l,1})=\mathrm{e}^{\mathrm{j}2\pi\frac{\left\lfloor\frac{m-1}{2}\right\rfloor d\sin\beta_{l,1}\sin\gamma_{l,1}}{\lambda}}\cdot\left[1,\mathrm{e}^{\mathrm{j}2\pi\frac{d\cos\beta_{l,1}}{\lambda}},\cdots,\mathrm{e}^{\mathrm{j}2\pi\frac{(n-1)d\cos\beta_{l,1}}{\lambda}}\right]^{\mathrm{T}}\tag{5-14}$$

其中，$\lfloor\cdot\rfloor$表示向下取整，n和λ分别表示映射的9根天线的序数和载波波长。进一步可得到第m根物理天线主极化方向的归一化方向图为

$$\begin{aligned}E_{m,p}(\boldsymbol{\Omega}_{l,1})&=\frac{\boldsymbol{c}_{m,p}^{\mathrm{H}}(90°,0)\boldsymbol{c}_{m,p}(\beta_{l,1},\gamma_{l,1})}{\boldsymbol{c}_{m,p}^{\mathrm{H}}(90°,0)\boldsymbol{c}_{m,p}(90°,0)}\\&=\frac{1}{9}\mathrm{e}^{\mathrm{j}2\pi\frac{\left\lfloor\frac{m-1}{2}\right\rfloor d\sin\beta_{l,1}\sin\gamma_{l,1}}{\lambda}}\cdot\sum_{n=1}^{9}\mathrm{e}^{\mathrm{j}2\pi\frac{(n-1)d\cos\beta_{l,1}}{\lambda}}\end{aligned}\tag{5-15}$$

在工程实践中，单极化天线实际上并非只在主极化方向上存在辐射，在交叉极化的方向上也会有辐射存在，但我们不能确切地知道该交叉极化方向上的归一化方向图，只能尝试通过在

暗室中测量得到的单极化全向天线在主极化方向和交叉极化方向上的场强强度比例来确定天线交叉极化方向的归一化方向图，即在主极化方向的归一化方向图 $E_{m,p}$ 上乘以该获取的比例系数。假设第 m 根物理天线交叉极化方向的归一化方向图为 $E_{m,p'}$，考虑到基站侧 8 根天线的极化方向是交错出现的，因此发射端天线在两个极化方向上的导向矢量 $\boldsymbol{c}_{1,p_1}$（$p_1=1,2$）可以分别表示为

$$\begin{aligned}\boldsymbol{c}_{1,1}(\boldsymbol{\Omega}_{l,1}) = [&E_{1,p}(\beta_{l,1},\gamma_{l,1}),E_{2,p'}(\beta_{l,1},\gamma_{l,1}),E_{3,p}(\beta_{l,1},\gamma_{l,1}),E_{4,p'}(\beta_{l,1},\gamma_{l,1}),\\&E_{5,p}(\beta_{l,1},\gamma_{l,1}),E_{6,p'}(\beta_{l,1},\gamma_{l,1}),E_{7,p}(\beta_{l,1},\gamma_{l,1}),E_{8,p'}(\beta_{l,1},\gamma_{l,1})]^{\mathrm{T}}\end{aligned} \tag{5-16}$$

$$\begin{aligned}\boldsymbol{c}_{1,2}(\boldsymbol{\Omega}_{l,1}) = [&E_{1,p'}(\beta_{l,1},\gamma_{l,1}),E_{2,p}(\beta_{l,1},\gamma_{l,1}),E_{3,p'}(\beta_{l,1},\gamma_{l,1}),E_{4,p}(\beta_{l,1},\gamma_{l,1}),\\&E_{5,p'}(\beta_{l,1},\gamma_{l,1}),E_{6,p}(\beta_{l,1},\gamma_{l,1}),E_{7,p'}(\beta_{l,1},\gamma_{l,1}),E_{8,p}(\beta_{l,1},\gamma_{l,1})]^{\mathrm{T}}\end{aligned} \tag{5-17}$$

另外，$\boldsymbol{U}_1(t)$ 表示接收到的信道状态信息参考信号，$\boldsymbol{U}_{2,1}(t)$ 和 $\boldsymbol{U}_{2,2}(t)$ 表示不同时刻接收到的时频跟踪信号。信道状态信息参考信号的感知窗口（sensing window）和探测窗口（sounding window）分别表示为

$$q_{2,1}(t) = 1_{[0,T_{\mathrm{SP}}]}(t-t_1) \tag{5-18}$$

$$q_{1,1}(t) = 1_{[0,T_{\mathrm{OP}}]}(t-t_0) \tag{5-19}$$

感知窗口时长 T_{SP} 定义为符号时长，探测窗口时长 T_{OP} 定义为帧时长。t_0 是时频跟踪信号和信道状态信息参考信号所在帧的起始时刻，t_1 是信道状态信息参考信号的起始时刻。同样，假设 t_2 和 t_3 是两个时频跟踪信号的起始时刻，时频跟踪信号的感知窗口 $q_{2,2,1}(t)$ 和 $q_{2,2,2}(t)$ 及探测窗口 $q_{1,2,1}(t)$ 和 $q_{1,2,2}(t)$ 可分别表示为

$$q_{2,2,1}(t) = 1_{[0,T_{\mathrm{SP}}]}(t-t_2) \tag{5-20}$$

$$q_{2,2,2}(t) = 1_{[0,T_{\mathrm{SP}}]}(t-t_3) \tag{5-21}$$

$$q_{1,2,1}(t) = q_{1,2,2}(t) = 1_{[0,T_{\mathrm{OP}}]}(t-t_0) \tag{5-22}$$

5.4.2.2 算法实现

基于异构信号的 SAGE 算法的框架如图 5-35 所示。

在某次迭代中估计第 l 条多径参数时，首先在 E-Step 中求解出该条多径的期望 $\hat{\boldsymbol{x}}_l$，即

$$\hat{\boldsymbol{x}}_l = \boldsymbol{y} - \sum_{l'} \boldsymbol{s}(\hat{\boldsymbol{\theta}}_{l'}) \tag{5-23}$$

假设接收信号是 $\boldsymbol{y}(t)$，可以推导得到关于除复极化衰减系数外待求解参数的似然函数（见式(5-24)）和复极化衰减系数（见式(5-25)）。

$$\Lambda(\bar{\boldsymbol{\theta}}_l;\hat{\boldsymbol{x}}_l) = \boldsymbol{f}^{\mathrm{H}}(\bar{\boldsymbol{\theta}}_l)\widetilde{\boldsymbol{D}}^{-1}\boldsymbol{f}(\bar{\boldsymbol{\theta}}_l) \tag{5-24}$$

$$\boldsymbol{\alpha}_l = \widetilde{\boldsymbol{D}}^{-1}\boldsymbol{f}(\bar{\boldsymbol{\theta}}_l) \tag{5-25}$$

其中，

$$\boldsymbol{f}(\bar{\boldsymbol{\theta}}_l) = [f_{1,1}(\bar{\boldsymbol{\theta}}_l), f_{1,2}(\bar{\boldsymbol{\theta}}_l), f_2(\bar{\boldsymbol{\theta}}_l)]^{\mathrm{T}} \tag{5-26}$$

$$f_{1,p}(\bar{\boldsymbol{\theta}}_l) = \sum_{m_1=1}^{M_1}\sum_{m_2=1}^{M_2} c_{2,m_2}^{*} c_{1,p,m_1}^{*} \int \hat{x}_{l,m_2}(t_1+t') u_{1,m_1}^{*}(t'-\tau_l)\mathrm{d}t' \tag{5-27}$$

$$f_2(\bar{\boldsymbol{\theta}}_l) = \sum_{m_2=1}^{M_2}\int c_{2,1,m_2}^{*}\hat{x}_{l,m_2}(t_2+t')u_{2,1}^{*}(t'-\tau_l) + c_{2,2,m_2}^{*}\hat{x}_{l,m_2}(t_3+t')u_{2,2}^{*}(t'-\tau_l)\mathrm{d}t' \tag{5-28}$$

$$\widetilde{\boldsymbol{D}} = \begin{bmatrix} D_1 & \\ & D_2 \end{bmatrix} \tag{5-29}$$

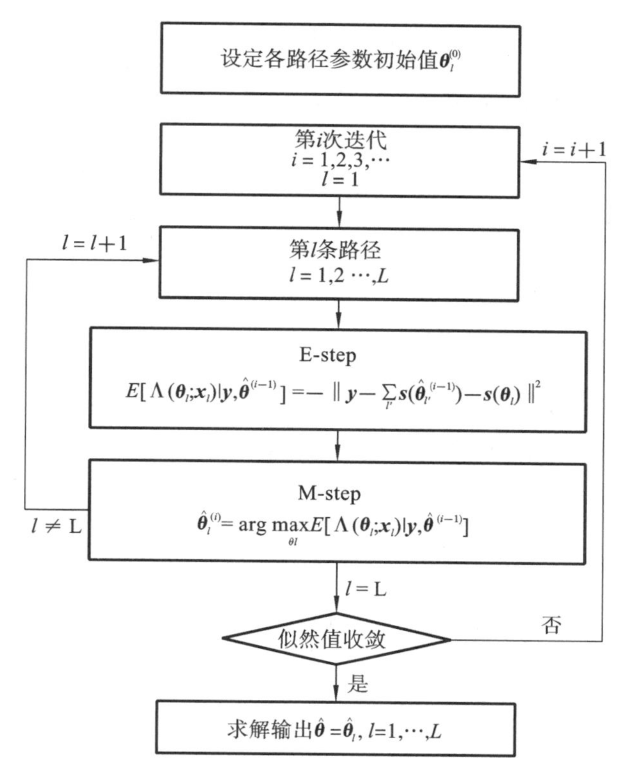

图 5-35　SAGE 算法框架

$$D_{1,p,p'}(\boldsymbol{\Omega}_{2,l},\boldsymbol{\Omega}_{1,l},\tau_l)=P_1T_{\mathrm{SP}}\cdot\boldsymbol{c}_2^{\mathrm{H}}\boldsymbol{c}_2\boldsymbol{c}_{1,p}^{\mathrm{H}}\boldsymbol{c}_{1,p'}\tag{5-30}$$

$$D_2(\boldsymbol{\Omega}_{2,l},\boldsymbol{\Omega}_{1,l},\tau_l)=P_2T_{SP}\cdot(\boldsymbol{c}_{2,1}^{\mathrm{H}}\boldsymbol{c}_{2,1}+\boldsymbol{c}_{2,2}^{\mathrm{H}}\boldsymbol{c}_{2,2})\tag{5-31}$$

该结果用于 SAGE 框架中 M-Step 对待求解参数的求解，对于某次迭代中估计得到的多径期望 $\hat{\boldsymbol{x}}_l(t)$，可以通过坐标上升法求解极值点获得 $\overline{\boldsymbol{\theta}}_l$ 的估计值，之后将该值代入求得复极化衰减系数 $\boldsymbol{\alpha}_l$，由此估计得到该条多径的完整信道参数。

5.4.2.3　算法性能

为了清楚地展示融合 SAGE 算法的应用效果，与实际高铁运行状况进行对照，我们选取了一段只有一个基站发出的信号，且在该段信号接收过程中高铁完整地经历了接近基站和远离基站的过程，该段时间内的信道功率时延谱如图 5-36 所示，可以看到明显的高铁运行的趋势，即先靠近基站，后远离基站。

以下展示基于异构信号的 SAGE 算法在高铁场景实测数据中的应用结果。图 5-37 所示的是时延的估计结果，可以看到明显的高铁先接近后远离基站的运动趋势，且与图 5-36 中功率时延谱呈现的结果相匹配。从图 5-37 可以得出高铁在大概 0.5 s 的时候离基站距离最近，而且此时功率最强。

图 5-38 所示的是基站侧波离水平角(azimuth of departure，AoD)的估计结果，从结果中也可以看到明显的运动趋势，刚开始的时候波离水平角从负变正，说明高铁经历了接近基站到远离基站的过程。之后波离水平角从正变负，这段过程高铁一直在远离基站。可以看到高铁与基站距离最近的时候(0.5 s)，此时波离水平角约为 30°，说明高铁相对基站是斜向行驶的。

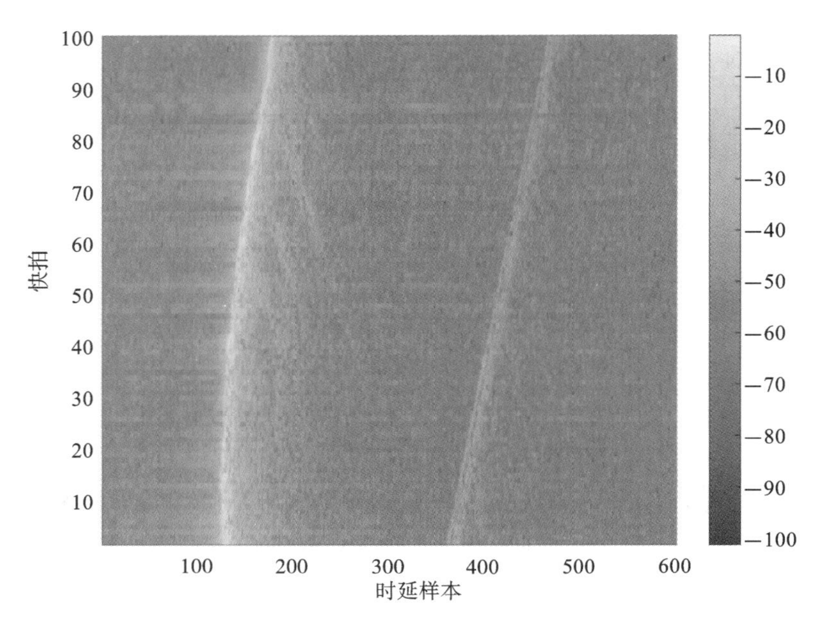

图 5-36　高铁场景信道功率时延谱

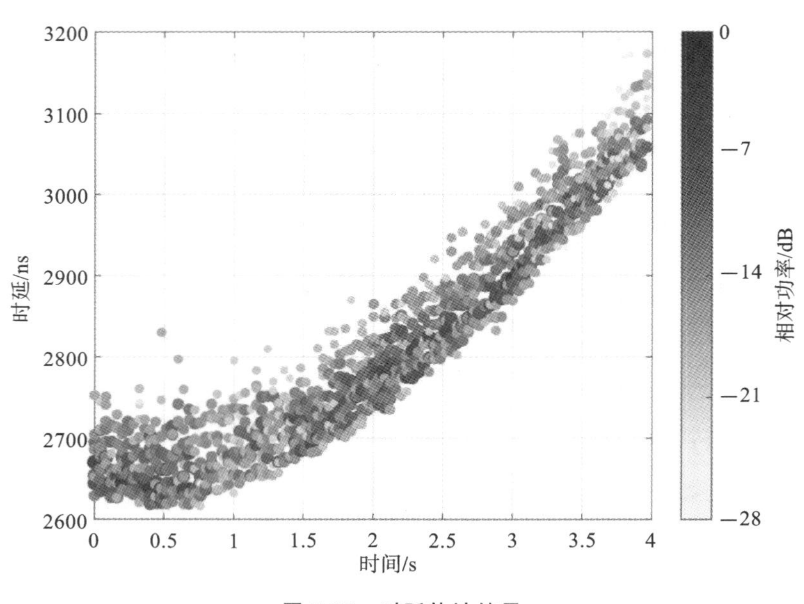

图 5-37　时延估计结果

图 5-39 和图 5-40 分别展示了波达水平角(azimuth of arrival，AoA)和波达俯仰角(elevation of arrival，EoA)的估计结果，从结果中同样可以看到明显的趋势。其中波达水平角从正变负，意味着高铁接近基站后远离基站，且在 0.5 s 的时候，波达水平角约为 0°，表明基站与高铁之间的距离最近，与图 5-37 中时延的估计结果相符。另外，从波达俯仰角的结果中可以看到波达俯仰角会逐渐变大，波达俯仰角的扩展从大变小，说明高铁在远离基站，接收端接收到的来波俯仰角范围缩小，这与实际情况也是相符的。

为了验证基于异构信号的 SAGE 估计信道多径参数的有效性，我们需要比较重构的信道和真实信道之间的差异。

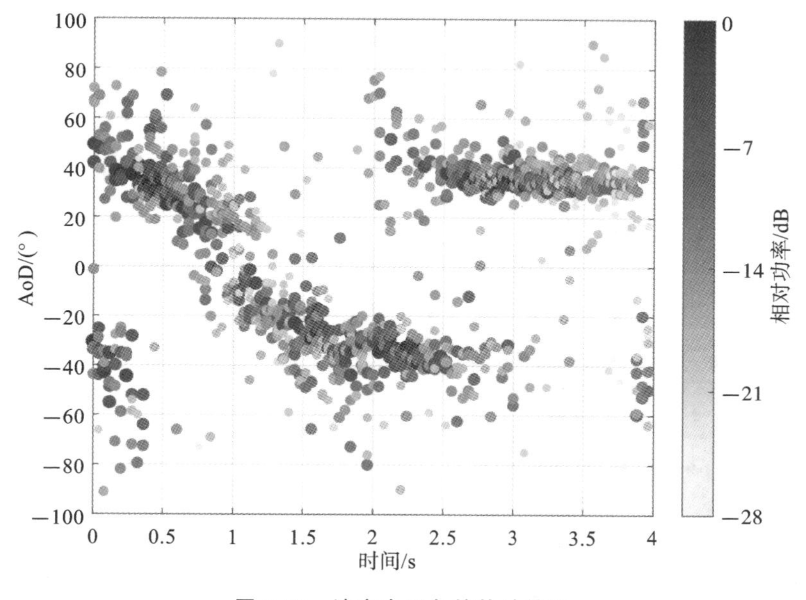

图 5-38　波离水平角的估计结果

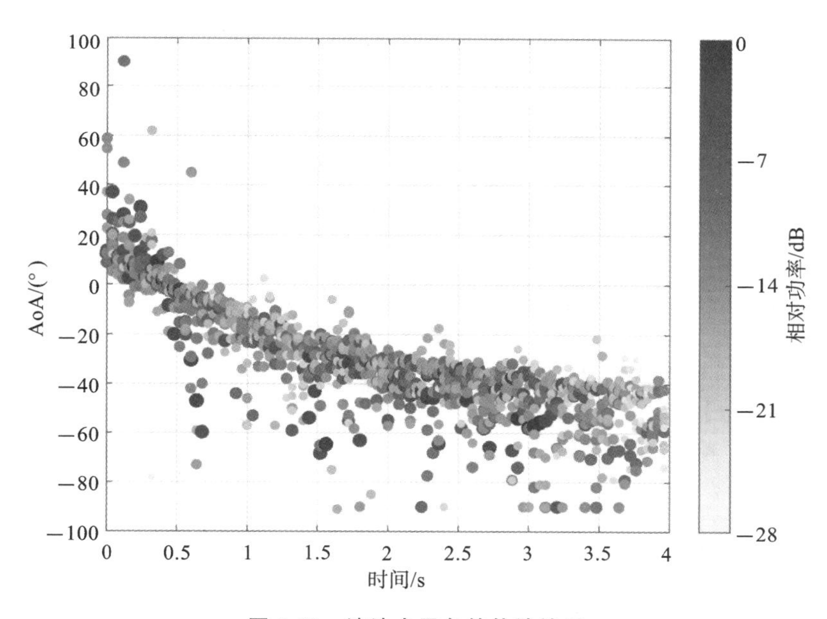

图 5-39　波达水平角的估计结果

首先直接比较重构的信道功率时延谱和真实信道功率时延谱，如图 5-41 所示，可以看到重构信道的功率时延谱和真实信道功率时延谱是高度吻合的。

为了更客观地表现两者之间的差异，我们采用余弦相似度指标来描述两条曲线的吻合度。余弦相似度的公式为

$$\mathrm{sim}(\boldsymbol{x},\boldsymbol{y})=\frac{\sum_{n=1}^{N}x_n y_n}{\sqrt{\sum_{n=1}^{N}x_n^2}\sqrt{\sum_{n=1}^{N}y_n^2}} \tag{5-32}$$

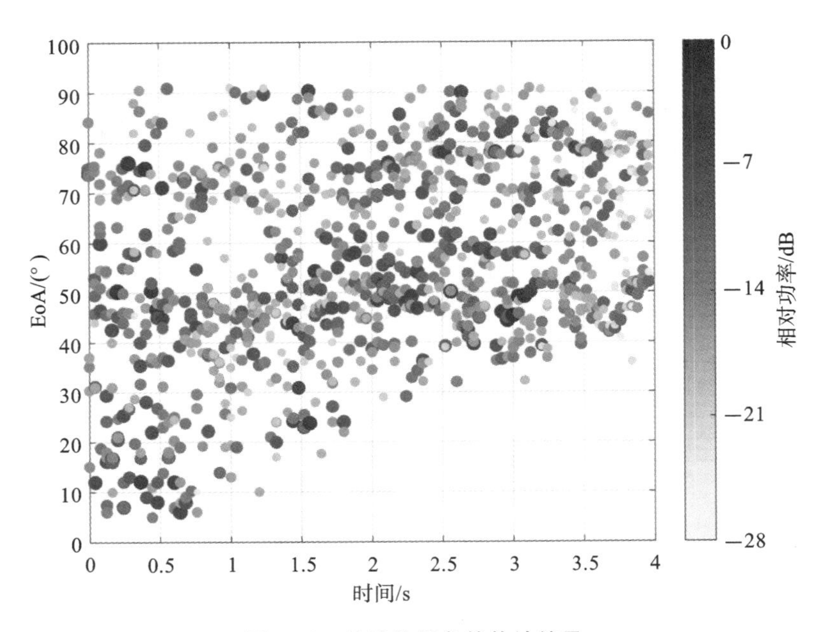

图 5-40　波达俯仰角的估计结果

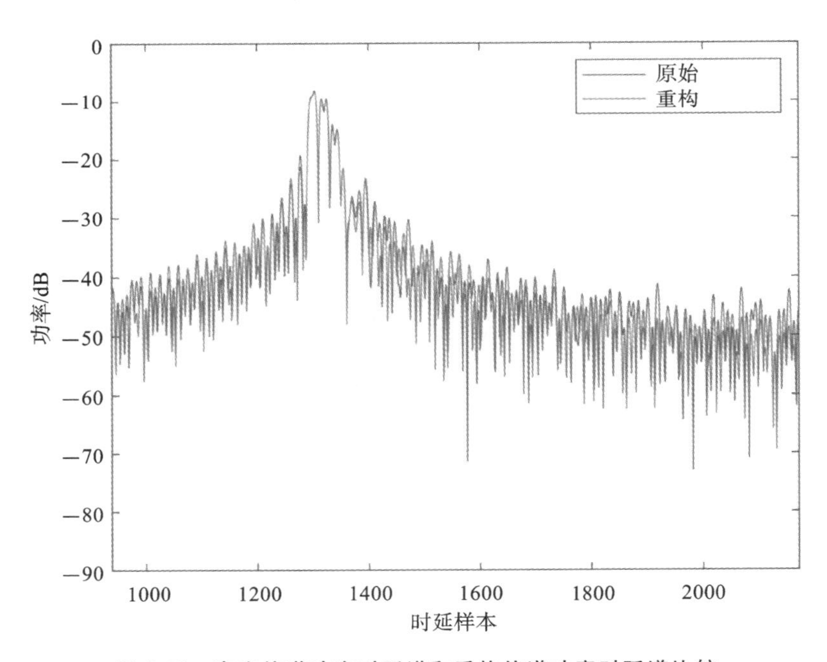

图 5-41　真实信道功率时延谱和重构信道功率时延谱比较

其中，$x_n(n=1,\cdots,N)$为原始数据曲线的采样值，$y_n(n=1,\cdots,N)$为融合 SAGE 重构数据曲线的采样值，若余弦相似度接近于 1，则可以认为两条曲线高度吻合。求解每个快拍(snapshot)中真实信道功率时延谱和重构信道功率时延谱的余弦相似度，得到关于余弦相似度的经验累积分布函数(cumulative distribution function，CDF)，如图 5-42 所示，可以看到余弦相似度达到 0.955 以上，表明重构功率时延谱和真实信道功率时延谱确实高度吻合。

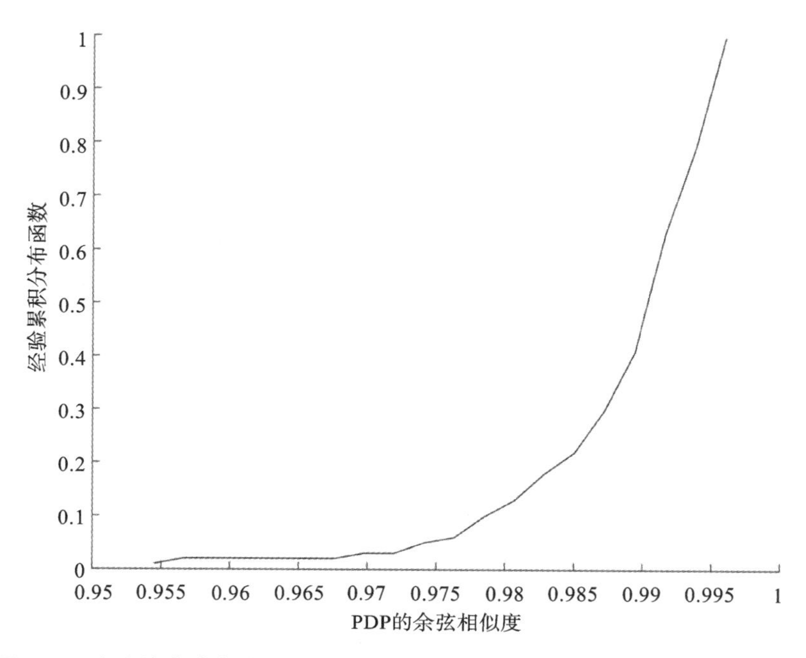

图 5-42　真实信道功率时延谱和重构信道功率时延谱余弦相似度累积分布函数

为了更准确地反映重构信道和真实信道之间的相似度，我们另外比较了两种信道的频域相关性和时域相关性，并得到了关于这两种相关性的余弦相似度的经验累积分布函数，如图5-43～图5-46所示。从图中可以看到从两种信道得到的时频域相关性曲线变化趋势相同，而且余弦相似度都达到了0.9以上，表明重构信道和真实信道是高度一致的。

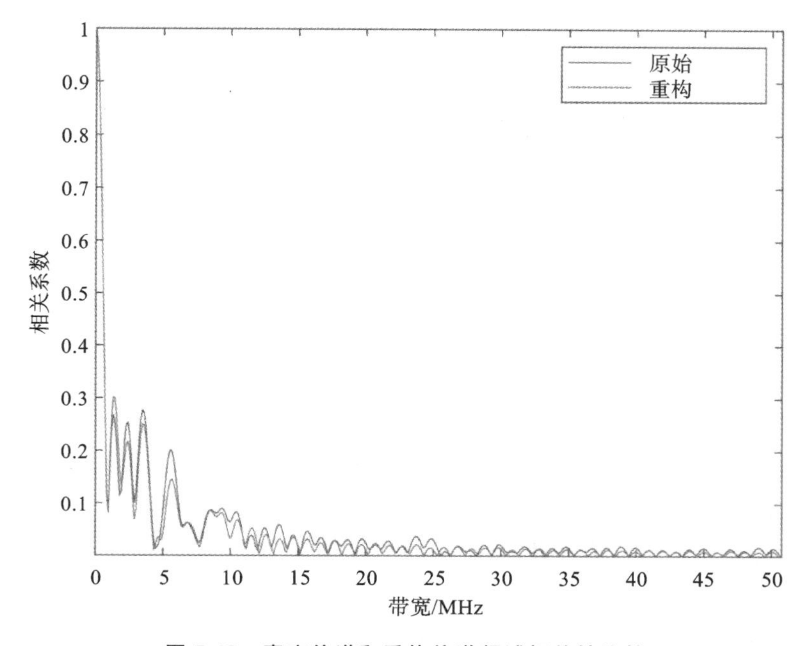

图 5-43　真实信道和重构信道频域相关性比较

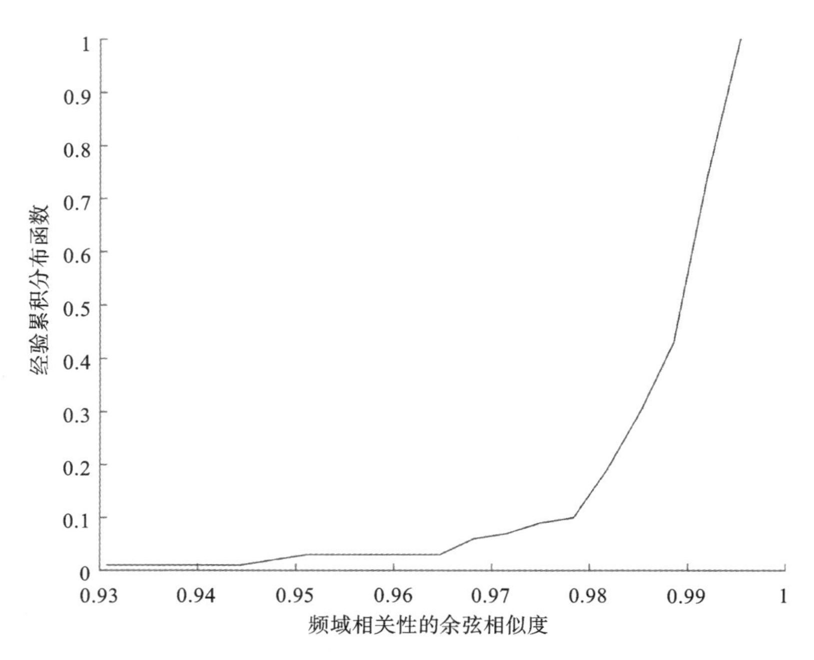

图 5-44　真实信道和重构信道频域相关性的余弦相似度累积分布函数

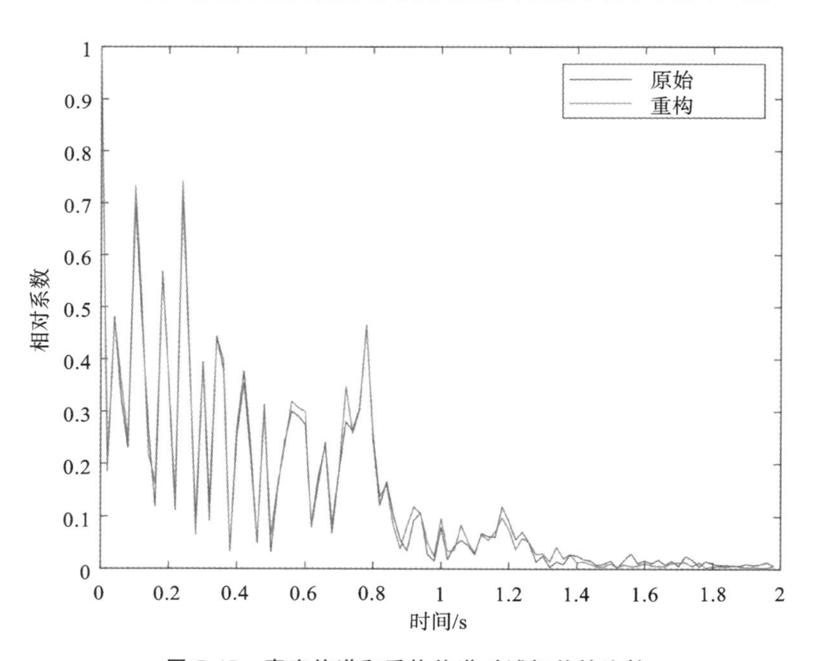

图 5-45　真实信道和重构信道时域相关性比较

基于异构信号的 SAGE 算法是通过传统 SAGE 算法推导得到的针对 5G 下行信道多径估计的算法，因此还需确保该算法和传统 SAGE 估计结果的一致性。关于传统 SAGE，我们只采用多端口的常规信道状态信息参考信号进行估计，此时可以估计时延和波离水平角。基于异构信号的 SAGE 算法和传统 SAGE 算法的估计结果如图 5-47 和图 5-48 所示，可以看到通过两种 SAGE 估计得到的时延和波离水平角变化趋势一致。

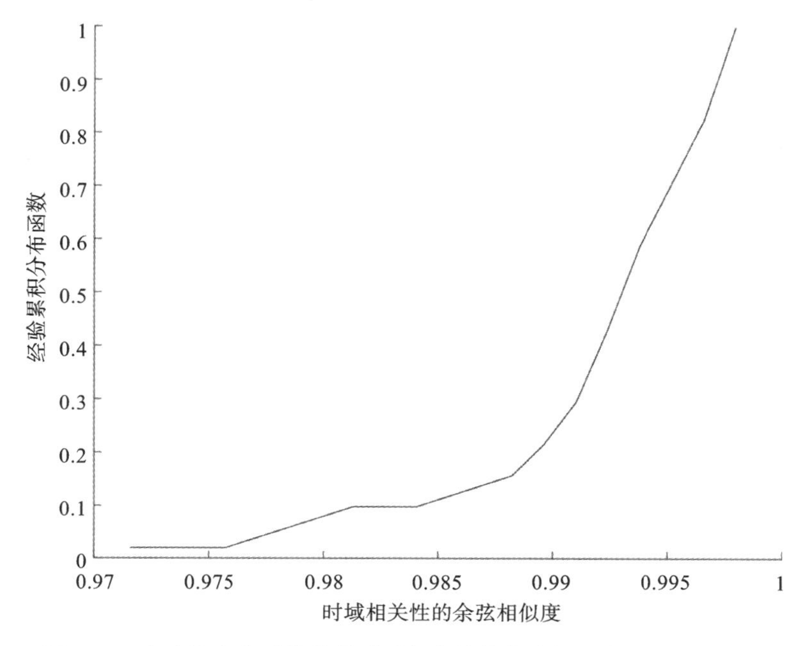

图 5-46　真实信道和重构信道时域相关性的余弦相似度累积分布函数

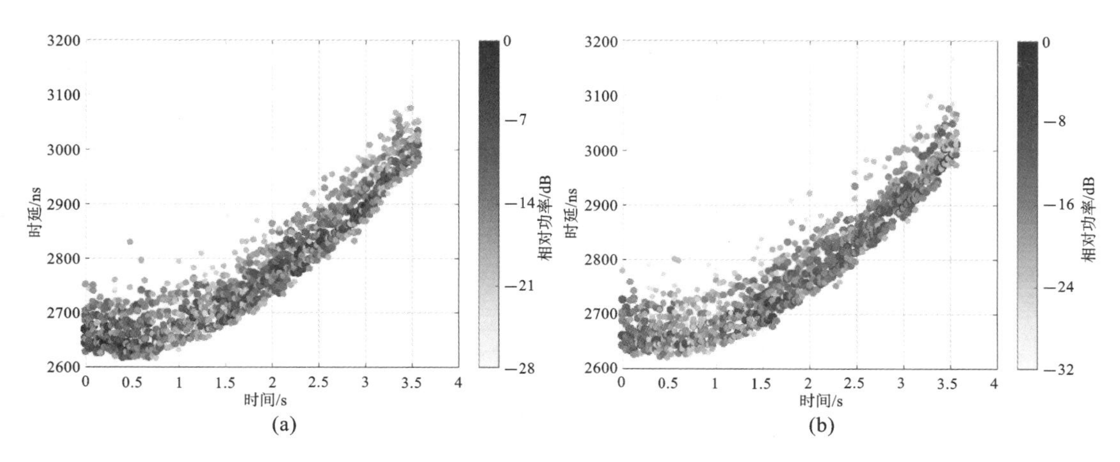

图 5-47　两种 SAGE 算法的时延估计结果

(a)基于异构信号的 SAGE;(b)传统 SAGE

为了更客观地呈现两种 SAGE 算法估计结果的差异,我们计算了每个快拍的时延扩展和波离水平角扩展,并求解得到了关于这两种扩展的经验累积分布函数和拟合的经验累积分布函数,如图 5-49 和图 5-50 所示,可以看到两种 SAGE 的扩展均可以用对数正态分布来拟合,基于异构信号的 SAGE 的时延扩展略大于传统 SAGE 的时延扩展,而波离水平角扩展略小于传统 SAGE 的波离水平角扩展,总体上两种 SAGE 算法得到的扩展的累积分布函数在期望和标准差上都是接近的,这说明基于异构信号的 SAGE 和传统 SAGE 估计结果基本一致,仍然保留传统 SAGE 估计的特性。

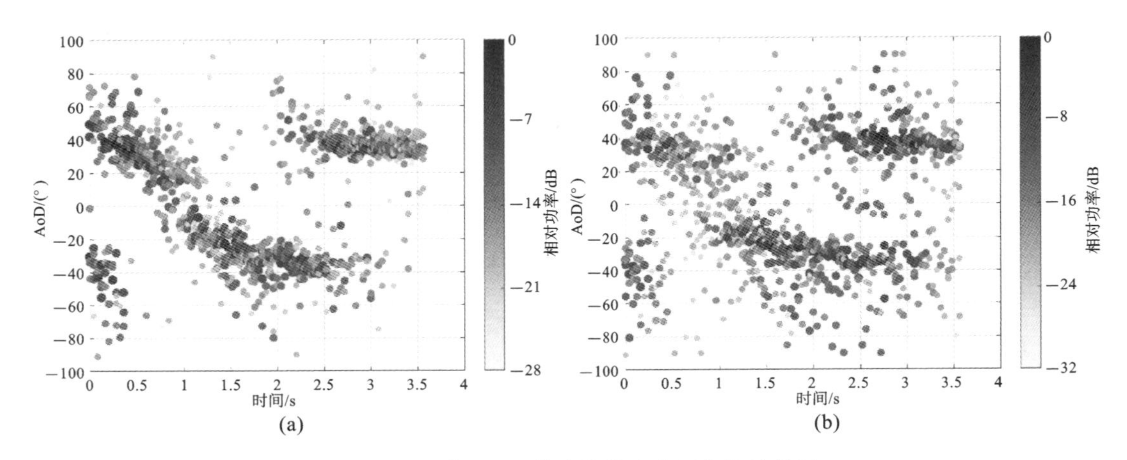

图 5-48　两种 SAGE 算法的波离水平角估计结果

(a)基于异构信号的 SAGE;(b)传统 SAGE

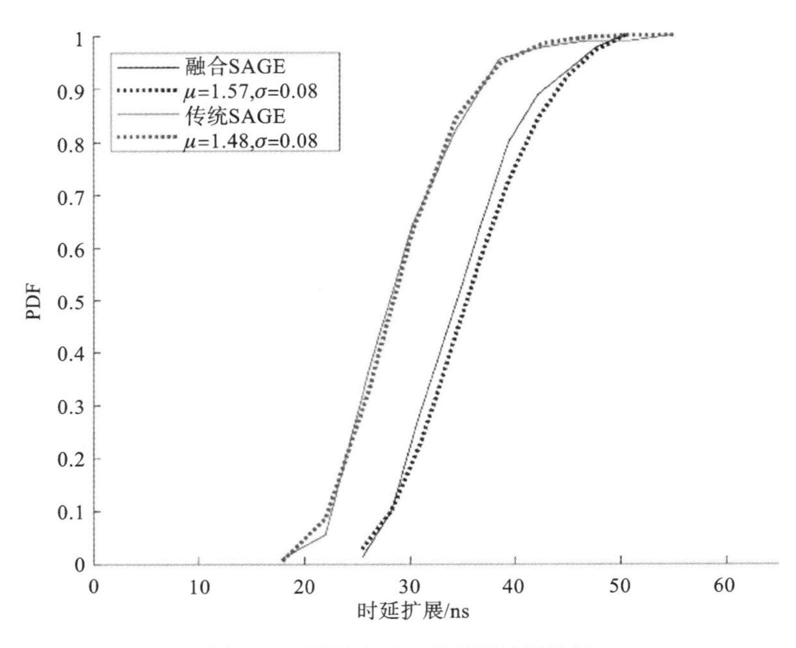

图 5-49　两种 SAGE 的时延扩展比较

5.4.3　基于几何簇的时变信道模型

高铁无线电波传播信道的特征研究近年来受到信道研究界的广泛关注。由于受到测量设备搭建复杂度高、大带宽快速数据采集与存储技术瓶颈的问题,以及实际场景中难以获取海量的、具有统计遍历性的数据等实际限制,高铁信道建模始终没有得到令人满意的开展。近期随着 5G 系统在高铁场景中的使用,对于大带宽、双向信道在快速时变环境下的特性研究需求激增。鉴于已有信道模型无法有效支撑 5G 性能验证仿真,需要尽快通过实际测量、基于真实场景下的宽带高铁信道观测样本来构建统计信道模型。被动信道测量可以作为一个有效的补充,来加强 5G 高铁信道建模工作的深入。我们针对实际应用中存在的问题对几何簇信道模

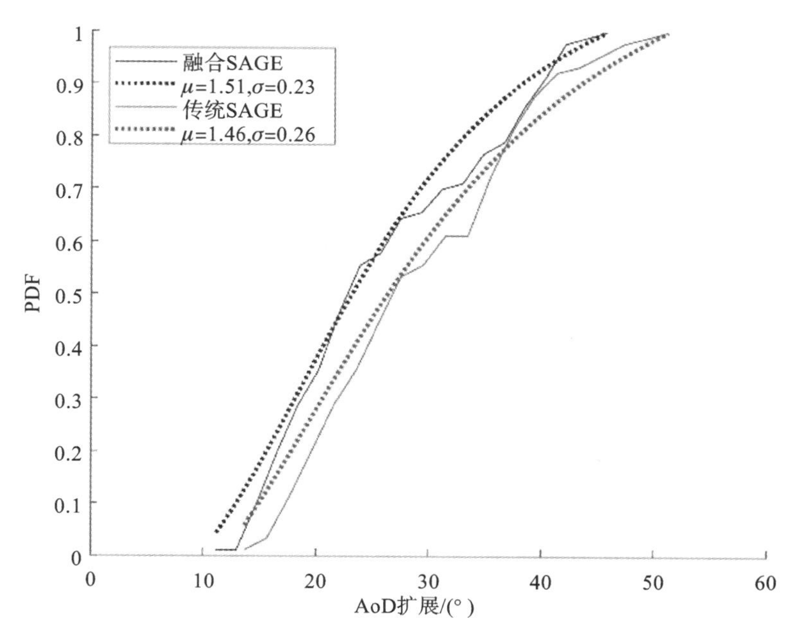

图 5-50　两种 SAGE 的波离水平角扩展比较

型进行了优化，特别是针对生成信道中存在不符合实际的多径的问题，对传统的几何簇信道模型构建理论进行了改进。在建模方法上，关注方向域、时延域、多普勒域的信道联合特征，构建符合实际的高铁时变空间信道模型。

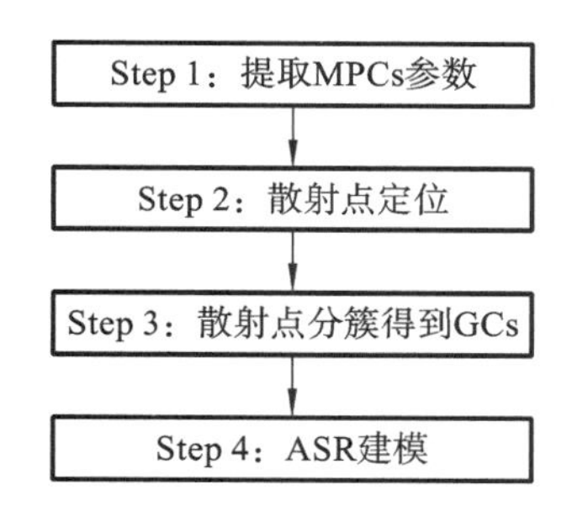

图 5-51　几何簇和活跃散射区域建模方法流程

很多研究表明，将多径分量（multipath component，MPC）的分簇映射到三维空间中后，几何簇中散射点的分布变得混乱，影响到了几何分簇的效果。因此，需要对几何簇与活跃散射区域（active scatterer region，ASR）建模过程进行一些改进，从而对建模结果进行优化。这里介绍改进后的几何簇与活跃散射区域建模方法的建模过程，具体流程如图 5-51 所示。

5.4.3.1　几何簇产生的流程

利用高精度参数估计算法 SAGE，进行单一快拍数据处理，对双向多径分量的时延、幅值、多普勒频移、波离方向波离角和波达方向波达角等参数进行估计，为建模提供有效的数据。对多径分量进行追踪，寻找相邻的接近参数，进行多径参数间的关联，从而去除：①较弱的径，留下强径；②SAGE 中出现的角度过大的径，避免较大误差。此过程会为建模提供更为有效的数据，并使模型更加稳定。

假设路径是单次反射的情况，在坐标系中定位出所有快拍的每个多径分量散射点的位置。通过以下几个步骤完成高铁场景下对散射点的定位。

假设列车在平直的铁轨上进行匀速移动，即接收端固定在 y、z 轴坐标相等的直线上。

明确发射端的空间坐标和接收端-发射端的距离 $D(t)$。假设由 SAGE 估计出来的最小时延值处的多径分量以视距径的形式进行信号传输，可以因此确定发射端的空间坐标：发射端的高度固定，且 $D(t)=\min(\text{delay})*c$，其中 c 为光速。

明确散射点的空间坐标。由于 SAGE 估计提供了双向多径分量的各项信道特征参数，在列车匀速移动的过程中，可以用图 5-52 所示的几何关系计算不同时刻的散射点坐标，具体计算方式如下。

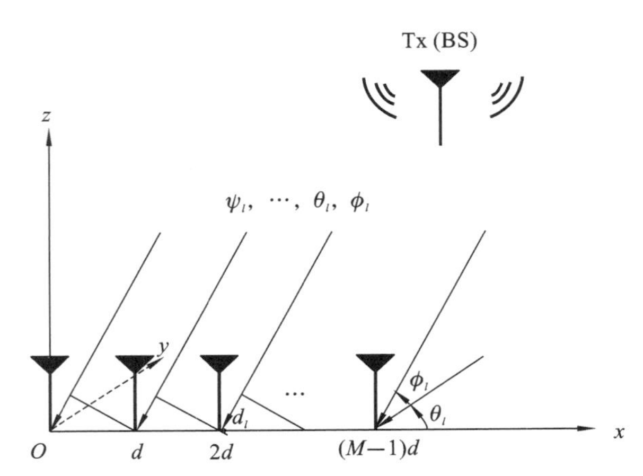

图 5-52　接收端移动过程中的几何关系示意图

由于接收端为移动终端或称为用户设备端(user equipment，UE)，在此可以将接收端类比于图 5-52 所示的线性虚拟阵列，以该几何关系对不同接收端对应的散射点进行计算。

根据以上步骤求出发射端与接收端的坐标，设其三维坐标分别为(x_1,y_1,z_1)，(x_2,y_2,z_2)。当发射端的波离角(θ_T,ϕ_T)以及接收端的波达角(θ_R,ϕ_R)已知时，散射点与发射、接收天线之间的距离可以表示为

$$D_{TS}=\frac{x-x_1}{\sin\phi_T\cos\theta_T}=\frac{y-y_1}{\sin\phi_T\sin\theta_T}=\frac{z-z_1}{\cos\phi_T} \tag{5-33}$$

$$D_{RS}=\frac{x_2-x}{\sin\phi_R\cos\theta_R}=\frac{y_2-y}{\sin\phi_R\sin\theta_R}=\frac{z_2-z}{\cos\phi_R} \tag{5-34}$$

根据该多径分量处的时延信息可以得到发射端-散射体-接收端的距离之和：

$$D=\text{delay}*c$$

满足“$D_{TS}+D_{RS}\approx D$”的(x,y,z)就是我们想要的散射点坐标。

由于基站侧的信息缺失，我们很难准确估计 θ_T，所以此次测量根据基站与列车的位置高度可以大致认为是 95°。

需要注意的是，由于多次弹跳中出现的多径信息，尤其是角度信息差距太大，易引起建模结果出现极大的误差，且通过多次弹跳，多径能量会由于路径损耗、多径衰落和阴影衰落等多种不同形式的衰落叠加而大大降低。因此，我们仅考虑单次弹跳的情况，故不能完美匹配存在多次弹跳的实际散射点的位置。

之后，采用 K 功率均值(K-power-means)聚类算法对上一步得到的所有快拍里的所有散射点进行几何分簇，得到几何簇。值得一提的是，传统的做法是先对多径分量进行归簇，如图 5-53(a)所示，然后对已经归簇后的多径分量进行如图 5-53(b)所示的空间三维散射点位置的映射。但是可以看到，这样的做法使得得到的每一个簇内散射点相距较远，过于分散，并没有达到在三维空间进行“几何分簇”的效果。究其根本，是由于在角度域和时延域的细微差别，都可能映射到散射点定位的巨大差异。因此，为了更好地得到几何簇的模型，不再对多径分量信息加以分簇处理，而是直接利用其进行散射点定位，进而对散射点进行分簇，如图 5-54 所示。

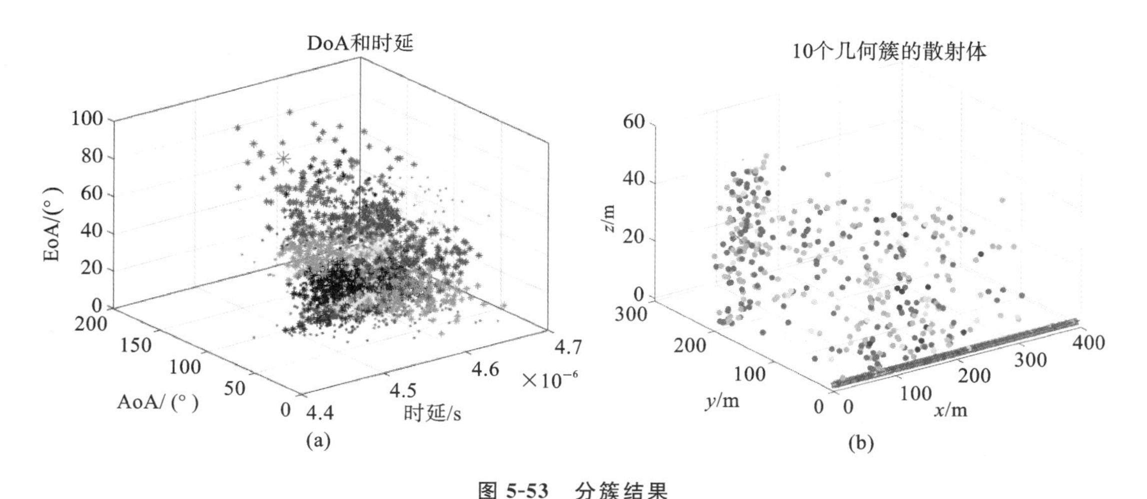

图 5-53　分簇结果

(a)多径分量参数分簇;(b)多径分量参数分簇映射到空间的几何分簇

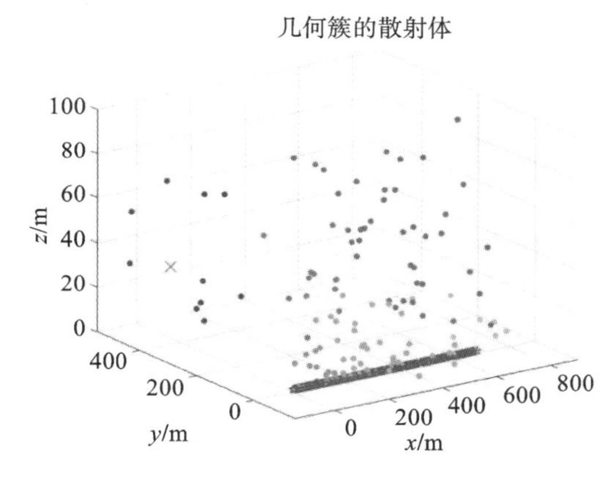

图 5-54　改进后的空间直接分簇

5.4.3.2　活跃散射区域模型

为了对几何簇和活跃散射区域进行建模,需要对环境进行一定的参数设置。我们通过一个仿真来进一步说明。在仿真中,对火车移速、频率等进行了设定,如表 5-3 所示。其中,以火车运动方向为 x 轴正方向,垂直于 x 轴的水平方向为 y 轴,高为 z 轴。

表 5-3　仿真时各参数的设置

参　　数	值
接收端初始位置/m	(0,0,1)
发射端高度/m	30
$V_{接收端}$/(m/s)	46.5/83.3/26.5
仿真时长/s	3
时间分辨率/ms	20
中心频点/GHz	2.52
带宽/MHz	122.88

需要注意的是，此阶段的测量与分析中使用了上海—宁波—上海高铁路段不同场景的数据，速度、遮挡率、基站(base station，BS)位置等都不相同。基站位置的确定在散射点定位步骤中进行，并不作为预设参数出现，仅固定其高度为 30 m。此外，表 5-3 中接收端的速度分别对应城区场景速度、郊区场景速度以及高架桥场景速度。

我们使用几何簇模型来处理定位得到的散射点。当基站位于距离火车轨道一定高度(如 20～30 m)，且距离火车轨道较远的发射塔上时，可以假定轨道两侧斜切墙上的散射体簇在三维空间中是呈椭球形的，并且这些簇中的散射体均匀分布，随火车一起移动，这就是几何簇模型。

为了对几何簇与基站运动的关系进行建模，将活跃散射区域定义为几何簇的散射区，从而产生了在一定时间内具有明显功率的多径分量。当火车沿着铁路行驶时，活跃散射区域会改变其位置，从而引起活跃散射区域的变化，即散射点和相关多径分量的生(产生)与灭(消失)的过程。

活跃散射区域模型包含许多必要的参数，定义如下。

1. 活跃散射区域的半径

按照参考文献[19]所述，我们需要确定每个几何簇中相同快拍下的散射点坐标，然后将每个快拍下的所有散射点拟合为球体，该球体的最小半径作为该快拍下的活跃散射区域半径。但是当使用如此构建的几何簇模型进行重构信道时，发现在视距径附近会出现很多旁径，使得视距径在时延域出现尖锐的突起，与测量所得狭长、平滑的视距径不符。通过分析该结果发现，在活跃散射区域建模的过程中，活跃散射区域的半径大小差异较大，这是由于 SAGE 估计得到的多径是部分路径，呈现出较大的稀疏性，映射到三维空间后，容易形成活跃散射区域的半径在快拍之间变化过大，从而造成这一现象。为了优化，首先利用几何簇中相同快拍的散射点进行半径的统计，发现其半径分布基本遵循对数正态分布(见图 5-55)。但是由于几何簇中的散射点的存在时间(快拍的维度)与其所处三维位置并不呈线性关系，即相近的散射点可能所处快拍相差极大。因此，我们仅利用散射点的半径分布形式，此外结合计算出的半径最值，将该分布应用到该区间里，这样使得半径更多地分布在大概率数值的区间。通过此步骤的实施，重构的信道功率时延谱显得更加平滑。

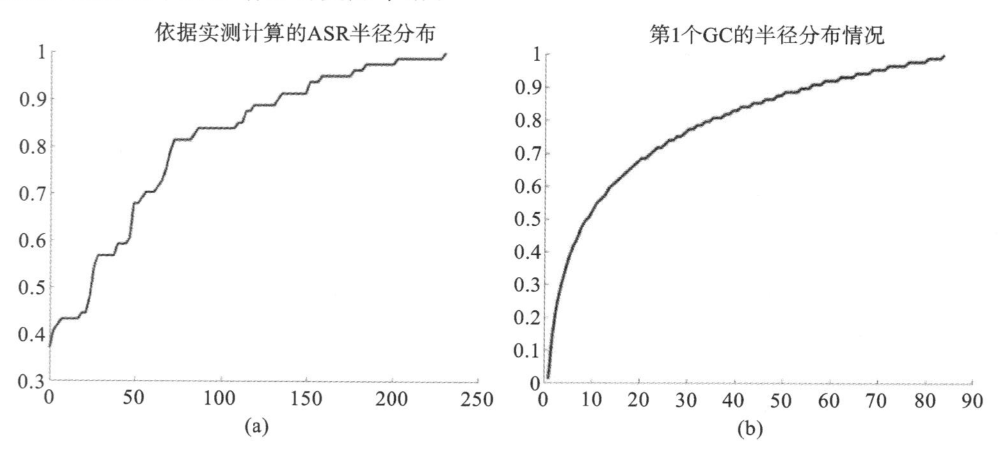

图 5-55　活跃散射区域半径分布图

(a)实测数据计算值；(b)建模仿真值

2. 活跃散射区域的中心点

将几何簇中最先出现的散射点作为第一个活跃散射区域的中心点，并将最后一个出现的散射点作为最后一个活跃散射区域的中心点；其余活跃散射区域的中心点由相应快拍下的建模散射点位置决定。

3. 活跃散射区域的运动方向

活跃散射区域在几何簇中从 S_l 向 E_l 移动，但并不严格沿$\overrightarrow{S_lE_l}$移动，如图 5-56 所示。

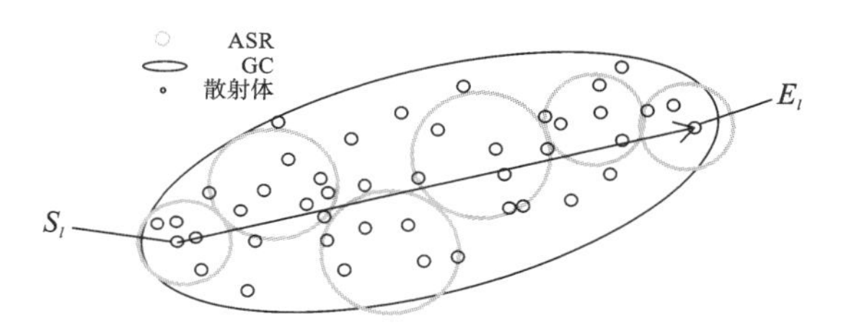

图 5-56　活跃散射区域移动示意图

4. 活跃散射区域内散射点的功率

注意到多径中的直射径除去路径损耗外，并无其他形式的衰落。而非直射径除去路径损耗，还存在多径衰落、阴影衰落等不同形式的衰落叠加。故而直射径的功率大于非直射径的功率，即其功率取值应该区分开来。对非直射径的功率，考虑在路径损耗模型的基础上为每个路径增加一个瑞利衰落，如下所示：

$$\alpha = \sqrt{-2\sigma^2 \log(1 - F(z))} \tag{5-35}$$

$$\sigma = \frac{1}{\sqrt{\frac{\pi}{2}}} \tag{5-36}$$

$$F(z) \in (0,1) \tag{5-37}$$

因此，活跃散射区域内每条非视距径的功率记为：$P_{\mathrm{NLoS}} = P_0 * \alpha^2$。

5. 活跃散射区域内散射点的位置

首先假设活跃散射区域内散射点的数量，同时保证起点及终点处活跃散射区域半径尽可能小，中点位置活跃散射区域半径为椭球最短半轴长，三个点处散射点之间的相对位置不发生变化，由此再生成活跃散射区域移动过程中所有时刻的散射点，相较于前一时刻，后一时刻散射点之间的向量可以扩大或缩小，也可以发生旋转（即产生随机性），但内部相对位置不变。

6. 活跃散射区域的生灭时间

如图 5-57 所示，点 P_1 和点 P_2 分别为活跃散射区域的端点和接收到第一个活跃散射区域内散射点反射信号时火车的位置。其中，点 P_1 和 P_2 的相关性存在以下关系：

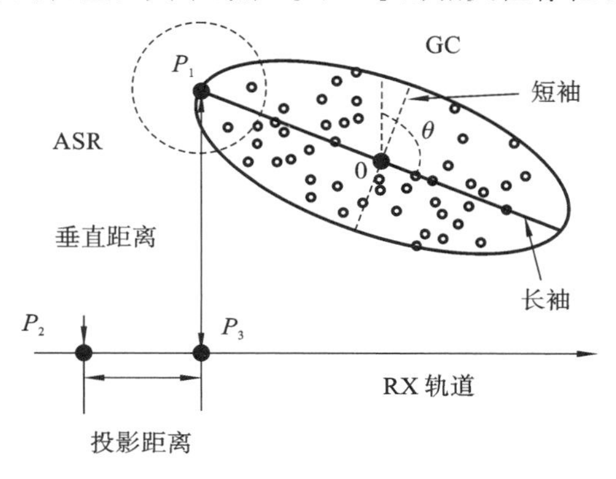

图 5-57　几何簇的几何结构

$$p_{(d,d')} = \frac{\sum_{r=1}^{R}(d_r - \overline{d})(d'_r - \overline{d'})}{\sqrt{\sum_{r=1}^{R}(d_r - \overline{d})^2 \sum_{r=1}^{R}(d'_r - \overline{d'})^2}} \tag{5-38}$$

式中：d 为垂直距离，为已知数；d'为水平距离。

这里可以对相关系数 p、$\overline{d}'$先分别进行某一数值的假定，而对于 d 和 d'需满足以下条件概率：

$$\overline{d'|d} = \overline{d}' + \frac{\gamma}{\sigma_d}(d - \overline{d}) \tag{5-39}$$

$$\sigma_{d'|d} = \sigma_{d'} - \frac{\gamma^2}{\sigma_d} \tag{5-40}$$

根据式(5-40)可以得出在给定 d 时，d'的累积分布函数曲线，因此可以得出适当的 d'，即各个几何簇的活跃散射区域首次出现时高铁运行的距离及出现的时间 $t_{1,l}$；采用同样的方法，可以计算出每个几何簇的活跃散射区域消失的时间 $t_{2,l}$。

因此，

$$T_l = t_{2,l} - t_{1,l} \tag{5-41}$$

此外，多个几何簇出现的起始时间也需要同步。考虑到在一个场景中，不同散射点出现的时间有所差异，造成几何簇的出现时间也有所不同。不同的几何簇所贡献的功率时延谱起止快拍都有所不同。我们需要将实测数据中所携带的时间信息与模型中的几何簇和活跃散射区域的时间信息相吻合，即在几何簇与活跃散射区域建模中同样囊括散射点的时间信息，由此重构出更加合理的信道，完善重构信道的时间与快拍维度的实测信息。

7. 活跃散射区域的运动速度

$$V_l = \frac{|E_l - S_l|}{t_l} \tag{5-42}$$

上述关于非视距径的计算与建模体现了复杂的环境对信道的影响。此外，在信号传输过程中，视距径的信号传输同样重要。接收端直接接收到发射端发出的信号，信号并不经过任何散射体的散射、反射、衍射或折射。因此，此次视距径的数据直接通过接收端与发射端的位置关系给出。具体地，时延与接收端和发射端的欧氏距离有关，角度信息与接收端和发射端 x、y、z 轴的相对位置有关。

在信道重构时，重构的信道包括视距分量和几何簇分量，我们假设多径分量均为单次反射，因此总的信道脉冲响应可以表示为

$$h(t,\tau,\boldsymbol{\Omega}_{\mathrm{T}},\boldsymbol{\Omega}_{\mathrm{R}}) = h_{\mathrm{LoS}}(t,\tau,\boldsymbol{\Omega}_{\mathrm{T}},\boldsymbol{\Omega}_{\mathrm{R}}) + \sum_{r=1}^{R} h_r(t,\tau,\boldsymbol{\Omega}_{\mathrm{T}},\boldsymbol{\Omega}_{\mathrm{R}}) \tag{5-43}$$

其中视距分量：

$$\begin{aligned} h_{\mathrm{LoS}}(t,\tau,\boldsymbol{\Omega}_{\mathrm{T}},\boldsymbol{\Omega}_{\mathrm{R}}) = {} & \alpha_{\mathrm{LoS}}(t)\exp\{\mathrm{j}2\pi\upsilon_{\mathrm{LoS}}t + \mathrm{j}\psi_{\mathrm{LoS}}\} \\ & \cdot \delta(\tau - \tau_{\mathrm{LoS}}(t))\delta(\boldsymbol{\Omega}_{\mathrm{T}} - \boldsymbol{\Omega}_{\mathrm{T,LoS}}(t))\delta(\boldsymbol{\Omega}_{\mathrm{R}} - \boldsymbol{\Omega}_{\mathrm{R,LoS}}(t)) \end{aligned} \tag{5-44}$$

几何簇分量：

$$h_r(t,\tau,\boldsymbol{\Omega}_{\mathrm{T}},\boldsymbol{\Omega}_{\mathrm{R}}) = \alpha_r(t) \cdot k_{r,l}\sum_{l=1}^{L_r(t)} h_{r,l}(t,\tau,\boldsymbol{\Omega}_{\mathrm{T}},\boldsymbol{\Omega}_{\mathrm{R}}) \tag{5-45}$$

$$\begin{aligned} h_{r,l}(t,\tau,\boldsymbol{\Omega}_{\mathrm{T}},\boldsymbol{\Omega}_{\mathrm{R}}) = {} & \exp\{\mathrm{j}2\pi\upsilon_{r,l}t + \mathrm{j}\psi_{r,l}\}\delta(\tau - \tau_{r,l}(t)) \\ & \cdot \delta(\boldsymbol{\Omega}_{\mathrm{T}} - \boldsymbol{\Omega}_{\mathrm{T},r,l}(t))\delta(\boldsymbol{\Omega}_{\mathrm{R}} - \boldsymbol{\Omega}_{\mathrm{R},r,l}(t)) \end{aligned} \tag{5-46}$$

其中 $k_{r,l}$是归一化因子，ψ_{LOS}和 $\psi_{r,l}$分别是视距分量和几何簇分量的附加相移，是不随时间变化

的均匀分布。

5.4.3.3　基于实测数据的几何簇与活跃散射区域模型

根据 5.2 节介绍的 5G 下行信道提取流程，利用信道状态信息参考信号（包括时频跟踪信号和普通信道状态信息参考信号）获得连续时间内的信道脉冲响应和功率时延谱。信道状态信息参考信号由选取的有效子载波（非零功率）生成，根据网络层参数提供的子载波间隔、有效子载波频域分布、资源块数量可知，信道状态信息参考信号占据的有效带宽为 58.32 MHz，对应的时延分辨率约为 17.15 ns。

根据信道提取流程可得到城区、郊区、高架三种典型场景中分别由时频跟踪信号和普通信道状态信息参考信号提取得到的两根天线对应的连续时延功率谱，如图 5-58～图 5-60 所示，其中图 5-58～图 5-60 中的(a)、(b)为通过时频跟踪信号得到的两根天线所经历的信道连续时延功率谱，图 5-58～图 5-60 中的(c)、(d)为通过信道状态信息参考信号得到的两根天线所经历的信道连续时延功率谱，该连续谱可以反映高铁相对 5G 基站的运行状态。从连续谱中可以看到，在城区场景中高铁在接近基站，同时存在反映高铁相对基站运行轨迹的较明显的多径和由远处高层建筑反射形成的不太明显的多径；在郊区和高架场景中，由于环境空旷，周边散射体较少，只存在反映高铁运行状态的明显的多径，郊区场景中高铁远离基站，高架场景中高铁经过基站。

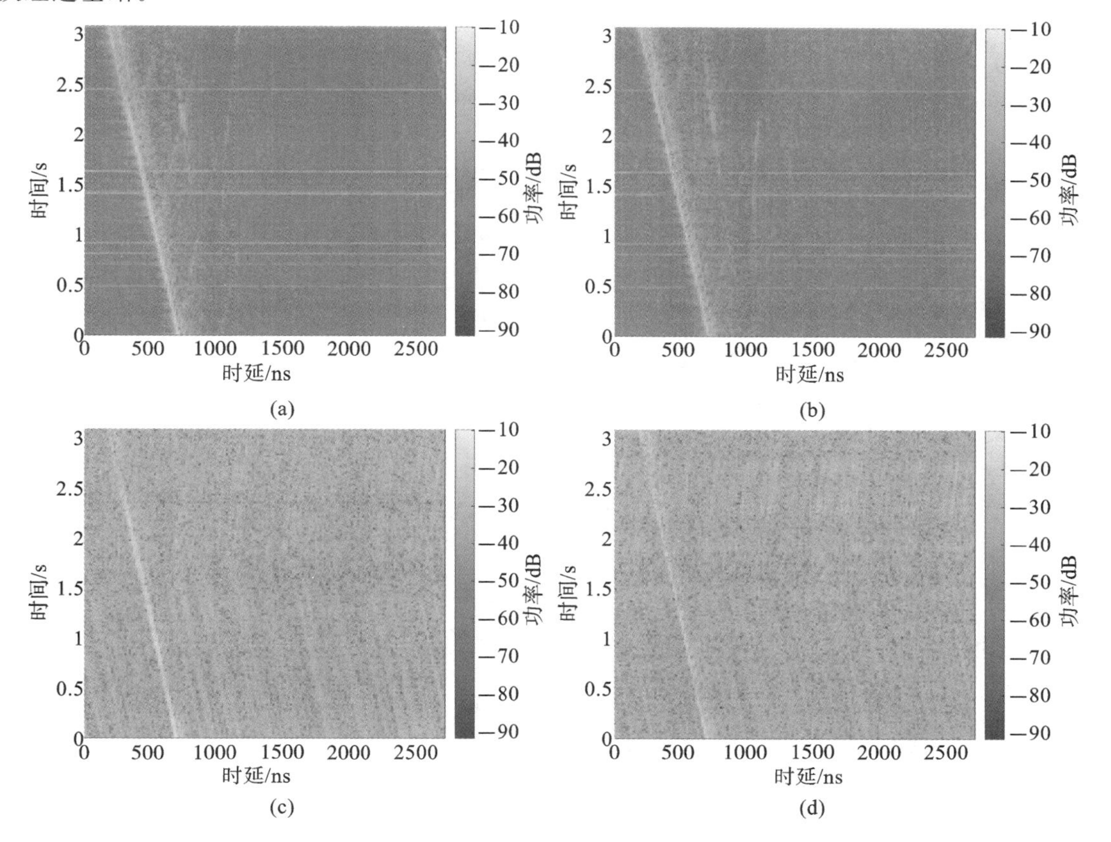

图 5-58　城区场景连续时延功率谱

(a)时频跟踪信号第一根天线；(b)时频跟踪信号第二根天线；(c)信道状态信息参考信号第一根天线；(d)信道状态信息参考信号第二根天线

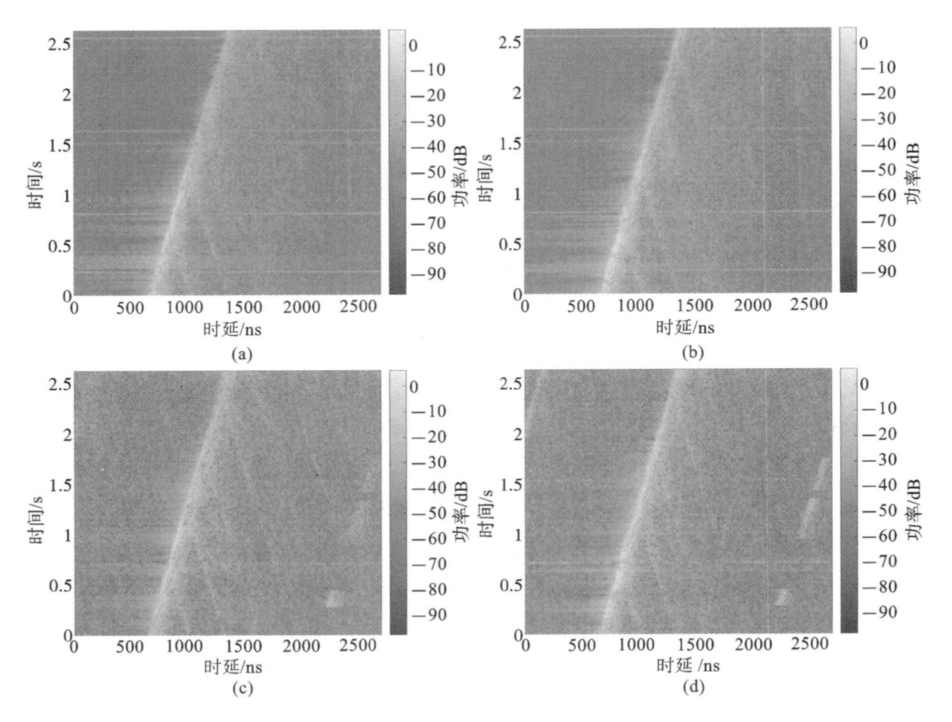

图 5-59　郊区场景连续时延功率谱

(a)时频跟踪信号第一根天线；(b)时频跟踪信号第二根天线；(c)信道状态信息参考信号第一根天线；(d)信道状态信息参考信号第二根天线

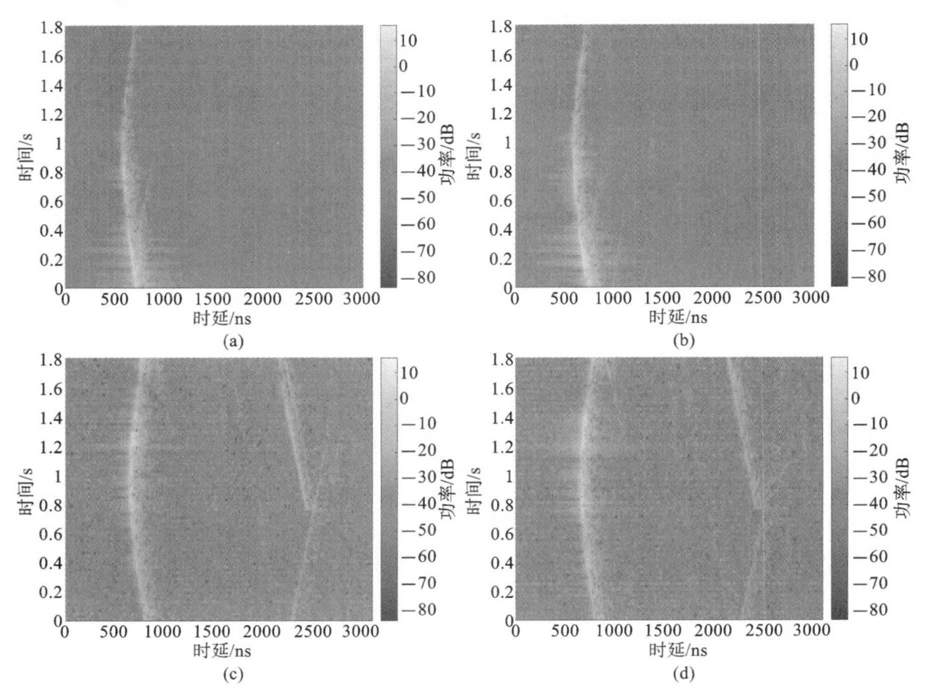

图 5-60　高架场景连续时延功率谱

(a)时频跟踪信号第一根天线；(b)时频跟踪信号第二根天线；(c)信道状态信息参考信号第一根天线；(d)信道状态信息参考信号第二根天线

通过 5.4.2 节所述的基于异构信号的 SAGE 估计可以得到城区、郊区、高架三种典型场景中的多径参数，三种场景的时延、波达水平角、波达俯仰角、波离水平角估计结果如图5-61～图 5-63 所示。在城区场景中，主要的多径在时延域中表现为整体减小，说明高铁正在向基站移动，且在 2～2.5 s 时间段存在较不明显的多径，时延随时间变化不大，这些结果与图 5-58 所示的连续功率时延谱一致。同时在角度域中也存在明显的变化趋势，当高铁靠近基站时，波达水平角和波离水平角不断变大，而波达俯仰角不断变小，与实际相符。在郊区场景中，与城区场景相似，能观察到高铁远离基站的趋势，且离基站越远接收到的多径功率越低；在高架场景中，观察到时延估计先变小后变大，而且水平角的估计存在正负变换的过程，说明高铁正在经过基站，同样与图 5-60 所示的连续功率谱一致。

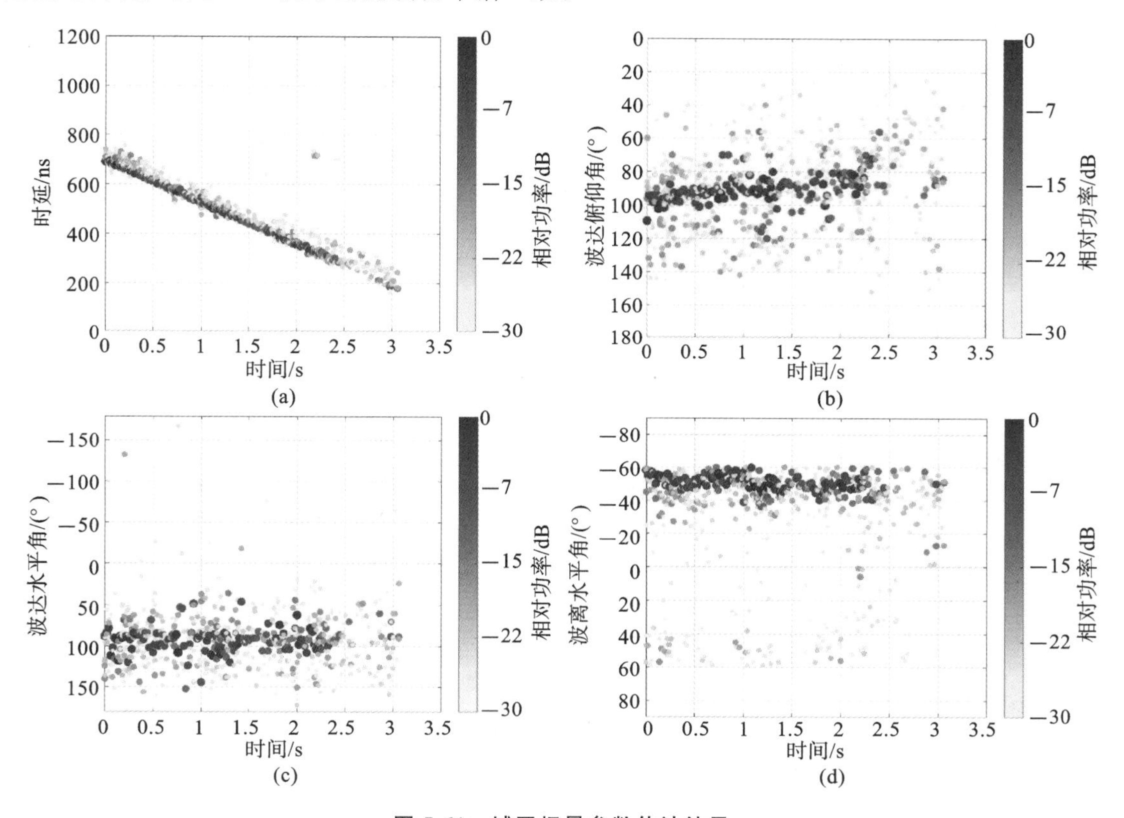

图 5-61　城区场景参数估计结果

(a)时延；(b)波达俯仰角；(c)波达水平角；(d)波离水平角

根据 5.4.3.1 节中的方法对不同场景的数据进行了散射点的定位，所得结果如图 5-64 所示。

对比以上三个场景的散射点定位图，可以判断其大致符合相应场景的地形地貌特征。城区场景下，较为密集的楼房分布为信道带来了丰富的散射体，它们互相独立地随机分布在接收端和发射端之间。郊区场景下，由于接收端和发射端之间分布着大片平原，既无楼房也无大型植被的遮挡，因此散射点主要集中在接收端，即铁轨附近的小型灌木或防护栏等设施。此外，在发射端仅零星地分布少许散射点。高架场景下，散射点的数目更加稀少。在同样缺少障碍物遮挡的条件下，相较于郊区场景而言，高架桥铁轨附近极少存在灌木等植被，因此其散射点更加稀少。

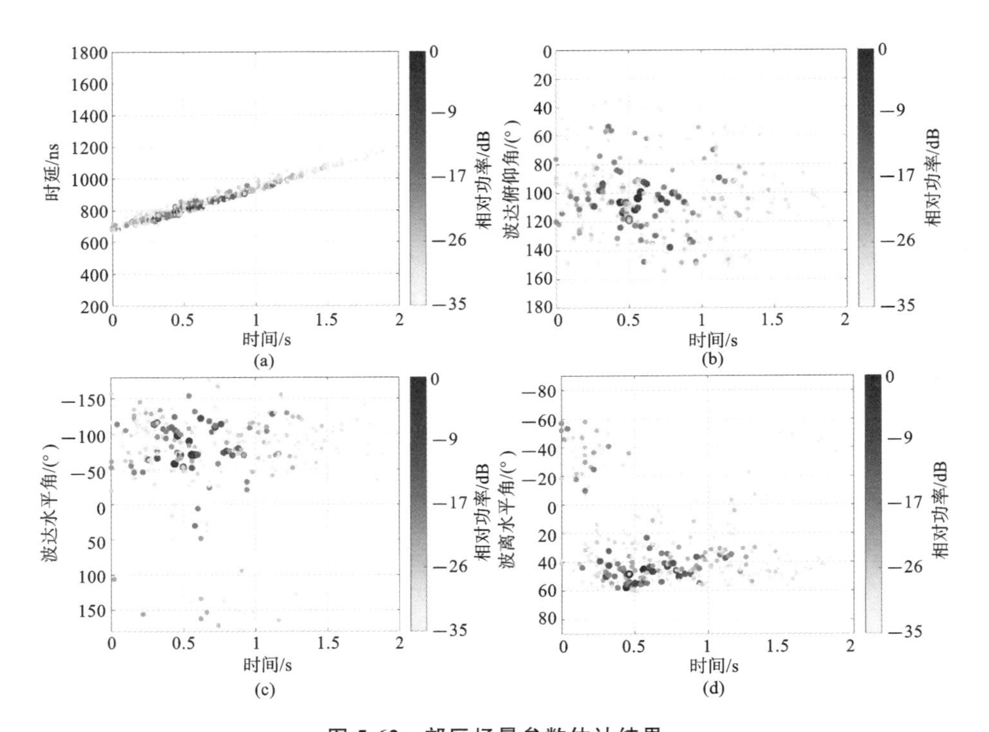

图 5-62　郊区场景参数估计结果

(a)时延；(b)波达俯仰角；(c)波达水平角；(d)波离水平角

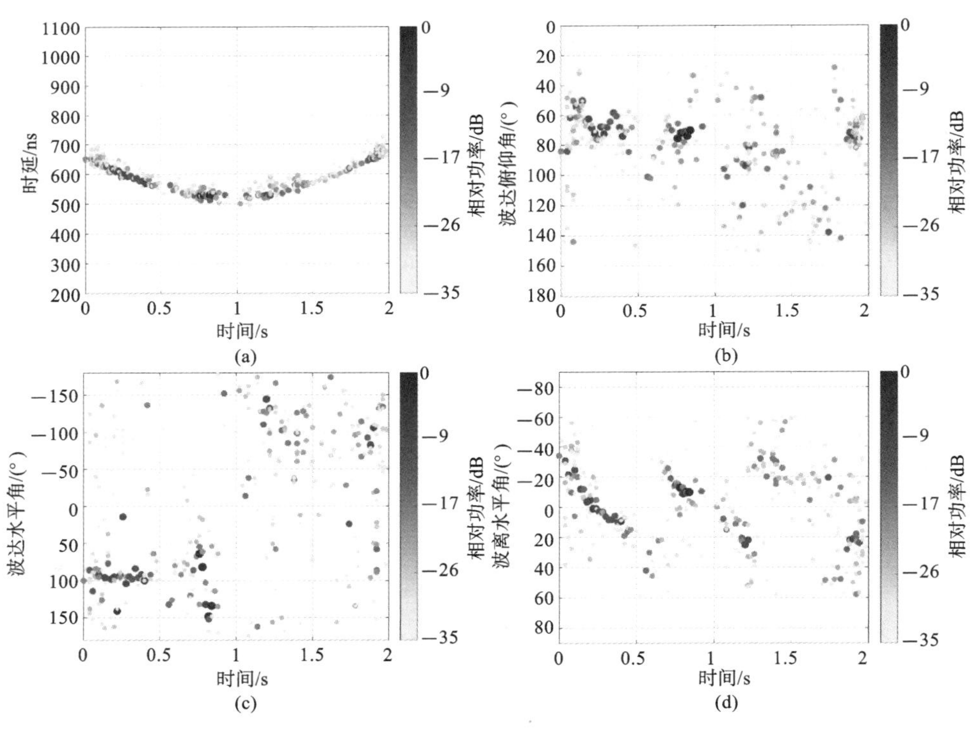

图 5-63　高架场景参数估计结果

(a)时延；(b)波达俯仰角；(c)波达水平角；(d)波离水平角

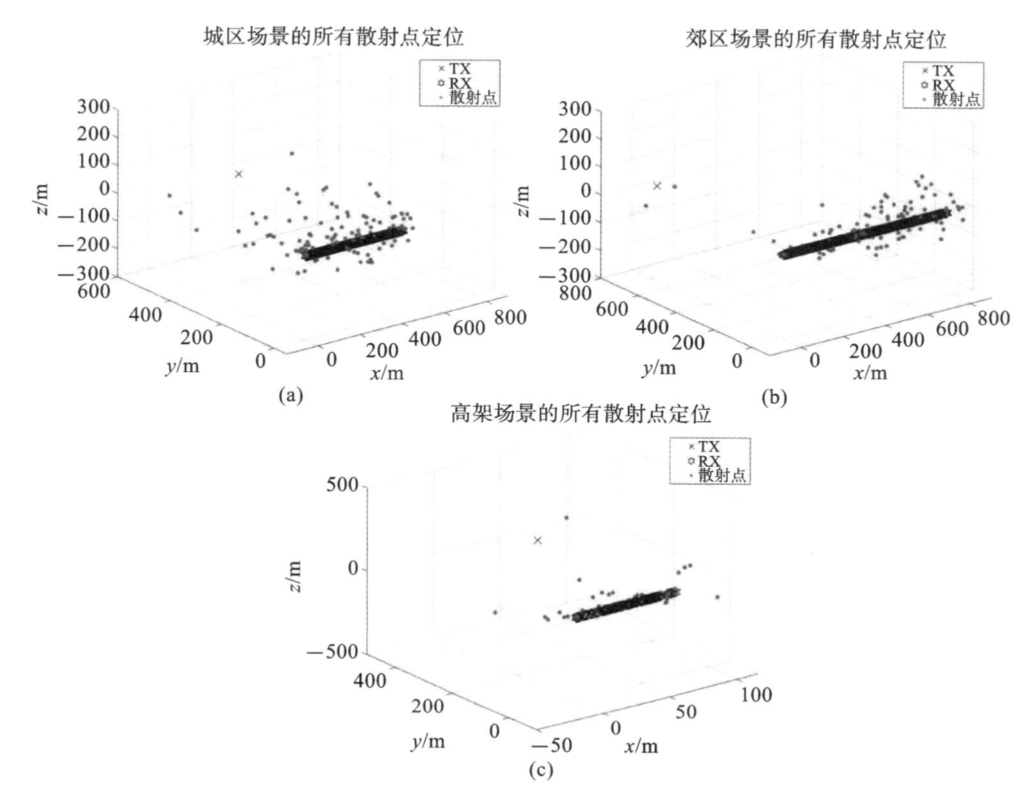

图 5-64　实测场景的散射点定位示意图

(a)城区场景；(b)郊区场景；(c)高架场景

利用 K 功率均值的方式对上述得到的散射点进行几何分簇。其中，几何簇的数量在分簇的过程中决定。具体地，加以功率作权重，由散射点到各簇质心与整体质心的距离等关系进行计算对比并取值。

不同的数据下，散射点和几何簇的数量各不相同。在建模仿真中，实测几何簇的数量决定了建模几何簇的数量，同样，实测散射点的数量决定了建模散射体的数量，从而决定了每个几何簇中活跃散射区域的数量(假设每个活跃散射区域中的散射点数量一定)。因此，在接下来的几何簇和活跃散射区域建模中，不同场景对应的几何簇数量和散射点的多少应与图 5-65 所示的相匹配。

利用前几个步骤给出的相应散射点几何簇信息，通过活跃散射区域建模得到仿真散射点的几何信息如图 5-66 所示。可以大致从图中对比得到不同场景下散射点的信息与实测相符，即城区场景散射点更加丰富。此外，除了散射点的三维坐标，所得建模数据中还存储了各散射点对应的角度、时延及功率等信息，以用于后续信道脉冲响应的重构。

5.4.3.4　信道模型有效性验证

对比城区场景的功率时延谱，在保证最大数值尺度一致的情况下得到图 5-67 所示的建模仿真结果。在图 5-67(a)中，贯穿所有快拍的路径为视距径，它存在于整个信号传输过程中。此外，可以清晰地看到在 0～250 个快拍处存在三个明显的几何簇分量，且其起始快拍均有所差异。而 250～450 个快拍间仍存在 2 个几何簇分量，但是由于与视距分量略微重合，因此不能明显地观察到。对比图 5-67(b)与图 5-68(b)，可以看到建模前后信道功率在快拍域和时延域的形状大致一样，最大功率也基本一致。

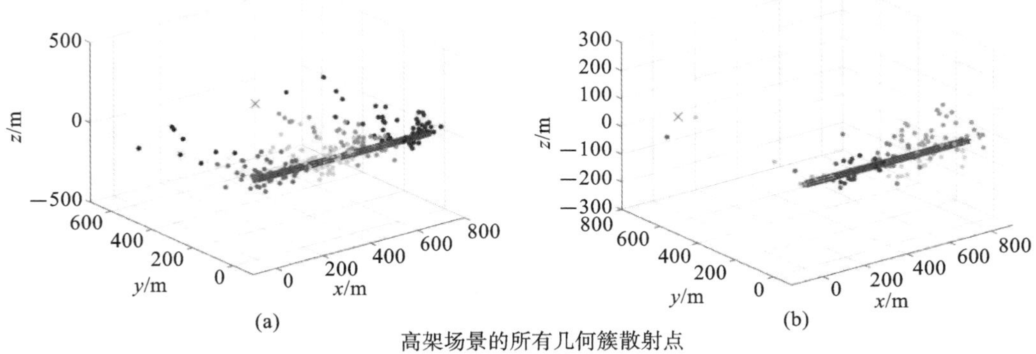

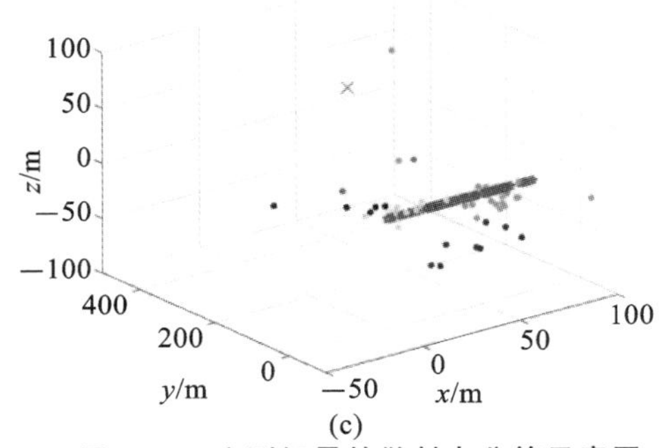

图 5-65　实测场景的散射点分簇示意图

(a)城区场景;(b)郊区场景;(c)高架场景

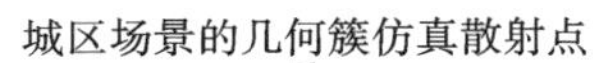

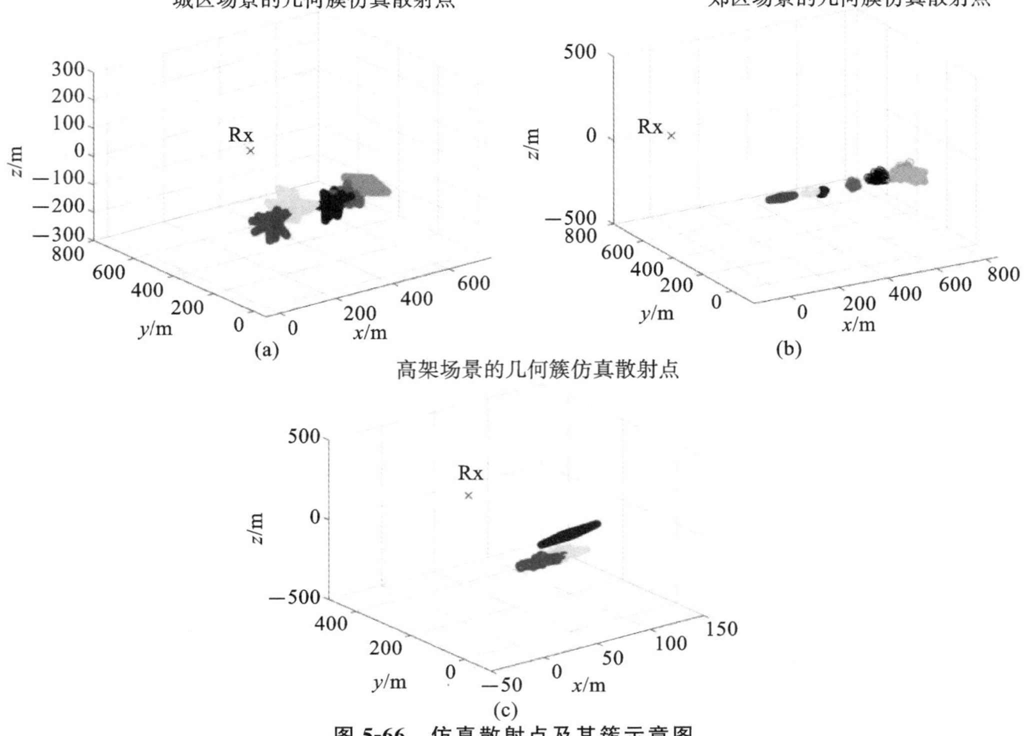

图 5-66　仿真散射点及其簇示意图

(a)城区场景;(b)郊区场景;(c)高架场景

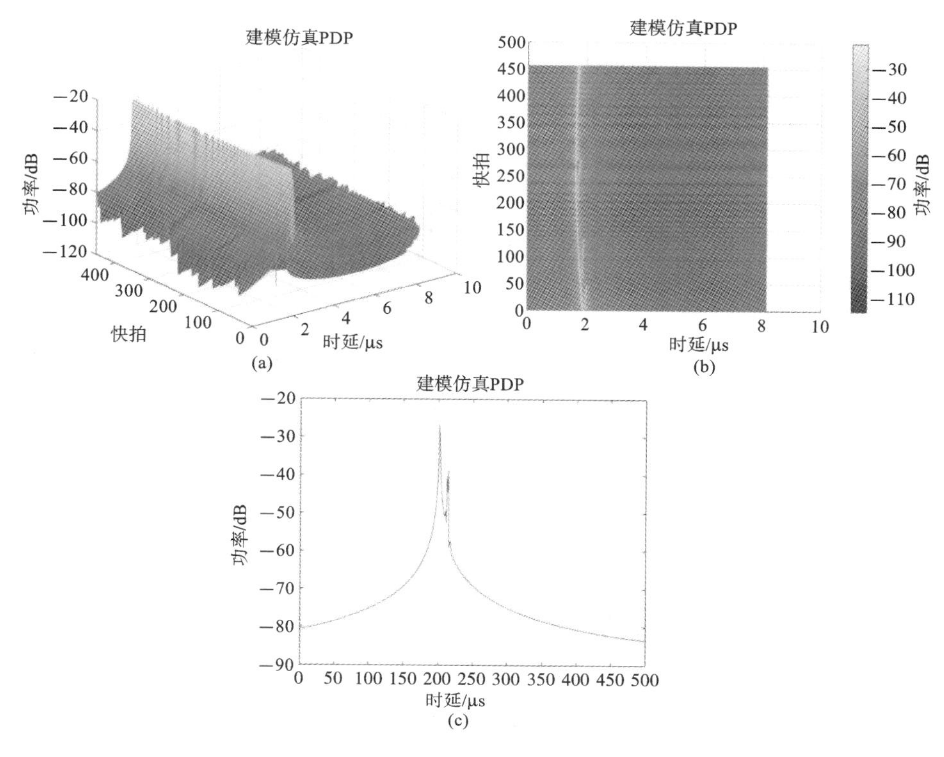

图 5-67　城区场景建模功率时延谱

(a)三维功率时延谱;(b)二维功率时延谱;(c)某快拍下的功率时延谱

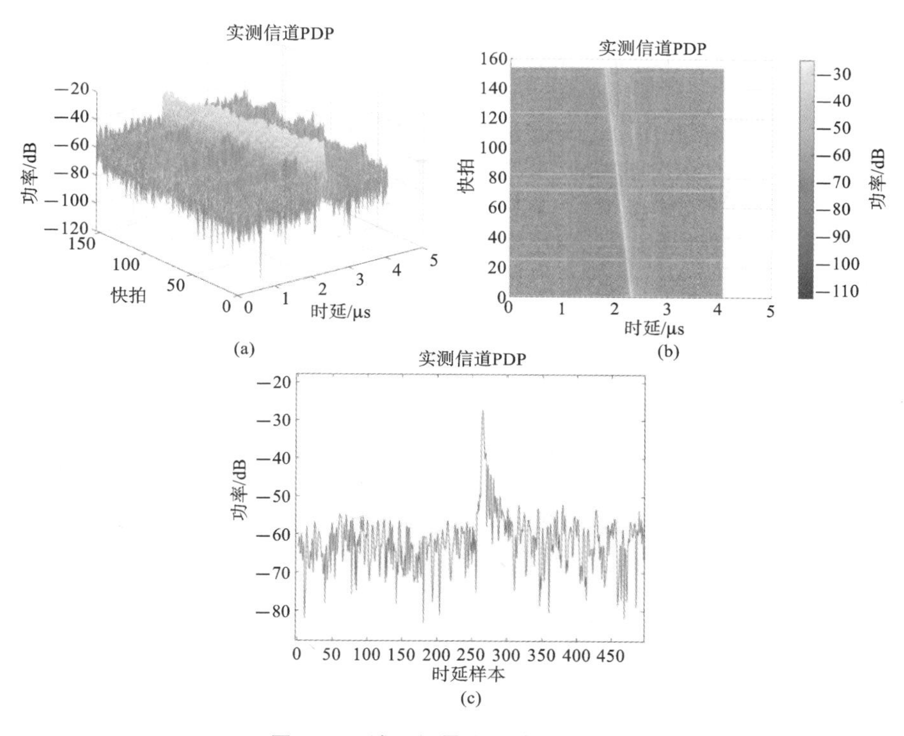

图 5-68　城区场景实测功率时延谱

(a)三维功率时延谱;(b)二维功率时延谱;(c)某快拍下的功率时延谱

对比郊区场景的功率时延谱，可以从图 5-69(b)和图 5-70(b)中观测到，由于建模所得的快拍数量较多，可以更明显地体现出列车靠近再远离发射端的趋势。从功率时延谱的数值上来说，由于视距径分量的功率与几何簇分量功率相差较大(见图 5-70(c))，因此图 5-69(b)中视距径附近的几何簇分量并不是很明显，但是仍然存在，如图 5-69(c)所示。

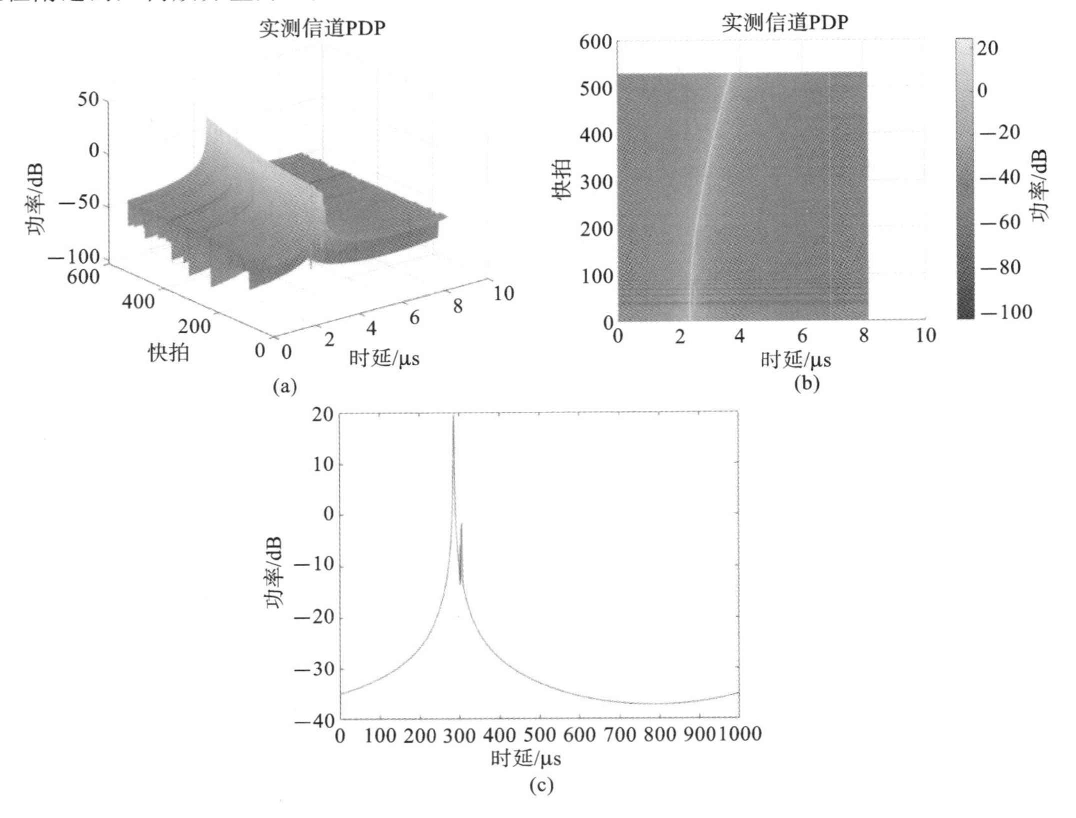

图 5-69 郊区场景建模功率时延谱

(a)三维功率时延谱；(b)二维功率时延谱；(c)某快拍下的功率时延谱

对比高架场景的功率时延谱，不同于城区和郊区场景建模所得快拍数量远大于实测快拍数量这一事实，高架场景得到的快拍数量甚至略少于实测数据。造成此现象的原因可能在于高架场景下列车速度(26.5 m/s)远远小于城区场景的速度(46.5 m/s)和郊区场景的速度(83.3 m/s)。而在数据采集过程中，我们固定了快拍的采样时间以及单次测量时长，故而单次所测数据中高架场景所经历的距离大约是郊区场景的 1/3，因此在建模中并不能明显地体现出列车靠近再远离发射端的趋势。同样的，对比图 5-67(b)、图 5-69(b)、图 5-71(b)，可以看出郊区场景下该趋势最为明显，城区场景次之，高架场景几乎没有出现，同样佐证了上述分析。

结束了以上对建模的定性分析，在此对建模前后的信道均方根时延扩展进行对比，利用定量分析对几何簇与活跃散射区域模型进行检验。

根据上一节中的功率时延谱二维图像粗略来看，郊区场景下功率时延谱建模前后图像拟合得更好，列车移动的趋势大致也与实测的数据类似。在图 5-72(b)中，郊区建模场景下由于多快拍数呈现出了列车的移动趋势在功率谱中能观测到更大的时延扩展(见图 5-69(b))，因此出现最后的建模值分布广于实测值的现象，而其余场景的建模时延扩展分布都比实测值窄。此外，定量来看，各个场景下均方根时延扩展的误差都在 10 ns 左右，可以判断出模型在时延维度的准确性。

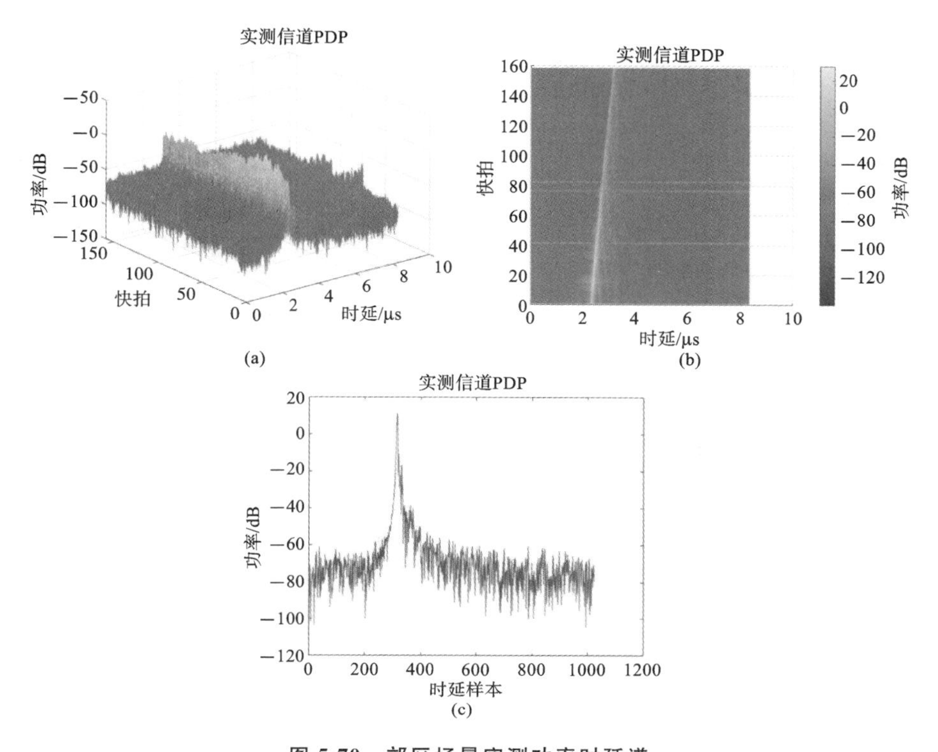

图 5-70　郊区场景实测功率时延谱

(a)三维功率时延谱；(b)二维功率时延谱；(c)某快拍下的功率时延谱

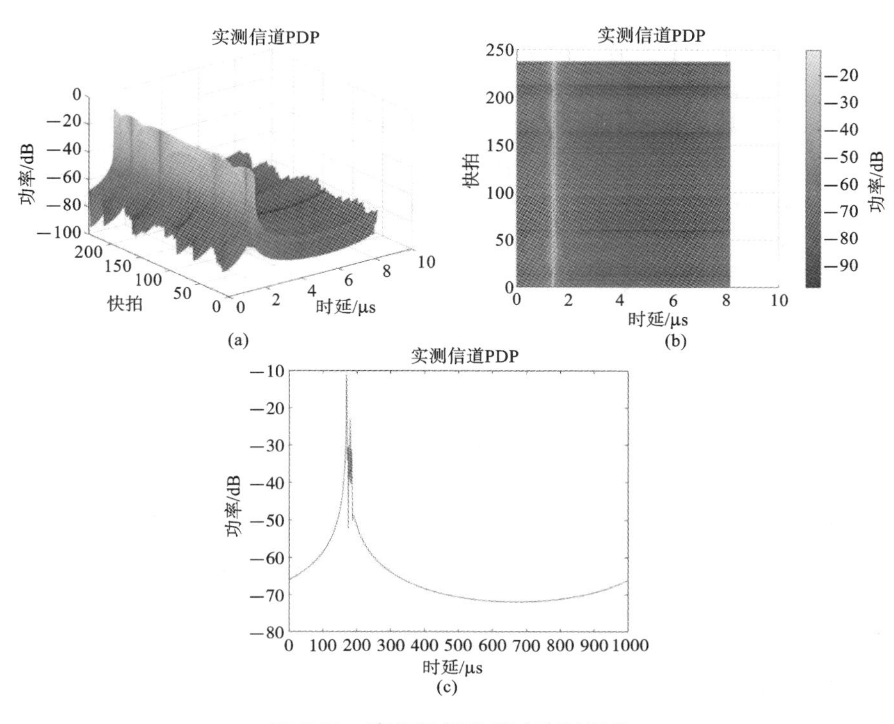

图 5-71　高架场景建模功率时延谱

(a)三维功率时延谱；(b)二维功率时延谱；(c)某快拍下的功率时延谱

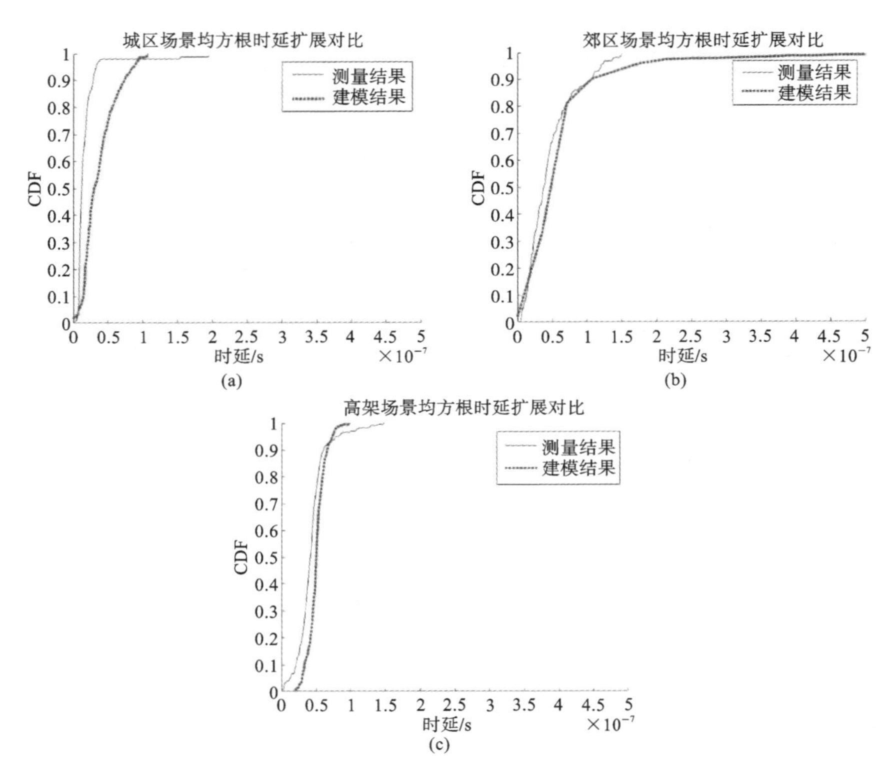

图 5-72　均方根时延扩展对比图

(a)城区场景;(b)郊区场景;(c)高架场景

在计算过程中,我们发现散射点的数目对角度扩展的影响较大。回溯到图 5-66 中,若单个活跃散射区域的散射点数目越多,则总体散射点数目越多,进而造成角度取值的丰富多样。相反地,若单个散射点数目越少,则总体散射点数目越少,进而使得角度取值更单一。因此,为了控制散射点数目这一变量对角度扩展的影响,我们针对不同散射点数目,对角度扩展进行了平均误差的计算,取每个场景下平均误差最小的散射点数目进行仿真。图 5-73 展示了每个场景中单个活跃散射区域散射点数量与平均误差的关系,从中分别选取了合适的散射点进行建模,得到图 5-74 所示的各场景的角度扩展。

此处平均误差的计算利用实测数据与仿真数据角度扩展的累积分布函数值进行计算:

$$E = \frac{\sum \mid \mathrm{CDF}_i^1 - \mathrm{CDF}_i^2 \mid}{n} \tag{5-47}$$

其中,CDF_i^1 和 CDF_i^2 分别是实测角度扩展和建模角度扩展的第 i 个采样点处的累积分布函数,n 是总采样点数。

对比不同场景下的角度扩展,在此对图 5-74 进行如下分析。

针对城区场景,如图 5-74(a)所示,散射点比较丰富,几何簇数量也较多,因此其角度分布较广,其扩展最大值能够达到与实测最大值接近的水平。针对郊区场景,大部分的角度扩展分布可以与实测数据匹配,即图 5-74(b)所示。针对高架场景,可以看出图 5-74(c)所示的阶梯状相较图 5-74(a)、(b)所示的更为明显,反映出了高架场景的数据量较小这一事实。此外,通过对数据的观察,发现高架场景下的实测数据较为极端,除去大值就是小值,正如图 5-74(c)中 1～205 rad 处的平直分布所示,1～2.5 rad 间并无角度扩展的分布。可能的原因是实测场景下,高架场景的散射点分布较少,且较为极端,而建模过程中的散射点是连续的,并不存在极端

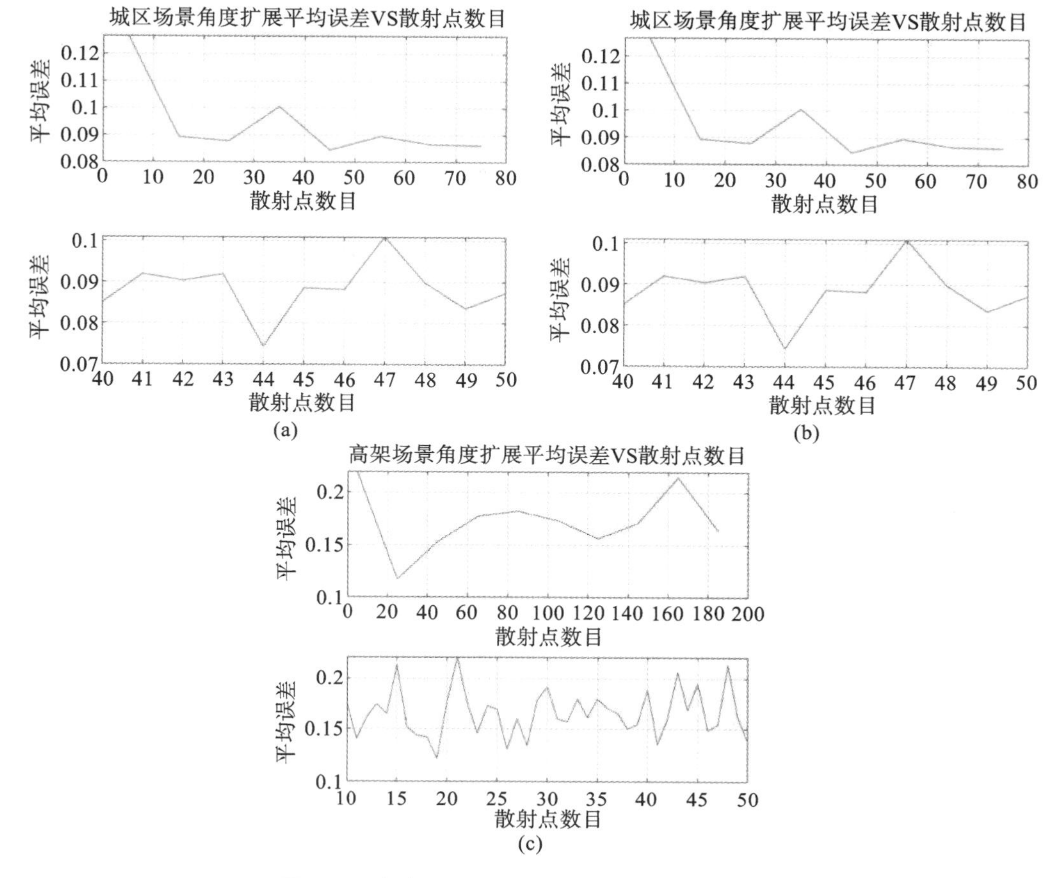

图 5-73　角度扩展平均误差与散射点数目的关系

(a)城区场景;(b)郊区场景;(c)高架场景

分布,所以一直连续有值。可以看出在 2.5 rad 以后仿真数据的角度扩展分布仍然平稳上升,其趋势与实测数据类似,仅缺少了中间部分平直分布的信息。

实测中信道状态信息参考信号以 8 端口形式发射,可认为发射端天线数量为 8,接收端天线数量为 2。假设发射信号为 $\boldsymbol{x}=[x_1,\cdots,x_8]^{\mathrm{T}}$,则接收信号 $\boldsymbol{y}$ 可表示为

$$\boldsymbol{y}=\boldsymbol{H}\boldsymbol{x}+\boldsymbol{n} \tag{5-48}$$

其中,$\boldsymbol{n}\sim N(0,\sigma^2\boldsymbol{I}_2)$为高斯白噪声,$\boldsymbol{H}$ 为 MIMO 信道系数矩阵,即

$$\boldsymbol{H}=\begin{bmatrix} h_{11} & h_{12} & h_{13} & h_{14} & h_{15} & h_{16} & h_{17} & h_{18} \\ h_{21} & h_{22} & h_{23} & h_{24} & h_{25} & h_{26} & h_{27} & h_{28} \end{bmatrix} \tag{5-49}$$

其中,h_{ij} 为第 i 根接收天线与第 j 根发射天线间的信道系数。因此,信道容量可表示为

$$C=\log_2\left\{\det\left[\boldsymbol{I}_2+\frac{\boldsymbol{H}\boldsymbol{R}_{xx}\boldsymbol{H}^{\mathrm{H}}}{\sigma^2}\right]\right\} \tag{5-50}$$

其中,$\boldsymbol{R}_{xx}=E\{\boldsymbol{x}\boldsymbol{x}^{\mathrm{H}}\}$为发射信号的协方差。

图 5-75～图 5-77 展示了不同场景下实际信道、原始 SAGE 结果生成的信道、SAGE 结果剔除离散点后生成的信道和信道模型实现信道的信道容量累积分布函数的统计比较结果。从实际信道可以观察得到 5G 网络中城区场景的最大信道容量约为 12 bps/Hz,根据 60 MHz 的带宽,可达到 720 Mb/s,郊区场景最大信道容量约为 15 bps/Hz(900 Mb/s),高架场景约为 17 bps/Hz(1.02 Gb/s)。由 SAGE 估计结果得到的信道容量与实际信道容量接近,这反映了提出的 SAGE 算法的有效性。在信道建模过程中需要对跟踪或定位不合理的 SAGE 结果剔

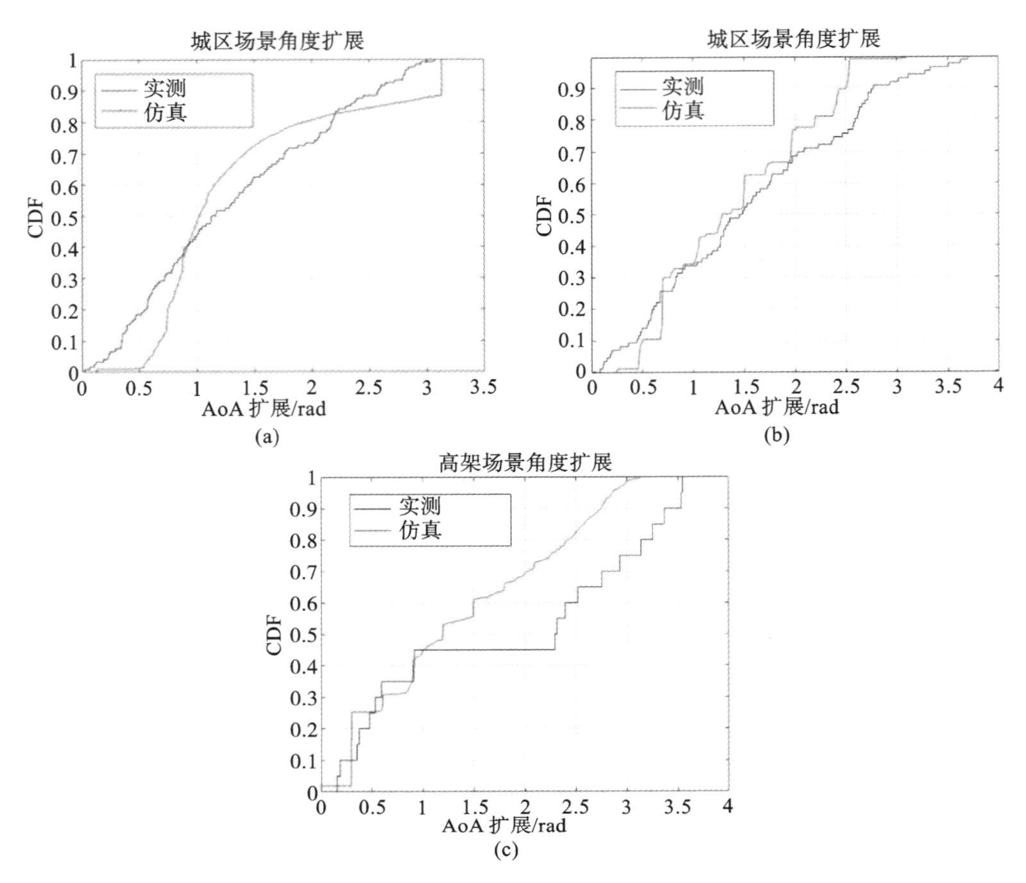

图 5-74 均方根角度扩展对比图

(a)城区场景;(b)郊区场景;(c)高架场景

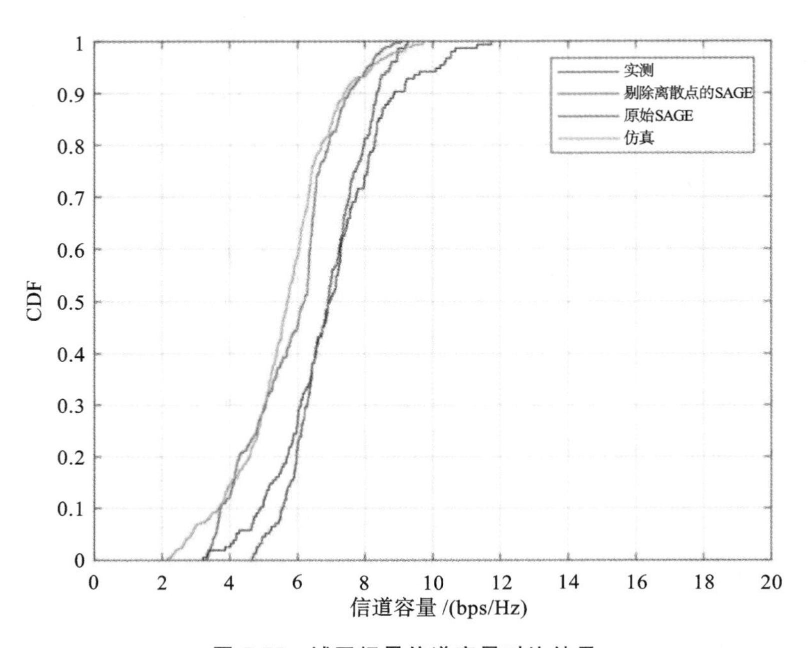

图 5-75 城区场景信道容量对比结果

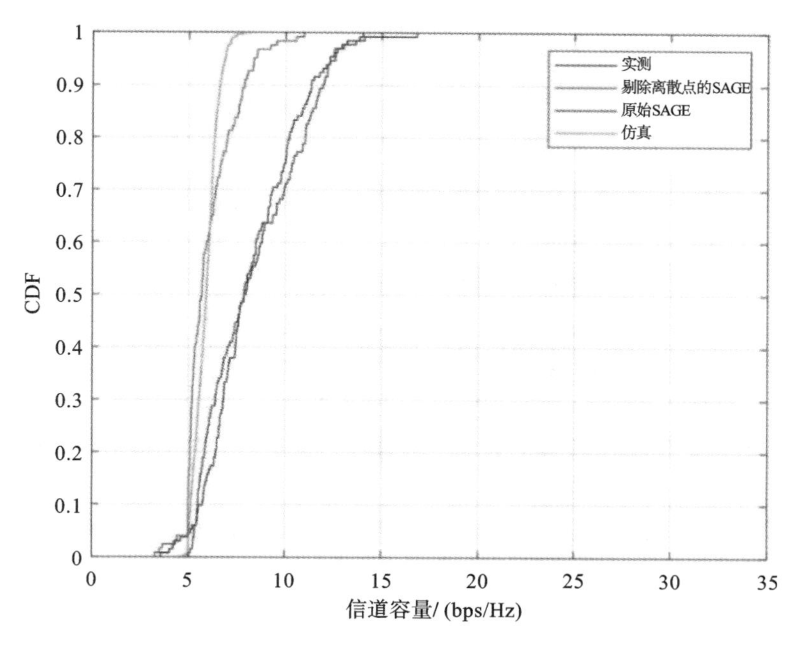

图 5-76　郊区场景信道容量对比结果

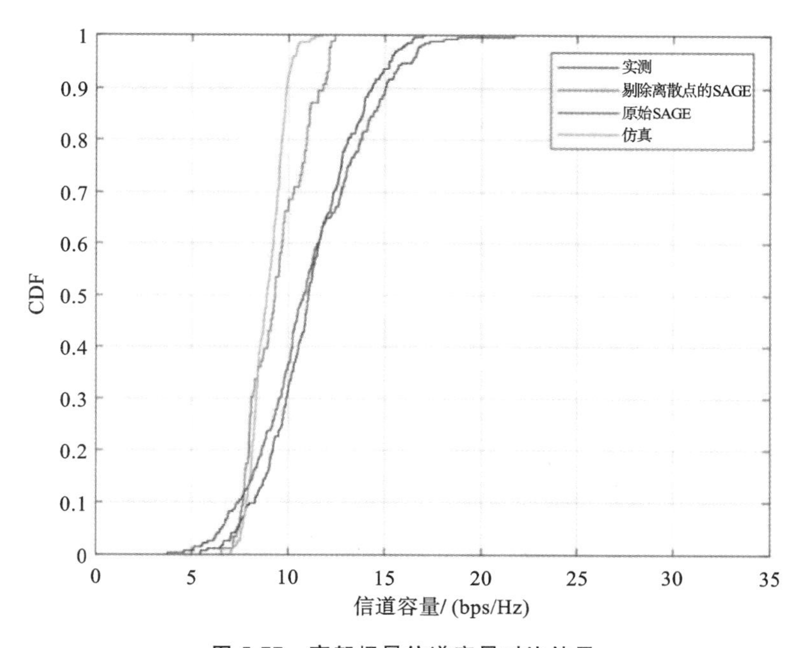

图 5-77　高架场景信道容量对比结果

除，由剔除后的 SAGE 估计结果得到的信道容量相比实际信道容量偏小，在累积分布函数曲线上表现出与实际信道曲线 2～3 bps/Hz 的微小偏差。由建立的信道模型所生成信道的信道容量与剔除后的 SAGE 估计结果得到的信道容量接近，由于信道建模是在剔除后的 SAGE 估计结果基础上完成的，这表明所建立的信道模型能重现当前信道特征，反映了所提出的时变信道建模理论的有效性。

5.5 本章小结

5.1 节介绍了用于 5G 网络测量的被动测量系统，测量系统在静态场景中采用了空时分复用的架构，可以通过多个天线以低成本接收信号，在高速移动场景中采用并行接收架构，使数据可以高速流盘；5.2 节介绍了检测下行信号中同步信号块和信道状态信息参考信号并提取信道冲激响应的技术方案，提供了在微波暗室中的测试案例；5.3 节对在停车场和郊区工业园区两个热点场景中进行的实地定点测量活动进行详细的介绍，分析了宽带信道特性，对信道参数的统计特征进行模型构建，验证了基于 5G 通信系统被动测量的信道特征提取方案的可行性；5.4 节介绍高速移动的高铁场景中 5G 被动信道测量活动，并介绍基于异构信号的 SAGE 算法，通过实测数据分析算法的性能，另外介绍了基于几何簇的时变信道模型，呈现了城区、郊区、高架三种典型场景下散射体定位分簇结果及建立的信道模型，此外对模型实现的信道和实际信道特征进行累积分布函数的统计比较分析，结果表明所建立的信道模型能较好地重现当前信道特征，验证了所提出的时变信道建模理论的有效性。

参考文献

[1] Yin X, Cai X, Cheng X, et al. Empirical geometry-based random-cluster model for High-Speed-Train channels in UMTS networks[J]. IEEE Trans. Intell. Transp. Syst., 2015, 16(5): 2850-2861.

[2] Cai X, Yin X, Cheng X, et al. An empirical random－cluster model for subway channels based on passive measurements in UMTS[J]. IEEE Trans. Commun., 2016, 64(8): 3563-3575.

[3] Yin X. Modeling city-canyon pedestrian radio channels based on passive sounding in in-service networks[J]. IEEE Trans. Veh. Technol., 2016, 65(10): 7931-7943.

[4] Zhou T, Tao C, Salous S, et al. Implementation of an LTE-based channel measurement method for high-speed railway scenarios[J]. IEEE Trans. Instrum. Meas., 2016, 65(1): 25-36.

[5] Cai X, Zhang C, Rodriguez-Pineiro J, et al. Interference modeling for low-height air-to-ground channels in live LTE networks[J]. IEEE Antennas Wireless Propag. Lett., 2019, 18(10): 2011-2015.

[6] 3GPP. NR; Base Station (BS) Radio Transmission and Reception, Standard 3GPP TS 38.104 (V17.7.0)[S]. 3GPP Std., 2022.

[7] Boccardi F, Heath R W, Lozano A, et al. Five disruptive technology directions for 5G [J]. IEEE Commun. Mag., 2014, 52(2): 74-80.

[8] 3GPP. NR; Physical Channels and Modulation, Standard 3GPP TS 38.211 (V17.3.0) [S]. 3GPP Std., 2022.

[9] 3GPP. NR; Radio Resource Control (RRC) Protocol Specification, Standard 3GPP TS 38.331 (V17.2.0)[S]. 3GPP Std., 2022.

[10] 3GPP. NR; Physical Layer Procedures for Control, Standard 3GPP TS 38.213 (V17.3.0)[S]. 3GPP Std., 2022.

[11] 3GPP. NR; Physical Layer Procedures for Data, Standard 3GPP TS 38.214 (V17.3.0)[S]. 3GPP Std., 2022.

[12] Wu T, Yin X, Zhang L, et al. Measurement-Based Channel Characterization for 5G Downlink Based on Passive Sounding in Sub-6 GHz 5G Commercial Networks[J]. IEEE Transactions on Wireless Communications, 2021, 20(5): 3225—3239.

[13] USRP Source [EB/OL]. Accessed: Dec. 30, 2020. Available: https://wiki.gnuradio.org/index.php/USRP_Source, Jun. 2020.

[14] Song M H, Zhao Z P, Yin X F, et al. Antenna selection technique for constructing arrays applied in spatial channel characterization[C]. Proc. Photon. Electromagn. Res. Symp. Fall, 2019: 3235-3242.

[15] Zhao Z P, Song M H, Yin X F, et al. Spatiotemporal switching mode design for parallel channel sounding and performance evaluation [C]. Proc. Photon. Electromagn. Res. Symp. Fall, 2019: 1711-1716.

[16] Micheli D, Delfini A, Santoni F, et al. Measurement of electromagnetic field attenuation by building walls in the mobile phone and satellite navigation frequency bands[J]. IEEE Antennas Wireless Propag. Lett., 2015, 14: 698-702.

[17] IST-4-027756. WINNER II D1.1.2 V1.2 WINNER II Channel Models [S]. Feb. 2008.

[18] 3GPP. Study on Channel Model for Frequencies From 0.5 to 100 GHz, Standard 3GPP TR 38.901 (V17.0.0)[S]. 3GPP Std., Mar. 2022.

[19] Zhou L, Luan F, Zhou S, et al. Geometry-Based Stochastic Channel Model for High-Speed Railway Communications[J]. IEEE Transactions on Vehicular Technology, 2019, 68(5): 4353-4366.

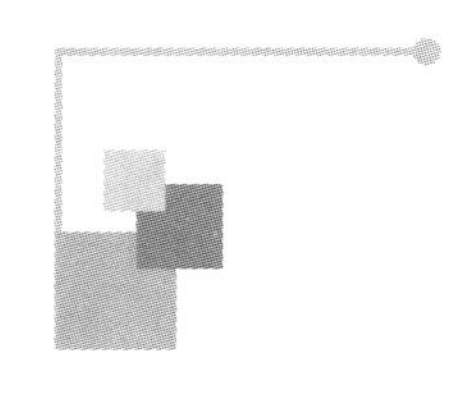

第六章　信道的高精度仿真——图论

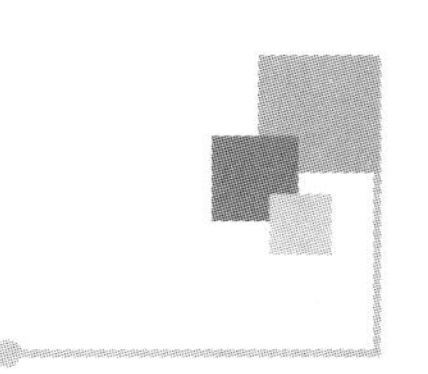

6.1 背　　景

随着信道带宽和数据速率的需求迅速增加，下一代无线通信系统的算法设计和性能优化成为学术界和工业界的研究热点[1—3]。毫米波(mm-wave)的信道建模对于5G及以后的无线通信系统至关重要[4]。通道建模参数的典型方法有两种，即基于测量的方法和基于仿真的方法[5]。然而，基于测量的通道模型专注于统计行为，这需要大量的实验数据[6]。同时，在毫米波频段进行现场测量的挑战急剧增加，部署成本也随之增加。因此，对于毫米波和更高频段的信道，提供一种准确高效的基于仿真的方法非常有必要。

与其他模拟方法(如房间电磁学)相比，基于几何的通道模拟工具在预测空间和空间信息中的特定传播路径方面具有显著优势。通过对无线信道的模型构建，就可以研究信道的空间一致性和时空随机性、多路径聚类等特征。最广泛使用的基于几何的通道模拟方法是射线追踪(ray tracing，RT)[7][8]和近十年提出的传播图论(propagation graph，PG)模型[9][10]。射线追踪是一种确定性模拟工具，它利用图像方法计算电磁波沿反射的路径传播的几何光线[11][12]。值得一提的是，射线追踪的一些商业软件还包括其他基本传播机制，如散射和衍射[13—15]。但射线追踪的不足之处在于：①高阶反射计算时间和资源消耗大；②很难包括不同传播机制的混响效应。

传播图论是一种随机模拟方法，主要利用有向图[16]的拓扑结构来计算波沿涉及矩阵散射的路径传播的影响，在降低计算复杂度方面具有显著优势[17][18]。正因如此，传播图论模型在最初被提出后，便被广泛应用于变体场景的信道仿真中。对于室内和室外场景，传播图论用于预测封闭房间混响效应和指数功率衰减[19][20]，超宽带(ultra-wide Band，UWB)下由于人体电阻带来的多普勒频率[21]，以及高速列车信道[22]。对于多房间通道预测，参考文献[23]提出了传播图论和射线追踪模型，参考文献[24]提出了一种利用迭代过程来计算信道传输矩阵的方法。此外，传播图论甚至在分析多输入多输出(multiple input multiple output，MIMO)系统的特性和信道容量方面也显示出有趣的结果[25]。

由于传播图论的效率和灵活性，研究人员通过包括反射[18]和衍射效应[26]来修改模型，这也被认为是与散射一起的三种基本传播机制[27—29]。在无线信道建模方面，混合模型也是较为常用的方法，它将传播图论和射线追踪模型相结合[30—32]。参考文献[30]、[31]和[32]的主要区别在于对散射系数的计算，在参考文献[30]中对这两种仿真算法的时间效率进行了研究和比较，结果表明传播图论的时间消耗随着波浪弹跳阶数(bouncing-order)的增加呈线性增长，而射线追踪的时间效率呈指数增长，因此传播图论的时间消耗明显优于反射次数大于3时的射线追踪。相关文献综述总结如表6-1所示。

表 6-1　基于几何的信道仿真方法综述

算　法	方法与应用	特征与备注
射线追踪	确定性仿真算法，通常采用镜像法来计算几何射线传播状态[7][8][11][12]	优点：能够仿真反射、衍射和散射机制下的信道[13—15]；具有较好的仿真准确度。缺点：较高的运行时长；难以将电波传播中的回响响应包含在计算中
传播图论	随机信道特征预测方法机制下的信道能够通过构建散射引起的状态转移来计算散射传播信道[9][10][17][18]；应用包括：室内房间里的回响效应[19][20]、人体阻挡和超宽带下的多普勒效应[21]、高铁场景[22]、多输入多输出系统[25]	优点：能够描述时延域接收功率从分离多径到不可分辨路径形成的指数衰减的趋势；能够描述多次回响的效应；仿真所需要的时间相比射线追踪法大幅降低[30]。缺点：尚不能仿真反射、衍射等传播机制
混合建模	将射线追踪和传播图论相结合，形成半确定性的仿真方法，通常可以通过射线追踪来计算反射分量，使用传播图论来计算散射分量[23][30—32]	需要根据不同的仿真环境来决定合适的散射系数；消耗的时间介于射线追踪和传播图论之间
优化的传播图论	对于房间到房间的无线传播，采用迭代转移矩阵的计算方法，可以加速计算过程[24]；采用一种统一的方法来对反射路径通过传播图论来计算[18]；利用传播图论进行了室外多刃衍射传播机制的模拟[26]；使用机器学习的方法来对传播图论使用的散射系数进行校准[33]	传播图论的应用通过各种形式的优化得到了扩展，与此同时应尽可能保持较低的计算复杂度

6.2　传播图论信道仿真概述

传播图论信道建模方法通过将真实环境中的障碍物离散成多个“点”，将无线电信号的传播路径模拟为“线”，利用这种描述方式，真实传播环境的传播图可以完全由“点”和“线”进行描述，根据图的拓扑特性，信道的传递函数可以采用矩阵运算的方式来获得。传播图论的方法简化了电磁波传播路径的计算方式，并且使得计算复杂度明显下降。

6.2.1　构建传播图

传播图论仿真首先需要建立一个传播图。将真实环境构建成由“点 V”和“线 ε”组成的有向“传播图 G”，其中发射端、接收端和散射体分别由“V_t”“V_r”和“V_s”表征，而各点之间的传播路径则用“ε”来表示。在构建的传播图中，其任意一条边 $e_{(v',v)}\in\varepsilon$ 表示从起始点 v 到终点 v' 的传播方程。图 6-1 展示了一个具有 4 个发射端、3 个接收端以及 5 个散射体的简化传播图。

在传播图中，点的集合 V 可以由 $V_t\cup V_r\cup V_s$ 三部分来表示，其中 $V_t=\{T_X1,\cdots,T_XN_t\}$ 为

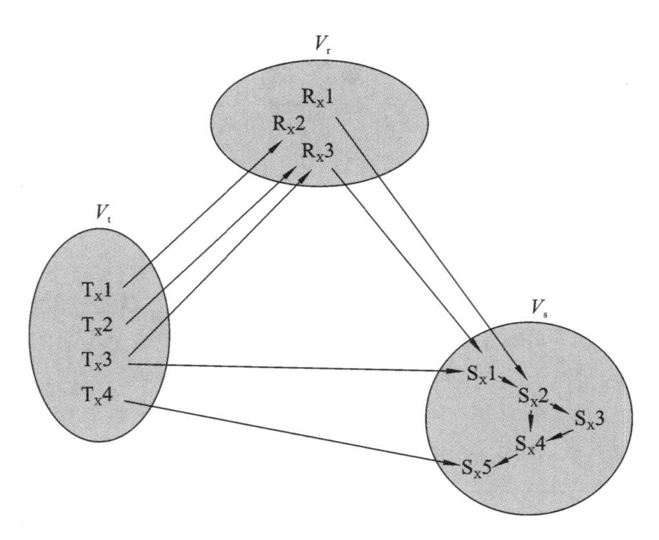

图 6-1　包含 4 个发射端、3 个接收端以及 5 个散射体的传播图简例

发射端集合，$V_r=\{R_X1,\cdots,R_XN_r\}$为接收端集合，$V_s=\{S_X1,\cdots,S_XN_s\}$为散射体集合。传播图中的线集可根据其起始点和终点的类型分为四个部分，即 $\varepsilon_d=\varepsilon\cap(V_t\times V_r)$表示发射端-接收端集合，$\varepsilon_t=\varepsilon\cap(V_t\times V_s)$表示发射端-散射体集合，$\varepsilon_r=\varepsilon\cap(V_s\times V_r)$表示散射体-接收端集合，$\varepsilon_s=\varepsilon\cap(V_s\times V_s)$表示散射体-散射体集合。在图 6-1 中只画出了真实环境中"可见"的部分路径，即在确定线集时需要根据环境中物体的几何位置信息，考虑各点之间的视觉可见性。

图中连接两个端点的传播线段表示的是状态发生了改变。我们用如下的状态转移系数作为乘性因子来表示：

$$A_e(f)=g_e(f)\cdot\exp(-\mathrm{j}2\pi f\tau_e+\mathrm{j}\phi) \tag{6-1}$$

此处的 f 代表的是信号的频率，ϕ 可以认为是取值区间为$[0,2\pi)$的平均分布的随机变量，代表初始相位，$g_e(f)$是幅值增益，可以通过如下方式计算：

$$g_e(f)^2=\begin{cases}\left(\dfrac{c}{4\pi\tau_e f}\right)^2, & e\in\varepsilon_d\\ \dfrac{1}{4\pi f\mu(\varepsilon_{Ts})}\cdot\dfrac{\tau_e^{-2}}{S(\varepsilon_{Ts})}, & e\in\varepsilon_{T_s}\\ \dfrac{1}{4\pi f\mu(\varepsilon_{Rs})}\cdot\dfrac{\tau_e^{-2}}{S(\varepsilon_{Rs})}, & e\in\varepsilon_{R_s}\\ \dfrac{g^2}{\mathrm{odi}(e)^2}, & e\in\varepsilon_{ss}\end{cases} \tag{6-2}$$

此处 odi(e)表示的是线段起点的散射体的出分支度(out degree)，$\mu(\varepsilon)$和 $S(\varepsilon)$的计算方法如下：

$$\mu(\varepsilon)=\frac{1}{|\varepsilon|}\sum_{e\in\varepsilon}\tau_e \tag{6-3}$$

$$S(\varepsilon)=\sum_{e\in\varepsilon}\tau_e^{-2} \tag{6-4}$$

其中$|\varepsilon|$代表集合中的元素的数量，

$$\tau_e=\frac{d_e}{c},\quad d_e=|\boldsymbol{r}_v-\boldsymbol{r}_{v'}| \tag{6-5}$$

这里 c 代表光速，$|\cdot|$代表二维向量的长度，即二维范数，$\boldsymbol{r}_v$ 和 $\boldsymbol{r}_{v'}$ 表示的是任一边的两个

端点。式(6-2)中的 odi(e)表示的是边缘的数量，它的出现能够保证从一个端点离开的多个信号的功率总和不会超过射入该端点的功率总和。但是由于采用了均分功率的操作，也导致了每一个离开端点的路线都有着相同的功率。为了改变这样的情况，可以采用一种半确定性的方法来改良边增益的计算[30][31]：

$$|g_e(f)|^2=\begin{cases}\left(\dfrac{c}{4\pi d_e f}\right)^2, & e\in\varepsilon_{\mathrm{d}}\\ \dfrac{\mathrm{d}S\cdot\cos\theta_{\mathrm{i}}}{4\pi d_e^2}, & e\in\varepsilon_{T_{\mathrm{s}}}\\ \dfrac{S^2\cdot\cos\theta_{\mathrm{s}}}{\pi}\cdot\dfrac{c^2}{4\pi f^2}, & e\in\varepsilon_{R_{\mathrm{s}}}\\ \dfrac{S^2\cdot\mathrm{d}S\cdot\cos\theta_{\mathrm{i2}}\cdot\cos\theta_{\mathrm{s1}}}{\pi d_e^2}, & e\in\varepsilon_{\mathrm{ss}}\end{cases}\tag{6-6}$$

其中 S 表示的是散射损耗，$\mathrm{d}S$ 代表了散射体上面元的面积，θ_i 代表入射到散射体上的线段与散射体上面元的法线之间的夹角，θ_{s} 为电磁波离开散射体的线段与散射体上面元法线之间的夹角。研究表明，采用半确定性的方法来定义线段增益能够得到更好的仿真效果，因此，如果能对环境中的散射体面元的朝向进行判断，则可以充分利用这些信息来进一步优化图论预测传播信道响应的准确度。

6.2.2　构建传播矩阵

传播图论仿真的第二个步骤是构建传播矩阵。根据传播图的定义，可以简单地描述出信号从发射端出发，经过散射体到接收端的整个过程。首先无线电信号从发射端的节点出发，根据传播图的定义，接下来将沿着传播图上的"线"进行传播，然后经过图中多个散射体节点，最终抵达接收端节点，完成一次完整的信号传播过程。由于传播图中可能存在多个散射体节点，接收端将会收到从多个路径传递过来的无线电信号，因为接收信号为所有通过"线"到达接收端的信号矢量和。当无线电信号到达接收端时便停止传播，但散射体能够将接收的所有无线电信号发射出去。无线电信号与任意一个散射节点相互作用或者经过任意一条连线，该过程都被认为与散射体的特性以及连线长度紧密相关。

在传播图论算法的仿真中，需要计算两个十分重要的矩阵，即"点"所代表的状态矩阵 $[\boldsymbol{X}(f),\boldsymbol{Y}(f),\boldsymbol{Z}(f)]^{\mathrm{T}}$ 以及"线"所代表的传播函数矩阵 $\boldsymbol{A}(f)$。

状态矩阵 $[\boldsymbol{X}(f),\boldsymbol{Y}(f),\boldsymbol{Z}(f)]^{\mathrm{T}}$ 表示传播图中每个"点"，包括发射、接收以及散射点上的电信号状态，其中 $\boldsymbol{X}(f)=[X_1(f),\cdots,X_{N_{\mathrm{t}}}(f)]^{\mathrm{T}}$ 为发射信号，$\boldsymbol{Y}(f)=[Y_1(f),\cdots,Y_{N_{\mathrm{r}}}(f)]^{\mathrm{T}}$ 为接收信号，$\boldsymbol{Z}(f)=[Z_1(f),\cdots,Z_{N_{\mathrm{s}}}(f)]^{\mathrm{T}}$ 为各个散射体处的信号状态，其中 N_{t}、N_{r} 和 N_{s} 分别表示发射端、接收端和散射体的数量。这些矩阵的元素均为复数表示的信号状态。

$\boldsymbol{A}(f)$表示信号在传播图上的任意一条路径上传播后状态矢量的变化，可以表示为如下形式：

$$\boldsymbol{A}(f)=\begin{bmatrix}0 & 0 & 0\\ \boldsymbol{D}(f) & 0 & \boldsymbol{R}(f)\\ \boldsymbol{T}(f) & 0 & \boldsymbol{B}(f)\end{bmatrix}_{(N_{\mathrm{t}}+N_{\mathrm{r}}+N_{\mathrm{s}})\times(N_{\mathrm{t}}+N_{\mathrm{r}}+N_{\mathrm{s}})}\tag{6-7}$$

式中：$\boldsymbol{D}(f)\in\boldsymbol{C}^{N_{\mathrm{r}}\times N_{\mathrm{t}}}$ 为发射端到接收端的传递函数矩阵；$\boldsymbol{T}(f)\in\boldsymbol{C}^{N_{\mathrm{s}}\times N_{\mathrm{t}}}$ 为发射端到散射体的传递函数矩阵；$\boldsymbol{R}(f)\in\boldsymbol{C}^{N_{\mathrm{r}}\times N_{\mathrm{s}}}$ 为散射体到接收端的传递函数矩阵；$\boldsymbol{B}(f)\in\boldsymbol{C}^{N_{\mathrm{s}}\times N_{\mathrm{s}}}$ 为散射体之间

的传递函数矩阵。在上述四个传递函数矩阵中，任意元素 $A_{(v,v')}(f)$ 都可采用如下公式计算：

$$A_{(v,v')}(f)=g_{(v,v')}(f)\cdot\exp(\phi_{(v,v')}-\mathrm{j}2\pi\tau_{(v,v')}f) \tag{6-8}$$

式中：$g_{(v,v')}(f)$ 表示路径 (v,v') 的衰减系数；$\phi_{(v,v')}$ 表示在区间 $[0,2\pi)$ 内均匀分布的随机相位；$\tau_{(v,v')}$ 表示路径 (v,v') 的传播时延。

6.2.3 计算信道传递函数

根据建立的传播图的结构，无线信号从发射端发出，通过传播图中的路径到达可见的散射体，散射体将接收到的信号沿着设定的发射端发出，接收端将收到的所有信号在同一个频点上叠加，即得到总的接收信号。

假设在传播图中整个传播过程是线性时不变的，即点的位置、线段上发生的传递过程都是线性时不变的，那么在频域输入信号矢量 $\boldsymbol{A}(f)$ 与输出信号矢量 $\boldsymbol{Y}(f)$ 的关系为

$$\boldsymbol{Y}(f)=\boldsymbol{H}(f)\boldsymbol{X}(f) \tag{6-9}$$

传播图中所有的点在传播发生 k 次时的信号状态可以表示为

$$\boldsymbol{C}_k(f)=[\boldsymbol{X}_k(f);\boldsymbol{Y}_k(f);\boldsymbol{Z}_k(f)]^{\mathrm{T}} \tag{6-10}$$

可以通过传递矩阵之间的相乘而获得：

(1) 初始状态

$$\boldsymbol{C}_0(f)=\begin{bmatrix}\boldsymbol{X}_0(f)\\\boldsymbol{Y}_0(f)\\\boldsymbol{Z}_0(f)\end{bmatrix} \tag{6-11}$$

(2) 沿着传播图设定的边一次传播以后的状态

$$\boldsymbol{C}_1(f)=\begin{bmatrix}0&0&0\\\boldsymbol{D}(f)&0&\boldsymbol{R}(f)\\\boldsymbol{T}(f)&0&\boldsymbol{B}(f)\end{bmatrix}\boldsymbol{C}_0(f) \tag{6-12}$$

(3) 沿着传播图设定的边两次传播以后的状态

$$\begin{aligned}\boldsymbol{C}_2(f)&=\begin{bmatrix}0&0&0\\\boldsymbol{D}(f)&0&\boldsymbol{R}(f)\\\boldsymbol{T}(f)&0&\boldsymbol{B}(f)\end{bmatrix}\boldsymbol{C}_1(f)\\&=\begin{bmatrix}0&0&0\\\boldsymbol{R}(f)\boldsymbol{T}(f)&0&\boldsymbol{R}(f)\boldsymbol{B}(f)\\\boldsymbol{B}(f)\boldsymbol{T}(f)&0&\boldsymbol{B}^2(f)\end{bmatrix}\boldsymbol{C}_0(f)\end{aligned} \tag{6-13}$$

(4) $k(k\geqslant 2)$ 次传播以后的状态

$$\begin{aligned}\boldsymbol{C}_k(f)&=\begin{bmatrix}0&0&0\\\boldsymbol{D}(f)&0&\boldsymbol{R}(f)\\\boldsymbol{T}(f)&0&\boldsymbol{B}(f)\end{bmatrix}\boldsymbol{C}_{k-1}(f)\\&=\begin{bmatrix}0&0&0\\\boldsymbol{R}(f)\boldsymbol{B}^{k-2}(f)\boldsymbol{T}(f)&0&\boldsymbol{R}(f)\boldsymbol{B}^{k-1}(f)\\\boldsymbol{B}^{k-1}(f)\boldsymbol{T}(f)&0&\boldsymbol{B}^k(f)\end{bmatrix}\boldsymbol{C}_0(f)\end{aligned} \tag{6-14}$$

在接收端将收到的由不同路径传递过来的无线电信号 $\boldsymbol{Y}_k(f)$ 从 $k=0,1,2,\cdots$ 进行累加，可以得到

$$\boldsymbol{Y}(f)=\boldsymbol{D}(f)\boldsymbol{X}(f)+\sum_{k=2}^{\infty}\boldsymbol{R}(f)\boldsymbol{B}^{k-2}(f)\boldsymbol{T}(f)\boldsymbol{X}(f) \tag{6-15}$$

由此可以计算得到

$$\begin{aligned}\boldsymbol{H}(f)&=\boldsymbol{D}(f)+\sum_{k=2}^{\infty}\boldsymbol{R}(f)\boldsymbol{B}^{k-2}(f)\boldsymbol{T}(f)\\&=\boldsymbol{D}(f)+\boldsymbol{R}(f)[I+\boldsymbol{B}(f)+\boldsymbol{B}^{2}(f)+\cdots]\boldsymbol{T}(f)\\&=\boldsymbol{D}(f)+\boldsymbol{R}(f)[I-\boldsymbol{B}(f)]^{-1}\boldsymbol{T}(f)\end{aligned} \tag{6-16}$$

上述表达式中包含 $\boldsymbol{B}(f)$的多个阶次，其中 $\boldsymbol{B}(f)$的阶次代表信号在环境中传递时在散射体之间的弹跳次数。因此，可以得到输入信号矢量 $\boldsymbol{X}(f)$与输出信号矢量 $\boldsymbol{Y}(f)$的关系图，如图 6-2 所示。

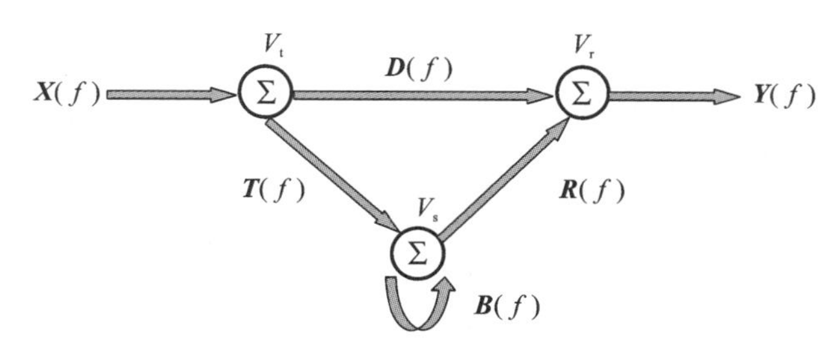

图 6-2 输入信号矢量 $\boldsymbol{X}(f)$与输出信号矢量 $\boldsymbol{Y}(f)$的关系图

同时，时域上的无线电传播信道脉冲响应（channel impulse response，CIR）$\boldsymbol{h}(\tau)$可以通过傅里叶逆变换得到，可表示为

$$\boldsymbol{h}(\tau)=\mathrm{IFFT}(\boldsymbol{H}(f)) \tag{6-17}$$

6.2.4 基于传播图论的仿真流程

基于传播图论的一般化仿真建模流程如下。

第一步，构造数字地图。

数字地图中包含发射机、接收机和散射体的地理位置信息及电磁特征参数信息。其中，每个独立的发射机作为一条发射机信息记录，包含发射机的三维位置坐标、发射功率、发射天线增益、发射天线方向图等信息；每个独立的接收机作为一条接收机信息记录，包含接收机的三维位置坐标、接收灵敏度、接收天线增益、接收天线方向图等信息；每个散射体外表面作为一条障碍物信息记录，包含该表面的位置坐标向量和反射损耗系数等信息。表面的位置坐标向量定义如下：考虑一个边数为 $n(n>2)$的多边形，选取任意一个顶点并编号为 1，其余顶点首尾相连地依次编号为 $2,3,\cdots,n$，若编号为 i 的顶点的三维坐标为(x_i,y_i,z_i)，则该表面的位置坐标向量长度为 $3n$，表示为$[x_1,y_1,z_1,\cdots,x_n,y_n,z_n]$。

对于图 6-3 所示的五边形表面，此时 $n=5$，其位置坐标向量长度为 15，表示为$[x_1,y_1,z_1,x_2,y_2,z_2,x_3,y_3,z_3,x_4,y_4,z_4,x_5,y_5,z_5]$。

第二步，将散射体表面离散化，即“撒点”，得到一系列散射点。

这些散射点将成为传播图中的“点”（vertex）。常用的撒点策略有确定性撒点和随机撒点。确定性撒点方式将表面按面积均分成多个小区域，取每个小区域的几何中心为散射点，多用于确定性较强的仿真场景，如室内场景等。随机撒点方式应用二维随机数在表面中随机取

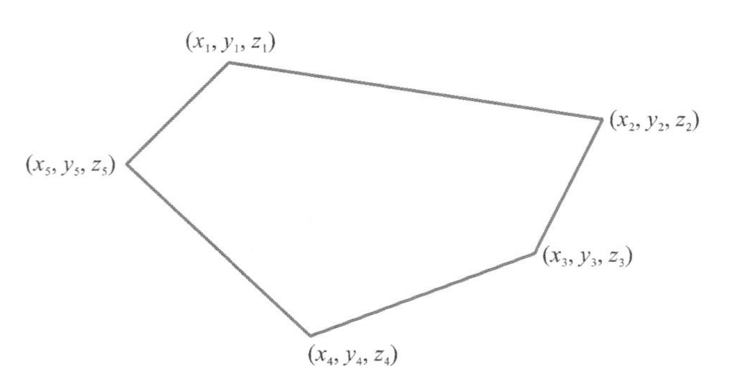

图 6-3　表面的位置坐标向量定义示意图

多个点作为散射点，使它们服从均匀分布，多用于随机性较强的仿真场景，如室外场景、动态场景等。图 6-4 展示了两种撒点方式。

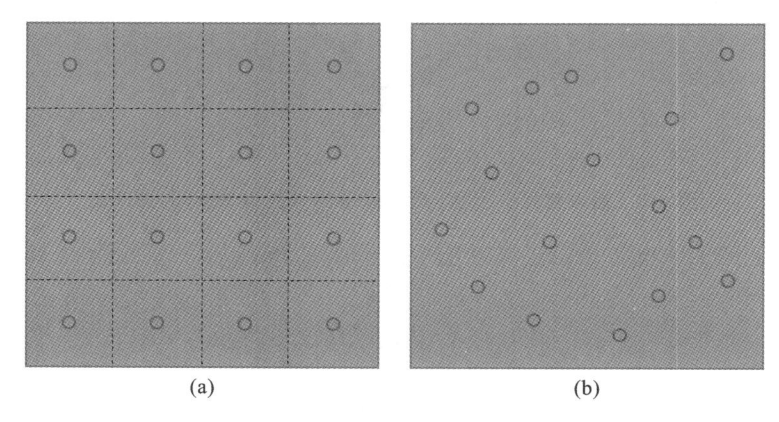

图 6-4　两种撒点方式示意图

(a)确定性撒点；(b)随机撒点

第三步，在每两个“点”之间构建一条“边”(edge)。

“边”以起点和终点的序号共同标识。“边”中存储的信息包括起点和终点之间的距离，以及起点与终点的可见性。这样，包含“点”与“边”的完整传播图就建立完成。

第四步，计算传播图中每条边的传播损耗系数 $g_e(f)$。进一步，得到矩阵 $\boldsymbol{D}(f)$、$\boldsymbol{T}(f)$、$\boldsymbol{R}(f)$ 和 $\boldsymbol{B}(f)$。特别地，如果发射端或接收端天线为非全向天线，则需要在 $\boldsymbol{D}(f)$、$\boldsymbol{T}(f)$ 和 $\boldsymbol{R}(f)$ 中嵌入天线方向图。

第五步，根据公式 $\boldsymbol{H}(f)=\boldsymbol{D}(f)+\boldsymbol{R}(f)[\boldsymbol{I}-\boldsymbol{B}(f)]^{-1}\boldsymbol{T}(f)$ 计算出信道在每个频点上的传递函数，并通过傅里叶逆变换计算出时域上对应的信道脉冲响应。

图论可以用在较大的范围内，如对城市的环境进行收发之间的信道特征仿真。经过尝试，传播图在构建的时候可以采用地理信息数据库 ArcGIS 平台中导出的数字地图信息来建图。在这种情况下，数字地图数据存储在.xlsx 文件中，具体包括建筑物标号、建筑物的上表面每个点的三维坐标，此处将建筑物近似为规则的多边形棱柱。因此，可以将数字地图信息通过建筑标号分为多个相互独立的散射体，然后将建筑物表面中两个相邻的点与其对应的地面上的两个点构建为一个四边形表面，进而将该表面的数据信息保存为一个 1×12 的向量进行存储。通过上述方法对从 ArcGIS 平台中导出的数字地图信息进行处理，便可以得到用于传播图论仿真的数字地图。

6.3 图论方法的改进

6.3.1 融合衍射的传播图论

当信号在环境中传播遇到障碍物的边缘时，就会偏离原来直线的方向发生衍射现象。本节采用菲涅耳楔形衍射模型来对衍射现象进行模拟，该模型原理如图 6-5 所示。

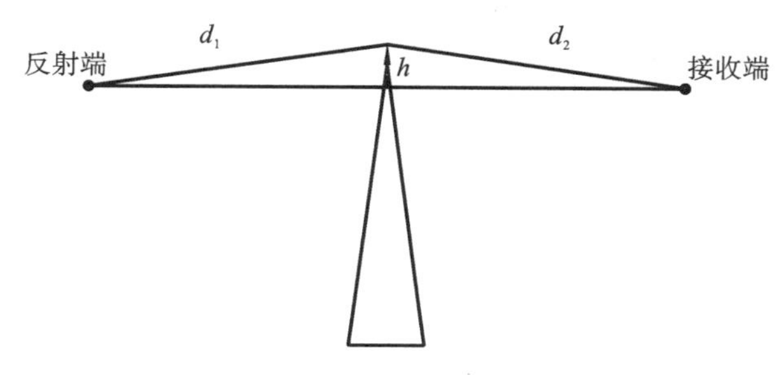

图 6-5 楔形衍射模型

信号从发射端发出，经过楔形边缘的衍射到达接收端，接收端收到的信号可表达为如下形式：

$$P_r(k) = P_t G_t G_r L(v) \tag{6-18}$$

式中：P_t 表示信号的发射功率；G_t 和 G_r 分别表示发射天线和接收天线的天线方向图；v 为菲涅耳-基尔霍夫衍射参数，即

$$v = h\sqrt{\frac{2(d_1 + d_2)}{\lambda d_1 d_2}} \tag{6-19}$$

楔形衍射带来的路径损耗是一个关于 v 的函数，衍射损耗的计算相当复杂，需要用到惠更斯原理、复杂菲涅耳区积分等，参考文献[34]给出了一个近似式，可计算出相对于直射径的楔形衍射损耗：

$$L(v) = \begin{cases} 0, & v \geqslant 1 \\ 20\ln(0.5 + 0.62v), & 0 \leqslant v < 1 \\ 20\ln(0.5e^{0.95v}), & -1 \leqslant v < 0 \\ 20\ln\left(0.4 - \sqrt{0.1184 - (0.1v + 0.38)^2}\right), & -2.4 \leqslant v < -1 \\ 20\ln\left(-\frac{0.225}{v}\right), & v < -2.4 \end{cases} \tag{6-20}$$

本节将衍射模型嵌入传播图论模型中，并将其看作是一个独立于直射和散射现象的传播机制。具体而言，采用一个额外的传播矩阵 $\boldsymbol{D}_{\text{dif}}(f)$ 来计算衍射现象带来的损耗。加入衍射机制后频域中信道的传递函数可以表示为

$$\boldsymbol{H}(f) = \boldsymbol{D}_{\text{dif}}(f) + \boldsymbol{D}(f) + \boldsymbol{R}(f)[1 - \boldsymbol{B}(f)]^{-1}\boldsymbol{T}(f) \tag{6-21}$$

式中：$\boldsymbol{D}_{\text{dif}}(f)$ 表示发射端到衍射边缘再到接收端的传播矩阵。此时，任意一条路径传递函数的

计算方式为

$$A(f) = A_e(f) + \sum_{n=1}^{N_d} g_{d_n}(f)\exp(-\mathrm{j}2\pi\tau_{d_n} f + \mathrm{j}\phi_{d_n}) \tag{6-22}$$

式中：$A_e(f)$由式(6-1)定义；N_d 表示衍射边缘的数量；g_{d_n} 为传播系数，由上述楔形衍射模型计算得到；τ_{d_n} 表示对应的衍射路径的传播时延总和；ϕ_{d_n} 为随机相位，并且均匀分布在$[0,2\pi)$。

6.3.2 反射与散射嵌入传播图论

对于多次散射传播的情况，参考文献[35]中的弗里斯(Friis)传输方程描述了 n 个散射体连续弹跳后的接收功率增益，接收到的功率与散射体之间距离的乘积的倒数平方成正比。经历过 n 条散射弹跳路径的无线电波功率可计算为

$$P_{n+1} = P_1 \cdot S^n \left[\frac{\lambda}{4\pi(d_1 \cdot d_2 \cdot \cdots \cdot d_n)}\right]^2 \tag{6-23}$$

其中 S 代表的是散射增益，假设每次散射增益相同，P_1 代表发射的功率，d_1 代表的是第一个传播路段的距离，依此类推。

对于多次发生反射的情况，接收功率增益将与距离之和的倒数的平方成正比，如下式所述：

$$P_{n+1} = P_1 \cdot R^n \left[\frac{\lambda}{4\pi(d_1 + d_2 + \cdots + d_n)}\right]^2 \tag{6-24}$$

其中 R 代表的是反射增益。由于在接收端接收到的路径增益不能够内分解成多个段落独立作用的乘积，或者认为每个段落所发生的增益是需要和整体段落总和相关联的，因此，式(6-24)很难直接采用图论的矩阵连乘的方式来描述多次折返。

为了能够采用图论的数学表达，我们将每个段落上发生的增益或者状态转移，采用因子分解的方式写成如下的形式[40]：

$$|\boldsymbol{g}_e(f)|^2 = |\boldsymbol{g}_{\text{gain}}(f)|^2 \cdot |\boldsymbol{g}_{\text{path}}|^2 \tag{6-25}$$

其中 $\boldsymbol{g}_{\text{path}}$是描述边的长度的因子，$\boldsymbol{g}_{\text{gain}}(f)$表示衰落的因子，可以计算为

$$|\boldsymbol{g}_{\text{gain}}(f)|^2 = \begin{cases} \dfrac{\mathrm{d}S \cdot \cos\theta_{\mathrm{i}}}{4\pi}, & e \in \varepsilon_{\mathrm{Tr}} \\ \dfrac{S^2 \cdot \cos\theta_{\mathrm{s}}}{\pi} \cdot \dfrac{c^2}{4\pi f^2}, & e \in \varepsilon_{\mathrm{Rr}} \\ \dfrac{S^2 \cdot \mathrm{d}S \cdot \cos\theta_{\mathrm{i2}} \cdot \cos\theta_{\mathrm{s1}}}{\pi}, & e \in \varepsilon_{\mathrm{rr}} \end{cases} \tag{6-26}$$

针对反射传播路径，为了方便在传统的图论数学表达式中计算反射，我们设计了一个新的表示方式：

$$\begin{cases} D_1 = \dfrac{1}{d_1}, & n = 1 \\ D_n = \dfrac{1}{d_1 + d_2 + \cdots + d_n}, & n \geqslant 2 \end{cases} \tag{6-27}$$

其中 D_n 可以写为因数分解的方式，即

$$
\begin{aligned}
D_n &= \frac{1}{d_1+d_2+\cdots+d_{n-1}} \cdot \frac{1}{1+\dfrac{d_n}{d_1+d_2+\cdots+d_{n-1}}} \\
&= D_{n-1} \cdot \frac{1}{1+D_{n-1}\cdot d_n} \\
&= D_{n-1} \cdot \frac{1}{d'_n}
\end{aligned} \tag{6-28}
$$

其中 d'_n是一个等效的距离参数,它不仅仅与实际的散射点之间的实际距离有关,同时也与电波之前经过的路径有关,表达式为

$$
d'_n \triangleq 1+D_{n-1}\cdot d_n, \quad n \geqslant 2 \tag{6-29}
$$

首先,考虑从发射端到反射体再到接收端的过程,这是最为简单的情况。假设从发射端到反射体的距离,以及从反射体到接收端的距离,都是一致的,则用 $\boldsymbol{d}_{\mathrm{Tr}}$来表示发射端到反射体之间的距离矩阵,用 $\boldsymbol{d}_{\mathrm{Rr}}$来表示从反射体到接收端之间的距离矩阵。利用式(6-27)和式(6-29),可以得到:

$$
\begin{cases}
\boldsymbol{D}_1 = \dfrac{1}{\boldsymbol{d}_{\mathrm{Tr}}}, \\
\boldsymbol{d}'_2 = \boldsymbol{I} + \boldsymbol{D}_1 \boldsymbol{d}_{\mathrm{Rr}}
\end{cases} \tag{6-30}
$$

由此计算得到距离增益因子:

$$
|\boldsymbol{g}_{\mathrm{path}}| = \begin{cases}
D_1, \\
\dfrac{1}{d'_2}
\end{cases} \tag{6-31}
$$

对于超过两次的多次反射,如具有 $n \geqslant 3$ 的传播段落,收发端位于两个起始点。此时的电波将会在发射点之间往返 $n-1$ 次。我们采用 $\boldsymbol{d}_{\mathrm{rr}}$来表示发射体之间的距离矩阵,采用 $\boldsymbol{d}_{\mathrm{rr},i}$来表示从 i 次到 $i+1$ 次反射点的距离。此时,实际物理上节点之间的距离 $\boldsymbol{d}_2,\boldsymbol{d}_3,\cdots,\boldsymbol{d}_{n-1}$和 $\boldsymbol{d}_{\mathrm{rr},1}$,$\boldsymbol{d}_{\mathrm{rr},2},\cdots,\boldsymbol{d}_{\mathrm{rr},n-2}$是相同的。同样采用式(6-27)和式(6-29),就可以构造出等效的距离矩阵:

$$
\begin{cases}
\boldsymbol{D}_1 = \dfrac{1}{\boldsymbol{d}_{\mathrm{Tr}}}, \\
\vdots \\
\boldsymbol{d}'_{n-1} = \boldsymbol{I} + \boldsymbol{D}_{n-2}\cdot \boldsymbol{d}_{n-1} = \boldsymbol{I} + \boldsymbol{D}_{n-2}\cdot \boldsymbol{d}_{\mathrm{rr},n-2} \\
\boldsymbol{D}_{n-1} = \boldsymbol{D}_{n-2}\cdot \dfrac{1}{\boldsymbol{d}'_{n-1}} \\
\boldsymbol{d}'_n = \boldsymbol{I} + \boldsymbol{D}_{n-1}\cdot \boldsymbol{d}_n = \boldsymbol{I} + \boldsymbol{D}_{n-1}\cdot \boldsymbol{d}_{\mathrm{Rr}}
\end{cases} \tag{6-32}
$$

于是,相应的 $|\boldsymbol{g}_{\mathrm{path}}|$ 可以计算为

$$
|\boldsymbol{g}_{\mathrm{path}}| = \begin{cases}
\dfrac{1}{d'_n} \\
D_1 \\
\dfrac{1}{d'_{n-1}}
\end{cases} \tag{6-33}
$$

对于同时存在反射和散射的传播图,构建方法如下。

采用 $\boldsymbol{D}(f) \in \mathbb{C}^{1\times 1}$,$\boldsymbol{Tr}(f) \in \mathbb{C}^{1\times N}$,$\boldsymbol{Rr}(f) \in \mathbb{C}^{N\times 1}$以及 $\boldsymbol{rr}(f) \in \mathbb{C}^{N\times N}$来分别表示点集合 V_{T} 和 V_{R} 之间、V_{T} 和 V_{r} 之间、V_{r} 和 V_{R} 之间及 V_{r} 和 V_{r} 之间的传播状态转移矩阵。此外,$\boldsymbol{Rr}_n(f) \in \mathbb{C}^{N\times 1}$表示经过了 n 次反射后,从反射体到接收端的转移矩阵,$\boldsymbol{r}_n(f) \in \mathbb{C}^{N\times N}$表示第

n 次反射时，反射体到反射体的状态转移矩阵。需要注意的是，计算 $\boldsymbol{r}_n(f)$需要先计算出 $\boldsymbol{d}'_{n-1}$，这意味着需要采用“串行”的方式来计算这些矩阵。

对于传递矩阵，我们同样采用式(6-25)所示的两部分，即利用增益矩阵和距离矩阵来构建数学框架。采用 $\boldsymbol{Tr}_{\text{gain}}(f)$来表示 $\boldsymbol{Tr}(f)$的增益矩阵因子，采用 $\boldsymbol{Tr}_{\text{dis}}$来表示 $\boldsymbol{Tr}(f)$的距离矩阵因子，可以得到：

$$\boldsymbol{Tr}(f) = \boldsymbol{Tr}_{\text{gain}}(f) \odot \boldsymbol{Tr}_{\text{dis}} \tag{6-34}$$

此处⊙代表的是哈达玛(Hadamard)矩阵相乘运算，$\boldsymbol{Tr}_{\text{gain}}(f)$可以通过式(6-26)来计算，$\boldsymbol{Tr}_{\text{dis}}$可以通过式(6-31)和式(6-33)来计算。类似的，对于 $\boldsymbol{r}_n(f)$，我们也可以定义它的增益转移矩阵 $\boldsymbol{r}_{\text{gain},n}(f)$和距离转移矩阵 $\boldsymbol{r}_{\text{dis},n}$：

$$\boldsymbol{r}_n(f) = \boldsymbol{r}_{\text{gain},n}(f) \odot \boldsymbol{r}_{\text{dis},n} \tag{6-35}$$

其中 $\boldsymbol{r}_{\text{gain}}(f)$可以通过式(6.26)来获得，$\boldsymbol{r}_{\text{gain},n}(f)$可以如下计算获得：

$$\boldsymbol{r}_{\text{gain},n}(f) = \boldsymbol{r}_{\text{gain},n-1}(f)\boldsymbol{r}_{\text{gain}}(f) = \boldsymbol{r}^n_{\text{gain}}(f) \tag{6-36}$$

对于 $\boldsymbol{Rr}_n(f)$可以采用同样的分解方式，即采用 $\boldsymbol{Rr}_{\text{gain},n}(f)$来表示 $\boldsymbol{Rr}_n(f)$的增益矩阵因子，采用 $\boldsymbol{Rr}_{\text{dis},n}$来表示 $\boldsymbol{Rr}_n(f)$的距离矩阵因子，可得如下表达式：

$$\boldsymbol{Rr}_n(f) = \boldsymbol{Rr}_{\text{gain},n}(f) \odot \boldsymbol{Rr}_{\text{dis},n} \tag{6-37}$$

其中 $\boldsymbol{Rr}_{\text{dis},n}$能够通过 $\boldsymbol{d}_{\text{rr},n-1}$采用式(6-33)来获得。

根据上述内容，可以总结出在仅有反射存在的网络中的图论计算方法：

• 步骤一，根据环境中存在的散射体(包含反射体)构建传播图，确定散射体、发射端和接收端的位置。

• 步骤二，基于步骤一的位置信息，产生物理上的距离矩阵。利用斯涅耳(Snell)法则来确定哪些点之间的传播是反射机制，从而构建反射体之间的原始物理距离矩阵 $\boldsymbol{D}_{\text{rr},n}$和 $\boldsymbol{d}_{\text{rr},n}$。

• 步骤三，计算得到增益矩阵因子 $\boldsymbol{Tr}_{\text{gain}}(f)$、$\boldsymbol{r}_{\text{gain},n}(f)$及 $\boldsymbol{Rr}_{\text{gain},n}(f)$。

• 步骤四，计算得到距离矩阵因子 $\boldsymbol{Tr}_{\text{dis}}$、$\boldsymbol{r}_{\text{dis},n}$及 $\boldsymbol{Rr}_{\text{dis},n}$。

• 步骤五，计算得到 $\boldsymbol{Tr}(f)$、$\boldsymbol{r}_n(f)$和 $\boldsymbol{Rr}_n(f)$，按照标准的图论计算公式，计算得到纯反射的信道传递函数 $\boldsymbol{H}_{\text{RPG}}(f)$：

$$\boldsymbol{H}_{\text{RPG}}(f) = \boldsymbol{Tr}(f)\boldsymbol{Rr}_1(f) + \sum_{n=2}^{\infty}\boldsymbol{Tr}(f)\boldsymbol{r}_{n-1}(f)\boldsymbol{Rr}_n(f) \tag{6-38}$$

这里需要注意的是，在步骤四中计算 $\boldsymbol{r}_{\text{dis},n}$时，$\boldsymbol{r}_{\text{dis},n}$并不是独立的，而是依赖于 $\boldsymbol{Tr}_{\text{dis}}$，$\boldsymbol{r}_{\text{dis},1}$，$\boldsymbol{r}_{\text{dis},2}$，…，$\boldsymbol{r}_{\text{dis},n}$。有需要了解具体理论推导的读者可以参阅参考文献[40]。

6.3.3 采用嵌入式的架构对反射和散射同时进行图论模拟

本节讨论一种“嵌入式图论(embedded propagation graph，EPG)”。EPG 是把反射体加入原来仅有散射体的传播图之后形成的图。与传统的传播图论相类似，我们采用图 6-6 来表示 EPG，其中包含有 M_1 个发射机、M_2 个接收机、N_1 个散射体，以及 N_2 个反射体。

定义如下的传播矩阵：

$$\boldsymbol{D}(f) \in \mathbb{C}^{M_1 \times M_2}\text{：发射端到接收端}$$

$$\boldsymbol{Ts}(f) \in \mathbb{C}^{M_1 \times N_1}\text{：发射端到散射体}$$

$$\boldsymbol{s}(f) \in \mathbb{C}^{M_1 \times N_2}\text{：散射体到散射体}$$

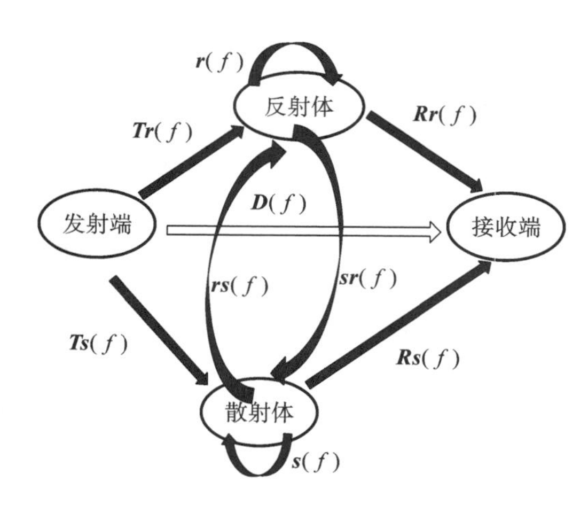

图 6-6　同时考虑反射体和散射体的信道传递函数图论计算

$\boldsymbol{Rs}(f)\in\mathbb{C}^{N_1\times M_2}$：散射体到接收端

$\boldsymbol{Rr}_n(f)\in\mathbb{C}^{N_2\times M_2}$：反射体到接收端

$\boldsymbol{r}(f)\in\mathbb{C}^{N_2\times N_2}$：反射体到反射体

$\boldsymbol{Tr}(f)\in\mathbb{C}^{M_1\times N_2}$：发射端到反射体

$\boldsymbol{sr}(f)\in\mathbb{C}^{N_1\times N_2}$：反射体到散射体

$\boldsymbol{rs}(f)\in\mathbb{C}^{N_1\times N_2}$：散射体到反射体

其中 $\boldsymbol{D}(f)$、$\boldsymbol{Ts}(f)$、$\boldsymbol{s}(f)$、$\boldsymbol{Rs}(f)$均可以采用传统的图论计算公式(6-6)进行计算。$\boldsymbol{Rr}_n(f)$、$\boldsymbol{r}(f)$(包含了 $\boldsymbol{r}_n(f)$)、$\boldsymbol{Tr}(f)$可以采用全反射图论的计算方式，如式(6-34)、式(6-35)和式(6-37)来计算。$\boldsymbol{sr}(f)$和 $\boldsymbol{rs}(f)$包含了既有反射也有散射的路径，同时也包含在反射与散射之间往复传播的路径。我们可以进一步将 $\boldsymbol{sr}(f)$分成以下两种类型的传播。

情况 1：从发射端到反射体，然后到散射体；

情况 2：从发射端到散射体，然后到反射体，之后到散射体。

类似地，我们也可以把 $\boldsymbol{rs}(f)$所描述的传播分为以下两种类型。

情况 3：从发射端到散射体，然后到反射体；

情况 4：从发射端到反射体，然后到散射体，之后到反射体。

其中情况 1 和情况 2，进入 $\boldsymbol{sr}(f)$和 $\boldsymbol{rs}(f)$矩阵的都是直接来自发射端的，而情况 3 和情况 4 都代表着“回响”即往复传播的情况。为了给出情况 3 和情况 4 的计算方法，我们采用一种嵌入式图论的思路，详述如下。

在情况 2 下，可以把涉及的散射体看成是中继站(relay station)，按照其发射接收信号的功能，将其中的一部分散射体，即辐射信号给反射体的那部分散射体，认为是发射端，将另一部分的散射体，即接收来自反射体信号的那部分散射体，认为是接收端，如图 6-7 所示。

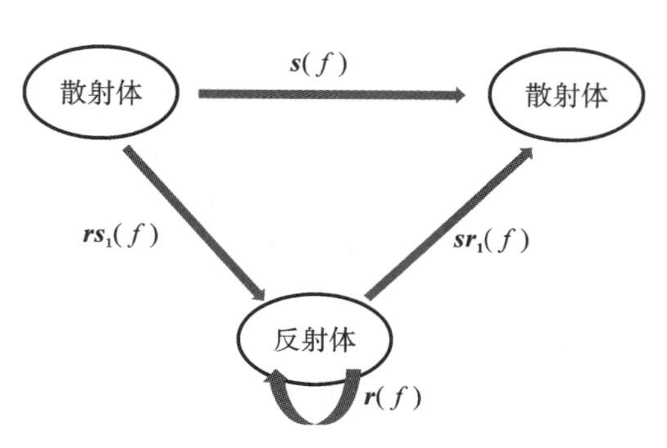

图 6-7　通过嵌入架构来进行 $ss(f)$的计算

图 6-7 中的 $\boldsymbol{sr}_1(f)$和 $\boldsymbol{rs}_1(f)$分别代表着从反射体到散射体，以及从散射体到反射体的转移矩阵。为此可以写出从类似发射端的散射体到类似接收端的散射体之间的传播状态转移矩阵：

$$\boldsymbol{ss}(f)=\boldsymbol{s}(f)+\sum_{n=2}^{\infty}\boldsymbol{rs}_1(f)\boldsymbol{r}_{n-1}(f)\boldsymbol{sr}_{1,n}(f) \tag{6-39}$$

其中 $\boldsymbol{r}_n(f)$代表的是在反射体内部 n 次传播的传输矩阵，可以采用式(6-35)计算得到，$\boldsymbol{sr}_{1,n}(f)$可以采用式(6-37)计算得到。

类似的方式，对于情况 4 中的反射体也可以看成是中继站，即一部分看作发射端，另一部分看作接收端，如图 6-8 所示。用 $\boldsymbol{rr}(f)$来表示具有嵌入式架构的传递函数矩阵，可以用如下的方式来计算：

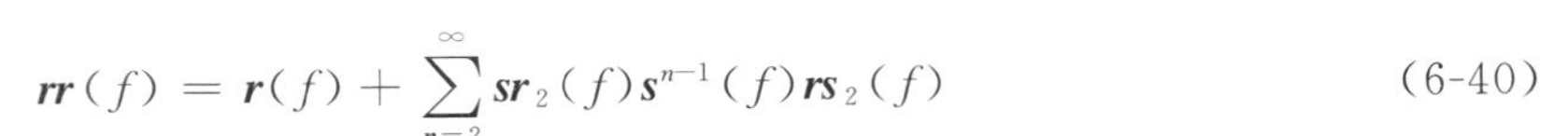

$$rr(f)=r(f)+\sum_{n=2}^{\infty} sr_2(f)s^{n-1}(f)rs_2(f) \tag{6-40}$$

这里的 $sr_2(f)$ 和 $rs_2(f)$ 分别表示从反射体到散射体，以及从散射体到反射体的传播矩阵。

情况 1 和情况 2 的传播矩阵分别表示为 $sr(f)$ 和 $rs(f)$，前者可以通过式(6-34)、式(6-35)和式(6-37)计算得到，后者可以通过式(6-37)计算。经过嵌入式的构建后，可以看到整个传播图分离成三个部分：一个是视距部分，即 $D(f)$，另外两个是非视距部分 $H_s(f)$ 和 $H_r(f)$。这两个非视距部分的传播图也包含了自己相应的子图，如图 6-9、图 6-10 所示。

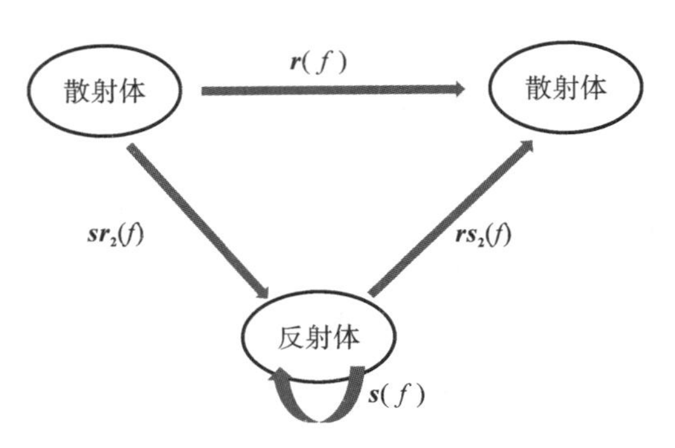

图 6-8 通过嵌入架构来进行 $rr(f)$ 的计算

$H_r(f)$ 的表达式为

$$H_r(f)=\sum_{n=2}^{\infty} Rr_n(f)r_{n-1}(f)sr(f)[I-ss(f)]^{-1}Ts(f)+\sum_{n=2}^{\infty} Rr_n(f)r_{n-1}(f)Tr(f) \tag{6-41}$$

式(6-41)右侧第一部分表示的是从发射端到散射体，再到发射体，最终到达接收端的部分，第二部分表示的是从发射端到发射体，然后到达接收端的部分。

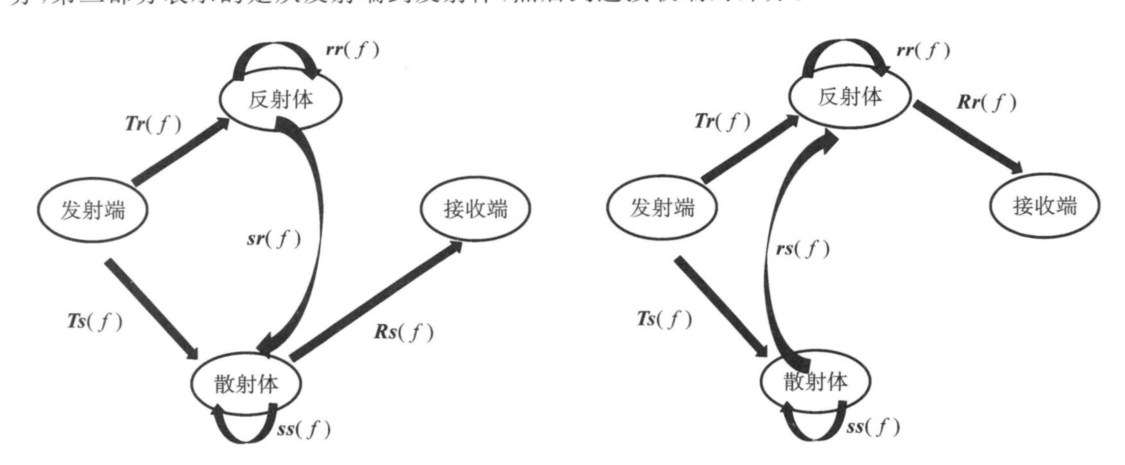

图 6-9 散射体到接收端的子传播图

图 6-10 反射体到接收端的子传播图

最终的总的信道转移矩阵为

$$H(f)=D(f)+H_s(f)+H_r(f) \tag{6-42}$$

这样，环境里存在的直射路径、经过散射的路径、经过反射的路径，以及经过散射和反射混合的路径，都可以加以描述和考虑。

在参考文献[40]中，通过实际测量的结果对嵌入式图论的效果进行了展示。我们选择了一个走廊的场景，被测的频段是毫米波频段。信道测量仪是采用可编程网络分析仪(programmable network analyzer，PNA)、计算机、用于存储的硬盘设备、射频耦合单元、功率放大器、带通滤波器以及低噪放等设备组合而成的。被测的中心频点是 39 GHz，带宽为

4 GHz,可编程网络分析仪在 1001 个频点上顺序测量信道响应。有需要了解这个测量平台更多信息的读者可以参阅参考文献[37][38]。测量使用的收发天线均为全向天线,环境如图 6-11 所示,是办公楼宇的一侧,具有较长的走廊。该走廊的架构如图 6-12 所示。

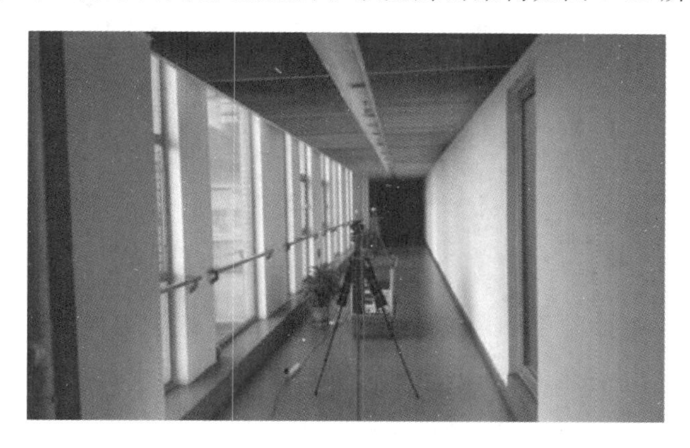

图 6-11　测量所在的走廊环境

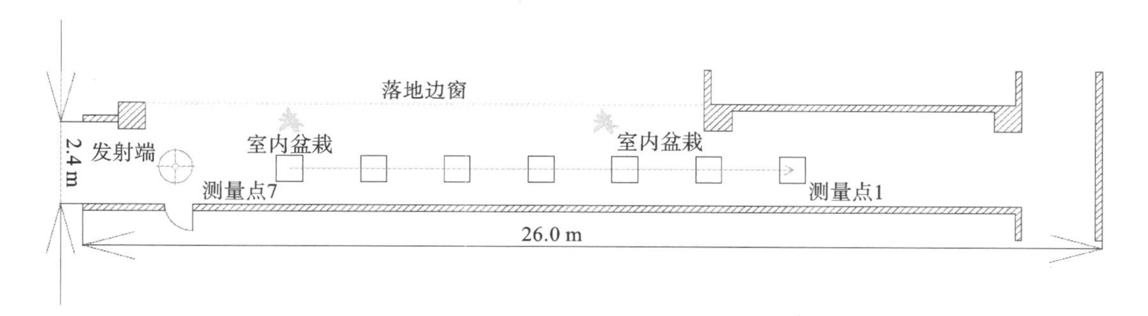

图 6-12　被测走廊的示意图

嵌入式图论应用到实际环境的信道模拟的步骤与标准的图论类似。在这个特定的环境里,具体的步骤如下:

步骤一,按照环境的几何特征,进行数字地图的描述。将环境中的物体分解成多个点,其中设定一部分为散射体,另一部分为反射体。有一种方法可以分辨是散射还是反射,即通过物体表面的粗糙程度来判断。在这里考虑的被测环境中,玻璃窗被离散成多个反射的单元,每一个单元的 dS 假设为 0.01 m^2,反射系数设定为 0.2;其他物体如墙壁、地面、天棚及走廊中的扶手,被离散成多个散射体,其 dS 假设为 0.04 m^2,散射系数设定为 0.6。上述的参数设定,参考了文献[15][39]并且在参考文献[18]中的"统一图论"的方法中使用。理论上讲,可以根据测量得到的数据对这些参数进行校准,如参考文献[33]中所描述的那样。

步骤二,产生传输矩阵。接下来,需要确定连接上述节点之间的线段上发生的是反射,还是散射。图 6-13、图 6-14 分别展示了单次折点的散射路径和单次折点的反射路径。接下来,计算多个矩阵,如 $\boldsymbol{D}(f)$、$\boldsymbol{Tr}(f)$、$\boldsymbol{Ts}(f)$、$\boldsymbol{s}(f)$、$\boldsymbol{sr}(f)$、$\boldsymbol{Rs}(f)$、$\boldsymbol{r}(f)$、$\boldsymbol{rs}(f)$及 $\boldsymbol{Rr}(f)$。按照参考文献[32]所述,当折返次数达到 3 以上时,多次折返的毫米波多径分量的功率就会大幅度减少,所以将 $n=4$ 设为上限。

步骤三,利用本节描述的嵌入式图论计算公式,来计算信道整体的传递函数。

首先对实际测量得到的功率时延谱(power delay profile,PDP)和仿真得到的功率时延谱

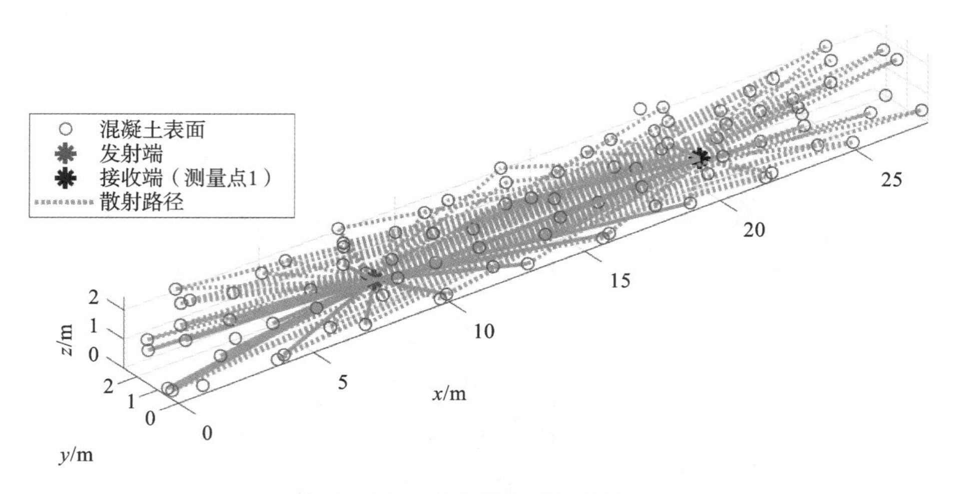

图 6-13　单次散射路径展示

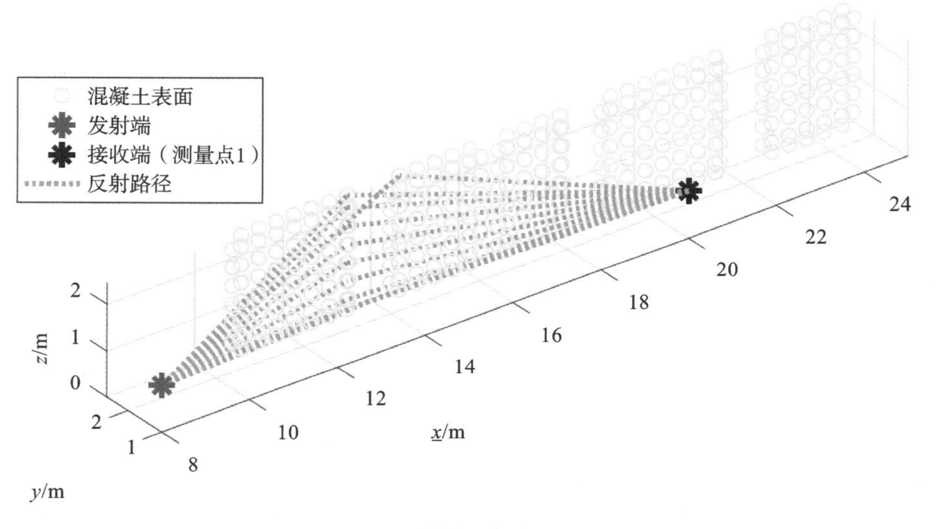

图 6-14　单次反射路径展示

进行对比。图 6-15(a)、(b)和(c)分别显示了走廊场景中测量的连续功率时延谱(concatenated power delay profile,CPDP)、嵌入式图论模型模拟的连续功率时延谱和传统传播图论模拟的连续功率时延谱。从图 6-15 可以观察到,对于两个模拟和测量的结果,视距路径的延迟移动轨迹是相似的,但是非视距路径在外观上有明显的不同。在测量和嵌入式图论模型的模拟中都可以观察到标记为 MPC1 和 MPC2 的一些连续非视距路径。然而,对于图 6-15(c)所示的传统传播图论,MPC1 随着发射端和接收端距离的增加而迅速消失。此外,在常规传播图论中无法观察到明显的 MPC2 的轨迹。

为了更加详细地观察到嵌入式图论的效果,使用传统的传播图论生成的功率时延谱、嵌入式图论生成的功率时延谱和测量结果进行比较。在嵌入式图论和传统传播图论的模拟中,噪声的方差设置为−105 dBm,以模拟测量设备的热噪声。图 6-16～图 6-18 显示了在三个测量点上测量与传统传播图论、嵌入式图论之间的比较。这三个测量点在图 6-12 中分别标记为测量点 7、测量点 5 和测量点 2(图 6-12 中方块表示各个测量点,从右到左依次为测量点 1～测量

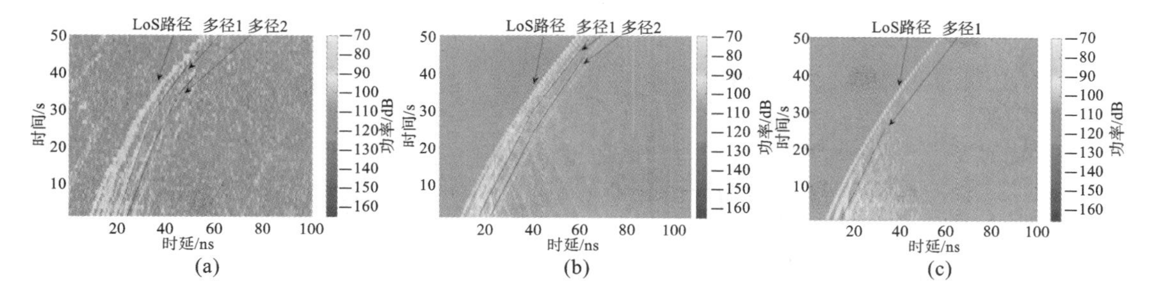

图 6-15　连续功率时延谱(CPDP)

(a)实测数据;(b)嵌入式图论(EPG)模拟;(c)传统传播图论模拟

点 7),它们的视距路径的长度可近似计算为 4 m、7.5 m 和 15 m。在图 6-16 中,当发射端和接收端的距离不远时,传统的传播图论和嵌入式图论生成的功率时延谱都能够再现两个非视距峰值,它们与测量结果相似。

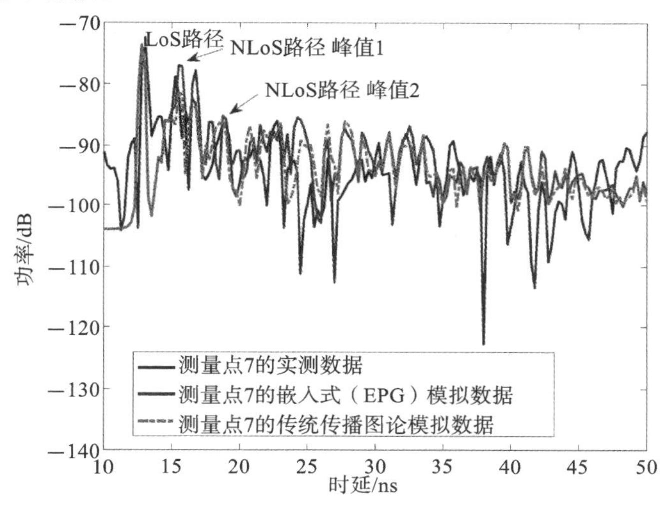

图 6-16　第 7 个测量位置上得到的 PDP 的对比

然而,随着图 6-17 中发射端和接收端之间的距离增加,传统的传播图论只能再现部分非视距峰值,而嵌入式图论仍然工作良好,两个重要的非视距峰值与测量结果匹配几乎没有误差。图 6-18 中的对比更加明显,当发射端和接收端之间的距离超过 15 m 时,可以观察到嵌入式图论的非视距路径与 55 ns 和 57 ns 左右测量的两个明显峰值相近。然而,这两个非视距路径在使用传统的传播图论生成的功率时延谱中均没有出现。

通过以上的分析可以得到结论,嵌入式图论能够对主要路径进行更为准确地捕捉和描述,尽管还很难做到完全精准,但是已经对传统的传播图论只能对散射分量进行仿真做了较大的改进。

从图论的应用角度看,通过将原来不符合乘积计算的运算转化为乘积运算,可以认为是一个非常重要的启示。在传播过程中,有很多信道分量不能采用线性串联的方式,或者独立模块综合的方式来进行描述,如反射分量、衍射分量等。此外,对于图论采用的状态转移的操作,如果能进一步拓展,还可以考虑作为卷积的操作。卷积操作对于矩阵而言,可以采用多种形式的矩阵乘法来实现。如矩阵的阵元之间的一对一的乘积方式、克罗内克(Kronecker)乘积方式,或者其他方式进行计算。例如,对于匙孔效应(keyhole effect),就可以采用克罗内克乘积方式进行计算。

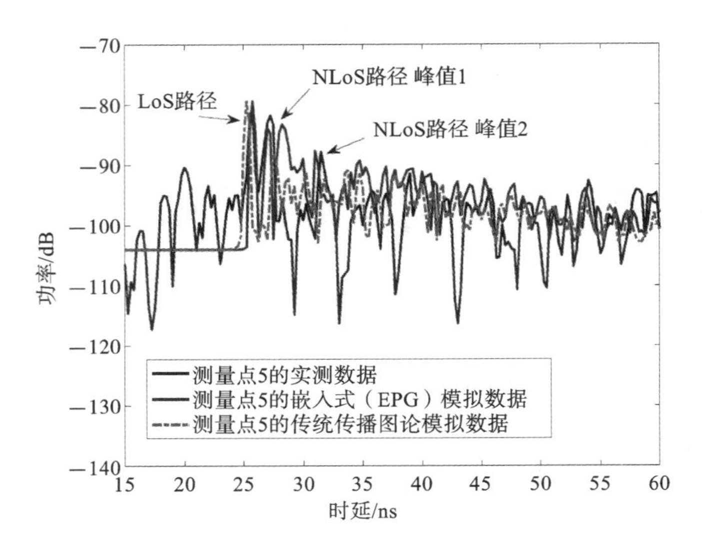

图 6-17　第 5 个测量位置上得到的 PDP 的对比

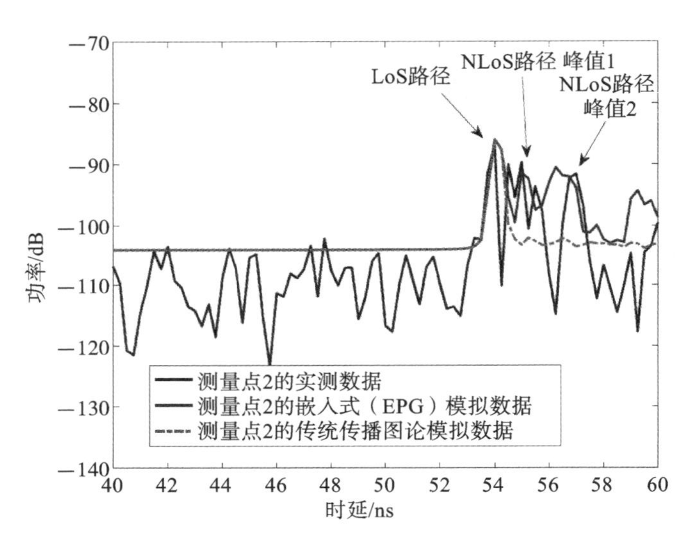

图 6-18　第 2 个测量位置上得到的 PDP 的对比

6.3.4　低阶射线追踪与高阶传播图论的混合建模

射线追踪对于确定性路径的描述，具有较高的准确度，这点已经在很多文献中得到了阐述与验证[39]。在对毫米波、太赫兹的信道模拟中，射线追踪能够有效地填补实测信道模型缺失的空白，也逐渐成为一种能够结合具体的环境、针对特定的应用场景甚至有可能进行信道预测的工具。图论仿真相比于射线追踪而言，通过散射点的分布和它们之间的可见度的描绘，得到整体环境的几何形态对信道特征产生的统计特征更为全面的模型阐述。射线追踪的确定性信道建模能力，能够和图论的统计性信道建模优势相结合，从而达到同时对信道的确定性和统计性，针对具体环境和传播场景进行描述的目的。

现阶段一个初步结合射线追踪和传播图论的方法是采用线性叠加的方式，将描述一定阶次的确定性传播路径的射线追踪和描述更高阶次以及回响(reverberation)效应的图论结合在一起：

$$\boldsymbol{H}(f)=\boldsymbol{H}_{\mathrm{RT},0:n_s}(f)+\boldsymbol{H}_{\mathrm{PG},n_{s+1}:\infty}(f) \tag{6-43}$$

当设定 $n_s=3$ 时，射线追踪 RT 用来产生具有 1～3 个折点的路径，且路径折点上发生了反射、衍射等机制从而形成的传播路径，传播图论 PG 则用来产生具有 3 次折点次数以上且路径折点上发生的是漫散射的现象。

PG 中所使用的散射点是通过在散射面上随机生成的，该过程也考虑了散射点之间可能发生的透射。关于散射点分布方式的设置，可以有两种选择：一种是利用射线追踪进行确定性路径追踪时寻找到的反射点(reflection points，RPs)来指导散射点(scattering points，SPs)的分布设置，通常可以在反射点周围的一定范围(如 1 cm 半径)内，分布若干散射点，这样由传播图论和射线追踪结合所生成的信道脉冲响应基本上保持射线追踪所得到的整体架构，但是在反射路径的周围会呈现漫散射的波动现象；另一种是首先进行大量的撒点操作，然后通过马尔可夫链的累积概率方式分析出该环境中能够对传播产生较明显影响的关键散射点，对于那些传播贡献比较低的散射点可以尽可能忽略，或者如果考虑多次随机的撒点操作，可以减小在这些贡献低的位置上撒点的权重。

图 6-19 所示的为射线追踪和传播图论相结合后，在用于一个会议室的多径模拟时的效果。其中红色的实线表示的是收发之间存在的直视路径，紫色的虚线表示的是通过一次反射而形成的路径，浅蓝色代表的是通过两次反射而形成的路径，绿色则是通过三次反射形成的路径，黄色的线段所表示的是经历了一次衍射形成的路径，蓝色的圆点代表的是图论确定的散射点的位置，蓝色的虚线代表的是经历了一次散射而达到接收端的路径。没有连线的散射体，它们之间可能会形成多次散射。可以看到，采用射线追踪，能够描绘出数量较多的路径，这对准确预测信道的多径分布，奠定了很好的基础。图论则在环境的整体描述上进行了有效的补充，对于信道的整体谱，特别是在参数域上连续的分布状态进行更好的呈现。

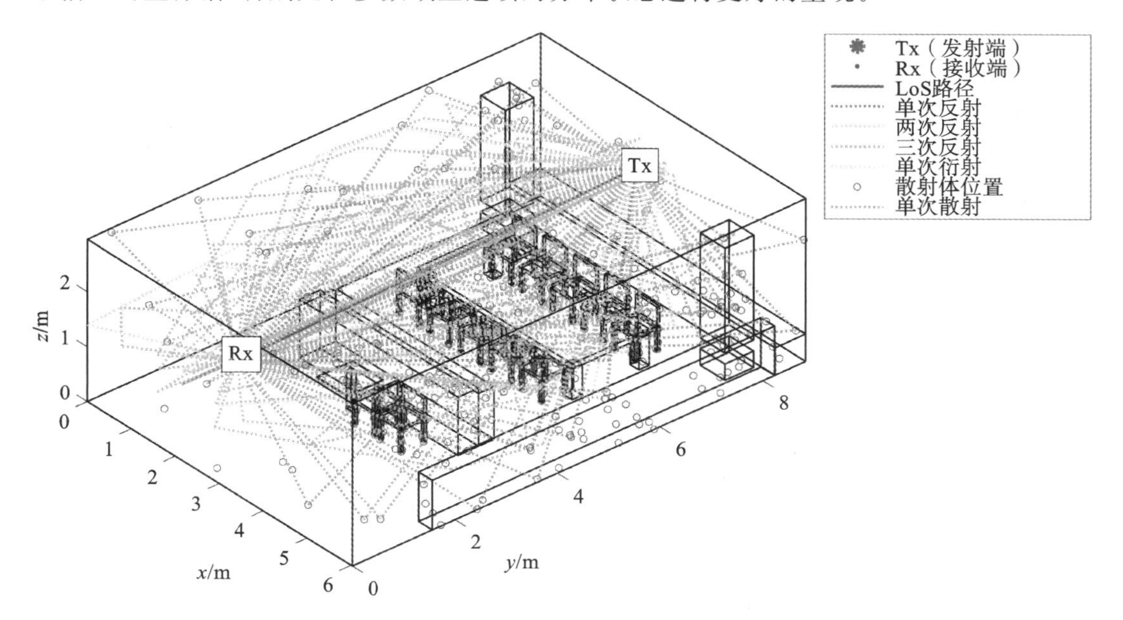

图 6-19　传播图论仿真路径传播图例，Tx 和 Rx 放置位置方式 1

图 6-20 展示了采用射线追踪模拟横电波(transverse electric field，TE)传播的效果，红色实线表示的是综合了一次反射、二次和三次散射，以及一次衍射的平面波的组合。可以看到衍

射所造成的路径主要集中在时延的前端，只有两条路径展示了较高的接收功率水平，所以衍射在该环境里对于电波传播信道总体构成的贡献并不大。一次反射所形成的路径多集中在20～40 ns，二次反射集中在 20～50 ns，三次反射则出现在 20～100 ns，可见信道在 40 ns 以后的响应基本上是由两次、三次及三次以上次数的反射所形成的路径构成的。我们还观察到在 60 ns 以后，仍然会出现比较强烈的多次反射所形成的路径，其彼此分离、成簇的状态还是比较明显的。

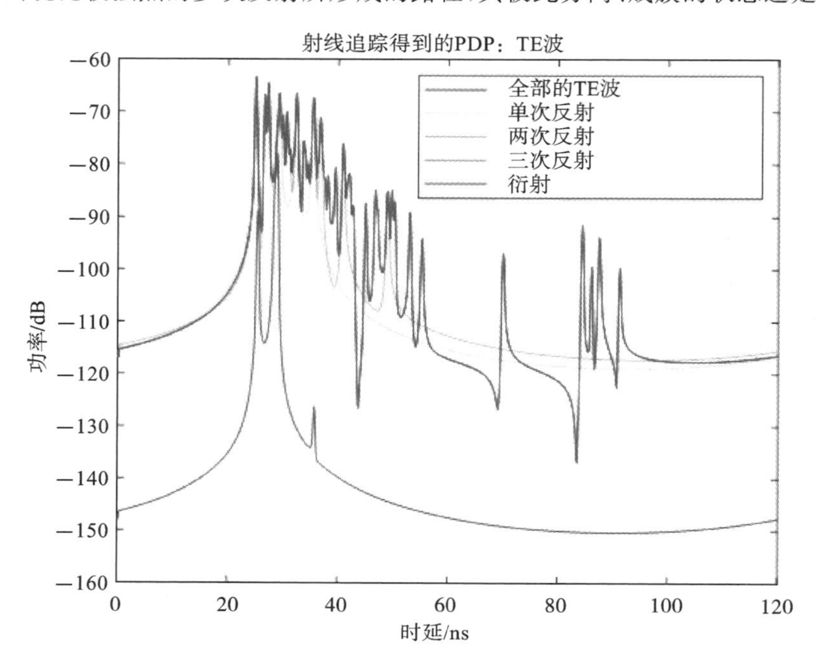

图 6-20　射线追踪各传播机制生成的 PDP 谱

图 6-21 展示了单独用传播图论模拟三次散射以上的路径所形成的信道功率时延谱，采用射线追踪对反射、衍射三次即三次以下所形成的路径构成的信道功率时延谱，以及两者结合以后的功率时延谱，和实际测量得到的功率时延谱之间的对比。我们可以看到图论能够准确地描述功率随着时延的增加而连续下降的变化趋势，除了它可以在功率时延谱的左端起始附近描述一些主要的路径外，在大约 30 ns 以后的功率时延谱中基本上是以不可分离的漫散射多径构成为主。而射线追踪可以得到较多的分离多径，两者的结合可以看到多径叠加以后形成的沿着时延随机变化的功率时延谱，并且伴随着簇的现象。与实测的功率时延谱结果相比，随机变化的抖动、沿着时延信道功率逐渐衰落的趋势，以及出现簇的现象都较为一致。这说明射线追踪和传播图论混合以后得到的信道响应，与单独的射线追踪、传播图论相比都更加接近真实的信道。

通过上述的对比，我们也看到实测和仿真得到的信道之间仍然存在一定的差距，主要体现在功率时延谱的波动上，有些位置上的簇现象似乎还不是非常明显。这可能是由于射线追踪设置时，还缺少对室内物体准确的几何描述。目前对于实测和仿真之间的差异，我们认为可以通过在环境房间里补充必要的散射体来进行拟合，因为实测的环境中的散射体分布，可能与数字化呈现的散射体分布仍有不同，并且很可能存在较大的差异。所以，我们先利用散射矩阵所形成的架构来调整散射体分布的方式，并与实测功率时延谱拟合来减少与实际环境中散射体分布之间的不一致，待到散射体分布状态较为准确时，就可以进行后续的混合模型构建的工作。

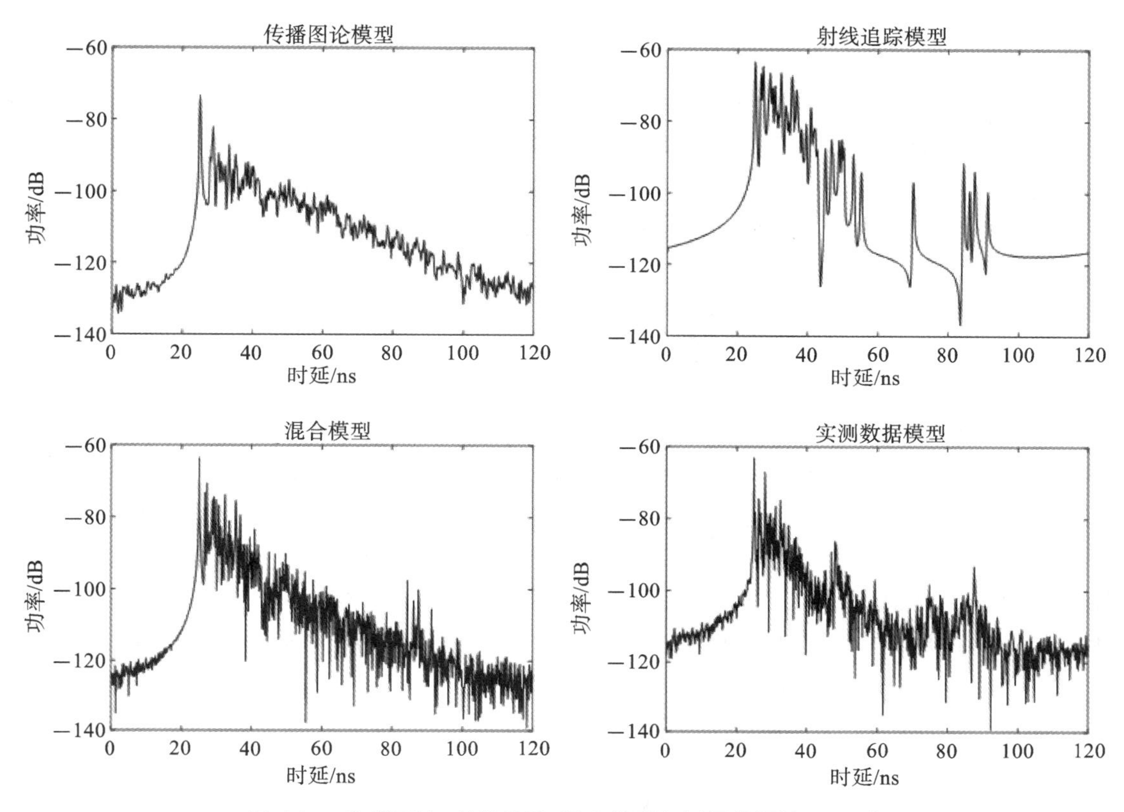

图 6-21　传播图论、射线追踪、混合模型与测量数据的 PDP 谱

6.3.5　转移概率累积指导散射体分布策略

为了能够描述电波在环境里与物体之间发生作用从而使得信道具有时延、方向等参数域上的扩散特性的过程，需要对特定环境中的散射体的分布通过位置、相互之间的可见性、电波在与散射体作用以及在散射体之间进行传播时发生的状态改变，进行尽可能准确的刻画，这样才能够为传播图论信道仿真构建一个可靠的基础。

传统的图论里，通常会从获得的物体在室内的分布状态出发进行"撒点"，对物体的边缘及物理上具有较大延展的平面给予更多的关注，并且考虑到电波在离开某一个障碍物后到达新的障碍物的可能性与其离开时获得的衰减损耗有密切关系，所以并不是物理上可见的路径上都可以满足电波顺利通过的条件，还需要对每个边缘上电波通过的概率进行设置。例如，采用可见概率结合实际传播带来的幅值衰减来进行描述。当然概率因子的增加可以说有一定的物理依据，但是很难直接从测量中进行概率因子的建模，所以现阶段除了通过阻挡的方式可以明确某一个路径是存在电波通过的概率外，其他导致概率变化的机制可能是信道所在环境的随机抖动等时变因素。对此我们暂不做深究，本节主要考虑散射点之间的连线上存在的损耗，可能会导致某些散射体在多次折返传播的过程中逐渐变得不可见，即功率时延谱的时延较大的后端部分，信道中敏感的、能够起到"支点"的作用会逐渐显现。注意到，由于图论具有对散射体进行各向同性的设置，导致这些支点不仅构成功率时延谱中的主要路径分量，也构成谱中非主径、其他时延下的多径分量。所以我们可以认为，这些支点是构成信道整体的根基，相比于其他散射体，如果从减少图论仿真的复杂度的角度考虑，以及保持散射矩阵的可逆性的角度考虑，保留这些散射体的优先级会更高。

为了能够“可视”地观察到是哪些散射体在某一个特定的环境中构成信道形成的关键“支点”，可以计算 n 不断增加时的转移矩阵 $\boldsymbol{B}^n$。这样可以得到概率累积下的增益突出的区域，其对应的散射体就可以认为是该环境中对传播信道具有较大贡献的部分。在识别出这些“支点”散射体以后，可以通过消掉其他非支点的散射体，减小图论的散射体建模的复杂度。值得一提的是，因为这个散射体转移矩阵并不依赖于发射端和接收端的具体位置，所以这些“支点”实际上可以用于模拟该环境中的任意设置的收发端之间的信道。

图 6-22 展示了在对同济大学嘉定校区智信馆的 307 会议室和 309 教室进行散射转移矩阵 $\boldsymbol{B}$ 进行 500 次方以后绘制的伪色（pcolor）表示图。图中点的颜色越深，表示该点对应的横轴表示的散射体到纵轴表示的散射体之间存在的信道累积增益越高。从图中可以看到，的确存在一些散射体之间的较强的电波传播通道。图 6-23（a）左展示了图论最初所使用的所有散射体，图 6-23（a）右所示的为利用这些散射体构建的图论模型，经过计算后得到的信道的 PDP。图 6-23（b）左中的红色点则为经过多次散射传播以后，能够提供较高传播增益的散射点。即这些散射点形成的散射矩阵，是原始的完整数量的散射体构成的矩阵中的主要部分。而利用这个新的选择过的散射矩阵，得到的功率时延谱与原始的功率时延谱几乎没有区别。

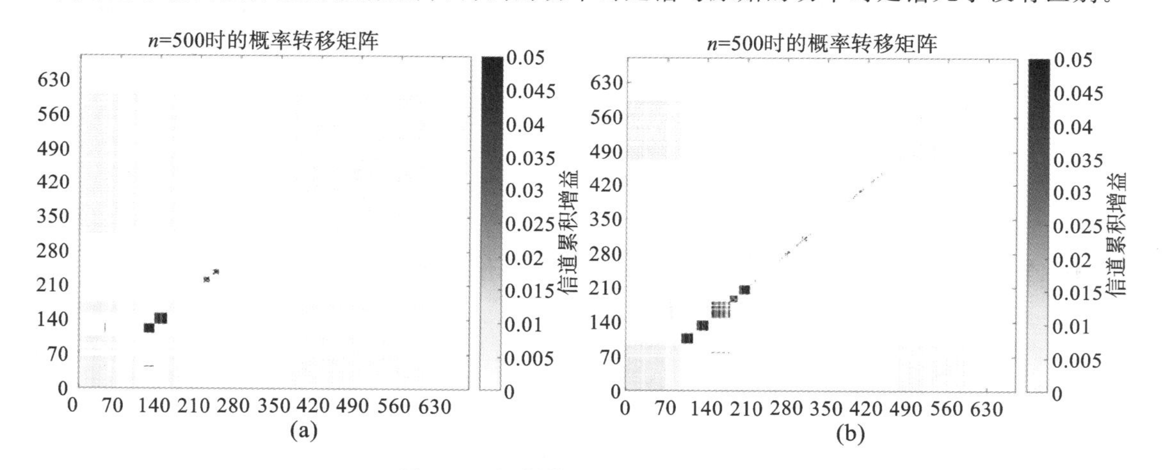

图 6-22　散射体累积概率转移矩阵

（a）307 房间；（b）309 房间

同样地，图 6-24（a）左展示了在教室环境中设置的最初散射体的分布，图 6-24（b）左中的红色点是经过多次散射矩阵乘方以后，保留下来的增益较强的散射体。我们同样可以看到经过累积增益的计算后，得到“支点”散射体的散射矩阵，并能够得到与原始的散射矩阵非常接近的信道功率时延谱。

上述的分析表明，图论中的散射体分布建模还有较大的改进空间。未来可以通过总结出更加有效的对环境中的散射体进行位置确定的方法，更具有泛化性，即可以对初始化选择散射点的位置进行确定，也可以通过某种计算进行优化。依靠累积概率的方式进行散射体分布的确定的方法，在第 8 章利用信道特征进行位姿检测中得到了实际应用，这将在第 8 章具体介绍。

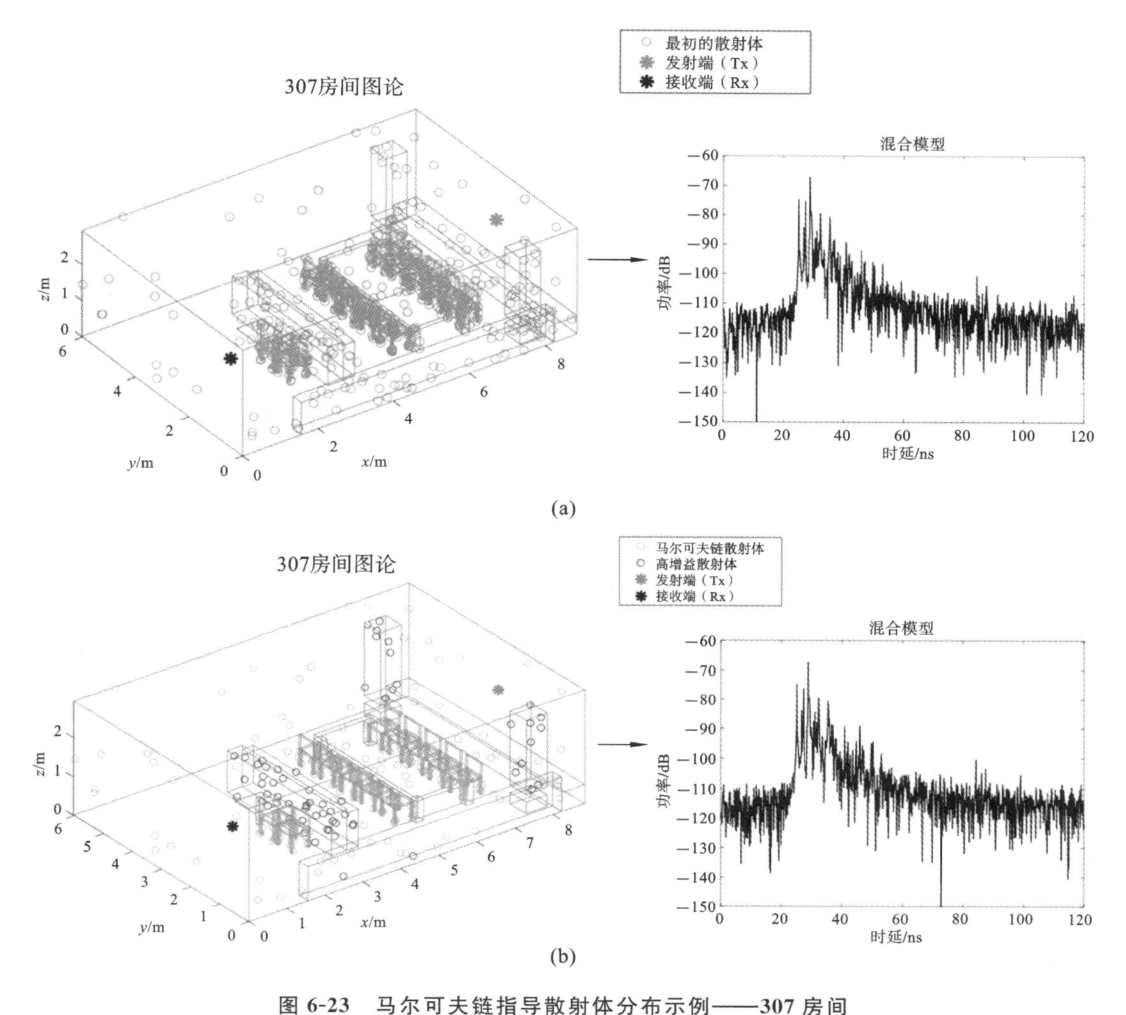

图 6-23 马尔可夫链指导散射体分布示例——307 房间

(a)原始散射体分布与仿真功率时延谱;(b)马尔可夫链指导散射体分布与仿真功率时延谱

6.3.6 较大区域中的散射点分布策略

传播图论的运行基础是对环境中散射体的几何分布进行散射矩阵的构建。该方法也能灵活地用于城市环境下的传播信道模拟。但是在城市环境中，特别是在建筑物较多、分布较为密集的情况下，收发之间和它们各自周边会存在大量的建筑物，此外还有树木、灌木等物体，可能会导致太多的散射体出现在散射矩阵中，从而使得散射矩阵过大，容易引起不可逆的问题。所以有必要进行散射体的筛选。

参考文献[42]在确定性建模时，考虑了菲涅耳区的影响，结果表明引入菲涅耳区内的衍射和反射的电磁波能量损耗，对建模准确度的提升有重要意义。从几何特征上分析，菲涅耳区是以收发设备位置为焦点，由满足电磁波的直射路径与反射路径的行程差为 $n\lambda/2$ 的所有点构成的椭球面，如图 6-25 所示。若第 n 菲涅耳区的外边界上存在一点 P，则满足以下公式：

$$|PT_x|+|PR_x|-|T_xR_x|=\frac{n\lambda}{2} \tag{6-44}$$

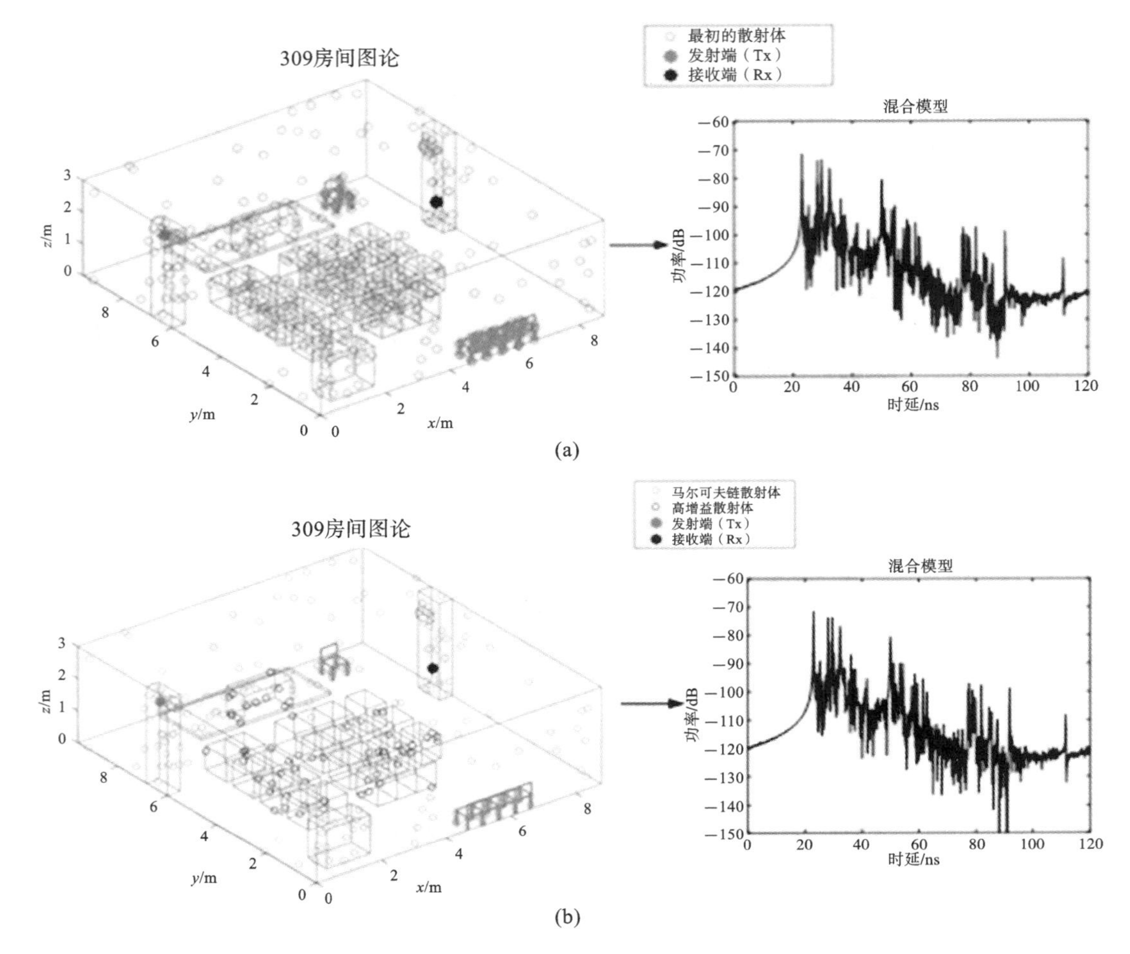

图 6-24　马尔可夫链指导散射体分布示例——309 房间

(a)原始散射体分布与仿真功率时延谱；(b)马尔可夫链指导散射体分布与仿真功率时延谱

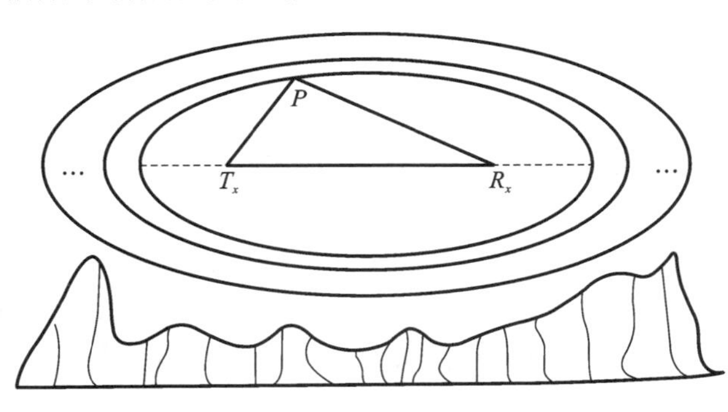

图 6-25　菲涅耳区几何示意图

针对传播图论算法在大范围且存在动态环境的城市环境中的建模，我们初步尝试了一种复合的方式来决策哪些区域的散射体需要被考虑到图论仿真中，即基于菲涅耳区和收发端为中心的撒点方法，其原理框图如图 6-26 所示。以发送端 T_x 和接收端 R_x 为焦点，根据式(6-45)可以分别计算出菲涅耳区的边界，由 n 个菲涅耳区可以构成多层同心椭球区域，图 6-26 中第 n 菲涅耳区对应于的第 $n-1$ 到第 n 椭球区域，其中 R 为第一菲涅耳区所构成的椭球的短半轴，也可看作菲涅耳区半径，计算公式为

$$R=\sqrt{\frac{n\lambda d_1 d_2}{d_1+d_2}} \tag{6-45}$$

式中：椭球上的所在点向椭球长轴作垂足，垂足与长轴两端点的连线距离分别为 d_1 和 d_2。基于菲涅耳区和收发端为中心的撒点方法的具体步骤如下：

(1) 划分散射点区域。

分别以发射端 T_x 和接收端 R_x 为中心，仿真建模的传播距离 D 为半径，确定第一球形区域 A_1 和第二球形区域 A_2；以发射端 T_x 和接收端 R_x 位置为焦点，确定第 $1\sim n$ 椭球形菲涅耳区 A_3。

(2) 设置原始散射点。

基于选定区域 $A_1\sim A_3$ 内的建筑物外侧表面、建筑物顶面和无建筑物的地面，根据建模需求设置合适 δ_s，利用随机撒点法生成原始散射点 s_{raw}。

(3) 设置选定区域内半径与点亮概率。

根据建模需求，对球形区域 A_1 和 A_3 设置更小的传播半径 $D_1,D_2,\cdots,D_L$，并将所在的环境划分为 L 个更小的球形区域，用 $A_{ij}(i=1,2,j=1,2,\cdots,L)$ 表示划分后的区域；对球形区域 $A_{11}\sim A_{1L}$ 和 $A_{21}\sim A_{2L}$，以及第 $1\sim n$ 菲涅耳区内的散射点，依次设置降序的点亮概率，即距离发射端 T_x 和接收端 R_x 越近的散射体，散射体点亮概率越高。

(4) 设置区域外的高层建筑物。

基于选定区域 $A_1\sim A_3$ 以外，而在预设传播距离以内的高层建筑物，仍考虑其对信道传播的贡献，设置高度阈值 h_s，对高于 h_s 的建筑物所在表面进行随机撒点，并设置较高的散射点点亮概率。

(5) 更新散射点进行仿真计算。

根据步骤(3)和步骤(4)的区域划分和散射点概率设置，区域内的散射点 s_{raw} 被更新为有效散射体 s_e，结合区域外的高层建筑物的有效散射点 s_h，用于传播图论的仿真计算。

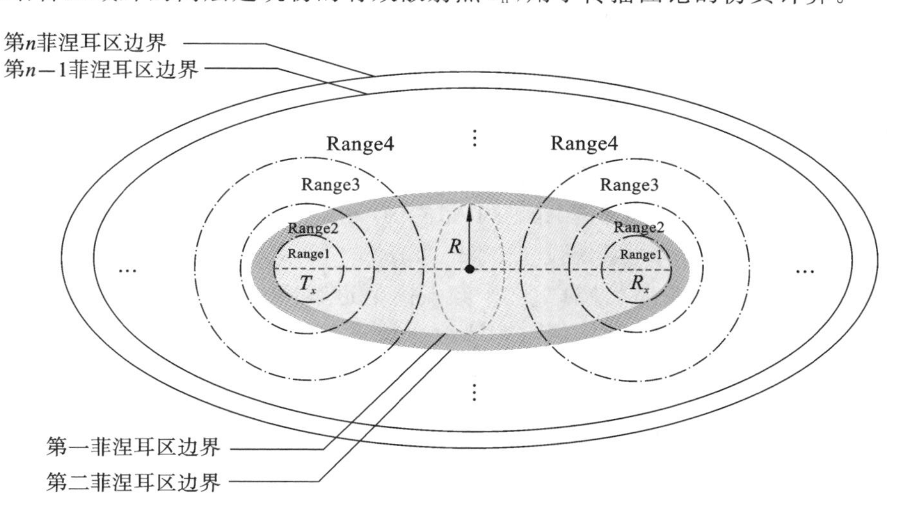

图 6-26　基于菲涅耳区和收发端的散射点范围设置

该方法中的散射点被"点亮"指的是给每个散射点添加了一个"点亮/熄灭"的属性，即当散射点为"点亮"状态时，该散射点被选取用于传播图的构建，并参与传播图论的仿真计算，而当散射点为"熄灭"状态时，该散射点被视为无效散射点，并不参与传播图论的仿真传播过程。此外，该方法适用于动态场景中，当发射端或者接收端移动时，根据收发端位置的改变，依次重复步骤(1)～(5)以更新区域 $A_1 \sim A_3$ 以及散射点 s_{raw}、s_{e} 和 s_{h}，用于传播图的仿真计算。散射点的更新可以反映收发设备的环境改变，从而体现所模拟的无线信道的动态特征，更符合真实电波传播的过程。

图 6-27 简单列出了相关的操作流程。值得一提的是，这些区域的设置会用到一些参数，而这些参数有可能因为不同的城市环境而发生改变。所以，对这些参数取值进行校准是很有必要的。我们可以通过与实测数据进行对比的方式来进行校准，也可以采用机器学习的方式来进行。

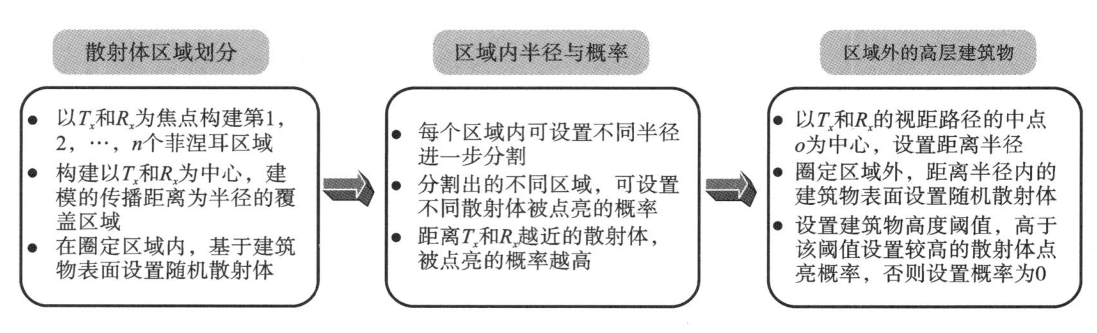

图 6-27　在城市场景中进行图论仿真的区域设置

6.4　传播图论仿真方法的应用举例

本节将通过实际案例来介绍，如何利用传播图论对不同环境下的电波传播信道，进行冲激响应的仿真，并对其有可能改进的方向提出具体的建议。

6.4.1　城市场景传播图论仿真

首先，我们以城区环境为例对传播图论建模进行介绍。拟模拟的环境是一个城市小区场景，图 6-28 展示了上海城区的卫星地图，图中标注为“小 2”的某小区，覆盖面积约为 500 m×500 m。我们选取了两种不同的系统设置方案，如表 6-2 所示，其中测试案例 1 是在 4.8 GHz 的中心频点，以 20 MHz 的带宽，计算 128 个频点的信道频率响应，而测试案例 2 则是计算整个小区的场分布，接收点为 9270 个，只需要选取单频点进行窄带信道系数的计算。两种仿真测试案例分别用到了喇叭(horn)口定向天线和偶极子(dipole)全向天线，两种天线的天线方向图如图 6-29 所示。

表 6-2　仿真测试案例参数

测试案例	通信频段/GHz	发射源方向图	发射源位置	接收点	带宽/MHz	频点
1	4.8	Horn Antenna 定向垂直极化	小区楼房间内 (距离地面 20 m)	小区正上方楼房 最高×1.5 处	20 MHz	128
2	0.2	Dipole Antenna 全向垂直极化	小区正上方 8 km	整个小区内空间的 场分布和相位分布	—	1

图 6-28 上海城区的卫星地图实景

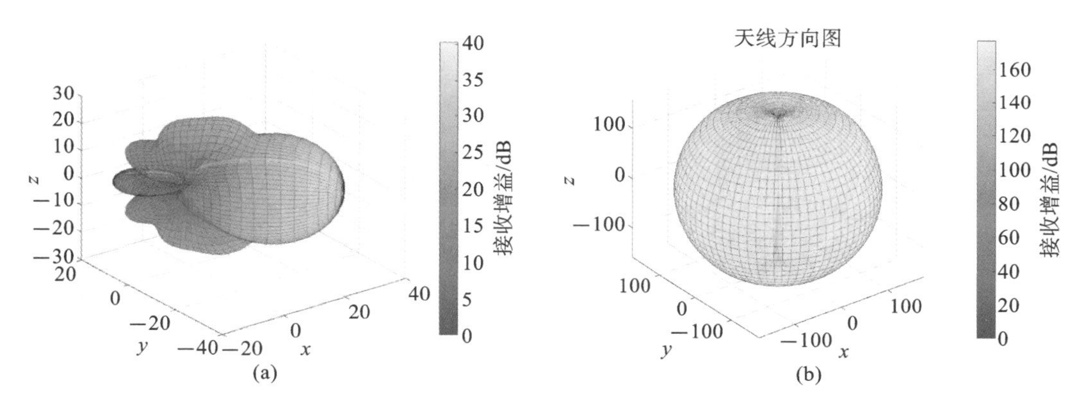

图 6-29 三维天线方向图

(a)喇叭口定向天线;(b)偶极子全向天线

我们采用普通的个人计算机来进行计算,针对上述的城市场景,生成散射体的时间比较长,大约需要 9500 s,包括 3928 个散射体的位置信息的生成与存储,一次搜索确定后,就可以永久使用。单点生成发射接收之间的传播图的时间平均为 15 s 左右,采用 128 个频点,生成一个信道冲激响应的时间为 1000 s。图 6-30 为测试案例 1 中的传播多径的示意图,以及仿真得到信道的功率时延谱。

在测试案例 2 的场景下,设定的接收点高度分别为 10 m、30 m、50 m 和 90 m。水平方向网格为 5 m,覆盖整个小区平面,每个高度可生成 9270 个接收点信息。源点位于小区正上方 8 km处,如图 6-31 所示,给出了所选定小区仿真的场分布和相位分布。

通过图 6-31 可以看到,当接收端位于不同的高度时,信道损耗系数的幅值呈现了不同的分布状态,当高度为 10 m 时,可以清晰地看到楼宇的环境对信道损耗系数分布造成的有规律的影响,并且从相位的分布也可以观察到有规律的球面扩散的特征。但是当高度达到50 m及以上时,幅值就变得非常随机,难以看到与地面之间有明确的对应关系。当高度达到 90 m 以上时,几乎就呈现一种均匀的随机分布状态。

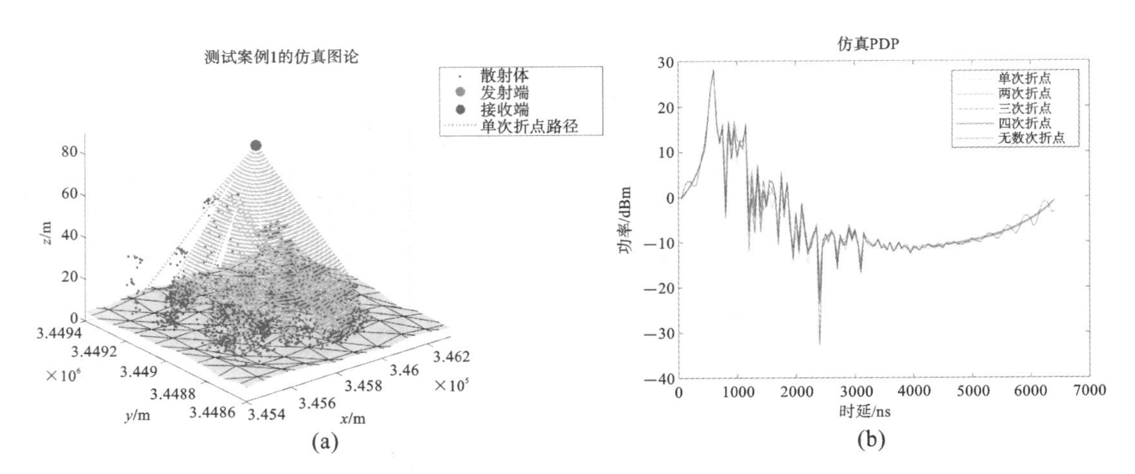

图 6-30　测试案例 1 场景中模拟的传播多径以及仿真不同阶次折点路径得到的信道功率时延谱

(a)路径传播图;(b)仿真功率时延谱

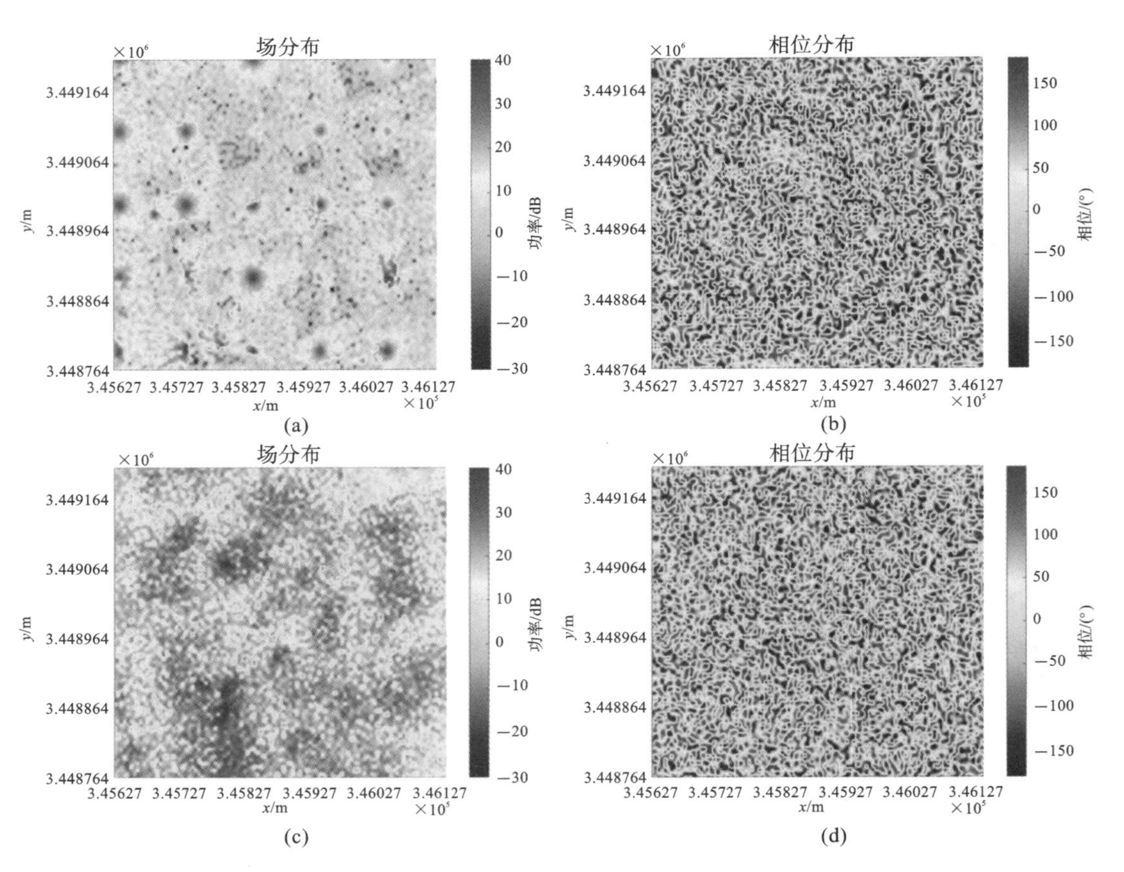

图 6-31　测试案例 2 的整体小区场分布和相位分布

(a)场分布图(高度 10 m);(b)相位分布图(高度 10 m);(c)场分布图(高度 30 m);(d)相位分布图(高度 30 m);(e)场分布图(高度 50 m);(f)相位分布图(高度 50 m);(g)场分布图(高度 90 m);(h)相位分布图(高度 90 m)

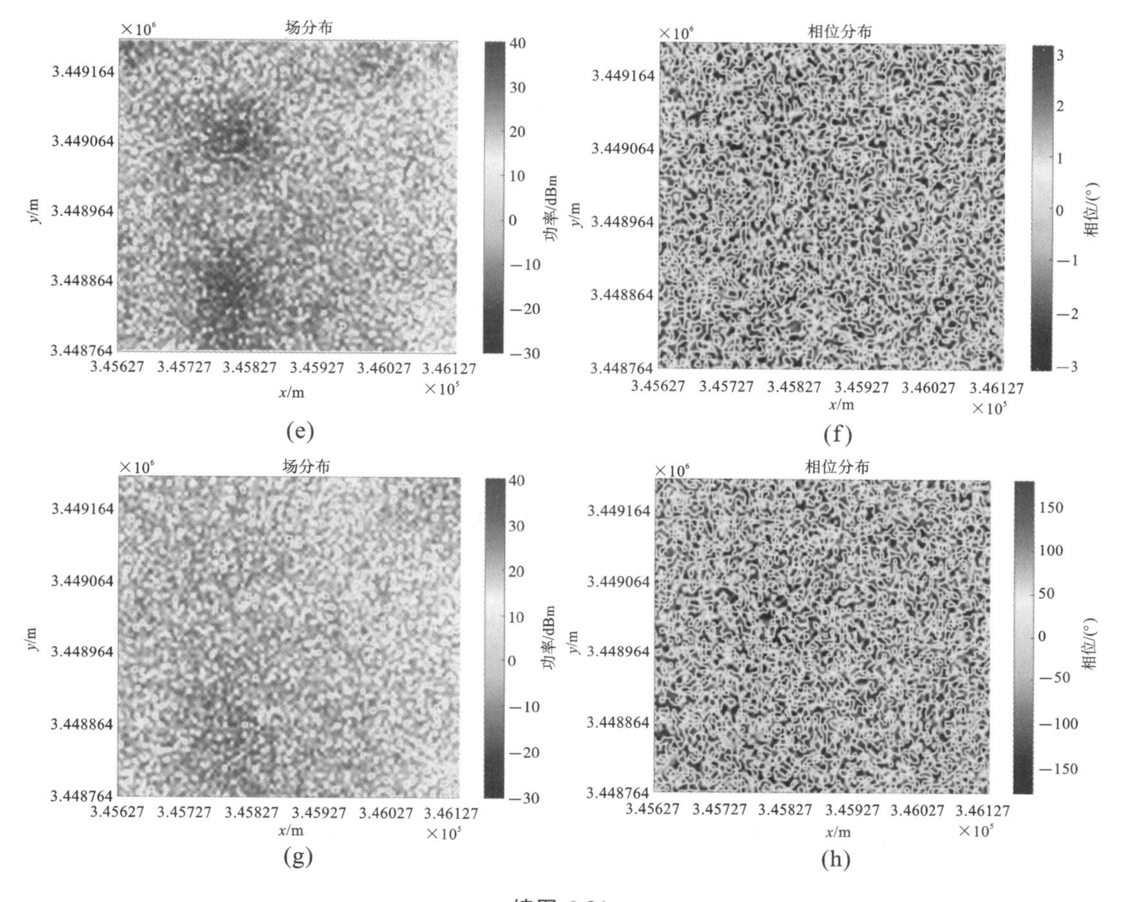

续图 6-31

6.4.2　山地场景传播图论仿真

山地场景的地图相对城市场景而言精度略低，模拟需要考虑的范围为 2000 m×2000 m，其中共有 2378 个散射点。模拟的中心频点为 2.4 GHz，带宽为 10 MHz，频点数为 201。在传播图论建模过程中，我们分别用到了全向天线和顶线天线，三维天线方向图如图 6-29 所示。

首先，如图 6-32 所示，模拟收发场景中，发射天线位置位于[－341，200.4，1371]（m），即位于山峰的顶端，离地 10 m 高，而接收天线与发射天线位置相同，属于一个自发自收的雷达场景。发射和接收天线的类型均为全向天线。

我们已考虑发射和接收天线位于[682，467.6，885]（m）的情况，此时收发位于山谷，距离地面 10 m 高，收发采用了全向天线。图 6-33 展示了射线分布情况以及得到的功率时延谱。

此外，考虑发射天线位置为[－341，200.4，1371]（m），同样位于山峰，离地 10 m 高；而接收天线位置为[－341，190，2371]（m），即约为发射天线正上方 1000 m 处；收发天线均为全向天线。图 6-34 展示了射线分布情况以及得到的功率时延谱。

由上面的仿真结果可以看出，功率时延谱形状较为合理，多径分量的数量以及多径出现的时延也能够和收发天线及散射体的相对位置准确对应。

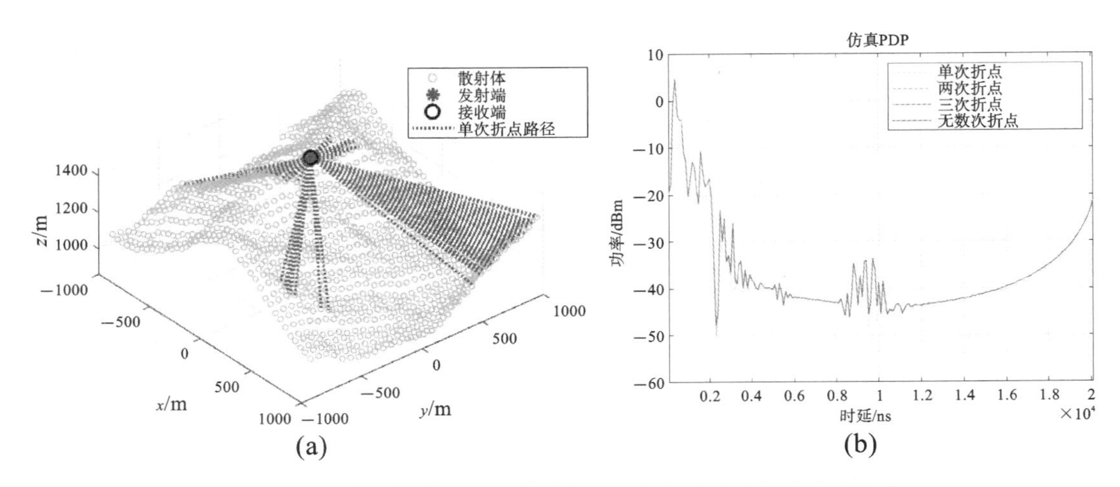

(a) (b)

图 6-32 传播图论仿真得到的射线分布情况及对应的功率时延谱

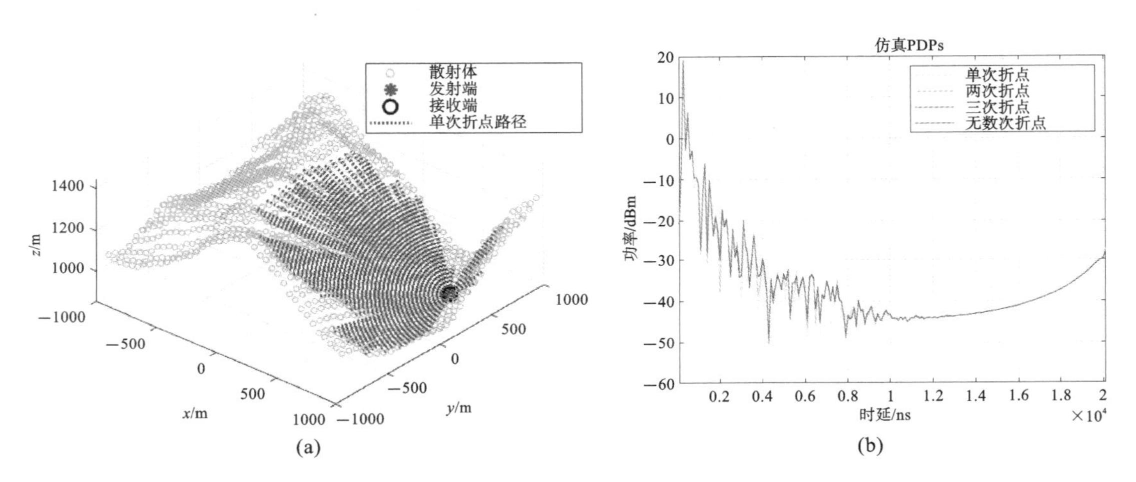

(a) (b)

图 6-33 射线分布情况及对应的功率时延谱 1

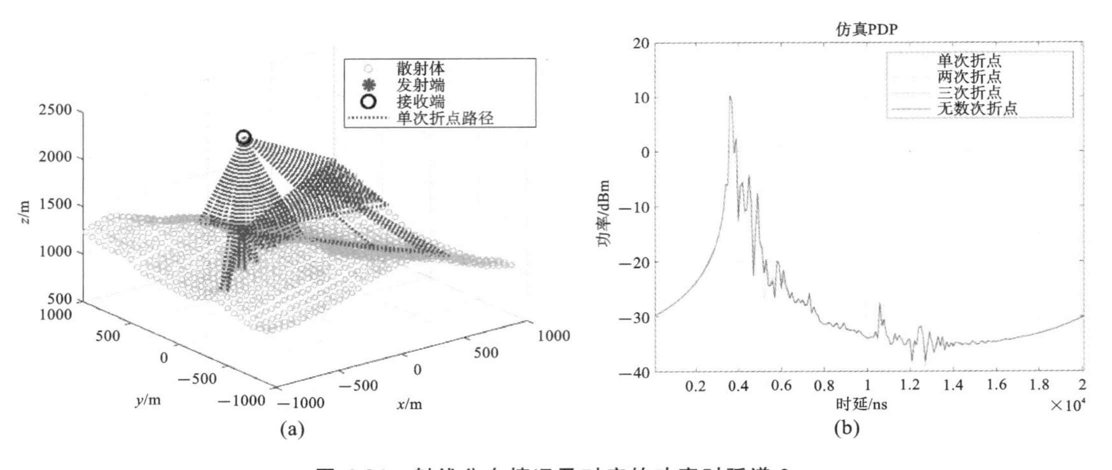

(a) (b)

图 6-34 射线分布情况及对应的功率时延谱 2

接下来考虑一个单输入多输出(single input multiple output,SIMO)的配置,仿真单频点为 2.4 GHz。发射端安装单个喇叭口天线,发射天线的位置为[－1000,1000,1500],即位于仿真区域左上角 1500 m 高度,接收端为一个 7×7 阵列天线,天线阵元间隔为半波长,每个阵元的辐射模式均为全向天线;接收天线阵列的位置为[1000,－1000,1500](m),位于仿真区域右下角 1500 m 高度;阵面垂直于 xoy 平面,阵面与 xoz 平面的夹角为 45°。

传播图论生成的一次射线分布情况如图 6-35 所示。基于此系统设置下,接收端天线阵列的排列方式如图 6-36 所示,同时,图 6-36 还展示了接收端的功率角度谱(power angular spectrum,PAS)。

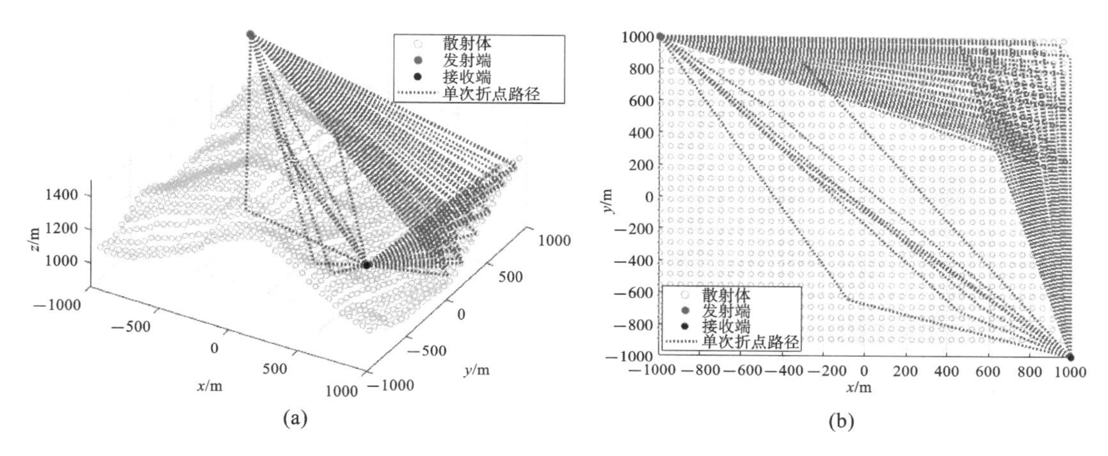

图 6-35　射线分布情况斜视及俯视图

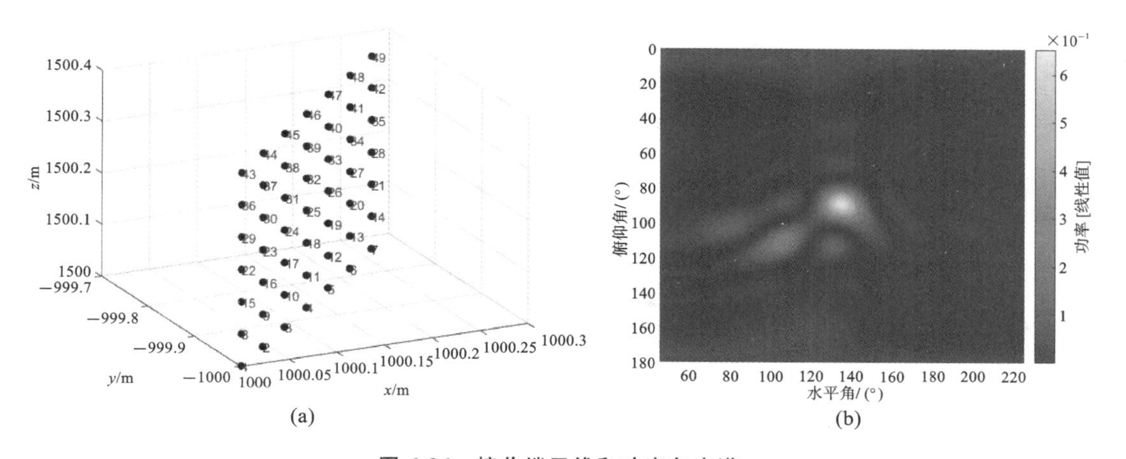

图 6-36　接收端天线和功率角度谱

(a)天线阵列示意图;(b)接收端的 PAS

由上述仿真结果可以看出,由于山峰起伏的特定形状,以及收发天线的位置,在接收端阵列的视角中,多径分量主要出现在收发端视距路径的右侧。若定义水平角为路径与 x 轴正方向的夹角,逆时针为正值,取值范围为[0,360°];定义俯仰角为路径与 z 轴的夹角,取值范围为[0°,180°]。那么,视距路径(LoS)的水平角为 135°,俯仰角为 90°;多径分量水平角集中在[90°,135°]范围内,俯仰角大于 90°。由上述功率角度谱中的功率分布可知,射线空间分布与仿真中环境配置的散射体分布相一致。

在山地的场景中,我们也考虑了计算当发射天线位于[－243.6,－200.4,1463](m),即位于山峰顶端，离地 10 m 高的位置时，在 x 和 y 轴以 200 m 为间隔，计算信道窄带增益的分布情况，假设发射天线类型为全向天线。图 6-37 展示了不同高度下的信道增益情况。图 6-38 绘制出了等高线表示的二维信道增益的分布。

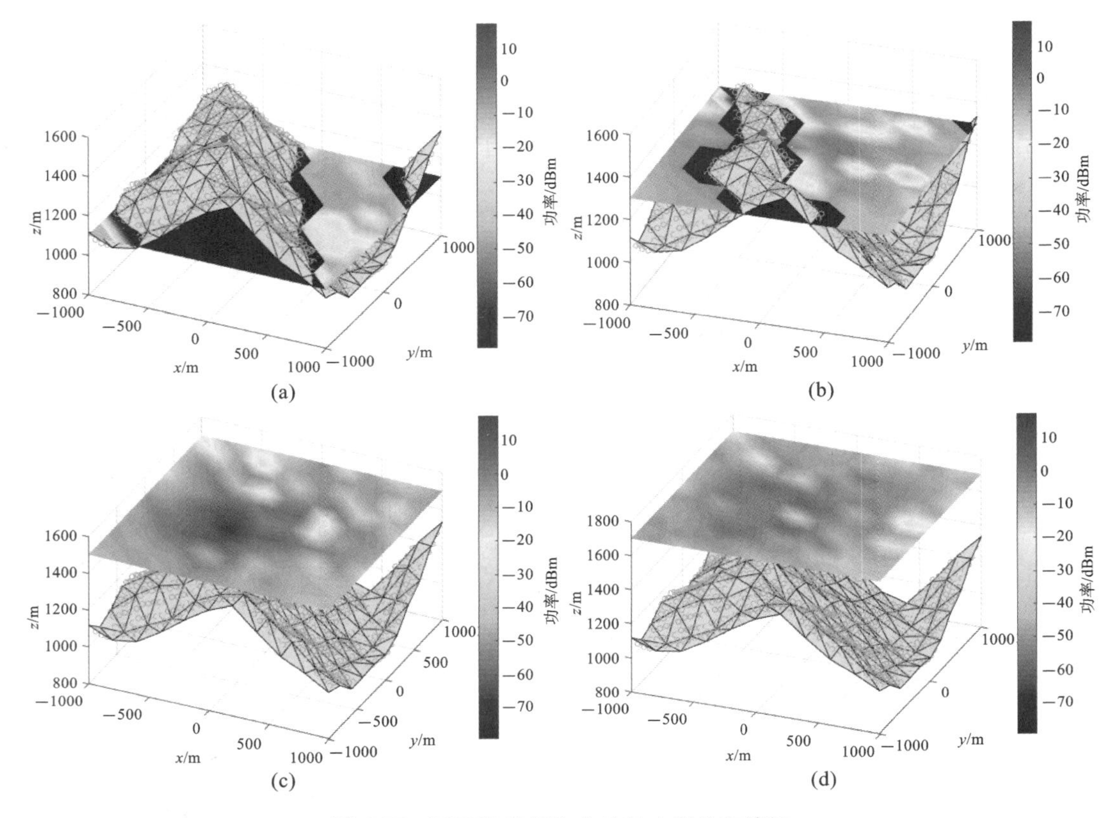

图 6-37　不同高度切片上的场功率分布情况

(a)1100 m;(b)1300 m;(c)1500 m;(d)1700 m

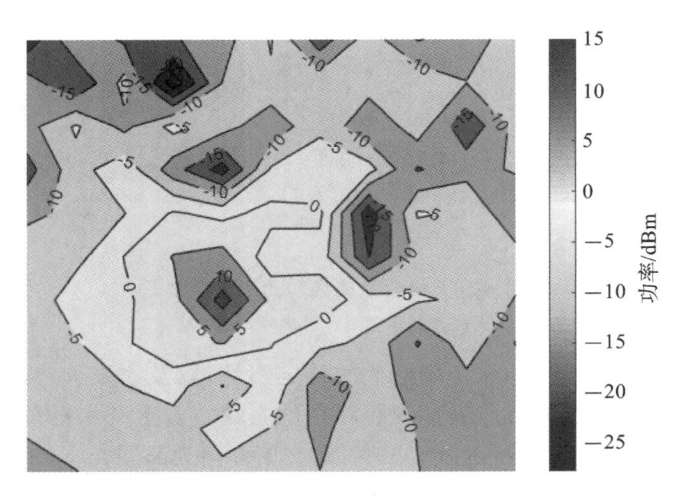

图 6-38　1500 m 高度场功率等值线图

6.5　本章小结

本章对传播图论进行信道特征的模拟仿真进行了详细的介绍，特别是对一些在传统传播图论基础上进行方法上的改进做了分析。可以看到传统传播图论仿真方法在以室内环境为代表的小规模环境中，展现出良好的仿真准确性。然而，当应用在复杂传播场景时，传统的传播图论仿真方法存在一定的局限性，具体表现为以下三个方面：

第一，传统方法对环境的随机性考虑不足。电磁波信号在空间中的传播是一个随机性与确定性相结合的过程。随着环境复杂程度的提高，信号传播的随机性所占比重也随之升高。因此，传统传播图论仿真方法中，认为信号确定性占绝对主导的思想在复杂场景中不再适用。

第二，传统方法对信号传播机制考虑不足。在复杂传播场景中，需要挖掘场景中可能出现的传播现象和传播机制。例如，在城区环境中，由于散射体分布密集，可能会出现衍射现象、匙孔效应、菲涅耳效应等。

第三，传统方法的仿真时间、空间成本较高。传统图论仿真方法的仿真运行时间与散射点数目的三次方成正比，占用计算机内存大小与散射点数目的平方成正比。在复杂场景中，散射点数目往往可达数万甚至数十万个，传统方法仿真时间和空间成本急剧升高。因此，在没有较大影响仿真准确性的前提下，如何降低传播图论仿真方法的时空复杂度，成为一个新的优化方向。

基于以上三点考虑，我们可以进一步研究提升传播图论仿真方法性能的优化技术，如可以考虑采用栅格法构建数字地图，设计在可见性判断上更高效的算法。此外，基于射线追踪思想的路径寻找技术也可以用于构建传播图。未来传播图论用于信道仿真方面的发展方向有以下几方面。

1. 散射点分布策略

(1) 现有的散射点分布方式主要有均匀分布和随机分布，针对这两种分布形式，在不同场景下进行仿真结果的对比，来判断散射点的分布对结果是否有较大的影响。如果两种分布方式的结果差异不大，则可以继续按照以往经验进行撒点。如果差异很大，则需要将场景区域的主要和次要部分区分开，采用不同的撒点方式(主要部分包括长期稳定存在，在物理传播机制中较为重要的散射物，次要部分则包括环境中的杂散物体等)。同时，散射体分布可以加入权重(指散射点出现的概率大小)的设置，例如，距离发射点和接收点近的建筑物设置较大权重，距离较远的建筑物设置较小权重。

(2) 研究频段差异较大时，是否需要相应地调整布点策略。

在上述研究过程中，可以通过与射线追踪、发射反弹射线(shooting and bouncing rays，SBR)、CST 电磁仿真等结果进行对比来进行校准。考虑以下三个方面来构建撒点策略：①确定性存在和随机性描述，确定是指信道作为随机过程中的确定性部分，特别是一阶矩统计量，随机是指分布的形态、二阶矩的那些量，如何能够保持二阶矩仿真和实测的一致性；②一些传播过程中较为合理的传播机制对撒点的体现，如反射、散射、衍射、绕射和透射等；③考虑和实际场景中的测量数据拟合而得到的一些修正指导下的撒点策略，如丛林、水面、沼泽等这些典型的地方该如何撒点。

2. $\boldsymbol{B}(f)$矩阵求逆的加速

散射体数目越多，$\boldsymbol{B}(f)$矩阵维度越高，导致矩阵求逆这一步骤的计算时间过长，同时矩阵不满足满秩的可能性很大。如果将“大矩阵”变为“小矩阵”，结合求逆的并行处理，可以使得算法加速。此外，对于矩阵中传输系数非常小，或者该散射体不可视的情况，可以删除该类型散射体，以减小矩阵维度。后续还可以对一些矩阵求逆加速的数学方法进一步研究。考虑一下数学层面上的“降维”操作，比如对矩阵进行分解以后的操作。做奇异值分解(singular value decomposition，SVD)后，有选择地进行降低复杂度的操作。考虑物理层面的操作，近似或者优化的操作，把大图进行分解、嵌套、链接等操作，将传播图变得更加有层次和顺序。

3. 射线遮挡判断的加速

射线遮挡判断占用了矩阵计算的大量时间，现有方法是将每条路径都与所有的墙面进行可视性的判断，可以优化的一个方向是：设定最大透射墙面数，当判断遮挡墙面数超过该最大值，就判定为不可视，无需与所有墙面进行判断，以节省计算时间。同时，引用遮挡判断加速算法来降低计算时间。此外，尝试用随机变量来描述遮挡，而不是一定要在环境里进行“溯源”才能决定，并且如果遮挡本身能建模，则可以考虑采用随机模型来描述。

4. 极化的嵌入

已有相关文献确定了极化嵌入传播图论的方法，需要考虑的是对应不同极化模式是否需要采用不同的“图”，比如飞机的姿态不一样时，极化表现也不一样。如何模拟任意极化方向上的“图”和信道特征，有待进一步研究。

5. 气象的影响

气象与传播图论的结合，比较简单的方式是利用国际电信联盟(International Telecommunications Union，ITU)制定的标准，比如雨衰带来的主要是幅度上的衰减，将相应的衰减系数乘上矩阵传输系数，以此来体现气象的影响。更深层次的方式，需要考虑是否能用“图”来模拟出云层、雪花等，构建的图可能不再是散射体，而是小颗粒性质的点。

同时这种方式下的传播是否用直线来表示，或是一种直曲线的方式来传播，对于高度聚集的小颗粒，传播图的构建方法有待研究。这种结合的方式具有挑战性，也需要进一步挖掘可能性。

6. 频点扩展

频点扩展是传播图论的一个难点，不只计算中心频点的场分布，能否扩展到一定带宽范围内的其他频点的场分布，即有无重复利用仿真结果的可能性。后续我们需要在不同频段、不同带宽和不同环境下，生成大量的仿真样本，来分析不同频点的场分布和频谱之间的相关性和规律性，从而对频点扩展的可能性作出相应分析。可以考虑采用深度学习的方法，来建立神经网络(neural network，NN)模型或者其他模型。也可以考虑使用迁移算法等能够增强泛化能力的方法。

7. 地形材质

地形材质在传播图论中的体现，可以设定不同地形的不同散射系数、反射系数等。然而，常规场景中的材质信息容易获取，但类似雪地、草地等材质，很难通过实际测量来获取相应的材质信息。所以，在有些特殊场景下，我们需要一些特殊方法来确保预测趋势上的准确性，也可以考虑结合国际电信联盟制定的标准。

8. 信道方面的表征

在仿真结果上，需要涵盖一些信道方面的表征结果，包括展示仿真对于通信、雷达探测、干扰与兼容性研究中的作用。除了信道冲激响应、功率时延谱外，还可以包括大尺度信道特性方面的路径损耗、阴影衰落，小尺度信道特性方面的时延域/频域、多普勒域/时间域、方向域/空间域、极化域上的扩散及选择特性，以功率谱或特征参数的形式来表示。这些有待未来进行针对性梳理，从而更好地指导信道仿真中对图、线和计算方式的选择优化。

参考文献

[1] Obara T, Okuyama T, Aoki Y, et al. Indoor and outdoor experimental trials in 28-GHz band for 5G wireless communication systems[C]//IEEE International Symposium on Personal. IEEE, 2015:846-850. DOI:10.1109/PIMRC.2015.7343415.

[2] Alouini M S. Paving the way towards 5G wireless communication networks[C]. in Proc. 2nd Int. Conf. Telecommun. Netw. (TEL-NET),2017:1.

[3] QiaN, Jiao, Yuqing, et al. Advanced Integration Techniques on Broadband Millimeter-Wave Beam Steering for 5G Wireless Networks and Beyond[J]. IEEE Journal of Quantum Electronics: A Publication of the IEEE Quantum Electronics and Applications Society, 2016.

[4] Huang J , Wang C X , Feng R, et al. Multi-Frequency mmWave Massive MIMO Channel Measurements and Characterization for 5G Wireless Communication Systems [J]. IEEE Journal on Selected Areas in Communications, 2017:1591-1605.

[5] Abbas T , Nuckelt J ,Kürner, et al. Simulation and Measurement Based Vehicle-to-Vehicle Channel Characterization: Accuracy and Constraint Analysis [J]. IEEE Transactions on Antennas & Propagation, 2014, 63(7):3208-3218.

[6] Gustafson C, Haneda K , Wyne S, et al. On mm-Wave Multipath Clustering and Channel Modeling[J]. IEEE Transactions on Antennas & Propagation, 2014, 62(3): 1445-1455.

[7] DegLi-Esposti V, Guiducci D, Marsi A D, et al. An Advanced Field Prediction Model Including Diffuse Scattering[J]. IEEE Transactions on Antennas and Propagation, 2004(7):52.

[8] KayA A O, Greenstein L J, Trappe W. Characterizing indoor wireless channels via ray tracing combined with stochastic modeling [J]. IEEE Transactions on Wireless Communications, 2009, 8(8):4165-4175.

[9] Pedersen T, Fleury B H. A Realistic Radio Channel Model Based in Stochastic Propagation Graphs [C]//5th Conf. on Mathematical Modelling (MATHMOD 2006). 2006.

[10] Pedersen T, Steinbock G, Fleury B H. Modeling of outdoor-to-indoor radio channels via propagation graphs[C]//2014 XXXIth URSI General Assembly and Scientific Symposium (URSI GASS). IEEE, 2014.

[11] Athanasiadou G E, Nix A R, Mcgeehan J P. A microcellular ray-tracing propagation model and evaluation of its narrow-band and wide-band predictions[J]. IEEE Journal on Selected Areas in Communications, 2000, 18(3):322-335.

[12] ChoUdhury B, Jha R M. A refined ray tracing approach for wireless communications inside underground mines and metrorail tunnels[C]//IEEE Applied Electromagnetics Conference. IEEE, 2011.

[13] Wang G Y, Liu Y J, Li S D. Simulation and analysis of indoor millimeter-wave propagation based on the ray tracing method[J]. IEEE, 2016.

[14] Koivumaki P, Nguyen S L H, Haneda K, et al. A Study of Polarimetric Diffuse Scattering at 28 GHz for a Shopping Center Facade[C]//2018 IEEE 29th Annual International Symposium on Personal, Indoor and Mobile Radio Communications (PIMRC). IEEE, 2018.

[15] Vitucci E M, Chen, et al. Analyzing Radio Scattering Caused by Various Building Elements Using Millimeter-Wave Scale Model Measurements and Ray Tracing[J]. IEEE Transactions on Antennas and Propagation, 2019.

[16] Lewis T G. Graphs [Z]. 2009: 23-69 T. G. Lewis, Graphs. Hoboken, NJ, USA: Wiley, 2009. [Online]. Available: https://ieeexplore.ieee.org/document/8041132

[17] Zhang J, Tao C, Liu L, et al. A Study on Channel Modeling in Tunnel Scenario Based on Propagation-Graph Theory [C]. proceedings of the 2016 IEEE 83rd Vehicular Technology Conference (VTC Spring), 2016.

[18] Chen J , Yin X , Tian L , et al. Millimeter-Wave Channel Modeling Based on A Unified Propagation Graph Theory[J]. IEEE Communications Letters, 2017.

[19] Pedersen T, Steinbock G, Fleury B H. Modeling of Reverberant Radio Channels Using Propagation Graphs [J]. IEEE Transactions on Antennas & Propagation, 2012, 60(12):5978-5988.

[20] Pedersen T, Fleury B H. Radio Channel Modelling Using Stochastic Propagation Graphs[C]//IEEE International Conference on Communications. IEEE, 2007.

[21] Zhang R, Lu X, Zhong Z, et al. A Study on Spatial-temporal Dynamics Properties of Indoor Wireless Channels; proceedings of the Wireless Algorithms, Systems, and Applications[M]. Springer Berlin Heidelberg, 2011.

[22] Tian L, Yin X, Zuo Q, et al. Channel modeling based on random propagation graphs for high speed railway scenarios[C]//IEEE. IEEE, 2012.

[23] Miao Y, Pedersen T, Gan M, et al. Reverberant Room-to-Room Radio Channel Prediction by Using Rays and Graphs [J]. IEEE Transactions on Antennas and Propagation, 2019(1).

[24] Adeogun R, Bharti A, Pedersen T. An Iterative Transfer Matrix Computation Method for Propagation Graphs in Multi-Room Environments[J]. IEEE Antennas and Wireless Propagation Letters, 2019, (4):1-1.

[25] Souihli O, Ohtsuki T. Benefits of Rich Scattering in MIMO Channels: A Graph-Theoretical Perspective[J]. IEEE Communications Letters, 2013, 17(1):23-26.

[26] Liu Y, Yin X, Lee J, et al. A Graph-based Simulation Method for Propagation Channels with Multiple-knife-edge Diffraction [C]//2020 IEEE International Conference on Computational Electromagnetics (ICCEM). IEEE, 2020.

[27] Molisch A F. Propagation Mechanisms [Z]. 2011：47-67
[28] Yin X，Cheng X. Propagation Channel Characterization，Parameter Estimation，and Modeling for Wireless Communications[J]. 2016.
[29] Sarkar T K，Salazarpalma M，ABDALLAH M N. Mechanism of Wireless Propagation [Z]. 2018：171-263
[30] Vitucci，Enrico M，et al. Semi-Deterministic Radio Channel Modeling Based on Graph Theory and Ray-Tracing[J]. IEEE Transactions on Antennas & Propagation，2016.
[31] Tian L，Degli-esposti V，Vitucci E M，et al. Semi-deterministic modeling of diffuse scattering component based on propagation graph theory[J]. IEEE，2015.
[32] Gerhard S C K，Gan M，Meissner P，et al. Hybrid Model for Reverberant Indoor Radio Channels Using Rays and Graphs[J]. IEEE Transactions on Antennas and Propagation，2016.
[33] Adeogun R. Calibration of Stochastic Radio Propagation Models Using Machine Learning [J]. IEEE Antennas and Wireless Propagation Letters，2019，18(12)：2538-42.
[34] Lee W C Y. Mobile communications engineering：theory and applications [M]. McGraw-Hill，1982.
[35] Goldsmith A. Path Loss and Shadowing [Z]. Cambridge University Press. 2005：27-63.
[36] Pozar D M. Microwave Engineering—Transmission Line Theory，Fourth edition[J]. New Delhi，India：Wiley，2012：68-114.
[37] Lv Y，Yin X，Zhang C，et al. Measurement-based Characterization of 39 GHz Millimeter-wave Dual-polarized Channel under Foliage Loss Impact[J]. IEEE Access，2019(99)：1-1.
[38] Zhang C，Yin X，Cai X，et al. Wideband 39 GHz Millimeter-Wave Channel Measurements under Diversified Vegetation [C]//2018 IEEE 29th Annual International Symposium on Personal，Indoor and Mobile Radio Communications (PIMRC). IEEE，2018.
[39] Degli-esposti V，Fuschini F，VITUCCI E M，et al. Ray-Tracing-Based mm-Wave Beamforming Assessment [J]. IEEE Access，2014，2：1314-25.
[40] Liu Y，Yin X，Ye X，et al. Embedded Propagation Graph Model for Reflection and Scattering and Its Millimeter-Wave Measurement-Based Evaluation [J]. IEEE Open Journal of Antennas and Propagation，2021，2：191-202.
[41] Degli-esposti V，Fuschini F，Vitucci E M，et al. Measurement and Modelling of Scattering From Buildings [J]. IEEE Transactions on Antennas & Propagation，2007，55：143-153.
[42] Jay P，Roel S. Ray perturbation theory，dynamic ray tracing and the determination of Fresnel zones[J]. Geophysical Journal International，2010(2)：463-469.

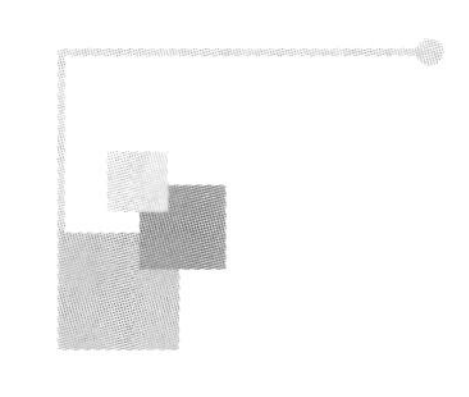

第七章　非地面通信信道特征

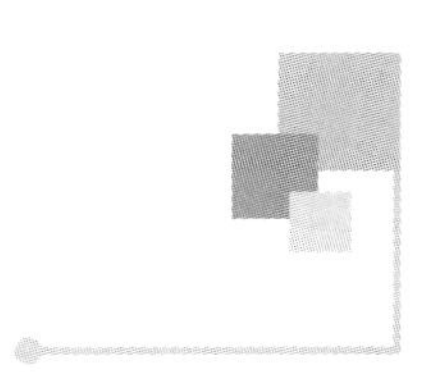

7.1　非地表网络及其在 B5G 和 6G 背景下与 NR 的融合

5G 为融合越来越多的应用场景提供了一个普适性的技术，具有为任一种无线应用提供可靠通信连接的泛化能力。在 B5G 和 6G 的背景下，非地表通信(non-terrestrial networks，NTN)和地表通信的融合和统一，也是必然的趋势。这里的非地表通信既包含卫星通信，也包含无人机(unmanned aerial vehicle，UAV)作为下一代移动通信在空中的基站(node Base，NBs)，能够在全球提供一个网络接入，特别为那些地面网络部署相对稀疏的区域提供通信服务，如海域、空中等，同时 NTN 网络也增强了通信网络整体的韧性。

NTN 与传统地面的 5G 部署之间的融合，对工程实现和技术规范的标准化都提出了挑战。本章分析了两者融合在传播信道方面所面临的挑战，以及对信道模型标准的需求。之后，我们通过文献综述，介绍和总结目前针对 NTN 通信场景所提出的不同信道模型。

本章的内容安排如下。7.1 节介绍 NTN 与地面系统和网络的融合背景。7.2 节对 NTN 网络的基本单元和网络架构进行阐述。7.3 节介绍融合 NTN 和地面 5G 部署所面临的挑战。7.4 节主要介绍文献中已有的针对 NTN 场景的无线电波传播信道模型。7.5 节做简要的结论。

7.1.1　背景介绍

卫星能够提供不依赖地面网络的覆盖，支持在全球范围内的通信。传统的基于卫星的通信应用，主要是提供单向的广播服务，如卫星电视视频和音频播放，以及基于电路交换的通信。但事实上，当今的卫星通信已经能够支持商业化的数据服务，尽管在很多场合里与传统的地面部署的移动通信网络相比，卫星通信还远未普及。

通常意义上的非地表通信指的是那些为飞行器提供通信的网络，如无人机、飞机、卫星，以及提供国际移动通信服务的高海拔基站平台(high-altitude international mobile telecommunications base station，HIBS)。按照 3GPP 的定义，3GPP 框架下的 NTN 网络特指卫星通信网络，同时该网络兼具 HIBS 的功能，并可提供空中和地面之间的网络通信[27]，这和 3GPP 中定义的低海拔的无人机通信一定程度上可谓是并行且有差异性的[31]。

NTN 通信早在 21 世纪初就已经有大规模部署的计划[19]，但是直到 2015 年以后，其大规模部署才真正实现，如 Starlink 系统[34]、Kuiper 项目[7]以及 OneWeb 系统[28]等。由于物理链路的高传播损耗，以及制造、发射、维护卫星通信设备的高成本已经是部署卫星通信网络的制约因素，而将卫星或者 NTN 通信与地面通信相融合、统一，将面临更大的困难和挑战。最近业内的研究已经在为低海拔无人机通信和地面基站与移动终端通信的融合方面有些进展[31]，但是将卫星通信和地面网络统一成一个网络仍然任重道远。尽管如此，国际通信标准化组织3GPP已经启动了将卫星通信融合到5G新空口(new radio，NR)地面网络的研究部署[13][19]。

7.1.2　5G/B5G/6G背景下的非地表通信

如前所述，NTN指的是某一个特定的网络或该网络中的特定部分，能够为大气层中和太空中的飞行器之间提供通信。早在3GPP的第15个版本中，就已经有将卫星通信用于提供地面连接的描述，在第16和17版本中，其主要的参数和应用场景得到了更为具体的阐述[15]，这两个版本也对NR相应的参数指标和主要面临的问题进行了讨论[2]。

本节将对NTN网络中的主要元素和NTN网络的特点加以介绍：第一小节介绍NTN的基本构成和架构，第二小节对NTN和地表通信网络之间的融合案例加以描述。

7.1.2.1　非地表通信的通用架构

非地表通信系统通常由位于地面的移动通信终端和位于空中飞行平台(如各种飞行器、航天器或卫星上的基站)组成。NTN与地面系统建立基站和终端之间的通信连接的方式相似，但是由于位于空中的飞行平台和位于地面的移动设备的多样性，其将会比传统的地面通信丰富。所以每种不同的平台、移动终端特有的动态特征，都是需要在NTN网络中额外考虑的。

1. 移动设备(mobile equipments)

关于移动设备的参数设定可以参考文献[1]中的表4.41。通常情况下，考虑以下两种：

(1) 手持设备(handheld terminals)。

手持设备原则上是可以直接和卫星通信的。为了保持通信，该类型终端的发射功率需要适度，在200 mW级别。它们的物理形状的设计也需要满足手持和移动的便利性。

(2) 小口径终端(very small aperture terminals，VSATs)。

通常需要有较大的天线，如1.5 m的物理尺寸，60 cm的口径直径，以及2 W的发射功率[19]。这些终端通常服务于尺寸更小的终端，在近场中以类似中继的方式出现。

2. 空中基站(air stations)

有关多种类型的空中基站的参数指标和标准(这里不包含UAV无人机类型的)，可以参考文献[1]中的表4.5。无人机空中基站的描述作为3GPP的一个研究点另外做阐述。空中基站通常有如下的特点。

(1) 无人机类型。

小型无人机已经快速地从传统的战时应用[36][38]向商用、民用为背景的更广泛的应用转变。无人机的成本下降、尺寸减小且质量减轻，同时电池容量的增加，更可靠的可操作性以及能够在空中悬停(指旋翼式无人机)[17]的特点使得无人机的使用达到了前所未有的应用范畴[31]，其中包含了在发生自然灾害后提供应急通信，或是在超负荷的网络中，为快速增加容量、支持瞬间提升用户量而提供的空中无线通信服务的接入。事实上，这种应急通信已经成为5G的一个重要场景[29][38]，得益于无人机能够快速地在各种环境中进行部署[16][18][26][30][31][35][39][40]。根据许多国家的相关法规，出于安全的考虑，无人机的使用被限制在较低的飞行高度(如低于距离地面150 m的高度)，并且无人机要始终处于与操作者或操作终端之间直视可见(line-of-sight，LoS)的情况下使用[8][11][14][31]。尽管无人机可以很快部署，但是由于无人机电池可供飞行的时长有限，且无人机的载重较少，无法承载质量较大的收发仪器或设备，这些限制仍然使得无人机的部署存在诸多的考虑。

(2) 高空平台。

高空平台(high-altitude platforms，HAPs)是指那些飞行高度明显高于无人机(旋翼式的低空飞行的无人机类型)，一般飞行离地高度超过 20 km 的飞行器。这样的高度可以允许对地面的覆盖范围达到半径几百千米。但是需要自给供电的限制对于其在空中的稳定性和长期停留形成巨大的挑战[15]。

(3) 卫星。

按照其类型不同，以卫星作为通信基站具有多方面的特征描述。通常情况下，我们可以以停留在三种不同高度的方式来进行区分。

地球同步轨道(geostationary earth orbit，GEO)卫星：距地表的高度约为 35786 km。尽管这种情况下，传播时延会很大，但可以覆盖非常宽广的地面面积。与此同时，由于其对地相对静止，这些卫星能够长时间地持续服务同一个区域。

中地球轨道(medium earth orbit，MEO)卫星：距地表的高度约为 8000 km。尽管相比于地球同步轨道卫星，由于高度明显降低，使得传播时延大大减少，但是由于 MEO 卫星相对地球并不静止，所以其对地的覆盖区域始终在变化，这对信道的时变特征产生了较大的影响。

低地球轨道(low earth orbit，LEO)卫星：其飞行轨道距地表高度约为 1000 km。这些卫星也处于相对地面运动的状态。

表 7-1 列出了上述三种卫星飞行轨道距离地表的高度范围，以及覆盖地面的大致范围[6]。

表 7-1　不同类型的卫星及其相应的距离地面高度和覆盖范围

卫星类型	距离地面高度/km	典型的对地覆盖范围/km
LEO	300～1500	100～1000
MEO	7000～25000	100～1000
GEO	35786	200～3500

现阶段基于卫星的 NTN 系统，主要是利用 GEO 和 MEO 来构建蜂窝通信网络[6]。图 7-1 所示的为不同类型的卫星在提供通信服务时对应的时延。较大的时延是 MEO 和 GEO 卫星的主要缺陷之一。此外，上行链路(从移动终端到卫星)需要较大的发射功率来克服较长的信号传播距离，也会直接影响到地表的移动终端的尺寸和结构。从较为积极的角度看，MEO 和 GEO 卫星由于可以提供较广阔的覆盖范围，所以可以降低部署网络的成本[6]。对于 LEO 卫星而言，地面用户在不同卫星之间的切换会相当频繁(详见 7.1.3.3 节的分析)。

根据 3GPP TR 38.211[1] 所述，两种类型的 NTN 通信场景值得考虑[6]：

• 用于透明有效载荷传输的卫星 NTN 网络(见图 7-2)：此时，卫星作为被动的重发器工作，因此它们的作用仅仅是射频滤波、频率的转换和信号的放大。被转换的信号波形和载荷并未改变。

• 进行再生有效载荷传输的卫星 NTN 网络(见图 7-3)：除了在射频波段进行滤波，实现频率的转换和功率的再次放大外，解调接收到的信号，甚至对信号进行解码操作，交换逻辑通道，改变路由以及进行新的调制后再发射，这些功能也可以在作为基站的卫星中实现。这样的卫星，基本上实现了作为下一代 NodeB(gNB)基站的功能。

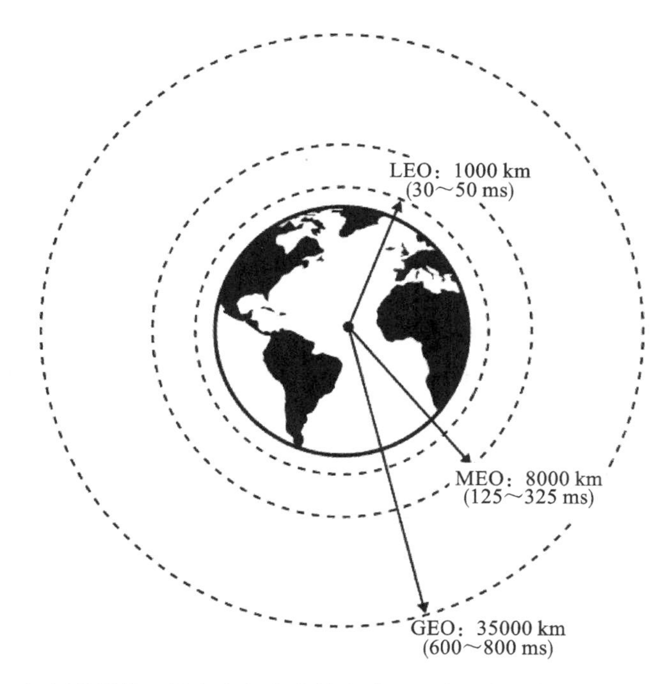

图 7-1　不同类型的卫星和它们作为基站时位于地面的用户所经历的传播时延

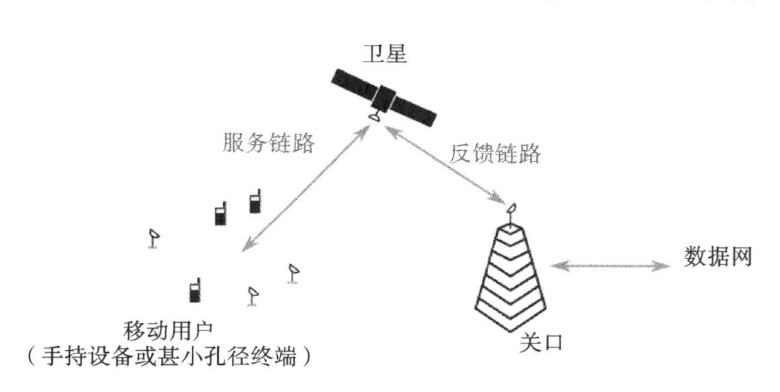

图 7-2　用于透明有效载荷传输的卫星 NTN 网络

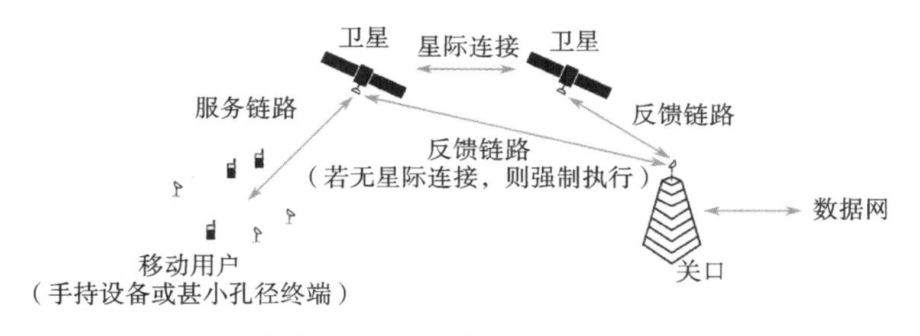

图 7-3　提供再生有效载荷传输的卫星 NTN 网络

如图 7-2、图 7-3 所示，NTN 网络中可以存在两种链路，即服务链路(service links)和反馈链路或馈送链路(feeder links)。服务链路提供移动用户与卫星之间连接，馈送链路则将卫星与核心网络相连。通常关口(gateways)起到将 NTN 网络和核心网相连的作用。GEO 可以在其覆盖的范围内做这样的关口，而 MEO 和 LEO 则连接到不同的关口设备上。也可以选择采用星际连接(inter-satellite links，ISL)，将多个卫星组合成"星座"。星际连接既可以采用射频无线的方式，也可以采用光通信的方式。

7.1.2.2 典型的应用场景

NTN 通信已经在传统的气象观测、视频广播、遥感和导航等应用中广泛使用。通过将 NTN 网络和地表的移动通信网络相融合，可以带来更丰富的应用场景和案例，简介如下[6][15]：

- 通信快速恢复和服务延续保障：在发生了自然灾害、紧急事件的区域，通信设施受到了破坏或者完全没有覆盖的地区，如海域、乡村和远郊，以及虽然部署了通信系统但是该系统已经达到了饱和，无法继续支持更多用户的情况下，非地表通信就能够被用来辅助补充网络接入的能力，提供急需的通信资源。此外，对于处于一些通信小区覆盖边缘的地区，非地表网络可以补充通信资源，保证该地区的用户能够享受到应得的服务。
- 全球卫星无缝覆盖和优化的回传：代替传统的光纤，利用非地表的无线通信多跳网络(mesh)来连接距离较远的地面通信网络。
- 移动小区(整体小区在移动)连接：能够提供非固定在地面某地的移动平台的无线通信服务，如飞机和轮船等。
- 广播服务：出于公共安全的考虑，为广大的用户、无人系统如自动驾驶的车辆以及娱乐的目的，提供广播或者组播(向某些目标进行分组广播)服务。

7.1.3 主要的挑战

从标准化的角度看，将卫星节点纳入地表通信网络具有极大的挑战。事实上，融合 NTN 到地表通信中，可能需要对 5G 的物理层和 MAC 层的多项核心底层技术进行较大的修订。

在以下的章节里，我们将从标准化的角度，对 NTN 网络的标准化中无线信道特征研究的挑战加以描述，这些挑战存在多个方面，如收发之间的信道具有覆盖的难以模型化的非线性特征(见 7.1.3.1 节)，由于传播时延增加引起的特征复杂性(见 7.1.3.2 节)以及由于卫星的移动性而引起的信道特征(见 7.1.3.3 节)。

7.1.3.1 收发链路信道的非线性

由于位于卫星上的通信设备通常是功率受限的[2]，所以为了保证传输的功效，星上设备中的功率放大器通常工作在其接近饱和的区域。但是由于采用正交频分复用(orthogonal frequency-division multiplexing，OFDM)进行调制的信号通常具有较高的峰均比(peak-to-average power ratio，PAPR)的特点，功率放大器可能会工作在非线性的饱和区域，使得发射信号经受了非线性的变形，并且产生带外干扰。

7.1.3.2 传播时延

卫星通信的长传播时延，要远超地面通信系统的水平。而 5G 系统是依据地面的传播模型构建的，所以超长的传播时延不仅仅造成通信上的响应延迟，同时也意味着已经制定了的通信协议需要较显著的改变。

接下来就卫星通信中长时延的影响和挑战做详细的分析。

1. 初始接入(initial access)

为了能够在移动中保持通信,接入控制器需要有一个较短的响应时间,这是基本要求。在传统的地面移动通信网络中,接入控制器是 gNB 的一部分,但是在非地表的 NTN 网络中,接入控制可能会在卫星上,也可能在关口设备中。在关口中进行接入控制,主要也是考虑卫星通信的链路造成了远比地面通信更长的时延。接入的响应时间较长,使得上下行的同步、波束的控制以及 gNB 和移动终端之间建立通话连接的操作受到较大的影响,这是由于上述操作都需要通过随机接入(random access,RA)的过程进行有效控制。

尽管在参考文献[2]中,快速随机接入过程已经被定义,并且将以往的 4 个步骤构成的流程简化成 2 个步骤,但是问题依然存在,即现阶段前缀信号和同步信号并没有为支持较大的上下行回路的长时延做设计上的修正,也没有对由于卫星的高速移动导致的频率偏移进行信号组成上的改动。在这些改变都没有实际操作的情况下,只有有效接入了全球卫星导航系统(global navigation satellite system,GNSS)的移动用户通过 GNSS 提供的卫星位置信息,预先计算建立链路可能需要的上下行时延,才可能接入系统。这样的信息并不是所有的移动终端都可以预先获取到的。

2. 在超高速移动的卫星场景中,功率控制回路(power control loops)与时间同步的关系重建

NTN 网络中所支持的部分移动用户终端 UE 可能会以超过 5G NR 所能支持的速度在地表运行,如时速可高达 500 km/h 的高铁。NTN 网络也可能会服务于一个正在飞行的飞行器,如以 1000 km/h 飞行的民航客机。此外,星上基站也可能同样在高速移动,并且在基站位于 LEO 上的场景下,可以达到超过 27000 km/h 的速度。由于这些高速移动,功率控制回路等依靠上下行反馈而进行计算或操控的环节都需要被重新设计和定义,以减少其响应时间。

从另一个方面看,gNB 和 UE 之间在时间上的同步状态是由无线资源控制(radio resource control,RRC)的配置参数设定,用来管理下行和上行的相互关系。但是,这些参数的设定范围可能需要进一步扩大,以便能够支持 NTN gNB 的工作状态。

3. 混合自动重复请求(hybrid automatic repeat request,HARQ)

一个数据包是否被正确接收,可以通过分别发送“确认应答”(acknowledgement,ACK)和“否定应答”(negative acknowledgement,NACK)来确认,这需要 HARQ 协议来定义。很明显 HARQ 协议中的规定和收发两端的处理延迟,会进一步增加在接收数据包时的延迟。此外,由于不同类型的数据包经历的延迟有显著的不同(取决于正确接收所需要的重新发送次数),延迟之间的偏差和不稳定性也同样非常明显。为了能够降低这种延迟差异,可以采用多种技术来对在接收到“确认应答”之前的重发动作进行调整和优化。

对于卫星通信网络而言,由于急剧增加的传播时延,收发端之间的每一次信息传递将会使用更长的时间,并且由于 HARQ 过程,时延的差异也会被严重扩展。依赖于卫星所在不同高度的轨道和总体的时延量,能够有效减少最多重传数量的技术,或者能够彻底地消除重传需求的技术,将显得尤为重要。

7.1.3.3 卫星移动性

通常情况下,地面移动通信网络的基站基本上是静止的,固定在确定的地点上。但是在 NTN 网络中,如包含了 LEO 卫星的 NTN 场景中,星上的基站系统能够以 7 km/s 的速度运动,从而导致非常高的多普勒频移。为了能够实现多普勒频移的预补偿和后补偿操作,需要重

新设计用来应对频率偏移的前导数据(preamble)[33]。该频率偏移也同样会影响到基站能够覆盖或支持的区域的大小[19]。为了克服这些困难,新空口 NR 的前导数据结构可能需要从支持 NTN 网络的角度进行深层次的改革[19]。

超高的卫星移动速率不仅仅影响到传播信道本身,同时也会影响通信协议的其他方面。特别是对于移动终端的时间偏差的设计,需要确保所有的上行数据架构在 gNB 基站一侧与其对应的下行数据结构对齐,即在时间上保持一定的"预同步(timing advance)",或者留有同步的时间提前量。但在卫星基站高速运行的情况下,"同步的时间提前量"设定技术会受到很大的影响。3GPP 的第 17 个版本考虑了在移动终端中增加基于连接 GNSS 的相关能力,这样理论上移动终端可以结合移动终端自身的位置,自动计算由于卫星网络相对地表的运动而造成必要的同步的时间提前量。

卫星的移动性也会对小区之间的切换造成影响。在传统的地面通信系统中,切换仅仅是由于移动用户终端的移动所造成的。但是对于 NTN 网络而言,尽管用户一侧是静止的,但是切换还是会由于基站的移动而发生,除非使用静地轨道卫星 GEO 作为基站。当然,卫星的位置可以通过其网络对地的移动规律计算出来,所以切换的动作可以被预先判定。但由于卫星的超高速运行,尤其是在 LEO 卫星被用作基站的情况下,频繁的切换将经常发生,如表 7-2 所示[6]。表 7-2 考虑了卫星对地覆盖的单个小区的两种尺寸,即直径 50 km 和 1000 km 的情况下,当 gNB 和 ME 以不同的速度移动时,两次时间上相邻的切换之间的时长。从表 7-2 可以看到,即使在最好的情况下,即小区覆盖区域的直径为 1000 km,gNB 和 ME 朝着同一个方向移动,移动终端被同一个卫星基站服务的时间也仅仅是几分钟。在较不利的情况下,移动终端 ME 和卫星的移动方向相反,小区的直径仅仅是 50 km 时,切换之间的时间减少到略大于 6 s。

表 7-2　不同的 NTN 网络配置下,两次相邻的切换之间的时间间隔

小区直径/km	gNB 速度/(km/s)	ME 速度/(km/h)	时间间隔/s
50	7.56	−1200	6.92
		−500	6.74
		0	6.61
		+500	6.49
		+1200	6.33
1000		−1200	138.38
		−500	134.75
		0	132.28
		+500	129.89
		+1200	126.69

注:ME 的移动速度为负值,指的是 ME 的移动方向和卫星移动方向相一致,正值则表示两者的移动方向相反。

7.1.4　NTN 信道建模

本节将对现阶段 NTN 网络中的无线信道建模工作加以介绍。7.1.4.1 小节介绍了 NTN 信道模型的总体特征,7.1.4.2 小节介绍了信道模型中的细节内容。

7.1.4.1　NTN 信道模型的基础信息

通常认为，在 NTN 通信场景中，传播环境中会大概率存在直视路径。尽管在一些场合中这种假设相对准确，但仍然存在一定的变化。

- NTN 通信场景，不仅仅包含了距离地表较高的高度轨道上运行的卫星基站与地面终端之间的通信，还需要考虑 NTN 网络中另一个普遍应用的场景，即地面的终端和较低高度飞行的无人机之间的通信。通过实测已经证实（见参考文献[12][31]中的内容），无论是视距场景信道模型，还是简单的双射线（two-ray）信道模型[24]均在一定环境下可以用来描述由低空飞行的无人机参与的空对地（air-to-ground，A2G）通信信道特征。此外，在基于实测而构建的信道模型[12][31]中，以及多团队联合研究取得的成果[32]中，“反直觉”的信道特征，如随着飞行高度的提升信道 K 因子会逐渐减小等现象发生。这种现象源于地面上存在较大的建筑物，尽管可能距离无人机与地面终端都有些距离，但是这些分布在地面的建筑物之间的相互阻挡，使得信道的随机性增强，从而导致随机分量在信道中的占比增加。这对于飞行高度较低的无人机而言，更具有典型性。
- 尽管在大多数卫星到地面之间的通信场景，视距分量会比较突出，其他不在地面通信中考虑到的场景，也值得深入研究，具体情况将在后续的章节中涉及。

总体而言，在基于卫星的通信系统中，传播环境通常被认为是视距场景，并且由于存在较强的直射路径，信道的衰落呈现莱斯（Rician）分布状态[1]。时间域上经常性发生由于植被和地面建筑物引起的阻挡效应，能够导致一定程度的慢衰落（阴影效应更为突出）。此外，尽管在地面传播环境中，或者在采用飞行高度较低的无人机进行空对地通信中，多径是较为普遍的现象，卫星通信的基站和终端之间的长距离，使得这些多径在几何上较为接近，甚至可以认为路径之间存在平行的结构，由此得到的卫星端的收发角度域扩展接近于零。所以一个合理的推断是，大尺度参数特别是信道在时延域和方向域的扩展参数，如角度扩散、时延扩散，将与传统的地面通信的情况有很大的不同，即这些大尺度参数的取值更加取决于卫星和地面的俯仰角的大小[27]。这种宏观依赖性具有确定性规律，是值得研究并建立模型。

卫星通信信道的路损模型能够参考自由空间传播模型来构建。尽管如此，卫星通信信道的路损还需要考虑增加相关的参数，如杂散损耗、阴影衰落，这些信道特征通常是源于地面上存在的建筑物[27]。类似的现象在空对地的低空无人机通信场景中同样存在[31]。此外，在卫星通信的场景中，增加的信道模型参数需要描述由于大气气体吸收造成的损耗，包括大气层中的电离层（ionospheric）以及对流层（tropospheric）的闪烁效应，而这些现象与气候条件和收发端之前的俯仰角的具体取值有很大的关系[27]。已经在地面通信信道描述中广泛采用的频率选择性衰落模型，可以通过修正用于由卫星参与的信道模型构建中[1]。

7.1.4.2　现阶段已有的信道模型

本节对近期在 NTN 与地面通信网络融合的背景下，介绍了传播信道进行建模所得到的成果，具体包括：对 ITU-R P. 681-11 的标准建议进行了介绍；介绍了最近记录在 3GPP TR 38. 811[1]中的信道特征标准化进展情况；介绍了针对 5G-ALLSTAR 项目进行扩展了的 3GPP TR 38. 811 信道模型的情况[25]。

1. ITU-R P. 681-11

ITU-R P. 681-11[20]标准描述了针对地面终端和卫星之间的传播信道建模的内容，具体包含：

(1) 对流层效应，例如，

损耗：由于空气、雨雪、云雾等造成的信号功率的降低。

闪烁：由于对流层存在的气流和空间中存在的多径传播现象而导致接收信号的功率变化和信号波离波达角度上的抖动。

(2) 电离层效应：可参考文献[21]中的详细描述。

(3) 阴影衰落，例如，

路边树木带来的阴影衰落模型：这一类模型用来计算由于道路两侧的树木引起的信号衰落，描述了阴影衰落的幅值和阴影持续的时长（距离）。

路边的建筑物引起的衰落模型：此类模型用来计算由于收发端附近存在的建筑物而引起的阴影衰落。

用户阻挡阴影衰落模型：该模型用来计算当移动终端用户的头或身体出现在终端天线的近场时引发的天线辐射方向图的变化，因此造成的阴影衰落。

建筑物阻挡衰落模型：用来计算街道自身由于规则性分布的建筑物而造成的遮蔽现象引发的信道衰落。

在视距场景下的多径模型：尽管有些场景中存在明显的直射路径，由于地形地貌所引起的多径传播效应可能依然存在，多径之间的复数叠加，包含相位一致时的建设性叠加和相位相反的破坏性叠加，使得接收到的信号产生快衰落的现象。这类模型中，山地场景和路边相当数量的树木的场景均是考虑的范畴。

(4) 混合传播情况下的统计模型（窄带）：此类统计模型包含两种状态，即所谓的“好”和“坏”两种状态。第一种“好”的状态指的是仅有轻微的阴影衰落发生，后一种则包含了较为严重的衰落效应。于是标准中定义了一个包含两种状态的半马尔可夫模型（semi-Markov model），并提出了每一种状态持续时长的细化的模型。两种状态下接收到的信号的分布也在该模型中进行了描述。

(5) 混合传播情况下的物理统计宽带模型：一种描述频率选择性信道的模型，其中的参数源自一个给定场景中的实测活动。模型包含了描述直射路径的阴影衰落的信号，以及一个由于反射路径贡献的信号。

(6) 宽带卫星至室内传播信道模型：该模型旨在描述通信信道的特征，以及为定位应用提供到达时间的特征描述。模型构建采取了物理与统计结合的思路：部分模型通过基于特定的基站的确定性方式建成，其他部分则通过测量数据提取的统计特征建成。该模型考虑了信道中存在的三种分量：直射分量，指的是直接从建筑物外到室内的传播多径，没有经过室内物体的作用影响；反射分量，即来自室外，但是在室内经历了物体作用如反射，而到达接收端的路径分量；散射分量。

(7) 卫星多样性模型：考虑了在多个卫星同时提供通信服务的情况下，来自几个卫星的信号之间的同步叠加或分时交换接收的情形。重点考虑以下两种场景。

非相关场景：来自不同卫星的信道链路上的阴影衰落是不相关的。

相关场景：来自不同卫星的信道链路上的阴影衰落存在一定程度的相关性。

在上述两种场景中，多径衰落均假设为不相关的。

2. 3GPP TR 38.811 标准中的信道模型

3GPP TR 38.811[1]标准建议了新空口 NR 支持非地面通信网络的信道模型。为支持

NTN 通信，该文件假设地面部分的传播无论对于卫星通信的地面部分（电波从卫星发出到达地面后再到被服务的地面终端之间的传播）还是地面通信（地面的基站和同样位于地面的终端）部分都是相似的。于是，该文件建议了一个将卫星链路模型和在 TR 38.901[4] 中提到的地面信道模型进行结合后的模型形态。具体而言，由此得到的信道模型与 TR 38.901 的原始模型之间存在如下的不同：

（1）建议中提出了以地球为中心的坐标系，代替 TR 38.901 原建议中的笛卡尔坐标系。

（2）增加了大气层的空气吸收损耗、电离层和对流层的闪烁效应，以及由于降雨和云层带来的衰减。

（3）增加了从室外到室内的信道模型。

（4）对于快衰落建模，提供了两个选项：

ITU 双态（two-state）模型，如 3GPP TR 21.905[3] 标准文件所描述的。

频率选择性，保留 TR 38.901[4] 中对快衰落的模型描述。

（5）包含了针对 NTN 场景的额外模型要素：在高速移动下的时变多普勒频移；沿着地球磁场，由于电磁波与电离介质之间的相关作用而导致的法拉第旋转效应（Faraday rotation term）。

尽管在标准 TR 38.901（Section 7.6.3）中，考虑了空间一致性，但是在 TR 38.811 中，空间一致性的建模方法并没有涉及。对于地面通信信道的空间一致性可以采用二维的随机过程（这是因为仅考虑观测点在水平面上移动的情况）依靠 UE 的位置来表示（Section 7.6.3），但是对于卫星的移动而导致的需要满足空间一致性的信道样本如何产生，在 3GPP TR 38.811[1] 标准中并没有阐述。但是，实际上考虑空间一致性还是很有必要，特别是当位于不同位置的卫星到同一个地面终端之间的信道，很可能会因为位于终端周边的同一个或者一些建筑物影响到这些信道，从而表现出相关联的信道特征时，将空间一致性在信道实现中加以考虑，能够产生更加接近真实的多通道信道样本[23]。

尽管近地低轨道卫星处于高速移动的状态，现阶段标准中所考虑的信道模型并没有充分考虑过链路两端移动性，相反卫星的位置甚至还被假设认为是固定不变的[1][23]，这些不足需要在未来的工作中充分考虑，提出能够准确描述移动性假设下的信道特征模型。

3. 5G-ALLSTAR 项目进展简介

5G-ALLSTAR（5G AgiLe and fLexible integration of SaTellite and cellulaR）项目在现阶段提出了数个能够用来对 NTN 信道建模的方法[5][25]。具体而言，采用基于几何的形式进行建模[9][10][23]被认为是能够有效解决 3GPP 38.811[1][23]所提出的信道模型的非一致性的途径。在 TR 38.811 标准文件中，射线追踪仿真被用于在 HAPs（high-altitude platform）的场景下，通过基于几何的随机信道模型（geometry-based stochastic channel model，GSCM）来计算所需的模型参数[1]。事实上，这样的操作带来一定程度的不一致性，并且在不同环境中对比时，得到的信道特征与实际观测不相符，如郊区和农村场景中的 K 因子取值[23]。

尽管仍存在优化的空间，参考文献[23]中所描述的信道模型在一定程度上解决了 3GPP TR 38.811 标准模型所存在的问题，表现在如下几点：

（1）将 TR 38.811 模型所能支持的频段进行了扩展，以与 TR 38.901 的模型相一致。

（2）以类似 TR 38.901 中的操作方式，将空间一致性整合到模型中去。

（3）考虑了被 TR 38.811 和 TR 38.901 忽略的通信链路两端可能的移动性。

对于模型中整合空间一致性特征，TR 38.901 模型得到了进一步扩展。之前的 TR

38.901模型仅仅考虑了移动用户端的移动性[4]，但在参考文献[23]中，链路两端的移动性都做了考虑。为了能够降低计算的复杂性，参考文献[22]提出了一种有效的方法。但值得一提的是，提及的方法依赖于参考文献[37]中的限定条件，即收发端在不同位置上所表现的衰落相关性需要一致并彼此间保持独立。这样的假设仅仅能够通过实测验证在地面的发射端和接收端成立，考虑到卫星通信中的一端位于空中，这样的假设很可能并不严格成立。

最后需要指出的是，现阶段对 NTN 信道的建模研究尚不完整，特别是无线电波传播的多种机制，如衍射、极化和由于不同类型的介质带来的对电波的不同作用还没有深入考虑，这些均需要在未来的研究中持续关注[23]。

7.1.5 小结

5G 标准的持续演进，已经不仅仅局限于提升通信的性能，而是不断地推动建立新的应用场景。作为在 B5G 和 6G 发展方向上的一步，卫星将作为一部分融合到地面通信网络中，由此可以带来全球范围内的网络接入，特别是对那些地面设施尚未严密覆盖的区域，或者对于航行在没有地面基站可以提供覆盖的海域和空中等，以及在有必要迅速恢复公众通信服务的紧急区域中。

众所周知，卫星通信本身已经面临诸多的挑战，将其与地面通信网络融合，意味着将会有更多的挑战需要面对。从传播信道的角度看，很多在地面通信中不需要考虑的现象和效应，这里需要重新思考和研究。此外，融合 NTN 到地面通信中来，不仅需要克服与信号传播相关的问题，同时也需要对 5G 的物理层和 MAC 接入层中已普遍使用的技术进行重新设计。

可以预见，为了能够将 NTN 与 5G 融合，需要在标准化上做出巨大的努力，并对参与其中的研发机构和企业展示其带来的商机。现阶段较为紧要的工作，是对原型机和设计创新想法的验证平台的研发，以及提供建立标准所需要的设计和反馈。

7.2 大气对地卫信号影响的综述

卫星与地面接收机之间存在丰富的大气环境，这将对卫星信号的传输造成不可忽视的影响。由于大气层分为电离层、平流层、对流层等层次，每一层次的物理特性不同，对信号的衰减也有所不同。参考文献[41]将大气对 NTN 信道的影响分成三个方面：大气吸收、降雨和云引起的衰减、闪烁效应，其中闪烁效应又分为电离层闪烁和对流层闪烁。本节围绕以上大气效应，介绍了其成因、适用情况、影响因素以及计算或建模方法。

7.2.1 大气气体引起的衰减

大气气体引起的衰减完全源于气体的吸收，与频率、仰角、海拔高度和水蒸气密度（绝对湿度）有关。参考文献[41]指出，当频率在 10 GHz 以下时，大气吸收通常可以忽略。但是如果在仰角低于 10°、频率高于 1 GHz 的情况下，通常不建议忽略大气吸收。当给定一个频率时，氧气对大气吸收的贡献相对是稳定不变的，但是水蒸气密度和其垂直剖面却经常变化。在典型情况下，最大的气体衰减发生在最大降雨的季节[42]。

参考文献[43]的附件1给出了一种频率低于1000 GHz时计算气体衰减的完整方法，该方法要求了解沿路径的温度、气压和水汽密度分布，采用逐线求和来计算比衰减和路径气体衰减。气体的比衰减主要由氧气引起的比衰减和水汽引起的比衰减组成，即

$$\gamma = \gamma_o + \gamma_w = 0.1820 f[N''_{\text{Oxygen}}(f) + N''_{\text{Water Vapour}}(f)] \tag{7-1}$$

式中：γ_o 和 γ_w 分别是干空气（氧气条件下，由气压造成的氮和非共振德拜衰减）和水汽条件下的比衰减，单位为dB/km；f 为频率，单位为GHz；$N''_{\text{Oxygen}}(f)$ 与 $N''_{\text{Water Vapour}}(f)$ 是该频率相关的复折射率的虚部：

$$N''_{\text{Oxygen}}(f) = \sum_{i(\text{Oxygen})} S_i F_i + N''_D(f) \tag{7-2}$$

$$N''_{\text{Water Vapour}}(f) = \sum_{i(\text{Water Vapour})} S_i F_i \tag{7-3}$$

S_i 是第 i 条氧气或水汽谱线强度，F_i 是氧气或水汽谱线形状因子，$N''_D(f)$ 是由气压造成的氮吸收以及德拜频谱产生的干空气连续吸收谱，它们的计算方法在参考文献[43]的附件1中有详细的说明。求得比衰减后，便可计算高度 h_1 和 h_2 之间倾斜路径的气体衰减（$h_2 > h_1 > 0$）：

$$A_{\text{gas}} = \int_{h_1}^{h_2} \frac{\gamma(h)}{\sin\varphi(h)} \mathrm{d}h = \int_{h_1}^{h_2} \frac{\gamma(h)}{\sqrt{1-\cos^2\varphi(h)}} \mathrm{d}h \tag{7-4}$$

$$\cos\varphi(h) = \frac{(R_E + h_1)n(h_1)}{(R_E + h)n(h)} \cos\varphi_1 \tag{7-5}$$

式中：$\gamma(h)$ 是高度为 h 的比衰减；R_E 是平均地球半径（6371 km）；φ_1 是高度 h_1 的局部视在仰角；$n(h)$ 是高度 h 的折射率。除了通过数值积分，倾斜路径的气体衰减还可以通过把大气分成指数级增长的层，确定每层的比衰减和通过每层的路径长度，对每一层的比衰减和通过每一层的路径长度的乘积求和来进行近似估计。

对于1～350 GHz的有限频率范围内、5°及以上的仰角、有限范围的气象条件和有限种类的几何外形，参考文献[43]还提供了对气体衰减进行近似估算的简化算法。该算法通过定义氧气和水蒸气当量高度，将氧气和水蒸气的特定衰减乘以该高度来估算穿过地球大气的倾斜路径的总气体衰减。由氧气造成的比衰减和由水汽造成的比衰减与上述的 γ_o 和 γ_w 一致。其中干空气气压 p、温度 T 和水汽密度 ρ 是地球表面的值。如果没有可用的局部数据，可采用参考文献[44]给出的全球年平均参考大气数据来确定 p、T 和 ρ。通过氧气分量和水汽分量的比衰减与等效高度，便可求出总的天顶衰减：

$$A_{\text{zenith}} = \gamma_o h_o + \gamma_w h_w \tag{7-6}$$

式中：h_o 和 h_w 分别是大气衰减的氧气分量和水汽分量造成的等效高度。当仰角 φ 为5°～90°时，根据地表气象数据得到的路基衰减为

$$A = \frac{A_{\text{zenith}}}{\sin\varphi} \tag{7-7}$$

以上公式以及 h_o 和 h_w 的计算都是基于参考文献[44]的附件1中的参考大气剖面，对于特定的大气剖面，其精确度在10%以内。

图7-4所示的是海平面处总的天顶衰减（总）以及由于氧气（干空气）和水汽所造成的衰减[43]，从图中可以看出，在1～350 GHz的范围内，由于大气吸收造成的衰减总体上随频率的增加而增加，并且在特定频率处呈现一定的选择性。不同频率下两种组分的影响程度也不同，

当频率在 100 GHz 以下时，干空气造成的衰减占主导地位；频率超过 100 GHz 时，水汽造成的衰减占主导地位。

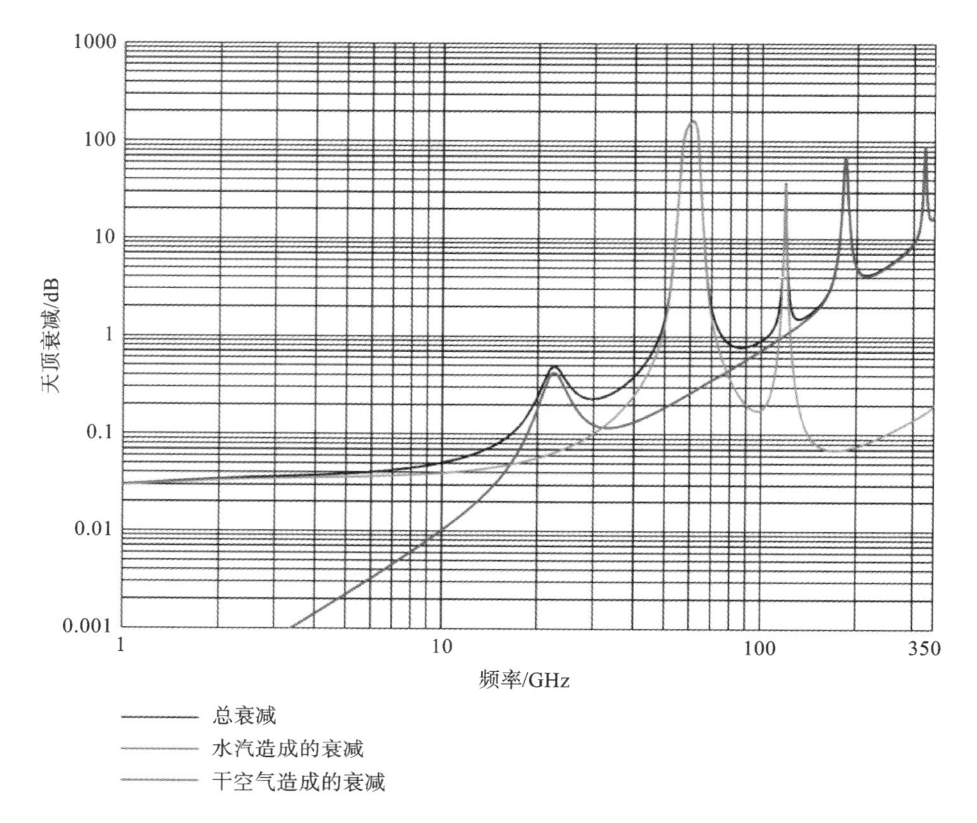

图 7-4　海平面上总天顶衰减，干空气和水汽天顶衰减

（气压=1013.25 hPa；温度=15 ℃；水汽密度=7.5 g/m³）

7.2.2　降雨和云引起的衰减

参考文献[41]指出当频率低于 6 GHz 时，降雨和云引起的衰减可以忽略。参考文献[45]中的 2.2.1.1 节介绍了一种给定地点，在 55 GHz 的频率范围内，对倾斜路径上长期雨衰统计的评估方法，该方法需要已知表 7-3 中的参数。

表 7-3　评估雨衰需要已知的参数及其物理含义

参　　数	物 理 含 义	单　　位
$R_{0.01}$	该地 0.01%概率的年均单点降雨量	mm/h
h_s	地球站在平均海平面以上的高度	km
θ	仰角	°
ϕ	地球站的纬度	°
f	频率	GHz
R_e	地球的有效半径	km

如果当地没有关于地球站在平均海平面以上高度的数据，可采用参考文献[46]中地形高

度图给定的数值作为估计值。

$$\gamma_R = k(R_{0.01})^{\alpha} \tag{7-8}$$

$$A_{0.01} = \gamma_R L_E \tag{7-9}$$

式中：γ_R 是特定衰减，可从降雨强度的幂次律关系中计算得到；系数 k 和 α 可通过参考文献[47]中的式(2)、式(3)得到；$A_{0.01}$ 是超过年均 0.01%时间的云雨衰减；L_E 是有效路径长度，其具体计算方法可见参考文献[45]的 2.2.1.1 小节。如果要预计衰减超过年均其他百分比(0.001%～5%)的情况，则有

$$A_p = A_{0.01}\left(\frac{p}{0.01}\right)^{-[0.655+0.033\ln p-0.045\ln A_{0.01}-\beta(1-p)\sin\theta]} \tag{7-10}$$

其中，系数 β 由 p、$|\varphi|$ 和 θ 的取值决定：

$$\beta = \begin{cases} 0, p \geqslant 1\% \text{ 或 } |\varphi| \geqslant 36° \\ -0.005(|\varphi|-36), p \leqslant 1\%, |\varphi| < 36° \text{ 且 } \theta \geqslant 25° \\ -0.005(|\varphi|-36)+1.8-4.25\sin\theta, \text{其他} \end{cases} \tag{7.11}$$

若能得到可靠的长期衰减统计数据，当需要预测路径的频率、仰角与这些数据不同时，一般不使用上面介绍的方法，而是将这些数据根据所研究频率和仰角按照参考文献[45]中 2.2.1.3 小节介绍的方法进行变标。

7.2.3　电离层闪烁

电离层闪烁现象是指大气电离层中的电子由于密度不均一，产生了折射聚焦或无线电波的散焦，并导致信号振幅和相位的快速波动[48]。这种波动会随着频率的增加而减少，并且还会受到地理位置、季节、当地时间、太阳活动和地磁活动等因素的影响。

高纬度地区和地磁赤道±20°以内的地区是两个发生强烈电离层闪烁现象的区域，在频率到达 GHz 数量级时可以观测到强烈的闪烁，并且相比于白天，夜晚会发生更为显著的闪烁效应。而中纬度地区一般不会出现闪烁现象，只有在异常情况，如地磁暴过程中才会出现[49]。图 7-5 所示的是不同纬度地区在太阳活动最大值和最小值年份 1.5 GHz 闪烁衰落的深度。从图 7-5 可以看出，即使在太阳活动最小值的年份，高纬度和低纬度地区也能观测到较为明显的闪烁现象，且在深夜更为强烈，而中纬度地区则几乎观测不到。图 7-6 所示的为不同低纬度地区和高纬度地区在 24 小时内闪烁现象发生的概率，可以看出 18 时后，闪烁发生的概率呈现出明显的增长，午夜时段达到顶峰，次日 6 时后又回落到较低水平。

最常用的表征闪烁波动强度的参数是幅度闪烁指数 S_4，由下面的公式定义[50]：

$$S_4 = \sqrt{\frac{\langle I^2\rangle - \langle I\rangle^2}{\langle I\rangle^2}} \tag{7-12}$$

其中 I 是信号强度，与信号振幅的平方成正比，$\langle\cdot\rangle$表示平均，通常超过 60 s。类似地，相位闪烁指数 σ_φ 被定义为

$$\sigma_\varphi = \sqrt{\langle\varphi^2\rangle - \langle\varphi\rangle^2} \tag{7-13}$$

其中 φ 是以弧度制表示的载波相位。根据 S_4 和 σ_φ 的不同取值，可以把闪烁强度划分为三种类型[41]，如表 7-4 所示。

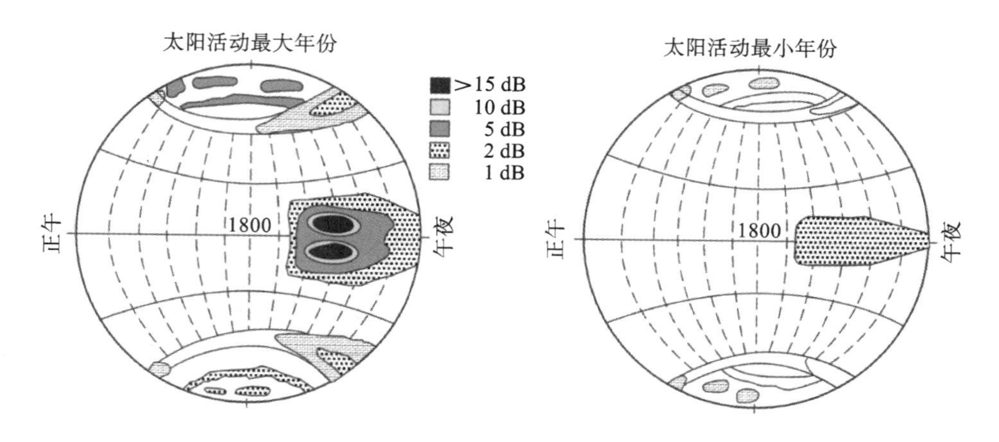

图 7-5　在太阳活动最大值和最小值年份，1.5 GHz 闪烁衰落的深度[49]

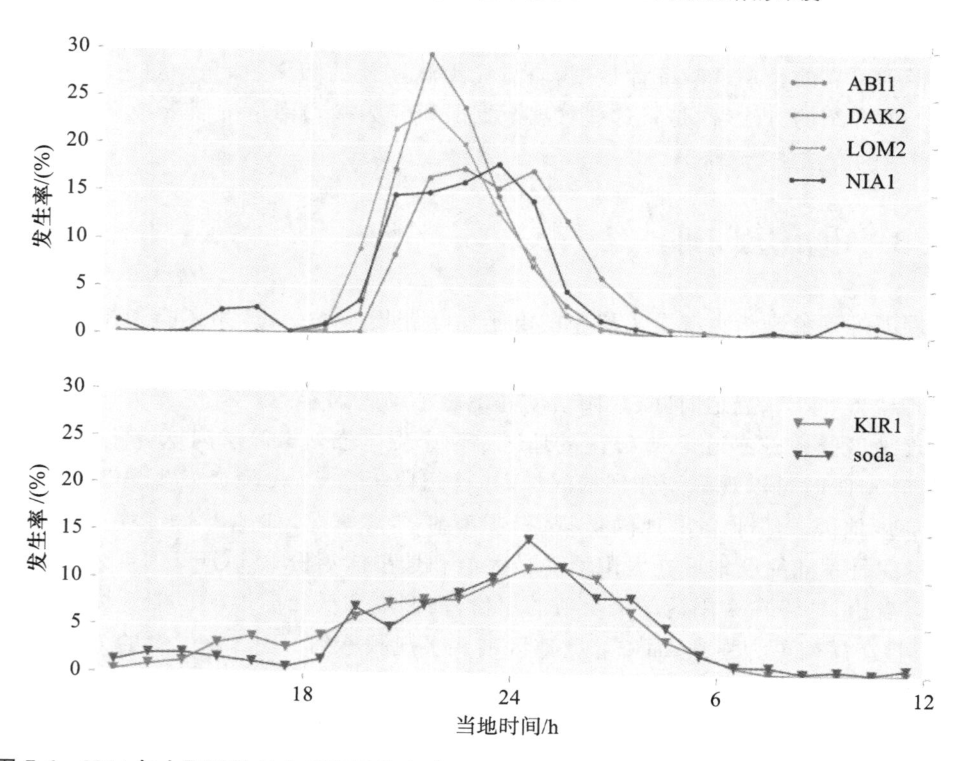

图 7-6　2014 年太阳活动最大时期低纬度地区(上)和高纬度地区(下)24 h 内闪烁发生概率[41]

表 7-4　三种电离层闪烁强度及其对应的闪烁指数

闪烁强度	幅度闪烁	相位闪烁
弱闪烁	$S_4<0.3$	$\sigma_\varphi<0.25\sim0.3$
中等强度闪烁	$0.3\leqslant S_4\leqslant0.6$	$0.25\sim0.3\leqslant\sigma_\varphi\leqslant0.5\sim0.7$
强闪烁	$S_4>0.6$	$\sigma_\varphi>0.5\sim0.7$

对于弱闪烁和中等强度的闪烁，S_4 与 f^{-n}之间有很强的相关性，即

$$S_{4,f_2}=S_{4,f_1}\left(\frac{f_2}{f_1}\right)^{-n} \tag{7-14}$$

对于大多数多频观测而言，n 的取值建议为 1.5[49]。参考文献[51]通过 30 MHz～6 GHz 的几对频率的卫星测量数据，推导出了 n 的具体取值，其范围为 1～2。此外，参考文献[49]指出弱闪烁幅度几乎呈现对数正态分布。对于强闪烁，n 的取值会减小，原因是信号在电离层的多次散射造成了闪烁的饱和。当 S_4 趋近于 1.0 时，闪烁强度呈现瑞利分布。类似地，对于相位闪烁强度，下面的公式成立：

$$S_{\varphi,f_2} = S_{\varphi,f_1}\left(\frac{f_2}{f_1}\right)^{-n} \tag{7-15}$$

参考文献[41]推荐此式 n 的取值为 1。图 7-7 所示的为 GPS 的 L1 频段与 L2、L5 频段（分别为 1.57542 GHz、1.22760 GHz 与 1.17645 GHz）幅度闪烁指数 S_4 和相位闪烁指数 σ_φ 之间的变化关系，反映了闪烁强度之间的相关性。

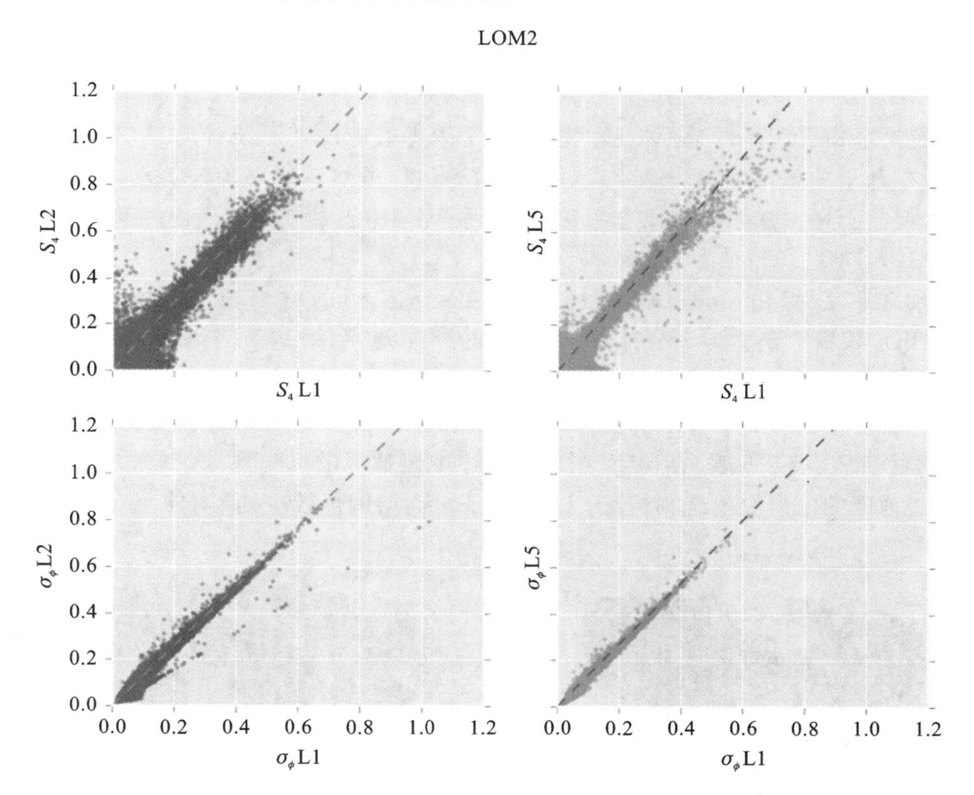

图 7-7　GPS 信号中 L1 与 L2、L5 频段观测的闪烁强度关系

当 $0 \leqslant S_4 \leqslant 1.0$ 时，参考文献[49]依据经验提供了 S_4 与近似峰-峰波动值 P_{fluc} 的转换表（见表 7-5），其关系可近似表示为

$$P_{\text{fluc}} = 27.5 S_4^{1.26} \tag{7-16}$$

表 7-5　不同幅度闪烁指数对应的峰-峰波动值

S_4	P_{fluc}/dB
0.1	1.5
0.2	3.5
0.3	6
0.4	8.5

续表

S_4	P_{fluc}/dB
0.5	11
0.6	14
0.7	17
0.8	20
0.9	24
1.0	27.5

值得注意的是，参考文献[49]强调该式只是近似的关系，并且未来的研究还会改变该式的适用性和范围。考虑到链路的余量计算，由电离层闪烁造成的信号衰减为

$$A_{IS} = P_{fluc}/\sqrt{2} \tag{7-17}$$

目前针对电离层闪烁的建模方法大多数基于闪烁效应的实测统计结果，对参考频率进行变标，或者是基于地理位置和当地时间对其定性评估。虽然不能准确计算出闪烁造成衰减的具体数值，但是上述方法依旧可以应用在各种传播现象中自然变化范围内的卫星网络/系统的规划和部署[49]。

参考文献[52]提出了电子总容量（total electron content，TEC）率指数（rate of TEC index，ROTI），该指数定义为 5 分钟内 TEC 率的标准差，利用基于网络的 GPS 监测系统，统计地呈现电离层不规则性。参考文献[53]在此基础上通过研究 ROTI 与幅度闪烁指数 S_4 的相关性，研究低纬度地区 ROTI 对电离层闪烁的反应程度，结果表明高采样率下的 ROTI 与 S_4 的相关性更高。图 7-8 表明 ROTI 图能够描述中国地区的电离层闪烁，未来可能用于监测中国及周边地区的电离层不规则情况。这为表征电离层闪烁效应的影响提供了新的角度。

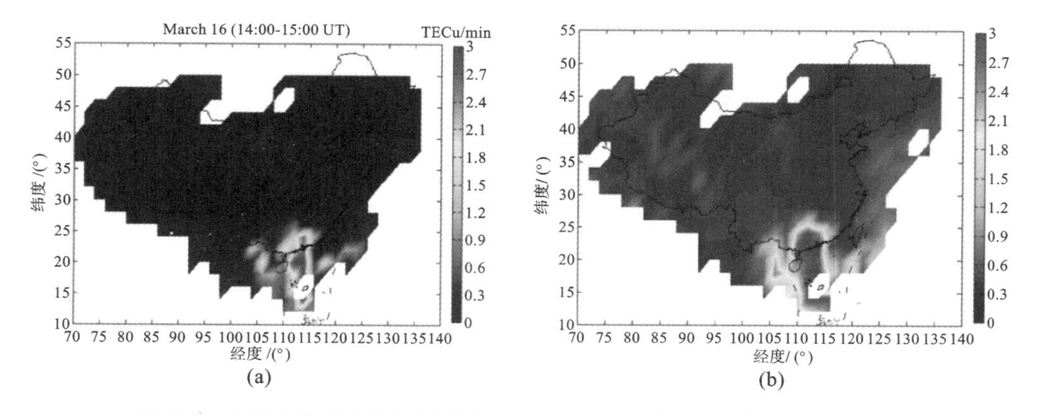

图 7-8　中国各地区电离层闪烁的 30 秒 ROTI 图（左）和 1 秒 ROTI 图（右）

2015 年 3 月 16 日北京时间 14:00—15:00[53]

7.2.4　对流层闪烁

闪烁现象也会发生在大气下部的对流层，温度、水蒸气含量和气压的变化导致折射率的突然变化引起信号的波动，6 GHz 以下的频率可以忽略此效应[41]。与电离层闪烁不同的是，对

流层闪烁的强度会随着载波频率的增加而增加，且在 10 GHz 以上的频率尤其显著。此外，闪烁效应与仰角的大小密切相关，原因是闪烁幅度随着路径长度的增大而增加，随着孔径平滑导致的天线波束宽度下降而降低[45]。

基于角度谱理论，参考文献[54]对地卫激光通信进行了数值研究，通过考虑对流层大气折射率和湍流的分布来研究它们对激光波束传播的影响。研究结果表明，由于对流层大气折射率的变化，激光波束的传播角度也会发生一定的变化，且变化的幅度也会随着发射角度的不同而改变。

参考文献[41]给出了不同仰角下由于对流层闪烁造成的衰减的概率分布，如图 7-9 所示，地点位于法国图卢兹，信号频率为 20 GHz，并假定为圆极化。虽然对流层闪烁与纬度位置密切相关，但是作者仍建议将此图作为链路余量计算的参考，并根据该图总结出不同仰角下对流层衰减的经验表，如表 7-6 所示。

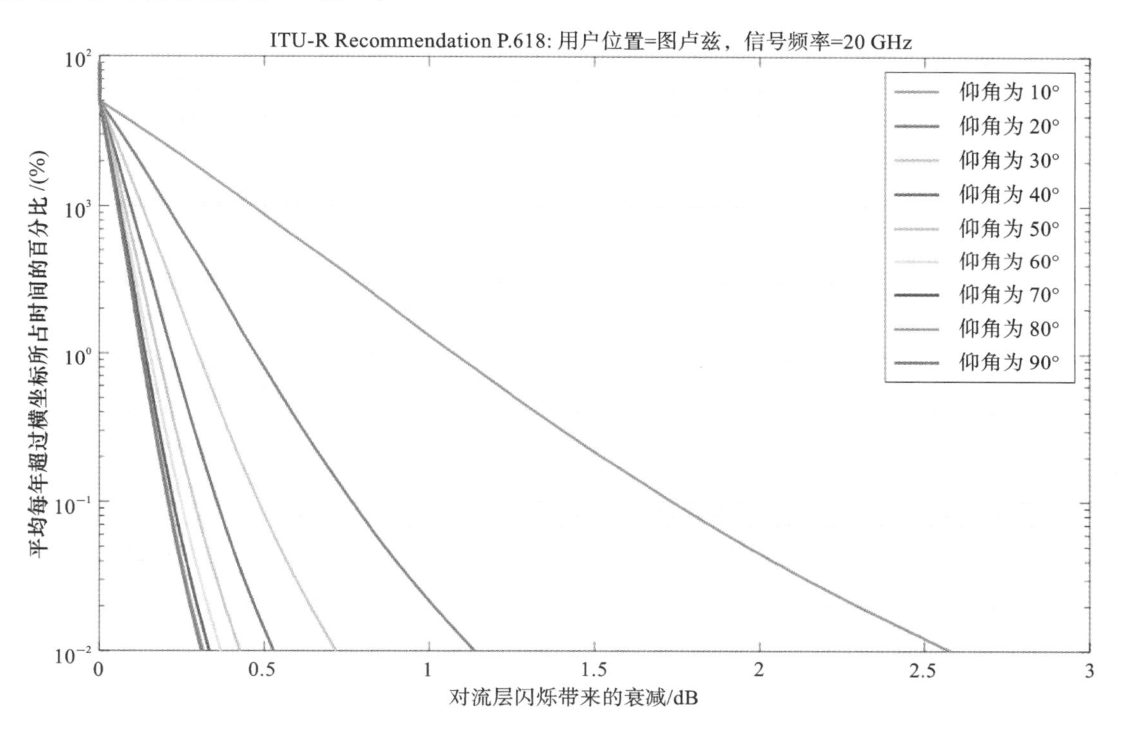

图 7-9　图卢兹(法国)20 GHz 不同仰角下对流层闪烁衰减概率分布

表 7-6　图卢兹 20 GHz 频率下 99%概率的对流层衰减

仰角/(°)	对流层衰减/dB ($P(A_{TS}>x)<0.01$)
10	1.08
20	0.48
30	0.30
40	0.22
50	0.17
60	0.13

续表

仰角/(°)	对流层衰减/dB ($P(A_{TS}>x)<0.01$)
70	0.12
80	0.12
90	0.12

参考文献[45]的作者基于每月和长期的平均温度和相对湿度，介绍了仰角大于 5°时预测对流层闪烁累积分布的一般方法，该方法要求频率为 4～20 GHz，可以用来预测年均和平均最坏月份中由波束扩展、闪烁和多路径衰减组合形成的大深度衰减。同时作者还指出 18 GHz 以上频率工作的系统，尤其是在低仰角或低余量时，必须考虑多源同生大气衰减的效应，即雨、气体、云和闪烁的综合效应。上述预测方法通过参考文献[55]的附件 1 给定的程序进行了测试，结果表明很好地与所有纬度地区 0.001%～1%概率范围内的现有测量数据相匹配。当使用参考文献[56]的降雨等值线图时，总体均方根误差大约是 35%。与多年的地空数据进行比对，总体均方根误差是 25%左右。

7.3 本章小结

在未来的移动通信中，非地面通信将是一个重要的组成部分，其中包括了将在不同高度绕地轨道上运行的卫星作为基站，以及利用较低高度飞行的无人机或空中平台作为基站等。现阶段围绕如何将这样的非地面通信网络融合到已经相对成熟的移动通信网络，研究者在多个方面开展了大量研究。尽管两种网络已经独立成系统并被广泛应用，但是通过结合共同服务于位于地面的普通移动终端，仍面对巨大的挑战。空中平台远离地面造成了收发链路上的高时延，对信息回传的机制形成较大影响；平台的高速运动造成了显著的频移，对前导数据的设计、上下链路的同步以及多个链路的同步带来困难。所以，融合系统需要构建一个新的协议体系，来应对和解决这些问题。

非地面通信的信道研究相对地面的电波传播信道研究而言，仍存在大量的空白和未知，值得业内深入探索，构建准确的信道特征预测模型。大气的分层结构，以及每个层次对传播造成的影响均有所不同，如电离层和对流层的闪烁现象、大气中存在的不同密度气体对电波的吸收和散射现象等。这些现象无论从宏观表征和微观机理上，都需要我们利用测量和理论分析以及仿真推演来进行特征挖掘，希望能够采用参数化的、网络化的模型架构，对这些现象进行合理解释。已有的工具，如射线追踪和传播图论，它们的模型构建基础均存在与大气结构不尽一致的地方，所以需要深入研究如何调整和优化，以达到预期的建模目标。

参考文献

[1] 3GPP. TR 38.811 V15.4.0：Technical Specification Group Radio Access Network; Study on New Radio (NR) to support non-terrestrial networks (Release 15)[R].

3GPP, 2020.

[2] 3GPP. TR 38. 821 V16. 0. 0: Solutions for NR to support Non-Terrestrial Networks (NTN) (Release 16)[R]. 3GPP, 2020.

[3] 3GPP. TR 21. 905 V17. 1. 0: Digital cellular telecommunications system (Phase 2+) (GSM); Universal Mobile Telecommunications System (UMTS); LTE; 5G (Release 17) [R]. 3GPP, 2021.

[4] 3GPP. TR 38. 901 V17. 0. 0: Technical Specification Group Radio Access Network; Study on channel model for frequencies from 0. 5 to 100 GHz (Release 17)[R]. 3GPP, 2022.

[5] 5G AgiLe and fLexible integration of SaTellite And cellulaR (5G-ALLSTAR). Final Report (Deliverable D1. 4) [EB/OL]. [2021-10-31]. https://5g-allstar. eu/wp-content/uploads/2021/11/815323_Deliverable_1. 4_Final-report. pdf.

[6] 5G Americas. 5G & Non-Terrestrial Networks[EB/OL]. [2022-02]. https://www. 5gamericas. org/wp-content/uploads/2022/01/5G-Non-Terrestrial-Networks-2022-WP-Id. pdf.

[7] Amazon News. Project Kuiper[EB/OL]. [2022-08-05]. https://www. aboutamazon. com/news/tag/project-kuiper.

[8] Amorim R, Nguyen H, Mogensen P, et al. Radio channel modeling for UAV communication over cellular networks[J]. IEEE Wireless Communications Letters, 2017, 6(4): 514-517.

[9] Burkhardt F, Eberlein E, Jaeckel S, et al. MIMOSA - a dual approach to detailed land mobile satellite channel modeling [J]. International Journal of Satellite Communications and Networking, 2014, 32(4): 309-328.

[10] Burkhardt F, Jaeckel S, Eberlein E, et al. QuaDRiGa: A MIMO channel model for land mobile satellite[C]//The 8th European Conference on Antennas and Propagation (EuCAP 2014). IEEE, 2014: 1274-1278.

[11] Cai X, Rodríguez-Piñeiro J, Yin X, et al. An empirical air-to-ground channel model based on passive measurements in LTE [J]. IEEE Transactions on Vehicular Technology, 2018, 68(2): 1140-1154.

[12] Cai X, Izydorczyk T, Rodríguez-Piñeiro J, et al. Empirical low-altitude air-to-ground spatial channel characterization for cellular networks connectivity[J]. IEEE Journal on Selected Areas in Communications, 2021, 39(10): 2975-2991.

[13] Chuberre N, Michel C. Satellite components for the 5G system [J]. 3GPP, January, 2018.

[14] Roadmap E C R. Roadmap for the integration of civil Remotely-Piloted Aircraft Systems into the European Aviation System[J]. 2013.

[15] Giordani M, Zorzi M. Non-terrestrial networks in the 6G era: Challenges and opportunities[J]. IEEE Network, 2020, 35(2): 244-251.

[16] Gu D L, Pei G, Ly H, et al. UAV aided intelligent routing for ad-hoc wireless network in single-area theater [C]//2000 IEEE Wireless Communications and

Networking Conference. Conference Record (Cat. No. 00TH8540). IEEE, 2000, 3: 1220-1225.

[17] Hayat S, Yanmaz E, Muzaffar R. Survey on unmanned aerial vehicle networks for civil applications: A communications viewpoint[J]. IEEE Communications Surveys & Tutorials, 2016, 18(4): 2624-2661.

[18] Zhu H, Rodríguez-Piñeiro J, Huang Z, et al. On the end-to-end latency of cellular-connected UAV communications[C]//2021 15th European Conference on Antennas and Propagation (EuCAP). IEEE, 2021: 1-5.

[19] Hosseinian M, Choi J P, Chang S H, et al. Review of 5G NTN standards development and technical challenges for satellite integration with the 5G network[J]. IEEE Aerospace and Electronic Systems Magazine, 2021, 36(8): 22-31.

[20] ITU-R Recommendation. ITU-R P. 681-11: Propagation data required for the design systems in the land-mobile satellite service[R]. ITU-R Recommendation, 2019.

[21] ITU-R Recommendation. ITU-R P. 531: Ionospheric propagation data and prediction methods required for the design of satellite networks and systems[R]. ITU-R Recommendation, 2019.

[22] Jaeckel S, Raschkowski L, Burkhardt F, et al. Efficient sum-of-sinusoids-based spatial consistency for the 3GPP new-radio channel model[C]//2018 IEEE Globecom Workshops (GC Wkshps). IEEE, 2018: 1-7.

[23] Jaeckel S, Raschkowski L, Thieley L. A 5G-NR satellite extension for the QuaDRiGa channel model [C]//2022 Joint European Conference on Networks and Communications & 6G Summit (EuCNC/6G Summit). IEEE, 2022: 142-147.

[24] Khawaja W, Ozdemir O, Guvenc I. UAV air-to-ground channel characterization for mmWave systems[C]//2017 IEEE 86th Vehicular Technology Conference (VTC-Fall). IEEE, 2017: 1-5.

[25] Kim J, Casati G, Pietrabissa A, et al. 5G-ALLSTAR: An integrated satellite-cellular system for 5G and beyond[C]//2020 IEEE Wireless Communications and Networking Conference Workshops (WCNCW). IEEE, 2020: 1-6.

[26] Lee R, Manner J, Kim J, et al. Role of deployable aerial communications architecture in emergency communications and recommended next steps[EB/OL]. [2011-09]. https://docs.fcc.gov/public/attachments/DOC-309742A1.pdf.

[27] Lin X, Rommer S, Euler S, et al. 5G from space: An overview of 3GPP non-terrestrial networks[J]. IEEE Communications Standards Magazine, 2021, 5(4): 147-153.

[28] OneWeb. OneWeb Main Website[EB/OL]. [2022-08-05]. https://oneweb.net/.

[29] Osseiran A, Boccardi F, Braun V, et al. Scenarios for 5G mobile and wireless communications: the vision of the METIS project[J]. IEEE communications magazine, 2014, 52(5): 26-35.

[30] Palat R C, Annamalau A, Reed J R. Cooperative relaying for ad-hoc ground networks using swarm UAVs[C]//MILCOM 2005-2005 IEEE Military Communications

Conference. IEEE, 2005: 1588-1594.

[31] Rodríguez-Piñeiro J, Domínguez-Bolaño T, Cai X, et al. Air-to-ground channel characterization for low-height UAVs in realistic network deployments[J]. IEEE Transactions on Antennas and Propagation, 2020, 69(2): 992-1006.

[32] Rodríguez-Piñeiro J, Huang Z, Cai X, et al. Geometry-based MPC tracking and modeling algorithm for time-varying UAV channels[J]. IEEE Transactions on Wireless Communications, 2020, 20(4): 2700-2715.

[33] Sesia S, Toufik I, Baker M. LTE-the UMTS long term evolution: from theory to practice[M]. John Wiley & Sons, 2011.

[34] SpaceX. Starlink Main Website [EB/OL]. [2022-08-05]. https://www.starlink.com/.

[35] Valcarce A, Rasheed T, Gomez K, et al. Airborne base stations for emergency and temporary events [C]//Personal Satellite Services: 5th International ICST Conference, PSATS 2013, Toulouse, France, June 27-28, 2013, Revised Selected Papers 5. Springer International Publishing, 2013: 13-25.

[36] Kimon P. Valavanis, George J. Vachtsevanos. Handbook of unmanned aerial vehicles [M]. Dordrecht: Springer Netherlands, 2015.

[37] Wang Z, Tameh E K, Nix A R. Joint shadowing process in urban peer-to-peer radio channels[J]. IEEE Transactions on Vehicular Technology, 2008, 57(1): 52-64.

[38] Zeng Y, Zhang R, Lim T J. Wireless communications with unmanned aerial vehicles: Opportunities and challenges[J]. IEEE Communications magazine, 2016, 54(5): 36-42.

[39] Zhan P, Yu K, Swindlehurst A L. Wireless relay communications with unmanned aerial vehicles: Performance and optimization[J]. IEEE Transactions on Aerospace and Electronic Systems, 2011, 47(3): 2068-2085.

[40] Zhou Y, Cheng N, Lu N, et al. Multi-UAV-aided networks: Aerial-ground cooperative vehicular networking architecture [J]. IEEE Vehicular Technology Magazine, 2015, 10(4): 36-44.

[41] 3GPP. TR 38.811 V15.4.0: Technical Specification Group Radio Access Network; Study on New Radio (NR) to support non-terrestrial networks (Release 15)[R]. 3GPP, 2020.

[42] ITU-R Recommendation. ITU-R P.836-6: Water vapour: surface density and total columnar content[R]. ITU-R Recommendation, 2017.

[43] ITU-R Recommendation. ITU-R P.676-12: Attenuation by atmospheric gases and related effects [R]. ITU-R Recommendation, 2019.

[44] ITU-R Recommendation. ITU-R P.835-6: Reference standard atmospheres[R]. ITU-R Recommendation, 2017.

[45] ITU-R Recommendation. ITU-R P.618-13: Propagation data and prediction methods required for the design of Earth-space telecommunication systems [R]. ITU-R Recommendation, 2017.

[46] ITU-R Recommendation. ITU-R P. 1511-2：Topography for Earth-space propagation modelling[R]. ITU-R Recommendation，2019.

[47] ITU-R Recommendation. ITU-R P. 838-3：Specific attenuation model for rain for use in prediction methods[R]. ITU-R Recommendation，2005.

[48] Aarons J，Whitney H E，Allen R S. Global morphology of ionospheric scintillations [J]. Proceedings of the IEEE，1971，59(2)：159-172.

[49] ITU-R Recommendation. ITU-R P. 531-14：Ionospheric propagation data and prediction methods required for the design of satellite networks and systems[R]. ITU-R Recommendation，2019.

[50] 3GPP. TR 38. 804：Technical Specification Group Radio Access Network；Study on New Radio Access Technology；Radio Interface Protocol Aspects （Release 14） [R]. 3GPP.

[51] Albert D，Wheelon. Electromagnetic scintillation vol. 2：Weak scattering [J]. Cambridge，UK：Cambridge University Press，2003.

[52] Pi X，Mannucci A J，Lindqwister U J，et al. Monitoring of global ionospheric irregularities using the worldwide GPS network[J]. Geophysical Research Letters，1997，24(18)：2283-2286.

[53] Wei W，Li W，Song S，et al. Study on the calculation strategies of ionospheric scintillation index ROTI from GPS[C]//IGARSS 2019-2019 IEEE International Geoscience and Remote Sensing Symposium. IEEE，2019：9894-9897.

[54] Chen H，Wang X. Numerical investigation on atmosphere refractivity distribution and turbulence′s influence on earth-satellite laser communication [C]//2016 15th International Conference on Optical Communications and Networks (ICOCN). IEEE，2016：1-3.

[55] ITU-R Recommendation. ITU-R P. 311-18：Acquisition，presentation and analysis of data in studies of radiowave propagation[R]. ITU-R Recommendation，2021.

[56] ITU-R Recommendation. ITU-R P. 837-7：Characteristics of precipitation for propagation modelling[R]. ITU-R Recommendation，2017.

第八章　实践案例:信道特征在天线阵列位置姿态检测的应用

在前几章里,我们已经对B5G和6G无线通信系统相关场景、相关频段、大带宽、大规模阵列等情景下的无线电波传播的信道特征做了详细的描述,对如何进行高精度的参数提取,采用什么样的先验参数化模型,应该如何总结将通信和感知信道特征融合在一起的信道模型,都做了较为详细的描述。通过构建更加精细化、更具有"指向性"的先验模型,通过更复杂、高效的参数提取算法,我们可以将信道特征提取提升到一个更高、更全面的层次,这样也为信道特征在5G、6G智能化应用、数字化转型的多种场景定义的垂直应用打下基础。

5G和6G在支撑产业、生活、经济、社会治理等方面具有之前移动通信无法比拟的优势,但是同时也面临着很多从0到1的创新要求。尽管传统研究已经在参数估计、特征提取、模型构建方面有一定的基础,但是如何有效支撑这些拓展应用,该如何构建一个可行的架构来达到应用落地的目的,应有合适的理论支持及相应的算法体系。

垂直应用还有很多额外的要求需要采用新的方法。例如,对于IoT领域非常关键的室内定位的需求,需要在满足NLoS的场景下,如何利用环境导致的信道特征变化来进行自身位置的判定。但是可能会由于缺少预校准的测量,导致难以构建准确的环境指纹数据库。所以如何充分利用智能化的手段来减少系统正常运行的复杂性,保证性能上满足既定的目标,是研究的内容之一。

本章拟通过介绍一个利用信道特征进行基站的天线阵列所在位置以及姿态参数的估计案例,来尝试"打通"从信道仿真、特征提取、指纹库建立到定位定姿的一系列相关理论和方法,通过仿真和实测来对这些方法的适用性做评价检验。当然这些研究内容也仅仅提供一些初步的探索,特别是面向高精度、高复杂度的位姿检测性能要求背景。

本章的内容安排如下:8.1节介绍如何采用传播图论对某一个给定物理尺寸和物体分布的室内环境构建一个与实测得到的信道响应具有高吻合度的仿真引擎。该方法旨在无需到现场进行实测,就能够基于输入的收发端的参数信息,产生出双方在任意位姿下的信道冲激响应。为了能够提升仿真得到的信道特征与实际测量得到的内容更为一致,特别是对于某一种近似类型的环境,在不同的具体空间中的一致性,即使没有实测数据的校准,也能够达到准确地预测信道特征的目的,我们采用了机器学习的方法进行特征的迁移,并在8.2节做了详细介绍。8.3节介绍了如何将信道特征进行分层构建,形成一个分层的支持向量机(hierarchical support vector machine),来达到位姿检测的目的。在8.4中,我们通过在多个环境中开展的实测,结合仿真,对天线阵列位姿估计的这套方法进行了验证,并给出了算法优化的方向。

8.1 基于图论的信道室内场景特征预测与验证

基于传播图论(propagation graphs,PGs)的无线信道模型最早由 T. Pedersen 在参考文献[1]中提出,并在参考文献[2]中提出了封闭的信道传递函数数学表达式,参考文献[3]中使用随机图论模拟封闭房间的信道。PGs 将无线信道描述为一个有向图,图 8-1 展示了一个传播图简例,其中发射机、接收机和散射体为顶点,顶点之间的相互作用定义为一个时不变的传递函数。由于 PGs 模型简化了无线电传播路径的计算方式,大大降低了计算复杂度,因此被众多学者成功应用在不同场景中。参考文献[4][5]分别将 PGs 应用于高铁动态场景、室内室外通信场景、隧道通信场景。基于传播图简例,可以简单地描述信号从发射机到接收机的传播过程,由此推导出的无线传播信道的传递函数可以表示为

$$\begin{aligned}\boldsymbol{H}(f) &= \boldsymbol{D}(f) + \boldsymbol{R}(f)[\boldsymbol{I} + \boldsymbol{B}(f) + \boldsymbol{B}(f)^2 + \boldsymbol{B}(f)^3 + \cdots]\boldsymbol{T}(f) \\ &= \boldsymbol{D}(f) + \boldsymbol{R}(f)(\boldsymbol{I} - \boldsymbol{B}(f))^{-1}\boldsymbol{T}(f)\end{aligned} \tag{8-1}$$

式中:f 为特定频点;$\boldsymbol{D}(f) \in \mathbb{C}_{N_r \times N_t}$ 表示发射端与接收端之间的传播矩阵;$\boldsymbol{T}(f) \in \mathbb{C}_{N_s \times N_t}$、$\boldsymbol{R}(f) \in \mathbb{C}_{N_r \times N_s}$ 和 $\boldsymbol{B}(f) \in \mathbb{C}_{N_s \times N_s}$ 分别表示发射机到散射体($e \in \varepsilon_t$)、散射体到接收机($e \in \varepsilon_r$)和散射体到散射体($e \in \varepsilon_s$)之间的传播矩阵;$\boldsymbol{B}(f)^n$ 是指散射体之间的第 n 次弹跳相互作用的传播矩阵。传播矩阵中的任意元素 $A_e(f)$ 可以按下式计算:

$$A_e(f) = g_e(f) \cdot \exp(-\mathrm{j}2\pi\tau_e f) \tag{8-2}$$

式中:$g_e(f)$ 为传播系数;τ_e 为路径时延。

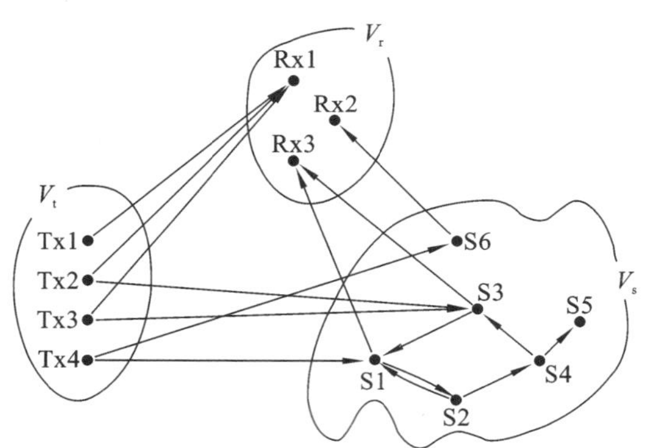

图 8-1　包含 4 个发射机、3 个接收机以及 6 个散射体的传播图简例

PGs 的计算架构简明,计算复杂度低,并且具备模拟信号在高时延处的混响效应。但传统的 PGs 模型仍存在一些局限性:把各类障碍物简称相同的"点",而实际上各类障碍物有着不同的介电常数、表面光滑度等;传播矩阵中各路径的传播系数计算方法缺少电磁特性,且未考虑到传播路径是否受其他障碍物的阻挡;未综合考虑无线电的多种传播机制,只涵盖了单一的散射模型。

为了完善图论仿真模型,参考文献[6][12]均对传播图论进行了优化。参考文献[6]中提

出一种室内信道仿真的混合模型，由两部分组成：第一部分是射线追踪（ray tracing，RT）模拟确定性元件；第二部分利用传播图论产生信道呈指数衰落的散射分量（diffuse tail）。为了降低复杂度，射线追踪只选择第一个和最后一个相互作用点，并且图论的所有参数都是来源射线追踪的数据。这种混合模型在参考文献[7]中通过复指数和（sum of complex exponentials，SoCE）算法来降低 RT 算法的复杂度之后，被应用在隧道通信场景中。参考文献[8]提出一种半确定性的图论模型，在用 PGs 仿真漫散射分量的基础上，将漫散射多径分量与 RT 模拟的镜面反射分量相结合，得到完整的信道，该方法适用于毫米波及以上的受限室内或密集城市环境中的多径传播建模。上述的优化方向都是结合 RT 和 PGs 两种模型，通过不同形式的组合来完善信道建模。

除了这种形式外，还有只考虑优化 PGs 模型自身来完善信道建模，即直接优化状态矩阵和传播函数矩阵的计算方式。参考文献[9]提出一种图论算法的改进，将散射点分为光滑散射点和粗糙散射点两类，它们的散射系数和密集程度不同，并引入了信号的传播角度模型，在保持较好的时间复杂度上与实测结果相比较更加精确。此外，参考文献[10]在边缘传递函数中引入去极化效应，提出一种室内传播图的极化无线信道模型，通过传播图形式还推导了室内信道的偏振度和交叉极化率的近似封闭表达式。

同时，还提出一种利用测量数据来校准 PGs 的模型。参考文献[11]中遵循 Saleh-Valenzuela（SV）模型的双指数衰减团簇结构，提出了一种新的参数化 PGs，改变发射机和接收机的阵列天线之间的间距、散射体之间的平均距离，所提出的新参数化 PGs 模型在这两种情况下都会丢失自由度而变得具有空间相关性。参考文献[12]提出基于近似贝叶斯计算（approximate Bayesian computation，ABC）和深度学习（deep learning，DL）的方法提取多径分量，应用在 PGs 模型中，可以使其与实测数据之间进行校准。

基于室内工厂场景，利用传播图论建模生成模拟的信道脉冲响应（channel impulse response，CIR），具体仿真建模流程如下：

• 首先根据拟分析的室内环境构建数字化地图，确定发射源（或称 user equipment，UE）和接收机（基站，base station，BS）的位置，传播环境中障碍物的位置信息包括室内物体表面、地面、墙面等。

• 将每个障碍物离散成若干散射体，记录并存储散射体的位置和面积大小，每个散射体和收发机都可视为“节点”，计算任意节点之间的距离并判断两节点之间的可视性，构建出“点”和“边”的传播图。

• 根据传播模型，计算传播矩阵 $\boldsymbol{D}(f)$、$\boldsymbol{T}(f)$、$\boldsymbol{R}(f)$ 和 $\boldsymbol{B}(f)$，通过天线与各节点的位置关系，在 $\boldsymbol{D}(f)$、$\boldsymbol{T}(f)$、$\boldsymbol{R}(f)$ 中添加天线响应，并以“扫频式”地计算信道传递函数 $\boldsymbol{H}(f)$，通过逆傅里叶变换得到每个接收天线阵元观测的信道脉冲响应。

• 对仿真得到的信道脉冲响应进行参数估计及统计建模，得到基于仿真信道模型。

基于上述仿真建模流程，改变基站（接收机）的不同姿态，通过仿真可以生成大量的 CIR 数据并进行存储。假设这些不同阵元观察到的 CIR，能够综合起来描述天线阵列在不同姿态下的信道时延域延展特征和小尺度选择性特性。我们利用 CIR 数据与天线阵列姿态之间的关联关系，进行特征提取和选择，采用神经网络、深度学习等方法来对天线阵列姿态进行估计。传统图论仿真建模可以有效模拟出实际环境中无线电传播的统计特征，然而与测量数据在确定性特征的吻合度仍需要提升，因此对传播图论算法建模的优化是十分必要的。鉴于已有文献的优化方法，结合传播图论算法在天线阵列位姿估计的应用，有以下优化方向：

(1) 针对接收机(基站天线)的设置,除了考虑其摆放位置,还可以考虑其不同的传播角度、极化方式、天线方向图等嵌入传播图论模型,生成合理的训练数据。

(2) 针对散射体的设置,考虑不同粗糙程度的散射体设置不同的散射系数[9],分析环境中的关键散射体位置,合理分布散射体,以更准确地模拟信道特征;对散射体出现在传播图中的概率进行修正,使之更符合实际的传播场景。

(3) 针对传播机制的设置,引入反射和衍射机制可以有效提升仿真准确度,结合参考文献[6][8]在传播图论中引入射线追踪的混合模型方式,对于多径是否经历了单次或者多次反弹的情况进行更完整的描述。

8.1.1 传播图论算法与射线追踪算法的混合模型理论

从射线追踪算法的内部机理考虑,射线追踪算法可以分为正向射线追踪算法[13]和反向射线追踪算法[14—16]。正向射线追踪算法由源点出发,向周围空间均匀发出大量的射线束,分别跟踪每根射线束的路径,在接收点用接收球判定该射线束对于接收点的场强是否有贡献。判定方法是该射线束与接收点的距离是否大于接收球半径,如果这个距离大于接收球的半径,判定该射线束对这个场点无贡献,反之如果小于接收球的半径,则判定有贡献,并将该射线束的贡献加入这个场点的总场中。接着继续跟踪该射线束,直到其场强衰减到可以忽略为止。重复以上过程,直至跟踪完所有射线束。然而,正向射线追踪算法并不能精确地计算每条射线的路径长度、场强、时延、相位和到达角等有重要意义的参数,相比来说,反向射线追踪算法可以有效地计算每条射线的精确参数。

反向射线追踪算法从接收源出发,对源点轮询可见的面和尖劈,建立基于反射或衍射的虚拟源点树(见图 8-2),树的每个子节点代表一个虚拟源点,树的深度取决于反向射线追踪算法的仿真精度要求。反向射线追踪算法中最经典的是镜像法(image method,IM)[17]。镜像法的复杂度会随环境中面的数量和追踪的阶数急剧增加。假设仿真环境中共有 n 个反射面,在不考虑遮挡的情况下,接收源对每个反射面产生一个虚拟的镜像源,共计 n 个一层镜像源,这些镜像源相对其他反射面又各自产生 $n(n-1)$ 个二层镜像源。依此类推,当仿真算法考虑阶反射时,l 层镜像源树的总节点数有 $\sum_{i=1}^{l} n(n-1)^{i-1}$ 个,呈幂数倍增加。反射和衍射机制的原理如下。

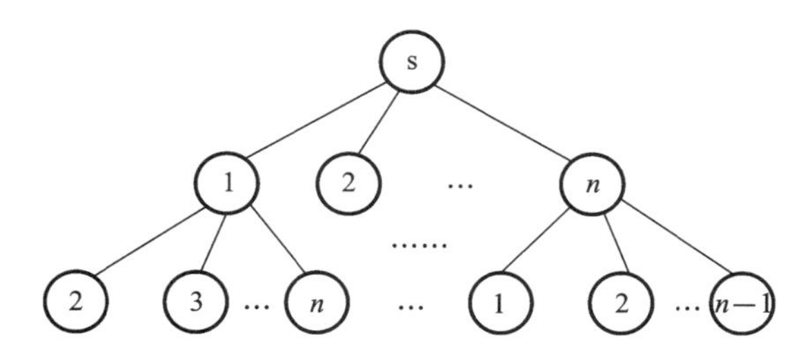

图 8-2 反向射线追踪算法的虚拟源点树

1. 镜面反射模型

如图 8-3 所示,从源 T_x 到场点 R_x 经历了三次反射过程,反射面分别为 SC_1、SC_2、SC_3。作 T_x 关于 SC_1 的镜面对称点 T_x',作 T_x' 关于 SC_2 的镜面对称点 T_x'',再作 R_x 关于 SC_3

的对称点 R_x';连接 T_x'' 和 R_x' 两点,求解所在直线与 SC_2、SC_3 所在平面的交点 P_2、P_3;连接 T_x' 和 P_2 两点,求解所在直线与 SC_1 所在平面的交点 P_1。

判断三个交点 P_1、P_2、P_3 是否在给定反射面 SC_1、SC_2、SC_3 范围内,若都在范围内,则认为三阶反射路径存在,存储相应的路径、反射点、入射角等信息。

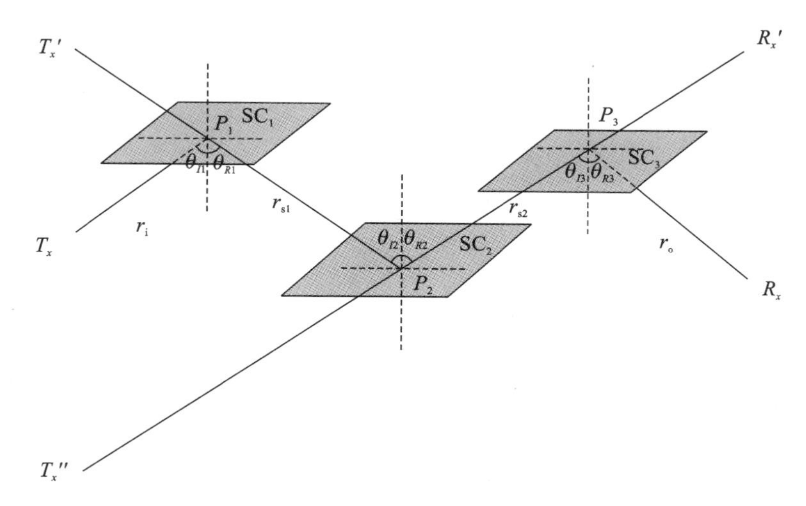

图 8-3 镜面法追踪三阶反射示意图

2. 衍射模型

由 Keller 的绕射场[18]概念可知,尖劈的绕射线与尖劈直边缘线的夹角等于入射线与直边缘线的夹角,即图 8-4 中的角 β,则有以下路径搜索步骤:

遍历源点 T_x 和场点 R_x 的共同可见劈,假设绕射点 D 存在,则 $QD=\lambda QP$;

由 $\angle T_xDQ=\angle R_xDP=\beta$,可将入射面与绕射面展开在一个平面上,由比例关系可求解,即可得到 D 点坐标;

判断 D 点是否在线段 PQ 上,T_x 与 D 之间的连线和 D 与 R_x 之间的连线有无遮挡,若满足在线段上并且没有遮挡,则认为一次绕射路径存在,并存储其信息。

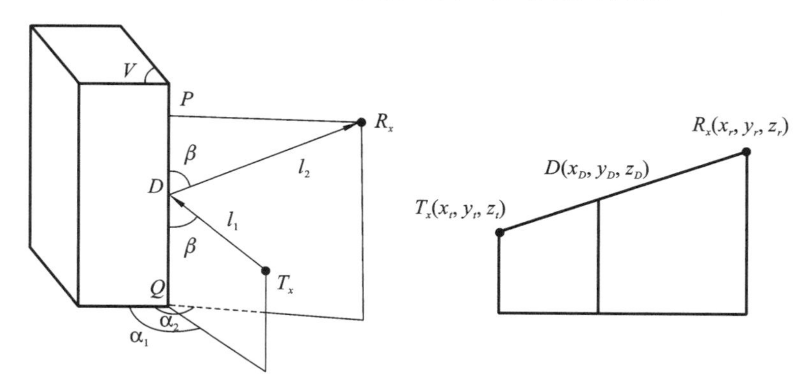

图 8-4 一次绕射路径搜索示意图

针对衍射路径的计算参考一致性绕射(uniform geometrical theory of diffraction, UTD)[19]:

$$
\begin{aligned}
D_{e,m} &= D^{(1)} + R_{0_{e,m}} R_{n_{e,m}} D^{(2)} + R_{0_{e,m}} D^{(3)} + R_{0_{e,m}} D^{(4)} \\
D^{(i)} &= \frac{-\mathrm{e}^{\frac{\mathrm{j}\pi}{4}}}{2n\sqrt{2\pi k}} \cot(\gamma^{(i)}) F(2kLn^2 \sin^2 \gamma^{(i)}) \\
F(x) &= 2\mathrm{j}\sqrt{x}\,\mathrm{e}^{\mathrm{j}x} \int_{\sqrt{x}}^{+\infty} \mathrm{e}^{-\mathrm{j}\tau^2 \mathrm{d}\tau} \\
\gamma^{(1)} &= \frac{\pi - (\alpha_2 - \alpha_1)}{2n} \\
\gamma^{(2)} &= \frac{\pi + (\alpha_2 - \alpha_1)}{2n} \\
\gamma^{(3)} &= \frac{\pi - (\alpha_2 + \alpha_1)}{2n} \\
\gamma^{(4)} &= \frac{\pi + (\alpha_2 + \alpha_1)}{2n}
\end{aligned} \tag{8-3}
$$

式中：$R_{0_{e,m}}$ 和 $R_{n_{e,m}}$ 分别是构成尖劈的两个平面（0 表面和 N 表面）的平行和垂直极化反射系数，$R_{0_{e,m}}$ 的入射角是 0 表面与入射平面的夹角 α_1，α_2 是 $R_{n_{e,m}}$ 与 0 表面的夹角；k 表示波数；$F(\cdot)$表示用于修复非一致性的过渡函数。

传播图论利用离散散射体重构无线电传播的过程，具有计算复杂度低的优势，并且具备模拟信号在高时延处的混响响应。为了解决这个问题，可以基于电波传播的实际环境，利用射线追踪模型生成低阶的衍射和反射路径，由传播图论生成高阶的散射分量，来模拟出测量信道契合度较高的仿真信道。借鉴参考文献[6][7][9]的模型：

$$
\boldsymbol{H}(f) = \boldsymbol{H}_{0:n_s}(f) + \boldsymbol{H}_{n_s+1:\infty}(f) \tag{8-4}
$$

其中 n_s 可以看作跳数的次数，第一项可以由 RT 生成合理的低 n_s 建模，第二项的高阶部分通过 PG 生成，构成的混合模型可以表示为

$$
\boldsymbol{H}(f) = \boldsymbol{H}_{\mathrm{RT},1:n_s}(f) + \boldsymbol{H}_{\mathrm{PG},n_s+1:\infty}(f) \tag{8-5}
$$

鉴于实际的室内建模中，3 阶传播机制足够捕捉主要的传播路径，所以考虑 1～3 阶反射和 1 阶衍射作为射线追踪模型，3 阶以上传播由传播图论生成。由此射线追踪和传播图论的信道传递表达式可以表示为

$$
\boldsymbol{H}_{\mathrm{RT},1:3}(f) = \boldsymbol{H}_{\mathrm{rlec},1:3}(f) + \boldsymbol{H}_{\mathrm{diff},1:1}(f) \tag{8-6}
$$

式中：$\boldsymbol{H}_{\mathrm{rlec}}(f)$和 $\boldsymbol{H}_{\mathrm{diff}}(f)$分别代表反射和衍射分量生成的信道传递函数。

$$
\begin{aligned}
\boldsymbol{H}(f) &= \boldsymbol{D}(f) + \boldsymbol{R}(f)[\boldsymbol{B}(f)^3 + \boldsymbol{B}(f)^4 + \boldsymbol{B}(f)^5 + \cdots]\boldsymbol{T}(f) \\
&= \boldsymbol{D}(f) + \boldsymbol{R}(f)[\boldsymbol{B}(f)^3(\boldsymbol{I} - \boldsymbol{B}(f))^{-1}]\boldsymbol{T}(f)
\end{aligned} \tag{8-7}
$$

基于室内工厂环境，利用传播图论和射线追踪的混合模型重构的信道脉冲响应（CIR），具体仿真建模流程如下。

（1）构建地图：首先根据拟分析的室内环境构建数字化地图，确定发射源（UE）和接收机（BS）的位置，传播环境中障碍物的位置信息包括室内物体表面、地面、墙面等。

（2）生成传播路径：

①基于传播图论算法，将环境中的障碍物离散成若干散射体，存储散射体的位置和面积大小，计算散射体和收发机任意节点之间的距离并判断节点之间的可视性，形成“点”和“边”的传播图；

②基于射线追踪算法，遍历环境中的障碍物平面，寻找满足几何关系的 1～3 阶反射和 1 阶衍射路径，记录并存储反射点、衍射点的位置和所在平面的介电常数，计算反射和衍射路径

经历的路径长度;

(3) 计算信道传递函数:

①计算传播图论算法的传播矩阵 $\boldsymbol{D}(f)$、$\boldsymbol{T}(f)$、$\boldsymbol{R}(f)$ 和 $\boldsymbol{B}(f)$,通过天线与各节点的位置关系,在传播矩阵 $\boldsymbol{D}(f)$、$\boldsymbol{T}(f)$、$\boldsymbol{R}(f)$ 中添加天线响应;

②根据射线追踪算法,通过几何关系确定反射和衍射路径,进行反射场和衍射场计算,通过天线与反射点、衍射点的位置关系,在对应传播路径计算中添加天线响应;

③根据式(8-6)和式(8-7),以“扫频式”地计算射线追踪和传播图论两部分的贡献,并叠加构成混合模型信道传递函数,通过逆傅里叶变换得到每个接收天线阵元观测的信道脉冲响应。

(4) 信道特征提取及统计建模:根据仿真生成的信道脉冲响应,进行参数估计及统计建模,得到基于仿真信道的统计模型。

8.1.2　混合模型仿真结果展示

基于传播图论和射线追踪混合模型的理论和建模流程,结合实际测量场景,图 8-5(a)所示的是同济大学嘉定校区智信馆 307 房间的实际测量环境图。根据该环境构建数字化地图,按照混合模型建模流程,遍历环境中可能存在的所有电波传播路径,可生成图 8-5(b)所示的仿真路径传播图。基于射线追踪生成的 1～3 阶反射机制和 1 次衍射机制,共生成 5 条 1 阶反射路径、13 条 2 阶反射路径、27 条 3 阶反射路径和 4 条衍射路径,结合由传播图论生成的无限次跳数的散射分量,构成完整的路径传播过程。

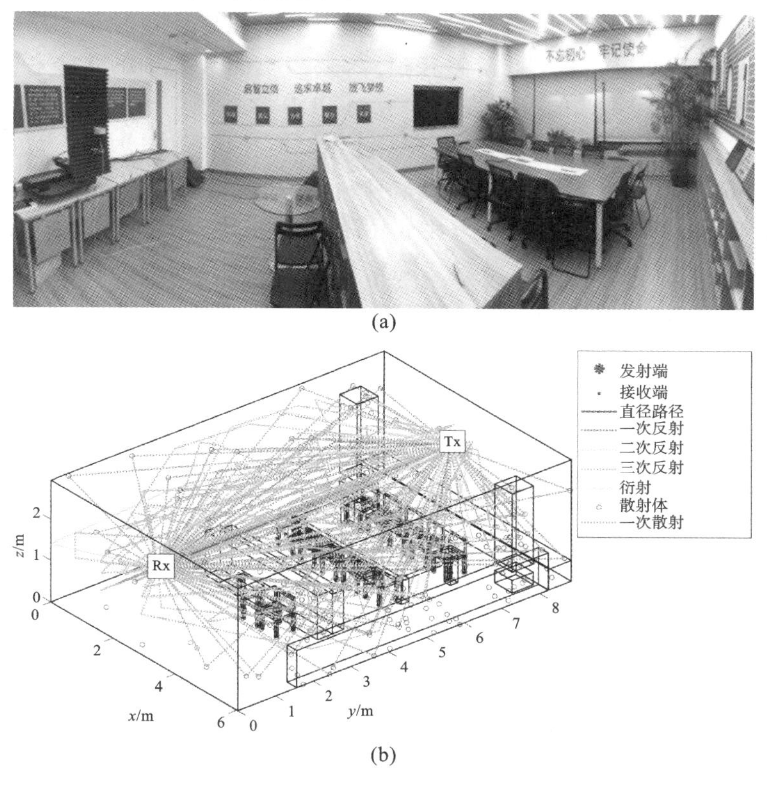

图 8-5　基于 307 房间的实测与仿真设置图

(a)实际测量环境图;(b)混合模型的仿真传播图

根据生成的传播路径，计算信道传递函数，基于射线追踪的确定性模型，计算信道传递函数时需要参考各反射面、衍射面的介电常数。基于图 8-5(a)所示的实际环境，主要由白墙、木质桌椅、木地板、玻璃窗和金属顶构成，参考相关文献给出各材质的介电常数(见表 8-1)，并将其用于仿真中。将不同平面的材质进行标记，当生成散射点、反射点和衍射点时，判断其所在平面，并读取相应的介电常数值。实测收发天线是垂直极化天线，采用垂直极化的反射场公式进行射线追踪路径相关计算。

表 8-1 仿真环境中物体的介电常数设置

材　质	混　凝　土	木　材	玻　璃	金　属
介电常数	6	2.1	5.5	8

根据实际测量中接收天线的天线方向图，在发射端、散射点、反射点和衍射点到接收端的传播路径中添加对应角度的天线响应，将天线增益嵌入仿真中。获取信道脉冲响应，进而分析功率时延谱(power delay profile，PDP)等信道特征及其统计性特征，如图 8-6(a)所示，分别给出传播图论、射线追踪、混合模型和实测数据的 PDP 结果。

传播图论生成的 PDP 整体趋势与实测的一致，然而传播图论并没有重构出实测 PDP 中的时延较大、功率较强的路径。例如，时延约为 50 ns 和 90 ns 处的路径，纯图论建模的 PDP 更像是作为基底，模拟出路径传播的混响效果。对于射线追踪生成的 PDP，虽然是低阶路径追踪，但足够捕捉到实测数据中高时延处的路径，图 8-6(b)展示了射线追踪中各传播机制生成的 PDP，其中高于 45 ns 时延处的路径基本上是由 3 阶反射路径分量组成，与实测数据契合。然而射线追踪的 PDP 中，由于低阶路径追踪，缺少实测数据中的多径叠加的混响效果。相比之下，传播图论和射线追踪的混合模型生成的 PDP 弥补了两者的缺点，在传播图论生成的散射分量的基底的同时，也能捕捉到实测数据的主要路径，整体与实测数据的吻合度最高。

此外，多径特征也是室内场景中重要的信道特征。在项目预研时就发现均方根时延扩展和 K 因子，对于天线阵列位姿的变化较为敏感，由此可初步比较不同建模方法时，这两个参数与实测数据的差距。均方根时延扩展表征多径信号能量在时延域的色散程度，计算公式如下：

$$\sigma_\tau = \sqrt{\int (\tau - \bar{\tau})^2 p(\tau) \mathrm{d}\tau} \tag{8-8}$$

式中：τ 为路径时延值；$p(\tau)$为路径功率值；$\bar{\tau}$ 是平均时延扩展，表达式为

$$\bar{\tau} = \int \tau p(\tau) \mathrm{d}\tau \tag{8-9}$$

K 因子是视距传播功率与非视距传播功率和的比值，表征信道衰落程度，计算公式如下：

$$K_{\mathrm{dB}} = 10\lg \frac{P_{\mathrm{Los}}}{\sum P_{\mathrm{NLos}}} \tag{8-10}$$

根据上述公式，分别计算传播图论模型、射线追踪模型、混合模型以及实测数据的均方根时延扩展和 K 因子，结果如表 8-2 所示。

从表 8-2 可以看出，纯图论模型多径参数与实测数据相差较大，射线追踪模型的多径参数都低于实测数据。对比所提出的混合模型，多径参数与实测数据都较为接近，其中均方根时延扩展与实测相差 0.484 ns，K 因子相差 0.0004 dB，误差值非常小。由此，通过信道特征参数可以进一步说明所提出的混合模型的准确性。

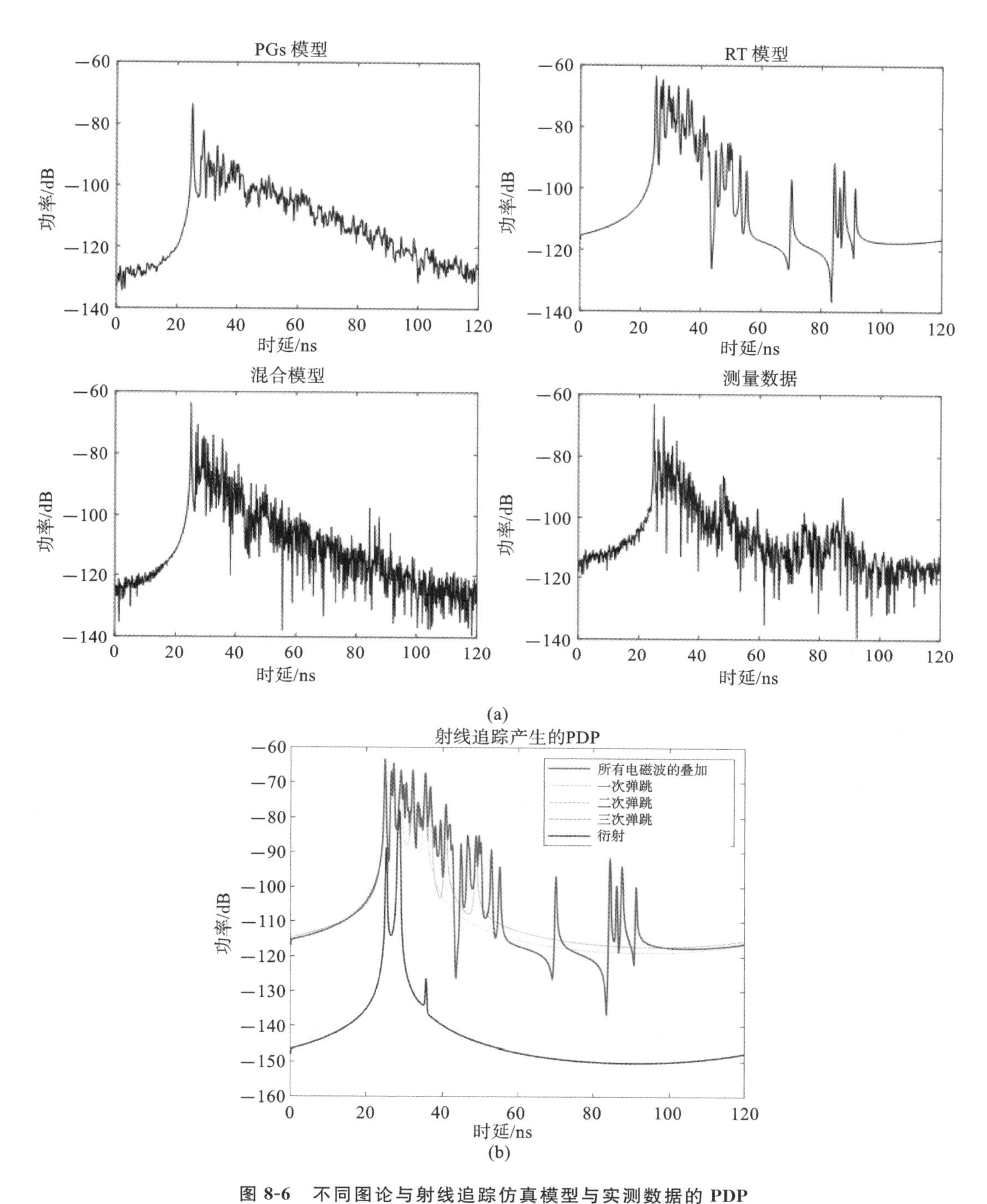

图 8-6　不同图论与射线追踪仿真模型与实测数据的 PDP

(a)不同仿真模型与实测数据的 PDP 结果；(b)射线追踪中各传播机制生成的 PDP 结果

表 8-2　传播图论、射线追踪、混合模型与实测数据的信道参数对比

分布类型	均方根时延扩展/ns	K 因子/dB
PGs model	7.889	1.3276
RT model	4.710	0.2131
Hybird model	5.338	0.6759
Measured	5.822	0.6763

8.1.3　基于马尔可夫链的散射体稀疏化建模

针对传播图论的散射体设置，通过预研发现墙面散射体的影响，墙面散射体设置过多时，会抬高整体多径功率水平，与测量数据不符。对于具体的散射点数量和位置，可以利用基于马尔可夫链建模对散射体分布进行分析。已知仿真信道特征与散射体设置有所关联，并且对于位姿估计所需要的信道特征，可能只需要少量关键的散射体就可以进行描述，而这些关键散射体就是我们需要寻找的。基于 1 阶马尔可夫过程对散射点建模，包括以下步骤：

- 将每个散射点视为一个状态空间，根据生成顺序用$\{1,2,\cdots,n\}$表示。
- 遍历所有散射点，计算相互之间的可视度，若散射点 i 至散射点 j 之间有遮挡，则一步转移概率 $p_{ij}=0$；若散射点 i 至散射点 j 之间可视，计算散射点 i 可到达所有散射点的路径数 m，则一步转移概率 $p_{ij}=1/m$(即认为所有可到达路径的概率平均分配)。
- 遍历散射点 $1,2,\cdots,n$，进而可得到由 p_{ij} 组成的一步转移概率矩阵 $\boldsymbol{P}$。进一步可以得到 n 步转移概率矩阵 $\boldsymbol{P}(n)$，进行遍历性、极限分布、平稳分布的分析。

为了研究随机散射体分布和散射体数量的不同所呈现的信道特征的不同，采用不同撒点密度进行随机撒点，分别生成散射体数量为 528、564、626 和 674。对这四种散射体分布，基于上述步骤分别计算其转移概率矩阵，图 8-7 展示了 500 步概率分布图。图中横向和纵向坐标轴对应仿真散射体索引，比如横向索引为 i，纵向索引为 j，对应两个索引位置的数值就代表散射体 i 至散射体 j 之间的转移概率，其中白色部分的概率为 0，即散射体 i 至散射体 j 之间经历多次弹跳后可能处于不可视或不可到达的状态。

首先，从四种散射体分布情况可以看出，图中都存在大量转移概率为 0 的情况，这说明有些散射体之间的路径可能没有贡献于信道传播中，可以考虑丢弃该部分的散射体，减少仿真计算时间。

其次，观察四种情况的转移概率分布，可以看出在图 8-7(a)、(b)中就没有概率较强的点，除了概率为 0 的位置，其他转移概率分布值近似集中在 0～0.02；而图 8-7(c)、(d)中在一些特定的位置上出现了概率较强现象，与其他位置区分开。基于这种现象，对这四种散射体分布仿真生成的信道特征进行分析，探究特定位置上概率较强的散射体对信道参数的影响。图 8-8 所示的为不同散射体分布下的仿真 PDP 谱，可以看出图 8-8(a)、(b)所示的 PDP 谱，除了主径以外多径功率整体抬升到－80 dB 左右的位置。从 PDP 谱中也可以看出这两种情况下的时延扩展较高，表 8-3 中也说明了均方根时延扩展与实测相差较大，不符合实际场景的要求。对比

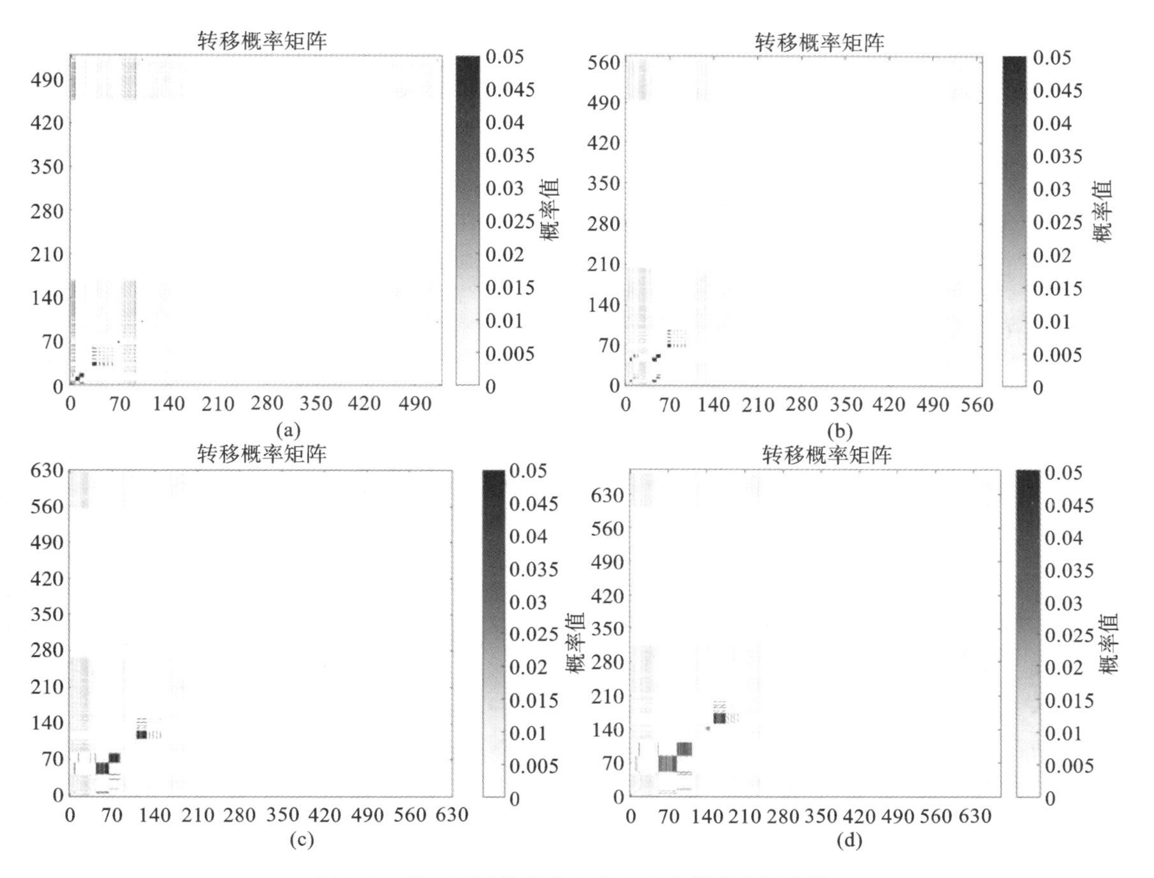

图 8-7 基于不同散射分布的 500 步转移概率矩阵

(a)散射体分布 1；(b)散射体分布 2；(c)散射体分布 3；(d)散射体分布 4

之下，图 8-8(c)、(d)所示的 PDP 谱的多径功率分布较为合理，在主径周围的多径功率较强，而后随着传播时延增加，路径损耗增加，多径功率水平逐渐降低。根据 PDP 谱和信道参数对比，综合误差对比下第四种散射体分布情况下的数据与实测数据误差最小，准确度最高。

由此，再结合图 8-7 中转移概率分布的特征，图 8-7(c)、(d)中的特定位置上概率较强的散射体可以是仿真准确度高的关键，即传播图论在室内场景下的建模，散射体并不是数量越多仿真越准确，而是需要找到环境中的关键散射体。为此，可以进一步观察散射体在环境中的分布情况，以第四种散射体分布情况为例，图 8-9(a)所示的为原始散射体在数字化地图中的分布情况，可以看出散射体遍布环境中所有的障碍物和物体表面。

基于马尔可夫链假设下，以散射体作为状态空间元素进行建模，通过分析转移概率矩阵，其中转移概率较高的索引主要以方格的形式呈现，这种状态像是某几个元素构成一个闭集，每个集合中的散射点之间是互通关系。传播路径一旦到达某个散射体，之后只会在某几个散射体之间相互传递，不再传递到其他散射体。如果散射体位置与 Rx 之间没有遮挡，最后会被 Rx 接收。矩阵中行和列都为 0 的散射点表示：无法通过多次弹射到达其他散射体，其他散射体也无法转移到它。

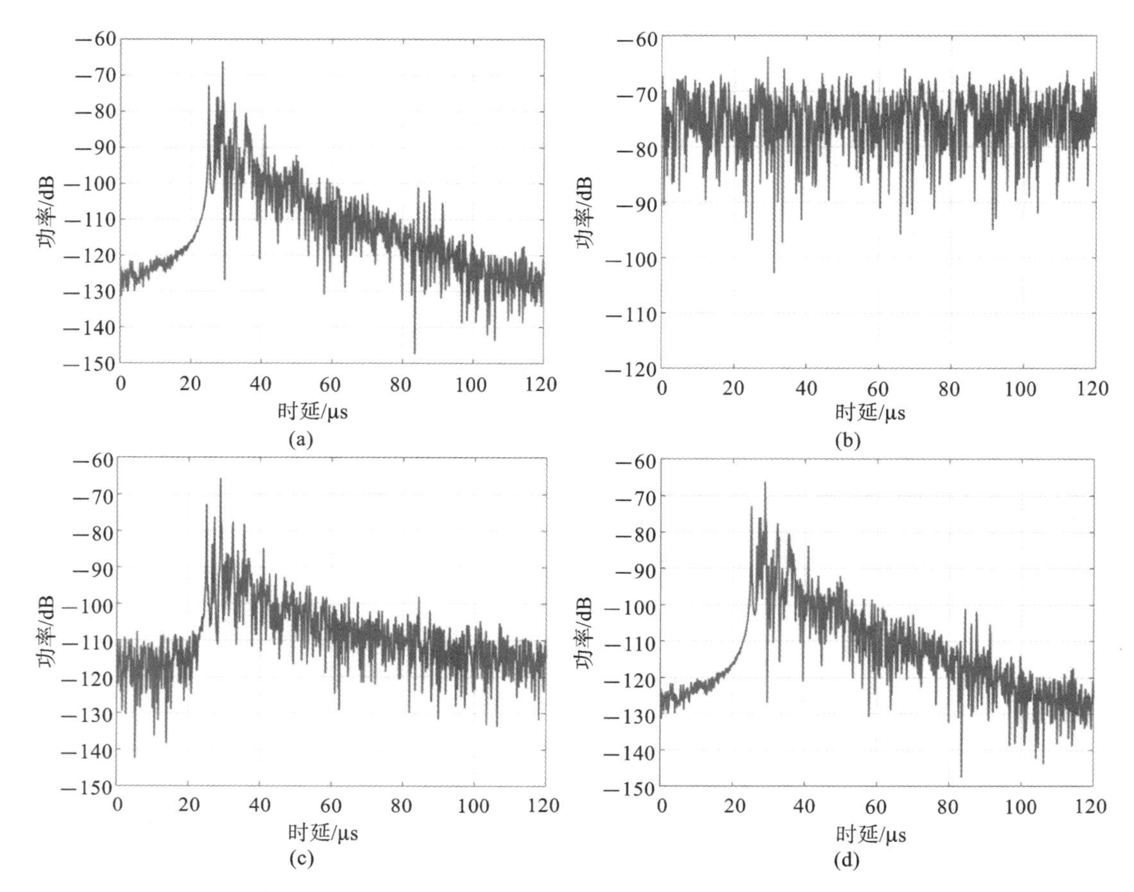

图 8-8　基于混合模型的不同散射点数的 PDP 仿真结果实现

(a)散射体分布 1;(b)散射体分布 2;(c)散射体分布 3;(d)散射体分布 4

表 8-3　不同散射体分布的仿真与实测数据的信道参数对比

散射体分布	均方根时延扩展/ns	K 因子/dB
散射体分布 1(528 个散射点)	35.864	−22.954
散射体分布 2(564 个散射点)	36.075	−21.747
散射体分布 3(626 个散射点)	13.058	−1.898
散射体分布 4(674 个散射点)	7.809	−2.333
实测	5.822	−2.475

将标记过的散射体进行丢弃或取消,保留未标记的散射体及其散射体的索引值,保留下的散射体数为 354。从保留的散射体中对转移概率较高的散射体进行标记,这里可以采用设置阈值的方法,高于阈值的部分认为是转移概率高的散射体。类似地,这部分散射体的索引也被保留。根据散射体的索引,可以从事先存储过的散射体位置的信息中读取保留散射体的空间位置,从而生成图 8-9(b)所示的散射体分布,蓝色散射点是所有保留的散射体,红色散射点代表转移概率较高的散射体。保留的散射体基本上覆盖了空间中大部分平面,而红色的散射体分布集中在靠近发射端 Tx 下方和侧方的平面上,根据实测环境比对,主要是 Tx 下方的桌面

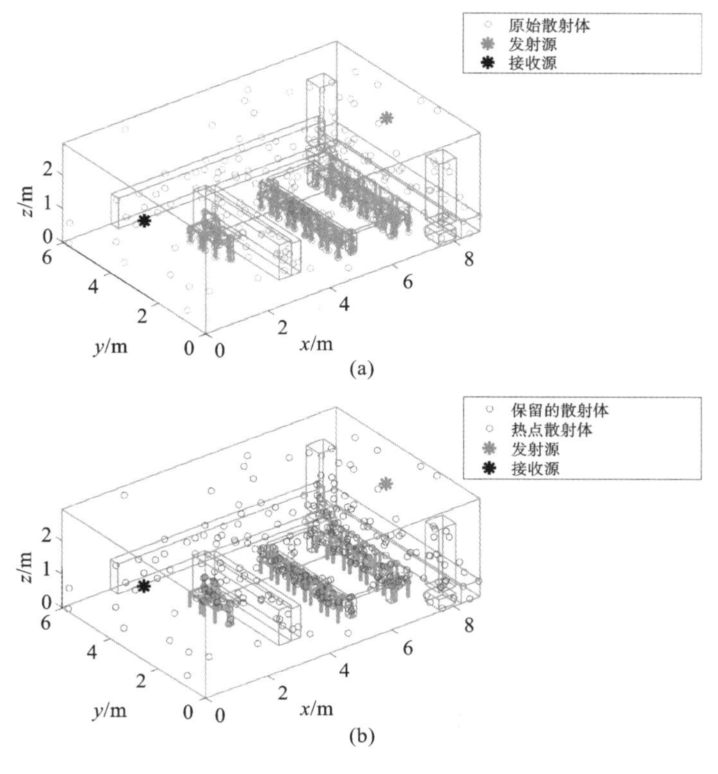

图 8-9　基于 307 房间的散射体筛选示意图

(a)原始散射体在室内场景的分布;(b)筛选后的散射体在室内场景的分布

和房间侧面的木质书架。这些平面上的散射体具有较高的转移概率,说明由这些红色散射体转移到其他路径的可能性更大,对该场景下的路径传播贡献多。

基于上述散射体分布的选择,利用保留的散射体重新生成传播图论的散射分量,结合射线追踪的反射和衍射分量,可以得到图 8-10 所示的筛选散射点后生成的 PDP 结果,更新散射体后的仿真 PDP 谱与筛选前的分布几乎呈一致分布的状态。对应的均方根时延扩展为 5.0172 ns,K 因子为−2.5366 dB。

显然,从多径特征上与筛选散射体前的结果相比,均方根时延扩展和 K 因子仅相差 0.17 ns 和 0.017 dB。已知保留散射体数为 354,约为原始散射体的一半,对比前三种散射体分布的散射体数为 528～626,比保留散射体数多,但信道参数却不如筛选后的信道参数与实测接近。由此说明基于给定环境,仿真准确度的提升是需要找到关键散射体位置,利用马尔可夫散射体建模的方式可以确定关键散射体的位置。同时,筛选散射体会很大程度上减少散射体总数,散射体的减少可以降低传播图论的矩阵计算复杂度,减小仿真时间。表 8-4 给出筛选前后的传播图论算法计算时间,可以看出筛选后的仿真时间明显减少,约为原始数据的1/3,所以该方法可以应用在不同环境中,利用散射体稀疏化减小计算复杂度。

表 8-4　筛选前后仿真计算时间对比

数据类型	环境生成时间/s	CIR 计算时间/s
原始数据	314.39	43.51
筛选数据	106.81	15.55

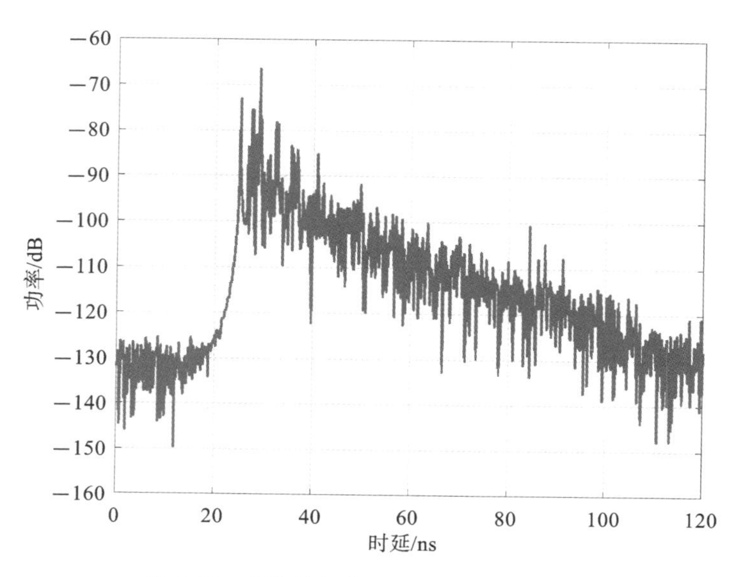

图 8-10 筛选散射点后所生成的 PDP 结果

8.1.4 室内 LoS/NLoS 场景实测与仿真吻合度评价

基于 8.1.3 小节对传播图论算法与射线追踪算法的混合模型的理论和建模步骤的介绍，结合马尔可夫散射体建模方法，利用混合模型在室内场景仿真建模的过程（流程图如图 8-11 所示），本节将结合实测数据，对比仿真数据两者的信道特征，给出实测与仿真的吻合度评价。

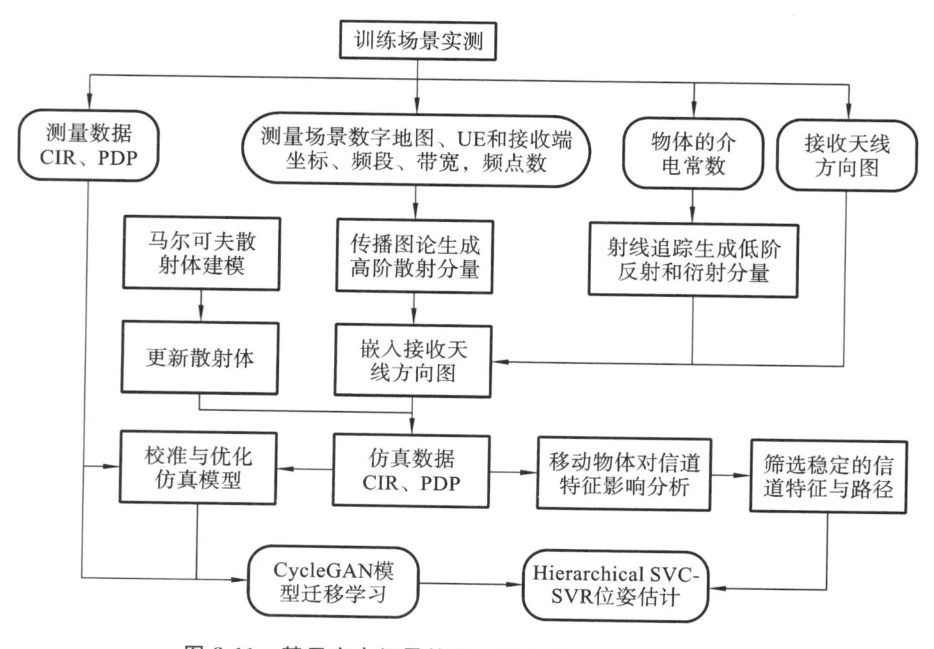

图 8-11 基于室内场景的混合模型的建模流程示意图

8.1.4.1 室内场景实测 1

1. 实测数据介绍

本次测量活动是在同济大学嘉定校区智信馆 307 房间开展的，房间大小为 8.84 m×6.03 m×2.95 m，实景环境如图 8-5(a)所示，图中可以用木头（桌椅、地板）、混凝土（墙面）、玻璃（窗户）和金属（房顶）4 种材料对建筑墙面和室内物体表面进行标记。测量接收天线为基于高精度可编程导轨搭建的 32×32 虚拟天线阵列表示基站（BS），导轨如图 8-12(a)所示。发射端为单根天线，表示用户设备（UE），收发端天线都为型号为 SZ-2001800/P 垂直极化的双锥全向天线，如图 8-12(b)所示。测量采用型号为 N5227A 的矢量网络分析仪（vector network analyzer，VNA）作为信号的发射端及接收端，如图 8-12(c)所示，测量频段为 6～14 GHz，采用扫频法测量，测量频点数目为 1001 个，具体测量参数设置如表 8-5 所示。

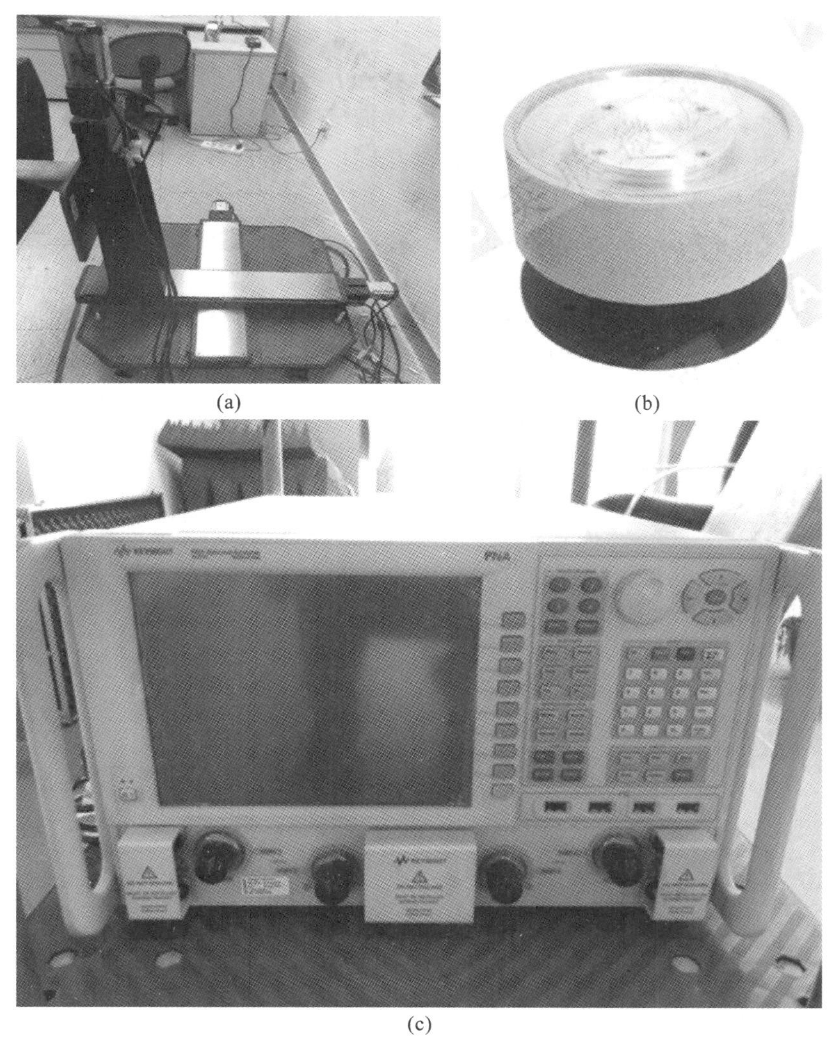

(a) (b)

(c)

图 8-12 同济大学嘉定校区智信馆 307 房间测量设备

(a)高精度可编程导轨；(b)双锥全向天线；(c)矢量网络分析仪（VNA）

表 8-5　室内实测场景1的测量参数设置

参数名称	参数取值
测量频段	6～14 GHz
中心频率	10 GHz
带宽	8 GHz
测量频点数	1001
房间尺寸	8.84 m×6.03 m×2.95 m
接收天线阵列尺寸	8×8,天线间距0.0107 m(最大频率对应半波长)
天线极化方式	垂直极化
Rx天线阵列俯仰角	0°
Rx天线阵列水平角	0°

其中Rx的天线阵列俯仰角和Rx天线阵列水平角都为0°,是指在实景环境中,接收天线阵列是处于垂直于xoy平面(地面)、平行于xoz平面(墙面)的姿态。

在实测过程中,会同时测量直连数据用于校准,去除连接线缆以及VNA系统响应等因素的影响,通过进一步处理,可以获得信道频率响应,通过逆傅里叶变换获取功率时延谱PDP,进而分析均方根时延扩展(root mean square delay spread,RMS)、K因子等相关信道特征。

2. 仿真建模

基于测量的实际环境,可以根据图8-11所示的流程进行信道建模。首先,根据实际测量场景,确定环境中所有物体的位置信息,构建出如图8-13所示的数字化地图。根据实际测量的参数设置仿真参数,包括中心频率、频段、带宽、测量频点数等,具体测量仿真参数设置如表8-5所示。

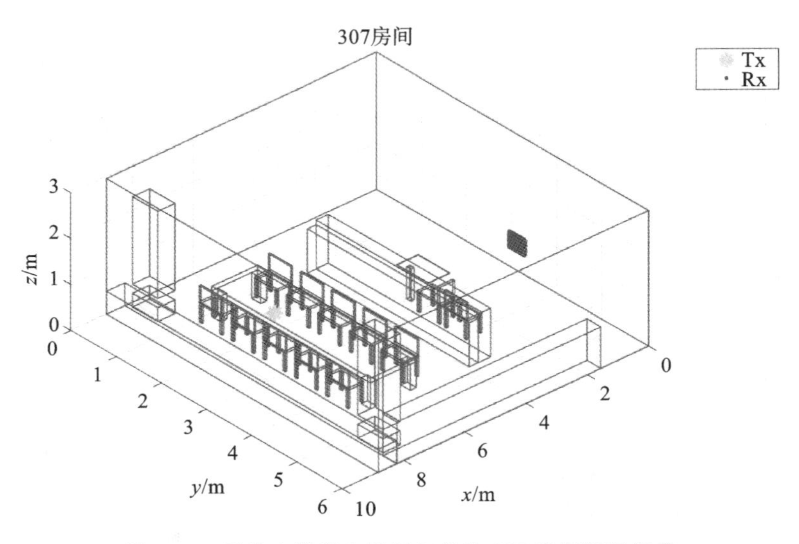

图 8-13　同济大学嘉定校区智信馆307房间测量场景

其次,基于8.1.3小节对该实测环境中的散射体进行马尔可夫链建模,可以筛选出环境中的关键散射体,散射体数量的减少可以降低计算复杂度和计算时间,同时捕捉到环境中敏感的散射体,能更加准确地模拟出真实的信道特征。利用马尔可夫散射体建模筛选的散射体,确定散射的传播图，并计算传播图论的状态转移矩阵。

根据接收天线方向图嵌入相应的天线响应，与实测保持一致，以垂直极化方式对射线追踪的反射路径和衍射路径进行电磁计算。同时，根据事先标记的不同物体表面的材质，在生成散射点、反射点和衍射点时，判断其所在平面，读取并添加相应的介电常数值。

最后，根据混合模型理论计算整体的信道传递函数，经过仿真建模，可以输出信道脉冲响应（CIR），对其进行信道特征提取，从窄带衰落特征、多径特征和角度估计等分析仿真结果。

3. 实测与仿真对比分析

基于混合模型建模，对于 32×32 的虚拟阵列天线，选取连续的 500 个接收天线的仿真数据，图 8-14 所示的为实测与仿真数据的连续功率时延谱（concatenated power delay profile，CPDP）。可以看出仿真数据的整体功率水平与实测数据接近，多径整体分布与实测数据类似，功率较强路径主要集中分布在时延 20 ns 至 50 ns 之间，同时，仿真数据也模拟出在 80 ns 至 100 ns 之间存在的功率高的多径分量。从中选取第 176 个和第 256 个天线的 PDP 谱，对比实测与仿真，如图 8-15 所示，从图中可以看出仿真与实测多径功率和时延分布较为契合。

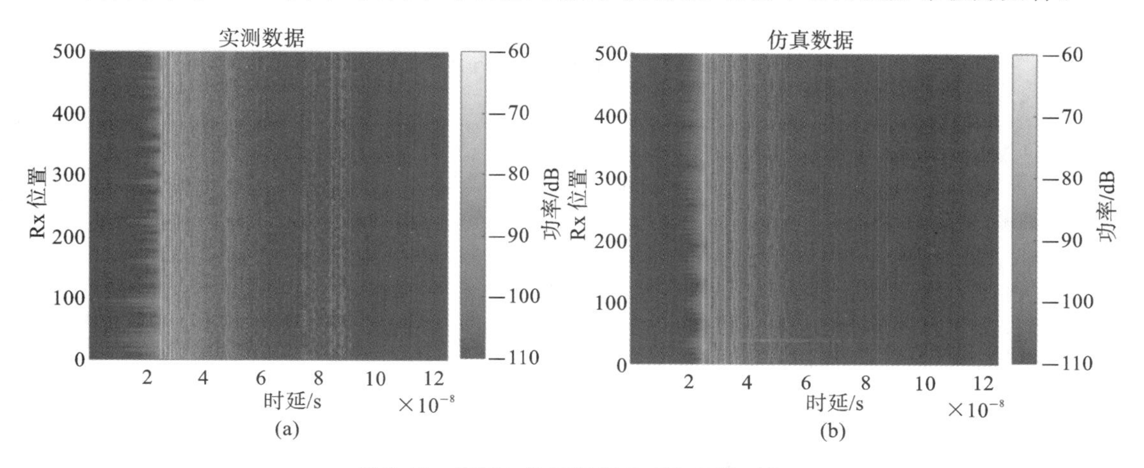

图 8-14　实测与仿真数据的 CPDP 谱对比

（a）实测 CPDP；（b）混合模型仿真 CPDP

图 8-16 所示的为连续 500 个接收天线的均方根时延扩展和 K 因子的 CDF 分布，为了进一步观察仿真与实测之间的误差，可以由图 8-16（b）、（d）来说明，根据误差的 CDF 分布，可以分析相应的误差百分比，如表 8-6 所示。

表 8-6　时延扩展和 K 因子的误差百分比

均方根时延扩展误差	百　分　比	K 因子误差	百　分　比
≤0.73 ns	90%	≤0.08 dB	90%
≤0.33 ns	50%	≤0.02 dB	50%

从表 8-6 可以看出仿真与实测之间的误差，其中均方根时延扩展的误差 90% 低于 0.73 ns，K 因子的误差 90% 低于 0.08 dB。由误差百分比的分析可知，目前完善仿真设置后的仿真模型有较高的准确性。根据上述信道特征对比，可以说明仿真模型在衰落特征和多径特征上，与实测数据的吻合度较高。

除此之外，角度域的特征也是天线阵列位姿估计的重要信道特征，由此，利用巴特莱特波束成形（Bartlett beamforming）进行角度功率谱的估计，图 8-17 所示的为仿真与实测的角度功

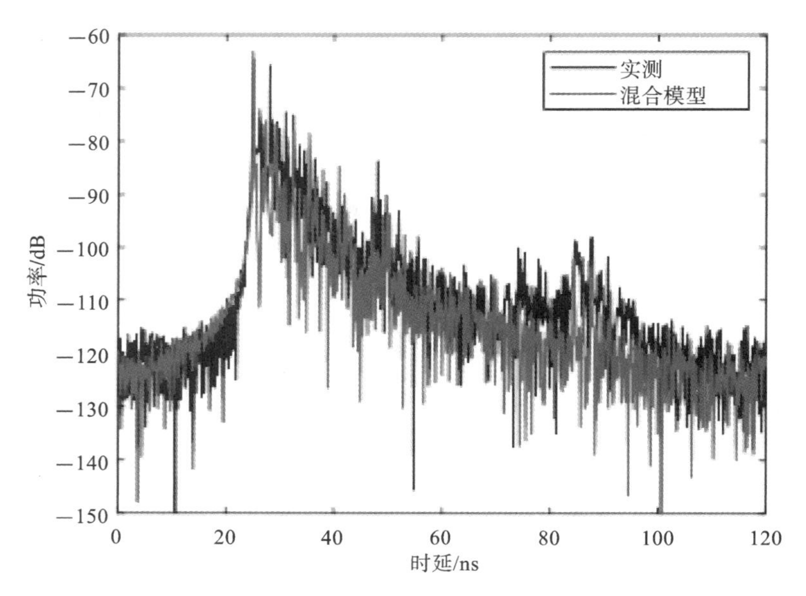

图 8-15　选取的两个单天线实测与仿真的 PDP 谱对比

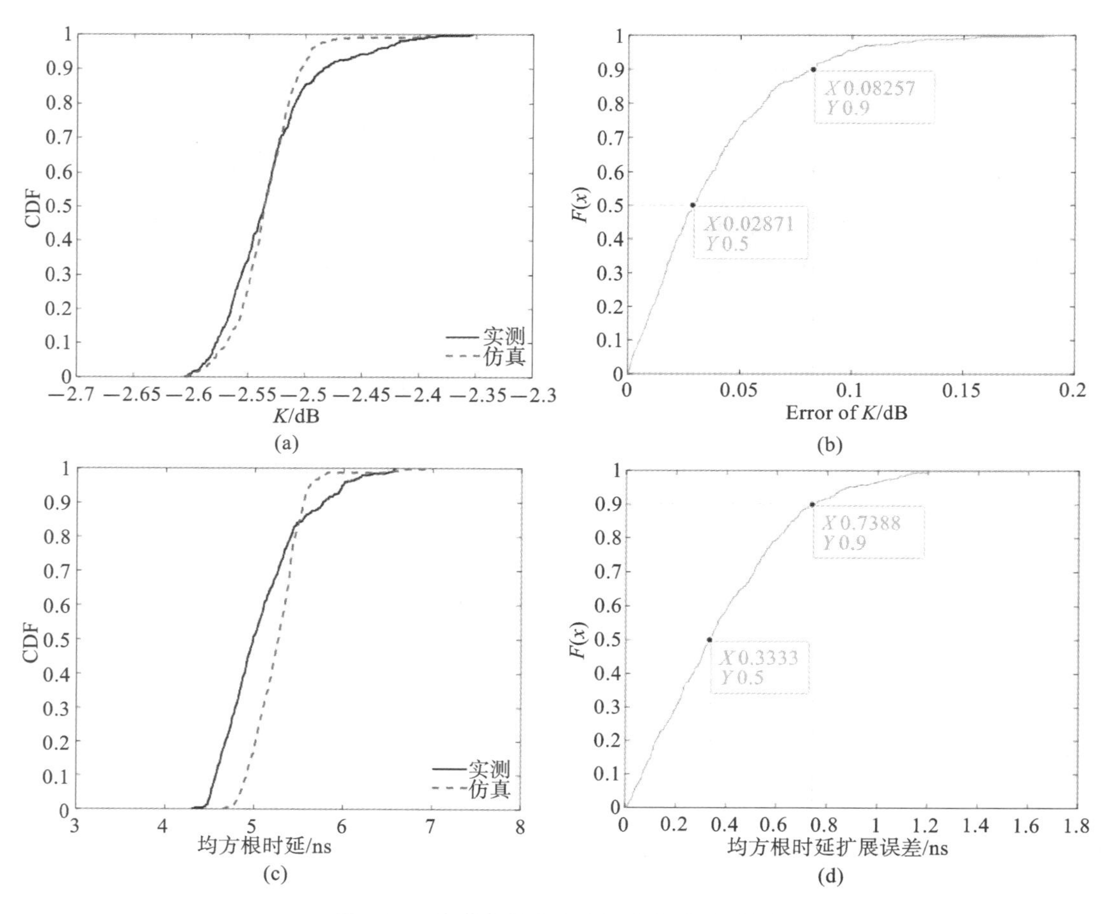

图 8-16　信道参数变化和误差的 CDF 分布

(a)K 因子 CDF;(b)K 因子误差 CDF;(c)均方根时延扩展 CDF;(d)均方根时延扩展误差 CDF

率谱估计结果。从图 8-17 可以看出,LoS 路径的水平角和俯仰角都为 90°左右,在 LoS 路径周围有一些功率较强路径的分布,其中在水平角为 90°,俯仰角为 90°～110°,实测的多径能量较强。根据实际测量环境,这个方向的路径主要是介于接收端和发射端之间的桌椅表面。同时,在主径两侧的水平角范围内有一些路径,分析可能主要来自两边的墙面传递过来的路径。此外,在水平角为 100°～120°,俯仰角为 90°～110°出现功率较强的路径,结合实际环境,这可能主要来自房间侧边的木质桌椅传递过来的路径。从仿真和实测的对比来看,仿真数据可以有效模拟出实测数据中的主要角度上的路径,并与实际环境一一对应。

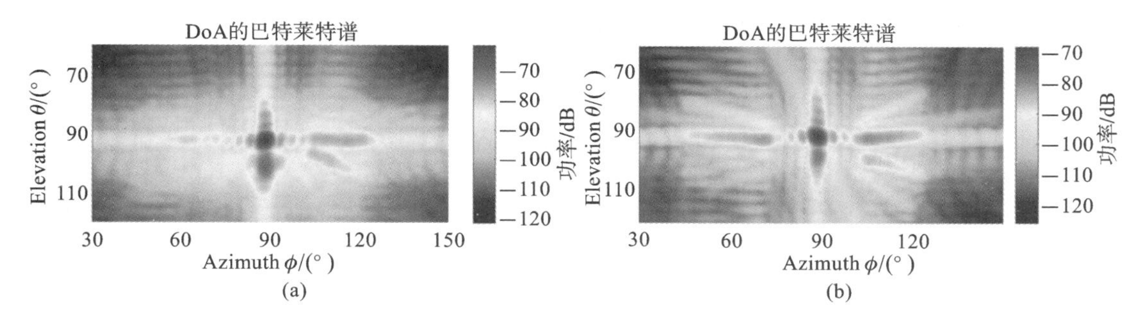

图 8-17 实测与仿真数据的角度功率谱对比

(a)角度功率谱实测;(b)角度功率谱仿真

8.1.4.2 室内 NLoS 场景的仿真建模

基于实测场景 1 属于 LoS 场景,为了探究该仿真模型在 NLoS 场景下的效果,在保持仿真参数不变的情况下,在 Tx 和 Rx 之间设置一些障碍物,构成 NLoS 场景。由于缺少 NLoS 场景的实测数据进行实测与仿真的对比,这里主要比较 LoS 场景和 NLoS 场景之间的差异。基于相同的仿真建模流程,生成 NLoS 场景下的信道脉冲响应,进而分析相关的信道特征,图 8-18所示的是 LoS 和 NLoS 场景下的 CPDP 谱对比。从图 8-18 可以看出,NLoS 场景下由于主径被遮挡,没有较强的主径分量,并且主径周围的一些多径分量的功率也有所降低。

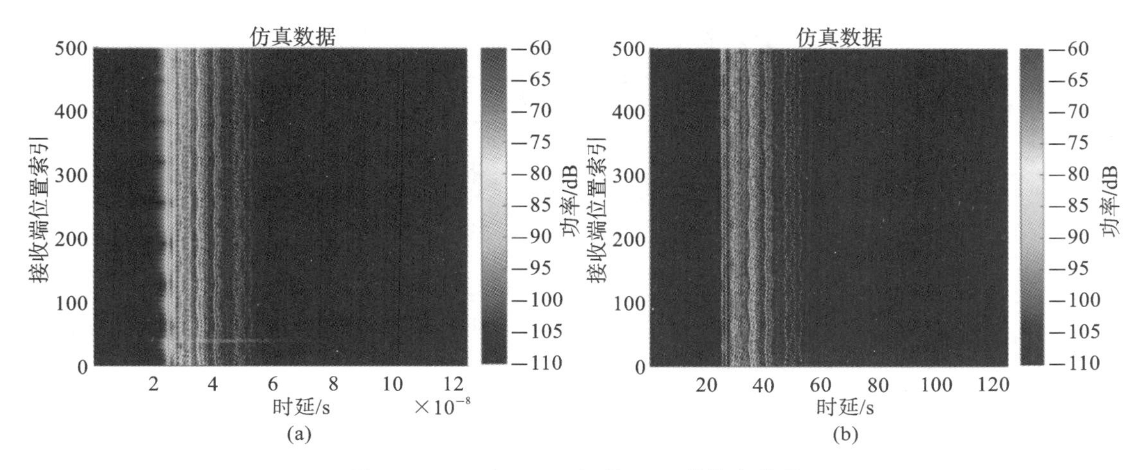

图 8-18 LoS 与 NLoS 场景 PDP 谱仿真结果

(a)LoS 场景;(b)NLoS 场景

对于多径特征，由于 NLoS 场景下缺少 LoS 路径，所以这里不考虑 K 因子的分布，可以观察此场景下的均方根时延扩展情况。类似地，连续的 500 个接收天线仿真的均方根时延扩展的 CDF 分布如图 8-19 所示，均值约为 7.32 ns。对比 LoS 场景下均值为 5.24 ns，NLoS 场景下由于高功率主径的缺失，功率水平整体较低，导致时延扩展变大。

此外，NLoS 场景下的角度功率谱如图 8-20 所示，可以看出到达角的分布与 LoS 场景下有很大区别。原本水平角和俯仰角都在 90°左右的 LoS 路径缺失，同时周围的多径分量和强度也不如 LoS 场景的结果。综合以上，现有的仿真模型可以合理地建立室内场景的无线信道模型，并且较为准确地模拟出实测数据的各信道参数，同时有效反映 LoS 场景和 NLoS 场景的不同信道特征。

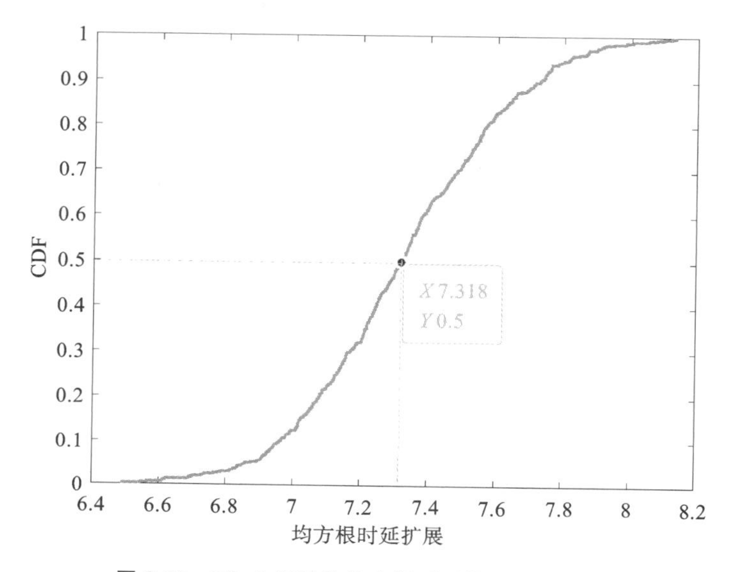

图 8-19　NLoS 场景的均方根时延扩展 CDF 分布

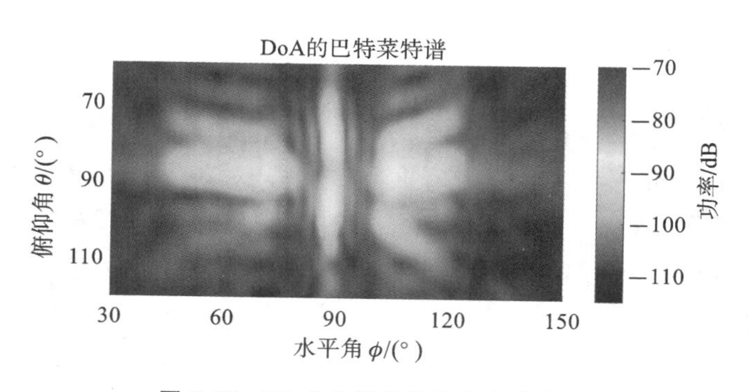

图 8-20　NLoS 场景的仿真角度功率谱

8.1.4.3　室内场景实测 2

1. 实测数据介绍

基于场景实测 1 的分析，实测与仿真能较好地匹配吻合，为了进一步分析所提出的混合模型在基站天线阵列（接收器）在姿态变化时的准确性，本节将介绍室内场景实测 2。此次实测活动仍在智信馆 307 房间（见图 8-13）开展，不同的是改变了测量频段、测量带宽、天线阵列尺寸等参数。同时，在保持基站位置和用户终端（user equipment，UE）位置不变的基础上，改变了接收端的天线阵列俯仰角和水平角，调整天线阵列姿态进行多组测量。测量在发射端位置不变的情况下，一共采集了三组接收端位置改变的数据，同时每组数据通过改变天线阵列俯仰角和水平角，可以得到 30 种不同姿态下的测量数据，具体测量参数如表 8-7 所示。

表 8-7　室内实测场景 2 的测量参数设置

参数名称	参数取值
测量频段	4.4～5.4 GHz
中心频率	4.9 GHz
带宽	1 GHz
测量频点数	1001
房间尺寸	8.84 m×6.03 m×2.95 m
接收天线阵列尺寸	8×8，天线间距 0.2778 m（最大频率对应半波长）
天线极化方式	垂直极化
Rx 天线阵列俯仰角	0°，2.367°，4.726°，7.069°，9.388°
Rx 天线阵列水平角	0°，15°，30°，45°，60°，75°

此次测量设备与室内场景实测 1 的相同，收发端天线都为型号 SZ-2001800/P 垂直极化的双锥全向天线，测量采用型号为 N5227A 的矢量网络分析仪（vector network analyzer，VNA），作为信号的发射端及接收端，分别如图 8-12（b）、（c）所示。接收天线是基于高精度可编程导轨搭建的 8×8 虚拟天线阵列，测量频段为 4.5～5.5 GHz，采用扫频法测量，测量频点数为 1001 个。

2. 仿真建模

基于测量的实际环境，根据图 8-11 所示的流程进行信道建模。首先，根据实际测量场景，构建数字化地图，如图 8-21 所示，从三维图和俯视图可以看出接收天线的三组位置主要分布在房间的左侧，高度处于房间中间，每组位置对应多种姿态，其中三组位置都是在视距（line of sight，LoS）场景下测量的，选取其中一组天线阵列数据进行仿真建模。这里选取的是第一组接收阵列，俯仰角和水平角为 0°的情况，其中俯仰角和水平角为 0°是以接收天线阵的坐标系定义的，在房间坐标系下，此时接收天线阵面是平行于 xoy 平面（地面）、垂直于 xoz 平面（墙面）的。

参考场景实测 1 的仿真建模流程，利用马尔可夫散射体建模筛选出的关键散射体，确定传播图论中的散射路径。结合射线追踪算法生成的反射路径和衍射路径，可以生成该测量场景下的仿真传播图，如图 8-22 所示，一共生成 5 条 1 阶反射路径、12 条 2 阶反射路径、26 条 3 阶反射路径、13 条 1 阶散射路径和若干条散射路径。

在生成传播图的基础上计算状态转移矩阵，并考虑不同物体对应的介电常数值、天线方向图的嵌入以及天线极化方式，根据混合模型计算信道传递函数，输出信道脉冲响应（CIR）并提取信道特征进行分析。

3. 实测与仿真对比分析

针对图论仿真建模的结果，将其与实测进行对比，主要对比的参数有 PDP、K 因子、RMS 时延扩展和角度功率谱。

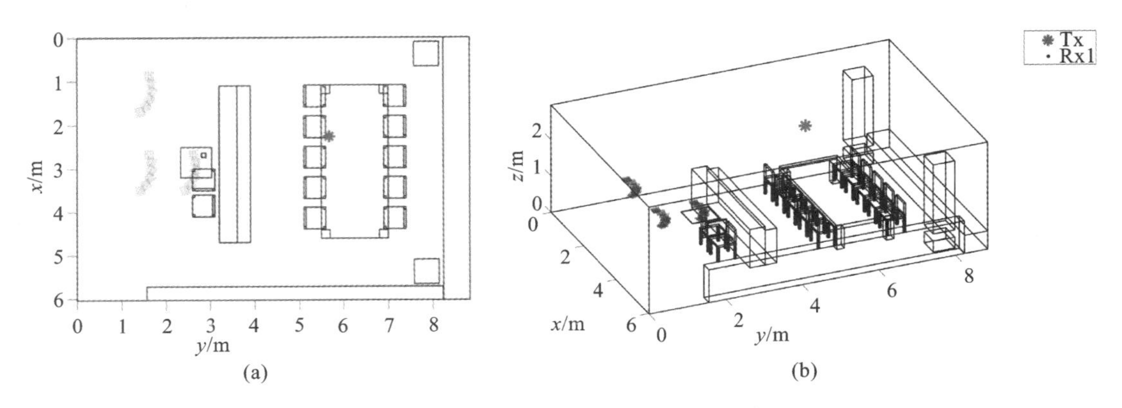

图 8-21　室内场景实测 2 的仿真数字化地图

(a)俯视图;(b)三维图

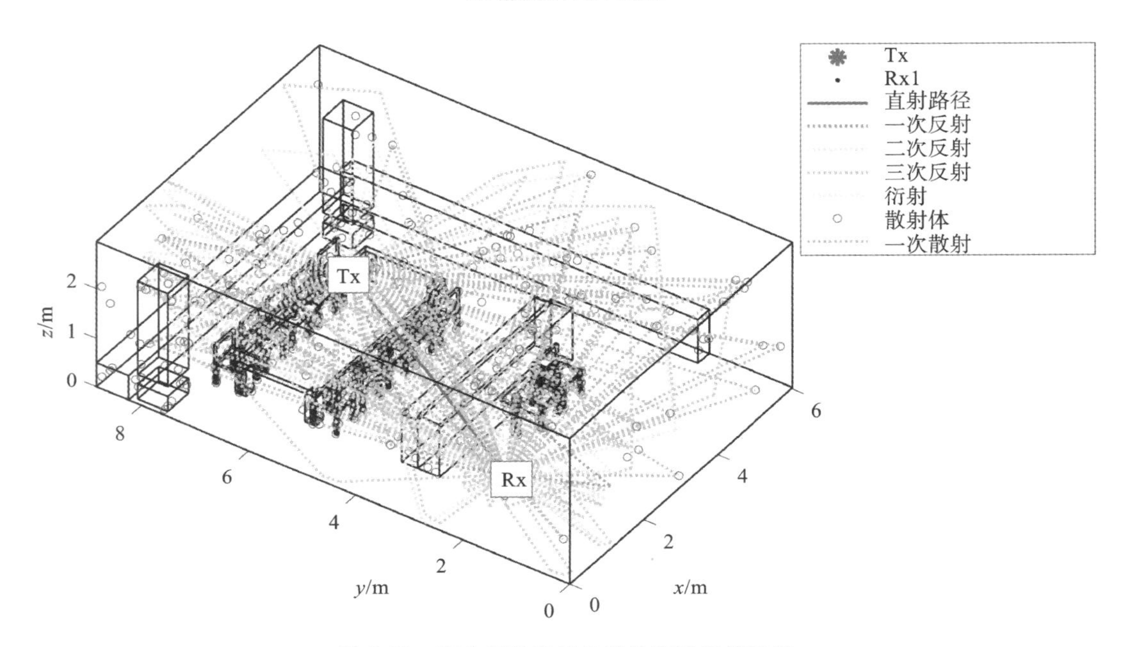

图 8-22　室内场景实测 2 的仿真路径传播图

基于仿真的天线阵列规模大小为 8×8,共 64 个接收天线,可以生成如图 8-23 所示的实测与仿真的 PDP 谱,从图中可以看出,仿真与实测整体分布相似,实测数据在时延上的弥漫扩展,相对仿真数据来说更宽,对于主径部分,仿真 LoS 路径的时延和功率强度与实测接近。同时仿真数据在 LoS 路径后有一些固定功率较强的 NLoS 路径,对比实测数据中的 NLoS 路径会杂散一些。选取其中单个天线,根据图 8-24 所示的实测与仿真的 PDP 谱可知,仿真数据与实测数据整体吻合度较高。

为了进一步观察多径信息,采用 SAGE 就时延参数分别对实测和仿真数据进行提取,图 8-25 所示的为估计的 10 条路径和 20 条路径的时延和功率散点图对比。从 SAGE 估计的散点图可以看出,实测数据在主径周围有几条连续的多径,这里仿真数据类似地模拟出了该特征。同时,在时延更宽的位置,实测数据中杂散地分布着一些多径簇,仿真数据中也存在两段多径簇。然而与实测数据相比,仿真的多径簇相对稳定,波动性低,这是因为仿真是较为理想的模型,而实测受环境和设备的影响,通过导轨移动形成虚拟天线,这个过程中不同天线的测

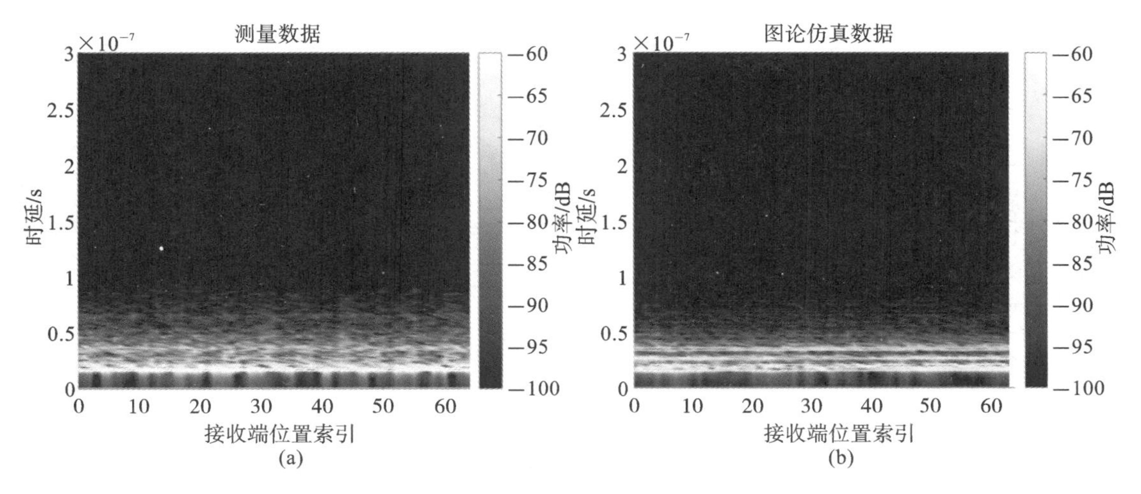

图 8-23　实测与仿真 PDP 对比

(a)实测数据;(b)仿真数据

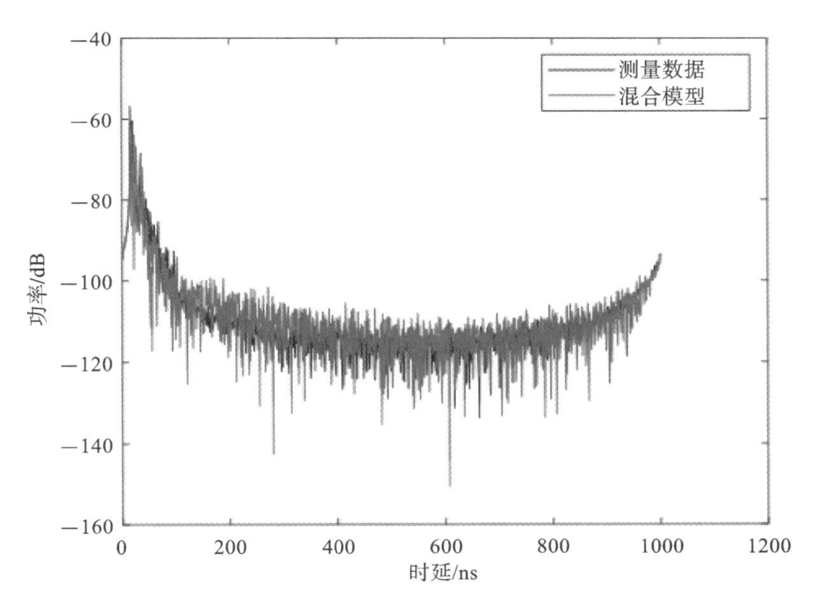

图 8-24　单个天线实测与仿真的 PDP 谱对比

量,相对多径传播可能会存在一些波动。

对比 20 条路径的情况,可以看出前 10 条路径已经捕捉到主要的多径分量和一些多径簇的分布,后 10 条路径的分布相对比较随机。从散点图来看,现有的仿真模型可以模拟出真实环境中的主要路径,可以达到与实测数据形成较高的相似度。依次计算实测与仿真对应路径的时延误差和功率谱高度差,误差的 CDF 分布如图 8-25(e)、(f)所示。

根据误差 CDF,前 20 条路径中 50%的时延误差大约为 7 ns,50%的功率谱高度差大约为 2 dB,进一步地,可以观察主要前 10 条路径的平均估计误差(average estimation error,AEE),如表 8-8 所示。

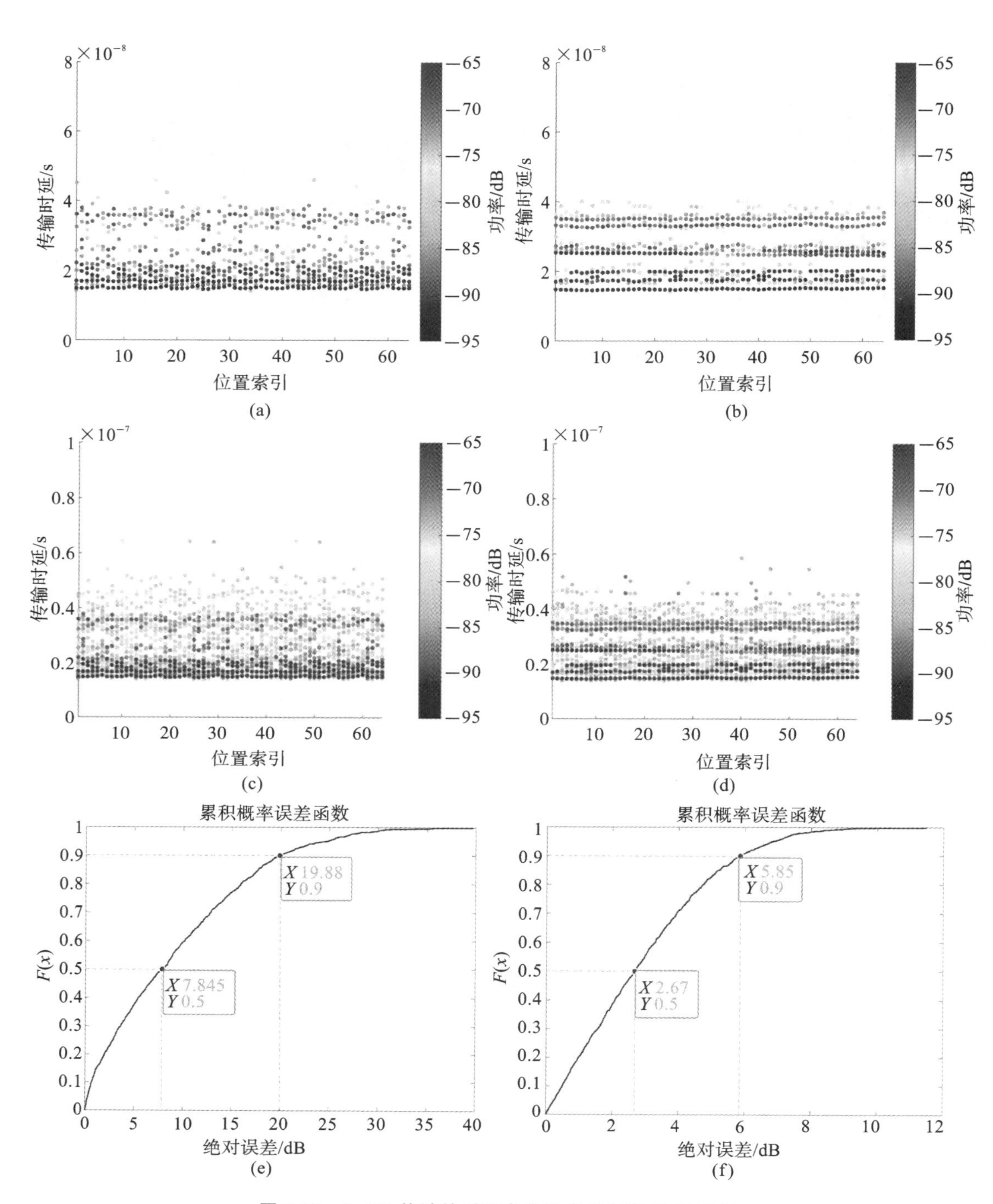

图 8-25　SAGE 估计的时延参数散点图与误差 CDF 图

(a)实测数据 10 条路径;(b)仿真数据 10 条路径;(c)实测数据 20 条路径;(d)仿真数据 20 条路径;(e)20 条路径时延差;(f)20 条路径功率谱高度差

针对多径特征,分别计算实测与仿真的莱斯 K 因子和 RMS 时延扩展,相应的散点图对比如图 8-26 所示,可以看出莱斯 K 因子主要集中在 $-6\sim2$ dB,RMS 时延扩展集中在 0.1～

1 μs,仿真与实测参数区间一致,并且在有些 Rx 位置索引处,仿真与实测参数重合,由此说明仿真模型的准确性。图 8-26(b)、(d)描述了仿真的 K 因子和 RMS 时延扩展的 CDF,展示了正态分布的拟合结果。从 K 因子的范围可以看出,均值在 −2.3 dB 处,说明在室内环境中有丰富的 NLoS 路径,LoS 路径所占功率比并不是很大。

表 8-8　SAGE 估计 10 条路径的 AEE

路径数	AEE 时延/ns	AEE 功率/dB	路径数	AEE 时延/ns	AEE 功率/dB
第一条	0.7243	2.4243	第六条	8.4489	1.8570
第二条	2.6339	3.3716	第七条	8.6692	1.8338
第三条	6.7498	3.1485	第八条	7.4233	1.9004
第四条	8.4727	2.9067	第九条	8.5910	2.8163
第五条	7.6510	1.9695	第十条	8.9667	2.9737

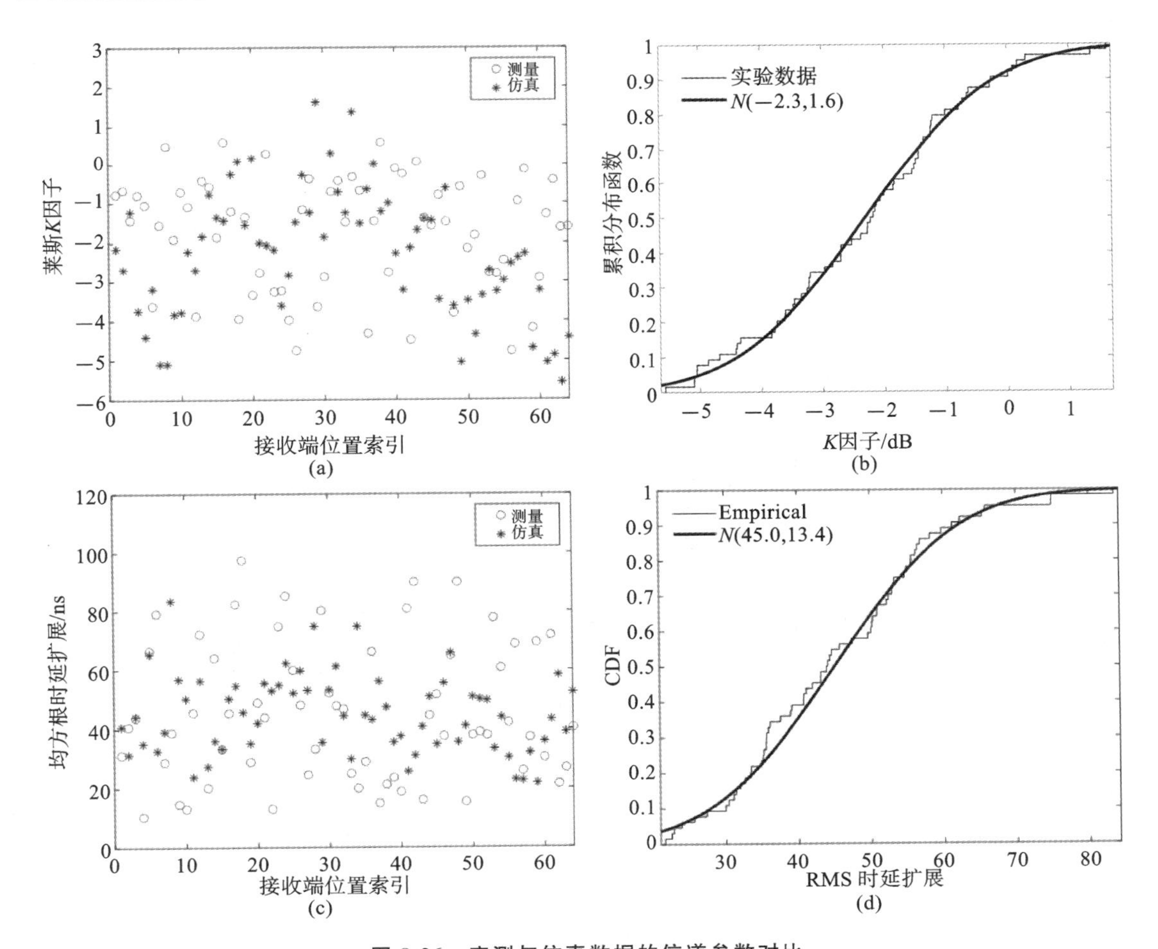

图 8-26　实测与仿真数据的信道参数对比

(a)K 因子;(b)仿真 K 因子 CDF;(c)RMS 时延扩展;(d)RMS 时延扩展 CDF

综合以上场景 1 和场景 2 的实测与仿真的吻合度分析,可以说明目前仿真模型能够生成与实测数据相似度较高的数据,同时在信道特征,包括衰落特征、多径特征和角度估计方面,也与实测数据吻合度较高。然而,由于测量数据受环境和设备的影响,有很多影响实际信道传输的因素,同时仿真的数字化地图显然达不到对环境百分百准确描述的精细度,所以仿真可以较为准确地模拟出实测数据,但在一些信道特征的小颗粒细节描述上,与实测数据还有一定优化的空间。这部分认为是仿真数据到实测数据的迁移,混合模型生成的仿真数据和实测数据将按照图8-11所示的流程,送入下一阶段的CycleGAN模型中进行训练迁移,这部分将在后面进行详细介绍。

8.1.5 室内动态场景的稳态信道特征分析

8.1.5.1 移动物体的信道特征变化

基于图8-11所示的建模流程可知,混合模型生成仿真数据后,还需要分析移动物体对信道特征的影响,筛选出一些稳定的信道特征用于位姿估计,可以有效提升位置估计算法的鲁棒性。针对前述的实测与仿真的吻合度分析,都是基于静态环境的,室内环境中并没有移动。然而,考虑到实际工厂环境中,工厂中机械设备的位置可能会发生改变,由此需要进一步分析移动物体的信道特征。

基于室内场景实测2的环境下,将接收端设置为吸顶的方式,发射端位置不变。在不改变原有摆设的前提下,增加一把座椅,分别移动到房间的各处,观察不同位置的信道特征变化。如图8-27所示的仿真环境,其中标注的编号是椅子移动的顺序,椅子移动的位置遍历了环境中的所有空隙。

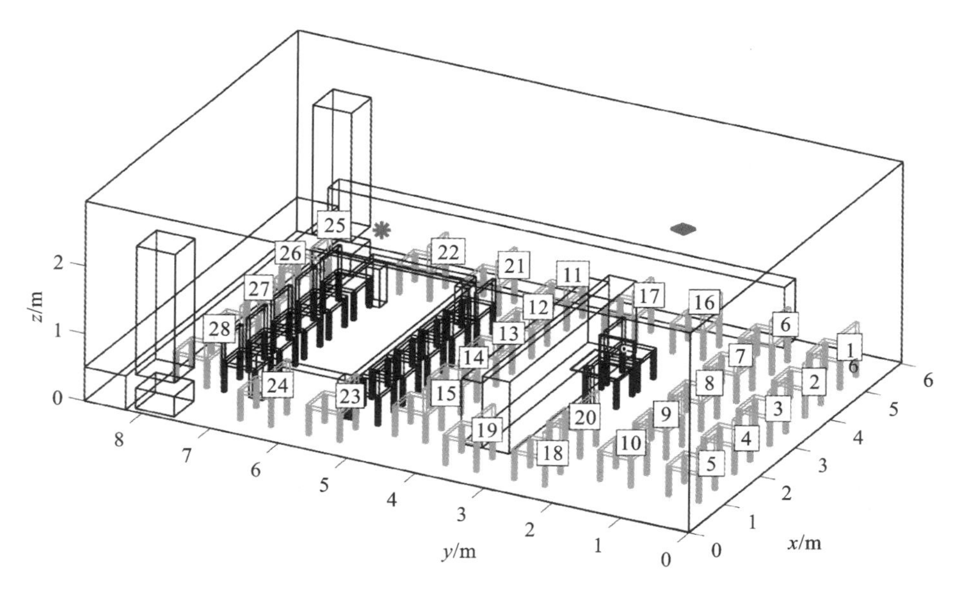

图8-27 基于座椅移动下的室内仿真环境

移动座椅到不同位置生成的信道脉冲响应,可以提取出响应的信道特征,进而分析多径和衰落特征,如图8-28所示的 K 因子、均方根时延扩展、路径损耗的PDP谱的变化情况。从图8-28可以看出,当座椅移动到不同位置处,对比原始环境(不增加座椅),信道参数会有所波动。显然,信道参数在座椅移动到第5、第8和第17个位置处,信道参数变化较大,其中 K 因子在这三个位置处低于原始环境，说明在 LoS 视距分量强度不变的情况下，NLoS 分量强度变大，对应到这三个位置处的均方根时延扩展高于原始环境，也说明了多径分量在时延域的色散程度变大。同时，这三个参数在变化幅度上，路径损耗变化幅度最小，更稳定。

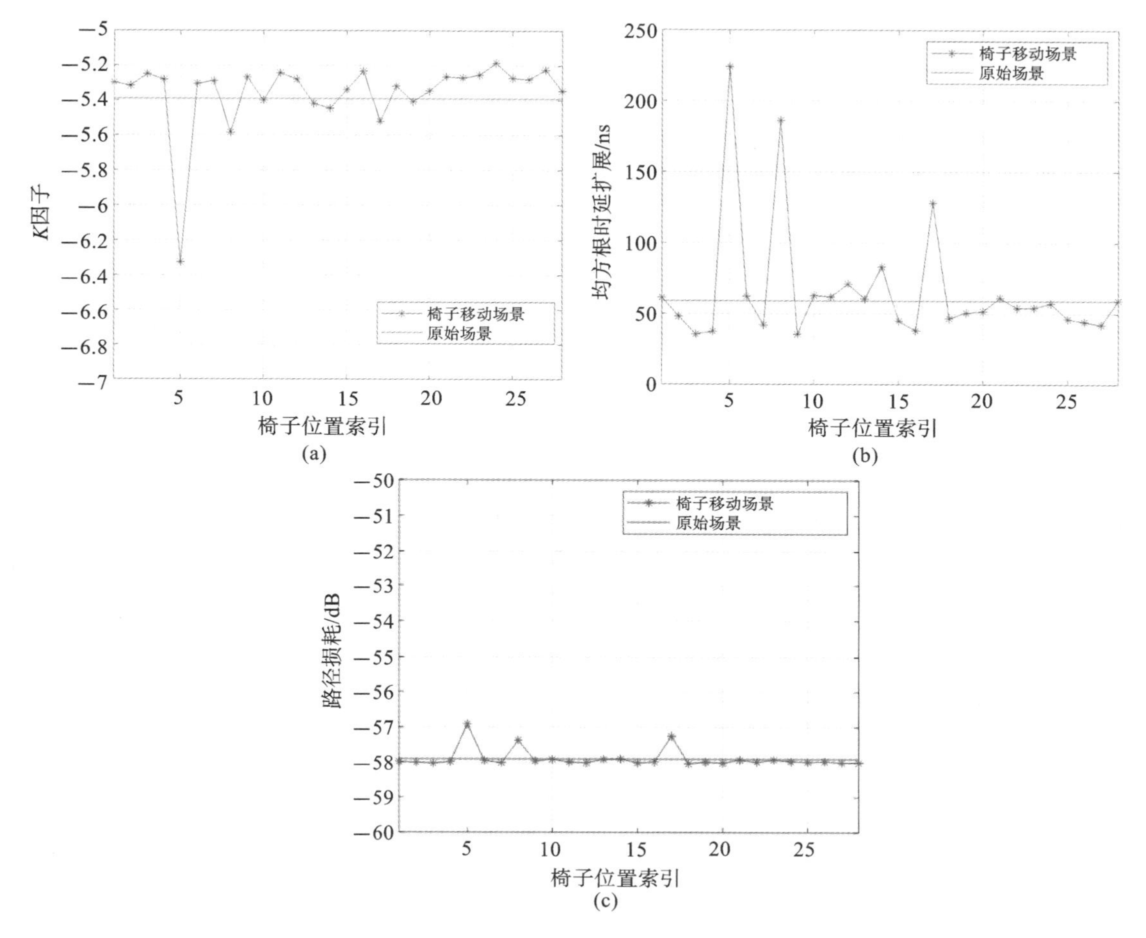

图 8-28　移动座椅到不同位置的信道特征变化

(a)*K* 因子；(b)RMS 时延扩展；(c)路径损耗

锁定这三处位置后，可以观察不同位置的 PDP 谱变化，并与原始环境（不增加座椅）进行对比，如图 8-29 所示。从图 8-29 可以看出，座椅移动到第 5、第 8 和第 17 个位置处，在 0～100 ns 区间内的主径和多径分布与原始环境分布较为一致。在 100 ns 以后的多径分布明显都高于原始 PDP 谱，分析座椅移动到这三处位置时，可能改变了原始环境中一些路径较长的多径传播，从而抬高了 PDP 谱的尾部，而对于主径周围的多径影响较小。

此外，方向域的功率谱有着丰富的来自不同角度的多径信息，通过图论仿真的方式，可以计算出不同散射体分布对应的信道冲激响应。在波达方向（direction of arrival，DoA）上的传递函数可以写为

$$\boldsymbol{H}(f;\boldsymbol{\Omega}_{\mathrm{R}})=\boldsymbol{D}(f;\boldsymbol{\Omega}_{\mathrm{R}})+\boldsymbol{R}(f;\boldsymbol{\Omega}_{\mathrm{R}})(\boldsymbol{I}-\boldsymbol{B}(f))^{-1}\boldsymbol{T}(f;\boldsymbol{\Omega}_{\mathrm{R}}) \tag{8-11}$$

其中，$\boldsymbol{\Omega}_{\mathrm{R}}$ 表示散射体与接收端之间的路径的 DoA，相应接收端方向域的功率谱计算为

$$P(\boldsymbol{\Omega}_{\mathrm{R}})=\int|\boldsymbol{H}(f;\boldsymbol{\Omega}_{\mathrm{R}})|\,\mathrm{d}f \tag{8-12}$$

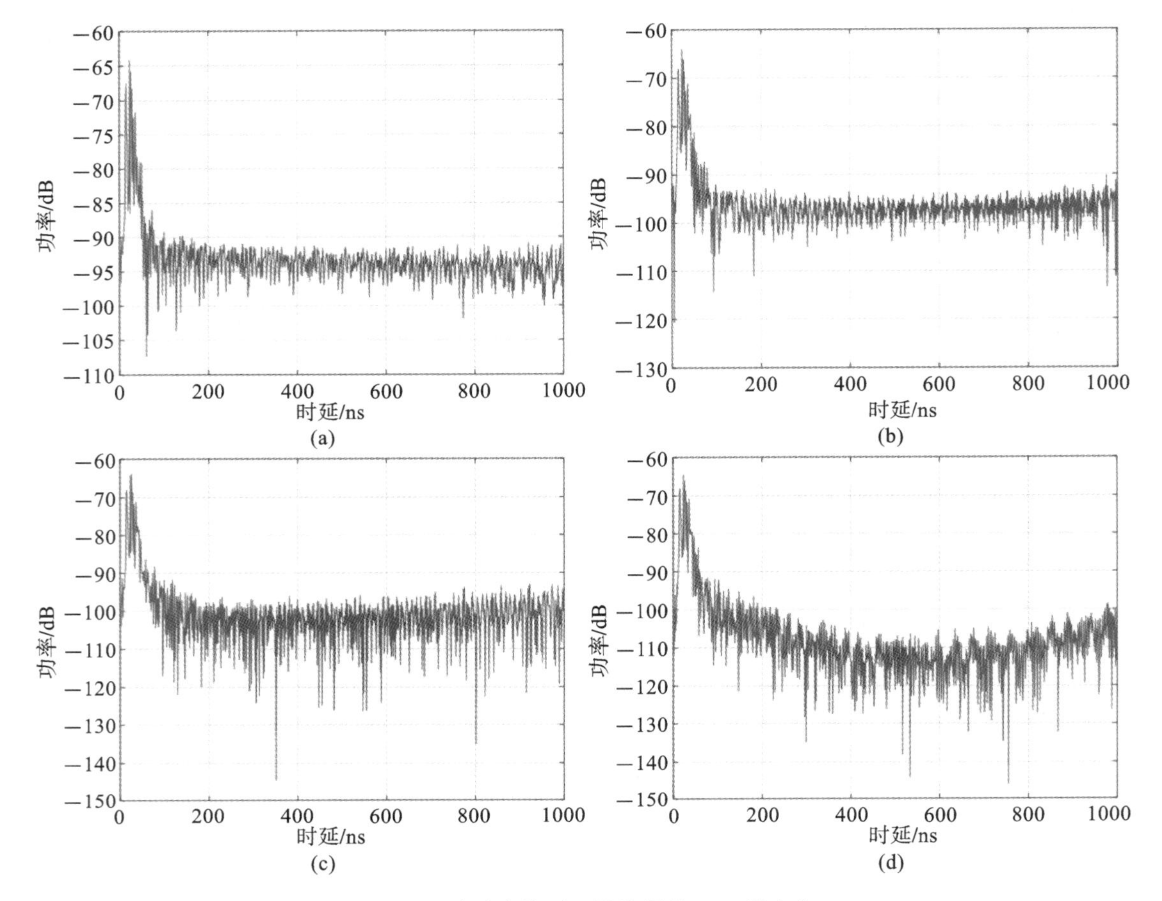

图 8-29　移动座椅到不同位置的 PDP 谱变化

(a)index=5；(b)index=8；(c)index=17；(d)原始环境

利用上述公式可计算出接收端信号在方向域上的功率谱，图 8-30 所示的为锁定位置和原始环境下的到达角的功率谱。从图 8-30 可以看出，锁定位置的不同角度多径分量的功率与原始环境的相比有些变化，同时存在原始环境未出现角度传递过来的路径。

8.1.5.2　稳态信道特征分析

通过前述对 PDP 谱、多径特征和角度谱信息的分析，已知随着座椅动态变化时，有些信道参数确实会受到影响。在实际工厂环境中，设备和物体由于生产需要也会进行移动，所以在这种环境下，需要寻找一些稳定的信道特征和多径信息，用于位姿估计，这样可以有效保障在动态场景下，也可以较为准确地估计出天线阵列的位姿。

首先，基于 PDP 谱，通过 SAGE 分别估计这四种环境下的多径时延和幅值参数，其中四种环境分别表示座椅移动到第 5、第 8 和第 17 的位置以及原始环境。图 8-31 为 SAGE 估计四种环境下的 30 条路径的时延功率散点图，可以将锁定位置的路径与原始环境的路径进行匹配。通过设置时延与功率的误差阈值，筛选出不同情况下与原始路径一致的路径，最后取三种情况路径的交集，共筛选出 10 条路径信息。利用筛选前后的 SAGE 估计结果，可以重构 PDP 谱，如图 8-32 所示，可以看出筛选后的 PDP 谱与原始环境的分布一致，几乎重合，所以该 10 条路

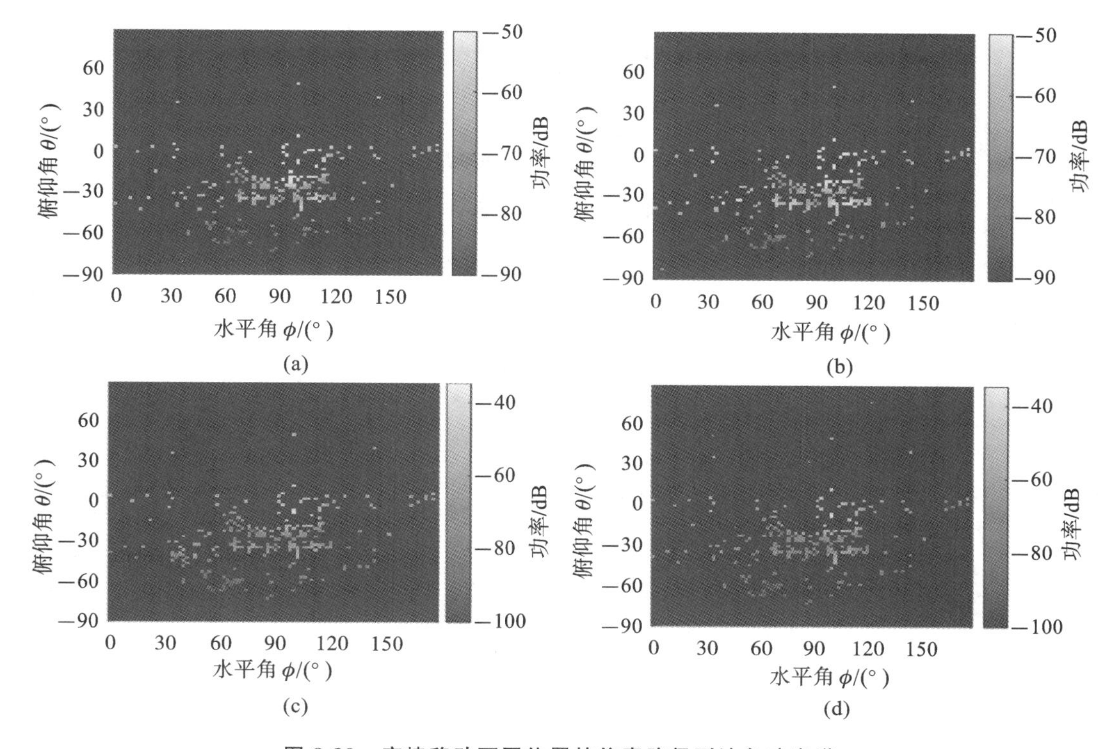

图 8-30 座椅移动不同位置的仿真路径到达角功率谱

(a)index=5;(b)index=8;(c)index=17;(d)原始环境

径认为是不随环境改变而改变的路径。利用 PDP 谱中部分路径的时延和功率可以进行位姿估计,如主径和次主径,从而筛选出的这 10 条路径是可用于后续的位姿估计的路径,面向实际工厂环境的情况下,也可以通过类似的预实验来确定一些稳定的多径信息。

针对角度功率谱,将锁定位置的路径与原始环境进行匹配,设置在角度相同情况下功率谱高度差在 3 dB 以内,认为是"不变"的路径。经过对锁定位置的初步筛选后,再将锁定位置筛选后的功率谱进行匹配,求出它们筛选后的共有路径,最后筛选出 49 条路径,其中由传播图论生成 19 条路径的散射分量,射线追踪生成路径 30 条,筛选后的到达角功率谱如图 8-32 所示。显然,与筛选前的角度功率谱相比,筛选后的功率谱的路径数较少,这部分路径也可以认为是比较稳定的路径分量。

基于筛选后的路径和事先存储的路径位置信息,可以回溯到仿真中,找到对应路径的 Last-hoop scatter,图 8-32(b)所示的是散射体的 Last-hoop scatter。通过动态仿真,筛选稳定信道特征的方式,可以有助于位姿算法的准确估计。除此之外,对于筛选过的路径,需要观察这些不变的信道特征是否对天线阵列位姿变化敏感,再进行筛选。在筛选后的 19 条路径中,通过改变天线阵列位姿,观察路径到达角度是否偏转,到达角功率是否有所变化,进而通过阈值的方式再次筛选。在原始天线阵列姿态下,改变天线阵列呈另外两种姿态,经过筛选后可以保留 16 条路径,图 8-33 所示的为这 16 条路径随天线阵列姿态变化时,功率值的变化情况。这部分的信道特征可以认为是不随环境物体移动而改变的,但随天线阵列姿态的改变而变化的信道特征,可以用于后续的位姿估计中。

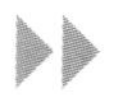

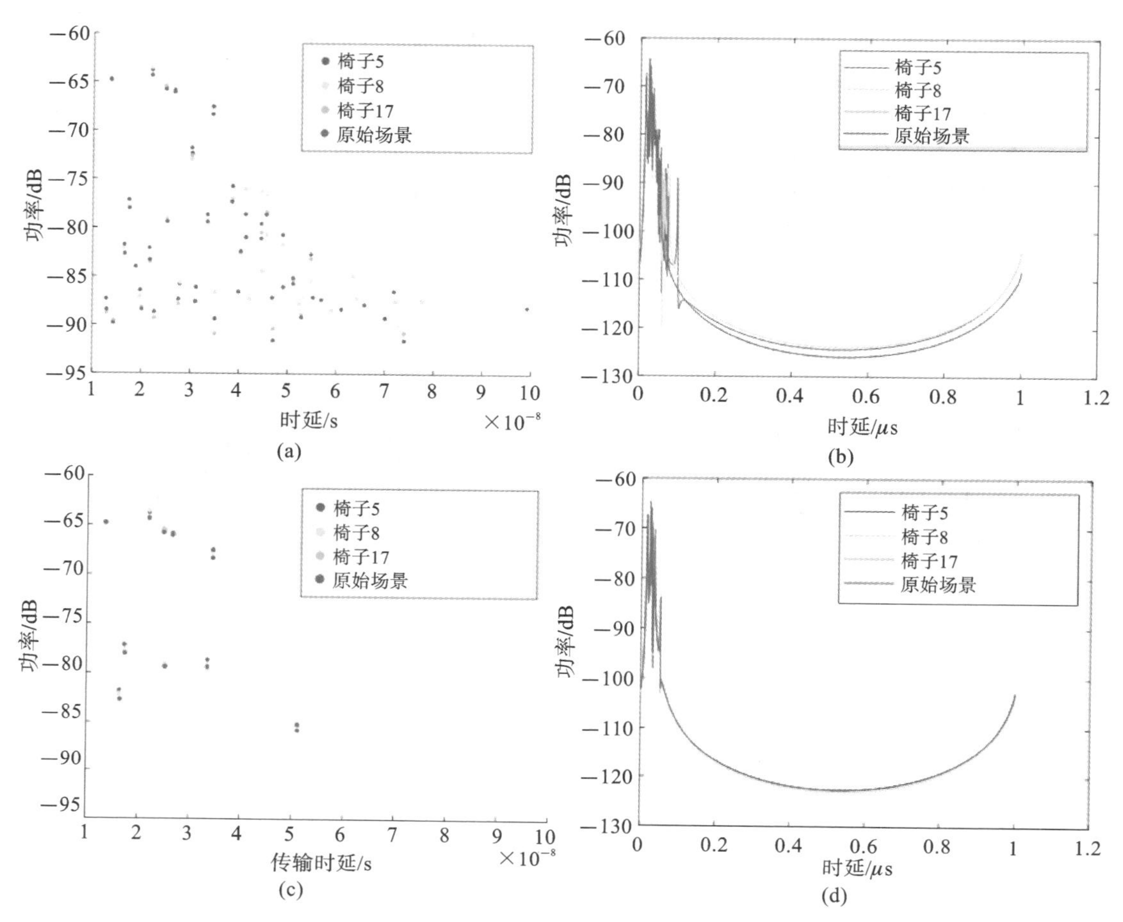

图 8-31　锁定位置与原始环境的多径时延对比以及原始环境 PDP 和利用估计的时延重构的 PDP 对比图

(a)30 条路径；(b)筛选后的 10 条路径；(c)重构的 PDP 谱；(d)筛选后重构的 PDP 谱

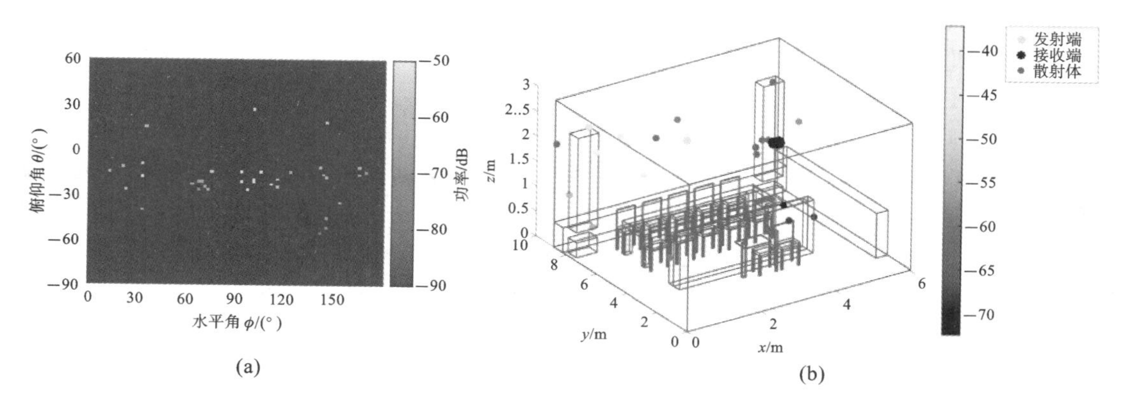

图 8-32　阈值筛选路径的角度功率谱和 Last-hoop scatter 示意图

(a)筛选后的角度功率谱；(b)筛选后的 Last-hoop scatter 示意图

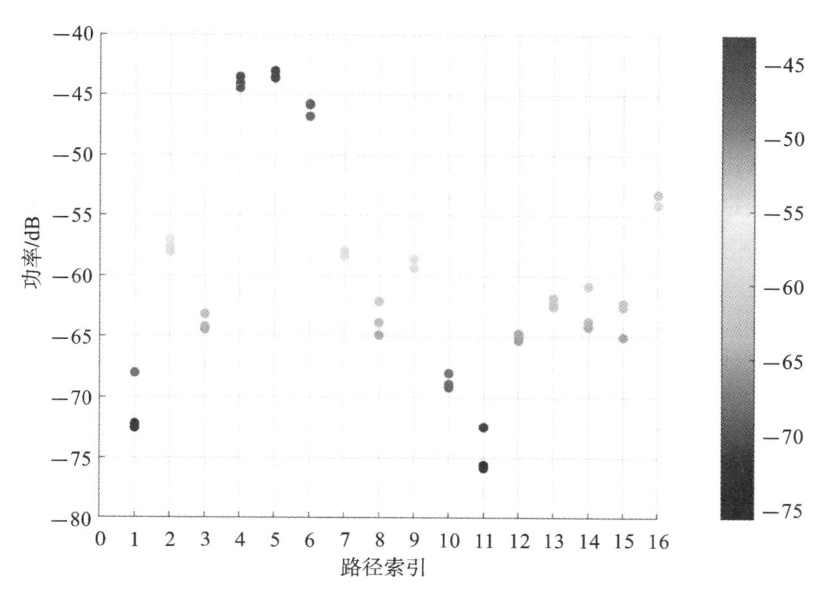

图 8-33　筛选路径在不同天线阵列姿态下的接收功率变化

8.1.6　小结

本节主要针对室内场景的实测与基于图论与射线追踪相结合的仿真吻合度技术进行了说明。首先介绍了基于传播图论算法生成高阶散射分量，以及射线追踪算法生成 1～3 阶反射和衍射分量的混合模型的理论，利用马尔可夫链的散射体建模方法，确定环境中的关键散射体，提升仿真模型准确度。其次，针对所提出的仿真建模流程，基于两次场景实测的设置进行仿真建模，从衰落特征、多径特征和角度估计，包括均方根时延扩展、K 因子、PDP 分布和角度功率谱等信道参数，分析实测数据与仿真数据的吻合度。结果表明，所提出的仿真模型可以较为准确地模拟出实测数据的信道特征。同时，基于实际工厂环境中机械设备的位置随着生产需求可能会发生改变，将所提出的仿真模型用于实际应用中，还需要确定一些稳定的信道特征用于估计。通过对室内动态场景的稳态信道特征分析，介绍了筛选出对天线阵列位姿敏感，而对室内动态变化不敏感的信道特征的方法。最后，基于仿真数据与实测数据之间仍存在的细节描述的差异，在后续的章节中将介绍仿真到实测数据的迁移学习以及仿真数据用于位姿估计的具体方法。

8.2　基于 CycleGAN 模型的信道特征迁移

8.2.1　迁移学习介绍

由于在位姿检测的实际应用中，可能很难直接通过在某一个环境中的大量实测，来构建一个位姿检测的数据库，所以为了补充实测数据的缺乏，我们广泛采用图论（结合射线追踪的方式）得到的仿真数据来完成位姿预测模型的训练以及实际位姿判断中的数据库构建。但是由于环境的数字化地图不可能完全准确，我们对传播机制的模拟很难做到精准，图论仿真方式得到的数据与实测场景得到的测量结果仍存在一定的差距。在实测数据较难获得的情况下，这就需要一个从图论仿真数据域向实测数据域转换迁移的过程。

传统的数据挖掘和机器学习算法通常是使用预先采集的有标签或者无标签数据用来训练，然后用于预测未来数据。而目前越来越受到广泛关注的迁移学习研究，则是受到了人类能够基于以往学习的相关知识，对未来其他问题提出更加迅速和高效的解决方案这一现象的启发。迁移学习解决问题的方式正是利用从源域获取到的经验，来提升目标域相关问题的学习效率和效果的。迁移学习按照迁移的内容来分，可以分为基于实例的迁移学习、基于特征的迁移学习、基于关系的迁移学习和基于模型/参数的迁移学习[20]。目前迁移学习已经在自然语言处理、自动语音识别和计算机视觉等领域有所应用，但在多维度的宽带信道特征方面对迁移学习的使用仍处于尝试阶段，在未来应该具有广阔的应用前景。

目前在机器人应用领域，由于现实世界的许多视觉数据集采集成本高昂，且难以执行，所以将仿真环境下学习到的知识向现实世界领域转移是该领域十分热门的话题。但由于仿真环境与现实世界领域存在着隔阂，导致单纯采用仿真数据训练所得的模型在现实世界数据集上表现欠佳，因此有人就提出采用生成对抗网络（generative adversarial network，GAN）及训练方式以缩小仿真领域与现实领域的差距，从而提取两个领域间共有的特征及分布，以达到较好的效果[21]。

在图像领域，迁移学习已经应用于图像风格及纹理的转换，例如，参考文献[22]中所提出的 CycleGAN 模型就能够在一定程度上对不同风格和纹理的成对图片进行迁移，同时也能够对某些非成对的图像进行迁移。因此，在信道特征领域，可以考虑借鉴目前已有的迁移模型，对信道在多个维度上的特征进行迁移。

在本章阐述的研究课题里，相较于实测数据，基于图论仿真得到的信道特征获取难度更低，更容易获取大量的仿真数据用于天线位姿预测模型的训练。然而，实测数据与仿真数据仍存在一定的区别，直接将实测数据输入利用仿真数据训练得到的模型中进行位姿的检测，将会带来较大的误差。由此，我们提出了利用 CycleGAN 模型进行实测数据与仿真数据相互转换的工作。

CycleGAN 模型主要完成的工作是域迁移（domain adaptation），也可以称为风格迁移。在参考文献[22]中，作者利用 CycleGAN 模型完成了拍摄的相片与莫奈绘画风格，以及将一匹普通的马改为斑马的相片迁移工作，并取得了不错的效果。另外，CycleGAN 相较于之前同类型的域迁移的工作，最大的不同在于，考虑了非配对图像之间的相互转换。具体来说，我们很难找到与某张莫奈作品完全一致的现实场景的摄影，也很难找到两匹动作完全相同的马与斑马，因此，相较于寻找两张配对图像之间的风格差异，CycleGAN 的工作偏向于寻找两个域之间的风格差异。回到本章关注的位姿检测课题中，相对于寻找某一特定场景下某一组相同位姿的天线阵列生成的实测数据与仿真数据，我们更希望对实测数据与仿真数据两个整体的差异作研究，因此，我们选用了 CycleGAN 模型。这里的仿真数据和实测数据可以是 CIR、PDP 或者是位姿相关的信道特征。

8.2.2　CycleGAN 模型简介

8.2.2.1　CycleGAN 模型整体使用流程

CycleGAN 模型的核心思想是循环一致性损失（cycle consistency loss），下面将结合本项目的流程说明这一思想。

图 8-33 展示了 CycleGAN 的训练过程，其中 G 是完成仿真到实测的生成器，F 是完成实测到仿真的生成器，D_{mea} 是用于判断 G 生成的实测数据好坏的鉴别器，D_{sim} 用于判断 F 生成的仿真数据好坏的鉴别器。在实际训练过程中，需要同时输入仿真数据 A_{sim} 和实测数据 A_{mea}，然后生成器 G 将仿真数据 A_{sim} 转换为类实测数据 A_{mea_fake}，生成器 F 则将实测数据 A_{mea} 转换为类仿真数据 A_{sim_fake}，而后生成器 G 继续将类仿真数据 A_{sim_fake} 转换为重构的实测数据 $A_{mea\_reconst}$，生成器 F 将类实测数据 A_{mea_fake} 转换为重构的仿真数据 $A_{sim\_reconst}$。通过鉴别器对类实测数据 A_{mea_fake}、类仿真数据 A_{sim_fake} 与真实的数据 A_{mea} 和 A_{sim} 分别对比进行鉴别，并根据鉴别的结果对生成器 G 和 F 的网络参数进行调整，使得生成的类实测数据更加接近实测数据，类仿真数据更加接近仿真数据，从而利用类实测数据 A_{mea_fake} 最终替代目前难以获得的实测数据 A_{mea}。

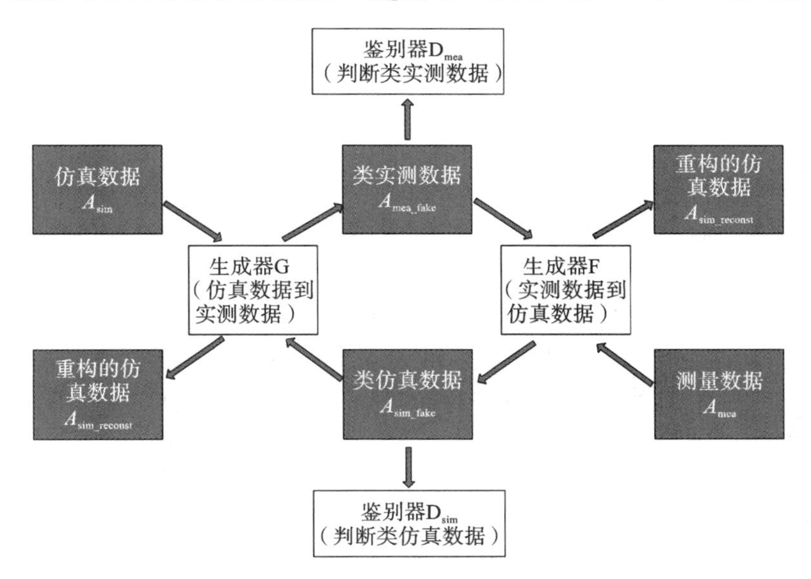

图 8-33　CycleGAN 流程图

以仿真到实测的迁移步骤为例，即图 8-33 上半部分，训练过程可分为两步：第一步输入仿真数据，通过生成器 G 转换为类实测数据，此时，计算一个损失函数 Loss_GAN 用于保证生成的类实测数据具备实测数据的特征；第二步，利用生成的类实测数据，重建仿真数据，然后计算损失函数 Loss_Cycle，用于保证生成的类实测数据仅特征与仿真数据不同，但内容相同。反之从实测到仿真同理。

8.2.2.2　损失函数 Loss_GAN 的计算

Loss_GAN 的计算分为两种情况：当训练生成器 G 和 F 时，在固定鉴别器 D_{mea} 和 D_{sim} 的前提下，调整 G 和 F 的参数，使得 D_{mea} 和 D_{sim} 对其生成的数据的评价越来越好，提升生成器的能力；当训练鉴别器 D_{mea} 和 D_{sim} 时，在固定生成器 G 和 F 的前提下，调整 D_{mea} 和 D_{sim} 的参数，保证输入原始数据时，鉴别器给出好的评价，输入生成器生成的数据时，鉴别器给出坏的评价，提升鉴别器的能力。生成器和鉴别器二者在对抗中相互优化，因此，这一部分损失称为对抗损失。

Loss_Cycle 则是 CycleGAN 在普通的生成对抗网络（GAN）的基础上针对仅风格迁移而内容不变这一问题作出的改进。根据前述流程，在训练过程中要尽量减少输入的原始数据与经过两种生成器生成的重构数据之间的差异，保证循环一致性，因此，这一部分损失称为循环一致性损失。

值得一提的是，对应于信道特征和环境，我们可以认为风格是信道特征，而内容是环境，即进行位姿估计操作的所在环境，包括环境的物理空间、其中散射体的分布架构、具体的散射体的表面特征等。风格，即信道特征，可以理解为图论仿真工具描述信道的特有方式，或者通过实测得到的数据所描述的信道特征。实际环境中可能存在的物体，尽管在实测中能够有准确的体现，对传播特性产生影响，但是在图论仿真中，由于很难获取到精确的细节信息，并且传播机制在图论中被固定为一些简化的“点源”辐射的形式，所以这些没有正确“写入”图论的信息，导致图论仿真得到的信道特征和实测之间有一定的差异。为了能够减少实测的工作量，或者尽可能少的依赖实测，我们希望能够将图论的仿真数据转化成与实测非常接近的数据。在转化的过程中，由于还需要利用信道的特征来解释天线阵列的位姿，所以希望信道特征的改变仍然能够带给我们确定了的位姿信息，也就是说图论仿真产生的信道特征，虽然做了迁移，但仍然对应着当初仿真的天线阵列位姿。所以利用 CycleGAN 的思路，可以对信道特征产生的过程、感知判断的过程进行同时训练，比较适合这里的位姿检测的需求。

8.2.2.3 生成器 ResNet

ResNet 称为残差网络，其诞生的主要原因是，随着神经网络层数的增加，网络会发生退化现象，即当网络层数过饱和以后，就会使得训练集上的损失不减反增。而引入由残差块组成的 ResNet 后，网络可以不断加深，而且效果也会大有提升。

由于其对深层网络的作用，我们决定利用残差网络来优化信道功率时延谱 PDP 迁移过程中的生成器 G。残差网络的特征是跳层连接，可以在增加模型深度的情况下保证模型的性能。另外，残差网络输入数据与输出数据的维度一致，这与我们转换实测与仿真数据的需求相同。本研究中的残差网络中的残差单元设计如图 8-34 所示，通过镜像填充与卷积操作来保证输入数据与输出数据维度相同。

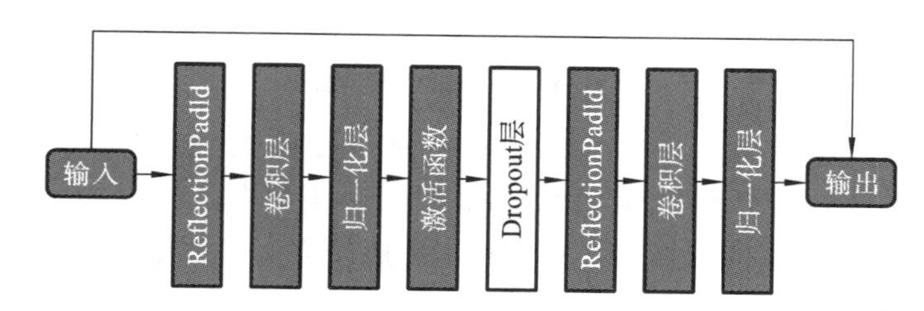

图 8-34　CycleGAN 模型生成器使用的残差网络单元结构

8.2.3　CycleGAN 模型结果展示

8.2.3.1　PDP 迁移流程及结果展示

目前研究使用的 PDP 数据集分为实测数据与仿真数据两部分,实测数据是在同济大学嘉定校区电信楼 307 房间实际测量得到,测量位置共有 3 个点位(见图 8-35),在每个测量点位使用 8×8 天线阵列,变换 30 种不同的姿态接收信号。数据集共有 5760 条 PDP 数据。其中,每条 PDP 的采样点个数为 1001 个。仿真数据则是根据实测数据的测量环境与测量位置由图论结合射线追踪生成(仿真计算的过程请参考 8.1 节中的内容)。

训练时,PDP 数据输入 CycleGAN 模型的方式如下:选取 3 个实测点位的 8×8 天线阵列在 29 种姿态下接收到的共计 5568 条 PDP 数据逐条输入 CycleGAN 模型训练,即每次训练都会有一条 1×1001 的实测 PDP 数据和一条 1×1001 的仿真 PDP 数据同时输入 CycleGAN 模型。对于 CycleGAN 模型将仿真数据转换为实测数据迁移效果的评价标准,考虑到后续预测天线位置的基于分层(hierarchical)SVM-SVR 的天线阵列位姿估计算法对 PDP 数据的需要和处理(具体内容将在 8.3 节中详述),这里分别计算由 CycleGAN 模型生成的 PDP 数据与实测 PDP 数据中功率最高处与次高处的采样点序号(即时延所在的位置)与该点的功率值,并计算二者之差来比较其差异。

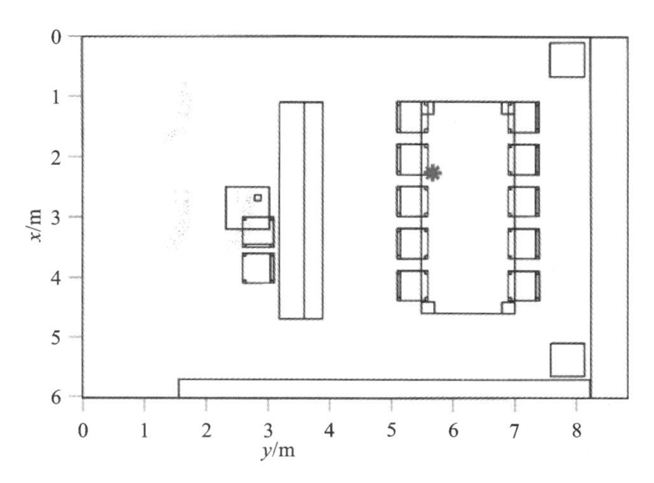

图 8-35　CycleGAN 模型使用的数据集中实测数据的测量环境示意图

测试集选取用于训练的实测点位未参与训练的剩余 3 组数据,共计 192 条 PDP,结果如图 8-36 所示。首先选取了测试集中一条类实测 PDP 数据与实测 PDP 数据,直观地比较二者。

图 8-37 展示了对 192 条 PDP 进行迁移后得到的数据与真实数据之间的对比。图 8-37(a)所示的为 PDP 中功率最高点的时延差异的累积分布函数(cumulative distribution function,CDF),可以看到功率最高点对应的时延,对比生成数据与实测数据,50%的样本差异为 0,90%误差为小于 1 个时延采样间隔,平均值为 0.4583 个采样间隔。最高的功率值之差的 50%误差为 1.85 dB,90%累积概率为 4.57 dB,其平均值为 2.171 dB。

图 8-38 所示的为考虑 PDP 中的次高功率对应的时延差异,以及功率差异的 CDF。可以看到对于 PDP 中的功率次高点,对于生成数据与实测数据,50%误差为小于 1 个时延样本间隔,90%误差为小于 3 个时延样本间隔,平均值为 1.593 个采样间隔,功率值之差的 50%误差

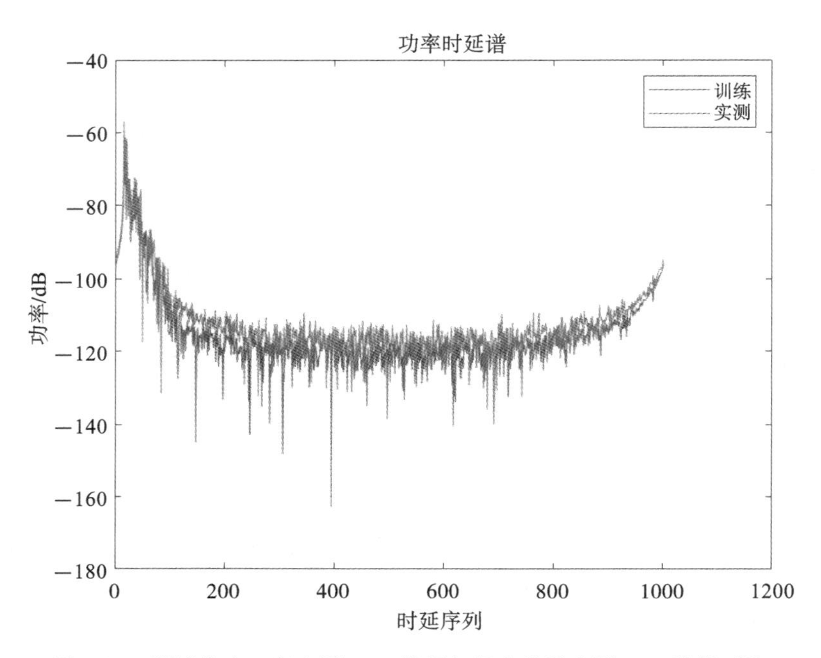

图 8-36　测试集中一条实测 PDP 数据与相应的类实测 PDP 数据对比

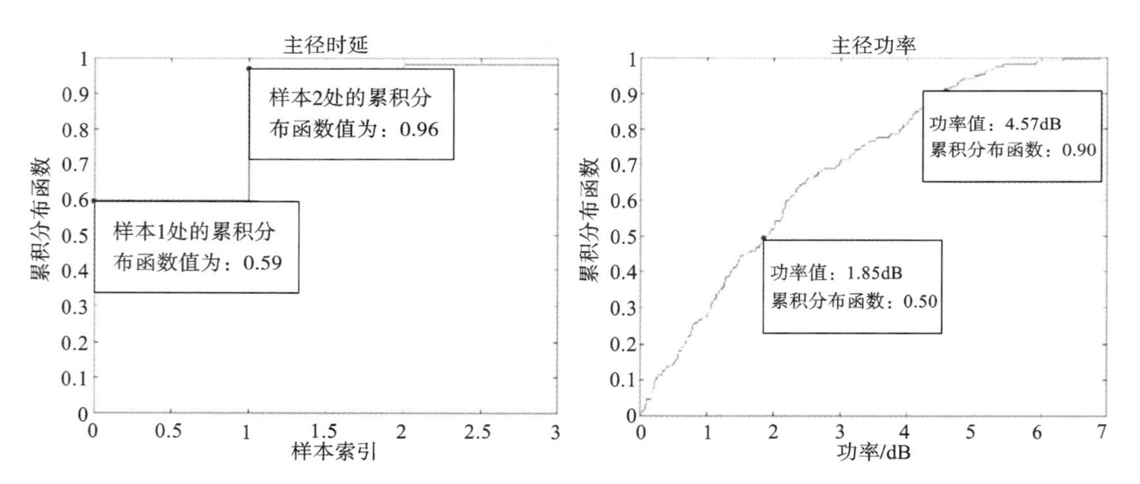

图 8-37　类实测数据与实测数据功率最高点采样点序号之差与功率之差的 CDF

为 4.65 dB，90％误差为 7.83 dB，平均值为 4.544 dB。

通过上述的描述可以看到，利用残差网络进行的 PDP 迁移能够达到一定的准确度，但是并没有达到非常理想的程度，仍需要优化建立的 CycleGAN 的生成器和鉴别器，增加对网络的训练。

8.2.3.2　CIR 迁移流程及结果展示

对 PDP 的迁移尝试取得了一定的进展，我们希望将该方法用于复数取值的信道冲激响应 CIR 的迁移。如果可行，则可以进行阵列信号的迁移，信道的特征就能够更加充分地用于位姿的检测。信道冲激响应 CIR 数据迁移使用的数据集与相应的流程基本与 PDP 的相同，其不同之处在于，CIR 数据为复数类型的数据，因此需要分别处理 CIR 的实部与虚部，这里尝试了三种不同的输入方式，分别是横向与纵向交错输入，以及双通道分别输入实部与虚部。三种输入

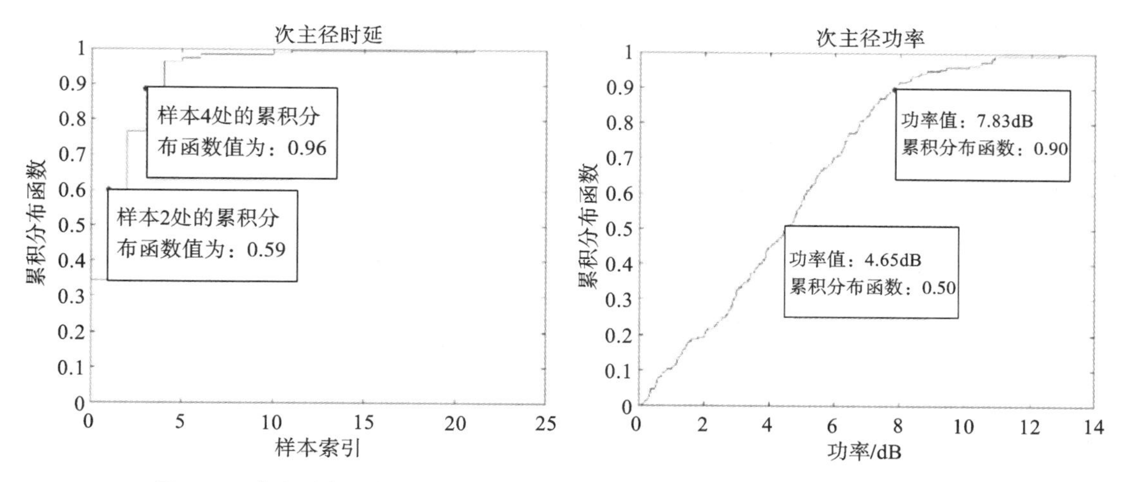

图 8-38　类实测数据与实测数据功率次高点采样点序号之差与功率之差的 CDF

方式分别如图 8-39 所示，其中双通道输入方式类似图像的 RGB 三通道输入。

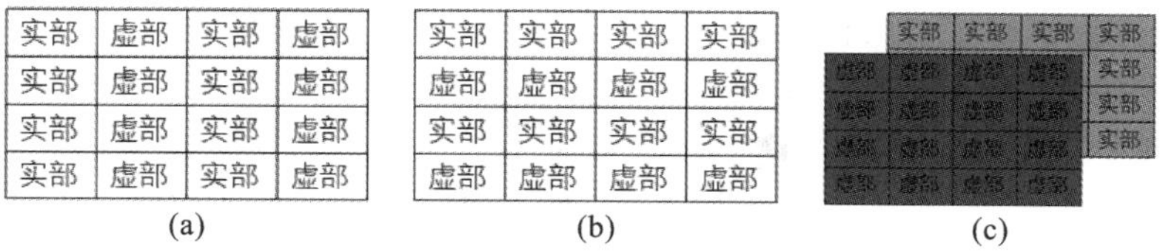

(a)

实部	虚部	实部	虚部
实部	虚部	实部	虚部
实部	虚部	实部	虚部
实部	虚部	实部	虚部

(b)

实部	实部	实部	实部
虚部	虚部	虚部	虚部
实部	实部	实部	实部
虚部	虚部	虚部	虚部

(c)

图 8-39　CIR 数据的实部与虚部输入 CycleGAN 模型的三种方式

实验结果显示，CycleGAN 模型对于 CIR 数据的整体迁移效果并不理想。但是在对实验结果的分析中，发现 CycleGAN 模型对于 CIR 幅值部分的迁移有一定的效果，如图 8-40 所示，迁移效果不理想的主要原因在于 CycleGAN 模型无法很好地处理 CIR 数据的相位部分。

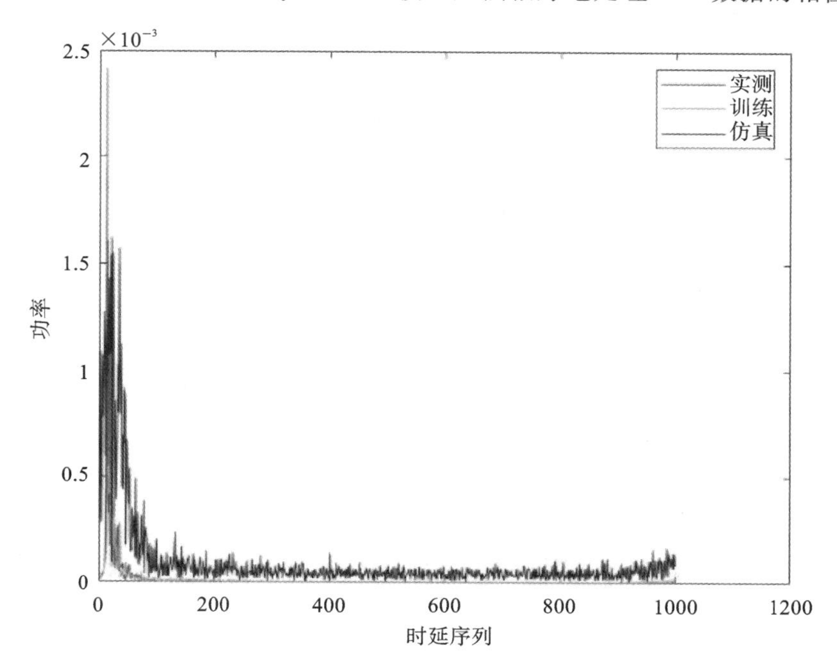

图 8-40　CycleGAN 模型生成的 CIR 数据与实测、仿真数据幅值的对比效果

针对上文提到的 CycleGAN 模型无法很好地处理 CIR 数据的相位部分，我们进行一些尝试，但是都没有取得很好的效果。主要尝试侧重于变换不同方式进行数据输入，例如：①将 8×8天线阵列接收到的 CIR 数据作为一个整体输入 CycleGAN 模型，尝试学习天线阵列接收到的 CIR 数据间的相对关系；②将 64 根天线的 CIR 按照“己”字形的测量顺序排列输入模型；③取其中一排天线共 8 条 CIR 作为一个整体输入模型。此外，发现模型对 CIR 的幅值迁移有一定的效果，但是对相位的迁移并不理想，如分别取 CIR 的幅值(abs)与相位(angle)，取代 CIR 的实部与虚部，结合前文提出的多种输入方式输入模型。除此之外，我们也尝试了单独输入相位信息到模型中进行学习，或者通过某一种预变换来调整输入的数据，如对 CIR 数据作傅里叶变换(FFT)到频域后取幅值与相位。此外，我们还尝试利用多径的估计数值作为输入，如根据 8×8 天线阵列接收到的 CIR 数据提取出的 SAGE 估计到的多径的参数(EoA、AoA、功率)输入 CycleGAN 模型，尝试直接学习信道特征的差异，但是似乎很难得到令人满意的结果。

针对如何对信道特征进行 CycleGAN 模型构建的适用性及使用的具体方式，通过上述的研究我们初步认为，需要保证输入的数据具有一定的规律性，即保持需要相互转换的两种数据之间的关联，此外还需要保证两种数据分别具有各自的统计性特征，不会因为输入的随意性而遭到破坏。例如，在 CycleGAN 原始的应用领域，如图像的相互转换中，图像中的斑马与马分别有各自的毛皮的纹理特征，输入/输出数据的排列应该能够体现出这些特征。目前效果比较好的 PDP 数据迁移，其中的 PDP 数据也具有一定的统计特征，如宏观的接收功率随着时延的增加而呈现指数衰减的特性。

还需要补充说明的是大数据在 CycleGAN 训练中的必要性。要想使用 CycleGAN 能够做到成功的迁移，需要输入与输出数据表现出明显的规律与差异。这些规律与差异在难以用数学模型明确表达的情况下，需要依靠大数据的方式进行挖掘和确认。

8.2.4 小结

本节首先讨论了目前人工智能领域对于迁移学习的一些研究，这种利用从源域学习到的经验，提升目标域的学习效率和效果的技术，目前已在自然语言处理、计算机视觉等领域有一定的应用。在这之中，我们选择了用于图像风格化迁移的 CycleGAN 模型，来完成仿真数据到类实测数据的转换。对于 CycleGAN 模型的原理，我们主要介绍了两类损失函数。其一是目前生成式对抗网络中常见的用于提升生成器与鉴别器性能的损失函数 Loss_GAN，生成器生成类实测数据与类仿真数据，鉴别器分辨生成器生成的数据与真实的实测数据和仿真数据的差异，二者在对抗中提升性能。其二是 CycleGAN 特有的，通过将生成器生成的数据输入另一个生成器，重建数据，对比重建后的数据与输入第一个生成器的数据，计算 Loss_Cycle，保证二者尽可能相似，使得生成器的数据仅改变数据的特征而不改变数据的内容。最后展示了 CycleGAN 模型的迁移效果。在迁移具有一定统计性规律的 PDP 数据时，能够保证 CycleGAN 模型生成的类实测数据与实测数据有较高的吻合度。但是在迁移 CIR 数据时，仅能保证对 CIR 数据的幅值部分有一定的迁移效果，而 CycleGAN 模型较难处理 CIR 数据的相位部分，没有得到理想的迁移效果。为了解决这一问题，我们通过实验尝试学习 8×8 天线阵列中天线之间的相互关系，也尝试了直接迁移 CIR 数据的相位信息，还尝试了迁移提取出的 SAGE 数据，但都没有取得很好的效果。未来需要对如何进行阵列数据的迁移做更多的研究。

8.3　基于支持状态机的天线阵列位姿估计

8.3.1　基于散射体回溯的天线阵列位置估计算法

本节综合前述的信道仿真和CycleGAN特征迁移后得到的类实测信道数据,提出了一种无需地图辅助的天线阵列位姿估计算法。该算法基于第二章介绍的球面波高精度参数估计算法,即Spherical wave SAGE算法,来对信道特征进行提取。该方法由两个阶段构成:①利用球面波SAGE算法进行信道特征参数的估计;②天线阵列位姿估计定位阶段。此算法不仅能够在LoS传输场景下,同时也能够在NLoS环境下进行准确定位。此外,因为算法是利用球面波SAGE估计得到的多径在第一跳或者最后一跳的散射体位置来回溯待估天线阵列位置的,所以该方法称为基于散射体回溯的天线阵列位置估计算法。

第一阶段:通过收集待估天线阵列信道冲激响应(CIR),使用球面波SAGE算法对该天线阵列CIR进行高精度参数估计,得到具有代表性的一些信道特征参数,其可用于定位估计,我们将其表示为向量$\boldsymbol{\Theta}_l$:

$$\boldsymbol{\Theta}_l = \{\alpha_l, \phi_l, \theta_l, d_{o,l}, \tau_l\} \tag{8-13}$$

其中,α_l、ϕ_l、θ_l、$d_{o,l}$、τ_l分别表示第l条路径的幅值、来波水平角、来波俯仰角、第一跳或者最后一跳下散射体与天线阵列参考阵元之间的距离以及时延。可以随机选取天线阵列中任意一个阵元作为参考天线阵元。

球面波SAGE算法与传统平面波SAGE算法最主要的区别在于球面波SAGE算法在估计信道特征参数时,能够多估计出一维信道参数,即$d_{o,l}$。我们正是利用了这种特性,在已知估计出α_l、ϕ_l、θ_l以及τ_l的情况下,计算得到估计的第一跳的散射体或者最后一跳的散射体位置,再通过这些散射体位置、$d_{o,l}$、τ_l、“虚拟”天线阵列位置假定、几何关系判定等操作,最终估计得到待估天线阵列的位置信息。以上操作会在第二阶段中详细介绍。正是由于散射体位置是从信道测量,估计计算获得的,因此定位时可以不需要环境地图进行辅助。

第二阶段:此阶段的功能是利用第一阶段得到的代表性的信道特征参数去估计待估天线阵列的位置。我们将第二阶段主要分为五个步骤。第一个步骤:计算第一跳或最后一跳散射体的位置以及d_{ft};第二个步骤:通过遍历“虚拟”TP位置r,结合第一个步骤得到的结果来获取延伸位置L_{bl};第三个步骤:将“虚拟”TP位置r与延伸位置L_{bl}进行聚类操作;第四个步骤:对于聚类结果得到的各类聚簇进行功率选择性的筛选,确定有效的“虚拟”TP位置$\hat{r}$;第五个步骤:将$\hat{r}$位置信息通过LS算法计算估计得到最终TP位置信息,实现定位。

聚簇(clustering)是一种“无监督学习”(unsupervised learning),即训练样本的标记信息是未知的,通过对无标记训练样本的学习来揭示数据的内在性质及规律,为进一步的数据分析提供基础。在第三个步骤中,聚簇算法选的是最常用的k均值算法(k-means),k均值算法是基于欧式距离的聚类算法,是一种迭代求解的聚类分析算法,其步骤是,首先将数据分为k组,则随机选取k个对象作为初始的聚类中心,然后计算每个对象与各个种子聚类中心之间的距离,把每个对象分配给距离它最近的聚类中心。聚类中心以及分配给它们的对象就代表一个聚类。每分配一个样本,聚类中心会根据聚类中现有的对象被重新计算。这个过程将不断重复直到满足某个终止条件。终止条件可以是没有(或最小数目)对象被重新分配给不同的聚类，也可以是没有(或最小数目)聚类中心再发生变化,误差平方和局部最小。k 均值聚类是使用最大期望算法(expectation-maximization algorithm,EM algorithm)求解的高斯混合模型 Gaussian Mixture Model(GMM)在正态分布的协方差为单位矩阵,且隐变量的后验分布为一组狄拉克函数时所得到的特例。

给定样本集 $\boldsymbol{D}=\{\boldsymbol{x}_1,\boldsymbol{x}_2,\cdots,\boldsymbol{x}_m\}$,$\boldsymbol{D}$ 包含 m 个无标记样本,每个样本 $\boldsymbol{x}_i=\{x_{i1},x_{i2},\cdots,x_{in}\}$ 是一个 n 维特征向量,k-means 算法将给定样本集划分为多个不相交的簇 $C_i(i=1,2,\cdots,k)$,每一个簇的中心为 $\boldsymbol{\mu}_i$,并且 $C_{l'}\cap C_{l'\neq l}=\phi$。$k$-means 聚类的结果记为 $C=\{C_1,C_2,\cdots,C_k\}$,聚类结果的最小化平方误差由下式计算:

$$E=\sum_{i=1}^{k}\sum_{x\in C_i}\|\boldsymbol{x}-\boldsymbol{\mu}_i\| \tag{8-14}$$

其中,$\boldsymbol{\mu}_i=1/C\sum_{x\in C_i}\boldsymbol{x}$,式(8-14)在一定程度上反映了簇内样本中心的紧密程度,E 值越小,簇内样本相似度越高。最小化式(8-14)并不容易,找到它的最优解需考察样本集 $\boldsymbol{D}$ 所有可能的簇划分,这是一个 NP 难问题,因此,k 均值算法采用了贪心策略,通过迭代优化来近似求解式(8-14),算法流程如算法 1 所示。在第 4～8 行与第 9～16 行依次对当前簇划分及均值向量迭代更新,若迭代更新后聚类结果保持不变,则在最后输出行将当前簇划分结果返回。其聚类过程如图 8-41 所示。

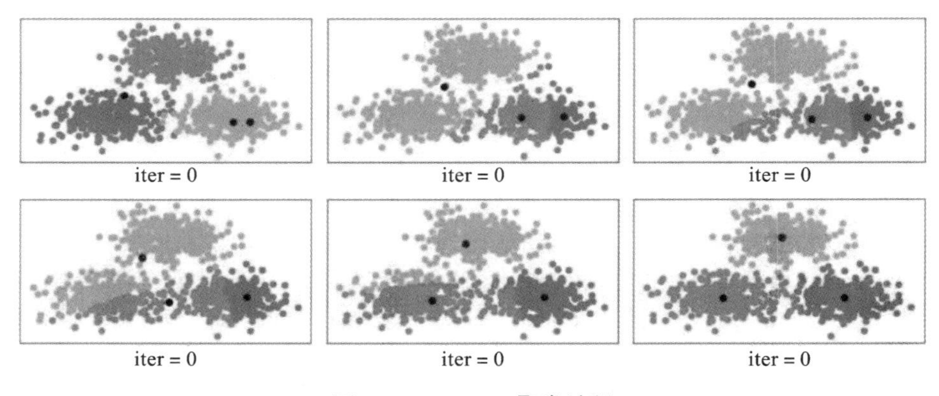

图 8-41　k-means 聚类过程

算法 1:k-means 算法

INPUT:样本集 $\boldsymbol{D}=\{\boldsymbol{x}_1,\boldsymbol{x}_2,\cdots,\boldsymbol{x}_m\}$;聚类数 k	
1	从 $\boldsymbol{D}$ 中选择 k 个样本作为初始向量 $\{\boldsymbol{\mu}_1,\boldsymbol{\mu}_2,\cdots,\boldsymbol{\mu}_i\}$
2	repeat
3	令 $C_i=\phi(1\leqslant i\leqslant k)$
4	For $j=1,2,\cdots,m$ do
5	计算样本 $\boldsymbol{x}_j$ 与各均值向量 $\boldsymbol{\mu}_i(1\leqslant i\leqslant k)$ 的距离:$d_{ij}=\|\boldsymbol{x}_j-\boldsymbol{\mu}_i\|$
6	根据距离最近的均值向量确定 $\boldsymbol{x}_j$ 的簇标记:$\lambda_i=\text{argmin}\ d_{ij}$
7	将样本 $\boldsymbol{x}_j$ 划入相应的簇

续表

8	End
9	For $i=1,2,\cdots,m$ do
10	计算新均值向量 $\boldsymbol{\mu}_i=\frac{1}{\lvert C_i\rvert}\sum_{x\in C_i}\boldsymbol{x}$
11	If $\boldsymbol{\mu}_i'\neq\boldsymbol{\mu}_i$
12	将当前均值向量 $\boldsymbol{\mu}_i$ 更新为 $\boldsymbol{\mu}_i'$；
13	Else
14	保持当前均值不变
15	End
16	End

基于散射体回溯的天线阵列位置估计算法的流程如图 8-42 所示，其具体操作如下：由提取得到高精度参数，计算 $d_{fl}=\tau_l\cdot c-d_{o,l}$，其中 $c=3\times10^8$ m/s 是光速。室内环境的长、宽、高分别为 P、W、H，以 d 为间隔对房间位置进行遍历，得到位置 $r_{pjk}=\{(x_p,y_j,z_k),0\leqslant x_p\leqslant P;0\leqslant y_j\leqslant W;0\leqslant z_k\leqslant H\}$。$I=\left[\frac{P}{c}\right]$，$J=\left[\frac{W}{c}\right]$，$K=\left[\frac{H}{c}\right]$，$p=1,2,\cdots,P$，$j=1,2,\cdots,J$，$k=1,2,\cdots,K$，其中[·]代表取整。然后计算散射体位置 r_{sl} 与 r_{ijk} 之间的方向向量 $\boldsymbol{\Omega}$。根据计算得到方向向量 $\boldsymbol{\Omega}$ 以及 d_{fl}，将散射体位置沿 $\boldsymbol{\Omega}$ 方向延伸 d_{fl} 的距离，得到延伸后的坐标 r_{bl}。设 $D=\{\{r_{bl},r_{pjk}\},l=1,2,\cdots,L\}$ 为 $L+1$ 个位置的集合。对 D_{pjk} 进行聚类，可以得到 k 个不同的簇，k 个簇中与 r_{pjk} 是一类的簇保留，剩余的簇舍弃，得到最终的聚簇结果为 c_{pjk}，对每一个位置 r_{pjk} 进行以上聚簇操作，得到簇的集合

$$\mathcal{L}=c_{pjk}\quad p=1,2,\cdots,P,j=1,2,\cdots,J,k=1,2,\cdots,K \tag{8-15}$$

每一个簇 c_{pjk} 的物理意义是：假设 TP 位于 r_{pjk} 时，L 条路径中，发生直射和单次反射(single bounce)共 M 条路径的集合。聚类结果 C 中，簇 c_{pjk} 中所有路径的能量和为 $c_{pjk}=\sum_{m=1}^{M}p_m$，其中 p_m 为簇 c_{pjk} 中第 m 条路径的能量，$m=1,2,\cdots,M$。由于直射径和单次反射路径的能量损耗较小，而其他多次反射路径(multi bounce)的能量损失较大，因此直射径和单次反射路径能量较高，设置能量阈值 P_{th}，将 $P_{pjk}>P_{\text{th}}$ 的簇保留，剩下的簇舍弃。将保留下来的 N 个簇中的 r_{pjk} 通过最小二乘(least square)的方式，可以得到最终 TP 的位置 $\hat{r}$，LS 算法如式(8-16)所示：

$$\hat{r}=\operatorname{argmin}\sum\lVert\boldsymbol{r}-\boldsymbol{r}_q\rVert^2 \tag{8-16}$$

8.3.2 支持向量机(support vector machine)

8.3.2.1 间隔与支持向量

给定训练样本集 $D=\{(x_1,y_1),(x_2,y_2),\cdots,(x_m,y_m)\}$，$y_i=\{+1,-1\}$。支持向量机分类(support vector machine classification)的最基本思想是基于训练样本 D 空间划分一个超平

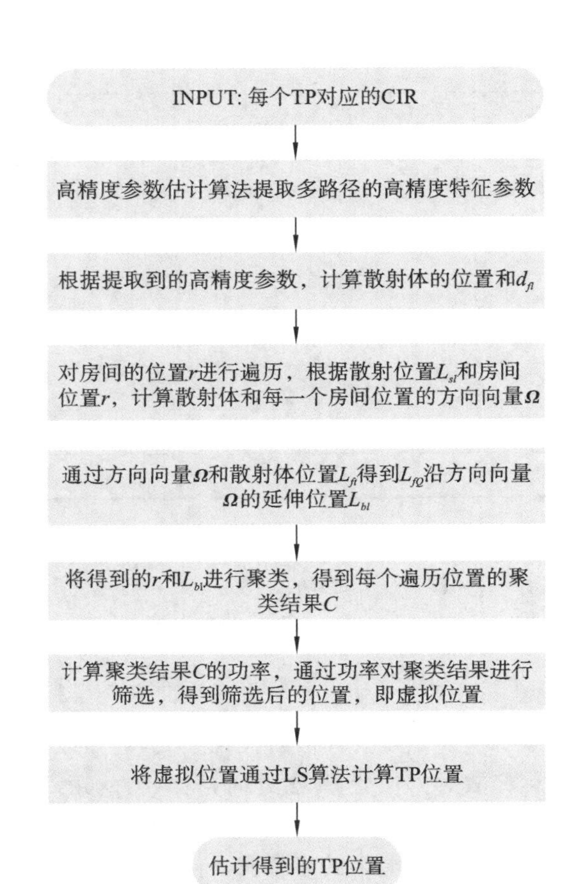

图 8-42　基于散射体回溯的天线阵列位置估计算法流程图

面，将不同的类别分开。在样本空间中，划分超平面通过如下线性方程描述：

$$\boldsymbol{\omega}^{\mathrm{T}} \boldsymbol{x} + \boldsymbol{b} = 0 \tag{8-17}$$

式中：$\boldsymbol{\omega}=\{\omega_1, \omega_2, \cdots, \omega_d\}$为法向量，决定超平面的方向；$\boldsymbol{b}$ 为位移向量，决定与超平面的距离。将划分的超平面记为$(\boldsymbol{\omega}, \boldsymbol{b})$，样本空间中任意点 $\boldsymbol{x}$ 到超平面$(\boldsymbol{\omega}, \boldsymbol{b})$的距离为

$$r = \frac{|\boldsymbol{\omega}^{\mathrm{T}} \boldsymbol{x} + \boldsymbol{b}|}{\|\boldsymbol{\omega}\|} \tag{8-18}$$

假设超平面$(\boldsymbol{\omega}, \boldsymbol{b})$能将所有训练样本正确分类，即对于$(\boldsymbol{x}_i, y_i) \in D$，若 $y_i=+1$，则有 $\boldsymbol{\omega}^{\mathrm{T}} \boldsymbol{x}_i + \boldsymbol{b} \geqslant 0$；若 $y_i=-1$，则有 $\boldsymbol{\omega}^{\mathrm{T}} \mathbf{x}_i + \boldsymbol{b} \leqslant 0$：

$$\begin{cases} \boldsymbol{\omega}^{\mathrm{T}} \mathbf{x}_i + \boldsymbol{b} \geqslant 0, y_i = +1 \\ \boldsymbol{\omega}^{\mathrm{T}} \boldsymbol{x}_i + \boldsymbol{b} \leqslant 0, y_i = -1 \end{cases} \tag{8-19}$$

如图 8-43 所示，距离超平面最近的几个训练样本使式(8-19)等号成立，它们称为“支持向量”(support vector)，则支持向量到超平面的距离和为

$$\lambda = \frac{2}{\|\boldsymbol{\omega}\|} \tag{8-20}$$

λ 为“间隔”(margin)。欲找到具有“最大间隔”(maximum margin)的划分超平面，即找到能满足式(8-20)中约束的参数 $\boldsymbol{\omega}$ 和 $\boldsymbol{b}$，使得 λ 最大，即

$$\max_{\boldsymbol{\omega},b} \frac{2}{\|\boldsymbol{\omega}\|} \quad \text{s.t.}\ (\boldsymbol{\omega}^{\mathrm{T}}\boldsymbol{x}_i+\boldsymbol{b}),y_i \geqslant 1, i=1,2,\cdots,m \tag{8-21}$$

为了最大化间隔,仅需要最大化 $\|\boldsymbol{\omega}\|^{-1}$,即最小化 $\|\boldsymbol{\omega}\|$,式(8-21)等价为

$$\min_{\boldsymbol{\omega},b} \frac{1}{2}\|\boldsymbol{\omega}\| \quad \text{s.t.}\ (\boldsymbol{\omega}^{\mathrm{T}}\boldsymbol{x}_i+\boldsymbol{b}),y_i \geqslant 1, i=1,2,\cdots,m \tag{8-21}$$

式(8-22)为支持向量机(support vector machine,SVM)的基本型。

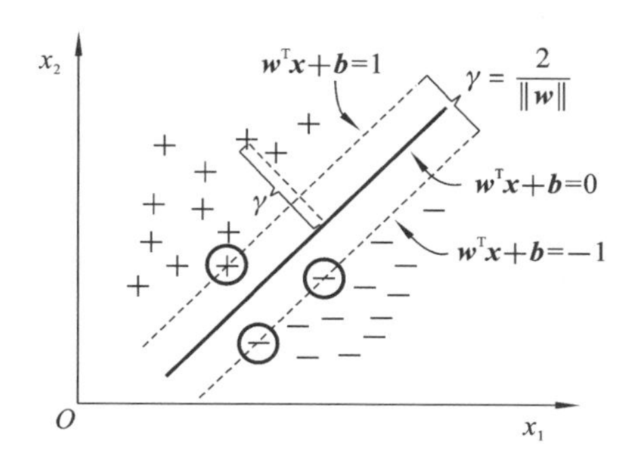

图 8-43　支持向量机基本模型

通过求解(8-22)得到划分超平面对应的模型:

$$f(x)=\boldsymbol{\omega}^{\mathrm{T}}\boldsymbol{x}+\boldsymbol{b} \tag{8-23}$$

8.3.2.2　对偶问题与核函数

对式(8-22)使用拉格朗日算子法,得到其“对偶问题”(dual problem),对式(8-22)的每个约束条件添加拉格朗日乘子 $\alpha_i \geqslant 0$,该问题的拉格朗日函数可写为

$$L(\boldsymbol{\omega},\boldsymbol{b},\alpha)=\frac{1}{2}\|\boldsymbol{\omega}\|+\sum_{i=1}^{m}\alpha_i[1-(\boldsymbol{\omega}^{\mathrm{T}}\boldsymbol{x}_i+\boldsymbol{b})y_i] \tag{8-24}$$

其中 $\alpha=(\alpha_1,\alpha_2,\cdots,\alpha_n)$,令 $L(\boldsymbol{\omega},\boldsymbol{b},\alpha)$ 对 $\boldsymbol{\omega}$、$\boldsymbol{b}$ 的偏导为 0,可得

$$\begin{cases}\boldsymbol{\omega}=\sum_{i=1}^{m}\alpha_i y_i \boldsymbol{x}_i \\ 0=\sum_{i=1}^{m}\alpha_i y_i\end{cases} \tag{8-25}$$

将式(8-25)代入式(8-24),并将$(\boldsymbol{\omega},\boldsymbol{b},\alpha)$中的 $\boldsymbol{\omega}$、$\boldsymbol{b}$ 消去,得到式(8-22)的对偶问题:

$$\max_{\alpha}\sum_{i=1}^{m}\alpha_i-\frac{1}{2}\left(\sum_{i=1}^{m}\alpha_i y_i \boldsymbol{x}_i\right)^{\mathrm{T}}\left(\sum_{j=1}^{m}\alpha_j y_j \boldsymbol{x}_j\right) \quad \text{s.t.}\ \sum_{i=1}^{m}\alpha_i y_i=0, \alpha_i \geqslant 0, i=1,2,\cdots,m \tag{8-26}$$

当训练样本非线性可分时,可以将样本从原始空间映射到一个更高维的空间,使得样本在这个特征空间内线性可分。令 $\phi(\boldsymbol{x})$ 表示将 $\boldsymbol{x}$ 映射后的特征向量,于是,在特征空间中划分超平面所对应的模型为

$$f(\boldsymbol{x})=\boldsymbol{\omega}^{\mathrm{T}}\phi(\boldsymbol{x})+\boldsymbol{b} \tag{8-27}$$

类似的，其对偶问题为

$$\max_{\alpha}\sum_{i=1}^{m}\alpha_i-\frac{1}{2}\Big(\sum_{i=1}^{m}\alpha_i y_i\phi(\boldsymbol{x}_i)^{\mathrm T}\Big)\Big(\sum_{j=1}^{m}\alpha_j y_j\phi(\boldsymbol{x}_j)\Big)$$
$$\text{s.t.}\sum_{i=1}^{m}\alpha_i y_i=0,\alpha_i\geqslant 0,i=1,2,\cdots,m \tag{8-28}$$

求解式(8-28)涉及计算 $\phi(\boldsymbol{x}_i)^{\mathrm T}\phi(\boldsymbol{x}_j)$，这是样本 $\boldsymbol{x}_i$ 和 $\boldsymbol{x}_j$ 映射到特征空间的内积。由于特征空间维度很高，甚至是无穷维，因此直接计算 $\phi(\boldsymbol{x}_i)^{\mathrm T}\phi(\boldsymbol{x}_j)$ 是很困难的。设函数 $\kappa(\cdot,\cdot)$ 为计算 $\boldsymbol{x}_i$ 和 $\boldsymbol{x}_j$ 映射到特征空间的内积的结果。将函数 $\kappa(\cdot,\cdot)$ 称为"核函数"(kernel function)，常用的核函数如表 8-9 所示。式(8-29)表示模型训练样本通过核函数进行展开，进而求得模型的最优解：

$$\begin{aligned}f(\boldsymbol{x})&=\boldsymbol{\omega}^{\mathrm T}\phi(\boldsymbol{x})+\boldsymbol{b}\\&=\sum_{i=1}^{m}\alpha_i y_i x_i\phi(\boldsymbol{x})+\boldsymbol{b}\\&=\sum_{i=1}^{m}\alpha_i y_i\kappa(\boldsymbol{x},\boldsymbol{x}_i)\end{aligned} \tag{8-29}$$

表 8-9　常用核函数

名　称	表 达 式	参　数
线性核	$\kappa(\boldsymbol{x}_i,\boldsymbol{x}_j)=\boldsymbol{x}_i^{\mathrm T}\boldsymbol{x}_j$	
多项式核	$\kappa(\boldsymbol{x}_i,\boldsymbol{x}_j)=(\boldsymbol{x}_i^{\mathrm T}\boldsymbol{x}_j)^d$	$d\geqslant 1$ 为多项式参数
高斯核	$\kappa(\boldsymbol{x}_i,\boldsymbol{x}_j)=\exp\left(-\frac{\lVert\boldsymbol{x}_i-\boldsymbol{x}_j\rVert}{2\sigma^2}\right)$	$\sigma\geqslant 0$ 为高斯核的带宽(Width)
拉普拉斯核	$\kappa(\boldsymbol{x}_i,\boldsymbol{x}_j)=\exp\left(-\frac{\lVert\boldsymbol{x}_i-\boldsymbol{x}_j\rVert}{2\sigma}\right)$	$\sigma\geqslant 0$
Sigmod 核	$\kappa(\boldsymbol{x}_i,\boldsymbol{x}_j)=\tanh(\beta\boldsymbol{x}_i^{\mathrm T}\boldsymbol{x}_j+\theta)$	tanh 为双曲正切函数，$\beta>0,\theta<0$

给定训练样本集 $D=\{(x_1,y_1),(x_2,y_2),\cdots,(x_m,y_m)\},y\in\mathbf{R}$，希望得到一个回归模型，使得 $f(\boldsymbol{x})$ 与 y 尽可能地接近，$\boldsymbol{\omega}$ 和 $\boldsymbol{b}$ 尽可能接近，对于样本$(\boldsymbol{x},y)$，传统回归模型通常直接基于模型输出 $\boldsymbol{x}$ 与真实输出 y 之间的差别来计算损失，当且仅当 $\boldsymbol{x}$ 与 y 完全相同时，损失才为零。与此不同，支持向量回归(support vector regression，SVR)假设能容忍 $\boldsymbol{x}$ 与 y 之间最多有 ε 的偏差，即仅当 $\boldsymbol{x}$ 与 y 之间的差别绝对值大于 ε 时才计算损失。如图 8-44 所示，这相当于以 $\boldsymbol{x}$ 为中心，构建了一个宽度为 2ε 的间隔带，若训练样本落入此间隔带，则认为是被预测正确的，SVR 问题转化为

$$\min_{\boldsymbol{\omega},\boldsymbol{b}}\frac{1}{2}\lVert\boldsymbol{\omega}\rVert^2+C\sum_{i=1}^{m}l_\varepsilon(f(x_i-y_i)) \tag{8-30}$$

8.3.2.3　支持向量回归

其中 C 为正则化函数，l_ε 是 ε 不敏感损失(ε-insensitive loss)函数，即

$$l_\varepsilon(z)=\begin{cases}0, & |z|\leqslant\varepsilon\\|z|-\varepsilon, & \text{其他}\end{cases} \tag{8-31}$$

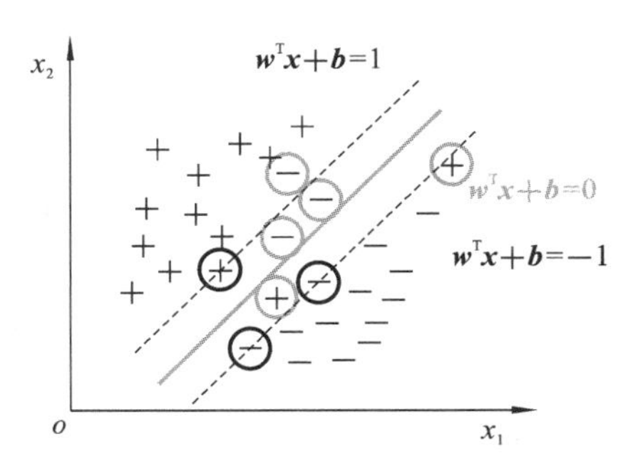

图 8-44　支持向量回归示意图

引入松弛变量 $\xi_i,\hat{\xi}_i$，将式(8-30)改写为

$$\min_{\boldsymbol{\omega},b,\xi_i,\hat{\xi}_i}\frac{1}{2}\|\boldsymbol{\omega}\|^2+C\sum_{i=1}^{m}(\xi_i+\hat{\xi}_i)$$
$$\text{s. t.}\begin{cases}f(\boldsymbol{x})-y_i\leqslant\varepsilon+\xi_i\\y_i-f(\boldsymbol{x})\leqslant\varepsilon+\xi_i',\end{cases}\quad\xi_i,\hat{\xi}_i\geqslant 0,\quad i=1,2,\cdots,m \tag{8-32}$$

引入拉格朗日算子 $\mu_i>0,\hat{\mu}_i>0,\alpha_i>0,\hat{\alpha}_i>0$，则

$$L(\boldsymbol{\omega},\boldsymbol{b},\mu_i,\hat{\mu}_i,\alpha_i,\hat{\alpha}_i,\xi_i,\hat{\xi}_i)=\frac{1}{2}\|\boldsymbol{\omega}\|^2+C\sum_{i=1}^{m}(\xi_i+\hat{\xi}_i)-\sum_{i=1}^{m}\mu_i\xi_i-\sum_{i=1}^{m}\hat{\mu}_i\hat{\xi}_i$$
$$+\sum_{i=1}^{m}\alpha_i(f(\boldsymbol{x})-y_i-\varepsilon-\xi_i)+\sum_{i=1}^{m}\hat{\alpha}_i(f(\boldsymbol{x})-y_i-\varepsilon-\hat{\xi}_i) \tag{8-33}$$

设 $L(\boldsymbol{\omega},\boldsymbol{b},\mu_i,\hat{\mu}_i,\alpha_i,\hat{\alpha}_i,\xi_i,\hat{\xi}_i)$ 对 $\boldsymbol{\omega},\boldsymbol{b},\xi_i,\hat{\xi}_i$ 的偏导为零，可得

$$\boldsymbol{\omega}=\sum_{i=1}^{m}(\hat{\alpha}_i-\alpha_i)\boldsymbol{x}_i$$
$$\sum_{i=1}^{m}(\hat{\alpha}_i-\alpha_i)=0$$
$$C=\alpha_i+\mu_i$$
$$C=\hat{\alpha}_i+\hat{\mu}_i \tag{8-34}$$

将式(8-33)代入式(8-34)，即可得到 SVR 的对偶问题：

$$\max_{\alpha,\hat{\alpha}_i}\sum_{i=1}^{m}y_i(\hat{\alpha}_i-\alpha_i)-\varepsilon(\hat{\alpha}_i+\alpha_i)-\frac{1}{2}\sum_{i=1}^{m}\sum_{j=1}^{m}(\hat{\alpha}_i-\alpha_i)(\hat{\alpha}_j-\alpha_j)\boldsymbol{x}_i^{\mathrm{T}}\boldsymbol{x}_j$$
$$\text{s. t.}\begin{cases}\sum_{i=1}^{m}(\hat{\alpha}_i-\alpha_i)=0\\0\leqslant\hat{\alpha}_i,\alpha_i\leqslant C\end{cases} \tag{8-35}$$

其中 $\kappa(\boldsymbol{x}_i,\boldsymbol{x}_j)=\phi(\boldsymbol{x}_i)^{\mathrm{T}}\phi(\boldsymbol{x}_j)$ 为核函数。

$$f(\boldsymbol{x})=\sum_{i=1}^{m}(\hat{\alpha}_i-\alpha_i)\boldsymbol{x}_i\kappa(\boldsymbol{x},\boldsymbol{x}_i)+\boldsymbol{b} \tag{8-36}$$

8.3.3 天线阵列位置与姿态估计算法

本节将分别对位置和姿态估计进行文献综述，并介绍本文的创新方法。

8.3.3.1 天线阵列位置估计

1. 天线阵列位置估计文献综述

室内定位正在迅速成为物联网(Internet of things，IoT)的重要方面，其巨大的应用价值在工业界和学术界引起了巨大关注[23][24]。

尽管全球定位系统(global navigation satellite systems，GNSS)可满足户外定位的需求，但在室内环境下，由于卫星信号严重衰减，其定位精度急剧下降[25][26]。因此，近年来开发了大量基于其他技术的室内定位方法。特别是基于指纹的室内定位技术，因其在经济上的效益和方便的定位服务[27]，使这项技术成为研究重点。基于指纹的定位包括离线(offline)和在线(online)两个阶段[28]，在离线“训练阶段”，在参考点(reference points，RPs)收集的与位置相关测量值作为指纹，RP的测量信息来自访问点(access points，APs)。在在线定位阶段，在测试点(test points，TPs)收集的测量值用于匹配指纹以进行定位估计。

通常，存在各种信道特性，包括到达时间(time of arrival，ToA)、到达角(angle of arrival，AoA)、接收信号强度(received signal strength indicator，RSSI)和信道状态信息(channel state information，CSI)[29—32]，这些信道特征用作估计定位的指纹。与作为指纹的ToA或AoA(限于LoS环境中的定位)相比，RSSI和CSI在LoS和NLoS下均可用于室内定位。因此，RSSI和CSI已被广泛用作室内定位指纹。目前有一些基于RSSI或CSI指纹的室内定位方法，包括卷积神经网络、递归神经网络以及改进的深度学习方法。然而，在参考文献[33]～参考文献[35]中，只有单个信道特征被用作室内定位的指纹。此外，RSSI和CSI是很粗糙的值，很容易受到大量多径的影响。因此，复杂的室内环境容易影响定位精度。

为了解决上述问题，一些学者提出了混合室内定位算法，该算法利用两个或多个信道特性进行室内定位。张列平等人[36]提出了一种基于混合指纹的最小二乘支持向量回归(least squares support vector regression，LSSVR)定位算法，该算法结合了ToA和RSSI作为指纹库。在参考文献[37]中，Yan等人使用CSI和RSSI开发了一种极限学习机(extreme learning machine，ELM)和AdaBoost技术用于室内定位。然而，这些方法在离线阶段需要大量的时间来训练模型，并且定位的计算复杂度增加。

基于上述讨论，本书提出了一种分层SVC-SVR(hierarchical SVC-SVR，H-SVC-SVR)定位算法，该算法通过使用具有代表性的信道特征作为混合指纹来进行相应的定位。此算法的主要贡献包括：

(1) 由于分层式的结构，这种新型算法在分布式方法中提供了有效的定位过程。它大大降低了培训模型的时间成本和位置估计的计算复杂性。

(2) 在LoS和NLoS条件下，与传统的机器学习方式相比，该算法在训练量较小时依然可以提供高精度的定位性能。

2. 位置指纹库建立

如图8-45所示，4×4规模大小的平面阵列，即RP，以1 m为间隔均匀地排布在高度为2.8 m的天顶上。4个分布在不同位置上的AP对这些均匀分布的RP进行信号传输。这些

AP 与 RP 之间存在视距(LoS)和非视距(NLoS)传输,这样得到的数据既可以满足 LoS 环境下的情况,也可以满足 NLoS 环境下的情况,具有一般性。我们在每个 RP 上获得相对应的信号冲激响应(CIR),将高精度参数估计算法应用在这些 CIR 上以提取得到每条传输路径的高精度信道特征参数 $\boldsymbol{\Theta}$,我们将其定义为

$$\boldsymbol{\Theta}_l = \{\alpha_l, \phi_l, \theta_l, \tau_l\} \tag{8-37}$$

其中,α_l、ϕ_l、θ_l 和 τ_l 分别代表第 l 条传输路径的幅值、来波水平角、来波俯仰角和时延。可以通过 α_l、ϕ_l、θ_l 和 τ_l 这些参数,计算得到能够适用于天线阵列位置估计的具有代表性的信道特征参数,这些信号特征参数包含 L、K、p_1、p_2、τ_1、τ_2、ϕ_1、ϕ_2、σ_θ、σ_ϕ。其详细描述可以参照表 8-10。

建立用于位置估计的指纹库所使用的参数包含这些信道特征参数以及相对应的天线阵列位置向量坐标 $p=(x,y,z)$。指纹数据库可以表示为

$$\{(F_{i,k}, p_i), k \in [1, N_{\text{AP}}], i \in [1, N_{\text{RP}}]\} \tag{8-38}$$

表 8-10　天线阵列位置估计用到的信道特征

具有代表性的信道特征	描　　述
L	路径损耗
$p_1, p_2^{(a)}$	主径以及次主径的功率
$K^{(b)}$	K 因子
$\sigma_\tau^{(c)}$	前 10 条路径的均方根时延扩展
τ_1, τ_2	主径以及次主径的时延
ϕ_1, ϕ_2	主径以及次主径的来波水平角
θ_1, θ_2	主径以及次主径的来波俯仰角
$\sigma_\phi^{(d)}$	前 10 条路径的均方根来波水平角扩展
$\sigma_\theta^{(e)}$	前 10 条路径的均方根来波俯仰角扩展

(a) $p_1 = |\alpha_1|^2, p_2 = |\alpha_2|^2$

(b) $K = \dfrac{p_1}{p_{\text{RESID}}}$,其中 $p_{\text{RESID}} = \sum\limits_{l=2}^{L} p_l$

(c) $\sigma_\tau = \sqrt{\dfrac{\sum_i p(\tau_i)\tau_i^2}{\sum_i p(\tau_i)} - \left(\dfrac{\sum_i p(\tau_i)\tau_i}{\sum_i p(\tau_i)}\right)^2}, i = 1,2,\cdots,10$

(d) $\sigma_\phi = \min\limits_{\Delta} \sqrt{\dfrac{\sum_j (\phi_{j,\mu}(\Delta))^2 \cdot p(\phi_j)}{\sum_j p(\phi_j)}}$,其中,$\phi_{j,\mu} = \text{mod}(\phi_j(\Delta) - \mu_\phi(\Delta), \text{WR}), \mu_\phi(\Delta) = \dfrac{\sum_j (\phi_j(\Delta))^2 \cdot p(\phi_j)}{\sum_j p(\phi_j)}$,

$\phi_j(\Delta) = \text{mod}(\phi_j + \Delta, \text{WR})$,并且 $\text{WR} \in \{2\pi, \text{azimuth}, \pi, \text{elevation}\}, \Delta \in [0, \text{WR}]$

(e)σ_θ 与 σ_ϕ 计算过程相同,将参数 θ 替换 ϕ

3. 位置估计模型训练

我们开发的 H-SVC-SVR 算法可以用在定位上,该算法具有分层式的结构,这样可以有效、准确地提供定位估计,同时分层式训练学习的方式也能够大量减少训练模型的时间成本,此外,对于定位计算所花的时间也可以随之大量减少。H-SVC-SVR 算法主要包括两个步骤:①首先利用 H-SVC 的方式来确定初始的位置;②基于步骤①所得到的位置结果,再通过 SVR 回归的方法来进一步估计得到最终更为准确的位置。

H-SVC 由许多不同的层构成,它们可以对这些不同层的数据进行分类操作。给定一个正

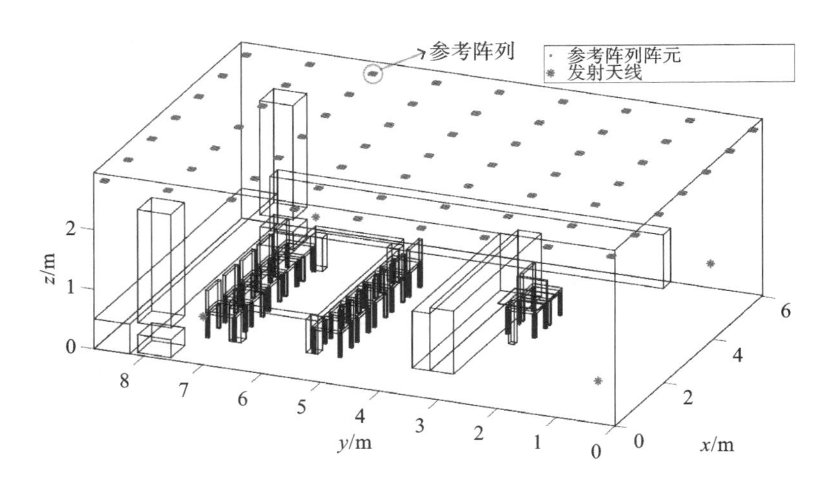

图 8-45　307 教室仿真示意图

常数 m，拥有 m 层的 H-SVC，其具体结构的描述如下：

m 层 H-SVC 具有 2^m-1 个 SVC 分类器，将这些数量的 SVC 分类器定义为含有相同数量的比特树的节点，即 2^m-1。2^i-1 个 SVC 分类器可以在第 i 层上将输入数据区分成 $2^i(1\leqslant i\leqslant m)$ 个类。

符号 SVC_{ij} 是指在第 i 层上的第 j 个 SVC 分类器，其中 $1\leqslant i\leqslant m$，$1\leqslant j\leqslant 2^i-1$。每一个 SVC_{ij} 可以在第 $i+1$ 层上将数据分成两类。这两类数据中的一类被表示为 0 比特，另一类则被表示为 1 比特。

H-SVC 执行了 m 次 SVC 的分类操作，以确定输入数据在第 m 层中来源于哪一类。定义 $\bar{b}$ 是一个包含 m 个元素成分的向量，$\bar{b}$ 中第 i 个元素成分可以表示成 $\bar{b}_i$。$\bar{b}_i$ 存储 i 个层中比特(0 或者 1)数据。最终，$\sum_{j=1}^{m}\bar{b}_i\cdot 2^{m-j}$ 被用于表示第 m 层中输入数据属于哪一类。图 8-46 为 $m=4$时 H-SVC 的结构示意图。

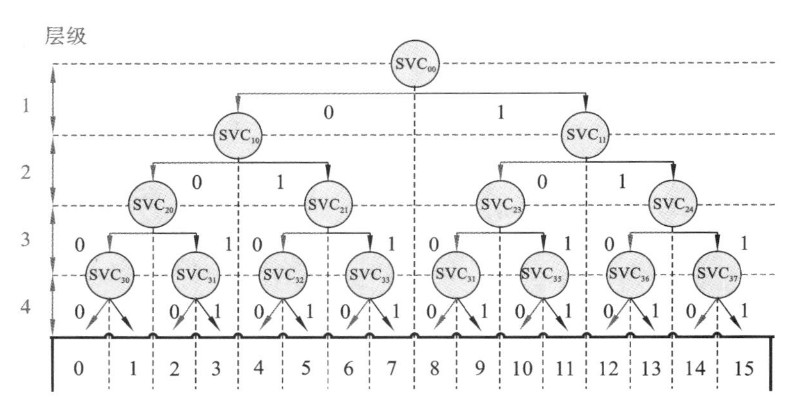

图 8-46　当 $m=4$ 时，H-SVC 的结构示意图

通过 H-SVC 模型可以获得待估天线阵列的初始位置，该初始位置用符号 $\bar{r}$ 来表示，$\bar{r}=(\bar{x},\bar{y},\bar{z})$。因为利用 SVC 方式获得的位置结果存在精度局限性，精度的极限受限于分类数量的多少，即构建指纹数据库时，RP 排布密度的大小，所以在 H-SVC 得到的结果基础上，又通过 SVC 回归的方式进一步将位置估计精度提高，消除在建立数据库时 RP 排布密度的影响。

根据 $\bar{r}$ 的值,分三步来进一步优化估计得到最终更为准确的位置信息:

(1) 固定$(\bar{x},\bar{y})$两个坐标,z 坐标可以在指纹数据库中的 p 坐标上进行改变,即$(\bar{x},\bar{y},z)\in(x,y,z)$。定义坐标$(\bar{x},\bar{y},z)$对应的信道特征参数为 f_{zp},将信道特征参数 f_{zp} 以及对应的坐标位置信息$(\bar{x},\bar{y},z)$作为输入数据,输入 SVR 模型进行训练,通过回归的方式就能够得到更为准确的 z 坐标信息,称为 $\bar{z}$。

(2) 固定$(\bar{y},\bar{z})$两个坐标,x 坐标可以在指纹数据库中的 p 坐标上进行改变,即$(x,\bar{y},\bar{z})\in(x,y,z)$。定义坐标$(x,\bar{y},\bar{z})$对应的信道特征参数为 f_{xp},将信道特征参数 f_{xp} 以及对应的坐标位置信息$(x,\bar{y},\bar{z})$作为输入数据,输入 SVR 模型进行训练,通过回归的方式就能够得到更为准确的 x 坐标信息,称为 $\bar{x}$。

(3) 固定$(\bar{x},\bar{z})$两个坐标,y 坐标可以在指纹数据库中的 p 坐标上进行改变,即$(\bar{x},y,\bar{z})\in(x,y,z)$。定义坐标$(\bar{x},y,\bar{z})$对应的信道特征参数为 f_{yp},将信道特征参数 f_{yp} 以及对应的坐标位置信息$(\bar{x},y,\bar{z})$作为输入数据,输入 SVR 模型进行训练,通过回归的方式就能够得到更为准确的 y 坐标信息,称为 $\bar{y}$。

对于需要估计 TP 天线阵列位置时,首先会收集 TP 天线阵列的 CIR,通过高精度参数估计算法提取得到信道特征参数合集向量 F,将参数合集向量 F 作为输入,输入 H-SVC-SVR 模型中进行位置信息估计。位置估计的过程详见算法 2。

算法 2:定位算法

INPUT:来自 TP 的 CIR	
1	对 CIR 数据使用高精度参数估计算法提取得到 $\boldsymbol{\Theta}$
2	再利用 $\boldsymbol{\Theta}$ 去计算得到用于位置估计所要使用的信道特征参数合集向量 F
3	将信道特征参数合集向量 F 作为输入数据,输入 H-SVC-SVR 模型中去估计得到相应 TP 的位置信息
4	最终得到 TP 估计的位置,即 $\hat{r}=(\hat{x},\hat{y},\hat{z})$
OUTPUT 最终估计得到的天线阵列 TP 位置 $\hat{r}=(\hat{x},\hat{y},\hat{z})$	

8.3.3.2 天线阵列姿态估计

1. 姿态估计文献综述

传统的姿态估计方法主要是通过惯性传感器(inertial measurement unit,IMU)来实现的。姿态与航向参考系统(attitude and heading reference systems,AHRS)广泛应用于卫星、飞行器和无人机的姿态估计。AHRS 旨在利用由三轴加速度计、陀螺仪和磁力计组成的三轴惯性测量单元提供的测量结果来跟踪物体的姿态[38]。但是将加速度计、磁力计和陀螺仪结合为 IMU 来进行姿态估计是非常复杂的,因为加速度计和磁力计都无法提供高精度的姿态信息[39],并且姿态估计结果可能由于陀螺仪的累积积分误差而发散。另外,可以利用光学跟踪视觉参考(如地平线、太阳、星星或地标)来估计姿态。虽然利用光学追踪方法具有可接受的精度,但这种方法仅限于视线充足的情况[40]。全球定位系统技术结合非 GPS 传感器可以提供高精度的姿态估计,此方法利用多个接收天线估计位置和姿态[41]。然而,由于卫星的自转,GPS 信号容易受到地球的遮挡,并且此方法无法在 GPS 拒绝的场景使用。

鉴于上述方法的缺点和局限性,一个有吸引力的替代方案是使用信道特性进行姿态估计。

该方案可以在不使用额外传感器的情况下尽可能利用现有通信设备对天线阵列姿态进行估计。参考文献[42]提出了一种基于蜂窝网络中多个用户设备(user equipment,UE)测到的接收信号功率估计基站天线姿态的方法。该方法在 UE 广泛分布且视线场景主导传播信道的情况下,可以较为准确地估计基站天线的位置。参考文献[43]提出了一种根据多波束天线(multibeam antenna)阵列的不同位置接收的信号功率电平估计天线阵列的姿态的算法。此方法在访问点数量达到 9 以上时,算法的估计精度可以达到 0.1°。除了接收功率外,波达方向也广泛用于高精度的位置和姿态估计[44]。参考文献[45]展示了结合惯性导航系统(inertial navigation system,INS)的基于 DoA 的姿态估计算法,可以提供很高的估计精度。在参考文献[46][47]中,Narciandi 等人提出了一种基于均匀阵列射频识别(radio frequency identification,RFID)标签相位计算室内 LoS 场景中物体姿态的方法。该算法通过多信号分类算法(muitiple signal classification,MUSIC)[48]计算 RFID 的相位。这种无传感器方法只能在较小的水平角和俯仰角变化范围内提供较高的姿态估计精度,不能提供完整的姿态信息。近年来,一些学者开始使用机器学习方法从图像信息中估计姿态[49]。其他相关工作如参考文献[50]利用机器学习方法对频域分析来估计物体姿态,需要大量的训练时间,并且不能提供高精度的估计结果。

结合之前相关工作的情况,我们提出了一种全新的姿态估计算法。此算法的主要贡献如下:

(1) 在基于 DoA 的姿态估计研究的基础上,提出了利用到达角-功率谱(DoA power spectrum)估计姿态。到达角-功率谱由高精度参数提取算法(space-alternating generalized expectation maximization,SAGE)[51]得到。

(2) 现有姿态估计方法主要适用于 LoS 场景。我们提出的分层式 SVC-SVR(hierarchical SVC-SVR,H-SVC-SVR)算法可以在 LoS 和 NLoS 情况下提供高精度的天线阵列姿态估计结果。

(3) 与传统的机器学习方法相比,该算法具有更短的训练时间和更高的估计精度。

2. 姿态指纹库建立

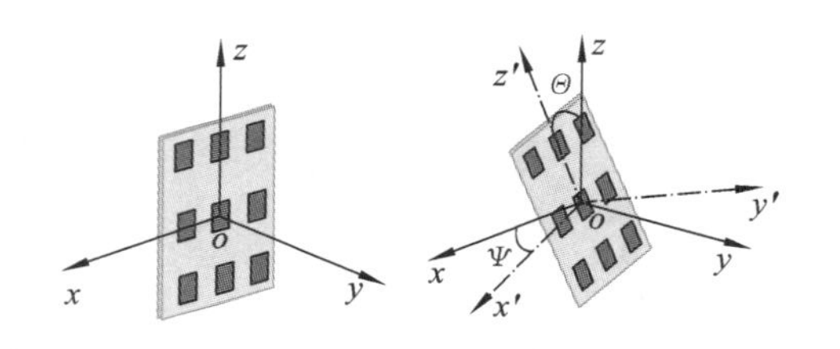

图 8-47 天线阵列姿态示意图

如图 8-47 所示,定义天线阵列的姿态为 $\{(\Theta,\Psi),\Theta\in[0°,360°],\Psi\in[0°,180°]\}$,其中 Θ、Ψ 分别代表俯仰角和水平角。建立全局坐标系(global coordinate system,GCS),其坐标由 x、y 和 z 表示,天线阵列的中心是 GCS 的原点。此外,以天线阵列坐标中心为坐标系原点 o,以 x'、y'、z' 坐标轴建立的天线阵列坐标系(antenna array coordinate system,ACS),该坐标系的 $x'oz'$ 平面与天线阵列平行,y' 轴垂直于天线阵列。此时 ACS 坐标轴与 GCS 坐标轴的关系为:$x=x'$,$y=y'$,$z=z'$,当天线阵列旋转时,水平角 Ψ 为 x 轴与 x' 之间的夹角,俯仰角 Θ 为 z 轴与 z' 的夹角。天线阵列 RP 与 TP 在房间的位置示意图如图 8-48 所示,TP 的数量为 3,RP 为 4×6 的阵列天线,高度为 2.8 m,RP 在空间中可以朝任意方向旋转。当天线阵列 RP 位于不同的姿态时,收集不同 AP 向 RP 发射信号时的 CIR,记为 $H=\{h_{ik}^{q},q=1,2,\cdots,N_a,i=1,2,\cdots,I,k=1,2,\cdots,N_p\}$,其中 N_a 是天线阵列包含的天线阵元数量,I 为指纹数据库中 RP 姿态改变的总数,N_p 为 AP 的数量。h_{ik}^{q} 为 RP 位于第 i 个姿态时,第 q 个 RP 天线阵元接收到第 k 个 AP 的 CIR。H 是 h_{ik}^{q} 的集合。通过使用高精度参数提取算法,可以估计天线阵列的信道特征,将信道特征的集合设为 S_{lk} ($l=1,2,\cdots,L$,L 为多径数)。

$$S_{lk} = \{\alpha_{lk}, \phi_{lk}, \theta_{lk}\} \tag{8-39}$$

其中,α_l,ϕ_l,θ_l 分别代表第 l 条传输路径的幅值、来波水平角和来波俯仰角。S_k 表示由第 k 个 AP 发送信号至所有的 RP 采集到的信道特征。

3. 姿态估计模型训练

H-SVC-SVR 算法也可以用在姿态估计上,可以有效、准确地提供姿态估计。H-SVC 的结构如图 8-46 所示。H-SVC-SVR 算法包括两个步骤:①首先利用 H-SVC 的方式来确定初始的姿态;②基于步骤①所得到的姿态结果,再通过 SVR 回归的方法进一步估计得到最终更为准确的姿态。

(1) 通过 H-SVC 确定 $\overline{\Theta}$。保持天线阵列的俯仰角 $\overline{\Theta}$ 不变,改变天线阵列的水平角 Ψ,Ψ 的变化范围与建立的指纹数据库 h 中的水平角变化范围相同,即$(\overline{\Theta},\Psi)\in(\Theta,\Psi)$,定义$(\overline{\Theta},\Psi)$对应的角度功率谱为 $D_{\Theta h}$,将 $D_{\Theta h}$ 以及对应的姿态信息$(\overline{\Theta},\Psi)$作为输入数据,输入 SVR 模型进行训练,通过回归的方式就能够得到更为准确的角度信息,即 $\hat{\Psi}$。

(2) 通过 H-SVC 确定 $\overline{\Psi}$。保持天线阵列的水平角 $\overline{\Psi}$ 不变,改变天线阵列的俯仰角 Θ,Θ 的变化范围与建立的指纹数据库 h 中的水平角变化范围相同,即$(\Theta,\overline{\Psi})\in(\Theta,\Psi)$,定义$(\Theta,\overline{\Psi})$对应的角度功率谱为 $D_{\Psi h}$,将 $D_{\Psi h}$ 以及对应的姿态信息$(\Theta,\overline{\Psi})$作为输入数据,输入 SVR 模型进行训练,通过回归的方式就能够得到更为准确的 Θ 角度信息,即 $\hat{\Theta}$。

基于以上 H-SVC 与 SVR 的训练操作,最终更为准确的待估天线阵列姿态信息 $\boldsymbol{g}=(\hat{\Theta},\hat{\Psi})$就能够估计得到。

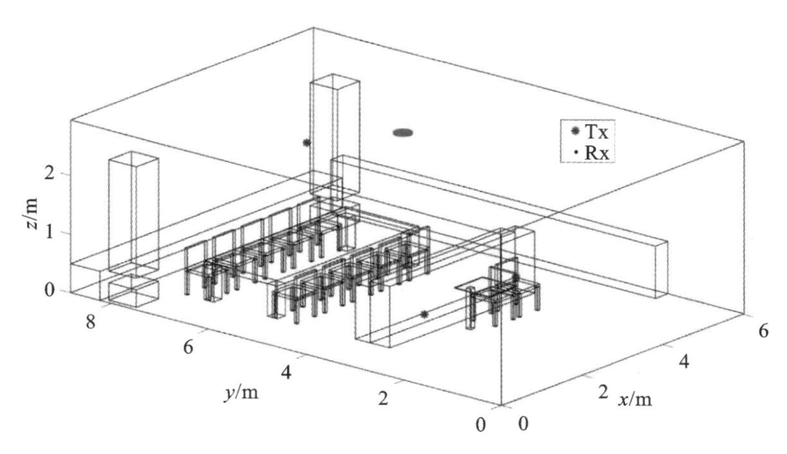

图 8-48　307 房间天线阵列姿态的仿真环境示意图

4. 姿态估计应用

对于待估 TP 天线阵列姿态时,首先收集 TP 天线阵列的 CIR,通过高精度参数估计算法提取得到信道特征参数合集向量 D,将参数合集向量 D 作为输入,输入 H-SVC-SVR 模型中进行姿态信息估计。姿态估计的过程详见算法 3。

算法 3:姿态估计算法

INPUT:来自 TP 的 CIR	
1	对 CIR 数据使用高精度参数估计算法提取得到 S
2	再利用 Θ 去计算得到用于位置估计所要使用的信道特征参数合集向量 D

续表

INPUT:来自TP的CIR	
3	将信道特征参数合集向量 D 作为输入数据,输入H-SVC-SVR模型中估计得到相应TP的位置信息
4	最终输出TP估计的姿态,即 $g=(\hat{\Theta},\hat{\Psi})$
OUTPUT 最终估计得到的天线阵列TP姿态 $g=(\hat{\Theta},\hat{\Psi})$	

8.3.4 小结

本节主要对基于散射体回溯的天线阵列位置估计以及H-SVC-SVR的算法进行了介绍。首先介绍了基于散射体回溯的天线阵列位置估计算法,其次对于支持向量机分类(SVC)和支持向量机回归(SVR)的基本原理也进行了相应介绍。最后提出了基于H-SVC-SVR的天线阵列位姿估计算法。

基于散射体回溯的天线阵列位置估计算法主要分为七个步骤:

(1) 收集待估天线阵列,即TP的CIR数据。

(2) 使用球面波SAGE算法对收集得到的TP的CIR数据进行高精度参数估计提取,估计获取具有代表性的信道特征参数。

(3) 计算第一跳或最后一跳散射体的散射体位置以及 d_{ft}。

(4) 通过遍历"虚拟"TP位置 r,结合步骤(1)得到的结果来获取延伸位置 L_{bl}。

(5) 将"虚拟"TP位置 r 与延伸位置 L_{bl} 进行聚类操作。

(6) 对于聚类结果得到的各类聚簇进行功率选择性的筛选,确定有效的"虚拟"TP位置 $\hat{r}$。

(7) 将位置信息通过LS算法计算估计得到最终TP位置信息,实现定位。

H-SVC-SVR算法主要包含三个主要步骤:

(1) 建立位姿估计的指纹数据库,该指纹数据库包含用于位姿估计的信道特征集合 Θ 以及对应的天线阵列位姿。

(2) H-SVC和SVR的模型训练。H-SVC由不同的层组成,每一层具有 2^{i-1} 个SVC分类器,第 i 层的数据分为 2^i 类。SVR将RP的天线阵列位姿参数及其对应的信道特征进行拟合,得到回归曲线 $f(\boldsymbol{x})=\boldsymbol{\omega x}+\boldsymbol{b}$。通过 $f(\boldsymbol{x})$ 可以得到更准确的天线阵列位姿。

(3) 将待估天线阵列位姿的信道特征参数集合 F 输入H-SVC-SVR模型中,即可得到估计的天线阵列位姿 $\hat{r}$。

8.4 天线阵列位姿估计结果评估与讨论

8.4.1 实际测量介绍

本节介绍实地测量中的相关内容,如测量设备、测量场景以及测量参数等。其对应的组织

框架如下:

第 8.4.1.1 节对测量系统包含的主要设备进行了介绍。

第 8.4.1.2 节对测量环境进行了介绍,包括环境尺寸、测量频段、天线阵列尺寸等测量参数,并介绍了基准点、水平角、俯仰角等术语的定义。

8.4.1.1 测量系统设备描述

测量设备主要由网络矢量分析仪 VNA、收发双锥全向天线、控制导轨组成。

VNA:Keysight 公司生产的 N5227A 虚拟网络矢量分析仪,如图 8-49 所示。测量频率范围为 40 MHz~60 GHz。

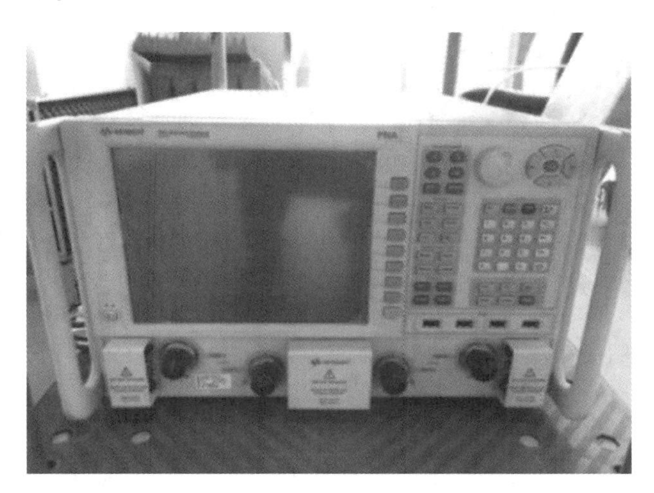

图 8-49 虚拟网络矢量分析仪示意图

收发双锥全向天线:收发两端天线均为英联微波生产的双锥全向天线,其频率范围为 2~30 GHz,如图 8-50 所示。

图 8-50 收发双锥全向天线示意图

控制导轨:三维移位系统,移位精度可达 1 mm,能实现水平角、俯仰角的变化,以及建立虚拟天线阵列,如图 8-51 所示。

8.4.1.2 测量场景描述

用于位置估计的实际测量场景,我们选择的地点是同济大学嘉定校区智信馆 307 房间,其

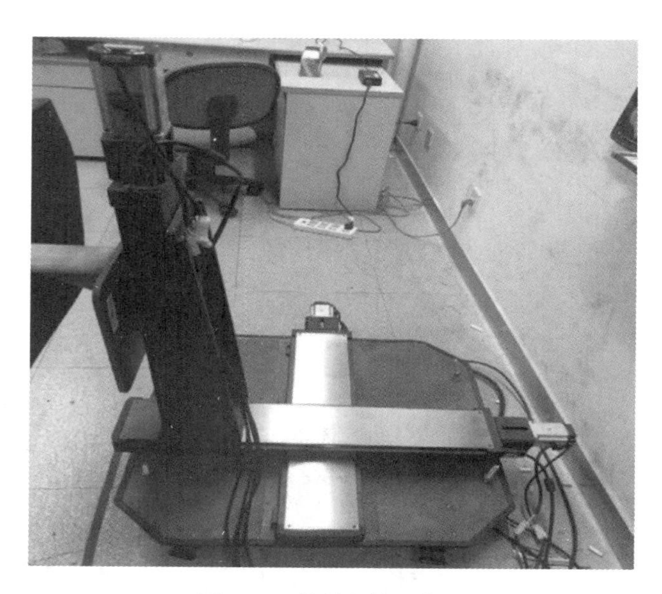

图 8-51　控制导轨示意图

测量所采集到的数据用于第三阶段验证算法对实测数据关于天线阵列位置估计的性能评估。此次测量场景的参数设置如表 8-11 所示。我们一共测得 3×5×6=90 组数据。这里的"基准点"是指虚拟天线阵列中第一个天线阵元测试点的位置，当天线阵列处于标准位置，即俯仰角、水平角均为 0°时，基准点在虚拟阵列中 x 坐标最大，y 坐标最小，如图 8-52 所示。

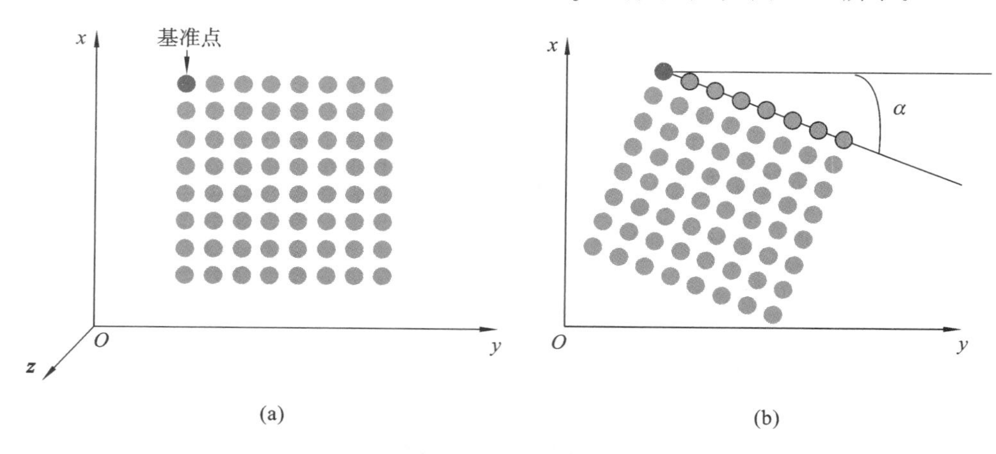

图 8-52　天线阵列水平角示意图

(a)天线阵列水平角 0°、俯仰角 0°；(b)天线阵列水平角 α°、俯仰角 0°

在实际测量中，采用固定基准点的位置，调整其他天线位置的方法来实现不同俯仰角、水平角的测量。天线阵列的水平角定义为：将天线阵列投影到 xoy 平面上，若此时阵列各天线的位置可由标准位置顺时针旋转 α 得到，则为天线阵列当前的水平角，如图 8-52 所示。天线阵列的俯仰角定义为：天线阵列所在平面与 xoy 平面的夹角，若天线阵列在 xoy 平面上方，则俯仰角取正值；若天线阵列在 xoy 平面下方，则俯仰角取负值。如图 8-53 所示，平板与地面的夹角即为天线阵列当前的俯仰角，为正值。

表 8-11　室内实测场景位置测量参数设置

参数名称	参数取值
测量频段	4.4～5.4 GHz
中心频率	4.9 GHz
带宽	1 GHz
测量频点数	1001
房间尺寸	8.84 m×6.03 m×2.95 m
接收天线阵列尺寸	8×8,天线间距 0.2778 m(最大频率对应半波长)
极化方式	垂直极化
Rx 天线阵列俯仰角	0°,2.367°,4.726°,7.069°,9.388°
Rx 天线阵列水平角	0°,15°,30°,45°,60°,75°

在测量场景内,我们将 Tx 称为 AP,Rx 称为 RP。测量的场景如图 8-54 所示。图 8-55 分别展示了从 AP 以及 RP 视角下测量场景展示图。

图 8-53　实际测量中俯仰角变化示意图

有关验证算法对于姿态估计性能的实际测量场景同样是在 307 房间进行的,其测量数据用于第三阶段验证算法对实测数据关于天线阵列位置估计的性能评估。此次测量场景的参数设置如表 8-12 所示。关于姿态估计的实际测量场景展示如图 8-56 所示。

(a)

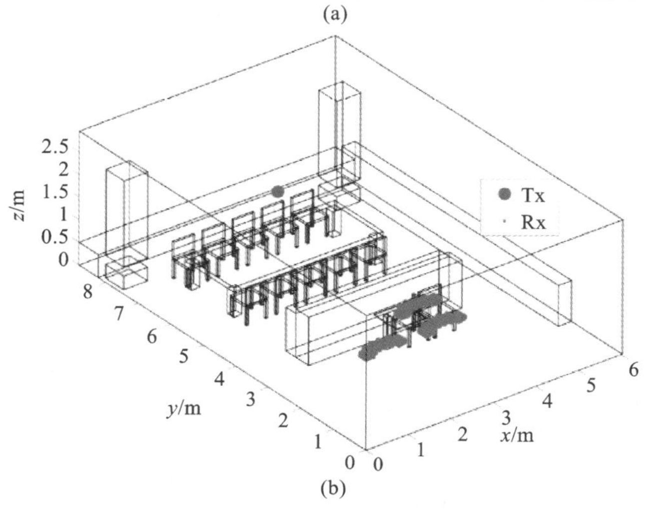

(b)

图 8-54 测量环境与 AP 和 RP 的位置示意图

(a)测量环境整体布局;(b)AP 和 RP 的相对位置

(a) (b)

图 8-55 AP 和 RP 的位置示意图

(a)AP 视角示意图;(b)RP 视角示意图

表 8-12　室内实测姿态测量的参数设置

参 数 名 称	参 数 取 值
测量频段	6～14 GHz
中心频率	10 GHz
带宽	8 GHz
测量频点数	1001
房间尺寸	8.84 m×6.03 m×2.95 m
接收天线阵列尺寸	8×8,天线间距 0.0107 m(最大频率对应半波长)
Rx 天线阵列俯仰角	0°
Rx 天线阵列水平角	0°

图 8-56　用于天线阵列姿态估计的测量环境示意图

8.4.2　基于散射体回溯的天线阵列位置估计结果评估

为了验证基于散射体回溯的算法关于天线阵列位置估计的准确性,我们使用图论结合射线追踪的仿真方式生成了图 8-57 所示的 307 教室仿真环境,蓝色的星形符号表示 AP,红色的圆形标志代表 TP 中的一个天线阵元,一个 TP 包含 81 个天线阵元,同时仿真采用的是 9×9 规模大小的平面天线阵列。我们总共仿真得到 38 个处于不同位置下的 TP,采取基于散射体回溯的算法对这 38 个 TP 进行定位估计,以此来评估验证所提出算法的位置估计准确性。图 8-58 展示了 38 个 TP 位置的结果误差距离。从图 8-58 可以明显看出,TP 位置误差距离随位置索引增加而减少的趋势,这是合理的,与我们仿真时的场景对应,TP 位置索引较小时,传输场景处于 NLoS 环境下,所以定位误差相对较大,而位置索引较大的情况下对应 LoS 的传输场景,因此定位误差比较小。此外,38 个随机 TP 位置估计的误差距离都小于 0.8 m。为了进一步分析误差距离结果,我们也对 38 个随机 TP 位置的估计结果做了累积误差分布函数(cumulative distribution function,CEDF)分析,如图 8-59 所示。从图 8-59 可以看出,对于 38 个随机 TP 测试样本中的 50%,所提出的基于散射体回溯算法实现了 0.0997 m 以下的定位误差,甚至在 90%的测试样本的情况下,定位误差也在 0.5714 m 之内。

此外,关于基于散射体回溯算法对于天线阵列位置估计准确性性能的评估,我们还利用了实测数据来验证。此次实测数据来自对图 8-56 中的实测,实测中 TP 的实际位置定义为 $r=(x,y,z)$,$x=3.957$ m,$y=1.1$ m,$z=1.33$ m。通过我们提出的基于散射体回溯算法对该实测的 TP 进行位置估计,估计结果如图 8-60 和图 8-61 所示。从图 8-60 可以看出,利用基于

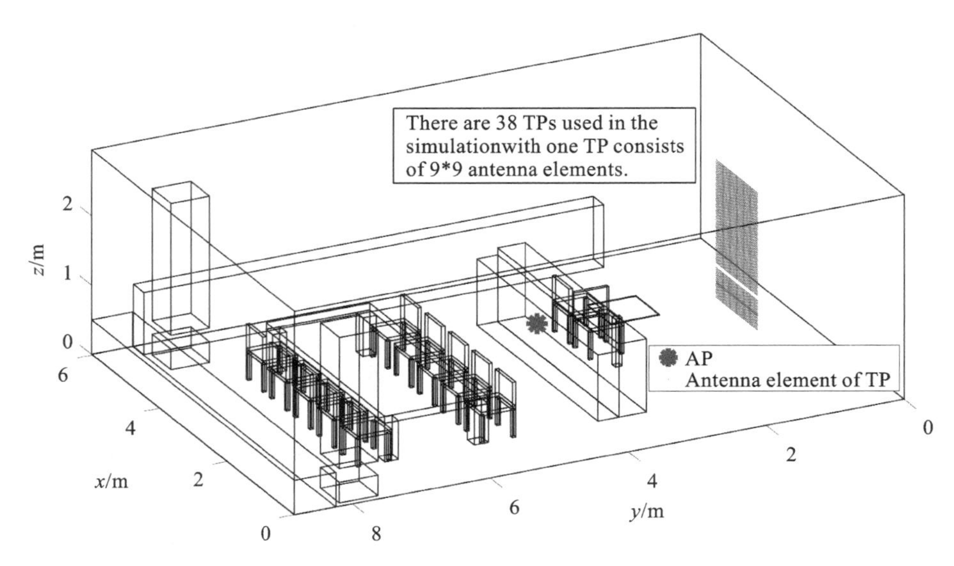

图 8-57 同济大学嘉定校区智信馆 307 教室仿真环境

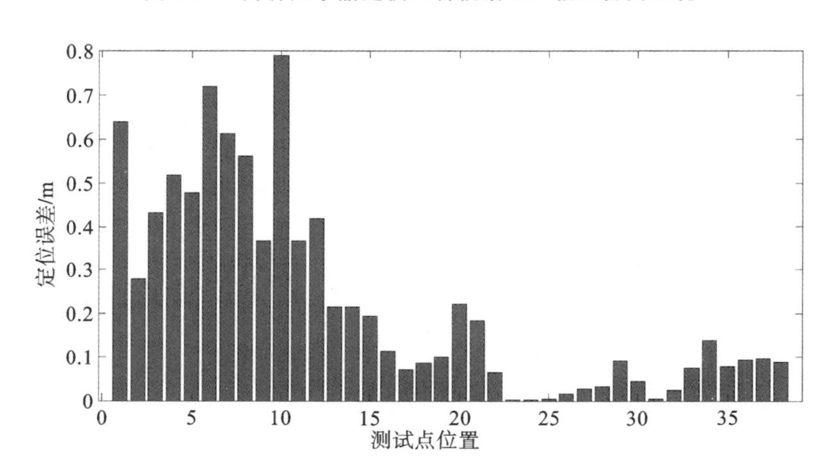

图 8-58 38 个随机 TP 位置估计结果分布图

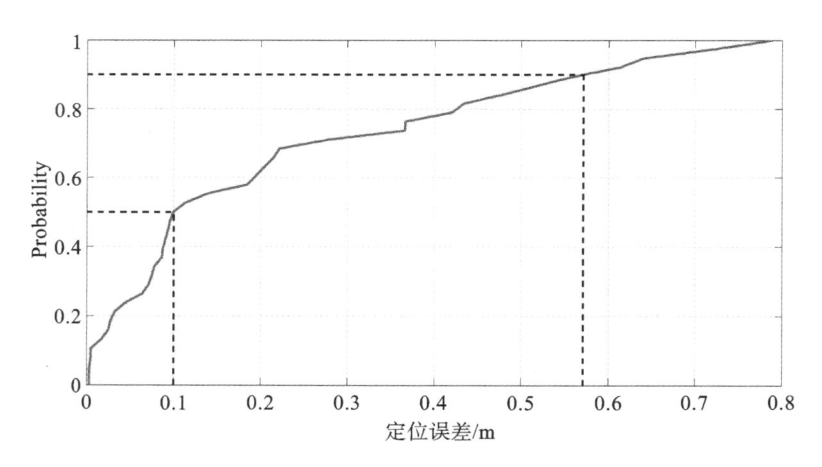

图 8-59 累积误差分布函数

散射体回溯算法估计得到的 TP 位置，其 x、y 以及 z 坐标分别为 4.037 m、0.7888 m 和0.8049 m。图 8-61 展示了估计 TP 得到的坐标与 TP 的实际坐标相比，估计的 x 坐标误差为 0.08 m，估计的 y 坐标误差为 0.2951 m，估计的 z 坐标误差为 0.5251 m。因此，对实测 TP 位置的估计位置距离误差为 0.6076 m。这些结果清楚地表明，基于散射体回溯算法在两种情况下对于天线阵列位置的估计都能获得良好的定位精度。

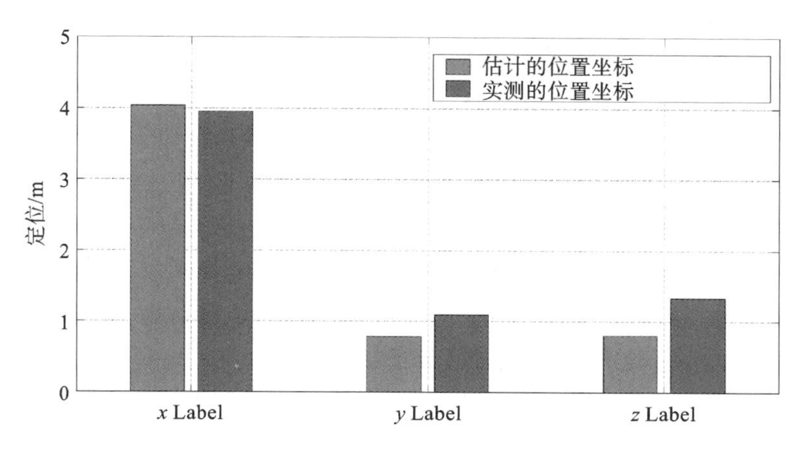

图 8-60　实测的天线阵列位置估计结果 1

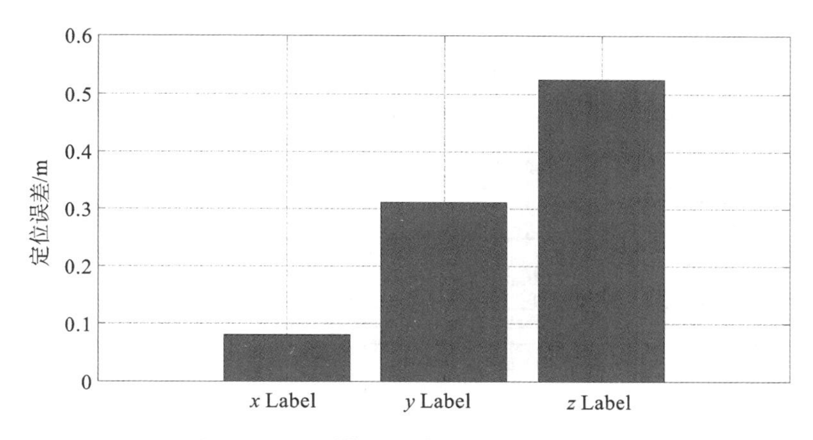

图 8-61　实测的天线阵列位置估计结果 2

8.4.3　综合仿真、迁移方法的天线阵列位姿估计算法

天线阵列位姿估计流程如图 8-62 所示，算法流程主要包含三部分：

(1) 基于图 8-62 所示的位姿算法流程图，第一步先利用场景测量建立仿真模型并进行优化。基于实测场景可构建出数字化地图，确定 TP 和 RP 的位置，以及传播环境中障碍物的位置信息和物体材质的介电常数，包括室内物体表面、地面、墙面等，其中仿真构建的地图精度为 0.01 m。确定测量频段、频点数、带宽和天线方向图等实测参数设置，利用传播图论和射线追踪的混合模型进行建模，利用马尔可夫散射体建模更新散射体，建模的具体流程可见图论部分。

基于实测场景中的所有姿态和位置一一进行建模，经过仿真计算生成对应的仿真信道脉冲响应(CIR),结合实测数据的CIR,输入CycleGAN模型中进行迁移学习。

(2) CycleGAN模型的使用可以分为训练与生成两个步骤。在训练步骤中,需要将在训练场景下实测得到的实测数据 M 与图论在相同场景下生成的仿真数据 S 输入CycleGAN模型中训练,CycleGAN模型对实测数据 M 与仿真数据 S 的处理可以参考CycleGAN中的描述。由此,我们可以得到一个经过训练的CycleGAN模型,这个模型可以完成将仿真数据转换为与实测数据相似的类实测数据的工作。在生成步骤中,需要将优化后的混合模型生成的仿真数据 S 输入训练后的CycleGAN模型中,模型会生成类实测数据 G,后续的天线阵列位姿估计算法会从数据 G 中提取需要的信道特征。

(3) 经由步骤(1)与(2),可以得到用于位姿估计训练的信道特征,并建立fingerprint database。然后通过H-SVC-SVR天线阵列位姿估计算法,得到测试数据的天线阵列位姿估计结果。测试数据由仿真生成,其天线阵列姿态是已知的,用来评估H-SVC-SVR算法的估计精度。在得到测试数据的天线阵列位姿估计结果后,判断其是否达到要求的位姿精度指标,或者估计误差是否收敛。若未达到估计精度或者未收敛,则增大训练密度,再经由步骤(2)生成新的fingerprint database,经由步骤(3)计算位姿估计误差。若达到精度指标或者估计误差收敛,则输出当前训练密度下的位姿估计模型,该模型可以用来预测待估天线阵列位姿。

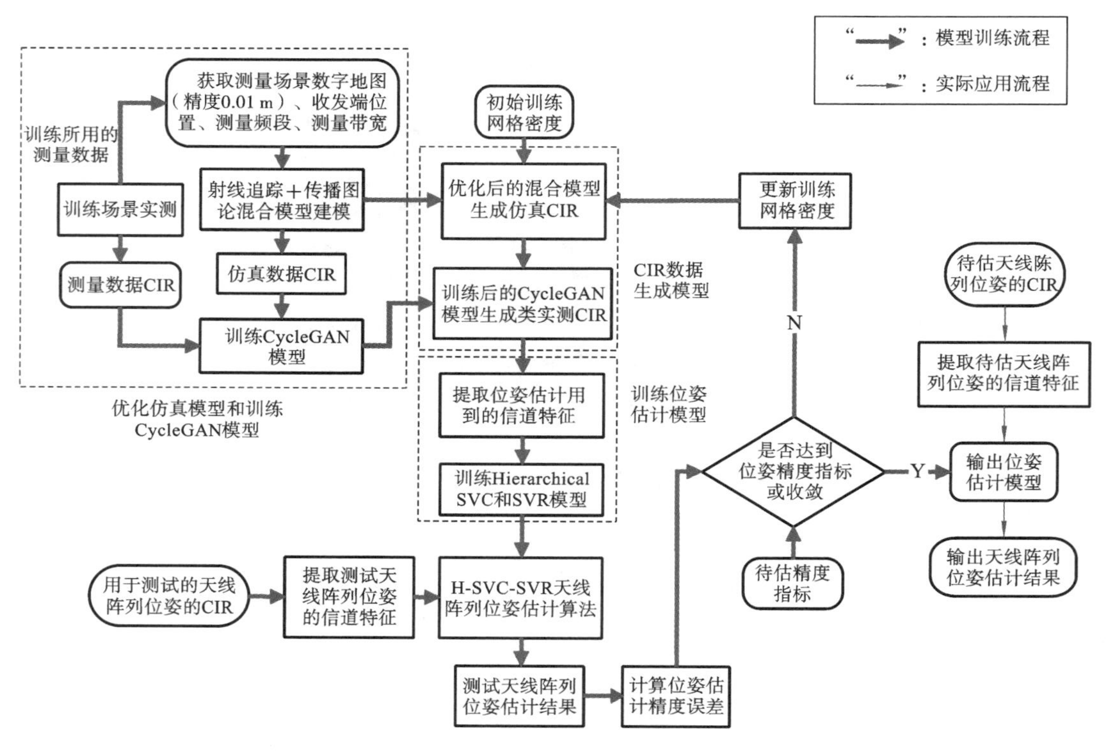

图8-62　天线阵列位姿估计算法流程图

8.4.4　天线阵列位置估计结果与评价

天线阵列位置估计的结果包括天线阵列的 x 坐标和 y 坐标,首先通过图论仿真得到的

CIR 建立 fingerprint database,在房间中随机选取 30 组天线阵列的随机位置结果。利用图论仿真的方式得到其 CIR。仿真环境如图 8-54(a)所示,APs 和 RPs 的相对位置如图 8-54(b)所示,接收天线为全向天线,载波频率为 4.9 GHz,信号的带宽为 1 GHz。

训练间隔(training grid)是影响位置估计的重要因素之一,我们以训练间隔分别为 2 m、1 m、0.5 m、0.25 m、0.125 m 的方式建立 fingerprint database,并评估了 H-SVC-SVR 算法在不同的训练间隔下的估计精度。除此之外,我们对 AP 的数量对于天线阵列位置估计的精度做了评估。通过对训练间隔和 AP 数量的评估,可以确定最优的 AP 数量和训练精度。选取 30 个随机位置作为测试点,以 30 组测试点的平均距离估计误差对算法在不同的训练间隔和 AP 下的估计精度进行评估。

8.4.4.1 训练间隔和 AP 数量与估计精度

如图 8-63 所示,将训练间隔保持在 1 m,并改变 AP 的数量,H-SVC-SVR 算法的估计精度会随着 AP 数量的增加而提升。当 AP 数量为 4 时,30 组测试点的估计平均误差为 0.6937 m;当 AP 数量为 5 时,30 组测试点的估计平均误差为 0.6561 m。显然,当 AP 数量由 1 增加至 3 时,天线阵列位置估计精度会大幅提升。当 AP 数量增加至 4 以上时,增加 AP 数量对估计精度的提升并不明显。因此我们选择使用 4 个 AP 估计天线阵列位置。这样既可以达到较好的估计结果,也可以减少建立 fingerprint database 的工作量。

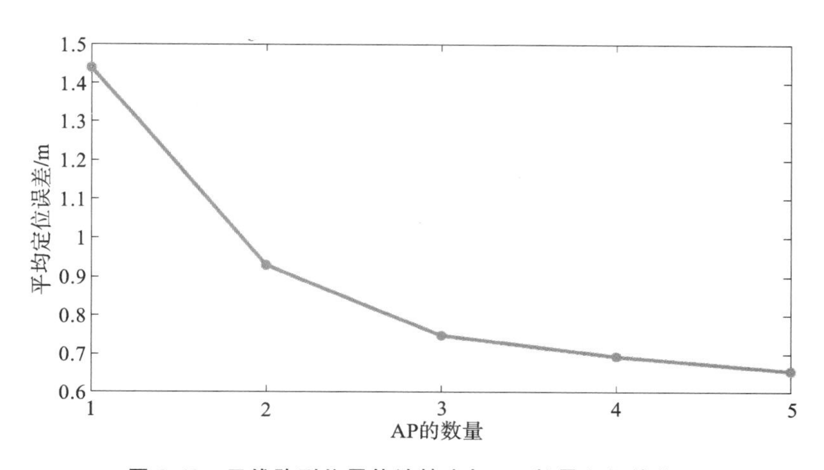

图 8-63 天线阵列位置估计精度与 AP 数量之间的关系

通过选择不同的训练位置密度的估计精度选择最合适的训练间隔,由 AP 数量与估计精度的分析,选择 AP 为 4 对天线阵列位置进行估计是最合适的。图 8-64 所示的为天线阵列位置估计精度与训练间隔的关系。当训练间隔由 2 m 减少至 0.125 m 时,估计精度随着训练间隔的减小而提升。当训练间隔为 0.25 m 时,30 组测试点的估计平均误差为 0.166 m。显然当训练间隔减小至 0.25 m 时,天线阵列位置估计精度会大幅提升。当训练间隔小于 0.25 m 时,估计精度并没有明显提高。因此,选择训练间隔为 0.25 m 估计天线阵列位置,基本可以达到最优的估计结果。

8.4.4.2 天线阵列位置估计结果

由 8.4.4.1 节可知,当 AP 为 4,训练间隔为 0.25 m 时,基本可以达到最优的估计结果。

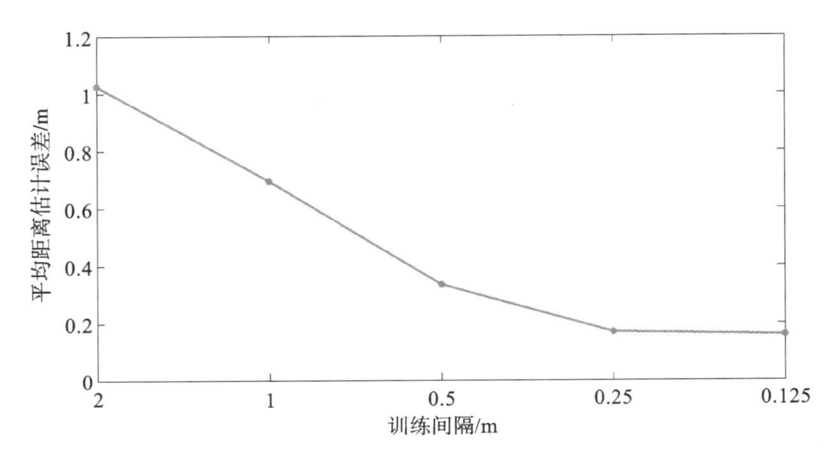

图 8-64　位置估计精度与训练间隔的关系

图 8-65 展示了 H-SVC-SVR 算法的误差的累积分布函数(cumulative distribution functions, CDF)。可以看到,当 AP 为 4,训练间隔为 0.25 m 时,可以达到 90%的情况下,估计误差小于 0.199 m,50%的情况下,估计误差小于 0.138 m。图 8-66 所示的为 30 组测试位置的估计误差。

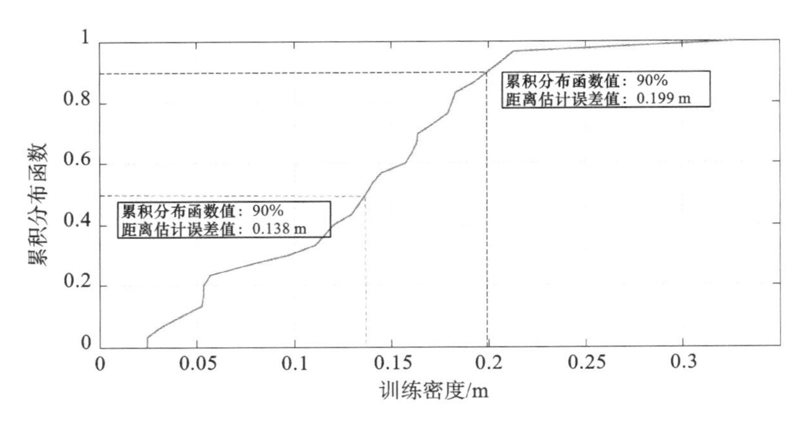

图 8-65　天线阵列位置估计距离误差 CDF

8.4.4.3　H-SVC-SVR 算法在实测中的应用

图 8-67 中纵轴 1、2、3 表示实测中的 3 个位置。3 种不同颜色的柱状图表示分别使用 3 种不同方式进行位置估计性能评估。图中三种方法分别是:通过图论建立 database 来估计实际环境中的天线阵列位置;通过 CycleGAN 建立 databse 来估计实际环境中的天线位置;通过图论建立 databse 来估计仿真信道中的天线阵列位置。

由于实测的 AP 数量为 1,故在建立 fingerprint database 的 AP 为 1,结合之前的分析结果,训练间隔为 0.2 m。

如图 8-67 所示,使用图论建立 fingerprint database 的方式估计实测天线阵列位置精度最低,使用 CycleGAN 处理后精度有提升,使用图论建立 fingerprint database 估计仿真天线阵列位置精度最高。因此,在缺乏实测数据的情况下,可以使用 CycleGAN 提升估计精度。在实测数据充足的情况下,直接使用实测数据就可以达到较高的估计精度。

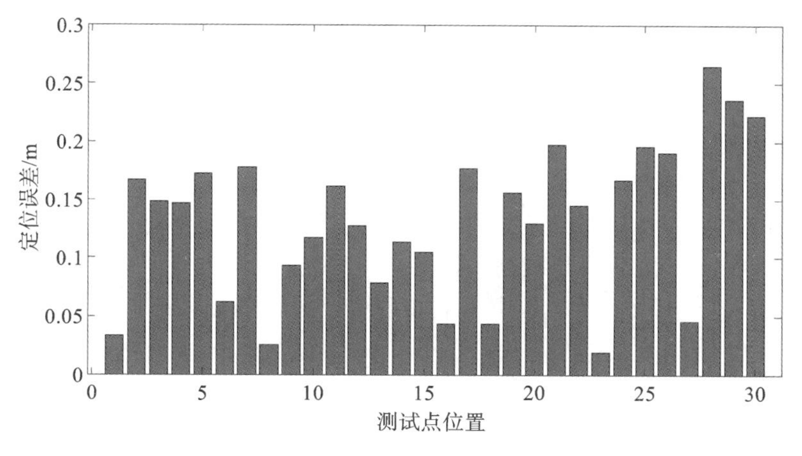

图 8-66　天线阵列位置估计算法——仿真验证

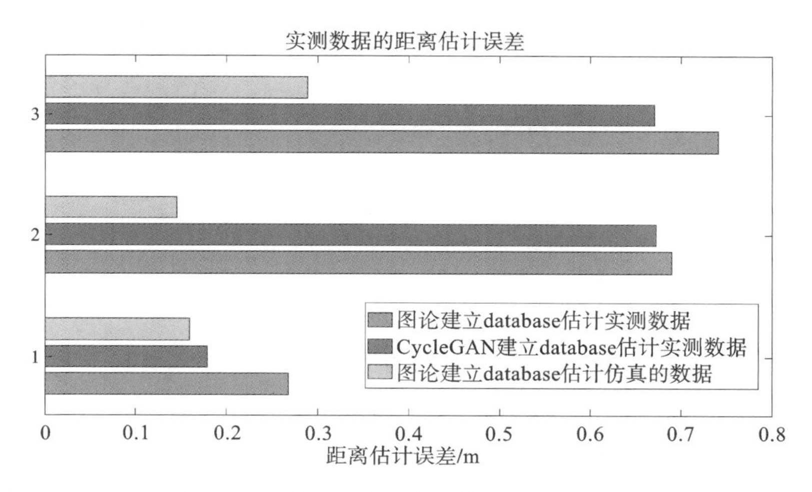

图 8-67　天线阵列位置估计算法——实测验证

8.4.5　天线阵列姿态估计结果与评价

天线阵列姿态估计的结果包括天线阵列的水平角和俯仰角，首先通过图论仿真得到的CIR建立database，再随机选取30组天线阵列姿态。利用图论仿真的方式得到其CIR。仿真环境如图8-54(a)所示，APs和RPs的相对位置如图8-54(b)所示，接收天线为全向天线，载波频率为4.9 GHz，信号的带宽为1 GHz。

对于姿态估计，训练间隔也是影响姿态估计的重要因素之一，我们对训练间隔10°、5°、3°、2°、1°分别建立fingerprint database，评估了H-SVC-SVR算法在不同的训练间隔下的估计精度。除此之外，我们对AP的数量与天线阵列姿态估计精度之间的关系做了评估。通过对训练间隔和AP数量的评估，可以确定最优的AP数量和训练精度。选取30个随机姿态作为测试，为了比较算法在不同的训练间隔和AP下的估计精度，对30组测试姿态的水平角和俯仰角平均估计误差进行评估。

8.4.5.1 训练间隔和 AP 数量与估计精度

如图 8-68 所示，训练间隔为 10°，改变 AP 的数量，H-SVC-SVR 算法的估计精度会随着 AP 数量的增加而提升，当 AP 数量为 3 时，30 组测试点的估计平均误差为：水平角 3.945°，俯仰角 2.993°；当 AP 数量为 4 时，30 组测试点的估计平均误差为：水平角 3.495°，俯仰角 2.481°。显然当 AP 数量由 1 增加至 3 时，天线阵列位置估计精度会大幅提升。当 AP 的数量增加至 4 时，估计精度并没有明显提高。因此，当 AP 数量增加至 4 以上时，增加 AP 数量对估计精度的提升并不明显。因此，选择 3 个 AP 估计天线阵列姿态，就可以达到较好的估计结果。

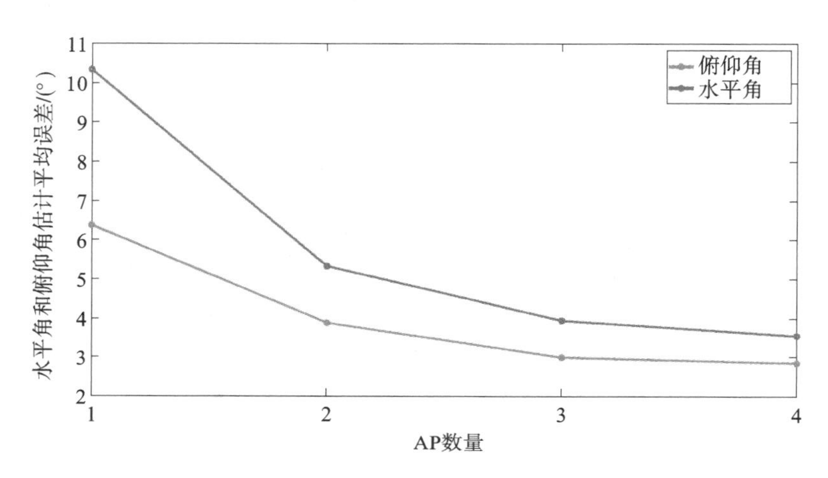

图 8-68　天线阵列姿态估计精度与 AP 数量之间的关系

通过选择不同的训练位置密度的估计精度选择最合适的训练间隔，由 AP 数量与估计精度的分析，选择 AP 为 3 对天线阵列姿态进行估计是最合适的。图 8-69 所示的为天线阵列姿态估计的水平角和俯仰角的平均误差与训练间隔的关系。当训练间隔由 10°减少至 2°时，估计精度随着训练间隔的减小而提升。当训练间隔为 2°时，30 组测试点的估计平均误差为：水平角 0.4581°，俯仰角 0.3322°。显然当训练间减小至 2°时，天线阵列姿态估计精度会大幅提升。当训练间隔小于 2°时，俯仰角的估计精度并没有明显提高，水平角的估计精度有较大提升。因此，选择使用训练间隔为 1°估计天线阵列位置，可以达到最优的估计结果。

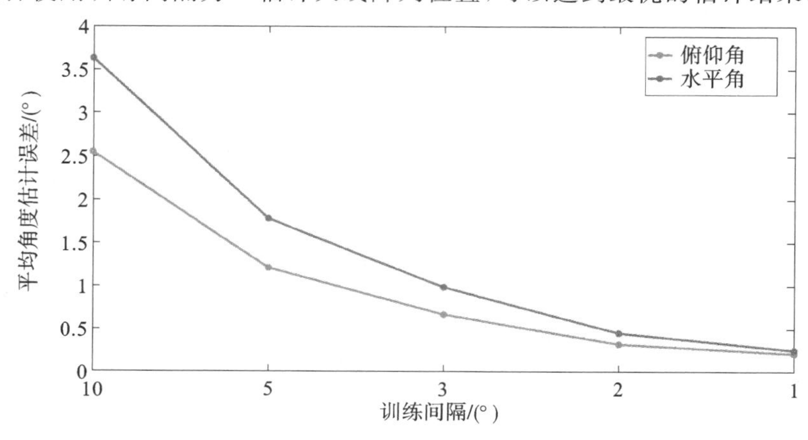

图 8-69　天线阵列位置估计精度与训练间隔的关系

8.4.5.2　天线阵列姿态估计结果

由前面分析可知，当 AP 为 3，训练间隔为 1°时，基本可以达到最优的估计结果。图 8-70、图 8-71 展示 H-SVC-SVR 算法的误差 CDF。可以看到，当 AP 为 3，训练间隔为 1°时，可以达到 90%的情况下，水平角估计误差小于 0.2823°，俯仰角估计误差小于 0.2072°，50%的情况下，水平角估计误差小于 0.0783°，俯仰角估计误差小于 0.0351°。图 8-72、图 8-73 所示的为 30 组测试点的估计误差。

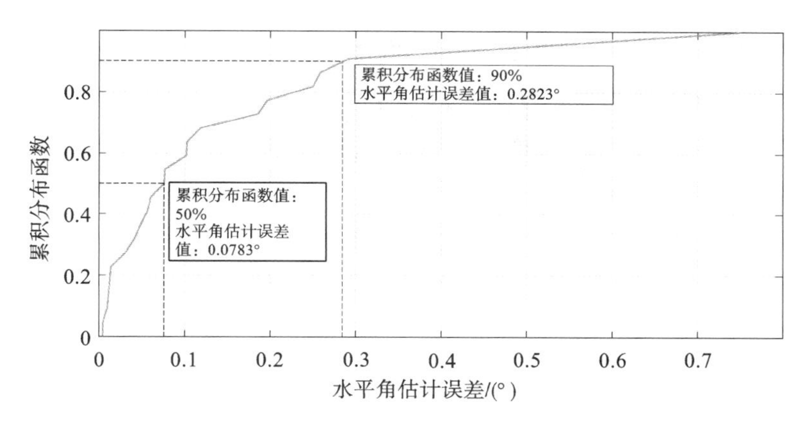

图 8-70　天线阵列水平角估计误差 CDF

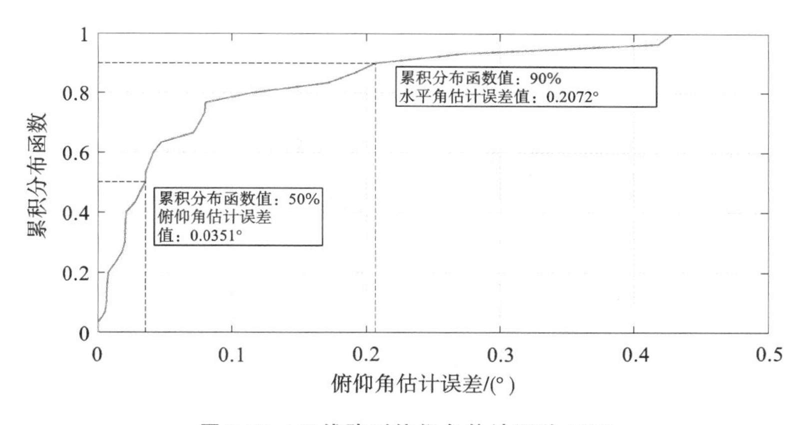

图 8-71　天线阵列俯仰角估计误差 CDF

8.4.5.3　H-SVC-SVR 算法在实测中的应用

实测时 Rx 的天线阵列中心为坐标轴原点，天线阵列围绕中心旋转时天线阵列的姿态发生改变。图 8-74 中纵轴表示姿态估计误差。蓝色柱状图表示水平角估计误差，红色柱状图表示俯仰角估计误差。GT Results 表示用图论建立 fingerprint database，并且使用图论仿真得到 CIR 提取到的信道特征作为测试数据得到的估计结果。Measure Results 表示使用图论建立 fingerprint database，将实测得到 CIR 提取到的信道特征作为测试数据得到的估计结果。由于实测的 AP 数量为 1，故在建立 fingerprint database 的 AP 为 1，结合 8.4.4.1 节的分析结果，训练间隔为 2.5°。如图 8-74 所示，使用图论建立 fingerprint database 的方式估计实测天线阵列姿态可以达到较高的估计精度，使用图论建立 fingerprint database 估计仿真天线阵列

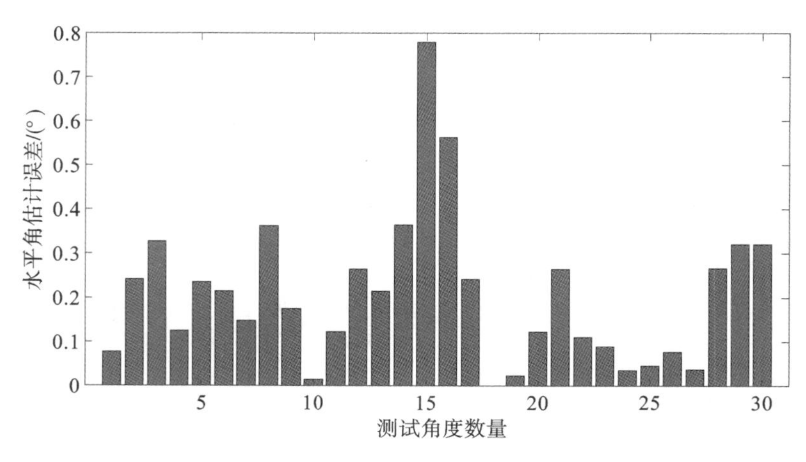

图 8-72　天线阵列姿态估计算法——仿真验证水平角估计精度

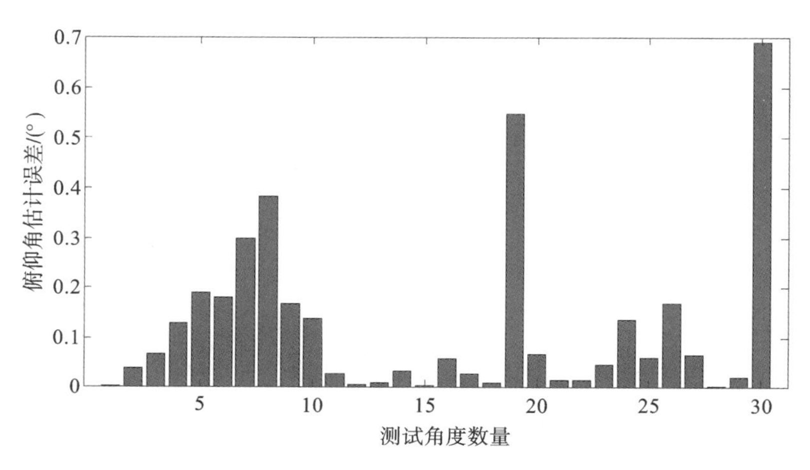

图 8-73　天线阵列姿态估计算法——仿真验证俯仰角估计精度

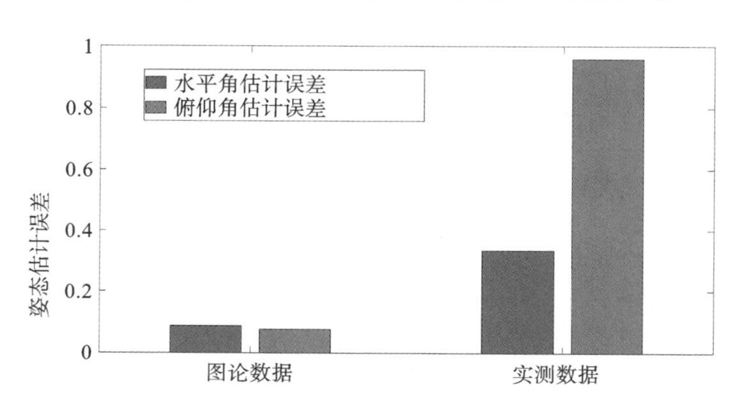

图 8-74　天线阵列姿态估计算法——实测验证

姿态精度最高。因此，HSVC-SVR 的估计算法可以提供高精度的姿态估计结果。

8.4.6 小结

本节主要内容包括:①实际测量介绍;②基于散射体回溯的天线阵列位置估计算法结果评估;③天线阵列位姿估计算法的介绍;④天线阵列位姿估计结果与评价。实际测量部分介绍了测量系统设备,包括网络矢量分析仪、收发双锥全向天线以及控制导轨。还对实际测量场景进行介绍,实际测量场景包括用于位置估计的实际测量场景,以及用于姿态估计的实际测量场景。从基于散射体回溯的天线阵列位置估计算法在仿真与实测两方面的验证结果,可以看出在 LoS 和 NLoS 两种传输环境下,基于散射体回溯的算法在天线阵列位置的估计上都具有较高的精确度。提出了天线阵列位姿估计算法,该算法主要包含三部分:第一部分是利用实测数据以及由图论射线追踪混合模型生成的仿真数据对 CycleGAN 模型进行训练,并得到 CycleGAN 模型;第二部分是利用 CycleGAN 模型生成类实测的 CIR;第三部分是提取类实测 CIR 的信道特征,用来训练 H-SVC-SVR 模型,并利用此模型对天线阵列位姿进行估计。

最后,通过仿真和实测数据,对我们提出的天线阵列位姿估计算法的性能进行了评价。仿真结果显示,算法的性能会随着训练间隔和 AP 数量的增加而提升,但估计性能存在相应的最优饱和值,即当训练间隔和 AP 数量超过某个值之后,估计精度便不会有很明显的提升。实测结果显示,利用 CycleGAN 模型生成的类实测数据建立指纹数据库对实测位置的估计精度优于利用图论射线追踪的方式建立指纹数据库。因此,CycleGAN 模型生成的类实测数据与图论射线追踪生成的仿真数据相比,更贴近信号传播的实际环境,故 CycleGAN 模型生成的类实测数据可以有效地代替实测数据,既节省了实测工作量,也能保证天线阵列位姿估计精度。

8.5 本章小结

作为一个应用信道特征进行天线阵列位置与姿态检测的实际案例,本章从基于传播图论的宽带信道仿真、信道特征在仿真与实测之间的迁移、利用不同层次的信道特征构建支持向量机进行天线阵列位姿检测,并从三个方面对该应用做了全面的介绍和深入的讨论。利用实测数据,结合仿真对该方法的合理性、优势与不足做了分析,希望可以为类似的研究提供启示和思路。

我们可以看到信道特征和环境之间存在一一对应的“内容”和“风格”之间的关联性,这种传统意义上称为“指纹”的信道特性,一方面可以复现多个维度的信道响应,得到完整的描述,另一方面,又由于其过于确定和敏感,难以在唯一性上做泛化的操作,也导致我们很难单纯依靠射线追踪、传播图或者两者的结合,就能够做到精准捕捉。所以需要尽可能在准确完成信道仿真的基础上,利用先进的人工智能方法继续对仿真的准确度进行提升,以达到构建和实测一致的具有指纹唯一性的位姿检测信道特征库的目的。

通过实测的验证,我们可以看到经过迁移的数据相比纯仿真的数据更接近实测,也因此能够提升位姿检测的准确度。但是取得的提升幅度还很小,距离我们希望的结果还有较大的距离。这些结果揭示了更多研究的必要性,特别是在如下几方面:

(1) 机器学习的很多智能化方法,能够用于信道特征的准确预测研究中,但是具体方法和网络的性能如何,怎么样才能和信道的特点进行完美的匹配,输入的数据格式该如何设计、计算残差的特征该如何选择、优化的网络参数的结构是不是一成不变等，这些问题都需要进一步的研究。

(2) 由于观测带宽的局限、空间阵列的口径的局限以及稳态信道的保持时间有限等因素，导致无线信道特征具有与观测设备、操作流程密切相关的耦合特性。标准的信道特征或者说采用预校准得到的内容，并不见得能够成为各种随机环境中的标尺和标准，所以需要进行更深入的方法论的拓展，“学习”将在很多信道有关的研究中成为一个重点，这已远远超越了传统的对于统计信道模型的要求。关注具体的通信设备、系统，将信道特征和它们的存在、环境的存在关联起来，这将会是信道研究的一个重要方向。

(3) 需要建立信道复现的准确度的评测体系。如何评价重构信道与实际信道的吻合度？传统的对比概率分布函数的方式过于模糊，并不能对具体的场景和环境有效。我们需要迅速地判断产生出来的信道样本是否合理，哪些方面不够合理？构建可解释的基于机理的评测体系，或者并行地建立一个大数据支撑的鉴别体系，这都是 B5G 和 6G 信道研究与传统研究的不同。

(4) 感知的实现理论和实现架构还需要大量的研究。通过本章的研究，我们可以看到感知不仅仅是特征的挖掘，而是需要建立融合大量过程和步骤的工程化、系统级的体系。面向多种感知的具体内容和指标要求，我们可能需要在多方面进行突破性的研究，在方法论上尝试进行融合和借鉴，如对于图像的处理和多维度数据的分析方法。

总之，本章的研究内容还很不完善，希望和读者在信道特征应用的方方面面共同努力，看到创新的涌现和在实践中的真正落地。

参考文献

[1] Pedersen T, Fleury B H. A realistic radio channel model based in stochastic propagation graphs[C]//Proceedings 5th MATHMOD Vienna: 5th Vienna Symposium on Mathematical Modelling and Simulation. Volume 1: Abstract Volume. Volume 2: Full Papers CD. ＜ Forlag uden navn＞, 2006: 324-331.

[2] Pedersen T , Fleury B H. Radio channel modelling using stochastic propagation graphs [C]//IEEE International Conference on Communications(ICC). Glasgow, Scotland: IEEE, 2007: 2733 - 2738.

[3] Pedersen T, Steinbock G, Fleury B H. Modeling of reverberant radio channels using propagation graphs[J]. IEEE transactions on antennas and propagation, 2012, 60 (12): 5978-5988.

[4] Tian L, Yin X, Zuo Q, et al. Channel modeling based on random propagation graphs for high speed railway scenarios[C]//2012 IEEE 23rd International Symposium on Personal, Indoor and Mobile Radio Communications-(PIMRC). IEEE, 2012: 1746-1750.

[5] Zhang J, Tao C, Liu L, et al. A study on channel modeling in tunnel scenario based on propagation-graph theory[C]//2016 IEEE 83rd Vehicular Technology Conference (VTC Spring). IEEE, 2016: 1-5.

[6] Steinböck G, Gan M, Meissner P, et al. Hybrid model for reverberant indoor radio channels using rays and graphs[J]. IEEE transactions on antennas and propagation, 2016, 64(9): 4036-4048.
[7] Gan M, Steinböck G, Xu Z, et al. A hybrid ray and graph model for simulating vehicle-to-vehicle channels in tunnels[J]. IEEE transactions on vehicular technology, 2018, 67(9): 7955-7968.
[8] Chen J, Yin X, Tian L, et al. Millimeter-wave channel modeling based on a unified propagation graph theory[J]. IEEE communications letters, 2016, 21(2): 246-249.
[9] Tia n L, Degli-Esposti V, Vitucci E M, et al. Semi-deterministic radio channel modeling based on graph theory and ray-tracing[J]. IEEE Transactions on Antennas and Propagation, 2016, 64(6): 2475-2486.
[10] Adeogun R, Pedersen T, Gustafson C, et al. Polarimetric wireless indoor channel modeling based on propagation graph [J]. IEEE Transactions on Antennas and Propagation, 2019, 67(10): 6585-6595.
[11] Prüller R, Blazek T, Pratschner S, et al. On the Parametrization and Statistics of Propagation Graphs [C]//2021 15th European Conference on Antennas and Propagation (EuCAP). IEEE, 2021: 1-5.
[12] Bharti A, Adeogun R, Pedersen T. Learning parameters of stochastic radio channel models from summaries[J]. IEEE Open Journal of Antennas and Propagation, 2020, 1: 175-188.
[13] Yun D J, Lee J I, Bae K U, et al. Improvement in accuracy of ISAR image formation using the shooting and bouncing ray[J]. IEEE Antennas and Wireless Propagation Letters, 2015, 14: 970-973.
[14] Yang C F, Wu B C, Ko C J. A ray-tracing method for modeling indoor wave propagation and penetration[J]. IEEE transactions on Antennas and Propagation, 1998, 46(6): 907-919.
[15] Athanasiadou G E, Nix A R, McGeehan J P. A microcellular ray-tracing propagation model and evaluation of its narrow-band and wide-band predictions[J]. IEEE Journal on Selected Areas in Communications, 2000, 18(3): 322-335.
[16] Choudhury B, Jha R M. A refined ray tracing approach for wireless communications inside underground mines and metrorail tunnels [C]//2011 IEEE Applied Electromagnetics Conference (AEMC). IEEE, 2011: 1-4.
[17] Yun Z, Iskander M F. Ray tracing for radio propagation modeling: Principles and applications[J]. IEEE access, 2015, 3: 1089-1100.
[18] Ali M, Kohama T, Ando M. Modified edge representation (MER) consisting of Keller's diffraction coefficients with weighted fringe waves and its localization for evaluation of corner diffraction[J]. IEEE Transactions on Antennas and Propagation, 2015, 63(7): 3158-3167.

[19] Torres R P, Valle L, Domingo M, et al. An efficient ray-tracing method for radio propagation based on the modified BSP algorithm[C]//Gateway to 21st Century Communications Village. VTC 1999-Fall. IEEE VTS 50th Vehicular Technology Conference (Cat. No. 99CH36324). IEEE, 1999, 4: 1967-1971.

[20] Pan S J, Yang Q. A survey on transfer learning[J]. IEEE Transactions on knowledge and data engineering, 2009, 22(10): 1345-1359.

[21] Jing X, Qian K, Xu X, et al. Domain adversarial transfer for cross-domain and task-constrained grasp pose detection[J]. Robotics and Autonomous Systems, 2021, 145: 103872.

[22] Zhu J Y, Park T, Isola P, et al. Unpaired image-to-image translation using cycle-consistent adversarial networks[C]//Proceedings of the IEEE international conference on computer vision. 2017: 2223-2232.

[23] Patwari N, Ash J N, Kyperountas S, et al. Locating the nodes: cooperative localization in wireless sensor networks[J]. IEEE Signal processing magazine, 2005, 22(4): 54-69.

[24] Rezazadeh J, Subramanian R, Sandrasegaran K, et al. Novel iBeacon placement for indoor positioning in IoT[J]. IEEE Sensors Journal, 2018, 18(24): 10240-10247.

[25] Laoudias C, Moreira A, Kim S, et al. A survey of enabling technologies for network localization, tracking, and navigation [J]. IEEE Communications Surveys & Tutorials, 2018, 20(4): 3607-3644.

[26] Shahzad F, Sheltami T R, Shakshuki E M. DV-maxHop: A fast and accurate range-free localization algorithm for anisotropic wireless networks[J]. IEEE Transactions on Mobile Computing, 2016, 16(9): 2494-2505.

[27] Yang C, Shao H R. WiFi-based indoor positioning[J]. IEEE Communications Magazine, 2015, 53(3): 150-157.

[28] Li L, Guo X, Ansari N, et al. A hybrid fingerprint quality evaluation model for WiFi localization[J]. IEEE Internet of Things Journal, 2019, 6(6): 9829-9840.

[29] Szabo A, Weiherer T, Bamberger J. Unsupervised learning of propagation time for indoor localization[C]//2011 IEEE 73rd Vehicular Technology Conference (VTC Spring). IEEE, 2011: 1-5.

[30] Hsieh C H, Chen J Y, Nien B H. Deep learning-based indoor localization using received signal strength and channel state information[J]. IEEE access, 2019, 7: 33256-33267.

[31] Wielandt S, Shah M V, Athaullah N A, et al. 2.4 GHz single anchor node indoor localization system with angle of arrival fingerprinting[C]//2017 Wireless Days. IEEE, 2017: 152-154.

[32] Li Q, Liao X, Liu M, et al. Indoor localization based on CSI fingerprint by siamese convolution neural network[J]. IEEE Transactions on Vehicular Technology, 2021,

70(11): 12168-12173.

[33] Soro B, Lee C. Joint time-frequency RSSI features for convolutional neural network-based indoor fingerprinting localization[J]. IEEE Access, 2019, 7: 104892-104899.

[34] Hoang M T, Yuen B, Dong X, et al. Recurrent neural networks for accurate RSSI indoor localization[J]. IEEE Internet of Things Journal, 2019, 6(6): 10639-10651.

[35] Wang X, Gao L, Mao S, et al. CSI-based fingerprinting for indoor localization: A deep learning approach[J]. IEEE transactions on vehicular technology, 2016, 66(1): 763-776.

[36] Zhang L P, Wang Z, Kuang Z, et al. Three-dimensional localization algorithm for WSN nodes based on RSSI-TOA and LSSVR method[C]//2019 11th International Conference on Measuring Technology and Mechatronics Automation (ICMTMA). IEEE, 2019: 498-503.

[37] Yan J, Ma C, Kang B, et al. Extreme learning machine and AdaBoost-based localization using CSI and RSSI[J]. IEEE Communications Letters, 2021, 25(6): 1906-1910.

[38] Cramer R J M, Scholtz R A, Win M Z. Evaluation of an ultra-wide-band propagation channel[J]. IEEE Transactions on Antennas and Propagation, 2002, 50(5): 561-570.

[39] Ghobadi M, Singla P, Esfahani E T. Robust attitude estimation from uncertain observations of inertial sensors using covariance inflated multiplicative extended Kalman filter[J]. IEEE Transactions on Instrumentation and Measurement,2017,67(1):209-217.

[40] Wallace J W, Mahmood A, Jensen M A, et al. Cooperative relative UAV attitude estimation using DoA and RF polarization[J]. IEEE Transactions on Aerospace and Electronic Systems, 2019, 56(4): 2689-2700.

[41] Wu Z, Yao M, Ma H, et al. Low-cost antenna attitude estimation by fusing inertial sensing and two-antenna GPS for vehicle-mounted satcom-on-the-move[J]. IEEE Transactions on vehicular technology, 2012, 62(3): 1084-1096.

[42] Ling C, He Y, Yin X, et al. Attitude estimation for base station antennas based on downlink channel statistics[C]//The 8th European Conference on Antennas and Propagation (EuCAP 2014). IEEE, 2014: 2072-2076.

[43] Knogl J S, Henkel P, Günther C. Attitude estimation based on multibeam antenna signal power levels[C]//Proceedings ELMAR-2013. IEEE, 2013: 341-344.

[44] Angerer C, Langwieser R, Rupp M. Direction of arrival estimation by phased arrays in RFID[C]//Workshop on RFID Technology. 2010 (4).

[45] Yoo K, Chun J, Yoo S. Beacon aided attitude estimation using angle of arrival measurements[C]//2015 International Association of Institutes of Navigation World Congress (IAIN). IEEE, 2015: 1-5.

[46] Narciandi G A, Laviada J, Las-Heras F. Object attitude estimation using passive RFID tag arrays[C]//2016 URSI International Symposium on Electromagnetic Theory (EMTS). IEEE, 2016: 572-574.

[47] Narciandi G A, Laviada J, Pino M R, et al. Attitude estimation based on arrays of passive RFID tags[J]. IEEE Transactions on Antennas and Propagation, 2018, 66(5): 2534-2544.

[48] Schmidt R. Multiple emitter location and signal parameter estimation[J]. IEEE transactions on antennas and propagation, 1986, 34(3): 276-280.

[49] Bad shah A, Ahsan Q. Attitudes estimation by machine vision[C]//2015 12th International Bhurban Conference on Applied Sciences and Technology (IBCAST). IEEE, 2015: 192-197.

[50] Guo S, Guo X, Wang L, et al. Attitude Estimation for Camera Based on Frequency Domain Analysis[C]//2014 International Conference on Computational Science and Computational Intelligence. IEEE, 2014, 1: 204-207.

[51] Fleury B H, Tschudin M, Heddergott R, et al. Channel parameter estimation in mobile radio environments using the SAGE algorithm[J]. IEEE Journal on selected areas in communications, 1999, 17(3): 434-450.

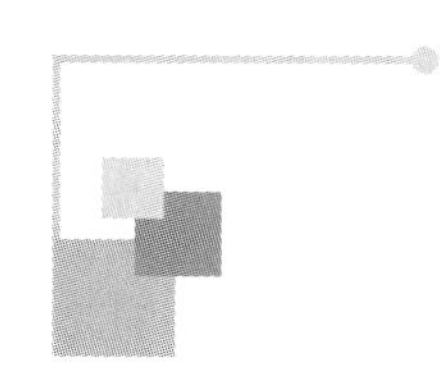

第九章　多种场景下的信道研究

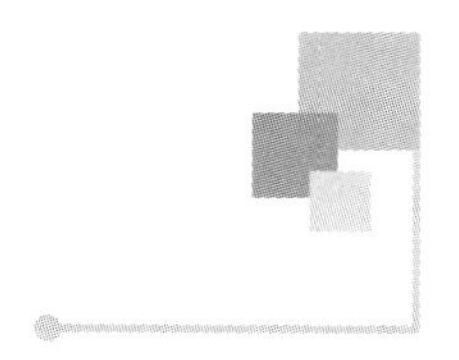

随着5G与经济生活深层次的结合，以及6G研究在全球如火如荼地开展，无线电波传播信道研究的需求也越来越旺盛，针对不同类型的场景，已经产生出了系统的场景导向的信道研究。本章首先针对多链路的信道研究进行描述，然后对车载雷达的信道建模进行讨论。

9.1　多链路信道的特征及其应用

在未来移动通信系统的应用中，传统的协作多点通信(cooperative multi-point communications，CoMP)联合估计架构会被广泛地使用。当基站的分布密度逐渐提升，“边缘计算”能够在基站或者类似于可重构的智能表面(reconfigurable intelligent surface，RIS)中实现，多个基站、多个RIS以及基站和RIS之间，能够达到相对准确的同步时，多站联合起来处理一个用户的数据，就会成为一种可能。

在信道特征研究中，对多个信道同时进行测量和特征构建，能够支撑起类似于CoMP技术或者多点联合、协作进行工作的系统对传播信道特征模型的需求。

早在2010年代，韩国的电子与电信研究院就研发了rBECS信道测量系统，能够对多链路的信道进行测量，并且进行联合的信号处理和建立模型。此外，在5G研究刚开始的阶段，大家对于全双工传输可能会成为5G的一个关键技术充满了期待，希望可以利用全双工技术提升系统的容量。为此，全双工信道的测量与数据分析，也得到了业内的关注。本书作者的信道研究实验室，也对此做了一些研究工作[1]。尽管同频同时全双工技术并没有成为5G使用的关键技术之一，但是随着上下行数据传输的对称性要求提升，频谱的利用率还需要进一步提升。此外，以信道特征作为安全通信的一种加密手段，也受到了关注，双向的信道是否具有严格的互易性，该如何分析两个信道之间的相似性，这些问题同样值得关注。因此，多链路信道的研究工作也非常值得重视。

本章通过一个实测活动，即以60 GHz毫米波为全双工无线通信系统的信道开展的测量、数据分析以及信道建模等工作为案例，来阐述多链路信道在全双工通信中的定义方式。具体而言，将两个并行的链路信道定义为“通信信道”和“自干扰(self-interference，SI)信道”，阐述了为了能够在同一时刻进行测量，收发系统应该采用的配置方式，包括了发射和接收天线之间的不同距离的设置、不同极化组合的设置等。分析了实测数据，并对发现的信道特征进行了定性描述，并在数据允许的情况下进行统计模型的凝练和建立。我们希望通过这样的一个实测案例，拓展到其他通信场景中的多链路信道特征研究，可以借鉴类似的研究路线和方式，重点关注的特征要点，得到多路信道的统计描述。

9.1.1 双工信道研究背景

随着 B5G 和 6G 系统研究的发展，新的通信技术、利用新的信道特征进行移动通信的理论和实践也在快速迭代。在未来的移动通信中，利用空间中不同发射端、接收端位置而形成的多链路通信、多链路联合处理以及多链路的全景感知技术，将会被普遍采用。事实上，利用同一个频段、同一时间在同一个或者类似环境进行的全双工通信，已经被验证了能够将频谱的利用率提升 2 倍[2]。

以同频同时全双工系统为例，在该系统中，一个通信终端或者一个感知终端，能够同时发射和接收同一个频段的信号。接收到的信号中自然也包含了自身发射的，经过了类似收发同站的雷达信道的干扰后，回到该终端的接收侧的信号，即称为 SI 自干扰信道信号。为了能够成功地解调自干扰信号，以达到解除自干扰造成的影响，需要设计和使用自干扰消除的算法。由此，对信道测量而言，提出了需了解自干扰信道特征的要求，并且为了能够有效地解耦，我们需要了解两个信道，即收发分别在两个相对距离较远的位置的通信信道，以及自干扰信道的特征。

图 9-1 是一个同频同时全双工的系统框图，其中两个独立的系统各自配置了发射和接收信号的设备。它们之间存在的通信信道，能够帮助形成同频同时发射和接收的全双工通信功能，但与此同时，两端的自干扰信道又会抑制和影响全双工通信。此外，注意到有些双工通信系统也会采用同一根天线同时接收和发射信号，通过一个环路器(circulator)来分离不同传播方向的信号。图中的两套设备会同时向对方发射同频段信号，那么各自的接收端收到的是来自对方的通信信号，也就是希望能够获得的信号，以及来自自己发射端的信号，即并不希望获得的，可以认为是干扰的信号。可以理解如果能够将干扰信号完整地抑制，以至于通信信号的接收质量不会受到干扰信号的任何影响，对于全双工通信而言具有非常重要的意义。

对于一个全双工通信系统而言，自干扰信号的消除可以通过多种方式来完成，如主动抑制和被动抑制方法[3][4]。所谓的被动方式，即通过物理方式，人为地增加自干扰信号所经历的信道衰减，同时维持对通信信号的较高增益。这些方法包括了在自己一侧的收发天线之间采用隔离设备，或者天线均采用喇叭口天线，并且朝向有所区分，即接收端的天线主瓣覆盖的区域希望不是自己发射端天线覆盖的同一区域，以及采用不同的极化方式来发射和接收。所谓的主动消除，即在接收信号时并不采用物理隔离的方法，而是在接收到混合的信号以后，采用了某种后处理的方式，通过对干扰信号的完整复现，并将其从接收到的信号总和中去掉，来达到抑制的目的。

事实上，无论是被动还是主动干扰抑制，其性能都高度依赖于通信信道和自干扰信道的特征[3][5]。业内对这两个同时存在的信道特征的研究，可能出于不同的应用考虑，也逐渐重视起来。例如，在参考文献[6]和[7]中，自干扰信道特征通过设置收发之间的距离从 0 到 1 米之间，在中心频点 2.6 GHz 进行了实测研究；在参考文献[8]和[9]中，自干扰信道特征也分别在 3～7 GHz 和 28 GHz 进行了测量，天线之间的空间间隔采用了不同的设置。现有文献中，在毫米波频段进行自干扰信道测量的案例较少。本节特别关注毫米波频段的自干扰和通信两个信道在时延、方向域上的特征。研究方法也同样适用于雷达信道、通感一体的信道测量场景。

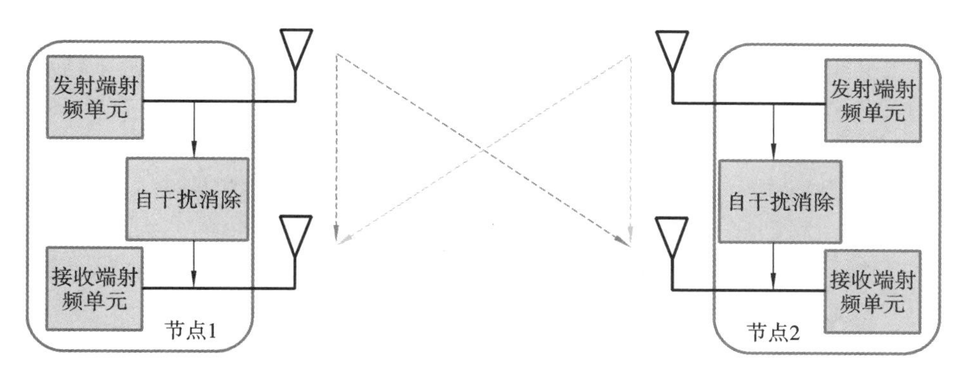

图 9-1　全双工系统来测量双链路的信道特征

9.1.2　基于实测的双工信道特征

下面介绍的实测活动，主要是为了能够了解双工信道在方向域和时延域扩散的情况，以及通信信道与自干扰信道之间在不同的配置情况下的功率比值、它们之间的相关性。通过一系列的测量，我们发现随着收发天线之间的距离从 5 cm 增加到 20 cm 时，干扰信道的接收功率能够比通信信道的低 27 dB。在保持相同的天线间隔时，通过采用不同的极化配置，能够进一步将通信信道与干扰信道的功率差距增加 10 dB。这些研究结果对设计和优化全双工通信系统、通信感知一体化系统具有重要的意义。

本次测量采用的是 Keysight 5227A 可编程网络分析仪（programmable network analyzer，PNA），一对 25 dBi 标准增益的金字塔形喇叭口天线，该天线的主瓣具有 10°的半功率角，以及一个全向双偶极子天线、一个能够在水平面转动的转台、一个能够控制转台转动并保持和 PNA 同步操作的笔记本电脑。在正式开始测量之前，PNA 的发射和接收通道以及射频线缆都经过了响应校准。测量中，我们考虑一个接入点和一个用户设备。这里的接入点配有一个架设在三脚架上的全向天线。用户设备一侧则包含了一个发射端和一个接收端，两者都配有喇叭口天线，天线被安置在一个转台上，通过程序控制在水平角和俯仰角上旋转。用户设备侧的收发喇叭口天线的轴心是平行且同向的，天线之间的间隔可以调整，设为 δ，如图 9-2 所示。用户设备和接入点的天线高度一致，均为 1.45 m。在测量过程中，转台以 10°一步的方式在水平和垂直面上旋转，由此获得了如下网格上的信道冲激响应：$\phi=[0°,10°,\cdots,350°]$，$\theta=[-20°,-10°,\cdots,20°]$。

测量活动是在同济大学嘉定校区的电信楼 3 楼的会议室里进行的。接下来展示随着天线间隔变化和极化配置的不同，信道在时延和角度域上的扩散展示出一定的变化。图 9-3 所示的是当用户设备在第一个测试点时，通信信道和自干扰信道的功率时延谱。其中展示的自干扰信道有两个，分别是在 AP 端的收发天线间隔处于 5 cm 时，采用垂直极化发、垂直极化收，以及水平极化发、垂直极化收，这两种极化配置观测得到的。

从图 9-3 可以清晰地看出，通信信道和自干扰信道的功率时延谱 PDP 中的主要分量，在时延域上有明显的区分。该观测表明，通信信道与自干扰信道之间可以存在较大的差异，通过时延域的信道均衡来消除干扰是很有价值的。与共极化配置相比，交叉极化配置下的自干扰 SI 信道的功率谱高极值点与通信信道的相比，被抑制了约 10 dB。此外，从自干扰 SI 信道的 PDP 中可以观察到，所谓的直接泄漏路径（direct leakage path，DLP）[6][7]，即由同处在一个通

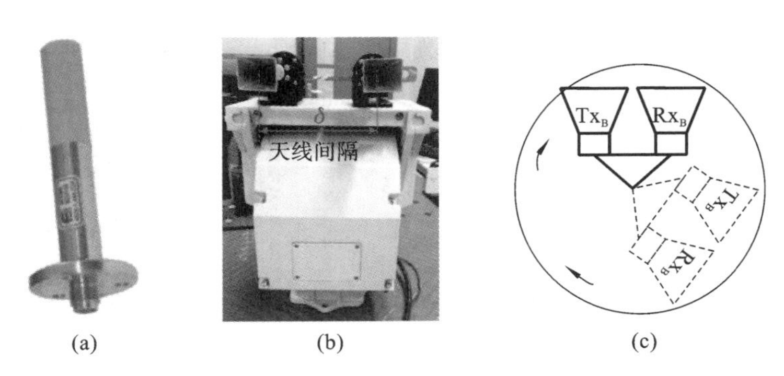

(a) (b) (c)

图 9-2 用户侧使用的天线发射端的天线，已经作为双工信道中的一个接收端天线，它们共同放置在一个转台上，来模拟共站的情况

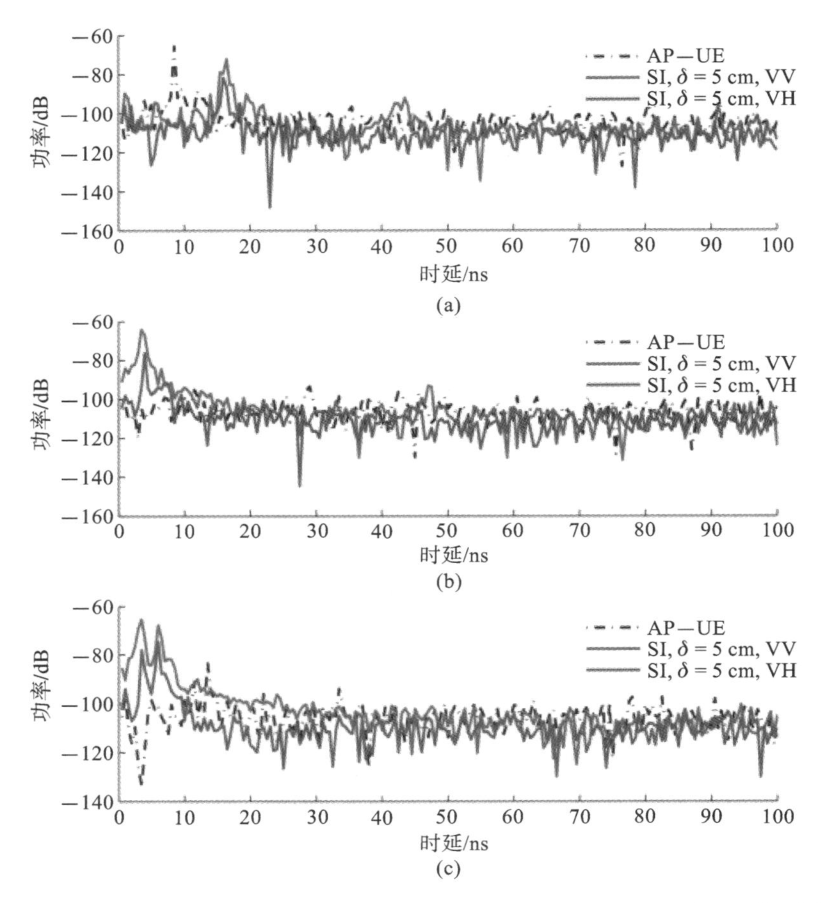

图 9-3 通信信道和自干扰信道在用户设备位于第一个站点，采用不同的极化组合观测得到的功率时延谱

(a)喇叭口天线轴心的俯仰角为 0°，水平角为 70°；(b)喇叭口天线轴心的俯仰角为 10°，水平角为 260°；(c)喇叭口天线轴心的俯仰角为 −10°，水平角为 280°

信节点上的发射端到接收端的直接传播所产生的信道分量并不存在，这是合理的，因为用户设备的发射端和接收端都配备了窄波束的喇叭口天线，这些天线的定向特性使得通过 DLP 接收到的信号显著衰减。此外，从图 9-3(c)可以观察到，当用户设备的天线轴心与俯仰角 −10°和水平角 280°的方向对齐时，两个主峰出现在 PDP 的开始处，该现象出现在两种极化配置信道中，表明了在该环境中电波传播的几何构造似乎对于不同极化具有相似的结构。详细观察该环境，可以发现这种现象是合理的，因为对于这些场景，用户设备侧的 Tx 和 Rx 喇叭口天线指向具有玻璃表面的机柜，玻璃上的反射导致了第一个峰值，而穿透机柜玻璃的波在柜体内部板上发生反射，进而透射出机柜最终被接收机接收到，从而形成 PDP 中的第二个峰值。

图 9-4(a)、(b)分别显示了用户设备位于站 1 和站 3 时的通信信道、同极化和交叉极化自干扰 SI 信道的测量功率水平角的极化域表示的功率谱(power azimuth profile, PAP)。沿着直射路径传播或沿着强反射发生的方向，对应着通信信道中重要的多径分量。我们可以观察到，由于电波与环境中杂乱分布的散射体的相互作用，自干扰 SI 信道的 PAP 呈现出角度域的剧烈波动。观察那些接收功率较为集中和功率谱上呈现较高数值的地方，找到相对应的散射体，如墙壁和房间物体。此外，当天线间距 δ 在 5～20 cm 范围内变化，以及当用户设备站点的 Rx 天线的极化发生变化时，可以观察到形状相似，但具有不同频谱高度的 PAP。很明显，从图 9-4 所示的两个站点的情况来看，自干扰 SI 信道在使用收发交叉的极化配置时，平均衰减能够达到 10 dB 左右。此外，对于站点 1，在 200°～340°的水平方位角范围内，当 δ 从 5 cm 增加到 20 cm 时，由机柜反射引起的 SI 信道分量显著衰减，而对于该站点 1 和 3 的其余方向，自干扰 SI 信道分量的波动对 δ 并不敏感。这些现象可能是由于用户设备站点的 Tx 和 Rx 天线所覆盖的公共重叠区域，当 δ 从 5 cm 变为 20 cm 时，有明显的收缩，即两个天线对于附近的散射体，相比距离收发天线较远的散射体，具有较小的公共重叠区域。

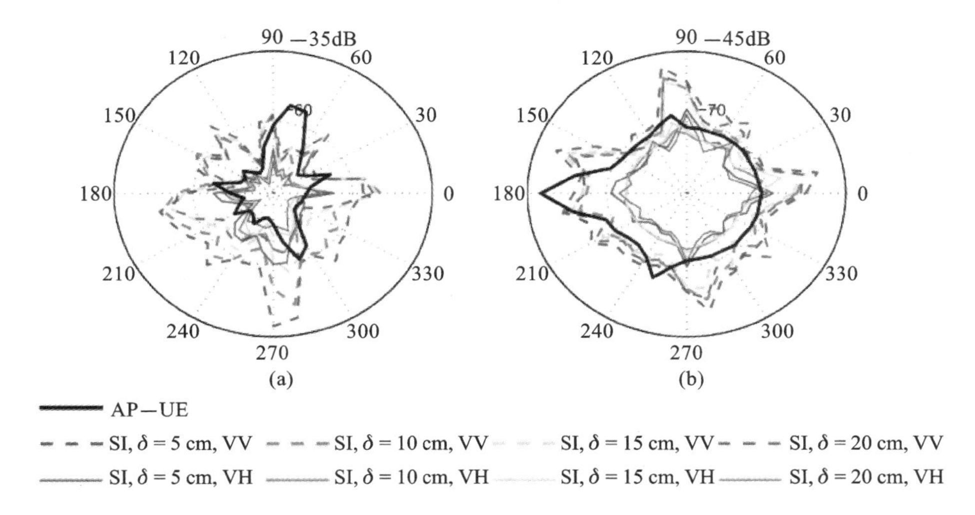

图 9-4 测量得到的通信信道和自干扰信道的方向域功率谱对。天线间隔采用不同的距离设置，以及考虑收发天线之间不同的极化配置

(a)用户设备位于第一个站点；(b)用户设备位于第三个站点

9.1.3 小结

本节介绍了同频同时全双工毫米波信道的实测特征研究工作。该工作对全双工的通信信道和自干扰信道的特征，进行了联合的同步测量。测量中使用的喇叭口天线有效地抑制了位于同一个位置的发射端和接收端之间的直接分量，使我们更加直观、准确地看到环境对自干扰信道特征的影响。从实测的结果可以看到，采用了不同的极化组合，能够有效地区分通信信道和自干扰信道，并从功率上可以达到 10 dB 的抑制提升。实验发现自干扰的强度与同站的收发天线之间的间隔成反比。自干扰信道的时延扩展统计上在交叉极化时更大，随着收发天线间隔增加而增加。此外，通信信道与自干扰信道之间的功率比，也随着天线间隔的增加而增加。从该比值变化趋势与环境中的散射体分布之间的关系上，我们清楚地看到在所研究的 60 GHz毫米波频段，环境可以有效地成为评估区域性干扰程度的依据。这些成为研究复合信道特征的测量方法、分析技术、特征观测的重点，为多链路信道的建模提供了思路。

9.2 车载雷达信道模型构建

9.2.1 车载雷达环境传播特征研究背景

随着自动驾驶和车联网(Internet of vehicle，IoV)的快速发展，车载毫米波雷达在高级驾驶辅助系统(advanced driver assistance system，ADAS)和车辆环境感知中发挥着重要作用。毫米波雷达有一个明显的缺点，即它检测到的目标包含由多径无线电波传播现象产生的幽灵目标。幽灵目标(或称为虚假目标)现象在毫米波雷达领域受到广泛关注，因为它在车辆使用时可能会导致危险情况发生。为了解决这个问题，毫米波雷达信道的研究受到了更多的关注。

车载雷达信道具有一些特殊性，如毫米波频段的高载波频率、发射器和接收器的相同位置、特定环境以及通常环境的时变。这些特殊性给雷达信道的研究带来了挑战和必要性。

在过去的几十年里，研究人员对不同通信频段的不同典型场景进行了大量的通信信道研究[12][13]。然而，毫米波频段的研究相对有限，这是由于缺乏测量数据造成的。集成测量设备的高成本和自建难度限制了毫米波通道的研究，加大了进行可重复测量的难度。由于能够满足高载频和大带宽，雷达设备是一种可能的替代方案。在我们的研究中，采用频率调制连续波形(frequency modulated continuous waveform，FMCW)的雷达评估板来解决这个问题。

在通信信道研究中，发射机和接收机通常是相互分离的，这有利于对路径损耗和阴影等大尺度信道参数的分析和研究。与前者不同的是，雷达信道是一个收发端并置的传播场景，所获得的信道特性会有一些不同的现象，如类似的到达方向与离开方向和更复杂的轨迹形状。目前，车载雷达信道模型大多集中在特定反射路径上，如路面反射[14][15]、护栏反射[15][16]。参考文献[17]提出了一种用于集成雷达和通信系统的基于射线簇的空间信道模型。在参考文献[18]中，多径接收信号模型着眼于对多径环境下的四种典型路径的分析，且仅限于仿真。参考文献[19][20]分别对海上雷达和超宽带(ultra wide band，UWB)雷达进行了信道建模，但环境与车载雷达的有所不同。参考文献[21][22]研究了复杂道路场景下车载雷达相互干扰的模型，与本书所关注的自干扰形成机制不同。参考文献[23]提出了一种基于轨迹的 3D 非平稳通道模型，该模型仅考虑室内环境中的单个运动散射体，与实际车辆环境不同。据我们所知，基于测量的车载雷达的可用标准化统计通道模型很少。雷达信道研究的必要性反映了信道研究的重点逐渐向环境感知靠拢的趋势。

不同环境下的信道特性有显著差异。地下停车场的环境更像是一个由墙壁、天花板和地面组成的封闭空腔，其中分布着一些停放的车辆、支柱、通风管道，有丰富的多径反射、散射和衍射效应。由于金属物体较多，功率衰落有时并不显著，导致一些多径经过多次反射后功率仍然很高，这往往会导致雷达的误判。地下停车场场景在未来的智能交通系统中很常见，其中的无线电传播特性对于自动泊车系统的实施非常关键。因此，非常有必要为其建立信道模型。参考文献[24]研究了 1.8 GHz 时 70 m 内的路径损耗。参考文献[25]～参考文献[27]还介绍了停车场车辆对车辆(vehicle to vehicle，V2V)通信的信道模型，其中对视距与非视距中的信道特征场景进行了详细分析。总之，目前对地下停车场场景的信道研究大多局限于低载波频段，如低于 11 GHz[28～30] 和窄带宽(只有 30 MHz)[31]，导致分辨率有限。我们研究中实现的大带宽和高载波频率将有助于更详细地研究这种环境。

由于车辆的机动性，车载雷达的信道是动态的、时变的。时变信道中有许多有趣的现象，如簇的诞生和死亡、信道特征统计分布参数随时间的演变等。在时变信道中，多径分量(multipath component，MPC)在时延中的演变、多普勒频域和功率域可以描述为 MPC 轨迹。通过对多径演化轨迹的分析，可以有效地描述时变信道[32][33]。为了建立有效的信道模型，必须准确地跟踪 MPC 的轨迹。参考文献[34]提出了递归期望最大化(expectation maximum，EM)和空间交替广义期望最大化(space-alternative generalized expectation-maximum estimation，SAGE)高分辨率参数估计(high resolution parameter estimation，HPRE)算法来跟踪 DoA 的演变。参考文献[35]～参考文献[43]还提出了一些其他有效的方法。

在获得 MPC 轨迹的基础上，参考文献[32]使用线性化模型对短期演化中的延迟轨迹进行了近似建模。在参考文献[33]中，几何分析表明，当散射体的位置固定时，长期演化中的多径延迟轨迹以双曲线的形式存在，为简单起见，使用抛物线作为近似。在我们的研究中发现，在某些情况下，雷达通道的距离域轨迹不是双曲线的形式，而是两条具有相同渐近斜率的双曲线的叠加。此外，双曲线轨迹的几何参数(如渐近线的交点)也可以作为区分真实物体和虚假目标的重要依据。

本节研究了 77 GHz 调频连续波车载雷达传播信道，并提出了一种新颖的基于地下停车场环境测量的经验动态统计模型。此外，采用时变信道轨迹建模的方式，通过关联 SAGE 算法估计的信道 MPC，追踪多径轨迹，进而对轨迹结果进行统计分析，描述信道的随机特性。我们的研究结果将有助于研究人员彻底了解雷达信道电波传播的过程，并为解决多径现象引起的干扰问题带来新的方法。

本节的主要贡献包括：

(1) 提出并实现了一种雷达信道研究程序，可以将信道研究和环境感知相结合。

(2) 在典型的封闭空腔场景，即地下停车场场景中，首次提出了雷达信道的经验动态统计模型和轨迹模型，填补了该领域的空白。

(3) 使用雷达评估板进行高载频(77 GHz)和大带宽(2 GHz)的测量活动，显著提高了距离分辨率，有利于在地下停车场等狭小空间内进行无线电传播的详细研究。

(4) 根据距离域多径轨迹的几何形状，提出了一种区分单次反弹和多次反弹的方法。该方法可用于区分真实目标和虚假目标，并通过仿真和测量数据进行验证。

本节结构如下：9.2.2 节介绍了地下停车场场景中的数据测量活动和参数设置；9.2.3 节基于对雷达信号处理的描述，分析了信道特性，包括功率谱和多径分量的提取等，并给出了停车场环境的统计模型；9.2.4 节介绍了 MPC 轨迹关联的方法和步骤，并对多径分量轨迹中反映的通道特征进行了统计分析。

9.2.2 实测得到的信道特征

本节介绍了用于地下停车场场景的毫米波雷达信号测量活动，包括测量环境、测量系统和相应的测量参数设置。

测量数据采集地点位于上海同济大学嘉定校区电信学院地下停车场。图 9-5(c)所示的为停车场环境，其中停车车辆、立柱和墙壁分布广泛，金属管道和灯具随意散落在天花板上。

该测量系统基于德州仪器(Texas Instrument，TI)毫米波雷达评估板，如图 9-5(a)所示。测量中使用了两个评估板，类型为 AWR2243BOOST 和 DCA1000EVM。前者用于发送和接收信号，而后者用于模数(analog-to-digital，AD)采样。电压控制振荡器(voltage controlled oscillator，VCO)中的接收信号和参考信号共享相同的板载时钟，可以实现良好的同步。雷达信号的波形参数、发射和接收操作由软件系统 mmWaveStudio 配置。除了移动电源和移动工作站，不需要更多的硬件。

测量的主要参数如表 9-1 所示。雷达信号收发端的有效带宽为 2 GHz。这里的“有效带宽”是为了与“设定带宽”区别开来，它对应于整个啁啾的长度，但采样过程只覆盖了其中的一部分，即“有效带宽”。在此测量活动中，我们采用车载雷达典型的 77 GHz 作为测试频段。由于静默时间的存在，啁啾周期大于啁啾持续时间。请注意，表 9-1 仅给出了垂直平面(E-plane)和水平平面(H-plane)中的最大发射器增益，更多详细信息可以从 TI 的技术文档[44]中获得。

在测量过程中，雷达板用支架固定在汽车的右边窗上，如图 9-5(b)所示。移动工作站和移动电源通过电缆与雷达板连接，手动控制移动工作站中的软件参数配置发射和接收命令。车辆在停车场内沿车道线行驶，包括直线行驶、随机左转、右转、掉头等典型行驶工况。测量过程中总共进行了约 15 min 的数据采集，以保证海量数据的采集具有足够的随机性。

表 9-1 雷达信号的参数表

参数	数值
载波频率	77.3517 GHz
有效带宽	2 GHz
采样率	15 MHz
单个啁啾采样点数	512
啁啾时长	50 μs
啁啾周期	60 μs
发射功率	13 dBm
天线方向图	垂直平面 11.0396 dB(max) 水平平面 10.9901 dB(max)
接收端增益	30 dB

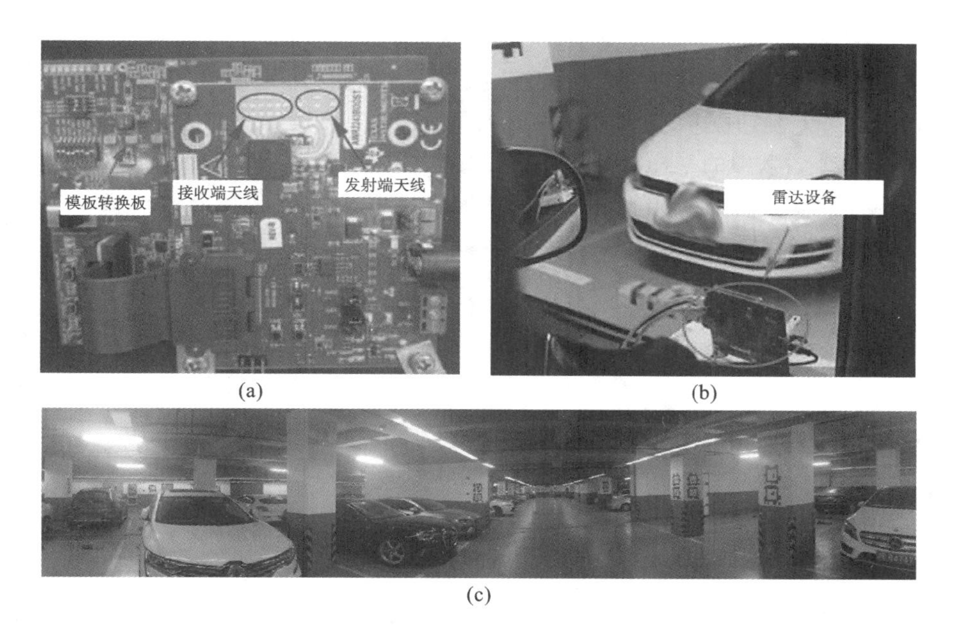

(a)　(b)　(c)

图 9-5　测量系统与环境

(a)测量中使用的车载雷达设备;(b)安装在面包车上的雷达板;(c)地下车库的环境

9.2.3　信道特征提取方法

在汽车雷达领域,使用最广泛的信号是调频连续波和线性调频序列(continuous sequence,CS),它们具有可靠性高、抗干扰能力强的优点,可以在低功率连续传输的条件下实现目标速度和距离的精确估计[45][46]。

CS 雷达通过频率调制产生发射脉冲。传输波形为线性调频波形,如图 9-6 所示。

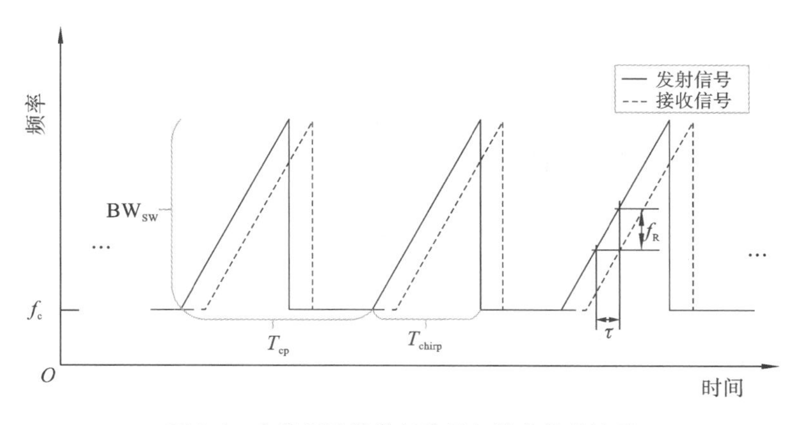

图 9-6　车载雷达的发射信号与接收信号波形

对于典型的 CS 雷达,VCO 处的发射信号或参考信号可以表示为

$$s_t(t_s,t_f)=\sum_{l=0}^{L-1}\delta(t_s-lT_{cp})\cdot \mathrm{Rect}\left(\frac{t_f-T_{chirp}/2}{T_{chirp}}\right)A_t\exp\left[\mathrm{j}2\pi\left(f_c t_f+\frac{1}{2}k_1 t_f^2\right)\right]\tag{9-1}$$

式中:f_c 是载波频率;k_1 是啁啾斜率;T_{cp}是脉冲重复时间(pulse repetition time,PRT);A_t 是发射信号的复振幅。啁啾斜率定义为 $k_1=BW_{sw}/T_{chirp}$,其中 BW_{sw} 和 T_{chirp} 分别是啁啾的扫描

带宽和持续时间，$\delta(\cdot)$表示的狄拉克函数，$\mathrm{Rect}(\cdot)$表示矩形窗。为了方便地描述时域信号，我们将其表示为慢时间和快时间的二维矩阵。t_s 表示慢时间，l 是慢时间的索引，即啁啾的索引，由 $0<l<L-1$ 限制，其中 l 是啁啾序列的数量，$t_f=n_f/F_s$ 表示快时间，受 $0<n_s<N_s-1$ 限制，其中 N_s 是单个啁啾中的采样点数，f_s 表示采样率。对于单个目标，假设目标是点目标，R_0 表示目标和接收天线之间的初始视距，v_0 表示速度在目标视距路径上的投影，c_0 表示光速。因此，对于单个反弹信号，回波信号可以表示为

$$s_r(t_s,t_f)=\sum_{l=0}^{L-1}\delta(t_s-lT_{cp})\mathrm{Rect}\left(\frac{t_f-T_{\mathrm{chirp}}/2-\tau}{T_{\mathrm{chirp}}}\right)$$

$$A_r\exp\left\{\mathrm{j}2\pi\left[f_c(t_f-\tau)+\frac{1}{2}k_1(t_f-\tau)^2\right]\right\} \tag{9-2}$$

式中：A_r 是接收信号的复振幅；τ 是传播延迟，表示为

$$\tau=\frac{2R}{c_0} \tag{9-3}$$

其中

$$R=R_0+v_0(t_s+t_f) \tag{9-4}$$

CS 雷达周期性地发射啁啾序列并接收来自某些目标的散射回波，将接收到的信号与发射信号混合，以获得混合信号，即

$$s'(t_s,t_f)=s_t(t_s,t_f)^*s_r(t_s,t_f) \tag{9-5}$$

其中$(\cdot)^*$表示共轭算子。然后将混合信号通过模拟低通滤波器(low-pass filter，LPF)，也称为抗混叠滤波器(anti-alising filter，AAF)，以获得差拍信号 s_b，并确保没有高频分量引起的频谱混叠。然后，通过 AD 转换，将差拍信号转换为数字信号，用于后续处理[47]。

$$s_b(t_s,t_f)=\sum_{l=0}^{L-1}\sum_{m=1}^{M}\delta(t_s-lT_{cp})\mathrm{Rect}\left[\frac{t_f-(T_{\mathrm{chirp}}-\tau_m)/2}{T_{\mathrm{chirp}}-\tau_m}\right]$$

$$A_m\exp\{\mathrm{j}2\pi[f_{D,m}(t_s+t_f)+f_{R,m}t_f]\} \tag{9-6}$$

其中

$$f_{R,m}=k_1\tau_m$$

$$f_{D,m}=f_c\frac{v_m}{c_0} \tag{9-7}$$

在上述等式中，带有 m 下标的参数对应于第 m 条多径，m 是对应于拍频信号的第 m 条多径的复振幅，$f_{D,m}$是多普勒频率，v_m 是到达角方向上的相对速度投影。我们可以直接从雷达设备获得二进制格式的拍频信号数据。

雷达拍频信号具有 f_R 与 τ_m 之间的线性关系，这可以大大简化信道冲激响应(channel impulse response，CIR)的计算。与传统方法，如去相关法不同，我们可以通过在式右侧注明的矩形窗口里做 t_f 域上建立的傅里叶变换(Fourier transform，FT)，并利用式(9-8)直接获得 CIR。CIR 可以表示为

$$h(t_l,\tau)=\sum_{m=1}^{M}\alpha_{l,m}\exp\{\mathrm{j}2\pi\nu_{l,m}t_l\}\delta(\tau-\tau_{l,m}) \tag{9-8}$$

式中：$\alpha_{l,m}$代表的是第 m 个路径复数形式的增益；$\delta(\cdot)$代表的是狄拉克函数。但是严格意义上讲，由于带宽受限，我们很难得到理想的狄拉克函数。实际计算中可以通过增加窗函数的方式来获得实际的冲激响应。另外，l 代表的是啁啾信号的序号。

根据测量数据，以及下式：

$$P(t_l,\tau)=|h(t_l,\tau)|^2 \tag{9-9}$$

获得信道的功率时延谱(PDP),并且可以将多个慢时间的观察放在一起,形成级联的 PDP (concatenated PDP,CPDP)。图 9-7 展示了 CPDP,注意使用了汉宁窗来抑制时延域中的旁瓣。

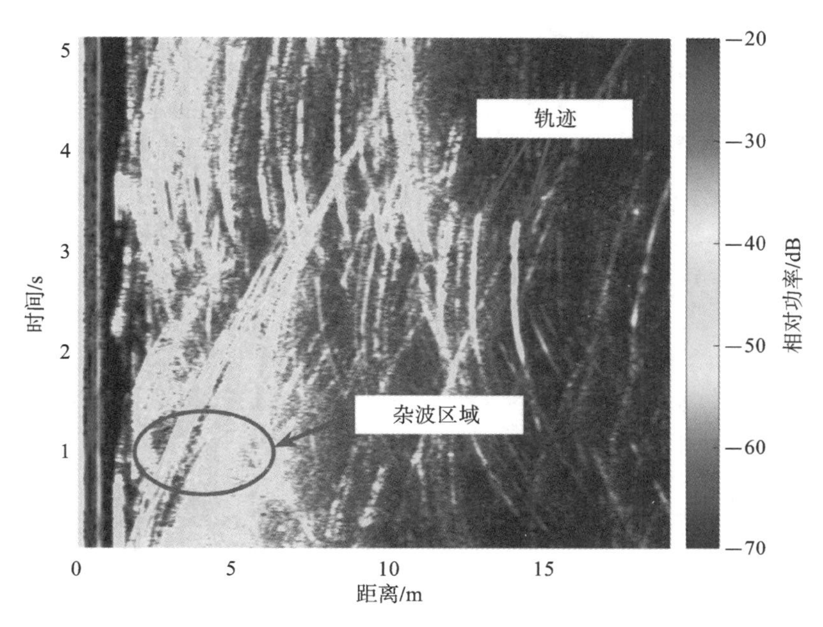

图 9-7 级联的时延功率谱

通过图 9-7 可以观察到如下的特点:

(1) 在地下车库里看到的多径分量是非常丰富的。可见车载雷达的信道分量在时延域上展现出较大的扩散。这一方面是由于被测环境是一个地下车库,车库里的建筑结构,包括停在车库里的车辆,综合造成了多径丰富的传播状态。此外,由于雷达设备自身具有的高中心频点、大带宽,提升了周边物体的辨析度,系统分辨多径的解析度相比通信系统而言具有更高的清晰度。

(2) 从观察这些多径的行为来看,随着快拍的演变,多径的生灭现象非常普遍,并且能够在不同时刻域构成持续的演变。很多路径都展现出了完整的从较大的时延到最小时延,以及再逐渐变大的时延的变化过程。

(3) 很多多径的轨迹具有一定的相似性,包括它们的起始时间比较一致、多径之间在时延域上的间隔也有一定的规律,这可能是多径的产生是由环境中较为固定的物体联合造成的。

(4) 此外,我们也可以看到多径簇的聚集现象,体现出由于物体的物理尺寸较大,或者具有比较复杂的混合结构,而引起的大量路径。

值得一提的是,对于车载雷达而言,由于其处理的结果是辨别临近的物体,所以对于位于较远的物体产生的多径,或者由于传播路径有多个折点的情况,车载雷达也许并不会有太多的关注,所以在设计时间周期时,如对于慢时间的设定,并不会像信道测量中那样,保证大时延的分量能够在一个测量 CIR 内接收到。正如图 9-7 所示的那样,距离范围控制在 20 m 以内。尽管如此,我们也可以根据观测到的 CPDP,推断在超过 20 m 以外的空间里,仍然会有较多的路径出现在信道里。它们可能并不会在下一个 CIR 中形成可见的多径,但是会抬高底噪的水平,导致信噪比降低。这些对于设计雷达的工作参数,都有着重要的参考意义。

总之，车载毫米波雷达信道值得我们研究，同时，雷达设备也可以被用来进行信道探测，建立面向感知的信道模型。

关于用来进行多径参数估计的 SAGE 算法，已经在本书中的很多章节做了类似的描述，这里就不再赘述。感兴趣的读者，可以参考与本节相关的参考文献[47]。接下来把注意力放在 SAGE 结果的呈现上，以及如何对车载毫米波信道进行实测建模。

在使用 SAGE 算法进行多径参数估计的时候，有几个重要的信息需要关注。首先，为了能够对时延和多普勒频移进行联合估计，需要确定信道保持恒定的时间段内的 CIR 作为一个快拍数据来进行 SAGE 处理。假定采用 4 个慢时间观察作为一个完整的数据段，来进行一组多径的估计。当然这个设定并不见得是完全合理的，这取决于雷达所在车辆的移动速度、环境中物体的聚集程度，以及用来探测信道的电波波长。此外，关于多径数量的选择，我们采用的普遍做法，即选取一个较大的数值，但是可能并不能符合实际多径的数量。毕竟采用的假设中包括了“小尺度”假设，即 small-scale characterization：一个路径在被观测到的时间、天线阵列的范围内，保持相同的多径参数，如固定的时延、多普勒频移以及复数的传播系数。这些假设可能并不一定满足实际的情况，所以估计得到的结果中确实存在很多不理想的因素。

将 SAGE 估计得到的多径的时延和多普勒频移表示在图 9-8 中。

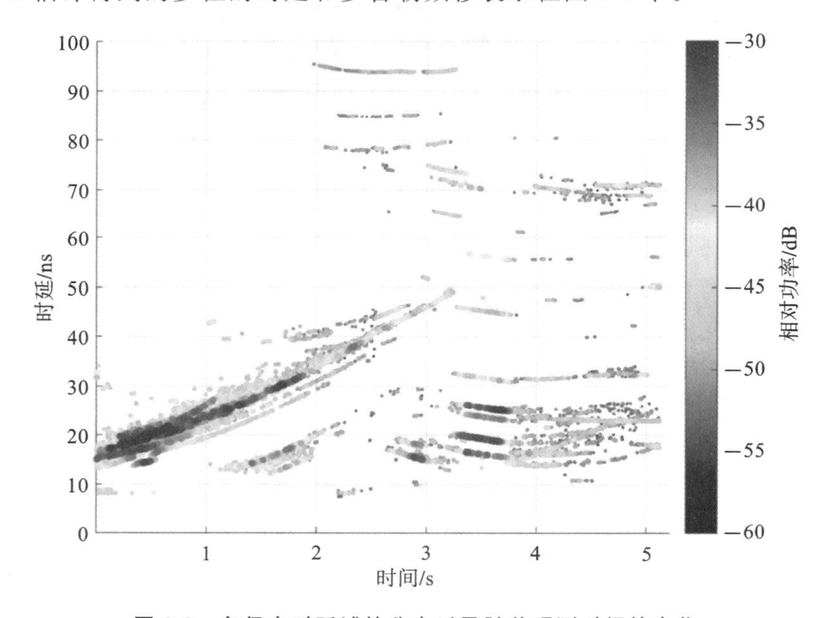

图 9-8　多径在时延域的分布以及随着观测时间的变化

图 9-8 展示了 SAGE 算法估计到的多径在时延域上的扩展情况。由于受到自身移动以及环境本身的复杂性的影响，路径的分布呈现出很明显的“段落”现象。如在 2 s 之前，信道中没有来自 50 ns 时延以外的强路径，功率主要分布在时延相对小的范围内，并且多径聚集的区域非常集中，可以认为是一个信道多径簇。该路径簇在时延上的演变，随着观测时间比较平滑，类似于一个完整的生灭过程。在第 2 秒到第 3 秒之间，信道发生了明显的改变。原有的多径簇逐渐消失，多个看似并行的多径开始出现，并且在 3～4 秒这些多径的功率达到较高的水平，在接近第 4 秒时，这些多径开始变得交错，而且呈现出“交织”的状态，每个多径的轨迹变得不太连续，信噪比也明显地降低。与此同时，在第 4 秒到第 5 秒之间，尽管有部分多径和之前的多径有一定的接续，但是在时延较远的区域，如 70 ns 附近，出现了新的多径，以及围绕着相对

固定的路线的散点。从时延域的多径分布来看，雷达信道内的多径数量较大，多径呈现出随着时间的连续变化，但同时也伴随着随机的抖动。描述此时的信道特征，一个直观的印象是采用随着时间演变的簇的方式比较合适，但是还需要对随机的抖动形成的一种统计上的扩散行为进行描述。当然，从建立统计模型的角度看，也可以不用去探究是什么样的散射体造成了这样的扩散，而仅仅从观察到的现象本身来构建模型。

图 9-9 描绘了多径在多普勒频移域的分布，以及随着快拍时间的变化而变化的过程。对照多径在时延域的变化，可以观察到很多有趣的现象。首先时延域中的多个连续的轨迹，在多普勒频移域中，显示出比较一致的、混杂在一起的簇的轨迹。这比较容易理解，因为这些在时延域的轨迹，其变化的规律比较相似。例如，在第 0 秒到第 2 秒之间的变化，可以看到一个完整的簇开始分裂，沿着两个方向发展。在时延域里可以清晰分辨的两个簇，尽管在多普勒频移域也可以区分，但是曲线的平滑程度已经远没有时延域中的明显。在功率相对比较低的区间，如在第 4 秒到第 5 秒，多径在多普勒频移域中具有较大的扩散，并且其形状呈现出一种传统的 U 形。说明此时的环境可能相对较为封闭，导致最大多普勒频移的数值受到了一定的限制，也体现出多次反射所形成的路径数量已经占比较少。

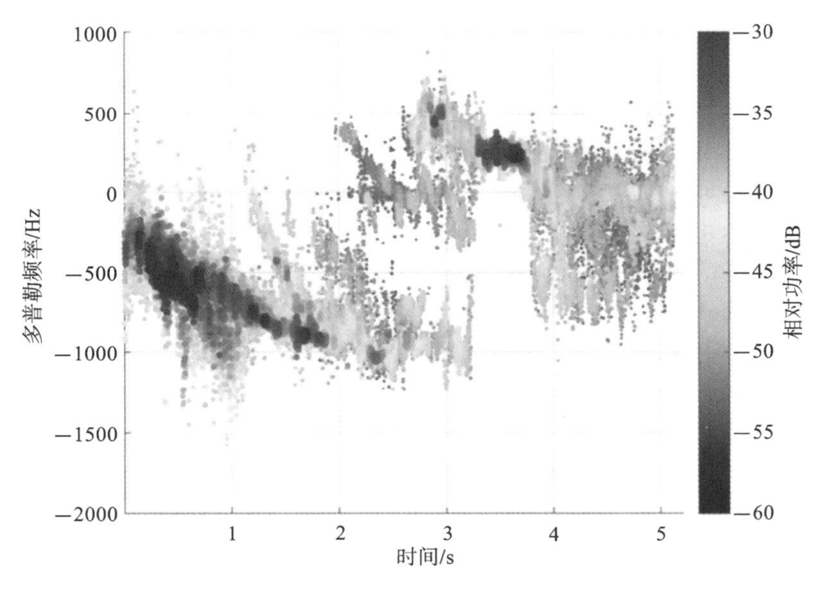

图 9-9　多径在多普勒频移域的扩展，以及随着观测时间的变化

9.2.4　小结

近年来，随着高级驾驶辅助系统的快速发展，车载毫米波雷达在城市智能交通系统中发挥着重要作用。雷达信道中多径引起的自干扰是一个广泛关注的问题。然而，对雷达信道传播特性的研究非常有限，可用的雷达信道模型很少。本节关注室内场景下车载毫米波雷达信道模型的研究。基于测量数据，使用 SAGE 算法分析信道特性。建立了 77 GHz 毫米波雷达信道在地下停车场场景中的经验统计模型，该场景是最具挑战性的环境之一，因为时变和丰富的多径，填补了该领域的空白。路径关联算法用于获得时延、多普勒频率和功率域中的 MPC 轨迹。此外，还分析了一些轨迹(距离域中)特征。在距离域轨迹几何分析的基础上，对轨迹的确定性分量进行建模，提出了一种区分真实目标和虚假目标的新方法，并通过仿真和测量数据进行了验证。

参考文献

[1] Andrews J G , Buzzi S , Choi W , et al. What Will 5G Be? [J]. Selected Areas in Communications IEEE Journal on, 2014. DOI:10. 48550/arXiv. 1405. 2957.

[2] Sabharwal A , Schniter P , Guo D , et al. In-band Full-duplex Wireless: Challenges and Opportunities[J]. 2013.

[3] Ahmed E , Eltawil A M . All-Digital Self-Interference Cancellation Technique for Full-Duplex Systems[J]. IEEE Transactions on Wireless Communications, 2015, 14(7): 3519-3532.

[4] Everett E , Sahai A , Sabharwal A . Passive Self-Interference Suppression for Full-Duplex Infrastructure Nodes[J]. IEEE, 2014(2).

[5] Cirik A C , Rong Y , Hua Y . Achievable Rates of Full-Duplex MIMO Radios in Fast Fading Channels With Imperfect Channel Estimation[J]. IEEE Transactions on Signal Processing, 2014, 62(15):3874-3886.

[6] Wu X , Shen Y , Tang Y . The Power Delay Profile of the Single-Antenna Full-Duplex Self-Interference Channel in Indoor Environments at 2. 6 GHz[J]. IEEE Antennas and Wireless Propagation Letters, 2014, 13:1561-1564.

[7] Wu X , Shen Y , Tang Y . Propagation characteristics of the full-duplex self-interference channel for the indoor environment at 2. 6 GHz[J]. IEEE, 2014.

[8] Sethi A, Tapio V, Juntti M. Self-interference channel for full duplex transceivers[C]. 2014 IEEE wireless communications and networking conference (WCNC). IEEE, 2014: 781-785.

[9] Lee B, Lim J B, Lim C, et al. Reflected self-interference channel measurement for mmWave beamformed full-duplex system[C]. 2015 IEEE Globecom Workshops (GC Wkshps). IEEE, 2015: 1-6.

[10] Liu Y, Wang C X, Lopez C F, et al. 3D non-stationary wideband tunnel channel models for 5G high-speed train wireless communications[J]. IEEE Transactions on Intelligent Transportation Systems, 2019, 21(1): 259-272.

[11] He D, Guan K, García-Loygorri J M, et al. Channel characterization and hybrid modeling for millimeter-wave communications in metro train[J]. IEEE Transactions on Vehicular Technology, 2020, 69(11): 12408-12417.

[12] Schonken W P F, de Swardt J B, van der Merwe P J. Multipath modelling in a dual-frequency phase-comparison FMCW radar[C]. 2016 16th Mediterranean Microwave Symposium (MMS). IEEE, 2016: 1-4.

[13] Visentin T, Hasch J, Zwick T. Analysis of multipath and DoA detection using a fully polarimetric automotive radar[J]. International Journal of Microwave and Wireless Technologies, 2018, 10(5-6): 570-577.

[14] Kamann A, Held P, Perras F, et al. Automotive radar multipath propagation in uncertain environments [C]. 2018 21st International Conference on Intelligent Transportation Systems (ITSC). IEEE, 2018: 859-864.

[15] Huang L, Zhang Y, Li Q, et al. Phased array radar-based channel modeling and sparse channel estimation for an integrated radar and communication system[J]. IEEE Access, 2017, 5: 15468-15477.

[16] Shi J, Hu G, Zhou H, et al. Novel detection model for MIMO radar in multipath environment[C]. 2016 IEEE Chinese Guidance, Navigation and Control Conference (CGNCC). IEEE, 2016: 1525-1529.

[17] Khawar A, Abdelhadi A, Clancy T C. Interference mitigation between seaborne radar and cellular system using 3D channel modeling[C]. 2019 International Symposium on Systems Engineering (ISSE). IEEE, 2019: 1-4.

[18] Liang J, Liang Q. Outdoor propagation channel modeling in foliage environment[J]. IEEE Transactions on Vehicular Technology, 2010, 59(5): 2243-2252.

[19] Torres L L T, Steiner M, Waldschmidt C. Channel influence for the analysis of interferences between automotive radars[C]. 2020 17th European Radar Conference (EuRAD). IEEE, 2021: 266-269.

[20] Jin S, Roy S. FMCW radar network: Multiple access and interference mitigation[J]. IEEE Journal of Selected Topics in Signal Processing, 2021, 15(4): 968-979.

[21] Avazov N, Hicheri R, Pätzold M. A trajectory-driven SIMO mm-Wave channel model for a moving point scatterer[C] 2021 15th European Conference on Antennas and Propagation (EuCAP). IEEE, 2021: 1-5.

[22] Phaiboon S. Propagation path loss models for parking buildings [C]. 2005 5th International Conference on Information Communications & Signal Processing. IEEE, 2005: 1348-1351.

[23] Sun R, Matolak D W, Liu P. 5 GHz V2V channel characteristics for parking garages [J]. IEEE transactions on vehicular technology, 2016, 66(5): 3538-3547.

[24] Matolak D W, Sun R, Liu P. V2V channel characteristics and models for 5 GHz parking garage channels [C]. 2015 9th European Conference on Antennas and Propagation (EuCAP). IEEE, 2015: 1-4.

[25] Sun R, Matolak D W, Liu P. Parking garage channel characteristics at 5 GHz for V2V applications [C]. 2013 IEEE 78th Vehicular Technology Conference (VTC Fall). IEEE, 2013: 1-5.

[26] Miao Y, Wang W, Rodríguez-Pinñeiro J, et al. Measurement-based wideband radio channel characterization in an underground parking lot [C]. 2019 27th European Signal Processing Conference (EUSIPCO). IEEE, 2019: 1-5.

[27] Lee J Y. UWB channel modeling in roadway and indoor parking environments[J]. IEEE Transactions on Vehicular Technology, 2010, 59(7): 3171-3180.

[28] Kukolev P, Chandra A, Mikulášek T, et al. Out-of-vehicle time-of-arrival-based localization in ultra-wide band [J]. International Journal of Distributed Sensor

Networks, 2016, 12(8): 1550147716665522.

[29] Yang M, Ai B, He R, et al. V2V channel characterization and modeling for underground parking garages[J]. China Communications, 2019, 16(9): 93-105.

[30] Huang Z, Rodríguez-Piñeiro J, Domínguez-Bolaño T, et al. Empirical dynamic modeling for low-altitude UAV propagation channels[J]. IEEE Transactions on Wireless Communications, 2021, 20(8): 5171-5185.

[31] Rodríguez-Piñeiro J, Huang Z, Cai X, et al. Geometry-based MPC tracking and modeling algorithm for time-varying UAV channels[J]. IEEE Transactions on Wireless Communications, 2020, 20(4): 2700-2715.

[32] Chung P J, Bohme J F. Recursive EM and SAGE-inspired algorithms with application to DOA estimation[J]. IEEE Transactions on Signal Processing, 2005, 53(8): 2664-2677.

[33] Cai X, Yin X, Cheng X, et al. An empirical random-cluster model for subway channels based on passive measurements in UMTS[J]. IEEE Transactions on Communications, 2016, 64(8): 3563-3575.

[34] Richter A, Salmi J, Koivunen V. An algorithm for estimation and tracking of distributed diffuse scattering in mobile radio channels[C]. 2006 IEEE 7th Workshop on Signal Processing Advances in Wireless Communications. IEEE, 2006: 1-5.

[35] Wang W, Jost T, Dammann A. Estimation and modelling of NLoS time-variant multipath for localization channel model in mobile radios[C]. 2010 IEEE Global Telecommunications Conference GLOBECOM 2010. IEEE, 2010: 1-6.

[36] Zhu M, Vieira J, Kuang Y, et al. Tracking and positioning using phase information from estimated multi-path components[C]. 2015 IEEE International Conference on Communication Workshop (ICCW). IEEE, 2015: 712-717.

[37] Yin X, Steinbock G, Kirkelund G E, et al. Tracking of time-variant radio propagation paths using particle filtering[C]. 2008 IEEE International Conference on Communications. IEEE, 2008: 920-924.

[38] Froehle M, Meissner P, Witrisal K. Tracking of UWB multipath components using probability hypothesis density filters[C]. 2012 IEEE International Conference on Ultra-Wideband. IEEE, 2012: 306-310.

[39] Saito K, Kitao K, Imai T, et al. Dynamic MIMO channel modeling in urban environment using particle filtering[C]. 2013 7th European Conference on Antennas and Propagation (EuCAP). IEEE, 2013: 980-984.

[40] Wang Q, Ai B, He R, et al. A framework of automatic clustering and tracking for time-variant multipath components[J]. IEEE Communications Letters, 2016, 21(4): 953-956.

[41] Huang C, Molisch A F, Geng Y A, et al. Trajectory-joint clustering algorithm for time-varying channel modeling[J]. IEEE Transactions on Vehicular Technology, 2019, 69(1): 1041-1045.

[42] AWRx cascaded radar RF evaluation module (MMWCASRF- EVM)[EB/OL]Texas

Instruments, Tech. Rep., 2019. [Online]. Available: https://www.ti.com/tool/MMWAVE-STUDIO.

[43] Tanis S. Automotive radar and congested spectrum: Potential urban electronic battlefield[J]. MICROWAVE JOURNAL, 2019, 62(1): 48.

[44] Kunert M. The EU project MOSARIM: A general overview of project objectives and conducted work[C]. 2012 9th European Radar Conference. IEEE, 2012: 1-5.

[45] Uysal F, Sanka S. Mitigation of automotive radar interference[C]. 2018 IEEE Radar Conference (RadarConf18). IEEE, 2018: 0405-0410.

[46] Ginsburg B P, Subburaj K, Ramasubramanian K, et al. Interference detection in a frequency modulated continuous wave (FMCW) radar system: U.S. Patent 10,067, 221[P]. 2018-9-4.

[47] Fleury B H, Tschudin M, Heddergott R, et al. Channel parameter estimation in mobile radio environments using the SAGE algorithm[J]. IEEE Journal on selected areas in communications, 1999, 17(3): 434-450.

[48] Bamba A, Joseph W, Andersen J B, et al. Experimental assessment of specific absorption rate using room electromagnetics [J]. IEEE Transactions on Electromagnetic Compatibility, 2012, 54(4): 747-757.

[49] Bel lo P. Characterization of randomly time-variant linear channels [J]. IEEE transactions on Communications Systems, 1963, 11(4): 360-393.

[50] Greenstein L J, Michelson D G, Erceg V. Moment-method estimation of the Ricean K-factor[J]. IEEE communications letters, 1999, 3(6): 175-176.

[51] Abdi A, Tepedelenlioglu C, Kaveh M, et al. On the estimation of the K parameter for the Rice fading distribution[J]. IEEE Communications letters, 2001, 5(3): 92-94.

[52] He R, Zhong Z, Ai B, et al. Distance-dependent model of Ricean K-factors in high-speed rail viaduct channel[C]. 2012 IEEE Vehicular Technology Conference (VTC Fall). IEEE, 2012: 1-5.

[53] Lee W C Y. Estimate of local average power of a mobile radio signal[J]. IEEE Transactions on vehicular technology, 1985, 34(1): 22-27.

[54] Czink N, Mecklenbrauker C. A novel automatic cluster tracking algorithm[C]. 2006 IEEE 17th International Symposium on Personal, Indoor and Mobile Radio Communications. IEEE, 2006: 1-5.

[55] Pedersen T, Steinbock G, Fleury B H. Modeling of reverberant radio channels using propagation graphs[J]. IEEE transactions on antennas and propagation, 2012, 60(12): 5978-5988.

[56] Zhu P, Yin X, Rodríguez-Pineiro J, et al. Measurement-based wideband space-time channel models for 77GHz automotive radar in underground parking lots[J]. IEEE Transactions on Intelligent Transportation Systems, 2022, 23(10): 19105-19120.

[57] Maltsev A. Channel models for 60GHz WLAN systems[J]. IEEE802/0334R8, 2010.

[58] He Y, Yin X, Chen H. Spatiotemporal characterization of self-interference channels

for 60-GHz full-duplex communication[J]. IEEE Antennas and Wireless Propagation Letters, 2017, 16: 2220-2223.

[59] Rouhollah A, Fereidoon B, Ali N. An efficient estimator for TDOA-based source localization with minimum number of sensors[J]. IEEE communications letters, 2018, 22: 2499-2502.

[60] Wang Y, Ho K C. TDOA source localization in the presence of synchronization clock bias and sensor position errors[J]. IEEE Transactions on Signal Processing, 2013, 61 (18): 4532-4544.

[61] Xue Y, Su W, Wang H, et al. A model on indoor localization system based on the time difference without synchronization[J]. IEEE access, 2018, 6: 34179-34189.

[62] Urruela A, Sala J, Riba J. Average performance analysis of circular and hyperbolic geolocation[J]. IEEE Transactions on Vehicular Technology, 2006, 55(1): 52-66.

[63] Su Z, Shao G, Liu H. Semidefinite programming for NLOS error mitigation in TDOA localization[J]. IEEE communications letters, 2017, 22(7): 1430-1433.

[64] Wang G, Ho K C. Convex relaxation methods for unified near-field and far-field TDOA-based localization[J]. IEEE transactions on wireless communications, 2019, 18(4): 2346-2360.

[65] Ye X, Rodríguez-Piñeiro J, Liu Y, et al. A novel experiment-free site-specific TDOA localization performance-evaluation approach[J]. Sensors, 2020, 20(4): 1035.

[66] Pedersen T, Steinbock G, Fleury B H. Modeling of reverberant radio channels using propagation graphs[J]. IEEE transactions on antennas and propagation, 2012, 60 (12): 5978-5988.

[67] Pedersen T, Fleury B H. Radio channel modelling using stochastic propagation graphs[C]. 2007 IEEE International Conference on Communications. IEEE, 2007: 2733-2738.

[68] Tian L, Yin X, Zuo Q, et al. Channel modeling based on random propagation graphs for high speed railway scenarios[C]. 2012 IEEE 23rd International Symposium on Personal, Indoor and Mobile Radio Communications-(PIMRC). IEEE, 2012: 1746-1750.

[69] Zhang J, Tao C, Liu L, et al. A study on channel modeling in tunnel scenario based on propagation-graph theory[C]. 2016 IEEE 83rd Vehicular Technology Conference (VTC Spring). IEEE, 2016: 1-5.

[70] Zhao X, Liang X, Li S, et al. Two-cylinder and multi-ring GBSSM for realizing and modeling of vehicle-to-vehicle wideband MIMO channels[J]. IEEE transactions on intelligent transportation systems, 2016, 17(10): 2787-2799.

[71] Wang N, Yin X, Cai X, et al. A novel air-to-ground channel modeling method based on graph model[C]. 2019 13th European Conference on Antennas and Propagation (EuCAP). IEEE, 2019: 1-5.

[72] Zhao X, Du F, Geng S, et al. Playback of 5G and beyond measured MIMO channels by an ANN-based modeling and simulation framework[J]. IEEE journal on selected

areas in communications, 2020, 38(9): 1945-1954.

[73] Zhao X, Abdo A M A, Xu C, et al. Dimension reduction of channel correlation matrix using CUR-decomposition technique for 3-D massive antenna system[J]. IEEE access, 2017, 6: 3031-3039.

[74] Zhao X, Zhang Y, Geng S, et al. Hybrid precoding for an adaptive interference decoding SWIPT system with full-duplex IoT devices[J]. IEEE internet of things journal, 2019, 7(2): 1164-1177.

[75] Tian L, Degli-Esposti V, Vitucci E M, et al. Semi-deterministic radio channel modeling based on graph theory and ray-tracing[J]. IEEE Transactions on Antennas and Propagation, 2016, 64(6): 2475-2486.

[76] Lee W C Y. Mobile communications engineering: theory and applications[M]. McGraw-Hill, Inc, 1997.

第十章　展望:基于人工智能的信道研究

随着B5G、6G应用无线环境场景的复杂性增加,以及愈加丰富的电波传播特征,传统的信道建模方法已经难以构建统计性能优良的模型,并用来产生和实际信道特征一致的信道样本。如何采用人工智能,如深度学习、机器学习的方法,结合具体需求,如基于模型产生的信道样本和实际测量数据之间的一致性、通信性能上的一致性、感知信息的一致性等,进行无线信道特征挖掘和模型构建的研究,逐渐成为现阶段信道研究的主流方向之一。本章探讨如何采用深度学习、机器学习的方法,构建多种神经网络,来对无线电波在多种场景下的传播特性进行挖掘、信道特征进行提取以及构建基于神经网络的统计信道模型。

本章内容安排如下:10.1节对现阶段传统的无线信道建模遇到的挑战和亟须解决的问题做简要描述;10.2节对已有的基于人工智能的信道研究做文献综述;10.3节介绍本书作者团队在AI信道建模方面的进展;10.4节对AI信道建模未来的发展进行展望。

10.1　问题与挑战

传统的电波传播信道模型,如WINNER II模型、3GPP TR38.901模型、METIS信道模型在生成信道样本与实际场景之间的一致性、在性能仿真上的适用度问题,近一段时间来受到了较多的挑战。很多研究表明,利用传统模型所定义的统计特性产生的多径,不能完整、准确地表现信道特征,特别是对一些特定的环境与场景。现有的所谓"标准"信道模型是否是准确的?这已经成为困扰业界的一个突出问题。

首先,人们对模型验证提出了疑义。传统验证统计信道模型准确性的做法,关注于模型产生的信道样本和实测信道数据之间的差异,重点考察模型参数的统计分布方面是否保持一致。但是,随着B5G、6G的场景愈加丰富,传统信道模型被用在这些丰富的应用场景时,产生的信道样本是否能够复现那些与应用紧密相关的多方面信道特征,是否模型描述的特征能够支撑该场景下的性能评价,如何评价特征重现的完整度和准确度,已经成为模型验证、模型使用、模型改良的基础性工作。从近期发表的文献和各种学术交流活动中,我们已经看到既有的标准信道模型在描述MIMO信道的空间自由度、时变信道连续快拍之间的相位连续性、信道多径在参数域的分布特性以及高频段信道与环境之间在稀疏性上的对应等方面,都表现出了较大的局限性。

除了对传统信道特性的重现上传统模型表现乏力外,对新场景的描述上传统模型更难以通过拓展达到复现特征的目的。随着B5G、6G系统的不断研发,更多的复杂传播情况不断涌现,如可重构智能超表面(reconfigurable intelligence surface,RIS)设备的使用、超大规模天线阵列支持多用户的情况、通信感知一体(integrated sensing and communications,ISAC)的情况等。现阶段的信道模型难以通过简单的扩展,或者通过实测活动建立标准的统计空间信道模型(spatial channel model,SCM)方式来构建实际可用的信道模型。

具体而言,现阶段统计信道建模遇到的主要问题可以归纳为如下两个方面:

(1) 几何建模的局限性如何突破。传统采用传播多径叠加(通常采用平面波)的方式,难以完整地描述信道的复杂结构。尤其对于复杂的非视距场景下,由于传播机制的多样性、环境的复杂性,信道中的反射、衍射、散射分量非常丰富,并且存在大量的不可分辨多径以及分布较广的散乱杂波。传统信道模型非常依赖于有限数量的多径,通过对部分"主要"路径(稀疏路径)的参数进行估计,形成一定的样本数据,再经过多径簇提取,形成信道模型。事实上,提取的多径仅能在一定的条件下,达到重构的准确度。未被有效提取的大量的剩余信道分量,没有被包含在几何信道模型中。因此,几何建模本身存在先验模型架构上的不完整性。

(2) 模型的有效性如何验证。业内始终没有系统的验证模型有效性的方法。建立模型有效性验证需要考虑模型的用途、应用的场景、用来检测的系统特点等。检验依据模型产生的信道样本与实测数据之间的差距,尽管理论上可以通过信道自身的特征进行验证,如功率谱、时变特性、幅值和相位的分布、相关性的特征、信道构成与环境之间的对应关系,但是针对通信系统、感知系统对信道特征的具体要求而言,仍存在较大的不确定性。

鉴于传统的完全依靠实测的建模方法,似乎难以适应对信道模型不断增长的要求。是否可以依靠人工智能的方法来构建实用准确的信道模型,值得探索研究。

人工智能方法已经被广泛证明能够用来建立高阶的、复杂的、异构多层次的模型,对于信道传播的物理机制和环境的复杂性而言,人工智能的建模方法应该有一定的应用价值。AI 信道建模不仅仅改变了对信道测量、数据提取的要求,以及对信道实测数据后处理分析的要求,同样也改变了整体的建模理念和信道样本产生、评价的理论。传统的标准信道模型,在 AI 的改造下,可能仅仅是起点或者阶段性的产物。直接利用已经经过训练并证明实际有效的多种形态的神经网络,通过定义必要的环境信息、射频天线形态和响应信息、收发工作参数的配置信息,以及确认使用信道的目的,就能够驱动着 AI 模型或网络,产生出符合实际要求的信道样本,是现阶段信道研究的目的、愿景。当然,产生出的信道样本是否符合实际情况,也可以通过 AI 的方式方法来验证、判断和调整。

信道是复杂而多变的,研究如何将信道的多场景、时变性、多维度特征借助 AI 的建模理论和方法来描述,结合复现、验证形成一个综合的新的建模理论,现阶段显得尤为重要。作为初步的探讨,本章里的讨论还仅仅处于设想和概念,尚未经过深入的论证和实践,学术界和通信产业界对 AI 信道建模有很多不同的意见,所以本章的内容仅供参考,所述观点和想法局限于作者对信道的有限认知,欢迎大家批评指正。

10.2　已有的工作

信道特别是高频信道,体现出复杂性、多样化、环境依赖性和随机性。通常情况下,移动通信发生的传播环境难以准确地描述,因此采用计算的方式,如电磁散射仿真、射线追踪仿真等方法来产生信道样本难以在广泛的移动通信场景中实现。因此,建立统计模型成为一个必要的手段。但模型采用的描述方式也存在较大的局限性,对实测数据的分析,也受限于被"约定"并且固化下来的模型形态,即使现实信道中存在不符合预设模型的特征,可能会被忽略不计,或者会被错误的模型表述来呈现,因此采用并不恰当的模型来表现的特征,其泛化能力很弱,难以保证产生的样本与实际信道观测之间的一致性。随着 B5G、6G 的移动场景愈加丰富和复杂，传播特征无论是宏观的还是微观的，是随机的还是确定性的，是独立于系统的还是随着系统配置和观察的模式而改变的，都已经与传统的移动通信有了较大的区别，也需要我们重新审视和定义。

采用AI，特别是机器学习的方式，进行信道模型的提取工作由来已久。例如，利用机器学习来进行信道多径的分簇。机器学习的方法能够有效处理多维的数据[1]，而信道的特征也包含了众多参数域的呈现，正如多径的几何形态的描述，可以映射到传播时延、多普勒频移、波离方向、波达方向，多径的衰落形态的描述可以映射到极化方向上的复幅值、极化的旋转，多径的波面形态的描述可以有平面、球面以及其他形式的曲面，多径的组合形态可以有单径、散射分量聚集形成的多径、两个或多个形成的复径等。此外，散射点由于某种特殊排列形成有一定规律的复合路径，如涡旋径、对称衍射径等。分簇能够在多个维度进行，才能够描述信道从不同角度观察的综合形态。参考文献[2]展示了机器学习能够基于信道大数据来对信道多径进行分簇。

同样的，机器学习方法包括了支持向量机方法，可以用于预测不同频段、不同应用场景下的信道传播损耗[3][4]，预测方向域的多径分布[5]，以及遵循传统的信道模型的架构来建立模型[6]。深度学习的方法也被用于信道多径的参数提取[7]、多径跟踪[8]。这些研究从不同侧面分析了AI在信道模型构建、特征提取、参数估计中的应用，为未来更为全面的AI信道研究奠定了基础。

尽管已有相应的AI在信道特征中的应用，但是这些捆绑了AI方法的信道建模理论仍然建立在信道的传播机理上，并且需要大量的模型参数才能完成构建。此外，对于其他无线通信场景，特别是没有实测数据或者难以实施实际测量的无线通信场景来说，AI信道特征化和建模方法是比较难以应用的。

近一段时间来，把信道建模的问题视为信道分布学习问题(channel distribution learning)，则打开了将深度学习(deep learning，DL)用于解决未测场景中信道模型构建问题。生成对抗网络(generative adversarial network，GAN)与传统的通过随机采样来进行概率分布估计的蒙特卡洛方法相比，其优势在于可以将被研究的问题的先验认知包含在网络的构建中。如在参考文献[9]中，针对智能超表面(intelligent reflection surface，IRS)辅助通信的无线网络中，考虑到信道建模对于通信算法设计和性能优化的重要性，作者针对级联的反射信道(即文中所述的BS-IRS-BS信道)进行建模，通过利用模型驱动的GAN(model-driven GAN)的信道建模框架，来自动地学习如何设计分布式的反射信道(见图10-1)。该GAN网络因此被称为IRS-GAN，能够在一个生成模型和一个鉴别模型中达到纳什均衡(Nash equilibrium)。其中下角标BI代表BS到IRS之间的信道，IU代表IRS到用户之间的信道，CON代表两端信道的级联。在生成模型中，输入的高斯噪声z_{BI}经过一个为BI段信道设计的卷积神经网络(convolutional neural network，CNN)，产生符合一定分布的样本，并且通过先验的视距路径存在的信息加入B_{BI}，得到基站到IRS的信道样本，同时高斯白噪声z_{IU}经过前馈神经网络(feed-forward neural network，FNN)，加入先验的b_{IU}得到从IRS到用户之间的信道样本。为了生成级联信道，作者设计一个FNN网络，利用一定的网络参数得到$\widetilde{H}$。鉴别网络则利用一个CNN来判断$\widetilde{H}$是否出自一个真实的信道分布。作者采用Wasserstein距离来构造生成模型(网络)和鉴别模型(网络)的损失函数：

$$L_{\mathrm{G}}=\min_{\theta_{\mathrm{G}}}E\{\max[1-F_{\mathrm{D}}(F_{\mathrm{G}}(z_{\mathrm{BI}},z_{\mathrm{IU}};\theta_{\mathrm{G}});\theta_{\mathrm{D}}),0]\} \tag{10-1}$$

$$L_{\mathrm{D}}=\min_{\theta_{D}}E\{-F_{\mathrm{D}}(H_{k};\theta_{\mathrm{D}})-\max[1-F_{\mathrm{D}}(F_{\mathrm{G}}(z_{\mathrm{BI}},z_{\mathrm{IU}};\theta_{\mathrm{G}});\theta_{\mathrm{D}}),0]\} \tag{10-2}$$

此处 $F_{\mathrm{D}}(H_k;\theta_{\mathrm{D}})$表示鉴别器 F_D 决定的一个真实的信道样本是来自真实的信道数据的概率；$F_{\mathrm{D}}(F_{\mathrm{G}}(z_{\mathrm{BI}},z_{\mathrm{IU}};\theta_{\mathrm{G}});\theta_{\mathrm{D}})$表示鉴别器 F_{D} 决定的一个生成的信道样本来自真实的信道数据的概率；$\max[1-F_{\mathrm{D}}(F_{\mathrm{G}}(z_{\mathrm{BI}},z_{\mathrm{IU}};\theta_{\mathrm{G}});\theta_{\mathrm{D}}),0]$是为了能够将 F_{D} 的输出控制在 0 到 1 之间。使用上述的两个损失函数来训练 F_{D} 和 F_{G}，F_{D} 和 F_{G} 就可以在执行一个两层的 minimax 的博弈，即

$$\min_{\theta_{\mathrm{G}}}\max_{\theta_{\mathrm{D}}}E[F_{\mathrm{D}}(H_k;\theta_{\mathrm{D}})]+E\{\max[1-F_{\mathrm{D}}(F_{\mathrm{G}}(z_{\mathrm{BI}},z_{\mathrm{IU}};\theta_{\mathrm{G}});\theta_{\mathrm{D}}),0]\} \tag{10-3}$$

这里 F_{D} 期待着对于一个真实的来自实际信道数据的样本给予一个较高的数值，而对于一个由 F_{G} 生成的信道样本给予较低的数值，F_{G} 希望能够被训练成为可以成功欺骗 F_{D}，使之对于 F_{G} 生成的信道样本仍给予一个较高的数值。

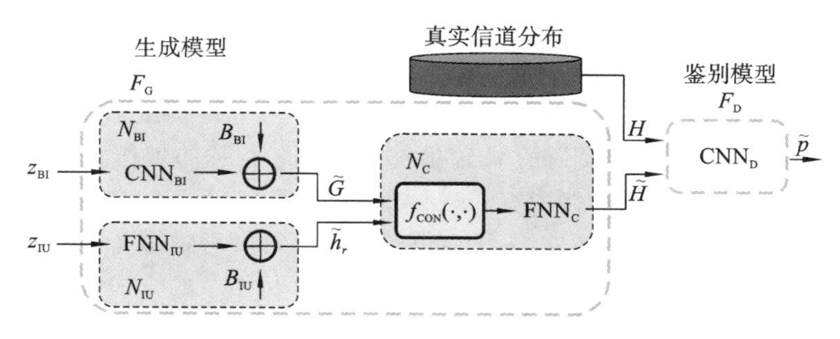

图 10-1　用来构建 BS-IRS-User 之间的传播信道矩阵的 GAN 网络

值得一提的是，由于信道响应通常是多个维度的，与传统的二维图像不同，难以直观地看到网络训练过程中的收敛过程，所以不同的文献中，研究者采用了不同的评估方式来验证方法的有效性。在对单一的信道脉冲响应进行训练时，可以使用生成的信道响应的概率分布函数(probability distribution function，PDF)。当多个信道响应同时被生成(即采用阵列方式产生信道样本)时，可以使用信道矩阵奇异值的平均值的分布。这是由于根据随机矩阵理论，一个随机矩阵的特征值的平均值的 PDF，能够代表一个随机对称矩阵。所以在对信道矩阵(很可能不是对称的)，采用线性奇异值统计量(linear singular value statistics，LSVS)来衡量。

从上述的文献中可以看到，近期的 AI 信道研究已经逐渐从建模的一些环节中嵌入 AI 的方法，到挖掘 AI 本身对复杂系统的建模能力，并用于信道模型构建或样本的生成中。与此同时，对于信道传播机理上的使用，能够帮助神经网络降低复杂度，并且可以加快收敛的速度，提高训练的效率。

当然，如何利用信道已有的认知与神经网络有更好的契合，如何构建验证信道生成的有效性，都还值得研究。希望接下来的 AI 信道研究能够突破传统的模型构建的框架，结合多种应用并与信道的复杂机理之间形成内在的融合，充分发挥 AI 强大的模型构建能力，在信道的实时生成、已有统计模型下的信道样本重现、以少量的实测数据来构建信道生成网络等方面，形成可以覆盖多方面的完整的 AI 信道建模体系。

10.3 AI信道建模的初步尝试

AI信道建模应该突破传统的建模框架，充分结合已有的信道统计建模基础，对信道的几何特性、近场与远场的差异、线性传输和非线性传输的特性、随机与确定性的结合、空间时间上的一致性等多种特征进行完整的复现。这样的“模型”可以理解为建立在AI网络上的具有可解释的信道参数化特征、可回溯的信道特征与环境（动态、静态）之间的关联、符合分层次的统计特征、面向特定的场景、结合应用的性能敏感点的信道样本生成器（generator）。该信道生成器可以结合人工智能机器学习的多种类型的网络，如卷积神经网络、生成对抗网络、复现生成网络以及强化学习网络等，融合了信道建模的基础理论、信道仿真的关键技术，融合了实测提供的大数据并且具有验证信道样本与现实一致性的功能。

面向上述的期望目标，上海同济大学信道研究团队在AI信道建模方面利用两个途径展开研究：

（1）AI辅助信道建模，即基于“信道传播机理”+“环境高准确度信道仿真”+“实测统计特性增强”+“信道样本适用性验证”的AI辅助信道复现。相关的工作包括：对传统的几何多径传播理论的改造；对信道分量的构成方式进行改进；采用“背景”+“核心”的概念，得到多方面信道特征的互补性复现方法。此外，为了能够描述复杂环境对信道特征的影响，采用相对成熟的射线追踪仿真，与具有高自由度的随机传播图论仿真相结合的方法，用确定性的成分描述信道稳态特征，用随机性分量再现如衰落、时变、相关等统计特性。结合大量实测信道数据所反映出来的谱特征、观测到的密集分量的存在状态对信道进一步进行补充。

（2）AI驱动信道建模。通过将卷积神经网络CNN、生成对抗网络GAN、回归循环神经网络（recurrent neural network，RNN）等应用在信道特征复现上，得到适合信道建模的完整AI方法和体系。结合信道模型的先验架构，经过大数据的训练结合成为一个整体，实现模型建立各个环节的关键AI技术。

上述方法已经在信道特征的提取、通信感知一体化的操作以及信道的复现上采用。接下来的研究实例可提供必要的参考。在这个案例中，我们希望能够在给定一个环境以及在已知收发端在该环境中的位置的情况下，模拟得到和实际观察具有高度一致性的信道响应样本。该样本的有效性或者整个方法的有效性，体现在特征的一致。而为了避免过拟合现象的发生，要求重构出的信道响应样本，能够被用来回溯到实际的环境中收发端在其中的位置以及影响信道的收发端的系统配置，包括但不限于所用天线的响应、天线阵列的姿态等。当然在实际操作中，为了能够衡量重构的信道样本是否切实满足这样的“一致性”要求，可能需要定义信道样本与环境、位置、姿态、配置之间的一一对应到何种程度。

在上述的指导思想下，首先明确对信道特征的具体要求，给出如何验证产生结果的有效性的具体定义。对信道特征的要求，体现在产生的数据能够允许我们研究信道的多维度特征，如信道在时延域的冲激响应、天线阵列上观察到的多个通道的冲激响应，可进一步计算出方向功率谱特征，也可以利用如球面波的选择，获得散射体在空间的位置分布，从而进一步刻画出空间散射“核”的功率谱，这些信道特征应该与实测数据之间具有高度的一致性，即输出的不是仿真结果，而是实测结果。或者说，需要产生类实测数据，该数据和实测之间只有较小的误差。出于对信道特征复现的验证需要，我们希望类实测数据能够和正确的收发端位置，以及信道产生时采用的设置参数取值一一对应,即类实测数据能够帮助“回溯”到仿真数据上,而仿真数据又可以直接和设置参数准确对应。

在这样的设计思路下,我们采用了 GAN 网络中的 CycleGAN 网络。其中的 Cycle 主要体现在一个完整周期的操作,即从仿真环境和参数设定出发得到类实测数据,该类实测数据能够和仿真环境与参数设定之间严格的一一对应。这里的类实测数据应该具有和实测数据相同的特性。简单地说,就是要让仿真得到和实测相同特征的数据,该数据又能够允许回溯到设定的参数上。

为了能够达到上述目的,设计一个 CycleGAN 网络,如图 10-2 所示。其中的仿真数据是由传播图论和射线追踪的混合模型产生,生成器 G 将仿真得到的信道特征转换成实测的信道特征。生成器 G 由鉴别器 D_{mea} 来调节,D_{mea} 对测量数据和由生成器 G 生成的类实测数据进行鉴别,其目的是通过调整生成器 G,使得鉴别器 D_{mea} 无法分辨出数据是真实的测量数据,还是由生成器 G 生成的类实测数据。类实测数据还需要经过生成器 F 转换成重构的仿真数据,这个仿真数据应该尽可能和真实的仿真数据相一致。鉴别器 D_{sim} 的作用是判别重构的仿真数据和真实数据之间的差别,通过鉴别器 D_{sim} 的输出来调节生成器 F,最终目的是无法分辨出仿真数据和重构的仿真数据。生成器 G 通过不断调节自己,最终使得两个鉴别器都不能正确地区分出真实数据和生成数据的不同,于是就可以认为类实测数据不是过拟合的结果,而是真实地捕捉到了信道中的特征。

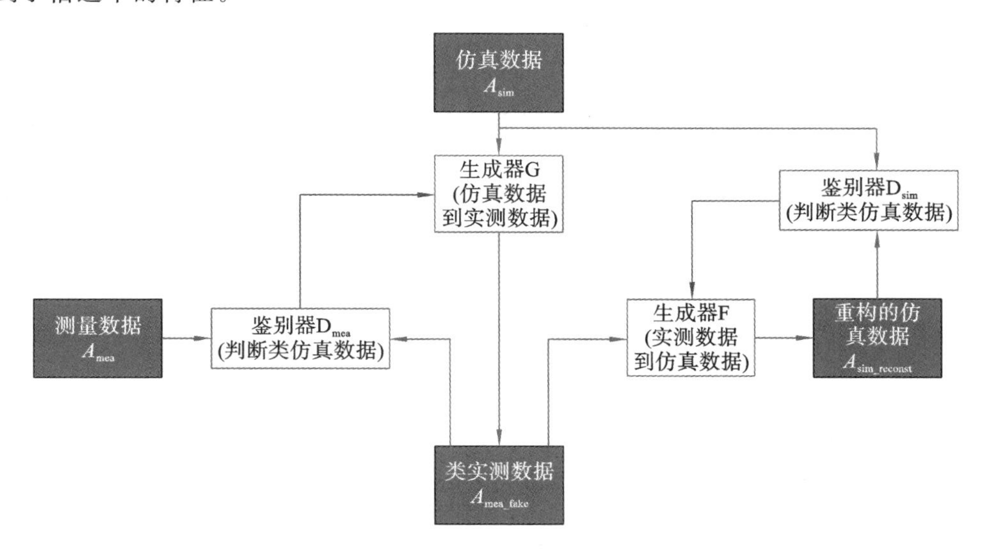

图 10-2　设计的 CycleGAN 网络

如果有真实的测量数据输入,则可以针对新的环境进行训练。如果没有真实的测量数据输入,则直接使用训练得到的生成器 G 来进行信道样本的产生。

仿真工具可以有多种选择,例如,可以是利用已经在通信标准中明确了的统计模型产生的信道样本,也可以是利用确定性的环境的输入,采用计算的方式来产生的信道样本。可以采用近一段时间以来,业内用的较为普遍的 MiWEBA 信道模型、QuaDRiGa 信道模型、METIS 基于地图的信道模型,以及 mmMAGIC 信道模型。这些模型有的是统计的多径簇模型,有的是已经产生出随机形态的信道样本,也有的是有必要结合地图进行构建的信道。注意到由于需要根据实测数据,对已经得到的信道样本进行改变,我们需要有一定量的测量数据,或者如果没有测量数据的情况下,有必要针对信道样本所对应的环境进行高准确的仿真,将这些依靠高复杂度算法获得的样本作为实测样本，来训练生成器。信道样本也可以是通过射线追踪算法、传播图论算法得到的确定性的信道样本复现，如前面章节中讨论过的“传播图＋射线追踪”混合仿真算法。

上述的架构，可以满足：①对已有信道模型产生的样本，根据可以获得的实测数据进行优化，通过“特征迁移”的方式，使之更加接近实际的信道特征；②结合确定性信道样本模拟的工具，对得到的信道样本进行优化，得到的生成器可以和模拟工具相结合，针对不同的场景进行“增强”操作；③可以面向感知，结合环境中的已知信息，对环境进行优化，以得到和实测相一致的信道特征，同时保留原始设定环境的一些根本性特征，从而实现准确的环境感知。

10.4 本章小结

本章首先对已有的电波传播信道模型所遇到的问题和挑战进行了分析，对业内已有的利用机器学习来进行信道特征预测的研究进行了文献综述，对可能的 AI 辅助信道模型构建的方法进行了讨论，并尝试利用 CycleGAN 来对特定场景产生信道样本。

随着 B5G、6G 系统的研发快速发展，AI 方法将会在信道的特征研究方面，结合信道的应用，产生新的信道研究理论。相关的挑战主要集中在如下四个方面：①信道传播的机理与大数据驱动下的建模相融合的问题；②传统的基于环境的确定性信道仿真算法和工具，如何能够作为信道的生成器，结合统计信道模型的先验特征，来生成信道样本，并结合鉴别器，利用多种可行的神经网络来产生符合验证标准的真实信道样本；③大量的实测数据如何能够被用来训练并产生信道模型，并可以被用来产生特征更全面、更完整的信道样本；④如何构建验证信道样本是否符合实际情况的检验损失函数，该怎样和仿真的目标和关注点相结合。通过解决上述的问题，AI 信道建模的方法论会更加完善。

参考文献

[1] Jain A K, Murty M N, Flynn P J. Data clustering: A review[J]. ACM Comput. Surv., 1999, 31(3): 264-323.

[2] He R, Ai B, Andreas F, et al. Clustering enabled wireless channel modeling using big data algorithms[J]. IEEE Commun. Mag., 2018, 56(3): 177-183.

[3] Uccellari M, Francesca F, Matteo S, et al. On the application of support vector machines to the prediction of propagation losses at 169 MHz for smart metering applications[J]. IET Microw., Antennas Propag., 2018, 12(3): 302-312.

[4] Bai L, Wang C X, Xu Q, et al. Prediction of channel excess attenuation for satellite communication systems at Q－band using artificial neural network[J]. IEEE Antennas Wireless Propag. Lett., 2019, 18(11): 2235-2239.

[5] Yang M, Ai B, He R, et al. Machine－learning－based fast angle－of－arrival recognition for vehicular communications[J]. IEEE Trans. Veh. Technol., 2021, 70(2): 1592-1605.

[6] Huang C X, Wang L, Bai, et al. A big data enabled channel model for 5G wireless

communication systems[J]. IEEE Trans. Big Data,2020,6(2):211-222.

[7] Huang H, Yang J, Song Y, et al. Deep learning for super－resolution channel estimation and DOA estimation based massive MIMO system[J]. IEEE Trans. Veh. Technol., 2018,67(9):8549-8560.

[8] Wu T Yin X, Lee J. A novel power spectrum－based sequential tracker for time－variant radio propagation channel[J]. IEEE Access,2020,8:151267-151278, 2020.

[9] Wei Y, Zhao M M, Zhao M J. Channel Distribution Learning: Model－Driven GAN－Based Channel Modeling for IRS－Aided Wireless Communication[J]. IEEE Transactions on Communications,2020,70(7):4482－4497.